清华大学测控技术与仪器系列教

Principle and Technology of Laser

激光原理与技术

柳　强　王在渊　编著
Liu Qiang　Wang Zaiyuan

清华大学出版社
北京

内容简介

本书系统地阐述了激光产生的基本原理和改善激光特性的主要技术。基本原理部分主要包括激光产生机理、光学谐振腔、光场与物质的相互作用和激光振荡特性，重点阐述了光学谐振腔的腔模理论，并以速率方程理论为基础分析讨论了光场与物质相互作用的过程，在此基础上，分析了激光器的振荡特性。激光技术部分主要介绍了控制和改善激光器输出特性的各种技术，重点阐述了激光技术的基本原理和实现过程，主要内容包括激光调制、激光调 Q、选模、锁模、稳频、激光频率变换等。

本书可作为高等院校光电子技术、光信息技术、光电仪器、应用物理等专业本科生的教材，也可供高校相关专业的师生及从事激光加工、制造等相关技术人员参考。

图书在版编目(CIP)数据

激光原理与技术/柳强，王在渊编著. —北京：清华大学出版社，2020.10(2025.3重印)
清华大学测控技术与仪器系列教材
ISBN 978-7-302-56284-9

Ⅰ. ①激… Ⅱ. ①柳… ②王… Ⅲ. ①激光理论—高等学校—教材 ②激光技术—高等学校—教材 Ⅳ. ①TN24

中国版本图书馆 CIP 数据核字(2020)第 153055 号

责任编辑：王　欣
封面设计：常雪影
责任校对：刘玉霞
责任印制：沈　露

出版发行：清华大学出版社
网　　址：https://www.tup.com.cn，https://www.wqxuetang.com
地　　址：北京清华大学学研大厦 A 座　　**邮　　编**：100084
社 总 机：010-83470000　　**邮　　购**：010-62786544
投稿与读者服务：010-62776969，c-service@tup.tsinghua.edu.cn
质量反馈：010-62772015，zhiliang@tup.tsinghua.edu.cn
印 装 者：三河市龙大印装有限公司
经　　销：全国新华书店
开　　本：185mm×260mm　　**印　　张**：24　　**字　　数**：581 千字
版　　次：2020 年 11 月第 1 版　　**印　　次**：2025 年 3 月第 3 次印刷
定　　价：68.00 元

产品编号：086759-02

前　言

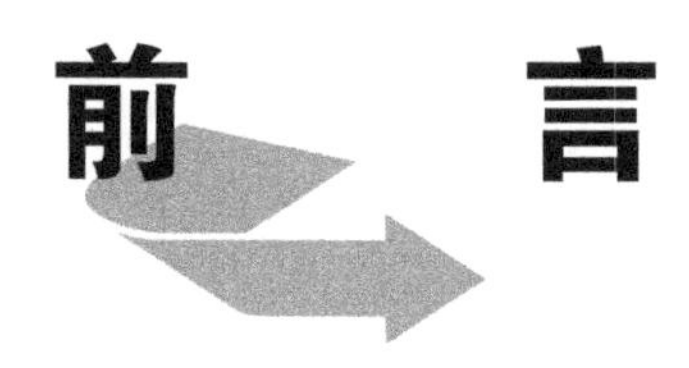

本书是根据清华大学“光电子技术”课程组多年的授课经验进行编写的。在编写过程中，以清华大学教育教学改革的理念为指导，在“厚基础，宽口径”的原则下，明确能力培养目标，对教材内容进行整合重构，强调基础性、逻辑性和系统性，在内容编排上注重知识点的内在联系，突出重点内容，对于难点内容，深入浅出，结合实例，帮助读者加深对基本概念、基本理论和基本过程的理解。

全书共 11 章，第 1 章为激光基本原理，介绍爱因斯坦受激辐射理论、激光器的基本结构和激光特性等内容；第 2 章为光学谐振腔，介绍光线传播的矩阵表示、光学谐振腔的损耗、衍射积分理论、方(圆)形镜共焦腔的自再现模、一般稳定球面腔的模式特征和高斯光束等内容；第 3 章为光场与物质的相互作用，介绍谱线加宽和线型函数、激光器的速率方程和工作物质的增益系数等内容；第 4 章为激光振荡特性，介绍振荡阈值、振荡模式、激光器的输出功率和能量等内容；第 5 章为激光调制技术，介绍调制的概念、电光调制、声光调制、磁光调制的原理、实现途径等内容；第 6 章为激光调 Q 技术，介绍调 Q 的原理、典型调 Q 开关的原理和实现过程等内容；第 7 章为模式选择技术，介绍选模原理、横模选择技术、纵模选择技术等内容；第 8 章为锁模技术，介绍锁模的概念、锁模原理和实现过程等内容；第 9 章为稳频技术，介绍影响频率稳定性的因素、兰姆凹陷稳频技术、塞曼效应稳频、可饱和吸收稳频等内容；第 10 章为频率变换技术，介绍非线性光学的基本概念、倍频技术、拉曼频移技术、OPO 技术等内容；第 11 章为固体激光器，介绍典型固体激光器的基本原理、常用激光工作物质、泵浦方式和结构特点等内容。

本书在编写过程中得到清华大学教材建设基金的资助，在此表示感谢。

限于编者水平和时间限制，书中难免存在各种不足之处，恳请读者批评指正。

编　者

2020 年 7 月

目　录

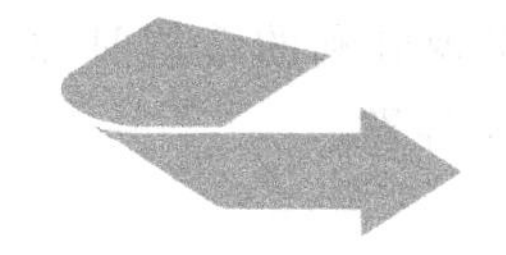

绪 论

20 世纪,原子能、半导体、计算机和激光器并称为“新四大发明”。它们的相继出现,促使科学技术迅速发展,产品不断更迭,以不同方式影响着世界的变革。其中,激光器的出现,大大地改变了人类的生产与生活。这是因为激光具有高亮度、方向性好、单色性好和相干性好的特性,被称为“最快的刀”“最准的尺”“最亮的光”。随着激光器和激光技术的发展,激光在日常生活、工业生产、生物工程、国防军事等领域均有十分重要的应用,因此,激光也被人们誉为“世纪之光”。进入 21 世纪后,激光和激光技术与其他学科结合,催生了许多新的交叉学科,应用遍及社会的各个领域,远远超出了人们原有的预想。

那么,激光是如何被发现和产生的呢?要回答这个问题,需要沿着科学史的长河回溯一个人类一直在探索的问题——光是什么。对于这个问题,古代的先贤们通过观察现象和总结经验,提出了很多有趣的解释,总结出了光的传播和成像等规律。但是,人们对光的认识还只停留在现象和经验,并未窥得光的本质。

一、微粒说和波动说

至 17 世纪,人们对光的认识向前迈进了一大步。1660 年,英国著名的博物学家、发明家罗伯特·胡克发表了他的光波动理论。他认为光线是在一个名为发光以太的介质中以波的形式向外均匀传播,并且光波并不受重力影响,在进入高密度介质时光会减速,即“波动说”。该学说可以合理地解释光的传播。

但是,英国最伟大的物理学家、数学家、科学巨匠艾萨克·牛顿在古希腊先贤提出的“光是极细小的微粒流”的基础上,吸收法国数学家皮埃尔·伽森荻提出的“光也是由大量坚硬粒子组成”等观点,于 1675 年提出假设,认为光是从光源发出的一种物质微粒,在均匀媒质中以一定的速度传播,即著名的“微粒说”。微粒说很容易解释光的直线传播和反射等现象,因为粒子与光滑平面发生碰撞的反射定律与光的反射定律相同。然而,对于一束光射到两种介质分界面处会同时发生反射和折射,以及几束光交叉相遇后彼此独立且能继续向前传播等现象,却不能用微粒说解释清楚。

1678 年,荷兰物理学家、天文学家、数学家惠更斯在法国科学院的一次演讲中公开反对牛顿的微粒说,并在 1690 年发表《光论》,详细阐述了光的波动原理,即惠更斯原理。光的波动理论预言了干涉现象以及光的偏振性。

由于牛顿的至高权威,在近一个世纪里,光的微粒说理论一直占据主导地位。但是,随着人们认识的深入和实验科学的发展,越来越多的实验结果证实光具有波的属性。

1800 年,托马斯·杨完成了双缝干涉实验,证明了光是一种波。然而,该结论在当时并没有受到应有的重视，还被权威们讥讽为“荒唐”和“不合逻辑”，这个自牛顿以来在物理光学上最重要的研究成果，就这样被缺乏科学讨论氛围的守旧的舆论压制了近 20 年。1850 年，法国物理学家傅科采用旋转镜法，分别测量了光在空气和在水中的速度，为光的波动理论的胜利提供了有力的证据。

对光的认识就这样在波动说和微粒说之间摇摆不定。每当一方出现胜利的希望时，总会有新的现象需要更合理的解释。科学就是这样不断地往前发展，永不停歇。

二、电、磁和光的统一

现在，大家都能理解光是一种电磁波的说法。那么，光与电和磁是如何联系起来的呢？又是如何统一的呢？这就要追溯电磁学的发展历程了。

1820 年 4 月，丹麦物理学家、化学家奥斯特发现了电流的磁效应(电生磁)，该发现使欧洲物理学界产生了极大震动，导致了大批实验成果的出现，由此开辟了物理学的新领域——电磁学。随后，法国物理学家、化学家和数学家安培潜心研究电磁学，总结了载流回路中电流元在电磁场中的运动规律，即安培定律，并于 1821 年提出电动力学这一说法。1827 年，安培把他对电磁现象的研究结果综合在《电动力学现象的数学理论》一书中，这是电磁学史上一部重要的经典论著。

1831 年，英国物理学家、化学家法拉第，也是著名的自学成才的科学家，首次发现电磁感应现象(磁生电)，并得到产生交流电的方法。1837 年，法拉第引入了电场和磁场的概念，指出电和磁的周围都有场的存在，这打破了牛顿力学“超距作用”的传统观念。1838 年，他提出了电力线的新概念来解释电、磁现象，这是物理学理论上的一次重大突破。1845 年，在经历了无数次失败之后，他终于发现了“磁光效应”，用实验证实了光和磁的相互作用，为电、磁和光的统一理论奠定了基础。

在法拉第发现电磁感应现象的 1831 年，麦克斯韦诞生于苏格兰爱丁堡。1854 年，刚从剑桥大学毕业的麦克斯韦开始研究电磁学，在潜心研究了法拉第关于电磁学方面的新理论和新思想之后，麦克斯韦坚信法拉第的新理论包含着真理。于是他抱着给法拉第的理论“提供数学方法基础”的愿望，决心把法拉第的天才思想用清晰准确的数学形式表示出来。1864 年，麦克斯韦对前人和自己的工作进行了综合概括，把电磁场理论用简洁、对称、完美的数学形式表示出来，经后人整理和改写，发展为如今的麦克斯韦方程组。1865 年，麦克斯韦预言了电磁波的存在，他认为电磁波只可能是横波，并推导出电磁波的传播速度等于光速，同时得出结论：光是电磁波的一种形式。该理论揭示了光现象和电磁现象之间的联系。

1888 年，德国物理学家赫兹通过实验成功地证明了光是一种电磁波，并测出电磁波的速度等于光速。赫兹的实验不仅证实了麦克斯韦的电磁理论，更为无线电、电视和雷达的发展找到了途径。另外，他还发现了带电物体当被紫外光照射时会很快失去电荷的现象，即光电效应。这种全新的物理现象无法用电磁波理论解释，人们只好又回到微粒说来解释这一现象。

三、波粒二象性

光电效应现象说明光的电磁理论存在一定的局限性，无法解释光与物质相互作用时产生的现象，比如光的发射、吸收和光电效应等。由此，对光的本质的探索进入了量子和光子时代。

大约1894年起，德国物理学家普朗克开始研究黑体辐射问题，发现普朗克辐射定律。为了从理论上得出正确的辐射公式，普朗克假定物质辐射（或吸收）的能量不是连续的，而是一份一份地进行的，只能取某个最小数值的整数倍。这个最小数值就称为能量子，辐射频率是 ν 的能量的最小数值为 $\varepsilon=h\nu$，常数 h 称为普朗克常数。1900年12月14日，普朗克在德国物理学会上报告了该成果，成为量子论诞生和新物理学革命宣告开始的伟大时刻。

受普朗克能量子理论启发，爱因斯坦于1905年提出光量子假说，即在空间传播的光也不是连续的，而是一份一份的，每一份称为一个光量子，简称光子，光子的能量 E 只取决于光子的频率 ν，即 $E=h\nu$。在此基础上，并根据普朗克黑体辐射定律，爱因斯坦提出了光电效应方程，完美地解释了光电效应现象。

1916年，美国物理学家罗伯特·密立根通过实验证实了爱因斯坦关于光电效应的理论。至此，物理学家们被迫承认，光除了波动性质以外，也具有粒子性质，即具有波粒二象性。作为量子力学的一个结论，光的波动性和粒子性并不是一个矛盾，而是大自然复杂特性的一个具体体现。

四、激光器和激光的诞生

1916年，爱因斯坦从光量子概念出发，重新推导了黑体辐射的普朗克公式，并在推导中首先提出了受激辐射的概念。1917年，爱因斯坦在德国《物理学年鉴》上发表论文《关于辐射的量子理论》[①]，文章不但论述了辐射的两种形式——自发辐射和受激辐射，而且也讨论了光子与分子之间的两种相互作用——能量交换和动量交换，并且提出了一个全新的概念，即在物质与辐射场的相互作用下，构成物质的原子或分子在光子的激励下产生光子的受激发射或吸收。这些都为激光器的出现奠定了理论基础。不过爱因斯坦并没有想到利用受激辐射来实现光的放大。另外，也受限于当时的科学技术和生产发展还没有提出这种实际的需求，因此在爱因斯坦提出受激辐射理论的许多年内，科学家们并没有发明激光器和激光。

直至20世纪50年代初，电子学、微波技术的应用提出了把无线电技术从微波（波长1cm量级）推向光波（波长1μm量级）的需求。这需要一种能像微波振荡器一样产生可以被控制的光波的振荡器。微波振荡器是在一个尺度和波长可比拟的封闭谐振腔中利用自由电子与电磁场的相互作用实现电磁波的放大和振荡。在光波段，利用微波振荡器的原理难以实现光波振荡。

美国的汤斯、苏联的巴索夫和普洛霍洛夫继承和发展了爱因斯坦的理论，创造性地提出了利用原子、分子的受激辐射来放大电磁波的概念，并于1954年第一次实现了氨分子微波量子振荡器（MASER），开辟了利用原子（分子、离子）中的束缚电子与电磁场的相互作用来放大电磁波的新途径。道路一经打开，人们立即开始了向光波量子振荡器（即激光器，laser）进军。1958年，汤斯和他的年轻搭档肖洛提出了利用开放式光谐振腔（巧妙地借用了传统光学中的F-P干涉概念）实现激光器的新思路。布隆伯根提出了利用光泵浦三能级原子系统实现原子数反转分布的新构思。至此，激光器的基本思想和结构已经十分清晰。但是，第一台激光器的诞生还需要一些时日，全世界许多科研小组加入研制第一台激光器的竞

① 该论文最早于1916年发表于《苏黎世物理学会会报》。

赛之中。其中,美国休斯高斯实验室的一位从事红宝石荧光研究的青年科学家梅曼抓住机遇,勇于实践,成为第一个成功研制出激光器的科学家。1960 年 7 月,他向世界演示了第一台激光器——红宝石固体激光器。继而,全世界许多研究小组很快地重复了他的实验,均获得了一种完全不同于普通光性质的光——激光(light amplification by stimulated emission of radiation,LASER)。自此,激光器和激光技术及应用进入了一个高速发展时期。

在近 60 年的时间里,以红宝石、Nd∶YAG 为代表的固体激光器,以 He-Ne、CO_2 为代表的气体激光器,还有化学激光器、染料激光器、原子激光器、离子激光器、半导体激光器、光纤激光器相继问世。各种性能的激光器,如稳频激光器、稳功率激光器、保偏激光器、大功率激光器、超短脉冲激光器等被研制出来,满足工业生产、科学研究、国防军事、医疗应用等各行业的需求。

伴随着激光的广泛应用,激光技术也得到了很快的发展和推广。激光的稳频、选频,激光束的变换,激光的调制技术、调 Q 技术和锁模技术更加完善和成熟。目前,激光器的波长覆盖了从软 X 射线到远红外的各个波段,最高的峰值功率可达 10^{14}W 量级,最高平均功率可达兆瓦量级,最窄脉宽可达 10^{-15}s 量级,最高频率稳定度可达 10^{-15} 量极,调谐范围从 190nm 到 4μm。同时,激光器的结构和工艺日趋成熟,稳定性、可靠性和可操作性显著改进,成为各行业人员稍加训练即可运用自如的仪器设备和工具。

激光和激光技术的广泛应用,催生了许多新的产业和科研方向。激光正以它独特的性质深刻地影响着当代科学、技术、经济和社会的发展及变革。

第 1 章思维导图

第 1 章 激光基本原理

19 世纪 60 年代，麦克斯韦建立了经典电磁理论，把光学现象和电磁现象联系起来，指出了光是光频范围内的电磁波，从而产生了光的电磁理论，这是描述光学现象的基本理论。20 世纪初，受普朗克能量子理论和玻尔能级理论的启发，爱因斯坦于 1905 年提出光量子假说，解释了光电效应现象。1916 年，爱因斯坦从光量子概念出发，重新推导了黑体辐射的普朗克公式，提出了两个极为重要的概念：受激辐射和自发辐射，为激光和激光器的产生奠定了理论基础。

本章主要介绍光的描述、光子的相干性、爱因斯坦受激辐射理论、激光器的基本结构和激光特性等内容。

本章重点内容：

1. 光波模式和光子状态
2. 光子的相干性
3. 黑体辐射的普朗克公式
4. 爱因斯坦受激辐射理论
5. 激光产生的条件
6. 激光器的基本结构

1.1 光的描述

光既是一种电磁波又是一种粒子流，即光具有波粒二象性。一方面光是电磁波，具有波动的性质，有一定的频率和波长。另一方面光是光子流，光子是具有一定能量和动量的物质粒子。在描述光时，既可以用电磁理论来描述光波，也可以用光量子理论来描述光子，二者在现代量子电动力学理论中是统一的。

1.1.1 电磁理论

1. 麦克斯韦方程

根据光的电磁理论，光波具有电磁波的所有性质，这些性质都可以从电磁场的基本方程——麦克斯韦方程组推导出来。从麦克斯韦方程组出发，结合具体的边界条件及初始条件，可以定量地研究光的各种传输特性。麦克斯韦方程组的微分形式为

$$\nabla \cdot \boldsymbol{D} = \rho \tag{1.1.1}$$

$$\nabla \cdot \boldsymbol{B}=0 \tag{1.1.2}$$

$$\nabla \times \boldsymbol{E}=-\frac{\partial \boldsymbol{B}}{\partial t} \tag{1.1.3}$$

$$\nabla \times \boldsymbol{H}=\boldsymbol{J}+\frac{\partial \boldsymbol{D}}{\partial t} \tag{1.1.4}$$

式中，$\boldsymbol{D}$、$\boldsymbol{E}$、$\boldsymbol{B}$、$\boldsymbol{H}$ 分别表示电感应强度(电位移矢量)、电场强度、磁感应强度、磁场强度；ρ 为自由电荷体密度；$\boldsymbol{J}$ 为传导电流密度。这种微分形式的方程组把空间任一点的电、磁场量联系在一起，可以确定空间任一点的电、磁场。

2. 物质方程

光波在各种介质中传播的实质就是光与介质相互作用的过程。因此，在用麦克斯韦方程组分析光的传播特性时，必须考虑介质的属性，以及介质对电磁场量的影响。描述介质特性对电磁场量影响的过程，即是物质方程：

$$\boldsymbol{D}=\varepsilon \boldsymbol{E} \tag{1.1.5}$$

$$\boldsymbol{B}=\mu \boldsymbol{H} \tag{1.1.6}$$

$$\boldsymbol{J}=\sigma \boldsymbol{E} \tag{1.1.7}$$

式中，ε 为介电常数，描述介质的电学性质，$\varepsilon=\varepsilon_0\varepsilon_r$，$\varepsilon_0$ 为真空中介电常数，ε_r 为相对介电常数；μ 为介质磁导率，描述介质的磁学性质，$\mu=\mu_0\mu_r$，μ_0 为真空中磁导率，μ_r 为相对磁导率；σ 为电导率，描述介质的导电特性。

应当指出的是，在一般情况下，介质的光学特性具有不均匀性，ε、μ 和 σ 应是空间位置的坐标函数，即应当表示成 $\varepsilon(x,y,z)$、$\mu(x,y,z)$ 和 $\sigma(x,y,z)$；若介质的光学特性是各向异性的，则 ε、μ 和 σ 应当是张量，因而物质方程应写为如下形式：

$$\boldsymbol{D}=\boldsymbol{\varepsilon}\cdot\boldsymbol{E}$$

$$\boldsymbol{B}=\boldsymbol{\mu}\cdot\boldsymbol{H}$$

$$\boldsymbol{J}=\boldsymbol{\sigma}\cdot\boldsymbol{E}$$

即 $\boldsymbol{D}$ 与 $\boldsymbol{E}$、$\boldsymbol{B}$ 与 $\boldsymbol{H}$、$\boldsymbol{J}$ 与 $\boldsymbol{E}$ 一般不再同向；当光强很强时，光与介质的相互作用过程表现出非线性光学特性，因而描述介质光学特性的量不再是常数，而应是与光场强度有关的量。例如，介电常数应为 $\varepsilon(\boldsymbol{E})$，电导率应为 $\sigma(\boldsymbol{E})$。

对于均匀的各向同性介质，ε、μ 和 σ 是与空间位置和方向无关的常数，在线性光学范畴内，ε 和 σ 与光场强度无关。在透明、无损耗介质中，$\sigma=0$；非铁磁性材料的 μ_r 可视为 1。

3. 波动方程

麦克斯韦方程描述了电磁现象的变化规律，指出任何随时间变化的电场，将在周围空间产生变化的磁场；任何随时间变化的磁场，将在周围空间产生变化的电场。变化的电场和磁场之间相互联系，互相激发，并以一定速度向周围空间传播。因此，交变电磁场就是在空间以一定速度由近及远传播的电磁波，应当满足描述这种波传播规律的波动方程。

下面，从麦克斯韦方程组出发推导出电磁波的波动方程，限定介质为各向同性的均匀介质，仅讨论远离辐射源、不存在自由电荷和传导电流的区域。此时，麦克斯韦方程组简化为

$$\nabla \cdot \boldsymbol{D}=0 \tag{1.1.8}$$

$$\nabla \cdot \boldsymbol{B}=0 \tag{1.1.9}$$

$$\nabla \times \boldsymbol{E} = -\frac{\partial \boldsymbol{B}}{\partial t} \tag{1.1.10}$$

$$\nabla \times \boldsymbol{H} = \frac{\partial \boldsymbol{D}}{\partial t} \tag{1.1.11}$$

对式(1.1.10)两边取旋度,并将式(1.1.11)代入得

$$\nabla \times (\nabla \times \boldsymbol{E}) = -\mu\varepsilon \frac{\partial^2 \boldsymbol{E}}{\partial t^2}$$

利用矢量微分恒等式

$$\nabla \times (\nabla \times \boldsymbol{A}) = \nabla(\nabla \cdot \boldsymbol{A}) - \nabla^2 \boldsymbol{A}$$

考虑到式(1.1.8),得

$$\nabla^2 \boldsymbol{E} - \mu\varepsilon \frac{\partial^2 \boldsymbol{E}}{\partial t^2} = 0$$

同理可得

$$\nabla^2 \boldsymbol{H} - \mu\varepsilon \frac{\partial^2 \boldsymbol{H}}{\partial t^2} = 0$$

令

$$v = \frac{1}{\sqrt{\mu\varepsilon}} \tag{1.1.12}$$

则以上两式可变为

$$\begin{cases} \nabla^2 \boldsymbol{E} - \dfrac{1}{v^2} \dfrac{\partial^2 \boldsymbol{E}}{\partial t^2} = 0 \\ \nabla^2 \boldsymbol{H} - \dfrac{1}{v^2} \dfrac{\partial^2 \boldsymbol{H}}{\partial t^2} = 0 \end{cases} \tag{1.1.13}$$

式(1.1.13)即为交变电磁场所满足的典型的波动方程,它说明了交变电场和磁场是以速度 v 传播的电磁波动。由此可得光波在真空中的传播速度为

$$c = \frac{1}{\sqrt{\mu_0 \varepsilon_0}} = 2.99792458 \times 10^8 \mathrm{m/s}$$

1983年第17届国际计量大会通过“米”的定义为“光在真空中于1/299792458秒内行进的距离”,即真空光速被定义为常数 $c=299792458\mathrm{m/s}$,并沿用至今。

为表征光在介质中传播的快慢,引入光折射率:

$$n = \frac{c}{v} = \sqrt{\mu_r \varepsilon_r}$$

除铁磁性介质外,大多数介质的磁性都很弱,可认为 $\mu_r \approx 1$。因此,折射率可表示为

$$n = \sqrt{\varepsilon_r} \tag{1.1.14}$$

式(1.1.14)称为麦克斯韦关系。对于一般介质,ε_r 或 n 都是频率的函数,具体的函数关系取决于介质的结构。

4. 光强与光功率

电磁场是一种形式特殊的物质,是物质就必然有能量。光波是一种以速度 c 传播的电磁波,所以它所具有的能量也一定向外传播。为了描述电磁能量的传播,引入能流密度——

坡印廷矢量 $\boldsymbol{S}$，它定义为

$$\boldsymbol{S}=\boldsymbol{E}\times\boldsymbol{H} \tag{1.1.15}$$

表示单位时间内，通过垂直于传播方向上的单位面积的能量，其方向表示电磁场能量传输方向。

对于一种沿 z 方向传播的平面光波，光场表示为

$$\boldsymbol{E}=\boldsymbol{e}_x E_0\cos(\omega t-kz)$$
$$\boldsymbol{H}=\boldsymbol{h}_y H_0 cos(\omega t-kz)$$

式中的 $\boldsymbol{e}_x$、$\boldsymbol{h}_y$ 是电场、磁场振动方向上的单位矢量，其能流密度 $\boldsymbol{S}$ 为

$$\boldsymbol{S}=\boldsymbol{s}_z E_0 H_0\cos^2(\omega t-kz)$$

式中，$\boldsymbol{s}_z$ 是能流密度方向上的单位矢量。因为 $\sqrt{\varepsilon}E_0=\sqrt{\mu}H_0$，所以能流密度 $\boldsymbol{S}$ 可写为

$$\boldsymbol{S}=\boldsymbol{s}_z\frac{n}{\mu_0 c}E_0^2\cos^2(\omega t-kz) \tag{1.1.16}$$

式(1.1.16)表明，这个平面光波的能量沿 z 方向以波动形式传播。由于光的频率很高(例如，波长为 500nm 的可见光，其频率为 6×10^{14}Hz)，则能流密度 $\boldsymbol{S}$ 的大小 S 随时间的变化很快。目前光电探测器的响应时间都较慢(响应最快的光电二极管仅为 $10^{-9}\sim10^{-8}$s)，远远跟不上能量的瞬时变化，所以，光电探测器只能探测到 S 的平均值。因此，在实际中都是利用能流密度的时间平均值 $\langle S\rangle$ 表征光场的能量传播，并称 $\langle S\rangle$ 为光强，用 I 表示。假设光电探测器的响应时间为 T，则

$$\langle S\rangle=\frac{1}{T}\int_0^T S\,\mathrm{d}t$$

把式(1.1.16)代入，积分可得

$$I=\langle S\rangle=\frac{1}{2}\frac{n}{\mu_0 c}E_0^2=\frac{1}{2}\sqrt{\frac{\varepsilon}{\mu_0}}E_0^2=\alpha E_0^2 \tag{1.1.17}$$

式中，$\alpha=\sqrt{\varepsilon/\mu_0}/2$ 是比例系数。由此可见，在同一种介质中，光强与电场强度振幅的平方成正比。一旦通过测量知道了光强，便可计算出光波的振幅 E_0。光波的电场强度矢量又称光矢量。

设垂直于光场传播方向的光束截面积为 A，则其功率为

$$P=IA \tag{1.1.18}$$

光功率的单位为瓦特(W)。有时也采用分贝毫瓦(dBm)作为光功率的单位，任意功率 P 转换为 dBm 单位的公式为：$P_{\mathrm{dBm}}=10\lg(P_{\mathrm{mW}}/1\mathrm{mW})$，例如，1mW=0dBm，1.26mW=1dBm，1W=30dBm。

例 1.1.1 一台 3kW 的 CO_2 激光器发出的光束(波长为 10.6μm)被聚焦成直径为 10μm 的光斑，假设空气折射率为 1，不计光束的损耗，则焦点处的光强为

$$I=\frac{P}{A}=\frac{3000}{\pi\times(5\times10^{-6})^2}=3.83\times10^{13}(\mathrm{W/m^2})$$

那么，相应的光场振幅为

$$E_0=\sqrt{2I\sqrt{\frac{\mu_0}{\varepsilon_0}}}=\sqrt{2\times3.83\times10^{13}\sqrt{\frac{4\pi\times10^{-7}}{8.85\times10^{-12}}}}=1.70\times10^8(\mathrm{V/m})$$

这样强的电场，能够产生极高的温度，足以烧坏目标。

应当指出,在有些应用场合,由于只考虑某一种介质中的光强,只关心光强的相对值,因而往往省略比例系数,把光强写成

$$I=\langle E^2\rangle=E_0^2$$

5. 电磁波的模式

单色平面波是麦克斯韦方程的一个特解,可用复数表示为

$$\boldsymbol{E}(\boldsymbol{r},t)=\boldsymbol{E}_0\exp[\mathrm{i}(2\pi\nu t-\boldsymbol{k}\cdot\boldsymbol{r})] \tag{1.1.19}$$

式中,$\boldsymbol{E}_0$ 为光波电场的振幅矢量;ν 为单色平面波的频率;$\boldsymbol{k}$ 为波矢($\boldsymbol{k}=2\pi\boldsymbol{s}/\lambda$,$\boldsymbol{s}$ 为光传播方向上的单位矢量);$\boldsymbol{r}$ 为空间位置坐标矢量。麦克斯韦方程的通解可表示为一系列单色平面波的线性叠加。

在自由空间,具有任意波矢的单色平面波都可以存在。但在一个有边界条件限制的空间 V 内(例如激光器的谐振腔),只能存在一系列分离的、具有特定波矢 $\boldsymbol{k}$ 的单色平面驻波。这种能够存在于腔内的驻波称为电磁波的模式或光波模式,简称为模式。一种模式就是电磁波运动的一种类型,不同的模式用不同的波矢 $\boldsymbol{k}$ 区分。考虑到电磁波具有两种独立的偏振,因此,同一波矢 $\boldsymbol{k}$ 对应着两个不同偏振方向的模式。

那么,在一个有边界条件限制的空间 V 内,有多少个模式呢?

以一个封闭长方体空腔(见图 1.1.1)为例,空腔体积为 $V=\Delta x\Delta y\Delta z$。沿三个坐标轴方向传播的光波应满足驻波条件:

$$\Delta x=m\frac{\lambda}{2},\quad \Delta y=n\frac{\lambda}{2},\quad \Delta z=q\frac{\lambda}{2}$$

式中,m、n、q 为正整数。

相应地,在波矢空间(见图 1.1.2)中,波矢 $\boldsymbol{k}$ 的三个分量应满足条件

$$k_x=\frac{\pi}{\Delta x}m,\quad k_y=\frac{\pi}{\Delta y}n,\quad k_z=\frac{\pi}{\Delta z}q \tag{1.1.20}$$

每一组正整数 m、n、q 对应空腔内的一个模式(包含两种偏振)。空腔内的每个模式对应波矢空间的一点。由于一个封闭长方体空腔的长、宽和高都是正实数,因此,变换到波矢空间,与所有模式相对应的点都处于第一卦限内。

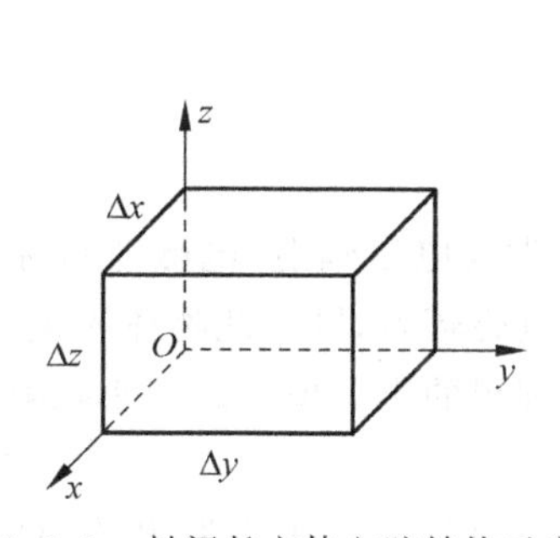

图 1.1.1 封闭长方体空腔结构示意图

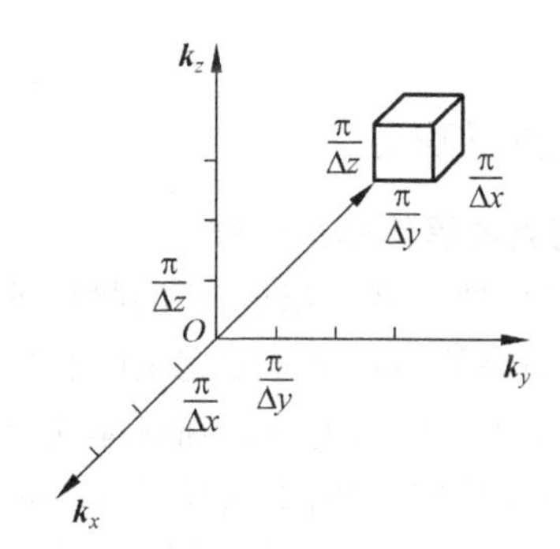

图 1.1.2 波矢空间

因此,在波矢空间里,相邻两个模式之间的最小间隔为

$$\Delta k_x=\frac{\pi}{\Delta x},\quad \Delta k_y=\frac{\pi}{\Delta y},\quad \Delta k_z=\frac{\pi}{\Delta z} \tag{1.1.21}$$

那么，每个模式在波矢空间中所占的体积(体积元)为

$$\Delta V=\Delta k_x \Delta k_y \Delta k_z=\frac{\pi}{\Delta x}\frac{\pi}{\Delta y}\frac{\pi}{\Delta z}=\frac{\pi^3}{V} \tag{1.1.22}$$

如图 1.1.3 所示，对于波矢大小处于 $k \sim k+\mathrm{d}k$ 区间(薄球壳)内，在第一卦限内的体积 V_1 为

$$V_1=\frac{1}{8}\cdot 4\pi k^2 \mathrm{d}k$$

在此体积(V_1)内存在的模式数为 $V_1/\Delta V$ 个。因为 $k=2\pi/\lambda=2\pi\nu/c$，$\mathrm{d}k=2\pi\mathrm{d}\nu/c$，那么，可得频率在 $\nu \sim \nu+\mathrm{d}\nu$ 区间内的模式数为

$$N=\frac{V_1}{\Delta V}=\frac{4\pi\nu^2}{c^3}V\mathrm{d}\nu$$

考虑到同一波矢有两种不同的偏振，因此，总的模式数应乘以 2。即在体积为 V 的空腔内，处于频率 ν 附近 $\mathrm{d}\nu$ 频带内的模式数为

$$N_m=\frac{V_1}{\Delta V}=\frac{8\pi\nu^2}{c^3}V\mathrm{d}\nu \tag{1.1.23}$$

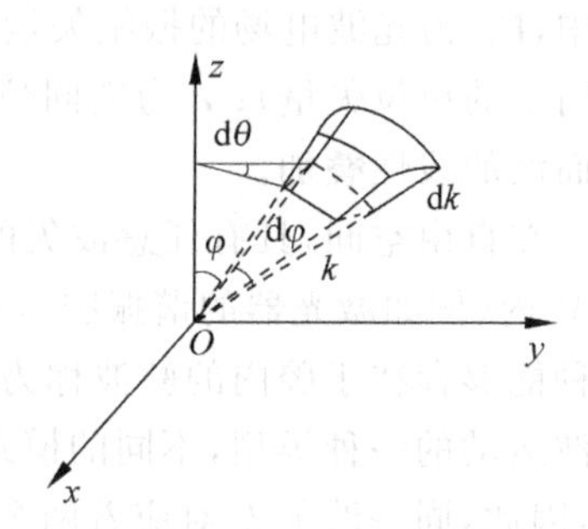

图 1.1.3　薄球壳

频率 ν 附近单位体积、单位频带内的模式数(又称为单色模密度)为

$$n_\nu=\frac{8\pi\nu^2}{c^3} \tag{1.1.24}$$

例 1.1.2　求封闭腔在波长为 10cm 和 1.06μm 处的单色模密度。

解：$\lambda=10\mathrm{cm}$，$\nu=c/\lambda=3\times10^9\,\mathrm{Hz}$，$n_\nu=8\pi\nu^2/c^3=8.37\times10^{-6}(\mathrm{s/m^3})$

$\lambda=1.06\mu\mathrm{m}$，$\nu=c/\lambda=2.83\times10^{14}\,\mathrm{Hz}$，$n_\nu=8\pi\nu^2/c^3=7.45\times10^4(\mathrm{s/m^3})$

从例 1.1.2 可以看出，在微波频段，封闭腔内的单色模密度很小，说明每个模式的能量较大；而在光频段，封闭腔内的单色模密度很大，说明每个模式的能量较小，不利于光的振动。为了获得光频振荡(产生激光)，激光器的谐振腔一般都不采用封闭腔，而采用开放式光腔。

1.1.2　光量子理论

1. 普朗克的黑体辐射规律

我们知道，处于某一温度 T 的物体能够发出和吸收电磁辐射(电磁波)，称为热辐射或温度辐射。如果某一物质能够完全吸收任何波长的电磁辐射，则称此物体为绝对黑体，简称黑体。如图 1.1.4 所示的空腔辐射体就是一个比较理想的黑体模型。从小孔射入的任何波长的电磁辐射都将在腔内来回反射而不再逸出腔外。

在某一温度 T 的热平衡情况下，黑体所吸收的辐射能量等于它发出的辐射能量，即黑体与外界辐射场之间处于能量平衡(热平衡)状态。显然，为达到这种平衡状态，黑体的腔内必然存在一个外界辐射场相对应的辐射场，腔内的辐射能量通过小孔向外辐射，所以小孔又是黑体热辐射能的光源面。因此，在热平衡时，空腔内有完全确定的辐射场，这种辐射场称为黑体辐射或平衡辐射。

黑体辐射是黑体温度 T 和辐射场频率 ν 的函数,用单色能量密度 ρ_ν 表示。单色能量密度 ρ_ν 定义为辐射场中单位体积内,频率在 ν 附近的单位频率间隔中的辐射能量。如在辐射场的体积为 V,频率间隔在 $\nu \sim \nu + \mathrm{d}\nu$ 之间,辐射能为 $\mathrm{d}w$,则单色辐射能量密度(简称单色能量密度)表达式为

$$\rho_\nu = \frac{\mathrm{d}w}{\mathrm{d}\nu \mathrm{d}V} \tag{1.1.25}$$

单色能量密度的单位为 $\mathrm{J \cdot m^{-3} \cdot s}$。

为了从理论上解释实验测得的黑体辐射单色能量密度 ρ_ν 随(T,ν)的分布规律,人们从经典物理学出发进行许多尝试。1889年,维恩用空腔黑体测量辐射能量密度随频率 ν 变化的分布规律,得出了维恩公式,但是在低频段,维恩公式和实验的偏差较大,必须用瑞利-金斯公式解释。但是这两个公式均不能对实验结果做出准确的解释,这就是当时著名的"紫外灾难",如图1.1.5所示。

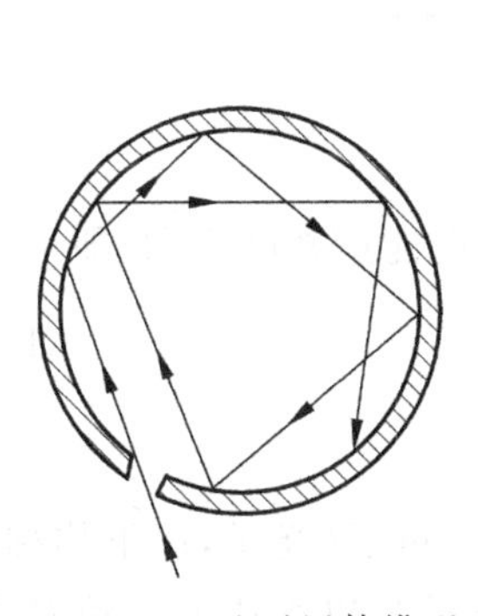

图1.1.4　绝对黑体模型

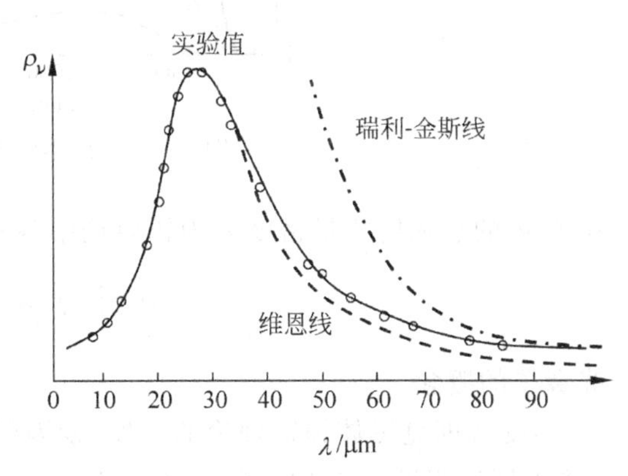

图1.1.5　"紫外灾难"

1900年,普朗克提出了与经典理论完全不同的辐射能量量子化假设,他认为辐射物质中具有带电的线性谐振子,它和周围电磁场交换能量。这些谐振子只能处于某种特殊的状态,它的能量取值只能为某一最小能量(称为能量子)的整数倍,即 $\varepsilon, 2\varepsilon, 3\varepsilon, \cdots, n\varepsilon$($n$ 为正整数,称为量子数)。对于频率为 ν 的谐振子,其最小能量为 $\varepsilon = h\nu$,$h = 6.626 \times 10^{-34}\,\mathrm{J \cdot s}$,称为普朗克常数。按照该理论,物体在吸收或辐射能量时,其实质是谐振子的能量值发生变化,从一个状态跃迁到另一个状态。当吸收能量时,谐振子的能量增加;当辐射能量时,谐振子的能量减小。在温度 T 的热平衡情况下,黑体辐射分配到腔内每个模式上的平均能量为

$$E = \frac{h\nu}{\mathrm{e}^{\frac{h\nu}{k_\mathrm{b} T}} - 1} \tag{1.1.26}$$

式中,k_b 为玻尔兹曼常数,$k_\mathrm{b} = 1.38 \times 10^{-23}\,\mathrm{J/K}$;$T$ 为黑体温度,K。

由式(1.1.24)可知,黑体空腔内频率 ν 附近单位体积、单位频带内的模式数(单色模密度)为 $n_\nu = 8\pi\nu^2/c^3$,那么,黑体的单色辐射能量密度 ρ_ν 为

$$\rho_\nu = n_\nu \cdot E = \frac{8\pi h\nu^3}{c^3} \frac{1}{\mathrm{e}^{\frac{h\nu}{k_\mathrm{b} T}} - 1} \tag{1.1.27}$$

式(1.1.27)通常称为普朗克黑体辐射的单色辐射能量密度公式，它反映了在热平衡条件下，黑体的电磁辐射在单位体积中不同频率 ν 处单位频率间隔内的能量分布规律，它是频率 ν 和温度 T 的函数。图 1.1.6 所示为黑体辐射规律。

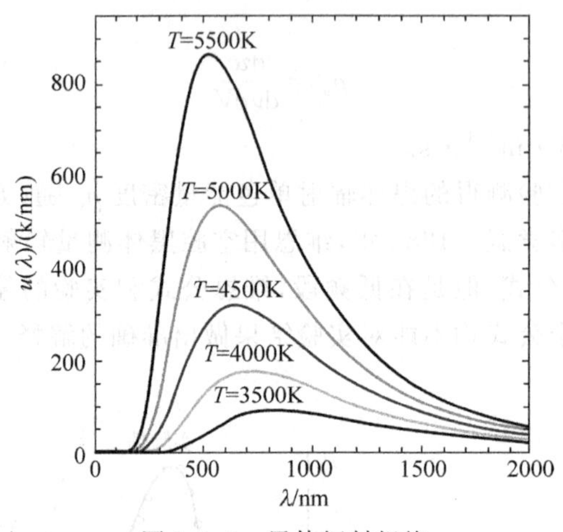

图 1.1.6 黑体辐射规律

显然，黑体的总辐射能量密度 ρ 为辐射场中各种频率的辐射能量密度之和，即

$$\rho = \int_0^\infty \rho_\nu \, d\nu \tag{1.1.28}$$

2. 光量子的概念

1905 年，受普朗克黑体辐射理论的启发，爱因斯坦提出了光量子(光子，以下均称光子)的概念。爱因斯坦假设：光和原子、电子一样也具有粒子性，光就是以光速 c 运动着的粒子流。他把这种粒子叫做光量子。光量子假说成功地解释了光电效应。

光子是构成光的粒子，与其他粒子一样，具有能量、动量和质量等，但是光子又具有许多特殊的性质，比如，静止质量为零。由于光子同时具有波动属性，因此，其粒子属性和波动属性密切相关。归纳如下：

1) 光子的能量

在频率为 ν 的光波模式中，每个光子具有的能量为 $\varepsilon = h\nu = \hbar\omega$，该模式的能量只能以 $\varepsilon = h\nu$ 为单位增加或减少。式中，$\hbar = h/2\pi = 1.05 \times 10^{-34}\,\text{J}\cdot\text{s}$。

波数(波长的倒数)也常作为光子能量的单位，换算关系为

$$1\text{cm}^{-1} = 1.24 \times 10^{-4}\,\text{eV}$$

2) 光子的运动质量 m

光子的静止质量为零，但是光子具有运动质量 m，可表示为

$$m = \frac{\varepsilon}{c^2} = \frac{h\nu}{c^2} \tag{1.1.29}$$

3) 光子的动量 $\boldsymbol{P}$

光子的动量 $\boldsymbol{P}$ 与单色平面波的波矢 $\boldsymbol{k}$ 对应，即

$$\boldsymbol{P} = mc\boldsymbol{n}_0 = \frac{h\nu}{c}\boldsymbol{n}_0 = \frac{h}{2\pi}\frac{2\pi}{\lambda}\boldsymbol{n}_0 = \hbar\boldsymbol{k} \tag{1.1.30}$$

式中

$$\hbar = \frac{h}{2\pi}$$

$$\boldsymbol{k} = \frac{2\pi}{\lambda}\boldsymbol{n}_0$$

其中，$\boldsymbol{n}_0$ 为光子运动方向(平面光波传播方向)上的单位矢量。

4) 光子的偏振态

光子具有两种可能的独立偏振状态，对应于光波场的两个独立偏振方向。

5) 光子的自旋

光子具有自旋，并且自旋量子数为整数。因此，大量光子的集合，服从玻色-爱因斯坦统计规律。处于同一状态的光子数目是没有限制的。这是光子与其他服从费米统计分布的粒子(如电子、质子、中子等)的重要区别。

1923年，康普顿散射实验证实了上述关系的正确性，并且上述关系可以在现代电动力学中得到理论解释。

1.1.3 两种理论的统一——光波模式和光子状态

现代量子电动力学从理论上把光的电磁(波动)理论和光子(微粒)理论在电磁场量子化描述的基础上统一起来，从而在理论上阐明光的波粒二象性。在这种描述中，任意电磁场均可看作一系列单色平面电磁波(以波矢$\boldsymbol{k}_l$为标志)的线性叠加，或者是一系列电磁波的本征模式的叠加，每个本征模式所具有的能量是量子化的，与该模式的频率ν_l相关，即本征模式的能量是$h\nu_l$(基元能量)的整数倍，本征模式的动量是$\hbar\boldsymbol{k}_l$(基元动量)的整数倍。这种具有基元能量和基元动量的物质单元称为属于第l个本征模式(或状态)的光子。具有相同能量和动量的光子彼此不可区分，处于同一模式(或状态)，且每个模式内的光子数目是没有限制的。

从上面的叙述可以看出，光波模式和光子状态是等效的概念。在经典力学中，质点的运动状态可以用相空间来描述，即由坐标(x,y,z)和动量(P_x,P_y,P_z)确定。相空间内的一点表示质点的一个运动状态。光子的运动状态和经典宏观质点有着本质的区别，它受量子力学测不准关系的制约。对于一维运动情况，测不准关系表示为

$$\Delta x\Delta P_x \approx h \tag{1.1.31}$$

式(1.1.31)意味着处于二维相空间面积元$\Delta x\Delta P_x \approx h$之内的粒子运动状态在物理上是不可区分的，因而它们属于同一种状态。

在三维运动情况下，测不准关系表示为

$$\Delta x\Delta y\Delta z\Delta P_x\Delta P_y\Delta P_z \approx h^3 \tag{1.1.32}$$

故在六维相空间内，一个光子态对应(或占有)的相空间体积元为h^3，称为相格。相格是相空间中用任何实验所能分辨的最小尺度，光子的某一运动状态只能定义在一个相格中，但不能确定它在相格内部的具体位置。这表明微观粒子和宏观质点不同，其运动具有不连续性。

从式(1.1.32)可得出，一个相格所占有的坐标空间体积(相格空间体积)为

$$\Delta x\Delta y\Delta z \approx \frac{h^3}{\Delta P_x\Delta P_y\Delta P_z} \tag{1.1.33}$$

一个光波模式是由两列传播方向相反的行波组成的驻波。因此,一个光波模式在相空间的 P_x、P_y 和 P_z 轴方向所占的线度为

$$\Delta P_x = 2\hbar\Delta k_x, \quad \Delta P_y = 2\hbar\Delta k_y, \quad \Delta P_z = 2\hbar\Delta k_z \tag{1.1.34}$$

于是,一个光波模式在波矢空间的体积元表达式(1.1.22)可写为

$$\Delta k_x \Delta k_y \Delta k_z = \frac{\Delta P_x}{2\hbar}\frac{\Delta P_y}{2\hbar}\frac{\Delta P_z}{2\hbar} = \frac{\pi^3}{\Delta x \Delta y \Delta z}$$

把$\hbar = h/2\pi$ 代入得

$$\Delta P_x \Delta P_y \Delta P_z \Delta x \Delta y \Delta z \approx h^3 \tag{1.1.35}$$

可见,一个光波模式在相空间也占有一个相格,即一个光波模式等效于一个光子态。一个光波模式或一个光子态在坐标空间都占有由式(1.1.33)表示的空间体积。

例如,一台激光器产生一束 1ns、1J,波长为 1.06μm 的脉冲激光,可以通过两种方式来认识这束光波。一方面,可以认为这束光波脉冲的长度为 0.3m 的波动电磁场,波动周期为 1.06μm,这束光波以光速向右移动,如图 1.1.7 所示。

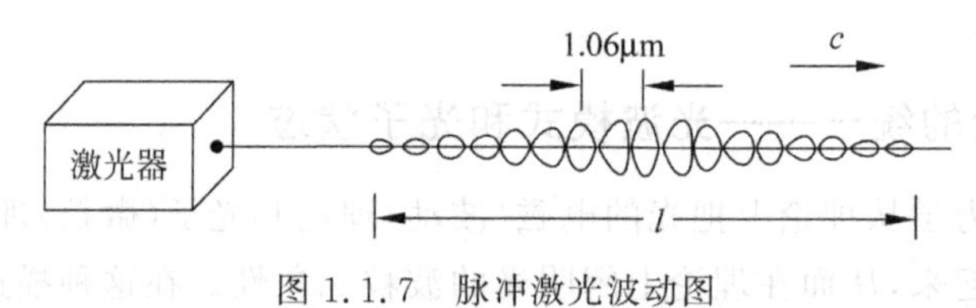

图 1.1.7　脉冲激光波动图

另一方面,也可也认为这个激光脉冲是一束光子的集合,每个光子的能量都是 $\varepsilon = h\nu = hc/\lambda = 1.88\times10^{-19}$ J,共有 5.33×10^{18} 个光子,所有的光子都以光速向右移动,如图 1.1.8 所示。

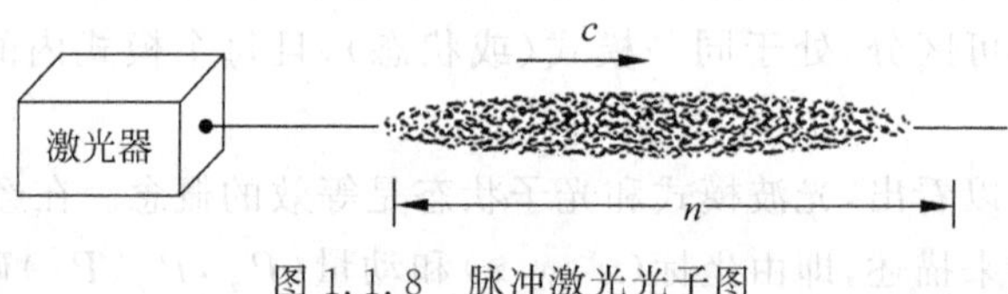

图 1.1.8　脉冲激光光子图

对于这束脉冲的任何一种思考方式都是正确的,但是哪种方式都不能确切地告诉我们这束脉冲是什么。光既不是一种波,也不是一个粒子,但是在一个特定地场合,经常可以很方便地把光看成是其中的一种形式。有时光又可以同时表现为一个波或一种粒子。你能设计一个实验,同时证明光波动性和粒子性吗?

1.2　光子的相干性

1.2.1　光子的相干性

在一般情况下,光的相干性可理解为:在不同的空间点上、在不同的时刻的光波场的某些特性(如光波场的相位)的相关性。在相干性的经典理论中引入光场的相干函数作为相干性的度量。但是,作为相干性的一种粗略描述,常使用相干体积的概念。如果在空间体积

V_c 内各点的光波场都具有明显的相干性，则 V_c 称为相干体积。V_c 又可表示为垂直于光传播方向的截面上的相干面积 A_c 和沿传播方向的相干长度 L_c 的乘积

$$V_c = A_c L_c \tag{1.2.1}$$

也可以表示为

$$V_c = A_c \tau_c c \tag{1.2.2}$$

式中，c 为光速，$\tau_c = L_c / c$ 表示光沿传播方向通过相干长度 L_c 所需的时间，即相干时间。

对于普通光源，其发光过程是大量独立振子的自发辐射。不同振子发出的光波的相位是随机变化的。每个振子发出的光波由持续一段时间 Δt 或在空间占有长度 $c\Delta t$ 的波列所组成，如图1.2.1所示。

对于原子谱线来说，Δt 即为原子的激发态寿命（$\Delta t \approx 10^{-8}$ s），对其波列进行频谱分析，得到它的频带宽度为

$$\Delta\nu \approx \frac{1}{\Delta t} \tag{1.2.3}$$

式中，$\Delta\nu$ 是光源的谱宽，是光源单色性的量度，也可以用 $\Delta\lambda/\lambda_0$ 来度量光源的单色性（λ_0 为光源中心波长）。谱宽越小，光源单色性越好。

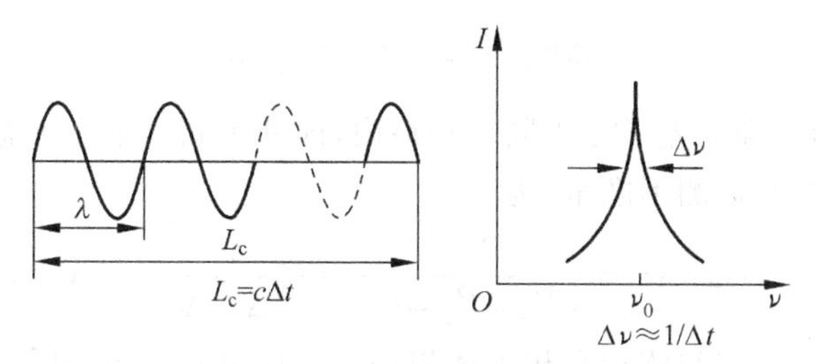

图1.2.1　单个原子发出的光波列及其频谱

在物理光学中已经阐明，光波的相干长度就是光波的波列长度，即

$$L_c = c\Delta t = \frac{c}{\Delta\nu} \tag{1.2.4}$$

于是，相干时间 τ_c 与光源频带宽度 $\Delta\nu$ 的关系为

$$\tau_c = \Delta t = \frac{1}{\Delta\nu} \tag{1.2.5}$$

式(1.2.5)说明，光源单色性越好，则相干时间越长，频带宽度越小。相干时间和光谱谱宽的乘积与光谱的形状有关，相干时间具有与 $1/\Delta\nu$ 相同的数量级。

物理光学中曾证明，在杨氏双缝干涉实验中（如图1.2.2所示），由线度为 Δx 的光源A照明的 S_1 和 S_2 两点的光波场具有明显空间相干性的条件为

$$\frac{\Delta x L_x}{R} \leqslant \lambda \tag{1.2.6}$$

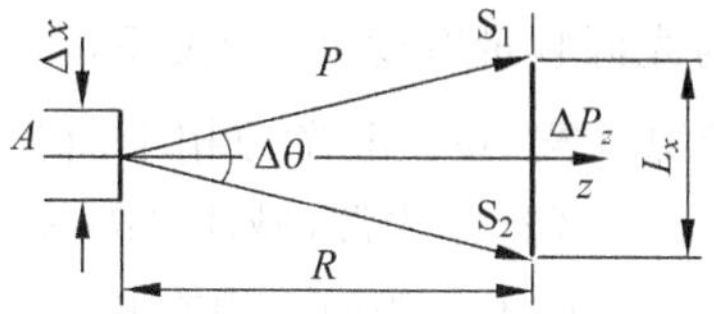

式中，λ 为光源波长。如果用 $\Delta\theta$ 表示两缝间距对光源的张角，则 $\Delta\theta = L_x / R$，代入式(1.2.6)得

图1.2.2　杨氏双缝干涉

$$\Delta x \Delta\theta \leqslant \lambda \tag{1.2.7}$$

改写为

$$(\Delta x)^2 \leqslant \left(\frac{\lambda}{\Delta\theta}\right)^2 \tag{1.2.8}$$

其物理意义是：如果要求传播方向(或波矢 $\boldsymbol{k}$)限于张角 $\Delta\theta$ 之内的光波是相干的，则光源的面积必须小于 $(\lambda/\Delta\theta)^2$。因此，光源的相干面积为 $(\lambda/\Delta\theta)^2$。或者说，只有从面积小于 $(\lambda/\Delta\theta)^2$ 的光源面上发出的光波才能保证张角在 $\Delta\theta$ 之内的双缝具有相干性。根据相干体积定义，可知光源的相干体积为

$$V_{cs}=A_{cs}L_{cs}=(\Delta x)^2 c\Delta t=\left(\frac{\lambda}{\Delta\theta}\right)^2\frac{c}{\Delta\nu} \tag{1.2.9}$$

从光子的观点来看，由面积 $(\Delta x)^2$ 的光源发出动量为 $\boldsymbol{P}$ 的限于立体角 $\Delta\theta$ 内的光子，由于光子具有动量测不准量，在 $\Delta\theta$ 很小的情况下，其分量为

$$\Delta P_x=\Delta P_y\approx|\boldsymbol{P}|\Delta\theta=\frac{h\nu}{c}\Delta\theta \tag{1.2.10}$$

因为 $\Delta\theta$ 很小，故有

$$P_z\approx|\boldsymbol{P}|$$

$$\Delta P_z\approx\Delta|\boldsymbol{P}|=\frac{h}{c}\Delta\nu$$

如果具有上述动量测不准的光子处于同一相格内，即处于同一个光子态，则光子所占有的相格空间体积(即光子的坐标测不准量)为

$$\Delta x\Delta y\Delta z=\frac{h^3}{\Delta P_x\Delta P_y\Delta P_z}=\frac{c^3}{\nu^2\Delta\nu(\Delta\theta)^2}=V_{cs} \tag{1.2.11}$$

式(1.2.11)表明，相格的空间体积和相干体积相等。如果光子属于同一光子态，则它们应该包含在相干体积内。也就是说，属于同一光子态的光子是相干的。

综上所述，可得出下述关于光子相干性的重要结论：

(1) 相格空间体积以及一个光波模式或光子态占有的空间体积都等于相干体积；

(2) 属于同一状态的光子或同一模式的光波是相干的，不同状态的光子或不同模式的光波是不相干的。

1.2.2 光子简并度

具有相干性的光波场的强度(相干光强)在相干光的技术应用中，是一个重要的参量。一个好的相干光源，应具有尽可能高的相干光强、足够大的相干面积和足够长的相干时间。

对于普通光源来说，增大相干面积、相干时间和增大相干光强是矛盾的。由相干时间 τ_c 与光源频带宽度 $\Delta\nu$ 的关系($\tau_c=1/\Delta\nu$)可知，为了增大相干时间，可以采用光学滤波来减小光源频宽 $\Delta\nu$。由光源相干面积 $(\Delta x)^2\leqslant(\lambda/\Delta\theta)^2$ 关系可知，通过缩小光源线度、加光阑减小 Δx 或远离光源(减小 $\Delta\theta$)等办法，可以增大相干面积。但是这些方法都会导致相干光强减小。这正是普通光源在相干光学技术发展中的局限性。例如，光全息技术的原理早在1948年就被提出了，但在激光出现之前一直没有实际应用，其原因就在于没有合适的光源。

相干光强是描述光的相干性的参量之一。从相干性的光子描述出发，相干光强取决于具有相干性的光子的数目或同态光子的数目。这种处于同一状态的光子数称为光子简并度

$\bar{n}$。显然，光子简并度具有以下几种相同的含义：同态光子数、同一模式内的光子数、处于相干体积内的光子数、处于同一相格内的光子数。显然，光子简并度 $\bar{n}$ 越大，说明同态光子数越多，同一模式内的光子数越多，相干光强就越大。

例 1.2.1 对于一个黑体辐射源，在 $T=300\mathrm{K}$ 时，求辐射波长分别为 30cm、60μm 和 0.6μm 时的光子简并度。

解：根据光子简并度的定义有

$$\bar{n}=\frac{E}{h\nu}=\frac{1}{\mathrm{e}^{\frac{h\nu}{k_{\mathrm{b}}T}}-1}$$

当 $\lambda=30\mathrm{cm}$ 时，求得 $\bar{n}\approx10^{3}$，即在一个光波模式内的光子数为 1000，可认为黑体是相干光源；

当 $\lambda=60\mu\mathrm{m}$ 时，求得 $\bar{n}\approx1$，即在一个光波模式内的光子数为 1，可认为黑体是非相干光源；

当 $\lambda=0.6\mu\mathrm{m}$ 时，求得 $\bar{n}\approx10^{-35}$，即在一个光波模式内的光子数为 10^{-35}，这时黑体是完全非相干光源。

1.3 激光的基本概念

前两节论述了光的本质和特性，到目前为止还很少涉及激光。但是现在已经解释了光的波粒二象性，是时候深入了解激光的产生机理和过程了。

在普朗克于 1900 年用辐射量子化假设成功地解释了黑体辐射分布规律，以及玻尔在 1913 年提出原子中电子运动状态量子化假设的基础上，爱因斯坦从光量子概念出发，重新推导了黑体辐射的普朗克公式，提出了受激辐射理论。1917 年，爱因斯坦在德国《物理学年鉴》上发表论文《关于辐射的量子理论》，文章不但论述了辐射的两种形式——自发辐射和受激辐射，还讨论了光子与分子之间的两种相互作用——能量交换和动量交换，并且提出了一个全新的概念，即在物质与辐射场的相互作用下，构成物质的原子或分子在光子的激励下产生光子的受激辐射或吸收。该理论为激光器的产生奠定了理论基础。1960 年，世界上第一台激光器诞生了，激光器和激光技术开始改变世界。

1.3.1 原子的能级

1. 玻尔理论的基本假设

1913 年玻尔利用原子中电子运动状态量子化假设成功地解释了氢原子光谱的实验规律，玻尔理论的基本假设包括：

(1) 定态假设。原子系统只存在一系列不连续的能量状态，其电子只能在一些特殊的圆轨道上运动。电子在这些轨道中运动时不辐射电磁波。这些状态称为定态，相应的能量取不连续的量值 $E_1, E_2, E_3, \cdots$，如图 1.3.1 所示。

(2) 频率假设。原子从一个定态跃迁到另一个定态时，将吸收或辐射电磁波，电磁波的频率由下式决定

$$h\nu_{nk}=E_n-E_k \tag{1.3.1}$$

式中，$n, k=1,2,\cdots$。

(3) 角动量假设。电子作圆轨道运动时，角动量只能取离散值。

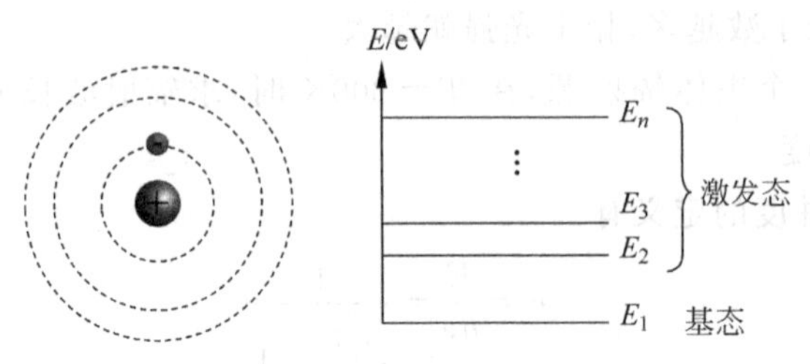

图 1.3.1 氢原子与简单能级图

原子内部的电子既绕着原子核作圆轨道运动，同时又作自旋运动。电子的每一种运动状态对应着不同的能量值，每一个能量值称为原子的一个能级。显然，原子的能级是不连续的。如图 1.3.1 所示，E_1 能级为最低能级，对应的定态称为基态。通常情况下，绝大部分的原子处于基态，基态是最稳定的状态，也称为稳定态。其余能级的能量值均比基态高，称为激发态。处于激发态的原子具有往基态跃迁的天然趋势。那么，原子在激发态能停留多久呢？

2. 能级寿命和能级跃迁

1) 能级寿命

为简化问题，只考虑原子的两个能级 E_1 和 E_2，并假设在单位体积内处于两个能级的原子数称为原子数密度分别为 n_1 和 n_2，如图 1.3.2 所示。由于 E_2 能级上的原子不稳定，会向低能级 E_1 跃迁，因此，n_2 会随着时间的变化而减少。把原子在某个能级上的停留时间称为该能级的能级寿命，通常用符号 τ 表示能级寿命。

但是，处于某个激发态能级上的大量原子中，一些原子的停留时间可能很短，另外一些原子的停留时间可能较长，无法准确地确定每个原子的寿命。因此，能级寿命是对大量原子按照统计规律得到的平均数据。

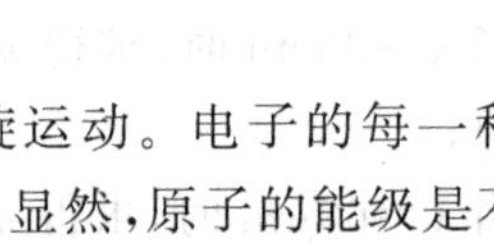

E_2, n_2

E_1, n_1

图 1.3.2 二能级原子能级图

假设 $t=0$ 时刻 E_2 能级上的原子数为 n_{20}，经过一段时间 t 后，原子数减少为 n_2，二者的关系可表示为

$$n_2 = n_{20}\mathrm{e}^{-t/\tau} \tag{1.3.2}$$

当 $t=\tau$ 时，$n_2=n_{20}/\mathrm{e}$，即原子数减少到初始值的 $1/\mathrm{e}$(约 36%)，时间 τ 即为该能级的能级寿命。

能级寿命 τ 的长短与原子的结构密切相关。一般情况下，激发态的能级寿命 τ 都很小，为 $10^{-8}\sim10^{-7}$s。但是，在一些特殊物质的激发态中，也会存在能级寿命比基态短但比其他激发态长的能级，其能级寿命可达 10^{-3}s，原子在这种能级上停留的时间较长，较为稳定，把这种能级称为亚稳态能级。亚稳态能级对激光的产生具有特殊的作用。

2) 能级跃迁

由于低能级的状态较为稳定，因此，高能级上的原子总是试图跃迁到低能级上。但是，并不是从任何一个高能级都可以通过发射光子而跃迁到低能级上。只有满足辐射跃迁选择定则 $h\nu=E_2-E_1$ 时，一个处于高能级上的原子才可以通过辐射一个能量为 $h\nu$ 的光子跃迁到低能级上。相反地,一个处于低能级 E_1 上的原子只有通过吸收一个能量为 $h\nu$ 的光子才能跃迁到高能级 E_2 上。这种因发射或吸收光子从而使原子产生能级间跃迁的现象称为辐射跃迁。

除辐射跃迁外,还存在一种无辐射跃迁。无辐射跃迁表示在不同能级间跃迁时并不伴随光子的发射或吸收,而是把多余的能量传给其他原子或吸收其他原子传来的能量,不存在辐射跃迁选择定则的限制。

3. 玻尔兹曼统计分布

由于原子的热运动,原子间相互碰撞或原子与器壁碰撞,因此,不可能所有原子都处于基态,总有一定数量的原子激发到不同的能级上。那么,处在不同能级上的原子数究竟是多少呢?

根据统计规律,在热平衡状态下,原子数按照能级分布的规律服从玻尔兹曼定律,即

$$n_i \propto f_i e^{-\frac{E_i}{k_b T}} \tag{1.3.3}$$

式中,f_i 为 E_i 能级的简并度,也称为统计权重;k_b 为玻尔兹曼常数($k_b=1.38\times10^{-23}$J/K);n_i 为 E_i 能级上的原子数;T 为热平衡时的热力学温度。式(1.3.3)表明,随着能级 E_i 的增高,原子数 n_i 按指数规律递减,如图1.3.3所示。

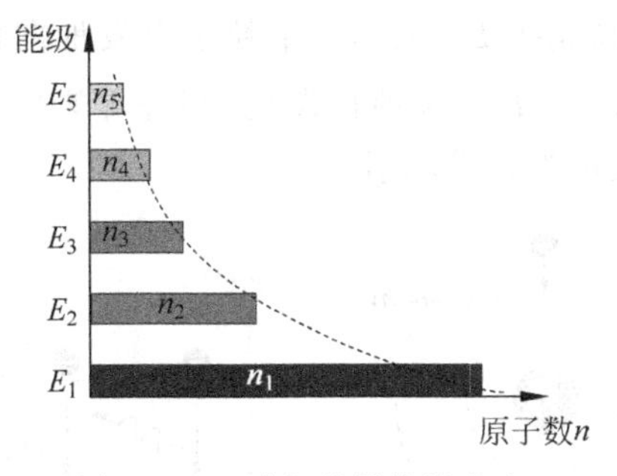

图1.3.3 玻尔兹曼统计分布

由玻尔兹曼定律可知,处在基态上的原子数最多,能级越高,原子数越少。显然,分别处于 E_m 和 E_n 能级上的原子数 n_m 和 n_n 必然满足如下关系:

$$\frac{n_m}{n_n}=\frac{f_m}{f_n}e^{-\frac{E_m-E_n}{k_b T}} \tag{1.3.4}$$

为讨论方便,假设 $f_m=f_n$,则 $n_m/n_n=e^{-\frac{E_m-E_n}{k_b T}}$,当 $E_m>E_n$,且 $T>0$K 时,热平衡态中高能级上的原子数 n_m 总小于低能级上的原子数 n_n,二者之比一般由物质的温度决定。另外,当 T 一定时,E_m-E_n 越大,则 n_m/n_n 越小。若 $E_m-E_n \gg k_b T$,则 n_m/n_n 接近于0。

例如,对于氢原子,当 $T=300$K 时,$k_b T=0.026$eV,$E_2-E_1=10.2$eV,则 $n_2/n_1\approx e^{-400}\approx10^{-170}$。可见,在常温下,气体中的原子几乎全处于基态上。

以上是以氢原子为例,阐述了能级寿命、能级跃迁和玻尔兹曼统计分布规律。但是,构成物质的基本微粒有三种,即原子、分子和离子。对于分子和离子,上述概念和规律也适用。为便于叙述,在涉及物质系统中的原子、分子或离子时,统称为粒子,相应地,涉及能级上的原子数、分子数或离子数时,统称为粒子数。

综上，处于高能级上的粒子数总是小于低能级上的粒子数，这是热平衡情况的一般规律，也称之为正常分布。那么，有没有“不正常”分布呢？高能级上的粒子数能大于低能级上的粒子数吗？事实上，在激光器中，必须使高能级上的粒子数大于低能级上的粒子数，通常把这种分布称为粒子数反转分布。这种分布对激光的产生具有至关重要的作用。要实现粒子数反转分布，必须打破系统的热平衡状态。为此，需要深入学习和理解爱因斯坦受激辐射理论。

1.3.2 爱因斯坦受激辐射理论

1917年，爱因斯坦提出了受激辐射理论，这是激光器和激光产生的理论基础。物质吸收或发光实质上是辐射场和构成物质的粒子相互作用的结果，其实质就是粒子在不同能级间的跃迁。光与物质(原子、分子或离子)的相互作用有三种不同的基本过程，即自发辐射、受激吸收和受激辐射。对于一个包含大量粒子的系统，这三种过程总是同时存在并紧密联系的。

对于由同类粒子组成的系统，能级数目很多，要全部讨论这些能级间的跃迁，问题十分复杂。为突出主要矛盾，简化问题，只考虑两个能级 E_2 和 E_1，且认为它们满足辐射跃迁选择定则，并假设在单位体积内处于两能级上的粒子数分别为 n_2 和 n_1。

1. 自发辐射

如图1.3.4所示，处于高能级 E_2 上的一个粒子自发地向低能级 E_1 跃迁，并发射一个能量为 $h\nu$ 的光子，且 $h\nu=E_2-E_1$，这种自发地、与外界影响无关的跃迁过程称为自发跃迁。由自发跃迁发出的光波称为自发辐射。

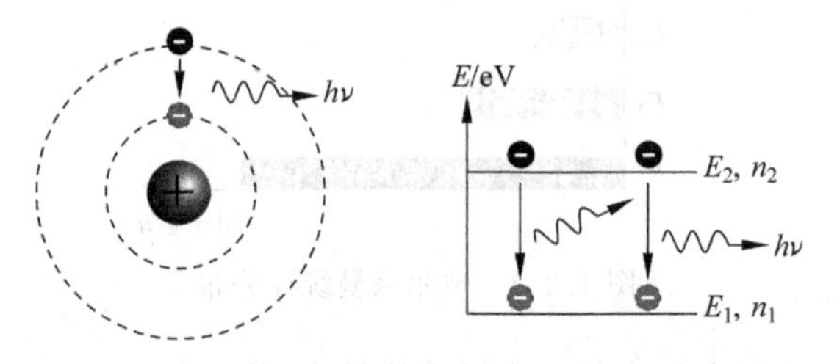

图1.3.4 自发辐射示意图

自发辐射的特点是每个发生辐射的粒子都可看作是一个独立的发射单元，粒子彼此之间毫无联系，且各粒子发生辐射(发光)的时间是随机的，所以产生的光波虽然频率相同，但是相位却是随机的，没有固定的关系，偏振方向也不相同，光子将向空间各个方向传播。因此，大量粒子自发辐射的过程是杂乱无章的随机过程，产生的光是非相干光。

虽然各个粒子的发光彼此是独立的，但是从对于大量粒子的统计平均来看，从能级 E_2 经自发辐射跃迁到能级 E_1 具有一定的概率，该概率称为自发跃迁概率，也称为自发跃迁爱因斯坦系数，用 A_{21} 表示，定义 A_{21} 为：单位时间内高能级上发生自发辐射的粒子数($\mathrm{d}n_{21}/\mathrm{d}t$)与高能级上的初始粒子数 n_2 的比值，即

$$A_{21}=\left(\frac{\mathrm{d}n_{21}}{\mathrm{d}t}\right)_{\mathrm{sp}}\frac{1}{n_2} \tag{1.3.5}$$

由于单位时间内高能级上发生自发辐射的粒子数 $\mathrm{d}n_{21}/\mathrm{d}t$ 即是减少的粒子数 $-\mathrm{d}n_2/\mathrm{d}t$，因此，式(1.3.5)可写为

$$A_{21}=-\frac{\mathrm{d}n_2}{\mathrm{d}t}\frac{1}{n_2}\tag{1.3.6}$$

对式(1.3.6)进行积分求解，得

$$n_2(t)=n_{20}\mathrm{e}^{-A_{21}t}\tag{1.3.7}$$

式中，n_{20} 为 $t=0$ 时处于 E_2 能级上的粒子数。若无外界的干扰，由于自发辐射，高能级上的粒子数将随时间作指数衰减。对比能级寿命的表达式(1.3.2)可知

$$A_{21}=\frac{1}{\tau_2}\tag{1.3.8}$$

式中，τ_2 表示 E_2 能级的平均寿命。

上述结论只考虑两个能级的情况。实际上，自高能级 E_n 可以跃迁到满足辐射跃迁选择定则的不同的低能级，如图 1.3.5 所示。设跃迁到能级 E_m 的概率为 A_{nm}，则激发态能级 E_n 的自发辐射平均寿命为

$$\tau_n=1\Big/\sum_m A_{nm}\tag{1.3.9}$$

需要指出的是，自发跃迁是一种只与粒子本身性质有关而与外界辐射场无关的过程。因此，自发跃迁概率只取决于粒子本身的性质。

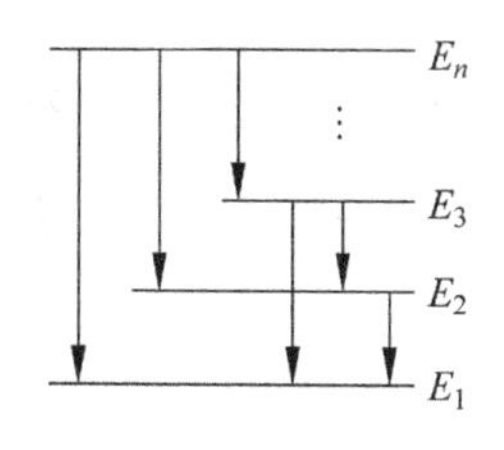

图 1.3.5　多能级间的自发辐射

2. 受激吸收

在热平衡条件下，黑体所吸收的辐射能量等于它发出的辐射能量，即黑体与辐射场之间处于能量平衡状态。也就是说，在热平衡时，黑体空腔内有完全确定的辐射场。如果黑体物质粒子只包含自发辐射跃迁过程，是不能维持黑体腔内辐射场的稳定状态的。因此，爱因斯坦认为，必然还存在粒子在辐射场作用下向高能级的跃迁过程，即受激吸收过程，如图 1.3.6 所示。

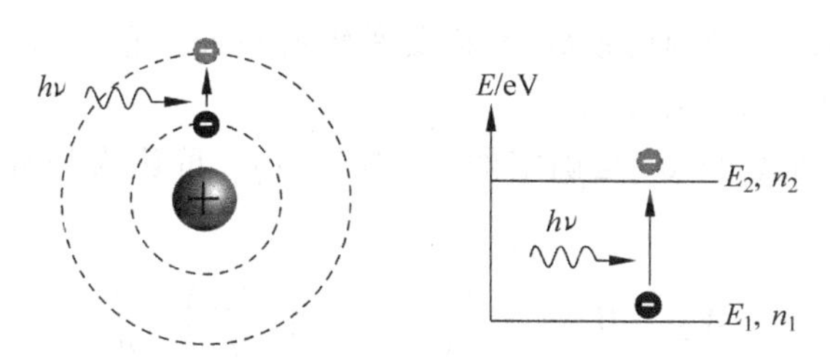

图 1.3.6　受激吸收示意图

处于低能级 E_1 上的粒子，在频率为 ν 的辐射场的作用(激励)下，吸收一个能量为 $h\nu=E_2-E_1$ 的光子后向高能级 E_2 跃迁，这种过程称为受激吸收跃迁。设低能级 E_1 上的粒子数为 n_1，外来辐射场的单色能量密度为 ρ_ν，则在 Δt 时间内，在辐射场的激励下，低能级上的原子吸收光子，跃迁到高能级上，则 E_2 上的粒子数增加量为 $\mathrm{d}n_{12}$，于是有

$$\mathrm{d}n_{12}=B_{12}n_1\rho_\nu\mathrm{d}t\tag{1.3.10}$$

式中，B_{12} 称为爱因斯坦受激吸收系数，简称受激吸收系数。它与 A_{21} 一样，是粒子能级系统的特征参量，只与粒子性质有关。

在式(1.3.10)中，辐射场 ρ_ν 是确定的，则 B_{12} 和 ρ_ν 可认为是常数。令 $W_{12}=B_{12}\rho_\nu$，则有

$$W_{12}=B_{12}\rho_\nu=\frac{\mathrm{d}n_{12}}{\mathrm{d}t}\frac{1}{n_1}=\left(\frac{\mathrm{d}n_{12}}{\mathrm{d}t}\right)_{\mathrm{st}}\frac{1}{n_1} \tag{1.3.11}$$

W_{12} 的物理意义是，在单色能量密度为 ρ_ν 的辐射场的作用下，单位时间内，由 E_1 能级跃迁到 E_2 能级的粒子数(即 E_2 能级上由于吸收而增加的粒子数 $\mathrm{d}n_{12}$)占 E_1 能级上总粒子数的比值，也即 E_1 能级上每个粒子单位时间内因受激吸收而跃迁到 E_2 能级的概率。所以，定义 W_{12} 为受激吸收跃迁概率。与自发跃迁概率 A_{21} 不同，W_{12} 不仅与粒子性质有关，还与辐射场的单色能量密度 ρ_ν 成正比。

3. 受激辐射

当受到外来能量($h\nu=E_2-E_1$)的光照射时，处在高能级上的原子受外来光子的激励而跃迁到低能级上，同时，发射一个与外来光子完全相同的光子，如图 1.3.7 所示。我们把这种发光过程称为受激辐射跃迁。不难理解，受激辐射是受激吸收的反过程。

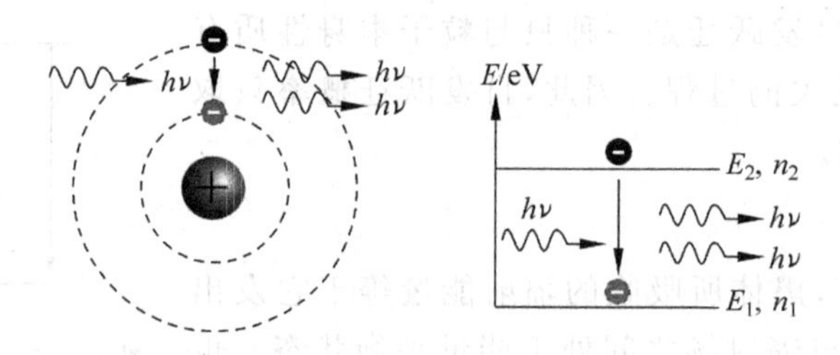

图 1.3.7　受激辐射示意图

设高能级 E_2 上的粒子数为 n_2，外来光单色能量密度为 ρ_ν，则在 Δt 时间内，在辐射场的激励下，E_2 上的粒子数减少量为 $\mathrm{d}n_{21}$(由于受激辐射，跃迁到低能级上)，于是有

$$\mathrm{d}n_{21}=B_{21}n_2\rho_\nu\mathrm{d}t \tag{1.3.12}$$

式中，B_{21} 称为爱因斯坦受激辐射系数，简称受激辐射系数。它与 A_{21}、B_{12} 一样，是粒子能级系统的特征参量，只与粒子性质有关。

在式(1.3.12)中，辐射场 ρ_ν 是确定的，则 B_{21} 和 ρ_ν 可认为是常数。令 $W_{21}=B_{21}\rho_\nu$，则有

$$W_{21}=B_{21}\rho_\nu=\frac{\mathrm{d}n_{21}}{\mathrm{d}t}\frac{1}{n_2}=\left(\frac{\mathrm{d}n_{21}}{\mathrm{d}t}\right)_{\mathrm{st}}\frac{1}{n_2} \tag{1.3.13}$$

W_{21} 的物理意义是，在单色能量密度为 ρ_ν 的辐射场的作用下，单位时间内，由 E_2 能级跃迁到 E_1 能级的粒子数(即 E_2 能级上由于激励而减少的粒子数 $\mathrm{d}n_{21}$)占 E_2 能级上总粒子数的比值，也即是 E_2 能级上每个粒子单位时间内因受激辐射而跃迁到 E_1 能级的概率。所以，定义 W_{21} 为受激辐射跃迁概率。与自发跃迁概率 A_{21} 不同，W_{21} 不仅与粒子性质有关，还与辐射场的单色能量密度 ρ_ν 成正比。因此，对于一个粒子系统，辐射场的单色能量密度 ρ_ν 越大，则受激辐射概率就越大。

受激辐射发光具有以下特点：

(1) 只有当外来光子的能量为 $h\nu=E_2-E_1$ 时，才能引起受激辐射，即辐射场满足辐射跃迁选择定则；

(2) 受激辐射所发出的光子与辐射场光子的特性完全一样，即频率、相位和偏振方向、传播方向完全相同，是相干光。这是受激辐射与自发辐射最重要的区别。

受激辐射的结果是外来辐射场的光强得到放大，即经过受激辐射后，特征完全相同的光子数成倍增加。在量子电动力学的基础上可以证明，受激辐射光子与入射光子(种子光子、激励光子)属于同一光子态，二者是相干光。受激辐射过程是激光产生的基本过程。

例 1.3.1　CO_2 激光器(波长为 $10.6\mu m$)的工作温度为 227℃，求谐振腔内辐射场的单色能量密度 ρ_ν 和受激辐射跃迁概率 W_{21}(已知 $B_{21}=6\times10^{20}\,m^3/J\cdot s^2$)。

解：$\nu=c/\lambda=2.83\times10^{13}\,Hz$

$$\rho_\nu=\frac{8\pi h\nu^3}{c^3}\frac{1}{e^{\frac{h\nu}{k_bT}}-1}=9.28\times10^{-20}\,J/(m^3\cdot Hz)$$

$$W_{21}=B_{21}\rho_\nu=55.7s^{-1}$$

4. 爱因斯坦系数关系

事实上，在光和大量粒子的相互作用中，自发辐射、受激吸收和受激辐射三种过程是同时发生的，它们之间密切相关。在单色能量密度为 ρ_ν 的辐射场的照射下，dt 时间内光和粒子相互作用达到动态平衡时，有下述关系：

$$A_{21}n_2dt+B_{21}n_2\rho_\nu dt=B_{12}n_1\rho_\nu dt \tag{1.3.14}$$

即在单位体积内，在 dt 时间内，由高能级 E_2 通过自发辐射和受激辐射而跃迁到低能级 E_1 的粒子数应等于低能级 E_1 因受激吸收而跃迁到高能级 E_2 上的粒子数。

如前所述，黑体腔内辐射场与物质原子相互作用的结果应该维持黑体处于温度为 T 的热平衡状态。这种热平衡状态的标志是：

(1) 腔内存在着稳定的辐射场 ρ_ν：

$$\rho_\nu=n_\nu\cdot E=\frac{8\pi h\nu^3}{c^3}\frac{1}{e^{\frac{h\nu}{k_bT}}-1}$$

(2) 腔内物质粒子数按能级分布应服从热平衡状态下的玻尔兹曼分布：

$$\frac{n_2}{n_1}=\frac{f_2}{f_1}e^{-\frac{E_2-E_1}{k_bT}}=\frac{f_2}{f_1}e^{-\frac{h\nu}{k_bT}}$$

式中，f_2 和 f_1 分别为能级 E_2 和能级 E_1 的简并度(统计权重)。

(3) 在热平衡状态下，能级 E_2 和能级 E_1 上的粒子数 n_2 和 n_1 应保持不变，即

$$\left(\frac{dn_{21}}{dt}\right)_{sp}+\left(\frac{dn_{21}}{dt}\right)_{st}=\left(\frac{dn_{12}}{dt}\right)_{st} \tag{1.3.15}$$

或

$$n_2A_{21}+n_2B_{21}\rho_\nu=n_1B_{12}\rho_\nu \tag{1.3.16}$$

把 ρ_ν 和 n_2/n_1 代入式(1.3.16)得

$$\frac{c^3}{8\pi h\nu^3}\left(e^{\frac{h\nu}{k_bT}}-1\right)=\frac{B_{21}}{A_{21}}\left(\frac{B_{12}f_1}{B_{21}f_2}e^{\frac{h\nu}{k_bT}}-1\right) \tag{1.3.17}$$

当 $T\to\infty$ 时，式(1.3.17)也成立，因此有

$$B_{12}f_1=B_{21}f_2 \tag{1.3.18}$$

则

$$\frac{A_{21}}{B_{21}}=\frac{8\pi h\nu^3}{c^3}=n_\nu h\nu \tag{1.3.19}$$

式(1.3.18)和式(1.3.19)就是爱因斯坦系数之间的基本关系。当统计权重 $f_1=f_2$ 时,$B_{12}=B_{21}$,即 $W_{12}=W_{21}$。

虽然上述关系是在热平衡状态下推导出来的,但是用量子电动力学可以证明其结果具有普适性。

1.3.3 光的受激辐射放大

受激辐射的结果是外加辐射场的光强得到放大,即经过受激辐射后,特征完全相同的光子成倍增加。但是,在一个封闭空腔中(如黑体空腔),单色模密度 n_ν 很大,即光波模式数很多,而每个模式上的平均能量很小(单色能量密度为 ρ_ν),不利于光的振荡。能否通过某种途径提高腔内某一特定(或少数几个)模式的能量密度 ρ_ν 呢?如果提高了某一特定模式的能量密度 ρ_ν,则受激辐射概率($W_{21}=B_{21}\rho_\nu$)就会增大,更容易实现受激辐射,从而实现光的受激辐射放大。

1. 光放大的概念

为了更容易理解光放大的概念,首先回顾四个重要的概念:光波模式、单色模密度、单色模能量密度和光子简并度。

体积为 V 的空腔内,在频率 ν 附近 $\mathrm{d}\nu$ 频带内的光波模式数为

$$N_{\mathrm{m}}=\frac{V_1}{\Delta V}=\frac{8\pi\nu^2}{c^3}V\mathrm{d}\nu$$

在频率 ν 附近单位体积、单位频带内的模式数(又称为单色模密度)为

$$n_\nu=\frac{8\pi\nu^2}{c^3}$$

黑体的单色模辐射能量密度 ρ_ν 为

$$\rho_\nu=n_\nu\cdot E=\frac{8\pi h\nu^3}{c^3}\frac{1}{\mathrm{e}^{\frac{h\nu}{k_\mathrm{b}T}}-1}$$

黑体辐射分配到腔内每个模式上的平均能量为

$$E=\frac{h\nu}{\mathrm{e}^{\frac{h\nu}{k_\mathrm{b}T}}-1}$$

黑体辐射的光子简并度为

$$\bar{n}=\frac{E}{h\nu}=\frac{1}{\mathrm{e}^{\frac{h\nu}{k_\mathrm{b}T}}-1}$$

结合单色模辐射能量密度 ρ_ν 的表达式,黑体辐射的光子简并度可改写为

$$\bar{n}=\frac{\rho_\nu}{\frac{8\pi h\nu^3}{c^3}}=\frac{B_{21}\rho_\nu}{A_{21}}=\frac{W_{21}}{A_{21}} \tag{1.3.20}$$

要增强光的受激辐射放大，其实质就是提高光子简并度。因此，可以通过减少腔内模式数和提高辐射场能量密度 ρ_ν 两种方式来实现。如何实现呢？

如图1.3.8所示，将一个充满物质原子的长方体空腔（黑体）去掉侧壁，只保留两个互相平行的端面壁，并在两个端面内壁上镀有很高的反射膜，构成F-P的形式。那么，与腔轴线不平行的光经多次反射后必逸出腔外，仅有与轴线平行（垂直于两个端面）的光留在腔内。可见，通过这种形式可以有效地减少腔内的模式数。

此外，如果沿腔轴线方向传播的光在每次通过腔内物质时，不是被腔内物质原子吸收，而是作为受激辐射的激励光子，激发腔内物质原子产生受激辐射，那么，腔内的光将由于原子的受激辐射而得到放大，因此，沿腔内轴线的光波模式的能量密度 ρ_ν 就能不断增强，从而在沿轴向的光波模式内获得极高的光子简并度。

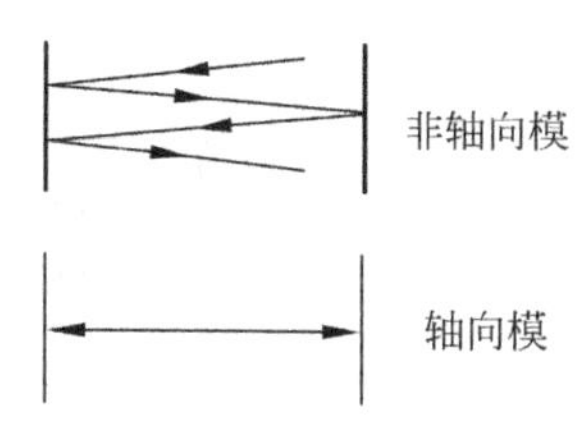

图1.3.8 利用F-P干涉仪选模

上述设想包含了两个重要的思想。一是光波模式的筛选，可以认为它是利用两个互相平行的平面镜实现的。这实际上就是光学技术中熟知的F-P干涉仪，在激光器和激光技术中，将其称为光学谐振腔，简称为谐振腔。另一个是光的受激辐射放大（light amplification by stimulated emission of radiation，LASER）。要实现光的受激辐射放大，还需要满足什么条件呢？

2. 光放大的条件

通过"受激辐射"的学习，我们知道，要实现受激辐射，需要有两个条件：一是要有外部辐射场的作用，即要有外来激励光子，且满足 $h\nu=E_2-E_1$；二是物质粒子要处于激发态上。但是，在热平衡状态下，激发态上的粒子是非常少的（$n_2<n_1$），因此，受激辐射的概率也很小。由于 $n_2A_{21}+n_2W_{21}=n_1W_{12}$，即当能量为 $h\nu=E_2-E_1$ 的光子与物质相互作用时，受激吸收的光子数 n_1W_{12} 恒大于受激辐射的光子数 n_2W_{21}，因此，处于热平衡状态下的物质只能吸收光子。

但是，在特定条件下物质的光吸收可以转换为光放大。显然，这个特定条件就是 $n_2>n_1$，称为集居数反转（也称为粒子数反转）。一般来说，当物质处于热平衡状态（即它与外界处于能量平衡状态）时，集居数反转是不可能实现的，只有当外界向物质提供能量（称为激励或泵浦过程），打破物质的热平衡状态，才能实现集居数反转。

要实现集居数反转，首先需要一个泵浦源，用于把物质的粒子不断地由低能级抽运到高能级上去。其次还需要合适的物质（称为工作物质），它能在外界泵浦源的作用下，易于形成集居数反转分布。

那么，这种工作物质应该有什么特性呢？如果该工作物质的高能级寿命非常短，抽运到高能级上的大量粒子就会立即通过自发辐射跃迁到低能级，无法形成集居数反转分布。因此，要实现集居数反转分布，还需要工作物质具有亚稳态能级，粒子可以在亚稳态能级上停留更长的时间，易于实现集居数反转。

综上，集居数反转是实现光放大的必要条件。要实现集居数反转，需要两个条件，一是泵浦源的抽运，可看作是外因；二是工作物质具有亚稳态能级，可看作是内因。归纳为一句话，即"内有亚稳态，外有激励源"。

3. 增益系数

处于集居数反转状态的物质称为激活介质(或激光介质)。一旦形成集居数反转,激光介质便可实现光的放大。放大作用的大小通常用增益(放大)系数 g 描述。如图 1.3.9 所示,设光在传播方向上 z 处的光强为 $I(z)$(光强 I 正比于光的单色能量密度 ρ),则增益系数定义为

$$g=\frac{1}{I(z)}\frac{\mathrm{d}I(z)}{\mathrm{d}z} \tag{1.3.21}$$

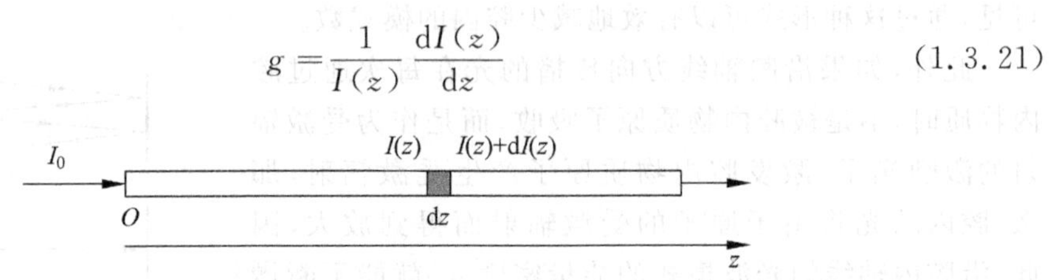

图 1.3.9 激光介质的光放大

假设辐射场为单色光,其能量密度为 ρ_ν,初始光强为 I_0,且满足辐射跃迁选择定则,即 $h\nu=E_2-E_1$。由于 E_2 和 E_1 间形成集居数反转分布,当频率为 ν 的入射光进入工作物质时,产生受激辐射的光放大,频率为 ν 的光子数会急剧增加。因此,工作物质中的能量密度也会增大,把 z 处的能量密度记为 $\rho_\nu(z)$,粒子数密度分别记为 $n_1(z)$和 $n_2(z)$。若忽略自发辐射产生的光子,若 $f_1=f_2$,t 时刻工作物质单位体积内的光子数为 N,则在单位时间单位体积内增加的光子数为

$$\frac{\mathrm{d}N}{\mathrm{d}t}=[n_2(z)-n_1(z)]B_{21}\rho_\nu \tag{1.3.22}$$

若工作物质中的光速为 v,则 z 处的光强为 $I(z)=Nh\nu v=\rho_\nu(z)v$。由于 $\mathrm{d}z=v\mathrm{d}t$,则有

$$\begin{aligned}\frac{\mathrm{d}I(z)}{\mathrm{d}z}&=\frac{h\nu v}{v}\frac{\mathrm{d}N}{\mathrm{d}t}=\frac{h\nu v}{v}[n_2(z)-n_1(z)]B_{21}\rho_\nu(z)\\&=\frac{h\nu}{v}I(z)[n_2(z)-n_1(z)]B_{21}\end{aligned} \tag{1.3.23}$$

结合增益系数的定义,得

$$g=\frac{1}{I(z)}\frac{\mathrm{d}I(z)}{\mathrm{d}z}=\frac{h\nu}{v}[n_2(z)-n_1(z)]B_{21} \tag{1.3.24}$$

若 $n_2(z)-n_1(z)$不随 z 变化,则 g 为常数,记为 g^0,称为小信号增益系数。此时,z 处的光强为

$$I(z)=I_0\mathrm{e}^{g^0 z} \tag{1.3.25}$$

式中,I_0 为 $z=0$ 处的初始光强,如图 1.3.10 所示。

光强的增大是上能级粒子向下能级受激辐射跃迁的结果,受激辐射消耗上能级的粒子数,则 $n_2(z)-n_1(z)$减小。$n_2(z)-n_1(z)$减小的速度越快,则光强越强。由于 $n_2(z)-n_1(z)$ 随着 z 的增加而减小,因此,增益系数 $g(z)$也将随着 z 的增加而减小,这一现象称为增益饱和效应,简称为增益饱和。

令入射光强为 I,并考虑入射光强的影响,增益系数还可表示为

$$g(I)=\frac{g^0}{1+\dfrac{I}{I_s}} \tag{1.3.26}$$

式中，g^0 为小信号增益系数；I_s 为饱和光强（暂时将 I_s 理解为描述增益饱和效应而唯象引入的参量）；$g(I)$ 为大信号增益系数。

如果 $I \ll I_s$，则 $g(I)=g^0$ 为常数，且不随 z 变化，这就是小信号增益系数。反之，如果不能满足 $I \ll I_s$ 时，$g(I)$ 为大信号增益系数（或称为饱和增益系数）。

实际上，增益系数是光波频率 ν 的函数，表示为 $g(\nu,I)$。这是因为能级 E_2 和 E_1 由于各种原因总有一定的宽度，所以在中心频率 $\nu_0=(E_2-E_1)/h$ 附近一个小范围（$\nu_0 \pm \Delta\nu/2$）内都有受激辐射跃迁发生。$g(\nu,I)$ 随频率 ν 变化的曲线称为增益曲线，$\Delta\nu$ 称为增益曲线宽度，如图 1.3.11 所示。关于增益系数的详细讨论见第 3 章内容。

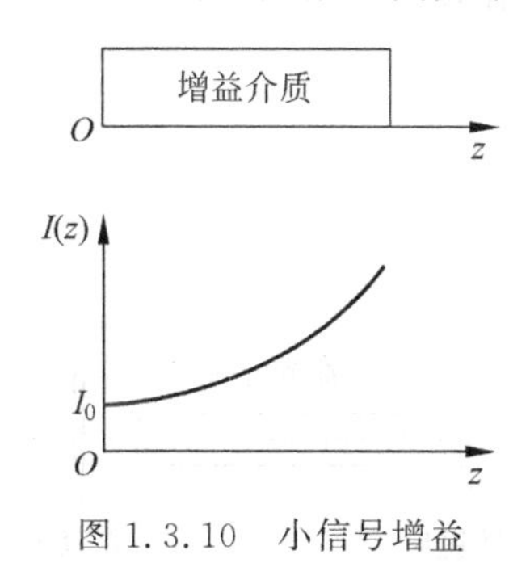

图 1.3.10　小信号增益

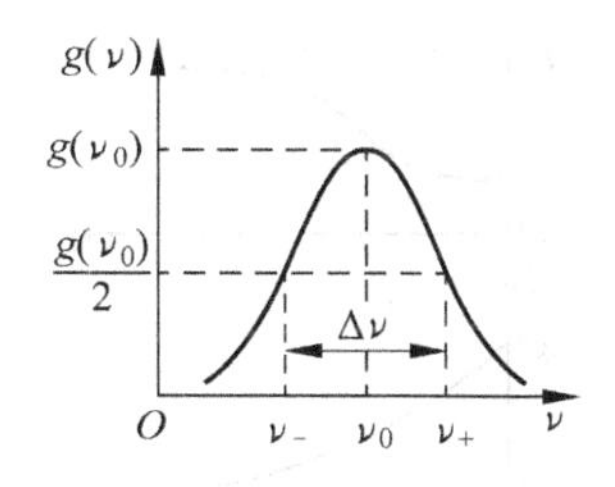

图 1.3.11　增益曲线

1.3.4　光的自激振荡

对于一个激活介质，如果其长度为无限长，当有激励光子入射时，由于光放大的作用，光强会一直增加吗？如果没有激励光子（即初始光强为 0），还会产生光的放大吗？

1. 自激振荡

在光放大的同时，通常还存在光的损耗，用损耗系数 α 来表示。损耗系数 α 定义为通过单位距离后光强衰减的百分数，表示为

$$\alpha=-\frac{1}{I(z)}\frac{\mathrm{d}I(z)}{\mathrm{d}z} \tag{1.3.27}$$

若同时考虑激光介质中的增益和损耗，则有

$$\mathrm{d}I(z)=[g(I)-\alpha]I(z)\mathrm{d}z \tag{1.3.28}$$

假设有微弱光（光强为 I_0）进入一个无限长的激光介质。起初，光强将按照小信号放大规律 $I(z)=I_0\mathrm{e}^{(g^0-\alpha)z}$ 增长，但随着 $I(z)$ 的增加，g 将由于增益饱和效应而按照式（1.3.26）减小，因而 $I(z)$ 的增加将逐渐变缓。最后，当 $g=\alpha$ 时，$I(z)$ 不再增加并达到一个稳定的极限值 I_m，如图 1.3.12 所示。

当 $g=\alpha$ 时，由式（1.3.26）得

$$g(I)=\frac{g^0}{1+\dfrac{I_m}{I_s}}=\alpha$$

求得

$$I_m=(g^0-\alpha)\frac{I_s}{\alpha} \tag{1.3.29}$$

可见，I_m 只与激光介质的参数有关，而与初始光强 I_0 无关。也就是说，不管初始光强 I_0 多么微弱，只要激光介质足够长，就能形成确定大小的光强 I_m，这就是自激振荡的概念。自激振荡表明，当激光介质的长度足够长时，它可能成为一个自激振荡器。

实际上，并不需要把激光介质的长度无限增加，而只需要在具有一定长度的激光介质两端放置如图 1.3.13 所示的光学谐振腔。这样，只有轴向光波模能在两个腔镜间往返传播，激励光多次通过激光介质，等效于增加了激光介质的长度。由于在腔内总是存在频率在 ν_0 附近的微弱的自发辐射光（相当于初始光强 I_0），它经过多次受激辐射放大后就可能在轴向光波模上形成光的自激振荡，这就是激光器的基本结构。

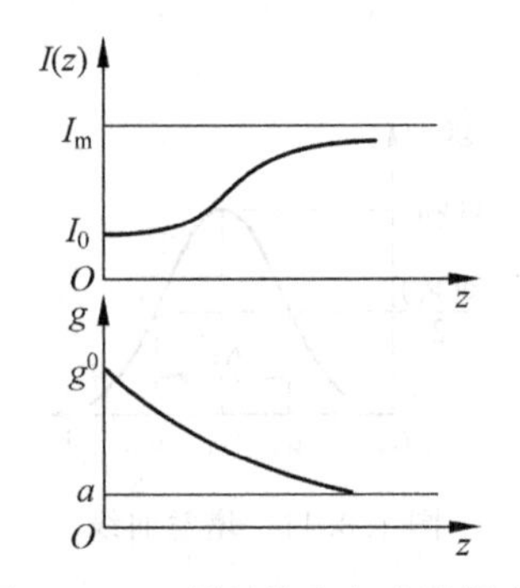

图 1.3.12 增益饱和与自激振荡

图 1.3.13 光学谐振腔

由上述分析可知，光学谐振腔能起到延长激光介质的作用（正反馈），同时还能控制光束的传播方向（筛选光波模式）。因此，光学谐振腔的存在保证了激光具有极好的方向性。在后续章节中会进一步看到，激光的许多特性都与光学谐振腔有关。

2. 振荡条件

从式（1.3.29）知，工作物质能够产生自激振荡的条件是 $g^0 \geqslant \alpha$，这样才能在初始光强 I_0 任意小的情况下也能形成确定大小的光强 I_m。$g^0 \geqslant \alpha$ 也是激光器的振荡条件，其中，损耗系数 α 是包括激光介质损耗和谐振腔损耗在内的总平均损耗系数。

当 $g^0 = \alpha$ 时，称为阈值振荡条件，这时腔内光强维持在初始光强 I_0 的水平上；当 $g^0 > \alpha$ 时，腔内光强 I_m 增加，且 $I_m \propto (g^0 - \alpha)$。可见，增益和损耗是激光器能否振荡的决定因素。应该特别指出，激光器的许多特性（如输出功率、单色性、方向性等）以及对激光器采取的技术措施（如稳频、选模和锁模等）都与增益和损耗有关。因此，工作物质的增益特性和光腔的损耗特性是掌握激光原理的重要线索。

振荡条件也可以表示为另一种形式。设激光介质长度为 l，光腔长度为 L，令 $\alpha L = \delta$，δ 称为光腔的单程损耗因子，振荡条件 $g^0 \geqslant \alpha$ 可改写为

$$g^0 l \geqslant \delta \tag{1.3.30}$$

$g^0 l$ 称为单程小信号增益因子。

1.3.5 产生激光的条件

综上所述，产生激光的条件可归纳如下：

(1) 必要条件：光放大。要实现光的受激辐射放大，必须打破热平衡状态，实现粒子数

反转。因此，需要一个泵浦源，把物质的原子不断地由低能级抽运到高能级上去。另外，还需要合适的发光介质（或称为工作物质），该介质具有亚稳态能级，在外界泵浦源的作用下，在亚稳态能级和下能级间形成粒子数反转。

（2）充分条件：增益大于损耗。只有使 $g^0 \geqslant \alpha$，才能在任意小的初始光强 I_0 下都能形成大小确定的光强 I_m。

1.4　激光器的基本结构

由1.3节的内容可知，激光器的基本思想就是使相干的受激辐射光子集中在某一个（或几个）特定的模式内，而不是均匀分配到所有模式内，从而使腔内某一个（或几个）特定的模式内形成很高的光子简并度。因此，在物质发光过程中，要使受激辐射起主要作用而产生激光，必须具备以下三个条件：

（1）有提供放大作用的增益介质作为激光工作物质，其激活粒子（原子、分子或粒子）有适合于产生受激辐射的能级结构；

（2）有外界激励源（泵浦源），能将下能级的粒子抽运到上能级，使激光上下能级之间产生粒子数反转分布；

（3）有光学谐振腔，能增长激光工作物质的工作长度，筛选光波模式，控制光束的传播方向，选择被放大的受激辐射光频率以提高单色性。

激光器的基本结构一般包括三部分，即工作物质（也称为激光介质）、泵浦源和光学谐振腔，如图1.4.1所示。其中，工作物质提供形成激光的能级结构体系，是激光产生的内因；泵浦源提供形成激光的能量激励，是激光形成的外因；光学谐振腔为激光器提供正反馈放大机构，使受激辐射光的强度、方向性和单色性进一步提高。

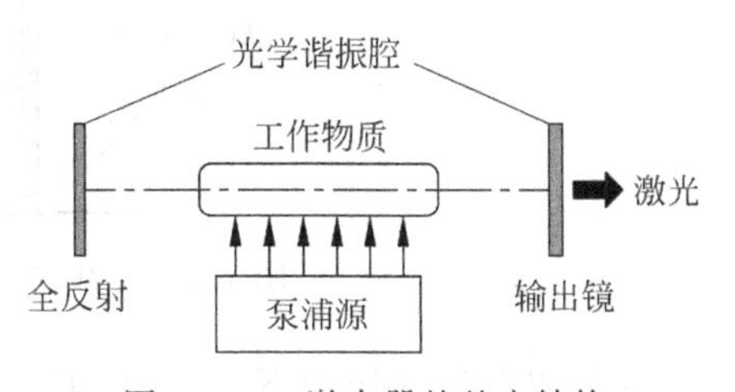

图1.4.1　激光器的基本结构

1.4.1　工作物质

工作物质是能够实现粒子数反转并产生受激辐射光放大的介质，是激光器的核心，在很大程度上决定了激光器的性能。那么，什么样的物质适合做激光工作物质呢？

1. 二能级系统

在1.3节中，以简化的理想二能级系统为例分析了三种跃迁过程和激光产生的条件。如图1.4.2所示，当外界激励能量作用于二能级体系物质时，处于能级 E_1 上的粒子吸收能量为 $h\nu=E_2-E_1$ 的光子，被抽运到能级 E_2 上，能级 E_2 上的粒子数密度以一定的速率增加。在泵浦初期，因为 $n_1>n_2$，因此，受激吸收过程占优势。一旦能级 E_2 上的粒子数有所增加，首先产生自发辐射，这部分光子经谐振腔筛选后作为受激辐射的种子光。随着外界激励的加强，n_2 不断增加，受激辐射过程开始加强，使 n_2 的增速减小。此时，受激辐射过程占优势，可以不考虑自发辐射的作用，认为仅有受激吸收和受激辐射过程。那么，由于泵浦，物质继续吸收泵浦光子，使 n_1 减小，n_2 增加；但是，由于受激辐射的作用，n_2 减小，n_1 增加。

这两个过程同时存在，最终达到 $n_1=n_2$ 的状态，即吸收和辐射相等，达到“激励饱和”状态，也称为自受激透射状态。在这种状态下，n_2 不再增加，即使增加泵浦光强，受激吸收和受激辐射以相同的速率增加，但不会实现粒子数反转。因此，二能级系统物质不能用作激光工作物质。

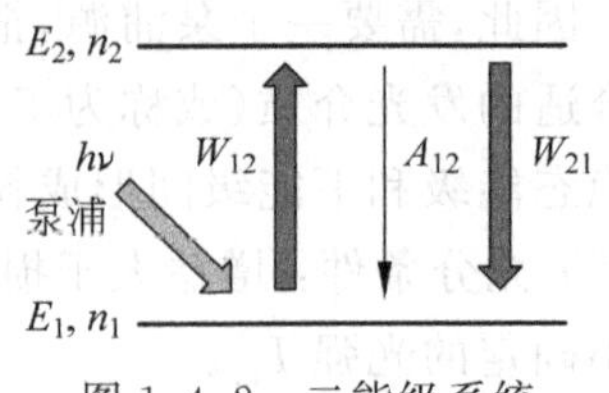

图 1.4.2 二能级系统

事实上，工作物质系统的能级结构十分复杂，而且不同物质有自己独特的能级结构。要产生激光，工作物质只有两个能级(基态和激发态)是不够的，至少还需要一个亚稳态能级，可以使粒子在该能级上停留较长的时间，从而实现其与低能级之间的粒子数反转分布。因此，只有具备了亚稳态能级的物质才有可能产生激光。如此一来，激光工作物质至少具备三个能级，即基态能级、激光上能级(亚稳态能级)和激光下能级。事实上，不管原子能级结构多么复杂，常用的激光工作物质不外乎三能级或四能级结构。

2. 三能级系统

世界上第一台激光器——红宝石激光器，就是三能级系统的典型代表，其能级结构如图 1.4.3 所示。其中，E_1 为基态，E_2 为亚稳态，E_3 为激发态。

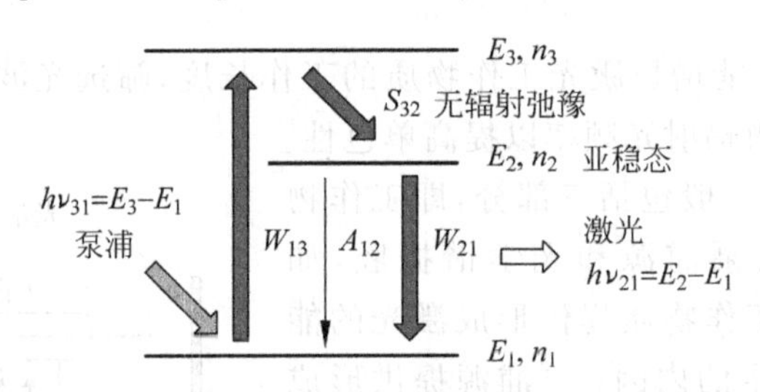

图 1.4.3 红宝石激光器的能级结构(三能级系统)

在外界泵浦的作用下，粒子从 E_1 能级跃迁到 E_3 能级。由于 E_3 能级的平均寿命很短(10^{-9} s 量级)，因而不允许粒子停留，因此，跃迁到 E_3 能级上的粒子很快就通过无辐射弛豫跃迁到 E_2 能级上。E_2 能级是亚稳态，能级寿命较长(10^{-3} s 量级)，允许粒子停留。于是，随着 E_1 能级上的粒子不断地被抽运到 E_3 能级上，又很快地弛豫到 E_2 能级上，因而粒子在 E_2 能级上大量聚集起来，当 E_2 能级上的粒子数超过粒子总数的一半时，就在 E_2 能级和 E_1 能级之间形成了粒子数反转分布。此时，若有能量为 $h\nu_{21}=E_2-E_1$ 的光子入射，则会激发受激辐射，产生频率为 ν_{21} 的光子，从而实现光的放大。

由于三能级系统要在亚稳态和基态能级之间形成粒子数反转，也就是说要把一半以上的粒子抽运到 E_2 能级上，因此，对泵浦源的泵浦能力要求较高，换句话说，这种能级系统的激光阈值很高。那么，E_3 能级可以是亚稳态能级吗？能否在 E_3 能级和 E_2 能级之间形成粒子数反转呢？

3. 四能级系统

如果 E_3 能级是亚稳态能级，则构成了激光阈值较低的四能级系统。比如，最常用的 Nd：YAG 激光器就是四能级结构，其亚稳态能级在 E_3 能级，如图 1.4.4 所示。

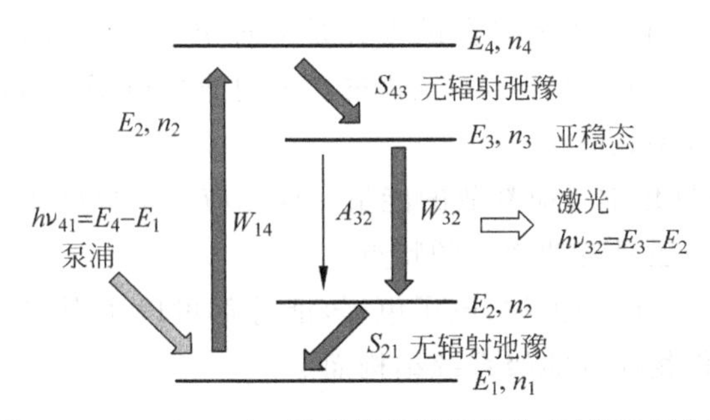

图 1.4.4　Nd：YAG 激光器的能级结构(四能级系统)

在四能级系统中，由于 E_4 能级到 E_3 能级和 E_2 能级到 E_1 能级的无辐射跃迁概率都很大，而 E_3 能级到 E_2 能级和 E_3 能级到 E_1 能级的自发跃迁概率都比较小，因此，在外界泵浦的作用下，E_1 能级上的粒子不断地被抽运到 E_4 能级，并很快转到亚稳态能级 E_3 上，而 E_2 能级上留不住粒子，因此，能级 E_3 和能级 E_2 之间很容易就能形成粒子数反转，若有能量为 $h\nu_{32}=E_3-E_2$ 的光子入射，则会激发受激辐射，产生频率为 ν_{32} 的光子，从而实现光的放大。

四能级系统结构使粒子数反转很容易实现，激光阈值低。因此，现在绝大多数的激光器都是这种结构。

如前所述，工作物质的能级结构决定了激光的波长和频率，同时，还决定了激光阈值的高低。激光器的工作物质类型比较多，如固体、气体、液体、半导体、自由电子等，都可以构成不同功能和性能的激光器。

1.4.2　泵浦源

由于在一般情况下工作介质都处于粒子数正常分布状态，即处于非激活状态。要建立粒子数反转分布状态，就必须借助外界能量激励工作物质。把在外界作用下，粒子从低能级进入高能级从而实现粒子数反转分布的过程称为泵浦，把实现粒子抽运的装置称为泵浦源或激励源。泵浦源是激光器的三个基本组成之一，是形成激光的外因。合适的泵浦方式和能量大小对激光的产生有重要的影响。

泵浦过程其实就是粒子(原子、分子或离子)的激励过程。实现泵浦的方法很多，从直接完成粒子数反转的方式来分，主要有以下几种：

(1) 光激励。用一束自发辐射的强光或激光束直接照射工作物质，利用激光工作物质的泵浦能级的强吸收性质将光能转化为激光能。大多数固体激光器都采用这种激励方式，但一般效率不高。

常用的光激励器件有脉冲氙灯、氪灯等，比如 Nd：YAG 激光器中常用脉冲氙灯作为泵浦源。世界上第一台激光器中采用了氪灯作为泵浦源。现在，随着半导体器件的发展，常用半导体激光器(LD)作为泵浦源。

(2) 气体辉光放电或高频放电。大多数气体激光器由于工作物质密度小，离子间距大，相互作用弱，能级极窄，且吸收光谱多在紫外波段，用光激励技术难度较大，效率较低，故多采用气体放电中的快速电子直接轰击或共振能量转移完成粒子数反转。比如，He-Ne 激光器就是利用了共振能量转移完成粒子数反转分布的。

(3) 直接电子注入。半导体激光器的发光是通过电子与空穴的复合发光的,因此粒子数反转是通过电子与空穴的反转分布而实现的。通过直接电子注入即可实现电子与空穴的反转分布,而且其激光效率较高。

(4) 化学反应。通过化学反应释放的能量完成相应粒子数反转的泵浦方式。化学激光器就是这类泵浦方式,一般具有功率大的特点。

除上述常用泵浦方式外,冲击波、电子束、核能等都可以实现粒子数反转。具体采用哪种泵浦方式,要根据工作物质的能级系统结构而定。

1.4.3 光学谐振腔

光学谐振腔是构成激光器的重要器件,它不仅为获得激光输出提供必要的条件——限制了可能的模式数目,同时还对激光的频率(单色性)、功率(高亮度)、光束发散角(方向性)以及相干性等有着很大的影响。如前所述,在工作物质两端放置两个平面镜构成的 F-P 腔是一种最简单谐振腔。实际情况中,根据不同的应用场合及激光器类型,可以采用不同曲率、不同结构的谐振腔。但不管哪种谐振腔,它们都具有相同的特性,即都是开腔,侧面没有边界限制,这使偏离轴向的模式不断耗散,以保证激光的定向输出。

归纳而言,光学谐振腔的主要作用有:

(1) 进行模式选择,提高输出激光的相干性。

(2) 提供轴向光波模式的正反馈,实现光放大。

(3) 选频。谐振腔使具有一定频率的光波产生振荡,而抑制其他频率的光波振荡。

对于激光器而言,光学谐振腔的作用至关重要,对激光的输出特性影响巨大。在第 2 章中,将详细阐述光学谐振腔的相关内容。

1.5 激光的特性

激光器是以受激辐射发光为主,而普通光源是以自发辐射为主。与普通光源相比,激光光源具有许多优良的性能。总的来说,主要表现在方向性好、单色性好、相干性好和高亮度。实际上,这四个特性本质上可归结为一点,即激光具有很高的光子简并度。也就是说,激光可以在很大的相干体积内有很高的相干光强。其根本原因就是受激辐射的本性和光学谐振腔的选模作用。

1.5.1 方向性和空间相干性

1. 方向性

激光基本上是沿着激光器的谐振腔轴向方向向前传播的。除半导体激光器由于自身的结构特点而使其光束发散角较大外,一般的激光器发出的激光束发散角 θ(单位:弧度,rad)和在空间所张的立体角 Ω(单位:球面度,sr)都很小,如图 1.5.1 所示。发散角和其对应的空间立体角的关系为 $\Omega=\pi\theta^2/4$。

激光所能达到的最小光束发散角受衍射效应的限制,即激光束的发散角不能小于激光通过输出孔径时的衍射角 θ_m,θ_m 称为衍射极限。设光腔输出孔径为 $2a$,则衍射极限 θ_m 为

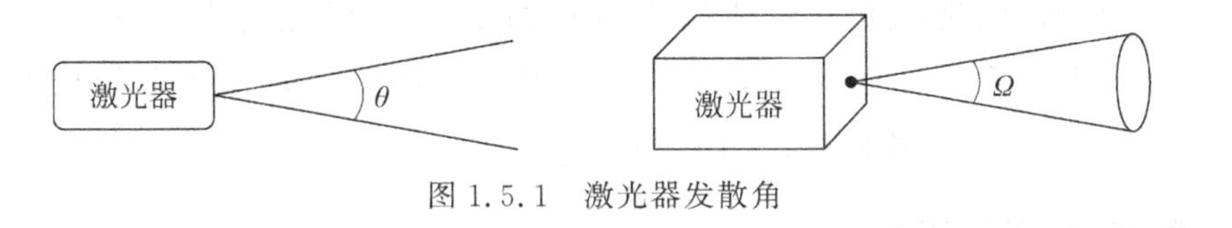

图1.5.1 激光器发散角

$$\theta_{\mathrm{m}}=\frac{\lambda}{2a} \tag{1.5.1}$$

例如，对于He-Ne激光器，$\lambda=632.8\mathrm{nm}$，取$2a=3\mathrm{mm}$，则$\theta_{\mathrm{m}}\approx2.1\times10^{-4}\mathrm{rad}$。

不同类型激光器的方向性差别较大。气体激光器由于工作物质具有良好的均匀性，并且腔长较长，所以有最好的方向性，可达$\theta=10^{-3}\mathrm{rad}$，He-Ne激光器甚至可达$3\times10^{-4}\mathrm{rad}$，这已十分接近衍射极限。固体激光器的方向性较差，一般在$10^{-2}\mathrm{rad}$量级，其主要原因是固体材料的光学非均匀性、腔长较短和激励的非均匀性。半导体激光器的方向性最差。

2. 空间相干性

空间相干性是指同一时刻，处于某给定光波的同一波阵面上不同两点(线度为Δx)之间光波场的相干性。光束的空间相干性和它的方向性紧密联系。对于普通光源，只有当光束发散角小于某一限度(式(1.2.7))，即$\Delta\theta\leqslant\lambda/\Delta x$时(见1.2节图1.2.2)，光束才具有明显的空间相干性。而对于激光器，不用放置双缝也可以观察到干涉现象，因而，激光具有极好的空间相干性。

1.5.2 单色性和时间相干性

1. 单色性

由于激光的发光频率ν是由激光能级系统决定的，它的谱线宽度极窄，为$\Delta\nu\approx7.5\times10^{3}\mathrm{Hz}$。单色性最好的普通光源是$\mathrm{Kr}^{86}$灯(氪灯)，谱线宽度$\Delta\nu=3.8\times10^{8}\mathrm{Hz}$，显然激光的单色性远优于普通光源。如果激光器的光波模式较多，则其单色性就会变差。因此，可以采用选模技术得到单模激光，提高单色性。另外，在实际的激光器中，有一系列不稳定因素(如温度、振动、气流、激励等)导致光学谐振腔频率不稳定，也会导致激光器的单色性变差。因此，稳频技术对提高激光器的单色性和相干性十分重要。

单模稳频激光气体激光器的单色性最好，一般可达$10^{3}\sim10^{6}\mathrm{Hz}$，在采用最严格稳频措施的条件下，曾在He-Ne激光器中观察到约2Hz的带宽。固体激光器的单色性较差，主要是因为工作物质的增益曲线很宽，很难保证单纵模工作。半导体激光器的单色性最差。

2. 时间相干性

时间相干性是指同一光源在不大于τ_{c}的两个不同时刻发生的光在空间某处交会能产生干涉的性质。τ_{c}称为相干时间，是表征时间相干性的参量，τ_{c}时间内所走过的光程差L_{c}称为相干长度。于是有

$$\tau_{\mathrm{c}}=\frac{L_{\mathrm{c}}}{c}=\frac{1}{\Delta\nu} \tag{1.5.2}$$

式中，$\Delta\nu$为谱线线宽。可见，光源的单色性越好，相干时间就越长。

相干时间的物理意义是：在空间某处，同一光源在时间间隔处于τ_{c}之内的不同时刻发出的光都是相干的。

由于$\tau_c=1/\Delta\nu$，因此，光的单色性越好，相应的相干时间和相干长度就越长，相干性越好。如，氪灯的相干长度约为78cm，$\tau_c\approx2.6\times10^{-9}$s，而He-Ne激光器的相干长度约为$10^4$m，$\tau_c\approx1.3\times10^{-4}$s，二者相差$2\times10^5$倍。

1.5.3 高亮度(强相干光)

亮度是衡量光源的一个重要参数。光源的亮度B定义为单位截面在法线方向单位立体角内发射的光功率，即

$$B=\frac{(\Delta P)_1}{\Delta s\Delta\Omega}$$

式中，$(\Delta P)_1$为光源的面元Δs在立体角$\Delta\Omega$内所发射的光功率。

光源的单色亮度定义为单位截面、单位频带宽度和单位立体角内发射的光功率，即

$$B_\nu=\frac{(\Delta P)_2}{\Delta s\Delta\nu\Delta\Omega}$$

式中，$(\Delta P)_2$为光源的面元Δs在频带宽度$\Delta\nu$中，在立体角$\Delta\Omega$内所发射的光功率。

光源的单色亮度正比于光子简并度。由于激光具有极好的方向性和单色性，因而具有极高的光子简并度和单色亮度。太阳的亮度值$B\approx2\times10^3\,\mathrm{W/(cm^2\cdot sr)}$，气体激光器的输出激光的亮度值范围为$10^4\,\mathrm{W/(cm^2\cdot sr)}\sim10^5\,\mathrm{W/(cm^2\cdot sr)}$，固体激光器的输出激光的亮度值范围为$10^7\,\mathrm{W/(cm^2\cdot sr)}\sim10^{11}\,\mathrm{W/(cm^2\cdot sr)}$，调$Q$固体激光器的输出激光亮度值范围为$10^{12}\,\mathrm{W/(cm^2\cdot sr)}\sim10^{17}\,\mathrm{W/(cm^2\cdot sr)}$，上述数据很好地解释了“激光比太阳还明亮”。

和普通光源相比，激光的单色亮度或光子简并度实现了重大的突破。一台高功率调Q固体激光器的亮度比太阳表面的亮度高出几百万倍。将一个吉瓦级(10^9W)调Q激光聚焦到直径为5μm的光斑上，能获得的功率密度可达$10^{15}\,\mathrm{W/cm^2}$。

总的来说，正是由于激光能量在空间和时间上的高度集中，才使得激光具有普通光源达不到的高亮度。这也正是激光技术在工业生产中得到广泛应用的原因。

本章小结

本章从光的电磁理论和光量子理论出发，阐述了光的本质——波粒二象性，重点解释了光波模式、光子状态和光子简并度的概念，其中，光波模式是激光原理和激光技术中最为重要的概念之一。

1.3节内容(激光的基本概念)是本章的重点内容，是理解激光的产生和激光器工作过程的关键，尤其是受激辐射理论中的三个过程和它们之间的关系。在本节中，还学习了增益和损耗的概念，这两个概念对于理解激光的产生至关重要。深刻理解本节内容，是学习后续知识的基础。

1.4节内容(激光器的基本结构)简要介绍了激光器的基本结构组成，其详细的内容会在后续章节进行讲解。如光学谐振腔的内容，将在第2章详细讲解；激光工作物质的增益系数等，将在第3章详细阐述。

学习本章内容后，读者应该知道和理解：

(1) 电磁波的模式、光强和光功率；

(2) 普朗克黑体辐射规律、光量子、光波模式和光子状态的等效；

(3) 光子的相干性和光子简并度；

(4) 爱因斯坦受激辐射理论、激光产生的条件；

(5) 激光器的基本结构和激光产生的过程；

(6) 激光的特性。

习　题

1. 为使 He-Ne 激光器的相干长度达到 1km，它的单色性 $\Delta\lambda/\lambda_0$ 应该是多少？

2. 设一对激光能级为 E_2 和 $E_1(f_2=f_1)$，相应的频率为 ν(波长为 λ)，能级上的粒子数密度分别为 n_2 和 n_1，求：

(1) 当 $\nu=3000\text{MHz}$、$T=300\text{K}$ 时，n_2/n_1 是多少？

(2) 当 $\lambda=1\mu\text{m}$、$T=300\text{K}$ 时，n_2/n_1 是多少？

(3) 当 $\lambda=1\mu\text{m}$、$n_2/n_1=0.1$ 时，T 是多少？

3. 在 2cm^3 的空腔内存在带宽为 $10^{-4}\mu\text{m}$、波长为 $0.5\mu\text{m}$ 的自发辐射光。求：

(1) 此光的频带范围是多少？

(2) 在此频带范围内，腔内存在的模式数是多少？

(3) 一个自发辐射光子出现在某一模式的概率是多少？

4. 如果工作物质的某一跃迁是波长为 100nm 的远紫外光，自发辐射概率 $A_{10}=10^6/\text{s}$，求：

(1) 该跃迁的受激辐射爱因斯坦系数 B_{10} 是多少？

(2) 若受激辐射跃迁概率是自发辐射跃迁概率的 3 倍，求腔内单色能量密度 ρ_ν。

5. 某一分子的能级 E_4 到三个较低能级 E_1、E_2 和 E_3 的自发辐射跃迁概率分别是 $A_{43}=5\times10^7\text{s}^{-1}$、$A_{42}=1\times10^7\text{s}^{-1}$ 和 $A_{41}=3\times10^7\text{s}^{-1}$，试求该分子 E_4 能级的自发辐射寿命 τ_{s_4}。若各能级寿命分别为：$\tau_1=5\times10^{-7}\text{s}$，$\tau_2=6\times10^{-9}\text{s}$，$\tau_3=1\times10^{-8}\text{s}$，$\tau_4=\tau_{s_4}$，试求对 E_4 连续激发并达到稳态时，能级上的粒子密度的比值 n_1/n_4、n_2/n_4 和 n_3/n_4，并指出这时在哪两个能级间实现了集居数反转(假设各能级统计权重相等)。

6. 证明当每个模中的平均光子数(光子简并度)大于 1 时，辐射光中受激辐射占优势。

7. (1) 一质地均匀的材料对光的吸收系数为 0.01mm^{-1}，光通过 10cm 长的该材料后，出射光强为入射光强的百分之几？

(2) 一光束通过长度为 1m 的均匀激励工作物质。如果出射光强是入射光强的两倍，试求该物质的增益系数(假设光很弱，可不考虑增益或吸收的饱和效应)。

8. 有一台输出波长为 632.8nm、线宽 $\Delta\nu_s$ 为 1kHz、输出功率 P 为 1mW 的单模 He-Ne 激光器。如果输出光束直径是 1mm，发散角 θ 为 0.714mrad。试问：

(1) 每秒发出的光子数目 N_0 是多少？

(2) 该激光束的单色亮度是多少？

(3) 对一个黑体来说，要求它从相等的面积上和相同的频率间隔内，每秒发射出的光子数达到与上述激光器相同水平时，所需温度应多高？

第 2 章思维导图

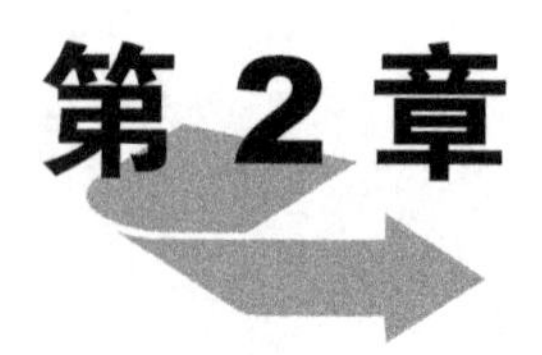

第 2 章 光学谐振腔

通过第 1 章内容的学习知道，开放式光学谐振腔（以下简称为光学谐振腔或光腔）是激光器的重要组成部分，它在激光产生中起到选模、正反馈和选频的作用，对激光器的输出性能影响巨大。因此，光学谐振腔的知识是理解激光的相干性、方向性和单色性等特性，指导激光器件的设计和装调的理论基础，也是研究和掌握激光技术和应用的理论基础。

研究光学谐振腔的理论方法有几何光学理论和波动光学理论。几何光学不考虑与光的波动性有关的衍射现象，研究傍轴光线在腔内往返传播行为；波动光学理论则从惠更斯—菲涅尔原理出发，研究腔内光场的分布、谐振频率、损耗等。

本章先介绍与光学谐振腔有关的重要概念，利用矩阵光学分析方法讨论光线在腔内的传播和谐振腔的稳定性问题。然后，依据波动光学分析谐振腔的衍射理论，讨论方形镜、圆形镜和一般稳定球面腔的自再现模及其特征。最后，介绍了高斯光束的传播规律、聚焦和准直等问题。

本章重点内容：

1. 光学谐振腔的基本概念、光线传播矩阵
2. 光学谐振腔的稳定性、损耗和品质因数
3. 光学谐振腔的衍射积分理论、自再现模
4. 一般稳定球面腔的自再现模
5. 高斯光束的传播规律
6. 高斯光束的聚焦和准直

2.1 光学谐振腔的基本概念

2.1.1 光腔的构成和分类

1. 构成

在激活介质的两端恰当地放置两个反射镜片，就构成一个最简单的开放式光学谐振腔。在技术发展历史上最早提出的是平行平面腔，它由两块平行平面反射镜组成，即 F-P 腔。

随着激光技术的发展，后来广泛采用由两面具有公共轴线且线度有限的球面反射镜构成激光器的光学谐振腔，称为共轴球面腔，如图 2.1.1 所示。F-P 腔是共轴球面腔的一个特例。从理论上分析这类腔时，通常认为其侧面没有光学边界（这是一种理想化的处理方法），

因此将这类谐振腔称为开放式光学谐振腔,或简称为开腔。其中,两面球面反射镜之间的轴向距离 L 称为几何腔长,简称腔长。

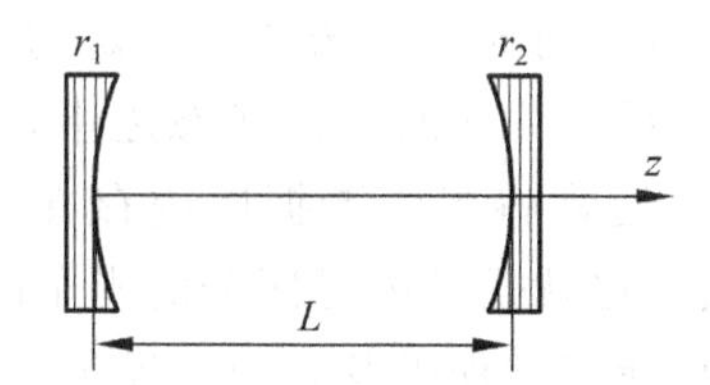

图 2.1.1　共轴球面腔基本结构示意图

在这种共轴球面腔中,两面反射镜的反射率分别为 r_1 和 r_2,其中,一个反射镜(称为全反镜)的反射率 r_1 尽量接近于 1,以减少腔内能量的损失,而另一个反射镜(称为输出镜)要具有适当的透过率($r_2<1$),以便能够输出一定的能量。

与微波腔相比,激光器的光学谐振腔具有两个特点,一是腔长远大于激光波长($L\gg\lambda$),可使腔内增益较大,容易实现激光振荡;二是侧边没有光学边界(开放腔),可大大减少腔内模式数。

2. 分类

光学谐振腔可以根据有无侧边界分为闭腔、开腔和波导腔,如图 2.1.2 所示。如果固体激光工作物质充满整个谐振腔,光线在侧壁发生内全反射,则称为闭腔;如果固体激光物质长度远小于腔长,则可视为开腔。波导谐振腔常用于半导激光器、光纤激光器和气体激光器,在波导谐振腔中,不能忽略侧面边界的影响。

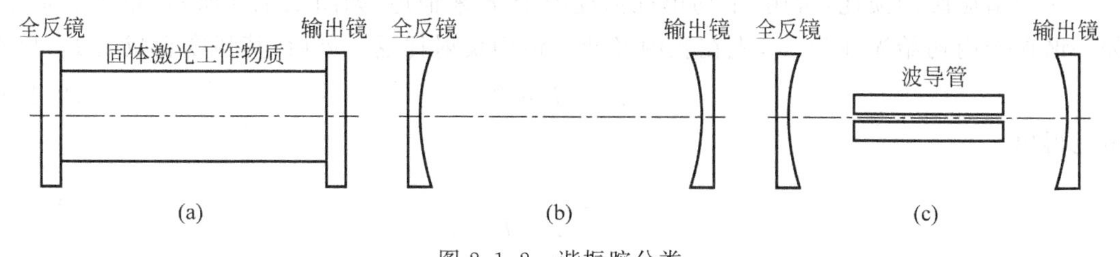

图 2.1.2　谐振腔分类

(a) 闭腔;(b) 开腔;(c) 波导腔

根据腔内有无激活工作物质可以分为有源腔和无源腔,有源腔内含有激活工作物质,无源腔内不含激活工作物质或虽有工作物质但没有激活,不考虑其增益。

根据谐振腔的几何偏折损耗可以分为稳定腔、临界腔和非稳腔。稳定腔的几何偏折损耗很低,绝大多数中、小功率的激光器都采用了稳定腔。高功率的激光器多采用非稳腔。

根据谐振腔腔镜的形状和结构可以分为球面腔和非球面腔。根据腔中辐射场的特点可以分为驻波腔和行波腔。根据腔内是否插入透镜之类的光学元件或者是否考虑腔镜以外的反射表面分为简单腔和复合腔。

光学谐振腔的分类方式较多,本章只讨论由两个球面镜构成的开放式无源光学谐振腔,因为这类腔是最简单和最常用的。折叠腔、环形腔、复合腔等比较复杂的开腔往往可以利用本章的某些结果或方法来处理。

2.1.2 光腔的模式

无论是闭腔还是开腔,都将对腔内的电磁场产生一定的约束。一切被约束在空间有限范围内的电磁场都只能存在于一系列分立的本征状态之中,场的每一个本征状态具有一定的振荡频率和一定的空间分布。通常将光学谐振腔内存在的电磁场的本征态称为腔的模式。从光子的观点来看,激光模式也就是腔内可区分的光子的状态。

腔内电磁场的本征态由麦克斯韦方程组及腔的边界条件决定。由于不同类型和结构的谐振腔的边界条件不同,因此,谐振腔的模式也各不相同。但不管是闭腔还是开腔,一旦确定了腔的结构,则腔的振荡模式的基本特征也就确定了,这就是腔与模式的一般联系。因此,光学谐振腔理论也即是激光模式理论,其目的是揭示激光模式的基本特征及其与腔的结构之间的依赖关系。

振荡模式的基本特征,是指每一个模式的电磁场分布、谐振频率、在腔内往返一次的相对功率损耗、对应的激光束的发散角。只要知道了腔的参数,就可以唯一地确定上述特征。

2.1.3 光腔的损耗

光学谐振腔一方面具有光学正反馈作用,另一方面也存在各种损耗。光学谐振腔的损耗是指光在腔内传播时,由于各种物理原因造成的光强的衰减。损耗的大小是评价谐振腔质量的一个重要指标,决定了激光振荡的阈值和激光的输出能量。

1. 平均单程损耗因子

对于谐振腔的损耗,常用“平均单程损耗因子”δ 来描述,如图 2.1.3 所示,定义 δ 如下:如果谐振腔内初始光强为 I_0,光在腔内经两个镜面反射往返一周后,其强度衰减为 I_1,则有

$$I_1 = I_0 e^{-2\delta} \tag{2.1.1}$$

由此得出

$$\delta = \frac{1}{2}\ln\frac{I_0}{I_1} \tag{2.1.2}$$

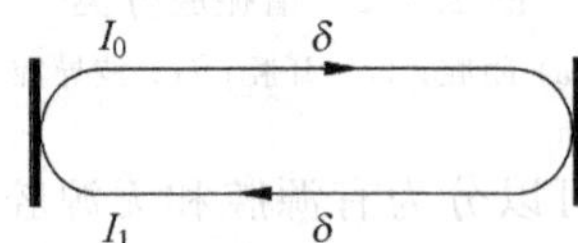

图 2.1.3 平均单程损耗示意图

如果损耗是多种原因引起的,每一种原因引起的损耗以相应的损耗因子 δ_i 表示,则有

$$I_1 = I_0 e^{-2\delta_1} \cdot e^{-2\delta_2} \cdot e^{-2\delta_3} \cdots = I_0 e^{-2\delta} \tag{2.1.3}$$

式中

$$\delta = \sum_i \delta_i = \delta_1 + \delta_2 + \delta_3 + \cdots \tag{2.1.4}$$

δ 为各种原因引起的总单程损耗因子,即腔中各种单程损耗因子的总和。

2. 几种常见的损耗

开放式光学谐振腔的损耗主要包括以下几种:

1）几何偏折损耗

光线在腔内往返传播时，可能会从腔的侧面偏折出去，我们把这种损耗称为几何偏折损耗。几何偏折损耗是由于两镜面很难完全平行造成的，其大小取决于腔的类型和几何尺寸。

如图 2.1.4 所示，当平面腔的两个镜面构成小的角度 β 时，光在两镜面间经有限次往返后必然逸出腔外。设初始光与一个镜面垂直，当光在腔内往返传播时，入射角与反射角的夹角 θ_i 将依次为 2β、4β、6β、$8\beta\cdots$，每往返一次，光线在镜面上沿径向移动距离为 $L\cdot\theta_i$。设光在腔内往返传播 m 次后才逸出腔外，则有

$$L\cdot 2\beta+L\cdot 6\beta+L\cdot 10\beta+\cdots+L(2m-1)\cdot 2\beta\approx D \tag{2.1.5}$$

式中，D 为平面镜的直径。

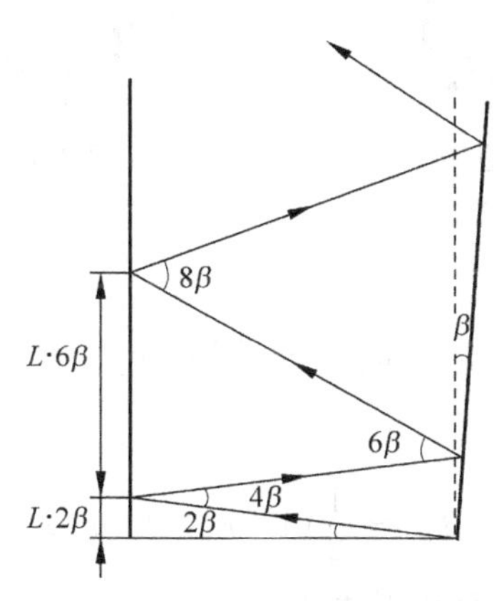

图 2.1.4　几何偏折损耗示意图

利用等差级数求和公式得

$$m=\sqrt{\frac{D}{2\beta L}} \tag{2.1.6}$$

那么，往返一次的平均损耗为 $1/m$，因此，由腔镜不平行引起的平均单程损耗因子 δ_β 为

$$\delta_\beta=\frac{1}{2m}=\sqrt{\frac{\beta L}{2D}} \tag{2.1.7}$$

可见，几何偏折损耗与倾斜角 β、腔长 L 和腔镜的直径 D 有关。

例如，若 $D=1\text{cm}$，$L=1\text{m}$，为保持 $\delta_\beta<0.1$，必须有

$$\beta=\frac{2D\delta_\beta^2}{L}\leqslant 2\times10^{-4}\,\text{rad}\approx 41''$$

如果要求 $\delta_\beta<0.01$，则应有 $\beta\leqslant 2\times10^{-6}\,\text{rad}\approx 0.41''$。上式给出了平行平面腔所能容许的不平行度，它表明平行平面腔的调整精度要求极高。

2）衍射损耗

由于腔的反射镜几何尺寸有限，光在传播时会在镜面边沿产生衍射（见图 2.1.5），必将造成一部分能量损失。衍射损耗可通过求解腔的衍射积分方程求得，其大小与腔的菲涅尔数 $N=a^2/\lambda L$、腔的几何参数（g 参数）和横模阶数有关（详见 2.3 节内容）。

3）腔镜反射不完全引起的损耗

这部分损耗包括腔镜的吸收、散射及透射损耗。通常光腔的输出镜是部分透射的，而全

反镜的反射率也不可能做到100%,因此,透射损耗是谐振腔损耗中非常重要的一部分。

如图2.1.6所示,以r_1和r_2表示两面反射镜的反射率(功率反射系数),设腔内初始光强为I_0,光在腔内经两个镜面反射往返一周后,其强度为I_1,则有

$$I_1 = I_0 r_1 r_2 \tag{2.1.8}$$

按照平均单程损耗因子的定义,由镜面反射不完全引起的平均单程损耗因子δ_T应满足

$$I_1 = I_0 r_1 r_2 = I_0 e^{-2\delta_T}$$

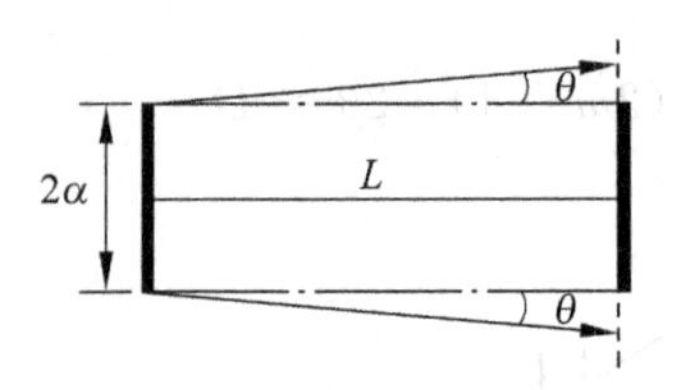

图2.1.5 衍射损耗示意图

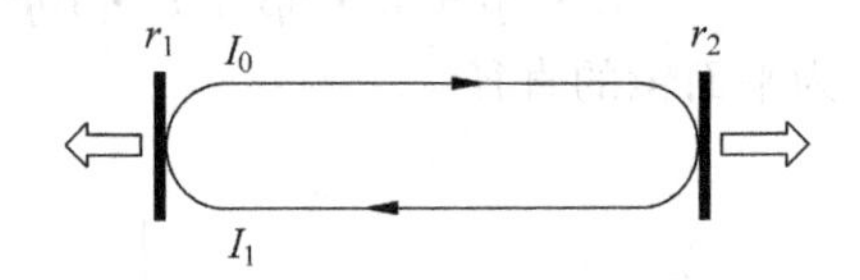

图2.1.6 透射损耗示意图

由此可得

$$\delta_T = -\frac{1}{2}\ln r_1 r_2 \tag{2.1.9}$$

当反射率r_1、r_2接近于1时有

$$\delta_T \approx \frac{1}{2}(1-r_1)(1-r_2) \tag{2.1.10}$$

在进行更粗略地计算时,也可以采用下式计算:

$$\delta_T = \frac{1}{2}(1-r_1 r_2)$$

或者,当输出镜的透过率$T<0.05$时,透射损耗δ_T常表示为

$$\delta_T = \frac{T}{2} \tag{2.1.11}$$

4) 非激活介质吸收、散射等损耗

实际的光腔中,除激活介质外,还有其他光学元件,如布儒斯特窗、调Q开关、其他调制器等,这些光学元件会有吸收、散射等损耗。

在上述损耗中,几何偏折损耗和衍射损耗又常称为选择损耗,不同模式的选择损耗各不相同。腔镜反射不完全引起的透射损耗和非激活介质的吸收、散射等损耗称为非选择损耗。通常情况下,非选择损耗对各个模式的作用大致相同。

2.1.4 光子在腔内的平均寿命

假设在$t=0$时,腔内的光强为I_0,由于存在各种损耗(平均单程损耗因子为δ),腔内的光强将随时间发生衰减。若至t时刻止,光在腔内往返的次数为m,则光强衰减为

$$I_m = I_0(e^{-2\delta})^m = I_0 e^{-2\delta m} \tag{2.1.12}$$

若腔长为L,且腔内无激活工作物质,则m应为

$$m = \frac{t}{\frac{2L}{c}} \tag{2.1.13}$$

把式(2.1.12)代入式(2.1.13)即可得出 t 时刻的光强为

$$I(t)=I_0\mathrm{e}^{-2\delta\frac{t}{\frac{2L}{c}}}=I_0\mathrm{e}^{-\frac{t}{\frac{L}{\delta c}}}=I_0\mathrm{e}^{-\frac{t}{\tau_R}} \tag{2.1.14}$$

式中

$$\tau_R=\frac{L}{\delta c} \tag{2.1.15}$$

τ_R 称为腔的时间常数，它是描述光腔性质的一个重要参数。从式(2.1.14)可以看出，当 $t=\tau_R=L/\delta c$ 时，

$$I(t)=\frac{I_0}{\mathrm{e}} \tag{2.1.16}$$

式(2.1.16)表明了时间常数 τ_R 的物理意义——经过 τ_R 时间后，腔内光强衰减为初始值的 1/e。另外，从式(2.1.15)可以看出，腔的平均单程损耗因子 δ 越大，则 τ_R 越小，说明损耗越大，腔内光强衰减越快。

也可以把 τ_R 理解为光子在腔内的平均寿命。设在 $t=0$ 时，腔内光子数密度为 N_0。若至 t 时刻止，腔内光子数密度为 N，则 N 与光强 $I(t)$ 的关系为

$$I(t)=Nh\nu v \tag{2.1.17}$$

式中，v 为光在谐振腔中的传播速度(对于腔内没有工作物质的无源腔，认为是光速)。比较式(2.1.14)，则有

$$N=N_0\mathrm{e}^{-\frac{t}{\tau_R}} \tag{2.1.18}$$

式(2.1.18)表明，由于损耗的存在，腔内光子数密度随时间按指数功率衰减，到 $t=\tau_R$ 时刻衰减为 N_0 的 1/e，即腔内光子的平均寿命为 τ_R。腔的平均单程损耗因子 δ 越大，则 τ_R 越小，说明损耗越大，光子在腔内的平均寿命越短。

上述讨论是对于腔内无工作物质的情况，若整个腔内充满折射率为 η 的均匀物质，如图 2.1.7(a)所示，光在腔内往返一次的时间应修正为 $\eta L/c$，则 m 应修正为

$$m=\frac{t}{\frac{2\eta L}{c}} \tag{2.1.19}$$

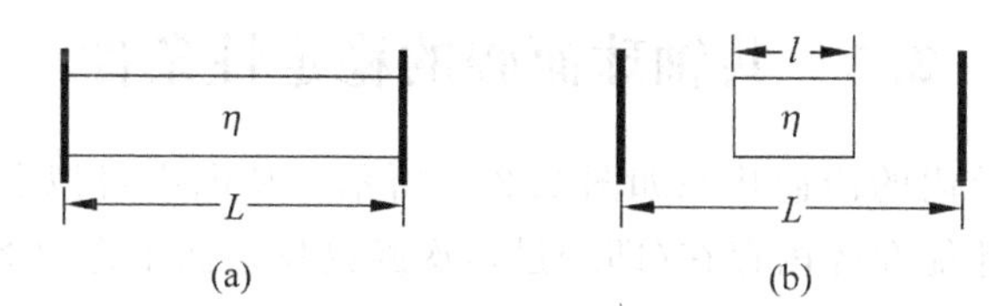

图 2.1.7　含有工作物质的谐振腔

令 $L'=\eta L$，则 τ_R 为

$$\tau_R=\frac{L'}{\delta c} \tag{2.1.20}$$

同理，若激光工作物质长度 l 小于腔长 L，如图 2.1.7(b)所示，则 $L'=L-l+\eta l$，其他结论不变。

例 2.1.1　某激光器谐振腔腔长为 45cm，激光介质长度为 30cm，折射率为 1.5，反射镜的

反射率分别为 1 和 0.98,其他往返损耗率为 0.02,求此腔的平均单程损耗率和无源腔的寿命。

解：$L'=L-l+\eta l=45\text{cm}-30\text{cm}+1.5\times30\text{cm}=60\text{cm}=0.6\text{m}$,

输出镜的透过率 $T=1-0.98=0.02$,则单程透射损耗因子近似为 0.01。

则总的平均单程损耗率 $\delta=\delta_1+\delta_2+\delta_3+\cdots=0.01+0.01=0.02$,

腔的寿命 $\tau_R=L'/\delta c=100\text{ns}$。

2.1.5 光腔的品质因数

无论是 LC 振荡回路、微波谐振腔还是光学谐振腔,都采用品质因数 Q 来描述腔的特性。谐振腔 Q 值的普遍定义为

$$Q=\omega\frac{\varepsilon}{P}=2\pi\nu\frac{\varepsilon}{P} \tag{2.1.21}$$

式中,ε 为腔内储存的总能量；P 为单位时间内损耗的能量；ν 为腔内电磁场的振荡频率,$\omega=2\pi\nu$ 为电磁场的角频率。

如果以 V 表示腔内振荡光束的体积,当光子在腔内均匀分布时,腔内总储能 ε 为

$$\varepsilon=Nh\nu V \tag{2.1.22}$$

单位时间中光能的减少(即能量损耗率)为

$$P=-\frac{\mathrm{d}\varepsilon}{\mathrm{d}t}=-h\nu V\frac{\mathrm{d}N}{\mathrm{d}t} \tag{2.1.23}$$

对式(2.1.18)求微分得

$$\frac{\mathrm{d}N}{\mathrm{d}t}=N_0\mathrm{e}^{-\frac{t}{\tau_R}}\left(-\frac{1}{\tau_R}\right)=-\frac{N}{\tau_R} \tag{2.1.24}$$

把式(2.1.22)～式(2.1.24)代入式(2.1.21)得

$$Q=\omega\frac{\varepsilon}{P}=\omega\frac{N}{-\frac{\mathrm{d}N}{\mathrm{d}t}}=\omega\tau_R=2\pi\nu\frac{L'}{\delta c} \tag{2.1.25}$$

式(2.1.25)即是光学谐振腔 Q 值的一般表达式。由此可以看出,谐振腔的 Q 值与平均单程损耗因子 δ 紧密相关,腔的损耗越小,则 Q 值越高,越容易在腔内形成激光振荡。

2.2 共轴球面腔的稳定性条件

光线在光学谐振腔内的传输状态如图 2.2.1 所示。从图中可以看出,只有离轴很近的光线(称为傍轴光线)才能在腔内存在(即经过多次腔镜反射而不逸出腔外)。用几何光学方法分析谐振腔,其实质是研究光线在腔内往复反射的过程。

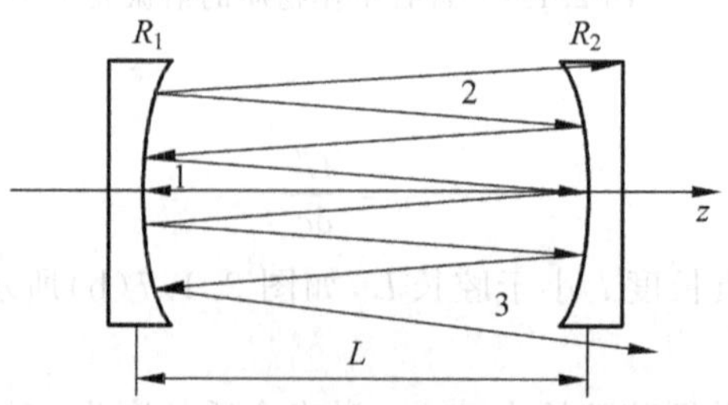

图 2.2.1 光线在谐振腔内的传输示意图

2.2.1　几何光学的矩阵分析

在轴对称光学系统中，任何一条傍轴光线的位置和方向只需要两个坐标参量来表征，一个是光线与给定横截面的交点至光轴的距离 r，另一个是光线与轴线的夹角 θ（通常取锐角），并规定：光线出射方向朝光轴的上方时，角度为正，反之为负。如图 2.2.2 所示，θ_1 为正，θ_2 为负。

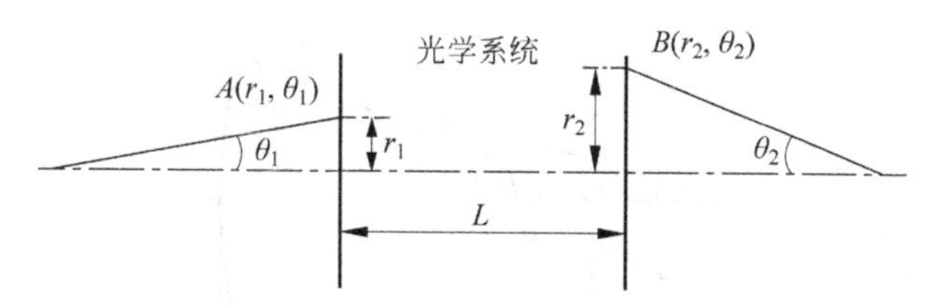

图 2.2.2　光线通过光学介质的描述

下面分析谐振腔内傍轴光线的往返传播过程。如图 2.2.3 所示的共轴球面腔，该腔由曲率半径分别为 R_1 和 R_2 的两个球面镜 M_1 和 M_2 组成，两球面镜相距 L，即腔长为 L，两镜面曲率中心的连线构成系统的光轴。

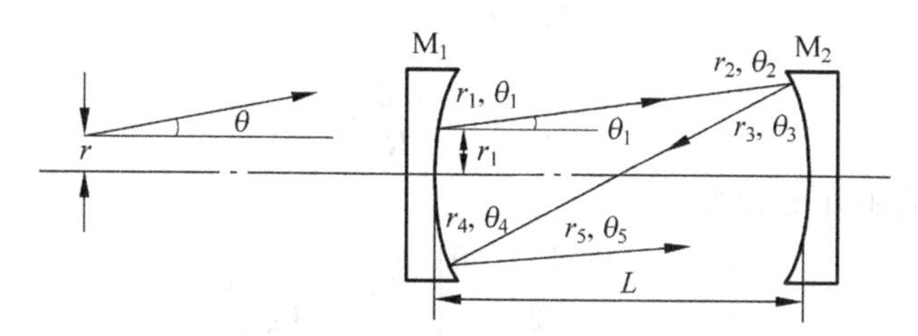

图 2.2.3　傍轴光线在共轴球面腔内的往返传播

设开始时刻光线从 M_1 面上出发，向 M_2 方向行进，其初始坐标由参数 r_1 和 θ_1 表示，到达 M_2 面上时，坐标参数为 r_2 和 θ_2。由几何光学的直线传播定理可知

$$\begin{cases} r_2 = r_1 + L\theta_1 \\ \theta_2 = \theta_1 \end{cases} \tag{2.2.1}$$

上述方程组可以表示为下述矩阵形式：

$$\begin{bmatrix} r_2 \\ \theta_2 \end{bmatrix} = \begin{bmatrix} 1 & L \\ 0 & 1 \end{bmatrix} \begin{bmatrix} r_1 \\ \theta_1 \end{bmatrix} = \boldsymbol{T}_L \begin{bmatrix} r_1 \\ \theta_1 \end{bmatrix} \tag{2.2.2}$$

即用一个列矩阵 $\begin{bmatrix} r \\ \theta \end{bmatrix}$ 描述任一光线的坐标，用一个二阶方阵

$$\boldsymbol{T}_L = \begin{bmatrix} 1 & L \\ 0 & 1 \end{bmatrix} \tag{2.2.3}$$

描述光线在自由空间中传播距离 L 后引起的坐标变换。

光线传播至 M_2 面上并发生反射，如图 2.2.4 所示，反射光线的坐标参数为 r_3 和 θ_3。显然，$r_3 = r_2$。反射光线与光轴的夹角为 θ_3，由规定知，θ_3 为负，因此

$$\theta_3 = -(\beta + \alpha) = -(\theta_1 + 2\alpha)$$

式中，α 为入射光线与球面镜法线之间的夹角。在傍轴近似下有

$$\alpha=\beta-\theta_1\approx\frac{r_2}{R_2}-\theta_1$$

因此

$$\theta_3=-(\theta_1+2\alpha)=\theta_1-\frac{2}{R_2}r_2=\theta_2-\frac{2}{R_2}r_2$$

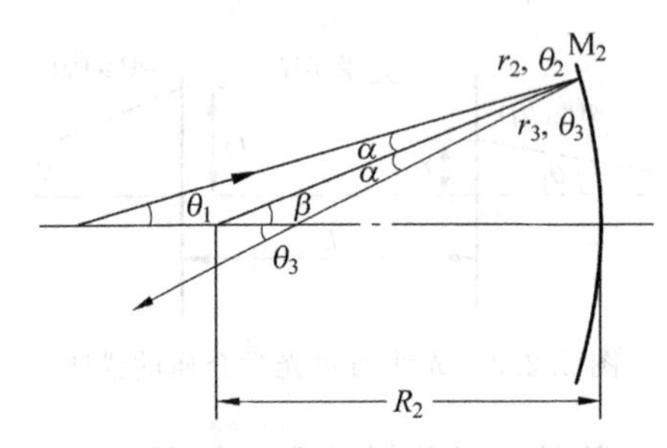

图 2.2.4　傍轴光线在球面镜上的反射

那么，光线经 M_2 面反射后的坐标参数可写为

$$\begin{cases}r_3=r_2\\ \theta_3=\theta_2-\dfrac{2}{R_2}r_2\end{cases}\tag{2.2.4}$$

式(2.2.4)写成矩阵形式为

$$\begin{bmatrix}r_3\\ \theta_3\end{bmatrix}=\begin{bmatrix}1 & 0\\ -\dfrac{2}{R_2} & 1\end{bmatrix}\begin{bmatrix}r_2\\ \theta_2\end{bmatrix}=\boldsymbol{T}_{\mathrm{R}}\begin{bmatrix}r_2\\ \theta_2\end{bmatrix}\tag{2.2.5}$$

式中

$$\boldsymbol{T}_{\mathrm{R}}=\begin{bmatrix}1 & 0\\ -\dfrac{2}{R_2} & 1\end{bmatrix}=\begin{bmatrix}1 & 0\\ -\dfrac{1}{F_2} & 1\end{bmatrix}\tag{2.2.6}$$

式(2.2.6)即为凹面镜对傍轴光线的变换矩阵。其中，R_2 为球面镜 M_2 的曲率半径，F_2 为其对傍轴光线的焦距。

当光线从 M_2 面传播至 M_1 面上时，其坐标参数为 r_4 和 θ_4，则有

$$\begin{bmatrix}r_4\\ \theta_4\end{bmatrix}=\begin{bmatrix}1 & L\\ 0 & 1\end{bmatrix}\begin{bmatrix}r_3\\ \theta_3\end{bmatrix}=\boldsymbol{T}_L\begin{bmatrix}r_3\\ \theta_3\end{bmatrix}\tag{2.2.7}$$

然后在 M_1 面上发生反射，其坐标参数为 r_5 和 θ_5，则有

$$\begin{bmatrix}r_5\\ \theta_5\end{bmatrix}=\begin{bmatrix}1 & 0\\ -\dfrac{2}{R_1} & 1\end{bmatrix}\begin{bmatrix}r_4\\ \theta_4\end{bmatrix}=\boldsymbol{T}_{\mathrm{R1}}\begin{bmatrix}r_4\\ \theta_4\end{bmatrix}\tag{2.2.8}$$

至此，光线在腔内完成一次往返，其总的坐标变化为

$$\begin{bmatrix}r_5\\ \theta_5\end{bmatrix}=\begin{bmatrix}1 & 0\\ -\dfrac{2}{R_1} & 1\end{bmatrix}\begin{bmatrix}1 & L\\ 0 & 1\end{bmatrix}\begin{bmatrix}1 & 0\\ -\dfrac{2}{R_2} & 1\end{bmatrix}\begin{bmatrix}1 & L\\ 0 & 1\end{bmatrix}\begin{bmatrix}r_1\\ \theta_1\end{bmatrix}=\boldsymbol{T}\begin{bmatrix}r_1\\ \theta_1\end{bmatrix}\tag{2.2.9}$$

式中

$$T=\begin{bmatrix}1 & 0\\ -\frac{2}{R_1} & 1\end{bmatrix}\begin{bmatrix}1 & L\\ 0 & 1\end{bmatrix}\begin{bmatrix}1 & 0\\ -\frac{2}{R_2} & 1\end{bmatrix}\begin{bmatrix}1 & L\\ 0 & 1\end{bmatrix} \tag{2.2.10}$$

T 为傍轴光线在腔内往返一次的总变换矩阵,称为往返矩阵。令 $T=\begin{bmatrix}A & B\\ C & D\end{bmatrix}$,按照矩阵的乘法规则,可以求出

$$T=\begin{bmatrix}A & B\\ C & D\end{bmatrix}=\begin{bmatrix}1-\frac{2L}{R_2} & 2L\left(1-\frac{L}{R_2}\right)\\ -\left[\frac{2}{R_1}+\frac{2}{R_2}\left(1-\frac{2L}{R_1}\right)\right] & -\left[\frac{2L}{R_1}-\left(1-\frac{2L}{R_1}\right)\left(1-\frac{2L}{R_2}\right)\right]\end{bmatrix} \tag{2.2.11}$$

在上述分析的基础上,可进一步将光线在腔内经 n 次往返后,其参数的变换关系用矩阵的形式表示为

$$\begin{bmatrix}r_{n+1}\\ \theta_{n+1}\end{bmatrix}=\underbrace{TTT\cdots T}_{n\text{个}T}\begin{bmatrix}r_1\\ \theta_1\end{bmatrix}=T_n\begin{bmatrix}r_1\\ \theta_1\end{bmatrix} \tag{2.2.12}$$

式中,T_n 为 n 个往返矩阵 T 的乘积;(r_1,θ_1)为初始出发时光线的坐标参数,(r_{n+1},θ_{n+1})为经过 n 次往返后光线的坐标参数。

根据矩阵理论可以求得

$$T_n=\begin{bmatrix}\frac{A\sin n\phi-\sin(n-1)\phi}{\sin\phi} & \frac{B\sin n\phi}{\sin\phi}\\ \frac{C\sin n\phi}{\sin\phi} & \frac{D\sin n\phi-\sin(n-1)\phi}{\sin\phi}\end{bmatrix}=\begin{bmatrix}A_n & B_n\\ C_n & D_n\end{bmatrix} \tag{2.2.13}$$

式中

$$\phi=\arccos\frac{1}{2}(A+D) \tag{2.2.14}$$

利用式(2.2.13),可以把式(2.2.12)写成

$$\begin{cases}r_{n+1}=A_nr_1+B_n\theta_1\\ \theta_{n+1}=C_nr_1+D_n\theta_1\end{cases} \tag{2.2.15}$$

式(2.2.12)～式(2.2.15)就是用几何光学方法分析傍轴光线在共轴球面腔内往返传播所得到的基本结果。那么,在什么条件下,傍轴光线才能在腔内往返任意多次而不逸出腔外呢?

2.2.2 共轴球面腔的稳定性条件

从式(2.2.13)可以看出,光线在腔内经 n 次往返后仍在腔内,则变换矩阵 T_n 的各个元素 A_n、B_n、C_n、D_n 对任意 n 均保持有限。这就要求 ϕ 必须为实数(且 $\phi\neq k\pi, k=0,1,2,\cdots$)。则由式(2.2.14)得

$$\left[\frac{1}{2}(A+D)\right]^2<1$$

或

$$-1<\frac{1}{2}(A+D)<1 \tag{2.2.16}$$

把式(2.2.11)中的 A 和 D 代入求得

$$0<\left(1-\frac{L}{R_1}\right)\left(1-\frac{L}{R_2}\right)<1 \tag{2.2.17}$$

引入 g 参数,令

$$g_1=1-\frac{L}{R_1} \quad g_2=1-\frac{L}{R_2}$$

则式(2.2.17)可写为

$$0<g_1g_2<1 \tag{2.2.18}$$

式(2.2.17)或式(2.2.18)称为共轴球面腔的稳定性条件。其中,L 为腔长;R_1 和 R_2 为对应腔镜的曲率半径。若腔镜为凹面镜,则其曲率半径 R 为正值;若腔镜为凸面镜,则其曲率半径 R 为负值。

因此,对于满足稳定性条件的光学谐振腔,由于 ϕ 为实数,且 $\phi \neq k\pi$,所以 r_n 和 θ_n 将随着 n 的增加而发生周期性变化,但无论 n 为多大,r_n 和 θ_n 均保持为有限值,从而保证了傍轴光线在腔内往返无限多次而不从侧面逸出(腔镜的横向尺寸足够大)。换句话说,即傍轴光线在腔内往返传播时将没有几何偏折损耗,这样的谐振腔称为稳定腔。

可以看出,共轴球面腔的往返矩阵 $\boldsymbol{T}=\begin{bmatrix}A & B\\ C & D\end{bmatrix}$ 和 n 次往返矩阵 $\boldsymbol{T}_n=\begin{bmatrix}A_n & B_n\\ C_n & D_n\end{bmatrix}$ 均与光线的初始坐标 r_1 和 θ_1 无关,因而它们可以描述任意傍轴光线在腔内往返传播的行为。然而,随着光线在腔内的初始出发位置以及往返一次的行进次序不同,矩阵 $\boldsymbol{T}$ 各元素的具体表示形式也不同。但可以证明,$(A+D)/2$ 对于一定几何结构的球面腔是一个不变量,与光线的初始坐标、出发位置以及往返一次的顺序都无关。因此,对于共轴球面腔,恒有下式成立:

$$\frac{1}{2}(A+D)\equiv 1-\frac{2L}{R_1}-\frac{2L}{R_2}+\frac{2L^2}{R_1R_2}=2g_1g_2-1 \tag{2.2.19}$$

所以,稳定性条件对简单共轴球面腔普遍适用。

当满足条件

$$\begin{cases} g_1g_2<0, & \text{即}\dfrac{1}{2}(A+D)<-1 \\ \text{或 } g_1g_2>1, & \text{即}\dfrac{1}{2}(A+D)>1 \end{cases} \tag{2.2.20}$$

时,ϕ 为复数,这时 $\sin n\phi$、$\sin(n-1)\phi$ 等均随 n 的增大而按指数规律增大,从而使 r_n 和 θ_n 也随 n 的增大而增大。此时,傍轴光线在腔内经历有限次往返后必将横向逸出腔外,这样的谐振腔称为非稳腔。非稳腔具有较高的几何偏折损耗。

满足条件

$$\begin{cases} g_1 g_2 = 0 \quad 即\dfrac{1}{2}(A+D) = -1 \\ 或\ g_1 g_2 = 1 \quad 即\dfrac{1}{2}(A+D) = 1 \end{cases} \tag{2.2.21}$$

的谐振腔称为临界腔。临界腔在谐振腔的理论研究和实际应用中具有重要的意义。常见的临界腔有平行平面腔、共心腔等。

对于平行平面腔(F-P 腔)有 $R_1 = R_2 = \infty$,则 $g_1 = g_2 = 1$,满足 $g_1 g_2 = 1$ 的条件。对于共心腔,满足 $R_1 + R_2 = L$,由于两个镜面的曲率中心重合,也满足 $g_1 g_2 = 1$ 的条件。

大多数临界腔的性质介于稳定腔和非稳腔之间。以平行平面腔为例,腔中沿轴线方向行进的光线能往返无限多次而不逸出腔外,且只需一次往返即可实现光路闭合(简并),这与稳定腔的情况类似。但仅仅轴向光线有此特点,所有沿非轴向行进的光线在经过有限次往返后,必然从侧面逸出腔外,这又与非稳腔相像。共心腔的情况也是这样,通过公共中心的光线能在腔内往返无限多次,且一次往返即自行闭合,而不通过公共中心的光线在腔内往返多次后,必然横向逸出腔外。上述情形如图 2.2.5(a)、(b)所示,这一类临界腔可称为介稳腔。

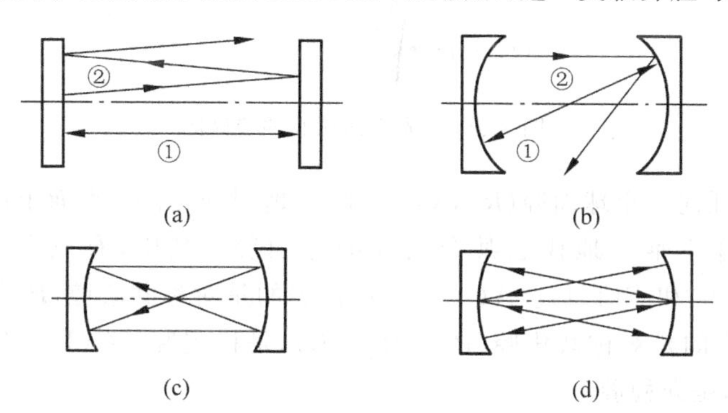

图 2.2.5　临界腔中傍轴光线的传播

(a) 平行平面腔(介稳腔);(b) 共心腔(介稳腔);(c)、(d) 对称共焦腔(稳定腔)

①—简并光束;②—逃逸光束

如图 2.2.5(c)(d)所示,满足条件 $R_1 = R_2 = L$ 的谐振腔称为对称共焦腔,这时腔的中心即为两个镜面的公共焦点。对称共焦腔满足

$$g_1 = 0, \quad g_2 = 0, \quad g_1 g_2 = 0 \tag{2.2.22}$$

它是临界腔中的一个特例。在共焦腔中,任意傍轴光线均可在腔内往返无限多次而不逸出腔外,而且经过两次往返即可自行闭合,对称共焦腔属于稳定腔。在 2.7 节中会详细阐述完整的稳定球面腔模式理论,该理论建立在共焦腔振荡模式理论的基础之上。共焦腔是最重要和最具代表性的一种稳定腔。

考虑到共焦腔的稳定性,那么,完整的共轴球面腔的稳定性条件应写为

$$\begin{cases} 0 < g_1 g_2 < 1 \\ g_1 = g_2 = 0 \end{cases} \tag{2.2.23}$$

需要指出的是,式(2.2.23)所示的稳定性条件只适用于两个腔镜组成的共轴球面腔,但是式(2.2.16)所示的稳定性条件适用于任何开腔(如腔内插入光学元件或环形腔、折叠腔等复杂开腔)。

2.2.3 谐振腔的稳区图

谐振腔的稳定性可以用稳区来描述，可以较清晰地看出腔的工作区域。根据稳定性条件(2.2.23)，以 g_1 为横轴、g_2 为纵轴，绘出 $g_1g_2=1$ 的曲线，如图 2.2.6 所示，其中，阴影区域为稳定区，其余区域为非稳区。稳定区的边界是介稳区。

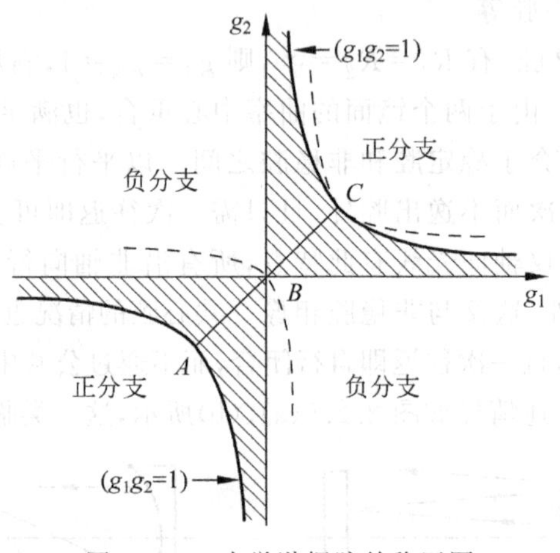

图 2.2.6 光学谐振腔的稳区图

在稳区图中，任何一个球面腔(R_1,R_2,L)唯一地对应 g_1g_2 平面上的一个点，但 g_1g_2 平面上的任一点并不唯一地代表某个尺寸的球面腔。其中，有三个最为特殊的点，即 $A(-1,-1)$、$B(0,0)$和 $C(1,1)$。$A(-1,-1)$代表的是对称共心腔($R_1=R_2=L/2$)，是介稳腔。$B(0,0)$代表的是对称共焦腔($R_1=R_2=L$)，是稳定腔。$C(1,1)$代表的是平行平面腔($R_1=R_2=\infty$)，是介稳腔。

例 2.2.1 现有一平凹腔，$R_1=\infty$，$R_2=5\text{m}$，$L=1\text{m}$。证明此腔是稳定腔，并指出它在稳区图中的位置。

解：

$$g_1=1-\frac{L}{R_1}=1,\quad g_2=1-\frac{L}{R_2}=0.8$$

$$0<g_1g_2=0.8<1$$

此腔是稳定腔，位置在(1,0.8)。

2.3 谐振腔的本征模式和衍射积分理论分析方法

谐振腔的本征模式是指谐振腔内能够存在(振荡)的、不随时间改变的、具有特定场振幅分布的电磁场，它由谐振腔的结构决定。当谐振腔的几何参数(如腔长、腔镜的曲率半径)改变时，其本征模式场振幅也会发生改变。

通过 2.2 节的分析知，光线在稳定腔中可以多次往返传播而不逸出腔外，那么，这是不是腔的本征模式呢？应该如何求出其场分布呢？

2.3.1　谐振腔的本征模式

光场在腔内往返传播时，一个镜面上的光场可以看作是另一个镜面上光场的传输所产生的，对光场产生影响的因素有两个，一是腔镜镜面上的反射，二是由于腔镜的线度有限而带来的衍射。因此，腔内的光场与两个腔镜紧密相关。虽然大多数开腔的腔镜尺寸比较大，实际限制光的传输的往往是增益工作物质、腔内的光阑和其他元件的尺寸。为简单起见，通常将限制腔内光传输的元件尺寸与形状等效为反射镜的有效尺寸和形状。

由腔镜反射不完全(透射损耗)以及其他元件的吸收造成的损耗(吸收损耗)将使腔内横截面内各点的光场按同样的比例衰减，因此，对光场的空间分布不产生什么影响。但由于腔镜边沿的衍射(衍射损耗)，将对光场的空间分布产生重要影响，而且，只要腔镜的尺寸有限，衍射的影响将永远存在。

为突出开腔的主要特征，简化分析过程，特提出一个理想的开腔模型：两块腔镜(平面的或曲面的)沉浸在均匀的、无限的、各向同性的介质中。这样就没有侧壁的不连续性，而决定衍射效应的孔径就由腔镜的边缘所构成。

如图 2.3.1 所示，设初始时刻在镜Ⅰ上有一个场分布 u_1，当光场在腔中经第一次渡越到镜Ⅱ时，将在镜Ⅱ上形成一个新的场分布 u_2，然后经第二次渡越后到达镜Ⅰ，在镜Ⅰ上又形成一个新的场分布 u_3，依次类推，在镜Ⅰ上形成的场分布记为 $u_1, u_3, \cdots, u_{2k-1}$，在镜Ⅱ上形成的场分布即为 $u_2, u_4, \cdots, u_{2k}$(k 为正整数)。

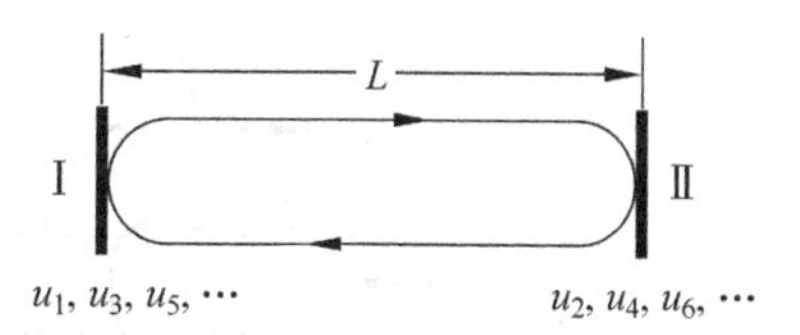

图 2.3.1　光场在谐振腔内的渡越

由于衍射的作用，光场每经一次渡越，都将损失一部分能量，而且衍射还将引起能量分布的变化。因此，光场每经一次往返渡越后，其振幅必然减小，且场分布也有所不同。但是不管初始场分布 u_1 的具体特征如何，经过足够多次渡越后所产生的场都将带上衍射的痕迹。由于衍射主要发生在腔镜的边缘附近，因此，在往返传播过程中，镜边缘附近的光场衰减更快。经过多次衍射后，其边缘振幅往往都很小，这几乎是一切开腔模场分布的共同特征。一旦形成了具有这种特征的场分布，那么，其在腔内往返传播时受衍射的影响也就比较小。

因此，可以想象，在经过足够多次的渡越后，腔内可以形成一种稳态场，其场分布不再受衍射的影响，与出发时的场分布特征相同，即初始场分布的"再现"。这种稳态场分布一旦形成，唯一变化的是，镜面上各点的场振幅按同样的比例衰减，各点的相位发生同样大小的滞后。当两个镜面完全相同时(对称开腔)，这种稳态场分布应在腔内经单程渡越后即实现"再现"。

自再现模一次往返经受的能量损耗称为模的往返损耗。在理想开腔中，往返损耗等于衍射损耗。自再现模经一次往返所发生的相移称为往返相移，等于 2π 的整数倍，这就是模的谐振条件。

开腔镜面上的经一次往返能再现的稳态场分布称为开腔的自再现模或横模。横模描述的是腔内电磁场在垂直于其传播方向的横截面内的场分布。不同的横模对应于不同的横向稳定场分布与频率。

激光的模式一般用符号 TEM_{mn} 表示，其中 TEM 表示横向电磁场，m、n 是正整数，称为横模的序数，它表示镜面上的节线数。TEM_{00} 模称为基模，模场集中在反射镜中心。其他的横模称为高阶模，不同的横模光场分布不同，详细阐述见 2.4 节。

2.3.2 孔阑传输线

为了形象地理解开腔中自再现模的形成过程，用光波在孔阑传输线中的行进来模拟它在平面开腔中的往复反射。如图 2.3.2(b)所示，这种孔阑传输线由一系列同轴的孔径构成，这些孔径开在平行放置着的无限大完全吸收屏上，相邻两个孔径间的距离等于腔长，孔径大小等于镜的大小。当模拟对称开腔时，所有孔径的大小和形状都相同。

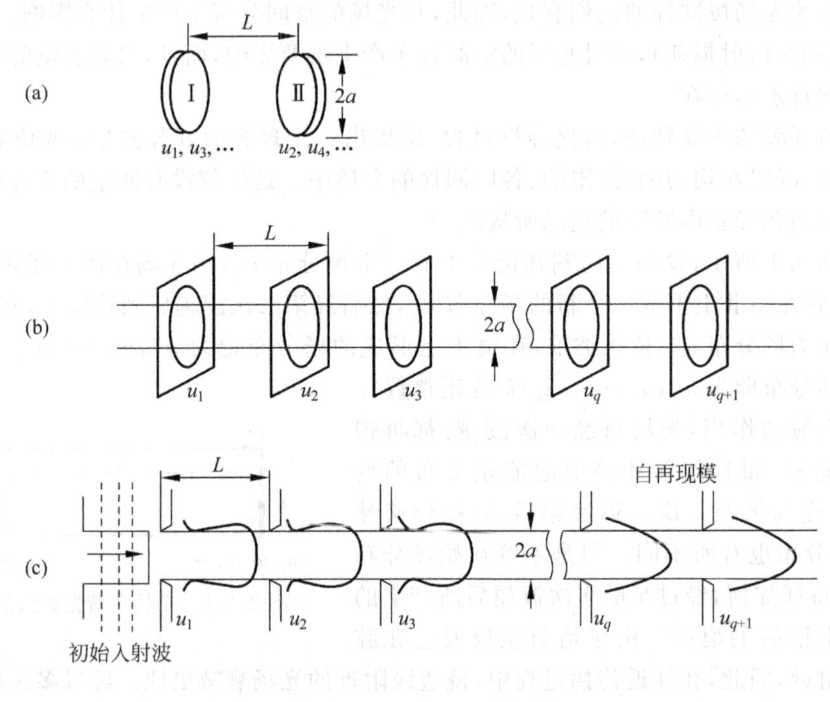

图 2.3.2 开腔中自再现模的形成

(a) 理想开腔；(b) 孔阑传输线；(c) 自再现模的形成

如图 2.3.2(c)所示，光从一个孔径传播到另一个孔径，等效于光在开腔内从一个镜面传播到另一个镜面。光在通过每一个孔径时发生衍射，衍射到孔径范围以外的光将被屏吸收(对应于损耗)。

在图 2.3.2(c)中，假设一均匀平面波垂直入射到传输线的第一个孔阑上，第一个孔面上波的强度分布应是均匀的。由于衍射，在穿过该孔阑后波前将发生改变，并且波束将产生若干旁瓣。当到达第二个孔阑时，其边缘部分的强度将比中心部分小，且不再是等相位面。通过第二个孔阑时波束又将发生衍射，然后再通过第三个孔阑……每经过一个孔阑，光束的振幅和相位就经历一次改变。在通过若干个孔阑后，波的振幅和相位分布变成图示形状，以至于它们受衍射的影响越来越小。

当通过的孔阑数足够多时，镜面上场的相对振幅和相位分布将不再发生变化，在孔阑传输线中形成的这种稳态场分布就是前面所说的自再现模。由此可见，并非任何形态的电磁场都能在开腔中长期存在，只有那些不受影衍射影响的场分布才能最终稳定下来。

由上述分析可知，自再现模的形成是多次衍射的结果。因此，初始入射波的形状在一定意义上是无关紧要的，原则上，其他形式的初始入射波也能形成自再现模。当然，不同的初始入射波所得到的最终稳态场分布可能是不同的，也就是说，开腔模式具有多样性。而实际的物理过程是，开腔中的任何振荡都是从某种偶然的自发辐射开始的，而自发辐射服从统计规律，因此可以提供各种不同的初始分布。"衍射"在这里的作用类似于"筛子"，它将其中能够存在的自再现模筛选出来。

理解自再现模形成的过程，可以帮助我们理解激光的空间相干性。事实上，即使入射到第一个孔面上的光是空间非相干的(在第一个孔面上各点波的相位互不相关)，但由于衍射效应，第二个孔面上任一点的波应该看作第一个孔面上所有各点发出的子波的叠加(惠更斯-菲涅尔原理)，而不仅仅是由前一孔面上某一点的波所产生。这样，第二个孔面上各点波的相位就产生了一定程度的联系。在经过足够多次的衍射后，光束横截面上各点的相位联系越来越紧密，因此，波的空间相干性随之越来越强。可见，在开腔中，从非相干的自发辐射发展成空间相干性极好的激光，正是由于衍射的作用。

那么，如果已知某个镜面上的场分布 u_1，如何求出在衍射的作用下经腔内一次渡越而在另一个镜面上形成的场分布 u_2 呢?

2.3.3　菲涅尔-基尔霍夫衍射积分

光学中著名的惠更斯-菲涅尔原理是从理论上分析衍射问题的基础。该原理的严格数学表达是菲涅尔-基尔霍夫衍射积分。该积分公式表明，如果知道了光波场在其所达到的任意空间曲面上的振幅和相位分布，就可以求出该光波场在空间其他任意位置处的振幅和相位分布。

如图2.3.3所示，已知空间任一曲面 S 上 P' 点的光场振幅和相位分布函数为 $u(x',y')$，(x',y')为 P'点在曲面 S 上的坐标。它在空间任一点 P 处产生的场为 $u(x,y)$，(x,y)为 P 点的坐标。根据菲涅尔-基尔霍夫衍射积分公式有

$$u(x,y)=\frac{\mathrm{i}k}{4\pi}\iint_S u(x',y')\frac{\mathrm{e}^{-\mathrm{i}k\rho}}{\rho}(1+\cos\theta)\mathrm{d}s' \tag{2.3.1}$$

式中，$k=2\pi/\lambda$ 为波矢的模；ρ 为 $P'P$ 之间的长度；θ 为曲面 S 上 P'点处的法线 $\boldsymbol{n}$ 与 $P'P$ 的夹角；$\mathrm{d}s'$为曲面 S 上 P'点的面积元。积分沿整个曲面 S 进行。

式(2.3.1)的意义可以理解为：P 点处的光场 $u(x,y)$可以看作是曲面 S 上各子波源所发出的非均匀球面子波的叠加。其中，$u(x',y')\mathrm{d}s'$与子波源的强弱成比例，$\mathrm{e}^{-\mathrm{i}k\rho}/\rho$ 描述球面子波，而因子$(1+\cos\theta)$则表示球面子波是非均匀的。

把式(2.3.1)应用到开腔的两个镜面上的场，则有

$$u_2(x,y)=\frac{\mathrm{i}k}{4\pi}\iint_{S_1} u_1(x',y')\frac{\mathrm{e}^{-\mathrm{i}k\rho}}{\rho}(1+\cos\theta)\mathrm{d}s' \tag{2.3.2}$$

式中，$u_1(x',y')$为镜Ⅰ上的场分布；$u_2(x,y)$为 u_1 经过腔内一次渡越后在镜Ⅱ上形成的场分布。

积分对镜Ⅰ的整个表面 S_1 进行。这样就把一个镜面上的光场与另一个镜面上的光场联系起来了。经过 j 次渡越后所生产的场 $u_{j+1}(x,y)$与产生它的场 $u_j(x',y')$之间应满足类似迭代关系

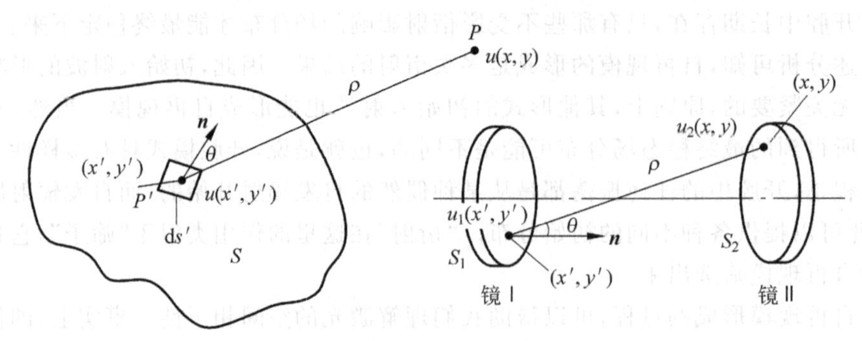

图 2.3.3 菲涅尔-基尔霍夫衍射积分公式

$$u_{j+1}(x,y)=\frac{\mathrm{i}k}{4\pi}\iint_{S_1}u_j(x',y')\frac{\mathrm{e}^{-\mathrm{i}k\rho}}{\rho}(1+\cos\theta)\mathrm{d}s' \tag{2.3.3}$$

2.3.4 自再现模的积分方程

根据“自再现模”的概念，当式(2.3.3)中的 j 足够大时，u_{j+1} 和 u_j 之间应存在以下关系：即 u_{j+1} 和 u_j 的振幅之比和相位差均为常数，且与坐标无关。由于涉及振幅之比和相位差两个参数，引入一个与坐标无关的复常数 $1/\gamma$，那么，可以用 $1/\gamma$ 的模 $|1/\gamma|$ 来表示 u_{j+1} 和 u_j 的振幅之比(即腔的平均单程损耗因子)，用 $1/\gamma$ 的辐角 $\arg(1/\gamma)$ 表示相位差。那么，u_{j+1} 和 u_j 的关系可写为

$$u_{j+1}(x,y)=\frac{1}{\gamma}u_j(x,y) \tag{2.3.4}$$

把式(2.3.4)代入式(2.3.3)得

$$u_j(x,y)=\gamma\frac{\mathrm{i}k}{4\pi}\iint_{S_1}u_j(x',y')\frac{\mathrm{e}^{-\mathrm{i}k\rho}}{\rho}(1+\cos\theta)\mathrm{d}s' \tag{2.3.5}$$

令

$$K(x,y,x',y')=\frac{\mathrm{i}k}{4\pi}\frac{\mathrm{e}^{-\mathrm{i}k\rho}}{\rho}(1+\cos\theta) \tag{2.3.6}$$

式中，ρ 和 θ 均为 P' 点和 P 点的坐标的函数。并用 $v(x,y)$ 表示开腔不受衍射影响的稳态场分布函数(即式(2.3.5)中的 u_j)。为书写简便，令积分平面为 S，则式(2.3.5)可写为

$$v(x,y)=\gamma\iint_S K(x,y,x',y')v(x',y')\mathrm{d}s' \tag{2.3.7}$$

式(2.3.7)就是开腔自再现模应满足的积分方程式。其中，$K(x,y,x',y')$ 称为积分方程的核。满足式(2.3.7)的任意一个分布函数 $v(x,y)$ 就是腔的一个自再现模或横模。一般情况下，$v(x,y)$ 应为复函数，它的模 $|v(x,y)|$ 为镜面上场的振幅分布，其辐角 $\arg(x,y)$ 为镜面上场的相位分布。

由于开腔的腔长 L 通常远大于腔镜的线度 a(反射镜的尺寸)，即 $L\gg a$；如果反射镜为曲面镜，其曲率半径 R 也满足 $R\gg a$；则认为 $\cos\theta\approx1$，$(1+\cos\theta)/\rho$ 近似为 $2/L$，则式(2.3.6)和式(2.3.7)可简化为

$$
\begin{cases}
K(x,y,x',y')=\dfrac{\mathrm{i}k}{2\pi}\dfrac{\mathrm{e}^{-\mathrm{i}k\rho}}{L}=\dfrac{\mathrm{i}}{\lambda L}\mathrm{e}^{-\mathrm{i}k\rho(x,y,x',y')} \\
v(x,y)=\gamma\iint_S K(x,y,x',y')v(x',y')\mathrm{d}s'
\end{cases}
\tag{2.3.8}
$$

注意，虽然腔镜的线度 $a\gg\lambda$，被积函数中的指数因子 $\mathrm{e}^{-\mathrm{i}k\rho}$ 却一般不用 $\mathrm{e}^{-\mathrm{i}kL}$ 代替，这是由于指数因子中与 ρ 相乘的光波矢 k 的值是很大的，若用 L 代替 ρ 会引起较大的误差，只能根据不同的镜面形状再做合理的近似。

2.3.5　复常数 γ 的意义

把复常数 γ 表示为

$$\gamma=\mathrm{e}^{a+\mathrm{i}\beta} \tag{2.3.9}$$

式中，a、β 为与坐标无关的两个实常数。把 γ 代入式(2.3.4)中，有

$$u_{j+1}=\frac{1}{\gamma}u_j=(\mathrm{e}^{-a}u_j)\mathrm{e}^{-\mathrm{i}\beta} \tag{2.3.10}$$

可见，e^{-a} 是每经单程渡越时自再现模的振幅衰减系数，a 越大，振幅衰减越大，$a\to0$ 时，自再现模可以在腔内无损耗地传播。β 表示每经一次渡越后模的相位滞后，β 越大，相位滞后越多。

自再现模在腔内经单程渡越所经受的相对功率损失称为模的单程损耗，通常以 δ_d 表示。在对称开腔的情况下有

$$\delta_\mathrm{d}=\frac{|u_j|^2-|u_{j+1}|^2}{|u_j|^2}=1-\mathrm{e}^{-2a}=1-\left|\frac{1}{\gamma}\right|^2 \tag{2.3.11}$$

可见，$|\gamma|$ 越大，模的单程损耗越大。只要由式(2.3.7)求得复常数 γ，则可按式(2.3.11)求得自再现模的损耗 δ_d，该损耗通常以百分数表示。

应注意，δ_d 是指自再现模在理想开腔中完成一次单程渡越时的总损耗(几何偏折损耗和衍射损耗之和)。在理想的稳定腔中，几何损耗为 0，δ_d 即为衍射损耗。在衍射损耗很小时，δ_d 等同于平均单程衍射损耗因子。

自再现模在腔内经单程渡越的总相移 $\delta\Phi$ 定义为

$$\delta\Phi=\arg u_{j+1}-\arg u_j \tag{2.3.12}$$

在对称开腔的情况下，

$$\delta\Phi=\arg\frac{1}{\gamma}=-\beta \tag{2.3.13}$$

因此，一旦求得复常数 γ，即可求得模的单程总相移。

若腔内存在激活物质，若要形成稳定的自再现模，还必须满足多光束相长干涉条件，即腔内往返一次的总相移 $2\delta\Phi$ 等于 2π 的整数倍，考虑到自再现模的相位是滞后的，则有 $2\delta\Phi=-q2\pi$ 化简后为

$$\delta\Phi=\arg\frac{1}{\gamma}=-\beta=-q\pi \tag{2.3.14}$$

式(2.3.14)即为开腔自再现模的谐振条件。一旦求得复常数 γ，即可求得模的谐振频率。

总之，复常数 γ 的意义在于：它的模量度自再现模的单程损耗，它的辐角量度自再现模的单程相移，也决定了模的谐振频率。

以上讨论均是对对称开腔进行的。在非对称开腔中，应按照场在腔内往返一次写出模式自再现条件即相应的积分方程。其中的复常数 γ 的模是自再现模在腔内往返一次的功率损耗，γ 的辐角是自再现模的往返相移，从而决定模的谐振频率。

2.3.6 分离变量法

对式(2.3.8)求解，即可得到对称开腔的模。在求解过程中，需根据各类开腔的具体几何结构，写出式(2.3.8)的具体形式。为便于求解，根据问题的对称性引入适当的坐标系，考虑到波长 λ、腔镜的线度 a 以及腔长 L 的相互数量级关系的情况下，将式(2.3.8)中的 $K(x,y,x',y')$ 展开，也就是把 $\rho(x,y,x',y')$ 展开，舍去影响较小的高阶小量，从而将积分方程进一步简化。

计算表明，对于矩形及圆形平面镜腔、共焦球面腔、抛物面腔和一般球面腔等几种常见的几何结构，这种简化是可行的。并且还可以进一步采用变量分离法，将关于二元函数 $v(x,y)$ 的积分方程分离成两个一元函数 $v(x)$ 和 $v(y)$ 的积分方程，从而便于求解。

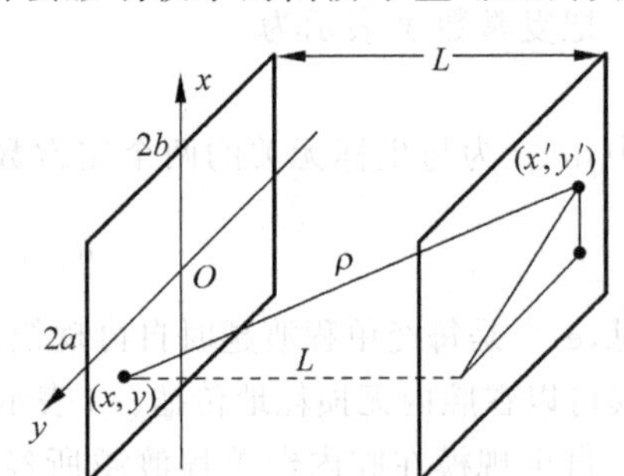

图 2.3.4 矩形平面镜腔

下面以矩形平面镜腔为例，如图 2.3.4 所示，腔镜的边长为 $2a\times 2b$，腔长为 L。a、b、L、λ 之间满足 $L\gg a$、$b\gg\lambda$。

在图示的坐标系中，有

$$\rho=\sqrt{(x-x')^2+(y-y')^2+L^2}=L\sqrt{1+\left(\frac{x-x'}{L}\right)^2+\left(\frac{y-y'}{L}\right)^2} \tag{2.3.15}$$

把 ρ 按 $(x-x')/L$、$(y-y')/L$ 的幂级数展开为

$$\begin{aligned}\rho&=\sqrt{(x-x')^2+(y-y')^2+L^2}=L\sqrt{1+\left(\frac{x-x'}{L}\right)^2+\left(\frac{y-y'}{L}\right)^2}\\&\approx L\left[1+\frac{1}{2}\left(\frac{x-x'}{L}\right)^2+\frac{1}{2}\left(\frac{y-y'}{L}\right)^2\right]-\\&\quad L\left[\frac{1}{8}\left(\frac{x-x'}{L}\right)^4+\frac{1}{8}\left(\frac{y-y'}{L}\right)^4+\frac{1}{4}\left(\frac{x-x'}{L}\right)^2\left(\frac{y-y'}{L}\right)^2-\cdots\right]\end{aligned}$$

当满足条件 $a^2/L\lambda\ll(L/a)^2$、$b^2/L\lambda\ll(L/b)^2$ 时，舍去高阶小量，近似有

$$\rho\approx L\left[1+\frac{1}{2}\left(\frac{x-x'}{L}\right)^2+\frac{1}{2}\left(\frac{y-y'}{L}\right)^2\right]=L+\frac{(x-x')^2}{2L}+\frac{(y-y')^2}{2L}$$

则有

$$\mathrm{e}^{-\mathrm{i}k\rho}=\mathrm{e}^{-\mathrm{i}k\left[L+\frac{(x-x')^2}{2L}+\frac{(y-y')^2}{2L}\right]}=\mathrm{e}^{-\mathrm{i}kL}\,\mathrm{e}^{-\mathrm{i}k\frac{(x-x')^2}{2L}}\,\mathrm{e}^{-\mathrm{i}k\frac{(y-y')^2}{2L}} \tag{2.3.16}$$

把式(2.3.16)代入式(2.3.8)，可得矩形平面镜腔的自再现模积分方程的具体形式为

$$v(x,y)=\gamma\left(\frac{\mathrm{i}}{\lambda L}\right)\mathrm{e}^{-\mathrm{i}kL}\int_{-a}^{a}\int_{-b}^{b}v(x',y')\mathrm{e}^{-\mathrm{i}k\frac{(x-x')^2}{2L}}\,\mathrm{e}^{-\mathrm{i}k\frac{(y-y')^2}{2L}}\,\mathrm{d}x'\mathrm{d}y' \tag{2.3.17}$$

上述方程可以分离变量，令

$$v(x,y)=v(x)v(y) \tag{2.3.18}$$

则式(2.3.17)可分离为

$$
\begin{cases}
v(x)=\gamma_x\int_{-a}^{a}K_x(x,x')v(x')\mathrm{d}x' \\
v(y)=\gamma_y\int_{-b}^{b}K_y(y,y')v(y')\mathrm{d}y' \\
K_x(x,x')=\sqrt{\dfrac{\mathrm{i}}{\lambda L}\mathrm{e}^{-\mathrm{i}kL}}\,\mathrm{e}^{-\mathrm{i}k\frac{(x-x')^2}{2L}} \\
K_y(y,y')=\sqrt{\dfrac{\mathrm{i}}{\lambda L}\mathrm{e}^{-\mathrm{i}kL}}\,\mathrm{e}^{-\mathrm{i}k\frac{(y-y')^2}{2L}} \\
\gamma_x\gamma_y=\gamma
\end{cases}
\tag{2.3.19}
$$

这样,平行平面腔的自再现模积分方程就化成了一元函数 $v(x)$ 和 $v(y)$ 的两个积分方程(2.3.19)。$v(x)$ 代表一个在 x 方向宽度为 $2a$ 而沿 y 方向无限延伸的条状腔的自再现模,$v(y)$ 代表一个在 y 方向宽度为 $2b$ 而沿 x 方向无限延伸的条状腔的自再现模,显然,$v(x)$ 和 $v(y)$ 的形式完全一样,因而只需求解其中一个即可。

由于满足式(2.3.19)的函数 $v(x)$ 和 $v(y)$ 可能不止一个,用 $v_m(x)$ 和 $v_n(y)$ 分别表示它的第 m 个和第 n 个解,γ_m 和 γ_n 表示相应的复常数,则有

$$
\begin{cases}
v_m(x)=\gamma_m\int_{-a}^{a}K_x(x,x')v_m(x')\mathrm{d}x' \\
v_n(y)=\gamma_m\int_{-b}^{b}K_y(y,y')v_n(y')\mathrm{d}y'
\end{cases}
\tag{2.3.20}
$$

整个镜面上的自再现模场分布函数为

$$
v_{mn}(x,y)=v_m(x)v_n(y) \tag{2.3.21}
$$

相应的复常数为 $\gamma_{mn}=\gamma_m\gamma_n$。

在数学上,将求解式(2.3.20)这类积分方程的问题称为积分本征值问题。通常,只有当方程中的复常数 γ_m 和 γ_n 取一系列不连续的特定值时,方程式才能成立,这些 γ_m 和 γ_n 称为方程的本征值。对于每一个特定的 γ_m 和 γ_n,能使式(2.3.20)成立的分布函数 $v_m(x)$ 和 $v_n(y)$ 称为与本征值相对应的本征函数。本征值和本征函数决定着开腔自再现模的全部特征,包括场分布(镜面上场的振幅分布和相位分布)及传输特性(如模的衰减、相移和谐振频率等)。

对于圆形平面镜腔,也可以进行类似的推导,并证明其模式积分方程是可以分离变量的。

对于一般球面腔,如图 2.3.5 所示,腔的两个反射镜的曲率半径分别为 R_1 和 R_2,腔长为 L,由图可以看出:

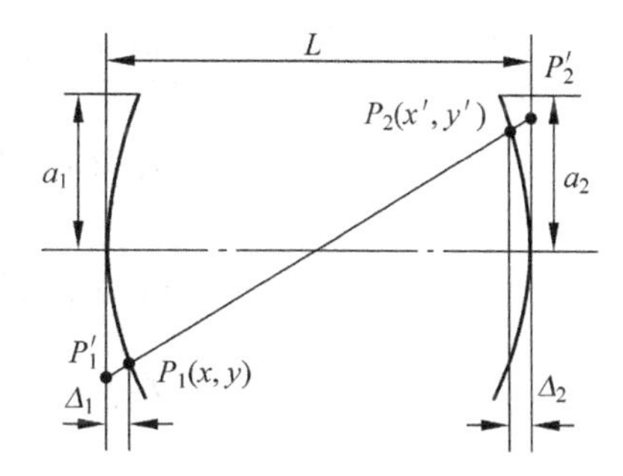

图 2.3.5　一般球面镜腔

$$
\rho=\overline{P_1P_2}=\overline{P'_1P'_2}-\overline{P'_1P_1}-\overline{P'_2P_2} \tag{2.3.22}
$$

其中

$$
\overline{P'_1P'_2}\approx L\left[1+\frac{1}{2}\left(\frac{x-x'}{L}\right)^2+\frac{1}{2}\left(\frac{y-y'}{L}\right)^2\right]=L+\frac{(x-x')^2}{2L}+\frac{(y-y')^2}{2L}
$$

而由球面镜的几何关系知

$$\overline{P'_1P_1}=\Delta_1\approx\frac{x^2+y^2}{2R_1},\quad \overline{P'_2P_2}=\Delta_2\approx\frac{x'^2+y'^2}{2R_2}$$

由此可得

$$\begin{aligned}\rho&=L+\frac{(x-x')^2}{2L}+\frac{(y-y')^2}{2L}-\frac{x^2+y^2}{2R_1}-\frac{x'^2+y'^2}{2R_2}\\&=L+\frac{1}{2L}\left[\left(1-\frac{L}{R_1}\right)(x^2+y^2)+\left(1-\frac{L}{R_2}\right)(x'^2+y'^2)-2(xx'+yy')\right]\\&=L+\frac{1}{2L}[g_1(x^2+y^2)+g_2(x'^2+y'^2)-2(xx'+yy')]\end{aligned}\tag{2.3.23}$$

在对称开腔情况下，$R_1=R_2=R$，$g_1=g_2=g$，代入式(2.3.23)中可求得对称球面腔的 ρ 值，再把 ρ 代入式(2.3.8)，即得出对称球面腔自再现模所满足的积分方程的具体形式。

$$\begin{cases}v(x)=\gamma_x\int_{-a}^{a}K_x(x,x')v(x')\mathrm{d}x'\\ v(y)=\gamma_y\int_{-b}^{b}K_y(y,y')v(y')\mathrm{d}y'\\ K_x(x,x')=\sqrt{\frac{\mathrm{i}}{\lambda L}\mathrm{e}^{-\mathrm{i}kL}}\ \mathrm{e}^{-\mathrm{i}k\frac{gx^2+gx'^2-2xx'}{2L}}\\ K_y(y,y')=\sqrt{\frac{\mathrm{i}}{\lambda L}\mathrm{e}^{-\mathrm{i}kL}}\ \mathrm{e}^{-\mathrm{i}k\frac{gy^2+gy'^2-2yy'}{2L}}\\ \gamma_x\gamma_y=\gamma\end{cases}\tag{2.3.24}$$

在对称共焦腔的情况下，两个镜面的曲率半径相等且等于腔长，焦点重合在腔的中心处，即 $R_1=R_2=R=L$，$g_1=g_2=0$。若反射镜为方形镜，孔径为 $2a\times2a$，则式(2.3.24)简化为

$$\begin{cases}v(x)=\gamma_x\int_{-a}^{a}K_x(x,x')v(x')\mathrm{d}x'\\ v(y)=\gamma_y\int_{-a}^{a}K_y(y,y')v(y')\mathrm{d}y'\\ K_x(x,x')=\sqrt{\frac{\mathrm{i}}{\lambda L}\mathrm{e}^{-\mathrm{i}kL}}\ \mathrm{e}^{\mathrm{i}k\frac{xx'}{L}}\\ K_y(y,y')=\sqrt{\frac{\mathrm{i}}{\lambda L}\mathrm{e}^{-\mathrm{i}kL}}\ \mathrm{e}^{\mathrm{i}k\frac{yy'}{L}}\\ \gamma_x\gamma_y=\gamma\end{cases}\tag{2.3.25}$$

2.4 方形镜共焦腔的自再现模

在对自再现模积分方程求解的探索中，博伊德和戈登首先证明了方形镜共焦腔的模式积分方程具有严格的解析函数解。当腔的菲涅尔数 N 足够大时，可将自再现模积分方程的积分限拓展至无穷大，从而获得方形镜共焦腔自再现模的近似解析解。

2.4.1　求解积分方程

如图 2.4.1 所示的方形镜对称共焦腔，腔镜的线度为 $2a\times 2a$，$R_1=R_2=L$，则 $g_1=g_2=0$。那么，根据式(2.3.23)，则

$$\rho=L-\frac{1}{L}(xx'+yy') \tag{2.4.1}$$

当满足条件 $L\gg a\gg\lambda$，菲涅尔数 $N=a^2/L\lambda\ll(L/a)^2$ 时，方形镜对称共焦腔的自再现模场分布函数 $v_{mn}(x,y)$应为

$$v_{mn}(x,y)=\gamma_{mn}\left(\frac{\mathrm{i}}{\lambda L}\mathrm{e}^{-\mathrm{i}kL}\right)\int_{-a}^{a}\int_{-a}^{a}v_{mn}(x',y')\mathrm{e}^{\mathrm{i}k\frac{xx'+yy'}{L}}\mathrm{d}x'\mathrm{d}y' \tag{2.4.2}$$

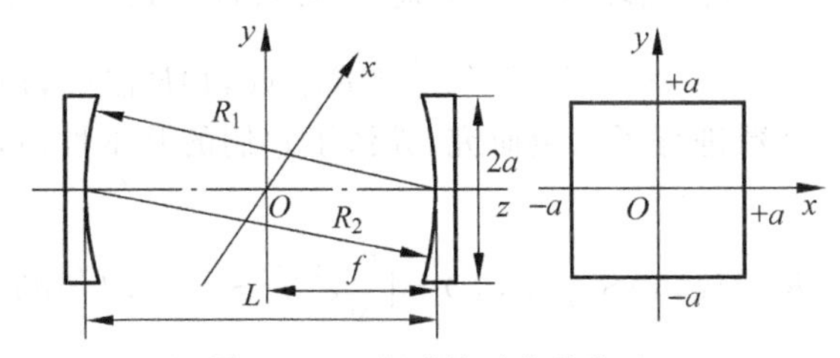

图 2.4.1　方形镜对称共焦腔

根据博伊德和戈登的方法，令

$$\begin{cases}c=\dfrac{a^2k}{L}=2\pi\left(\dfrac{a^2}{L\lambda}\right)=2\pi N\\ X=\dfrac{\sqrt{c}}{a}x,\quad Y=\dfrac{\sqrt{c}}{a}y\\ v_{mn}(x,y)=F_m(X)G_n(Y)\\ \gamma_{mn}=\dfrac{1}{\sigma_m\sigma_n}\end{cases} \tag{2.4.3}$$

式中，$k=2\pi/\lambda$ 为波矢；N 为菲涅尔数。则式(2.4.2)可变换为

$$F_m(X)G_n(Y)=\frac{1}{\sigma_m\sigma_n}\frac{\mathrm{i}\mathrm{e}^{-\mathrm{i}kL}}{2\pi}\int_{-\sqrt{c}}^{\sqrt{c}}F_m(X')\mathrm{e}^{\mathrm{i}XX'}\mathrm{d}X'\int_{-\sqrt{c}}^{\sqrt{c}}G_n(Y')\mathrm{e}^{\mathrm{i}YY'}\mathrm{d}Y' \tag{2.4.4}$$

根据 2.3 节的分离变量法，式(2.4.4)可写成

$$\begin{cases}F_m(X)=\dfrac{1}{\sigma_m}\sqrt{\dfrac{\mathrm{i}\mathrm{e}^{-\mathrm{i}kL}}{2\pi}}\displaystyle\int_{-\sqrt{c}}^{\sqrt{c}}F_m(X')\mathrm{e}^{\mathrm{i}XX'}\mathrm{d}X'\\ G_n(Y)=\dfrac{1}{\sigma_n}\sqrt{\dfrac{\mathrm{i}\mathrm{e}^{-\mathrm{i}kL}}{2\pi}}\displaystyle\int_{-\sqrt{c}}^{\sqrt{c}}G_n(Y')\mathrm{e}^{\mathrm{i}YY'}\mathrm{d}Y'\end{cases} \tag{2.4.5}$$

式(2.4.5)中的每个方程都只包含一个自变量，且两个方程的形式完全一样，因此，只需解出其中一个方程即可。

博伊德和戈登已经求出方程(2.4.5)的精确解，在 c 为有限值时的本征函数为

$$v_{mn}(x,y)=F_m(X)G_n(Y)=S_{0m}\left(c,\frac{X}{\sqrt{c}}\right)\cdot S_{0n}\left(c,\frac{Y}{\sqrt{c}}\right),\quad m,n=0,1,2,\cdots \tag{2.4.6}$$

式中，S_{0m}、S_{0n} 为角向长椭球函数，且

$$S_{0m}\left(c,\frac{X}{\sqrt{c}}\right)=S_{0m}\left(c,\frac{x}{a}\right),\quad S_{0n}\left(c,\frac{Y}{\sqrt{c}}\right)=S_{0n}\left(c,\frac{y}{a}\right)$$

那么,与本征函数对应的本征值为

$$\sigma_m\sigma_n=\mathrm{i}\mathrm{e}^{-\mathrm{i}kL}\chi_m\chi_n \tag{2.4.7}$$

式中

$$\begin{cases}\chi_m=\sqrt{\dfrac{2c}{\pi}}\,\mathrm{i}^m R_{0m}^{(1)}(c,1), & m=0,1,2,\cdots\\[2ex] \chi_n=\sqrt{\dfrac{2c}{\pi}}\,\mathrm{i}^n R_{0n}^{(1)}(c,1), & n=0,1,2,\cdots\end{cases} \tag{2.4.8}$$

$R_{0m}^{(1)}(c,1)$、$R_{0n}^{(1)}(c,1)$为径向长椭球函数。把式(2.4.8)代入式(2.4.7)得

$$\sigma_m\sigma_n=4N\mathrm{e}^{-\mathrm{i}\left[kL-(m+n+1)\frac{\pi}{2}\right]}R_{0m}^{(1)}(c,1)R_{0n}^{(1)}(c,1) \tag{2.4.9}$$

人们对前述长椭球函数进行了大量研究,弄清了它们的基本性质,该函数满足如下的积分关系式:

$$2\mathrm{i}^m R_{0m}^{(1)}(c,1)S_{0m}(c,T)=\int_{-1}^{1}\mathrm{e}^{\mathrm{i}cTT'}S_{0m}(c,T')\mathrm{d}T' \tag{2.4.10}$$

且$R_{0m}^{(1)}(c,1)$、$S_{0m}(c,T)$均为实函数。人们计算出了c取某些具体数值时的角向和径向长椭球函数表,并研究了它们在某些特殊情况下的近似表达式。

由式(2.4.6)和式(2.4.9)可以看出,对于任意给定的c,当m、n取一系列不连续的整数时,得到一系列本征函数$v_{mn}(x,y)$,它们描述了对称共焦腔镜面上场的振幅和相位分布,同时得出一系列的本征值$\sigma_m\sigma_n$,它们决定模的相移和损耗。用符号TEM_{mn}表示共焦腔自再现模。下面以式(2.4.6)和式(2.4.9)为基础讨论对称共焦腔自再现模的各种特征。

2.4.2 镜面上场的分布

1. 厄米特-高斯近似

在$x,y\ll a$的区域内,即在镜面中心附近,角向长椭球函数可以表示为厄米特多项式和高斯分布函数的乘积:

$$\begin{cases}F_m(X)=S_{0m}\left(c,\dfrac{X}{\sqrt{c}}\right)=C_m\mathrm{H}_m(X)\mathrm{e}^{-\frac{X^2}{2}}\\[2ex] G_n(Y)=S_{0n}\left(c,\dfrac{Y}{\sqrt{c}}\right)=C_n\mathrm{H}_n(Y)\mathrm{e}^{-\frac{Y^2}{2}}\end{cases} \tag{2.4.11}$$

式中,C_m、C_n为常系数,$\mathrm{H}_m(X)$为m阶厄米特多项式:

$$\begin{aligned}\mathrm{H}_m(X)&=(-1)^m\mathrm{e}^{X^2}\frac{\mathrm{d}^m}{\mathrm{d}X^m}\mathrm{e}^{-X^2}\\&=\sum_{k=0}^{\left[\frac{m}{2}\right]}\frac{(-1)^k m!}{k!(m-2k)!}(2X)^{m-2k},\quad m=0,1,2,\cdots\end{aligned} \tag{2.4.12}$$

其中,$\left[\dfrac{m}{2}\right]$表示$\dfrac{m}{2}$的整数部分。最初的几阶厄米特多项式为

$$\begin{cases} H_0(X)=1 \\ H_1(X)=2X \\ H_2(X)=4X^2-2 \\ H_3(X)=8X^3-12X \\ H_4(X)=16X^4-48X^2+12 \\ \vdots \end{cases} \tag{2.4.13}$$

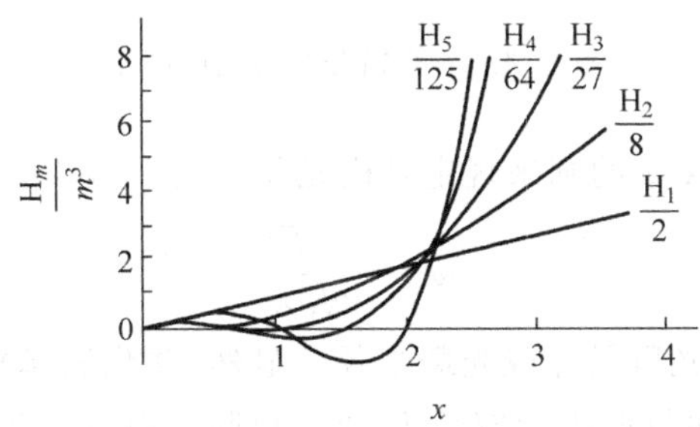

图 2.4.2　低阶厄米特多项式

注：曲线 $H_1/2$ 的纵坐标为 $H_1/2$，其余曲线的纵坐标为 H_m/m^3。

应当指出，当 $c\to\infty$ 时，厄米特-高斯函数

$$H_m(X)e^{-\frac{X^2}{2}},\quad H_n(Y)e^{-\frac{Y^2}{2}} \tag{2.4.14}$$

即为方程(2.4.5)的本征函数。在 c 为有限值的情况下，只要条件 $c=2\pi N\gg1$ 成立，则式(2.4.14)仍在极好的近似程度上满足方程(2.4.5)。若 $c=2\pi N\gg1$ 不成立，则在镜面中心附近，厄米特-高斯函数仍能正确描述对称共焦腔模的振幅和相位分布。

把式(2.4.11)代入式(2.4.6)，并将 X、Y 换回镜面上的坐标 x、y，得出

$$\begin{aligned} v_{mn}(x,y) &= C_{mn}H_m\left(\frac{\sqrt{c}}{a}x\right)H_n\left(\frac{\sqrt{c}}{a}y\right)e^{-\frac{c}{2a^2}(x^2+y^2)} \\ &= C_{mn}H_m\left(\sqrt{\frac{2\pi}{L\lambda}}x\right)H_n\left(\sqrt{\frac{2\pi}{L\lambda}}y\right)e^{-\frac{x^2+y^2}{L\lambda/\pi}} \end{aligned} \tag{2.4.15}$$

式中，C_{mn} 为常系式。当 m、n 取不同值时，在腔镜镜面上会产生不同的场分布。

2. 基模

取 $m=n=0$，由厄米特多项式(2.4.13)中的第一项得 $H_0(X)=1$，那么对称共焦腔基模(TEM_{00})的场分布函数为

$$v_{00}(x,y)=C_{00}e^{-\frac{x^2+y^2}{L\lambda/\pi}} \tag{2.4.16}$$

可见，基模在镜面上的分布是高斯型的，模的振幅从镜中心($x=y=0$)向边缘平滑地降落，如图 2.4.3 所示。

当 $x^2+y^2=L\lambda/\pi$ 时，振幅降为中心处的 1/e。令

$$r=\sqrt{x^2+y^2}=\sqrt{\frac{L\lambda}{\pi}} \tag{2.4.17}$$

式中，L 为对称共焦腔的腔长；λ 为激光波长。

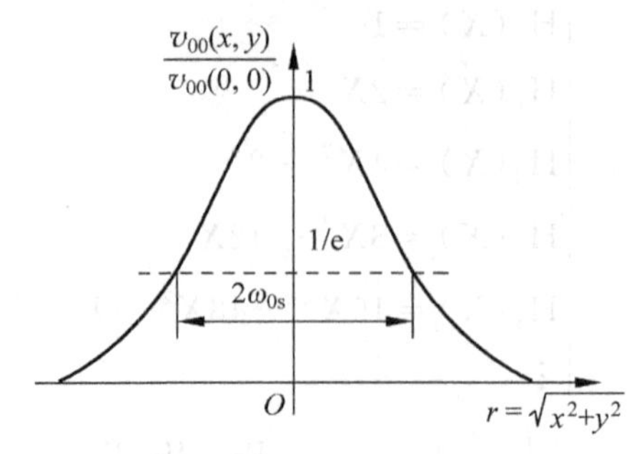

图 2.4.3　高斯分布与光斑尺寸

通常用半径为$r=\sqrt{L\lambda/\pi}$的圆来规定基模光斑的大小，并定义

$$\omega_{0s}=\sqrt{\frac{L\lambda}{\pi}} \tag{2.4.18}$$

为共焦腔基模在镜面上的光斑尺寸或光斑半径。显然，共焦腔基模在镜面上的光斑大小与镜的横向几何尺寸无关，而只取决于腔长L或共焦腔反射镜的焦距$f=L/2$。这是共焦腔的一个重要特性，与平行平面腔的情况有所不同。当然，这一结论只有在模的振幅分布可以用厄米特-高斯函数近似表示的情况下才是正确的。

应当注意，谐振腔内的光场并不局限在$r\leqslant\omega_{0s}$的范围内。只要场的分布是高斯型的，从理论上说，它就应横向延伸到无穷远处，但在$r>\omega_{0s}$的范围内，光强实际上已经很弱。

例 2.4.1　一台使用共焦腔的CO_2激光器，腔长$L=1\text{m}$，波长$\lambda=10.6\mu\text{m}$，求其镜面上的光斑尺寸。若 He-Ne 激光器的腔长$L=0.3\text{m}$，波长$\lambda=0.6328\mu\text{m}$，求其镜面上的光斑半径。

解：对于CO_2激光器

$$\omega_{0s}=\sqrt{\frac{L\lambda}{\pi}}=\sqrt{\frac{1\times 10.6\times 10^{-6}}{3.14}}\text{m}\approx 1.84\text{mm}$$

对于 He-Ne 激光器

$$\omega_{0s}=\sqrt{\frac{L\lambda}{\pi}}=\sqrt{\frac{0.3\times 0.6328\times 10^{-6}}{3.14}}\text{m}\approx 0.25\text{mm}$$

由上述例子可以看出，共焦腔的光斑半径通常都很小，远小于反射镜的横向尺寸。因此，共焦腔的模场主要集中在镜面中心附近。

3. 高阶横模

把式(2.4.18)代入式(2.4.15)得

$$v_{mn}(x,y)=C_{mn}\text{H}_m\left(\frac{\sqrt{2}}{\omega_{0s}}x\right)\text{H}_n\left(\frac{\sqrt{2}}{\omega_{0s}}y\right)\text{e}^{-\frac{x^2+y^2}{\omega_{0s}^2}} \tag{2.4.19}$$

光强I正比于振幅的平方，即$I\propto v_{mn}^2$。当m、n取不同时为 0 的一系列整数时，由式(2.4.19)可得出镜面上各高阶横模的振幅分布。

对最初的几个横模，有

$$
\begin{cases}
v_{10}(x,y)=C_{10}\dfrac{2\sqrt{2}}{\omega_{0s}}x\mathrm{e}^{-\frac{x^2+y^2}{\omega_{0s}^2}}=C'_{10}x\mathrm{e}^{-\frac{x^2+y^2}{\omega_{0s}^2}} \\
v_{01}(x,y)=C_{01}\dfrac{2\sqrt{2}}{\omega_{0s}}y\mathrm{e}^{-\frac{x^2+y^2}{\omega_{0s}^2}}=C'_{01}y\mathrm{e}^{-\frac{x^2+y^2}{\omega_{0s}^2}} \\
v_{20}(x,y)=C_{20}\left[4\dfrac{2x^2}{\omega_{0s}^2}-2\right]\mathrm{e}^{-\frac{x^2+y^2}{\omega_{0s}^2}}=C'_{20}\left[4x^2-\omega_{0s}^2\right]\mathrm{e}^{-\frac{x^2+y^2}{\omega_{0s}^2}} \\
v_{11}(x,y)=C_{11}\times 4\times\dfrac{2}{\omega_{0s}^2}xy\mathrm{e}^{-\frac{x^2+y^2}{\omega_{0s}^2}}=C'_{11}xy\mathrm{e}^{-\frac{x^2+y^2}{\omega_{0s}^2}} \\
\vdots
\end{cases}
\tag{2.4.20}
$$

可以看出，TEM_{mn} 模在镜面上振幅分布的特点取决于厄米特多项式与高斯分布函数的乘积。厄米特多项式的零点决定场的节线，厄米特多项式的正负交替的变化与高斯函数随着 x、y 的增大单调下降的特性决定着场分布的外形轮廓。由于 m 阶厄米特多项式有 m 个零点（即有 m 个根），因此 TEM_{mn} 模沿 x 方向有 m 条节线，沿 y 方向有 n 条节线。例如，TEM_{00} 模在整个镜面上没有节线，TEM_{10} 模在 $x=0$ 处有一条节线，TEM_{11} 模在 $x=0$、$y=0$ 处各有一条节线，等等。共焦腔最初几个横模的振幅分布和强度花样如图 2.4.4 所示。

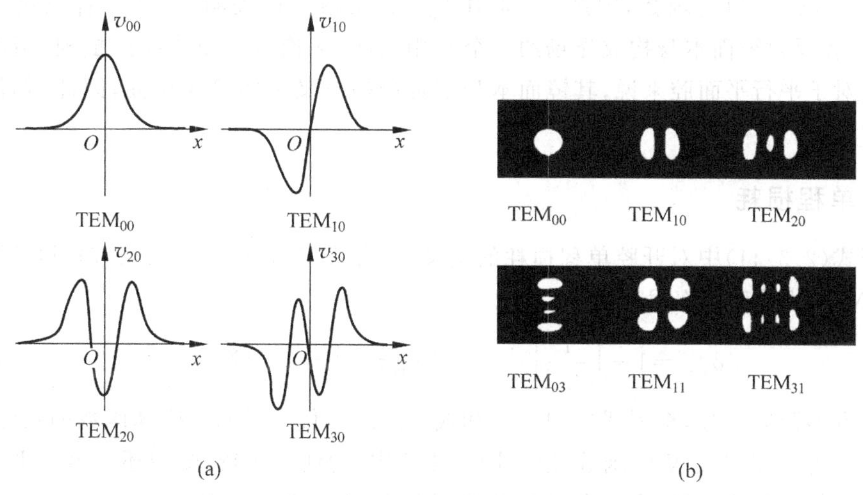

图 2.4.4　方形镜共焦腔的振幅分布和强度花样

(a) 振幅分布；(b) 强度花样

由于式(2.4.18)所定义的基模光斑半径的平方恰为基模中坐标均方差的 4 倍，即

$$
\omega_{0s}^2=\frac{4\int_{-\infty}^{+\infty}\mathrm{e}^{-\frac{X^2}{2}}(x-\bar{x})^2\mathrm{e}^{-\frac{X^2}{2}}\mathrm{d}X}{\int_{-\infty}^{+\infty}\left(\mathrm{e}^{-\frac{X^2}{2}}\right)^2\mathrm{d}X}=\frac{4\int_{-\infty}^{+\infty}\mathrm{e}^{-\frac{Y^2}{2}}(y-\bar{y})^2\mathrm{e}^{-\frac{Y^2}{2}}\mathrm{d}Y}{\int_{-\infty}^{+\infty}\left(\mathrm{e}^{-\frac{Y^2}{2}}\right)^2\mathrm{d}Y}
\tag{2.4.21}
$$

式中，坐标的平均值 $\bar{x}$ 和 $\bar{y}$ 为 0。因此，可类似地把高阶横模的光斑尺寸的平方定义为其坐标均方差的 4 倍，即

$$\begin{cases}\omega_{ms}^2=\dfrac{4\int_{-\infty}^{+\infty}F_m(X)(x-\bar{x})^2F_m(X)\mathrm{d}X}{\int_{-\infty}^{+\infty}(F_m(X))^2\mathrm{d}X}\\ \omega_{ns}^2=\dfrac{4\int_{-\infty}^{+\infty}G_n(Y)(y-\bar{y})^2G_n(Y)\mathrm{d}Y}{\int_{-\infty}^{+\infty}(G_n(Y))^2\mathrm{d}Y}\end{cases}\tag{2.4.22}$$

把式(2.4.11)和式(2.4.13)代入式(2.4.22),不难求得

$$\begin{cases}\omega_{ms}^2=(2m+1)\omega_{0s}^2\\ \omega_{ns}^2=(2n+1)\omega_{0s}^2\end{cases}\tag{2.4.23}$$

由此得镜面上的高阶横模与基模光斑尺寸之比为

$$\frac{\omega_{ms}}{\omega_{0s}}=\sqrt{2m+1},\quad \frac{\omega_{ns}}{\omega_{0s}}=\sqrt{2n+1}\tag{2.4.24}$$

因此,只要根据 $\omega_{0s}=\sqrt{L\lambda/\pi}$ 求得基模光斑半径的大小,就可以由式(2.4.24)求出高阶横模的光斑半径。

4. 相位分布

镜面上场的相位分布由自再现模 $v_{mn}(x,y)$ 的辐角决定。由于长椭球函数为实函数,因此,$v_{mn}(x,y)$ 也为实函数,因此,本征值 γ_{mn} 为实数。这表明,镜面上各点场的相位相同,即共焦腔反射镜面本身构成光场的一个等相位面,无论对基模或高阶横模,情况都是一样的。而对于平行平面腔来说,其镜面本身不是严格意义上的等相位面,因此,相位分布也不是等相位面。

2.4.3 单程损耗

根据式(2.3.11)中对开腔单程损耗的定义,结合式(2.4.3)和式(2.4.7),得共焦腔自再现模 TEM_{mn} 的单程功率损耗为

$$\delta_{mn}=1-\left|\frac{1}{\gamma_{mn}}\right|^2=1-|\sigma_m\sigma_n|^2=1-|\chi_m\chi_n|^2\tag{2.4.25}$$

对于方形镜共焦腔,根据式(2.4.25)和式(2.4.8),代入径向长椭球函数的具体数值,将损耗 δ_{mn} 作为菲涅尔数 N 的函数,绘于图 2.4.5 中,为便于比较,图中还给出了平行平面腔单程损耗的数值计算结果,右上角的曲线表示均匀平面波在线度为 $2a$ 上的镜面上的衍射损耗,它由 $\delta=1/N$ 给出。

从图中曲线可以看出,均匀平面波的夫琅禾费衍射损耗比平面腔自再现模的损耗大得多,而平面腔模的损耗又比共焦腔模的损耗大得多。表 2.4.1 列出了菲涅尔数相同的两种腔的 TEM_{00} 模的损耗值。显然,共焦腔模的衍射损耗在数量级上比平面腔低。

在共焦腔中,除了衍射损耗引起的光束发散作用外,还有腔镜(凹面镜)对光束的汇聚作用。这两种因素一起决定了腔的损耗大小。对于傍轴光线而言,在稳定腔中的几何偏折损耗为 0,因而腔的损耗只有衍射损耗。而且,只要菲涅尔数 N 不太小,共焦腔的模就集中在镜面中心附近,在镜面边缘处振幅很小,因而衍射损耗极低。

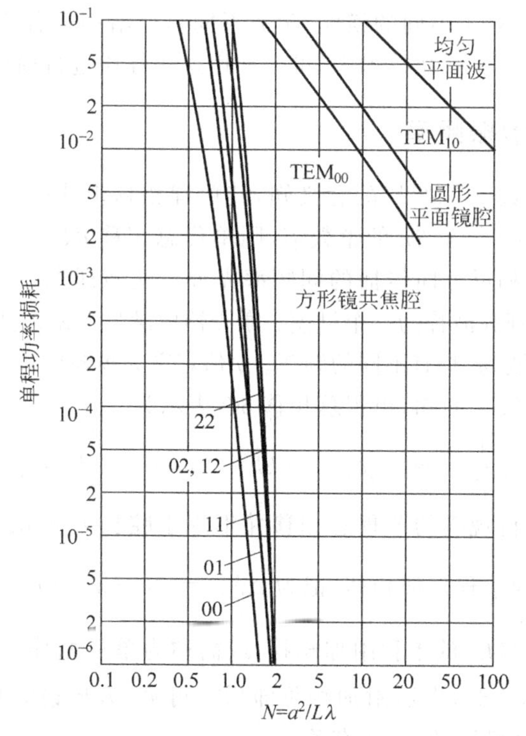

图 2.4.5 方形镜共焦腔的单程功率衍射损耗

表 2.4.1 TEM$_{00}$ 模的单程损耗

$N=\frac{a^2}{L\lambda}$		1	2	4	5	10
损耗	平面波		≈0.5	≈0.25	0.2	0.1
	平面腔	≈0.18	0.08	0.03	0.022	0.0082
	共焦腔	$10^{-3.9}$	$10^{-8.48}$	$10^{-18.76}$	$10^{-23.7}$	$10^{-48.4}$

平面腔的情况有所不同，所有与轴线有一定夹角的光线都将不可避免地出现几何损耗，而且平面腔的模原则上分布在整个镜面上。在菲涅尔数 N 相同的条件下，同一模式在镜面边缘处的振幅远大于共焦腔模的振幅，所有这一切都决定了平面腔的损耗远高于共焦腔的损耗。

共焦腔中各个模式的损耗与腔的具体几何尺寸无关，而仅由菲涅尔数 N 确定。所有模式的损耗都随着菲涅尔数的增加而迅速下降。TEM$_{00}$ 模的损耗可近似由下述经验公式求得

$$\delta_{00}=10.9\times10^{-4.94N} \tag{2.4.26}$$

例 2.4.2 某 He-Ne 激光器采用共焦腔，腔长 $L=30\text{cm}$，波长 $\lambda=0.6328\mu\text{m}$，放电管半径 $a=0.1\text{cm}$，此时腔的菲涅尔数为

$$N=\frac{a^2}{L\lambda}=\frac{0.001^2}{0.3\times0.6328\times10^{-6}}=5.267$$

那么，基模的损耗为

$$\delta_{00}=10.9\times10^{-4.94N}=10^{-25.2}$$

可见，当采用共焦腔时，对通常尺寸的激光器，基模的损耗往往小到可以忽略不计，只有当菲涅尔数很小(例如 $N<1$)时，衍射损耗才起显著的作用。

如果菲涅尔数相同，对于不同的横模(阶数不同)，衍射损耗各不相同，且损耗随着横模阶次的增高而迅速增大。在激光技术中，可以利用这一性质进行横模的选择。

2.4.4 单程相移与谐振频率

根据2.3节中复常数$\gamma=e^{\alpha+i\beta}$的意义知，其单程相移由式(2.3.14)决定，且光场在腔内往返一次的总相移$2\delta\Phi$等于2π的整数倍，则单程总相移$\delta\Phi=-\beta=-q\pi$。每一个q值对应着正反两列沿轴线相反方向传播的同频率光波。这两列光波叠加的结果，将在腔内形成驻波。谐振腔的每一列驻波称为一个纵模。激光器中满足谐振条件的不同纵模对应着谐振腔内各种不同的稳定驻波场，具有不同的频率。q值定义为纵模序数，等于驻波的波节数。

由式(2.4.3)和式(2.4.9)知，单程总相移$\delta\Phi$表示为

$$\delta\Phi=\arg\frac{1}{\gamma}=\arg\delta_m\delta_n=-kL+(m+n+1)\cdot\frac{\pi}{2}=-q\pi \tag{2.4.27}$$

可见，在对称开腔中，自再现模的单程总相移并不等于腔长L所决定的几何相移kL，而是具有一个附加相移，称为单程附加相移，记为$\Delta\phi_{mn}=(m+n+1)\cdot\frac{\pi}{2}$，$\Delta\phi_{mn}$表示腔内达成渡越时相对于几何相移($kL$)的单程附加相移，或简称为单程相移。当$\Delta\phi_{mn}>0$时，表示附加相位超前；当$\Delta\phi_{mn}<0$时，表示附加相位滞后。可见，方形镜共焦腔中自再现模的附加相位超前，其超前量与横模阶数m、n有关。

对于TEM_{mn}自再现模，$k=2\pi\eta\nu/c$，式中η为激光工作物质的折射率。可得激光振荡模式的谐振频率为

$$\nu_{mnq}=\frac{qc}{2\eta L}+\frac{c}{2\pi\eta L}\Delta\phi_{mn}=\frac{c}{2\eta L}\left[q+\frac{1}{2}(m+n+1)\right] \tag{2.4.28}$$

式(2.4.28)表明，激光谐振腔的谐振频率与纵模序数q、单程附加相移$\Delta\phi_{mn}$以及各物理常数有关。由于单程总相移的主要部分是几何相移，纵模序数q的值非常大，且单程附加相移$\Delta\phi_{mn}$的值很有限，因此，激光谐振器的谐振频率主要取决于纵模序数，即

$$\nu_{mnq}=\frac{qc}{2\eta L} \tag{2.4.29}$$

由式(2.4.29)可知，对于同一横模，相邻纵模的频率间隔为

$$\Delta\nu_q=\frac{c}{2\eta L} \tag{2.4.30}$$

而对于同一纵模，两个相邻的横模之间的频率间隔为

$$\Delta\nu_m=\Delta\nu_n=\frac{1}{2}\Delta\nu_q \tag{2.4.31}$$

也就是说，$\Delta\nu_m$、$\Delta\nu_n$与$\Delta\nu_q$属于同一数量级。这样一来，共焦腔的谐振频率出现了高度简并的现象。即所有与$q+(m+n+1)/2$相等的模式都具有相同的谐振频率。例如，TEM_{mnq}、$\mathrm{TEM}_{m-1,n+1,q}$、$\mathrm{TEM}_{m,n+1,q-1}$…都具有相同的谐振频率，如图2.4.6所示为方形镜共焦腔的振荡频谱。这种现象会对激光器的工作状态产生不良影响。因为所有频率相等的模式都处在激活介质的增益曲线的相同位置，从而彼此间产生强烈的竞争作用，输出多模激光，使光束质量变坏。因此，在激光技术中，要利用选模技术得到光束质量较好的激光模

式，降低光束发散角。

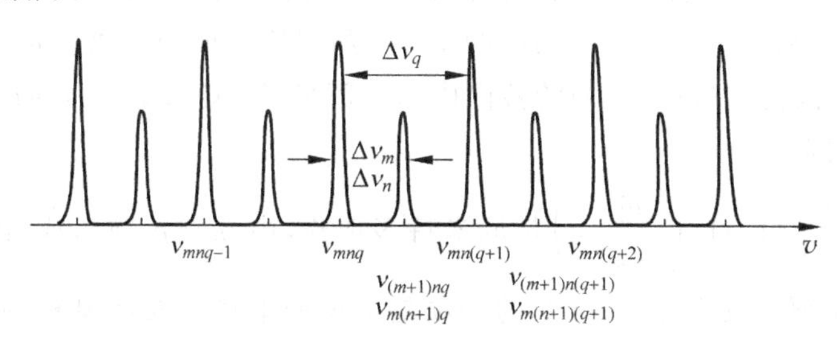

图 2.4.6　方形镜共焦腔的振荡频谱

2.4.5　腔内、外的行波场

对于一个激光器，常常要关心其输出特性，这就需要我们不仅要知道镜面上光场的分布，还需要知道光束在腔内、外的空间分布，因此，应求出腔内、腔外任意一点的光场的表达式。

方形镜共焦腔内的光场可以通过菲涅尔-基尔霍夫衍射积分求出。如图 2.4.7 所示，以共焦腔的中心为原点建立坐标系，若已知镜面 M_1 上的场分布为 $v_{mn}(x',y')$，经镜面反射后，在腔内相干叠加后形成驻波，该驻波场的分布就是腔内的光场分布。腔外的光场是腔内沿一个方向传播的行波透过镜面的部分，实际上，只要求得腔内的行波场，乘以输出镜的透过率即得到腔外的光场分布。

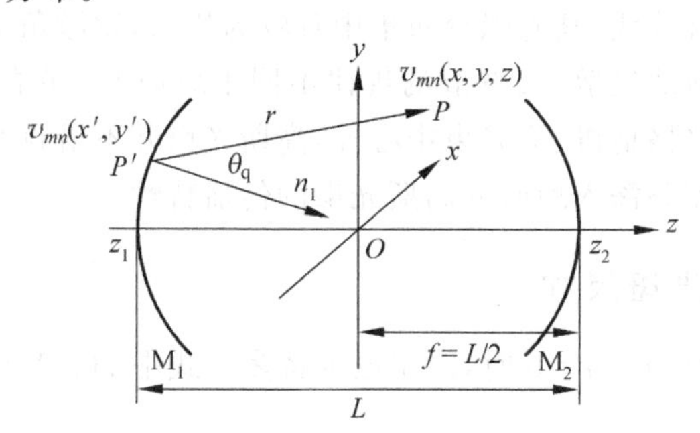

图 2.4.7　计算腔内光场分布的示意图

把镜面上的光场分布(式(2.4.15))代入基尔霍夫衍射公式(式(2.3.1))，并引入无量纲参量 $\xi=2z/L=z/f$，选择腔的中心为坐标原点，通过积分求解得到

$$E_{mn}(x,y,z)=C_{mn}\mathrm{H}_m\left(\frac{\sqrt{2}}{\omega(z)}x\right)\mathrm{H}_n\left(\frac{\sqrt{2}}{\omega(z)}y\right)\mathrm{e}^{-\frac{x^2+y^2}{\omega^2(z)}}\mathrm{e}^{-\mathrm{i}\Phi(x,y,z)} \tag{2.4.32}$$

式中，$E_{mn}(x,y,z)$是腔内点 $P(x,y,z)$的场函数；C_{mn} 是一个与 m、n 无关的常数，对于空间场函数的分布没有影响。另外，式中其他参数如下式定义：

$$\begin{cases}\omega(z)=\sqrt{\dfrac{L\lambda}{2\pi}(1+\xi^2)}=\dfrac{\omega_{0s}}{\sqrt{2}}\sqrt{1+\left(\dfrac{z}{f}\right)^2}=\omega_0\sqrt{1+\left(\dfrac{z}{f}\right)^2}\\ \Phi(x,y,z)=k\left[f(1+\xi)+\dfrac{\xi}{1+\xi^2}\dfrac{r^2}{2f}\right]-(m+n+1)\left[\dfrac{\pi}{2}-\psi(z)\right]\\ \psi(z)=\arctan\dfrac{1-\xi}{1+\xi}=\arctan\dfrac{L-2z}{L+2z}=\arctan\dfrac{f-z}{f+z}\end{cases} \tag{2.4.33}$$

其中，$\omega(z)$表示腔内 z 处截面内基模的有效半径，简称截面半径；其具体含义是指，在 z 处，当场振幅的值是轴上($x=y=0$)的值的 1/e 时所对应的横向距离。ω_{0s} 为镜面上基模的光斑半径；ω_0 为共焦腔中心($z=0$)的截面内的光斑半径。$\Phi(x,y,z)$描述了波阵面上的相位分布，称为相位因子。

因为 $H_m\left(\frac{\sqrt{2}}{\omega(z)}x\right)$、$H_n\left(\frac{\sqrt{2}}{\omega(z)}y\right)$是厄米特多项式，由 $m\times n$ 项组成，因此，式(2.4.32)实际上也有 $m\times n$ 项。其中 $m=n=0$ 的一项是由镜面上场分布的基横模衍射产生的基横模行波场分布，通常也称为 TEM_{00} 行波。

基横模行波场是式(2.4.32)中最简单的一项，也是激光器输出模式中最重要的一部分。激光应用中也常常只用它的基横模输出。从公式可以看出，基横模行波输出在光束前进方向的垂直平面上的强度呈高斯分布，通常称为高斯光束。高斯光束体现出激光的四大特性，对于激光的应用有极其重要的意义，2.5 节将讨论高斯光束的传播特性。

2.5 高斯光束的传播特性

从图 2.4.4 中可以看出，在方形镜共焦腔的各种模式中，除基横模 TEM_{00} 外，其余各种高阶模的强度分布都在光斑中呈现出至少一条节线，因此，高阶模的光强分布十分不均匀。但是，基横模中没有节线，其光强分布集中且较为均匀，发散角也较小。但是，在传播过程中，高斯光束也会不断地发散，其发散的规律不同于球面波；它的波面曲率一直在变化，但是永远不会变成0；严格地讲，除光束中心外，高斯光束并不沿直线传播。因此，为了在实践中广泛地使用激光，需要深入地研究高斯光束的传播特性。

2.5.1 振幅分布和光斑尺寸

在式(2.4.32)中，当 $m=n=0$ 时，由于厄米特多项式中 $H_0(X)=1$，则基横模的行波场 $E_{00}(x,y,z)$为

$$E_{00}(x,y,z)=C_{00}e^{-\frac{x^2+y^2}{\omega^2(z)}}e^{-i\Phi(x,y,z)} \tag{2.5.1}$$

其中，C_{00} 为常数。其场振幅为

$$|E_{00}(x,y,z)|=C_{00}e^{-\frac{x^2+y^2}{\omega^2(z)}} \tag{2.5.2}$$

可见，共焦场基模的振幅在横截面内呈高斯型函数分布。定义在振幅最大值的 1/e 处的基模光斑尺寸(半径)为

$$\omega(z)=\frac{\omega_{0s}}{\sqrt{2}}\sqrt{1+\left(\frac{z}{f}\right)^2}=\omega_0\sqrt{1+\left(\frac{z}{f}\right)^2} \tag{2.5.3}$$

当 $z=\pm f$ 时，即在共焦腔的镜面上，其光斑半径为 ω_{0s}，由式(2.4.18)知，$\omega_{0s}=\sqrt{L\lambda/\pi}=\sqrt{2f\lambda/\pi}$。

当 $z=0$ 时，即在共焦腔的中心(焦平面)处，其光斑半径为 ω_0。显然，在此处，行波场的振幅最大，光场强度最强，能量最为集中，光斑半径最小，最小值为

$$\omega_0=\frac{1}{\sqrt{2}}\omega_{0s}=\frac{1}{\sqrt{2}}\sqrt{\frac{L\lambda}{\pi}}=\sqrt{\frac{f\lambda}{\pi}} \tag{2.5.4}$$

通常把 ω_0 称为高斯光束的束腰半径，简称“光腰”或“束腰”。

式(2.5.3)可写为

$$\omega(z)=\omega_0\sqrt{1+\left(\frac{z}{f}\right)^2}$$

进一步改写为

$$\frac{\omega^2(z)}{\omega_0^2}-\frac{z^2}{f^2}=1 \tag{2.5.5}$$

可见，基模光斑半径 $\omega(z)$ 随 z 按双曲线规律变化，如图 2.5.1 所示。

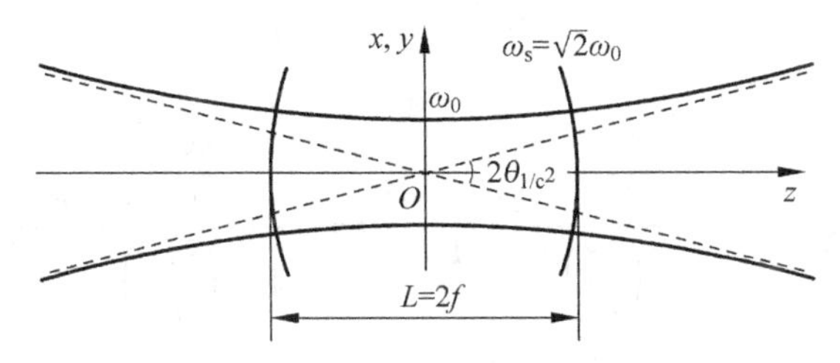

图 2.5.1 共焦腔基模高斯光束腰斑半径

对于高斯光束，虽然光强在 $z\neq0$ 处的各个截面上的分布并不相同，但由于光束是限制在各个光斑以光轴为中心、有效截面半径的圆截面内传播的，所以通过每个截面的总的光功率是相同的。光束中同一截面内所有光强为光轴上光强的 $1/e^2$ 的点的集合是一个圆，而所有各个截面上这些点的集合则组成一个回转双曲面。从这个意义上讲，除了光轴以外，高斯光束的光线沿着双曲线传播。

以上都是针对基横模 TEM_{00} 的讨论，类似的计算也适用于高阶横模。可以证明，TEM_{mn} 光束在 x 轴方向比 TEM_{00} 光束扩展 $\sqrt{2m+1}$ 倍，在 y 轴方向比 TEM_{00} 光束扩展 $\sqrt{2n+1}$ 倍。当 $m=n$ 时，可以近似地用光束有效截面半径 $\omega_m(z)=\sqrt{2m+1}\,\omega(z)$ 来描述高阶横模光束有效截面半径的大小。

2.5.2 相位分布

共焦场的相位分布由式(2.4.33)中的相位函数 $\Phi(x,y,z)$ 描述，即

$$\Phi(x,y,z)=k\left[f(1+\xi)+\frac{\xi}{1+\xi^2}\,\frac{x^2+y^2}{2f}\right]-(m+n+1)\left[\frac{\pi}{2}-\psi(z)\right]$$

其中，$\xi=2z/L=z/f$，$\Phi(x,y,z)$ 随坐标 x、y、z 而变化。

如图 2.5.2 所示，当 $m=n=0$ 时，与腔的轴线相交于 z_0 点（此时，$x=y=0$）的等相位面的方程为

$$\Phi(x,y,z)=\Phi(0,0,z_0) \tag{2.5.6}$$

对于 $\Phi(x,y,z)$，把 $\xi=2z/L$、$L=2f$、$m=n=0$ 代入得

$$\Phi(x,y,z)=k\left[\frac{L}{2}\left(1+\frac{2z}{L}\right)+\frac{\frac{2z}{L}}{1+\left(\frac{2z}{L}\right)^2}\frac{x^2+y^2}{L}\right]-\left[\frac{\pi}{2}-\psi(z)\right]$$

对于 $\Phi(0,0,z_0)$，把 $\xi=2z/L$、$L=2f$、$m=n=0$、$x=y=0$ 代入得

$$\Phi(0,0,z_0)=k\left[\frac{L}{2}\left(1+\frac{2z_0}{L}\right)\right]-\left[\frac{\pi}{2}-\psi(z_0)\right]$$

忽略由于 z 的微小变化引起的函数 $\psi(z)$ 的改变，即认为 $\psi(z)=\psi(z_0)$，则在腔的轴线附近有

$$k\left[\frac{L}{2}\left(1+\frac{2z}{L}\right)+\frac{\frac{2z}{L}}{1+\left(\frac{2z}{L}\right)^2}\frac{x^2+y^2}{L}\right]=k\left[\frac{L}{2}\left(1+\frac{2z_0}{L}\right)\right]$$

化简后得

$$z-z_0=-\frac{\frac{2z}{L}}{1+\left(\frac{2z}{L}\right)^2}\frac{x^2+y^2}{L}\approx-\frac{\frac{2z_0}{L}}{1+\left(\frac{2z_0}{L}\right)^2}\frac{x^2+y^2}{L}$$

$$=-\frac{x^2+y^2}{2z_0\left[1+\left(\frac{L}{2z_0}\right)^2\right]} \tag{2.5.7}$$

令

$$R_0=z_0\left[1+\left(\frac{L}{2z_0}\right)^2\right]=z_0+\frac{f^2}{z_0} \tag{2.5.8}$$

则式(2.5.7)可以写成

$$z-z_0=-\frac{x^2+y^2}{2R_0}\approx R_0\sqrt{1-\frac{x^2+y^2}{R_0}}-R_0$$

整理得

$$R_0^2=x^2+y^2+(z-z_0+R_0)^2 \tag{2.5.9}$$

这是一个半径与 z_0 坐标有关的球面方程，球面半径为 R_0，由式(2.5.8)决定。也就是说，式(2.5.6)描述的等相位面在近轴区域可以看成半径为 R_0 的球面，如图2.5.2所示。

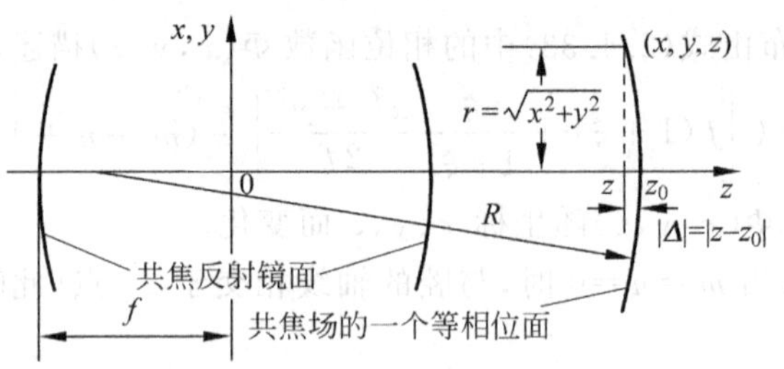

图2.5.2 共焦腔等相位面的方程

当 $z_0>0$ 时，$z-z_0<0$；$z_0<0$ 时，$z-z_0>0$。这表示，共焦场的等相位面都是凹面向着腔的中心的球面。等相位面的曲率半径随着坐标 z_0 而变化，当 $z_0=\pm L/2$ 时，$R_0=L=2f$，表明共焦腔反射镜面本身与场的两个等相位面重合。

当 $z_0=0$ 时，$R_0\to\infty$；当 $z_0\to\infty$ 时，$R_0\to\infty$。可见通过共焦腔中心的等相位面是与腔轴垂直的平面，距腔中心无限远处的等相位面也是平面。不难证明，共焦腔反射镜面是共焦腔中曲率最大的等相位面。共焦腔中等相位面的分布如图 2.5.3 所示。

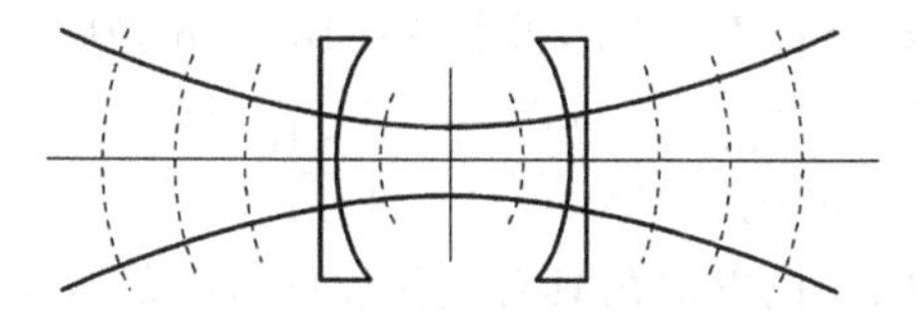

图 2.5.3　共焦场等相位面的分布

与球面波类比，可以把高斯光束看成从其对称轴即光轴上一系列的"发光点"上发出的球面波，其波阵面对共焦腔中心具有对称性。在腔内的波阵面所对应的"发光点"都在腔外，其随着波阵面由镜面向腔中心接近，波阵面的曲率半径逐渐增大，"发光点"由镜面中心向无穷远处移动。腔中心处的波阵面是个平面。在腔外的波阵面所对应的"发光点"都在腔内，且随着波阵面由镜面远离腔体，波阵面的曲率半径逐渐增大。"发光点"由镜面中心向腔中心处靠近。无穷远处的波阵面对应的"发光点"是腔中心，因为波阵面的曲率半径增大成无穷大，波阵面也变成平面。镜面本身也是波阵面，它对应的曲率半径最小，每个镜面对应的发光点恰好落在另一个镜面的中心。

显然，如果在场的任意一个等相位面处放置一块具有相应曲率的反射镜片，则入射在该镜片上的场将准确地沿着原方向返回，这样共焦腔的场分布将不会受到扰动。该性质十分重要，在一般稳定球面腔中经常用到。

2.5.3　远场发散角

前面已经证明，共焦腔的基模光束按照双曲线规律从腔的中心向外扩展，由此不难求得基模的远场发散角。该发散角 θ_0（全角 2θ）定义为双曲线的两根渐近线之间的夹角（见图 2.5.1）：

$$\theta_0=2\theta=\lim_{z\to\infty}\frac{2\omega(z)}{z} \tag{2.5.10}$$

式中，$2\omega(z)$ 为光斑直径，其中

$$\omega(z)=\omega_0\sqrt{1+\left(\frac{z}{f}\right)^2}=\frac{1}{\sqrt{2}}\sqrt{\frac{L\lambda}{\pi}}\sqrt{1+\left(\frac{2z}{L}\right)^2}$$

把 $\omega(z)$ 代入，则得到定义在光束有效截面半径处（即振幅为最大值的 1/e，强度为 $1/e^2$）远场发散角为

$$\theta_0=2\theta=\lim_{z\to\infty}\frac{2\omega(z)}{z}=2\sqrt{\frac{2\lambda}{\pi L}}=2\sqrt{\frac{\lambda}{\pi f}}=\frac{2\lambda}{\pi\omega_0}\approx 0.64\frac{\lambda}{\omega_0} \tag{2.5.11}$$

式(2.5.11)表明，高斯光束的远场发散角完全取决于其光腰半径（由腔长和波长决定）。通过计算证明，包含在发散角 θ_0 内的功率占高斯基模光束总功率的 86.5%（$1-1/e^2$）。

由波动光学知道，在单色平行光照明下，半径为 r 的圆孔夫琅禾费衍射角 $\theta=0.61\lambda/r$。与式(2.5.11)相比可知，高斯光束远场发散角 θ_0 在数值上近似于以腰斑 ω_0 为半径的光束的衍射角，即它已十分接近于衍射极限。但是，由于高斯光束强度更集中在中心及附近，所以实际上比圆孔衍射角还要小一点。

例 2.5.1 某共焦腔 He-Ne 激光器,腔长 $L=30\text{cm}$,波长 $\lambda=0.6328\mu\text{m}$,则其远场发散角为

$$\theta_0=2\theta=2\sqrt{\frac{2\lambda}{\pi L}}=2\sqrt{\frac{2\times 0.6328\times 10^{-6}}{0.3\times 3.14}}\text{mrad}\approx 2.3\text{mrad}$$

某共焦腔 CO_2 激光器,腔长 $L=1\text{m}$,波长 $\lambda=10.6\mu\text{m}$,则其远场发散角为

$$\theta_0=2\theta=2\sqrt{\frac{2\lambda}{\pi L}}=2\sqrt{\frac{2\times 10.6\times 10^{-6}}{1\times 3.14}}\text{mrad}\approx 5.2\text{mrad}$$

可见,共焦腔基模光束的理论发散角具有毫弧度(mrad)的数量级,说明其具有很好的方向性。如果产生多横模振荡,其发散角会随着横模阶次的增大而增大,因而光束的方向性将变差。

2.6 圆形镜共焦腔的模

由于实际谐振腔的孔径大多数是圆形的,因而研究圆形镜共焦腔更有显示意义。圆形镜共焦腔的处理方法与方形镜共焦腔相似。由于反射镜的孔径为圆形,因此采用极坐标系统(r,φ)来讨论。其模式积分方程的精确解析解是超椭球函数,但是人们对超椭球函数的研究还不够完善和成熟,因此,在本节将只介绍当腔的孔径足够大时模的解析近似表达。

2.6.1 拉盖尔-高斯近似

可以证明,当腔的菲涅尔数 $N\to\infty$ 时,圆形镜共焦腔的自再现模场分布函数由下述拉盖尔-高斯函数所描述:

$$v_{mn}(r,\varphi)=C_{mn}\left(\sqrt{2}\,\frac{r}{\omega_{0s}}\right)^m \mathrm{L}_n^m\left(2\frac{r^2}{\omega_{0s}^2}\right)\mathrm{e}^{-\frac{r^2}{\omega_{0s}^2}}\begin{cases}\cos m\varphi\\ \sin m\varphi\end{cases} \tag{2.6.1}$$

式中,(r,φ)为镜面上的极坐标;C_{mn} 为归一化常数;$\omega_{0s}=\sqrt{L\lambda/\pi}$;$\mathrm{L}_n^m(\xi)$为拉盖尔多项式:

$$\begin{cases}\mathrm{L}_0^m(\xi)=1\\ \mathrm{L}_1^m(\xi)=1+m-\xi\\ \mathrm{L}_2^m(\xi)=\dfrac{1}{2}[(1+m)(2+m)-2(2+m)\xi+\xi^2]\\ \vdots\\ \mathrm{L}_n^m(\xi)=\displaystyle\sum_{k=0}^{n}\frac{(m+n)!(-\xi)^k}{(m+k)!k!(n-k)!},\quad n=0,1,2,\cdots\end{cases} \tag{2.6.2}$$

把式(2.6.2)代入式(2.6.1)得

$$\begin{cases}v_{00}(r,\varphi)=C_{00}\mathrm{e}^{-\frac{r^2}{\omega_{0s}^2}}\\ v_{10}(r,\varphi)=C_{10}\sqrt{2}\,\dfrac{r}{\omega_{0s}}\mathrm{e}^{-\frac{r^2}{\omega_{0s}^2}}\begin{cases}\cos\varphi\\ \sin\varphi\end{cases}\\ v_{01}(r,\varphi)=C_{01}\left(1-2\dfrac{r^2}{\omega_{0s}^2}\right)\mathrm{e}^{-\frac{r^2}{\omega_{0s}^2}}\\ \vdots\end{cases} \tag{2.6.3}$$

可见，圆形镜共焦腔在截面上的振幅分布仍然是高斯型的，与方形镜共焦腔情况类似。

与 $v_{mn}(r,\varphi)$ 对应的本征值 γ_{mn} 为

$$\gamma_{mn}=\mathrm{e}^{\mathrm{i}\left[KL-\frac{\pi}{2}(m+2n+1)\right]} \tag{2.6.4}$$

因此，圆形镜自再现模在腔内完成一次渡越的总相移为

$$\delta\Phi=\arg\frac{1}{\gamma_{mn}}=-\beta=-KL+\frac{\pi}{2}(m+2n+1) \tag{2.6.5}$$

由此可推导出圆形镜共焦腔模的谐振频率为

$$\nu_{mnq}=\frac{qc}{2\eta L}+\frac{c}{2\pi\eta L}\Delta\phi_{mn}=\frac{c}{2\eta L}\left[q+\frac{1}{2}(m+2n+1)\right] \tag{2.6.6}$$

与方形镜共焦腔的情况有所不同。

当腔的菲涅尔数 N 为有限值时，用式(2.6.1)描述镜面上的场分布将有一定的误差。但是分析表明，只要腔的菲涅尔数 N 不太小，其近似程度就是令人满意的。因此，通常取 $N\to\infty$ 时圆形镜共焦腔模式本征值问题的解作为菲涅尔数 N 有限时自再现模的解析近似表达式，称为拉盖尔-高斯近似。下面就来分析拉盖尔-高斯近似下的共焦腔自再现模式的特征。

2.6.2　模的特征

1. 振幅和相位分布

式(2.6.3)的第一个方程描述了基模 TEM_{00} 的场。显然，基模在镜面上的振幅分布是高斯型的，整个镜面上没有场的节线，在镜面中心($r=0$)处，振幅最大，定义在基模振幅 1/e 处的光斑半径为

$$\omega_{0s}=\sqrt{\frac{L\lambda}{\pi}}$$

这一表达式与式(2.4.18)相同，与方形镜共焦腔的情况一样。

对于其他各阶横模，镜面上出现节线。其各高阶横模 TEM_{mn} 的场分布具有圆对称形式，m 表示沿辐角(φ)方向的节线数目，n 表示沿半径(r)方向的节线圆数目，各节线圆沿 r 方向不是等距分布的。其几个低阶横模的强度花样如图 2.6.1 所示。

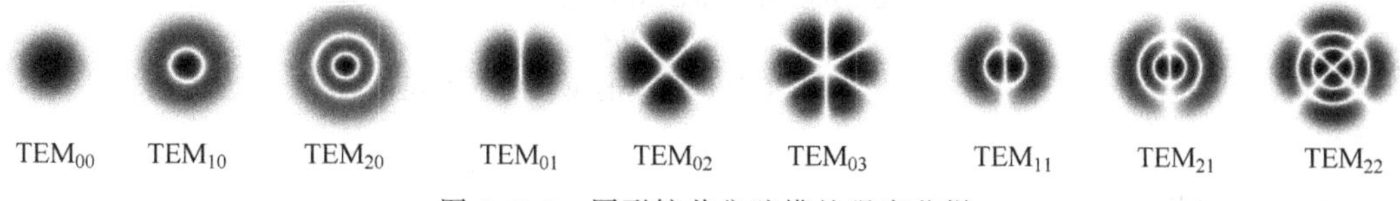

图 2.6.1　圆形镜共焦腔模的强度花样

与方形镜共焦腔的情况相似，随着 m、n 的增大，高阶模的光斑也增大，但在圆形镜系统中光斑半径随着 n 的增大速度要比随 m 的增大速度大。仿照 ω_{0s}，将高阶模的光斑半径 ω_{mns} 定义为场振幅降落到最外面一个极大值的 1/e 处的与镜面中心的距离，通过相应的计算，给出最初几个横模的光腰半径，如表 2.6.1 所示。

表 2.6.1 不同横模的光腰半径

横模阶次	TEM_{00}	TEM_{10}	TEM_{20}	TEM_{01}	TEM_{11}	TEM_{21}
ω_{mns}	ω_{0s}	$1.50\omega_{0s}$	$1.77\omega_{0s}$	$1.92\omega_{0s}$	$2.21\omega_{0s}$	$2.38\omega_{0s}$

由于 $v_{mn}(r,\varphi)$ 为实函数，因此圆形镜共焦腔的镜面本身为场的等相位面，其情况与方形镜共焦腔完全一样。

2. 单程衍射损耗

模的单程衍射损耗应由

$$\delta_{mn}=1-\left|\frac{1}{\gamma_{mn}}\right|^2$$

给出。根据式(2.6.4)知，$|\gamma_{mn}|=1$，因此得 $\delta_{mn}=0$，即所有自再现模的损耗均为零。这一结果符合菲涅尔数 $N\to\infty$ 的假设。可见，当菲涅尔数 N 为有限值且不太小时，拉盖尔-高斯近似虽然能够满意地描述镜面上的场分布及相移等特征，但是却不能用来分析模的损耗。只有精确解才能给出共焦腔模的损耗与 N 及横模指标 m、n 的关系。

福克斯和厉鼎毅用迭代法对圆形镜对称共焦腔模进行了数值求解，其中，几个最低阶模的单程损耗如图 2.6.2 所示。与方形镜共焦腔模的损耗相比，当菲涅尔数 N 相同时，圆形镜共焦腔的横模的损耗要大几倍。

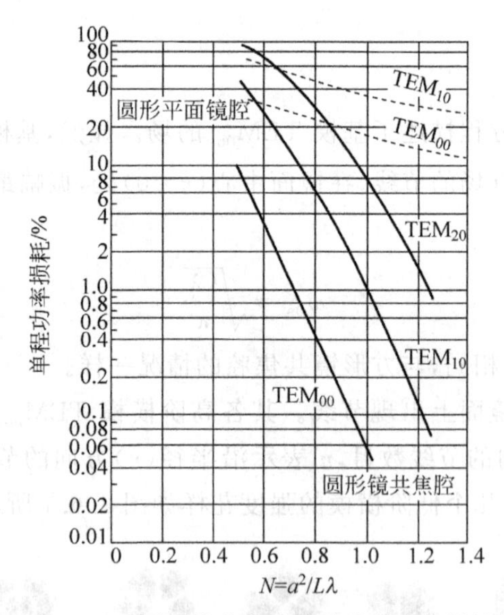

图 2.6.2 圆形镜共焦腔模的单程功率损耗

2.6.3 行波场

当已知镜面上的场分布时，利用菲涅尔-基尔霍夫衍射积分即可求得共焦腔中的行波场。在拉盖尔-高斯近似下，由一个镜面上的场所产生的圆形镜共焦腔的行波场为

$$E_{mn}(r,\varphi,z)=A_{mn}E_0\frac{\omega_0}{\omega(z)}\left(\sqrt{2}\frac{r}{\omega(z)}\right)^m L_n^m\left(2\frac{r^2}{\omega^2(z)}\right)\mathrm{e}^{-\frac{r^2}{\omega^2(z)}}\mathrm{e}^{-\mathrm{i}m\varphi}\mathrm{e}^{-\mathrm{i}\Phi(r,\varphi,z)} \tag{2.6.7}$$

式中，$E_{mn}(r,\varphi,z)$是腔内点 $P(r,\varphi,z)$的场函数；C_{mn} 是一个与 m、n 无关的常数，对于空间场函数的分布没有影响。另外，式中其他参数如下式定义：

$$
\begin{cases}
\omega(z)=\dfrac{\omega_{0s}}{\sqrt{2}}\sqrt{1+\left(\dfrac{2z}{L}\right)^2}=\omega_0\sqrt{1+\left(\dfrac{2z}{L}\right)^2}=\omega_0\sqrt{1+\left(\dfrac{z}{f}\right)^2} \\
\Phi(r,\varphi,z)=k\left[f(1+\xi)+\dfrac{\xi}{1+\xi^2}\dfrac{r^2}{2f}\right]-(m+2n+1)\left[\dfrac{\pi}{2}-\psi(z)\right] \\
\psi(z)=\arctan\dfrac{1-\xi}{1+\xi}=\arctan\dfrac{L-2z}{L+2z}=\arctan\dfrac{f-z}{f+z}
\end{cases}
\tag{2.6.8}
$$

式中，$\xi=2z/L=z/f$，L 是共焦腔的腔长，$L=2f$ 是反射镜的焦距。

将式(2.6.7)和式(2.6.8)与式(2.4.32)和式(2.4.33)相比较，可以看出，圆形镜共焦腔行波场与方形镜共焦腔的行波场十分类似。因此，对圆形镜共焦腔行波场特性的分析可按与方形镜同样的方法进行。两种共焦腔的基模光束的振幅分布、光斑尺寸、等相位面的曲率半径及光束的远场发散角都完全相同。

通过前面的讨论可以看出，当共焦腔自再现模能以厄米特-高斯近似或拉盖尔-高斯函数近似描述时，很容易解析表达出共焦腔振荡模的一系列重要特征，因此，这种形式的解析近似解是极有价值的。然而，也必须注意，近似解是在菲涅尔数 $N\to\infty$ 的条件下得到的，因此，只有当 N 足够大时，近似解的结果才能与实际情况符合得较好。一般来说，在 $N>1$ 的范围内，近似解能比较满意地描述共焦腔模的各种特征，特别是共焦腔基模的基本特征。

2.7　一般稳定球面腔的模式特征

一般稳定球面腔指的是由共轴球面反射镜构成的、满足稳定性条件的开放式光腔。对于一般稳定球面腔，原则上可以采用惠更斯-菲涅尔衍射积分方程来研究其自再现模。这种方式能够得到较精确的自再现模表达式，但求解过程复杂且困难。更为简便的方法是采用等价共焦腔法。对称共焦腔模式理论不仅能定量地说明共焦腔振荡模式本身的特征，更重要的是，它可以推广到一般稳定球面腔系统中，利用对称共焦腔模式理论研究一般稳定球面腔的模式特征。

2.7.1　等价共焦腔

前面在描述对称共焦腔自再现模基模特性时，曾强调过其等相位面是一系列曲面中心不断移动的球面，其曲率半径为

$$
R(z)=z\left[1+\left(\frac{L}{2z}\right)^2\right]=\left|z\left(1+\frac{f^2}{z^2}\right)\right| \tag{2.7.1}
$$

当行波场传输到镜面时，其等相位面的曲率半径和镜面曲率半径相等，并且行波场能够被不受干扰地原路反射回去，从而实现横模的自再现往返传播。

假设一个共焦腔中已经存在稳定的基模自再现模，在往返传播过程中，当基模的行波场传输到某一个镜面时，立即拿走此腔镜，那么这个行波场将不受阻碍地沿着原方向传输，且这个继续传播的行波场仍然是基模的高斯光束。当传输至某一个位置 z 时，其等相位面仍然是一个曲率半径由式(2.7.1)决定的球面；如果在 z 处放置一个曲率半径为$R(z)$的球面

反射镜，则该行波场能够被不受干扰地反射回去，这种反射不会改变行波场的任何特性，因此同原来的共焦腔的反射效果是等价的。该行波场能够稳定地存在于这一对反射镜之间，而成为这个新的谐振腔的自再现模。依次类推，可以通过这种方式将一个对称共焦腔的自再现模对应到一系列的球面腔中去，因此可以用这种方法构成无穷多个等价球面腔。这里所说的“等价”，是指它们具有相同的行波场。

通过这种形象直观的方式，建立一个共焦腔与一系列球面腔的等价关系，现在要回答两个问题：一是这样的一系列球面腔是否都是稳定腔？二是是否所有的稳定腔都可以对应到一个唯一的共焦腔？只有证明了这两点，才能建立起这种等价性，并利用它来研究一般稳定球面腔的自再现模特性。

1. 任意一个共焦球面腔等价于无穷多个一般稳定球面腔

一个给定的自再现模的行波场，只要在其传输路径上任意两个位置放置两个球面反射镜，保证其曲率半径等于行波场的等相位面，就可以构成维持这个行波场稳定存在的谐振腔，这样的谐振腔有无穷多个，而且都对应同一个共焦球面腔。

如图 2.7.1 所示的某个共焦球面腔，把坐标原点选在共焦腔的中心，则在 c_1 和 c_2 处的基模行波场的曲率半径为

$$\begin{cases} R_1 = R(z_1) = -\left(z_1 + \dfrac{f^2}{z_1}\right) \\ R_2 = R(z_2) = +\left(z_2 + \dfrac{f^2}{z_2}\right) \end{cases} \tag{2.7.2}$$

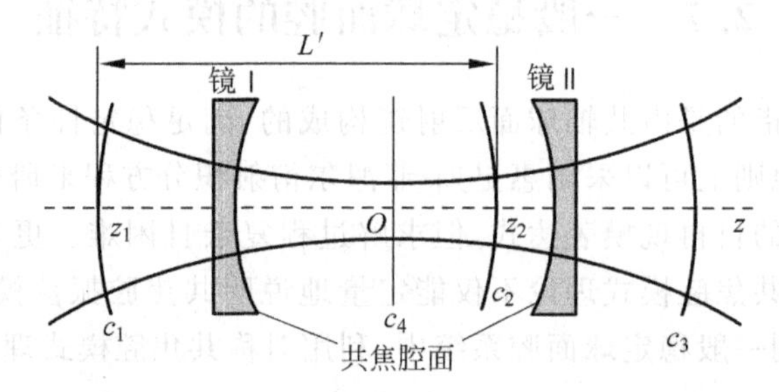

图 2.7.1 与共焦腔等价的一般稳定球面腔

若在 z_1 和 z_2 处分别放置曲率半径为 R_1 和 R_2 的反射镜，则构成一个等价的球面腔，其腔长 $L'=z_2-z_1$。容易证明

$$0 < \left(1-\frac{L'}{R_1}\right)\left(1-\frac{L'}{R_2}\right) < 1 \tag{2.7.3}$$

这正是谐振腔的稳定条件，式(2.7.3)表明某个共焦腔对应的所有球面腔都是稳定的球面腔。利用同样的方法可以证明，放置在图中 c_2、c_3 处或 c_2、c_4 处的反射镜都将构成稳定腔。

2. 一个稳定球面腔有且仅有一个等价共焦腔

如果某一个球面腔满足稳定性条件，则必定能找到一个而且只能找到一个共焦腔与之等价，即其行波场的某两个等相位面与给定球面腔的两个反射镜面重合。

如图 2.7.2 所示，其中，镜Ⅰ的曲率半径为 R_1，镜Ⅱ的曲率半径为 R_2，腔长为 L。假设

它的等价共焦腔已经找到，即图中 c_1 和 c_2 构成的共焦腔，其焦距为 f，腔长为 $2f$，腔的中心为 O，以 O 为沿腔轴线的坐标 z 的原点，在此坐标系中，所给球面腔的两个反射镜面中心的坐标分别为 z_1 和 z_2。只要求得等价共焦腔的参数 z_1、z_2 和 f，就能确定等价共焦腔。

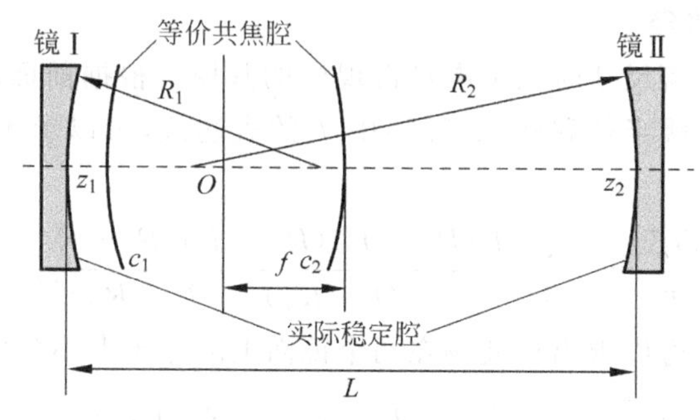

图 2.7.2　稳定球面腔及其等价共焦腔

对于等价共焦腔，其行波场在 z_1 和 z_2 处的等相位面曲率半径分别为

$$\begin{cases} R_1 = R(z_1) = -\left(z_1 + \dfrac{f^2}{z_1}\right) \\ R_2 = R(z_2) = +\left(z_2 + \dfrac{f^2}{z_2}\right) \\ L = z_2 - z_1 \end{cases} \tag{2.7.4}$$

求该方程组得

$$\begin{cases} z_1 = \dfrac{L(R_2 - L)}{(L - R_1) + (L - R_2)} \\ z_2 = -\dfrac{L(R_1 - L)}{(L - R_1) + (L - R_2)} \\ f^2 = \dfrac{L(R_1 - L)(R_2 - L)(R_1 + R_2 - L)}{[(L - R_1) + (L - R_2)]^2} \end{cases} \tag{2.7.5}$$

由于球面镜 I 和 II 构成的谐振腔为稳定腔，即 R_1、R_2 和 L 满足

$$0 < \left(1 - \frac{L}{R_1}\right)\left(1 - \frac{L}{R_2}\right) = g_1 g_2 < 1$$

由 $0 < g_1 g_2$ 可推导出，$R_1 > L$、$R_2 > L$，或 $R_1 < L$、$R_2 < L$，代入式(2.7.5)中知 $z_1 < 0$，$z_2 > 0$，这与我们假设的等价共焦腔镜面的位置是一致的。

由 $g_1 g_2 < 1$ 可推导出，$(R_1 - L)(R_2 - L) < R_1 R_2$，得到 $L(R_1 + R_2 - L) > 0$，代入式(2.7.5)中的第三个式子可得 $f^2 > 0$，即存在合理的焦距 f，使假设中的等价共焦腔存在。综上所述，任一满足光腔稳定性条件的凹球面腔存在唯一的等价共焦腔，且等价共焦腔的参数取值是唯一的。

上述讨论是基于双凹腔，其结论可以推广到各种稳定球面腔中。

至此，我们建立了对称共焦腔与一般稳定球面腔的等价关系，需要注意的是这里的讨论全部是在自再现模行波场等相位面近似为球面并且曲率半径可以由式(2.7.1)描述的基础上的，即共焦腔中的自再现模能够用厄米特-高斯近似或拉盖尔-高斯近似来描述，而这一结论成立的前提是腔的菲涅尔数不太小。

2.7.2 一般稳定球面腔的模式特征

1. 镜面上的光斑半径

在研究镜面上的光斑尺寸时只考虑自再现模的基模。根据前面的分析，结合共焦腔基模行波场高斯光束的束腰半径和式(2.7.5)中 f 的表达式，可以求出等价稳定球面腔的基模行波场束腰半径为

$$\omega_0=\sqrt{\frac{f\lambda}{\pi}}=\sqrt{\frac{\lambda}{\pi}}\left[\frac{L(R_1-L)(R_2-L)(R_1+R_2-L)}{[(L-R_1)+(L-R_2)]^2}\right]^{\frac{1}{4}} \tag{2.7.6}$$

根据高斯光束传输特性可以求出行波场在两个镜面上的光斑大小分别为

$$\begin{cases}\omega_{s1}=\omega_0\sqrt{1+\left(\dfrac{z_1}{f}\right)^2}=\sqrt{\dfrac{L\lambda}{\pi}}\left[\dfrac{R_1^2(R_2-L)}{L(R_1-L)(R_1+R_2-L)}\right]^{\frac{1}{4}}\\ \omega_{s2}=\omega_0\sqrt{1+\left(\dfrac{z_2}{f}\right)^2}=\sqrt{\dfrac{L\lambda}{\pi}}\left[\dfrac{R_2^2(R_1-L)}{L(R_2-L)(R_1+R_2-L)}\right]^{\frac{1}{4}}\end{cases} \tag{2.7.7}$$

如果把光腔 g 参数

$$g_1=1-\frac{L}{R_1},\quad g_2=1-\frac{L}{R_2}$$

代入式(2.7.7)中，可以得到较为简洁的表达式：

$$\begin{cases}\omega_0=\sqrt{\dfrac{\lambda}{\pi}}\left[\dfrac{(1-g_1g_2)g_1g_2}{[g_1/R_1+g_2/R_2]^2}\right]^{\frac{1}{4}}\\ \omega_{s1}=\sqrt{\dfrac{L\lambda}{\pi}}\left[\dfrac{g_2}{g_1(1-g_1g_2)}\right]^{\frac{1}{4}}\\ \omega_{s2}=\sqrt{\dfrac{L\lambda}{\pi}}\left[\dfrac{g_1}{g_2(1-g_1g_2)}\right]^{\frac{1}{4}}\end{cases} \tag{2.7.8}$$

当 $g_1=g_2=0$，且 L 为定值时，腔镜上的光斑半径有最小值而这一情况正对应了对称共焦腔；当 $0<g_1g_2<1$，即满足稳定性条件时，式(2.7.8)有实数解，对应于一般稳定球面腔；当不满足稳定条件时，式(2.7.8)的解为复数，没有实际的物理意义，对应于非稳腔的情况；当 $g_1g_2=1$，或者 $g_1g_2=0$，但 $g_1\neq g_2$ 时，ω_{s1}、ω_{s2} 至少有一个趋于无穷大，即高斯近似不再满足，此时对应于临界腔。

2. 等相位面的分布

根据对等价性的讨论知，一般稳定球面腔的自再现模行波场等相位面，是服从高斯光束近似的一系列球面，其曲率半径由下式决定：

$$R(z)=z\left[1+\left(\frac{L}{2z}\right)^2\right]=\left|z\left(1+\frac{f^2}{z^2}\right)\right|=\left|z+\frac{f^2}{z}\right|$$

3. 模体积

一般稳定球面腔中的基模模体积可以用下式进行计算：

$$V_{00}=\frac{1}{2}L\pi\left(\frac{\omega_{s1}+\omega_{s2}}{2}\right)^2 \tag{2.7.9}$$

把式(2.7.4)代入式(2.7.9)得

$$V_{00}=\frac{1}{2}L\pi\omega_0^2\left(2+\sqrt{\frac{g_1}{g_2}}+\sqrt{\frac{g_2}{g_1}}\right)\frac{1}{4\sqrt{1-g_1g_2}}=V_{00}^0\left(2+\sqrt{\frac{g_1}{g_2}}+\sqrt{\frac{g_2}{g_1}}\right)\frac{1}{4\sqrt{1-g_1g_2}} \tag{2.7.10}$$

式中,$V_{00}^0=L\pi\omega_0^2/2$ 表示等价共焦腔的基横模模体积。

利用与共焦腔相类似的分析方法可以得到方形镜稳定球面腔中的高阶横模的模体积同基模模体积的比值为

$$\frac{V_{mn}}{V_{00}}=\frac{V_{mn}^0}{V_{00}^0}=\sqrt{(2m+1)(2n+1)} \tag{2.7.11}$$

圆形镜的情况也可以用类似的方式简单得到。

4. 单程损耗

本节讨论的一般稳定球面腔都是开放式光腔,其中单程损耗主要来自镜面处的衍射损耗。由于共焦腔的单程衍射损耗主要由菲涅尔数 $N=a^2/L\lambda$ 决定,把一般稳定球面腔的镜面上的光斑半径 $\omega_{0s}=\sqrt{L\lambda/\pi}$ 代入得

$$N=\frac{a^2}{\pi\omega_{0s}^2} \tag{2.7.12}$$

由式(2.7.12)可以看出,菲涅尔数的物理意义是镜面面积与镜面上自再现模光斑面积之比。由于一般稳定球面腔与等价共焦腔内的自再现模的形式是一致的,并且其等相位面和反射镜面都是重合的,其在镜面上的衍射损耗情况也是相同的,可以用与共焦腔类似的方式来研究其单程损耗。

与共焦腔不同的是,组成一般稳定球面腔的两个腔镜的位置和曲率半径通常是不相等的,因此,行波场在其中传输时,往返传输的单程损耗通常也是不相同的。但是,由于一般稳定球面腔与其等价共焦腔的行波场结构完全一样并且反射镜与场的等相位面重合,因此,可以认为它们的衍射损耗遵循相同的规律,即当

$$N_{ef}=\frac{a_i^2}{\pi\omega_{0si}^2}=\frac{a_0^2}{\pi\omega_{0s}^2} \tag{2.7.13}$$

时,在镜面 i 上发生的衍射损耗与共焦腔中的单程衍射损耗相同。这里的 a_i 为某个镜面的线度;ω_{0si} 表示相应镜面上的光斑半径,N_{ef} 定义为稳定球面腔的有效菲涅尔数,$N_0=a_0^2/\pi\omega_{0s}^2=a_0^2/L\lambda$ 是其等价共焦腔的菲涅尔数。根据式(2.7.12)可知,两个镜面的有效菲涅尔数分别为

$$\begin{cases}N_{ef_1}=\dfrac{a_1^2}{\pi\omega_{s1}^2}=\dfrac{a_1^2}{|R_1|}\sqrt{\dfrac{(R_1-L)(R_1+R_2-L)}{L(R_2-L)}}=\dfrac{a_1^2}{L\lambda}\sqrt{\dfrac{g_1}{g_2}(1-g_1g_2)}\\[2ex] N_{ef_2}=\dfrac{a_2^2}{\pi\omega_{s2}^2}=\dfrac{a_2^2}{|R_2|}\sqrt{\dfrac{(R_2-L)(R_1+R_2-L)}{L(R_1-L)}}=\dfrac{a_2^2}{L\lambda}\sqrt{\dfrac{g_2}{g_1}(1-g_1g_2)}\end{cases} \tag{2.7.14}$$

当 $a_1=a_2=a$ 时,有

$$\begin{cases} N_{ef_1} = \dfrac{a^2}{L\lambda}\sqrt{\dfrac{g_1}{g_2}(1-g_1g_2)} = N_0\sqrt{\dfrac{g_1}{g_2}(1-g_1g_2)} \\ N_{ef_2} = \dfrac{a^2}{L\lambda}\sqrt{\dfrac{g_2}{g_1}(1-g_1g_2)} = N_0\sqrt{\dfrac{g_2}{g_1}(1-g_1g_2)} \end{cases} \tag{2.7.15}$$

式(2.7.14)和式(2.7.15)说明，一般稳定球面腔两个镜面的有效菲涅尔数一般都是不相等的，即使两个反射镜的线度完全一样，相应的菲涅尔数也不一定相同。这表明了自再现模在其中往返传输时的单程损耗是不同的，通常情况下可以用平均单程损耗来近似估算：

$$\delta_{mn} = \frac{\delta_{mn}^1 + \delta_{mn}^2}{2} \tag{2.7.16}$$

5. 单程相移与谐振频率

稳定球面腔自再现模的单程相移可以由共焦腔自再现模的行波场的相位部分求出，对于方形镜共焦腔，由式(2.4.32)和式(2.4.33)知，其相位函数为

$$\Phi_{mn}(x,y,z) = -k\left[f(1+\xi) + \frac{\xi}{1+\xi^2}\frac{r^2}{2f}\right] + (m+n+1)\left[\frac{\pi}{2} - \psi(z)\right]$$

把 $\xi = 2z/L = z/f$ 代入得

$$\Phi_{mn}(x,y,z) = -k\left[f\left(1+\frac{z}{f}\right) + \frac{\dfrac{z}{f}}{1+\left(\dfrac{z}{f}\right)^2}\frac{r^2}{2f}\right] + (m+n+1)\left[\frac{\pi}{2} - \psi(z)\right]$$

化简得

$$\Phi_{mn}(x,y,z) = -k\left[(f+z) + \frac{1}{z+\dfrac{f^2}{z}}\frac{r^2}{2}\right] + (m+n+1)\left[\frac{\pi}{2} - \psi(z)\right]$$

其中，等相位面的曲率半径 $R(z) = \left|z + \dfrac{f^2}{z}\right|$，则有

$$\Phi_{mn}(x,y,z) = -k\left[(f+z) + \frac{r^2}{2R(z)}\right] + (m+n+1)\left[\frac{\pi}{2} - \psi(z)\right] \tag{2.7.17}$$

那么，单程相移等于行波场在两个镜面上的相位之差，即

$$\delta\Phi_{mn} = \Phi_{mn}(0,0,z_2) - \Phi_{mn}(0,0,z_1) = -k(z_2 - z_1) + (m+n+1)[\psi(z_2) - \psi(z_1)]$$

由于

$$\arctan\frac{1-x}{1+x} = \frac{\pi}{4} - \arctan x, \quad -1 < x < 1$$

则

$$\psi(z_2) - \psi(z_1) = \arctan\frac{z_1}{f} - \arctan\frac{z_2}{f} = \arccos\sqrt{g_1g_2}$$

那么

$$\delta\Phi_{mn} = -k(z_1 - z_2) + (m+n+1)\arccos\sqrt{g_1g_2} \tag{2.7.18}$$

这就是方形镜稳定球面腔中的单程相移，通过单程相移和模式的谐振条件知

$$2\delta\Phi_{mn} = -2k(z_1 - z_2) + 2(m+n+1)\arccos\sqrt{g_1g_2} = -2q\pi \tag{2.7.19}$$

即 $kL=(m+n+1)\arccos\sqrt{g_1g_2}+q\pi$，把 $k=2\pi\eta\nu/c$（η 为激光工作物质的折射率）代入，可求出方形镜稳定球面腔自再现模 TEM_{mn} 的谐振频率为

$$\nu_{mnq}=\frac{c}{2\eta L}\left[q+\frac{1}{\pi}(m+n+1)\arccos\sqrt{g_1g_2}\right] \tag{2.7.20}$$

同理，可以求出圆形镜稳定球面腔的自再现模 TEM_{mn} 的谐振频率为

$$\nu_{mnq}=\frac{c}{2\eta L}\left[q+\frac{1}{\pi}(m+2n+1)\arccos\sqrt{g_1g_2}\right] \tag{2.7.21}$$

6. 远场发散角

把式(2.7.5)中的 f 代入共焦腔的基模发散角公式中即得出一般稳定球面腔的基模远场发散角（全角）为

$$\theta_0=2\sqrt{\frac{\lambda}{\pi f}}=2\left\{\frac{\lambda^2[(L-R_1)+(L-R_2)]^2}{\pi^2L(R_1-L)L(R_2-L)(R_1+R_2-L)}\right\}^{\frac{1}{4}}$$

$$=2\sqrt{\frac{\lambda}{\pi L}}\left[\frac{(g_1+g_2-2g_1g_2)^2}{(1-g_1g_2)g_1g_2}\right]^{\frac{1}{4}} \tag{2.7.22}$$

利用同样的方法可以求出高阶模的远场发散角。

综上，可以求得一般稳定腔球面腔中自再现模的近似描述。该方法可以扩展到平凹腔、凹凸腔等任意的稳定球面腔自再现模的研究中。

2.8　高斯光束

采用稳定腔结构的激光器输出光束将以高斯光束的形式在空间传播。本节主要讨论高斯光束本身的特性，介绍高斯光束的 q 参数及其传输变换规律。这对于与激光束变换有关的光学系统设计，以及光学谐振腔的工程设计都具有重要的意义。

2.8.1　高斯光束的性质和 q 参数

1. 基模高斯光束

沿 z 轴方向传播的基模高斯光束的场，不管它是由何种结构的稳定腔所产生的，均可表示为如下的一般形式：

$$\psi_{00}(x,y,z)=\frac{c}{\omega(z)}\mathrm{e}^{-\frac{r^2}{\omega^2(z)}}\mathrm{e}^{-\mathrm{i}\left[k\left(z+\frac{r^2}{2R}\right)-\arctan\frac{z}{f}\right]} \tag{2.8.1}$$

式中，c 为常数因子，其余各符号的意义为

$$\begin{cases}r^2=x^2+y^2\\ k=\dfrac{2\pi}{\lambda}\\ \omega(z)=\omega_0\sqrt{1+\left(\dfrac{z}{f}\right)^2}\\ R=R(z)=z+\dfrac{f^2}{z}\\ f=\dfrac{\pi\omega_0^2}{\lambda},\quad \omega_0=\sqrt{\dfrac{\lambda f}{\pi}}\end{cases} \tag{2.8.2}$$

ω_0 为基模高斯光束的腰斑半径(光腰); f 成为高斯光束的共焦参数; $R(z)$为与传播轴线相交于 z 点的高斯光束等相位面的曲率半径; $\omega(z)$为与传播轴线相交于 z 点的高斯光束等相位面上的光斑半径。

由式(2.8.2)可以看出,当 $z=f$ 时,$\omega(z)=\sqrt{2}\omega_0$,即 f 表示光斑半径增加到腰斑的$\sqrt{2}$倍处的位置。由前两节的讨论知,焦距为 f 或曲率半径为$R=2f$ 的对称共焦腔所产生的高斯光束的腰斑半径恰为 ω_0。对于一般稳定球面腔(R_1,R_2,L)所产生的高斯光束,参数 ω_0 及 f 与球面腔参数(R_1,R_2,L)的关系为

$$\begin{cases}\omega_0^4=\left(\dfrac{\lambda}{\pi}\right)^2\dfrac{L(R_1-L)(R_2-L)(R_1+R_2-L)}{(R_1+R_2-2L)^2}\\[2ex] f^2=\dfrac{L(R_1-L)(R_2-L)(R_1+R_2-L)}{(R_1+R_2-2L)^2}\end{cases}\tag{2.8.3}$$

在本节中,以高斯光束的束腰($z=0$)处作为相位计算的起点,即取 $z=0$ 处的相位为 0。在式(2.8.1)和式(2.8.2)中,以高斯光束的典型参数 f(或 ω_0)来描述高斯光束的具体结构,从而可深入研究高斯光束本身的特性及其传输规律,而不管它是由何种几何结构的稳定腔所产生的。

2. 基模高斯光束在自由空间的传输规律

式(2.8.1)和式(2.8.2)描述了高斯光束在自由空间中的传输规律。从这两个式子看出,高斯光束具有下述性质:

(1) 基模高斯光束在横截面内的场振幅分布按高斯函数 $e^{-\frac{r^2}{\omega^2(z)}}$ 所描述的规律从中心(及传输轴线)向外平滑地降落。由振幅降落到中心值的 1/e 的点所定义的光斑半径为

$$\omega(z)=\omega_0\sqrt{1+\left(\frac{z}{f}\right)^2}=\omega_0\sqrt{1+\left(\frac{\lambda z}{\pi\omega_0^2}\right)^2}\tag{2.8.4}$$

可见,光斑半径随着坐标 z 按双曲线的规律扩展,在 $z=0$ 处,$\omega(z)=\omega_0$,达到极小值。

(2) 基模高斯光束的相移特性由相位因子

$$\Phi_{00}(x,y,z)=k\left(z+\frac{r^2}{2R}\right)-\arctan\frac{z}{f}\tag{2.8.5}$$

所决定,它描述高斯光束在点(x,y,z)处相对于原点$(0,0,0)$处的相位滞后。其中,kz 描述几何相移; $\arctan(z/f)$描述高斯光束在空间行进距离 z 时相对几何相移的附加相位超前;因子 $kr^2/2R$ 表示与横坐标(x,y)有关的相位移动,它表明高斯光束的等相位面是以 R 为半径的球面,R 由下式给出:

$$R=R(z)=z+\frac{f^2}{z}=z\left[1+\left(\frac{\pi\omega_0^2}{\lambda z}\right)^2\right]\tag{2.8.6}$$

由上式可以看出:

当 $z=0$ 时,$R(z)\to\infty$,表明束腰处的等相位面为平面;

当 $z=\pm\infty$时,$|R(z)|\approx|z|\to\infty$,表明离束腰无限远处的等相位面为平面,且曲率中心在束腰处;

当 $z=\pm f$ 时,$|R(z)|=2f$,且$|R(z)|$达到极小值;

当 $0<z<f$ 时，$R(z)>2f$，表明等相位面的曲率中心在$[-\infty,-f]$区间上；

当 $z>f$ 时，$z<R(z)<z+f$，表明等相位面的曲率中心在$[-f,0]$区间上。

(3) 定义在基模高斯光束强度的 1/e 点的远场发散角（全角）为

$$\theta_0=2\theta=\lim_{z\to\infty}\frac{2\omega(z)}{z}=\frac{2\lambda}{\pi\omega_0}=0.6367\frac{\lambda}{\omega_0}=2\sqrt{\frac{\lambda}{\pi f}}=1.128\sqrt{\frac{\lambda}{f}} \tag{2.8.7}$$

总之，高斯光束在其传输轴线附近可近似看作是一种非均匀球面波。其曲率中心随着传输过程而不断改变，但其振幅和强度在横截面内始终保持高斯分布特性，其等相位面始终为球面。

3. 基模高斯光束的 q 参数

基模高斯光束及其参数如图 2.8.1 所示。把式(2.8.1)中与横向坐标 r 有关的因子放在一起，则式(2.8.1)可写成

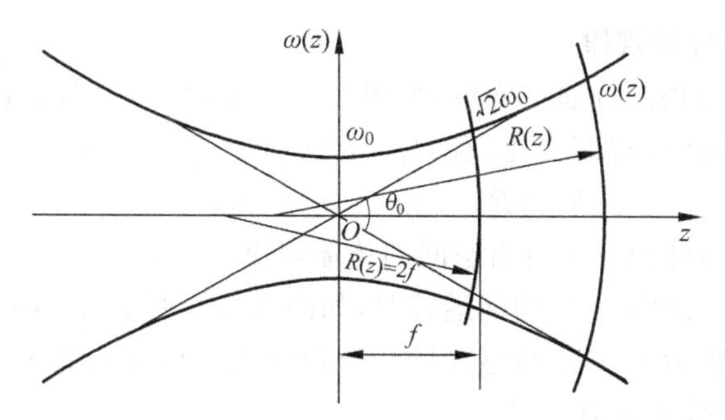

图 2.8.1　高斯光束及其参数

$$\psi_{00}(x,y,z)=\frac{c}{\omega(z)}\mathrm{e}^{-\frac{r^2}{\omega^2(z)}}\mathrm{e}^{-\mathrm{i}\left[k\left(z+\frac{r^2}{2R}\right)-\arctan\frac{z}{f}\right]}=\frac{c}{\omega(z)}\mathrm{e}^{\mathrm{i}^2\frac{r^2}{\omega^2(z)}-\mathrm{i}k\frac{r^2}{2R}}\mathrm{e}^{-\mathrm{i}\left[kz-\arctan\frac{z}{f}\right]}$$

$$\psi_{00}(x,y,z)=\frac{c}{\omega(z)}\mathrm{e}^{-\mathrm{i}k\frac{r^2}{2}\left[\frac{1}{R(z)}-\mathrm{i}\frac{\lambda}{\pi\omega^2(z)}\right]}\mathrm{e}^{-\mathrm{i}\left[kz-\arctan\frac{z}{f}\right]} \tag{2.8.8}$$

引入一个新的参数 $q(z)$，定义为

$$\frac{1}{q(z)}=\frac{1}{R(z)}-\mathrm{i}\frac{\lambda}{\pi\omega^2(z)} \tag{2.8.9}$$

显然，参数 $q(z)$将描述高斯光束基本特征的两个参数 $R(z)$和 $\omega(z)$统一在一个表达式中，它是表征高斯光束的又一个重要参数。

把式(2.8.9)代入式(2.8.8)中，则有

$$\psi_{00}(x,y,z)=\frac{c}{\omega(z)}\mathrm{e}^{-\mathrm{i}k\frac{r^2}{2q(z)}}\mathrm{e}^{-\mathrm{i}\left[kz-\arctan\frac{z}{f}\right]} \tag{2.8.10}$$

一旦知道了高斯光束在某位置的 q 参数值，则可以由下式求出该位置处 $R(z)$和 $\omega(z)$的数值，即

$$\begin{cases}\dfrac{1}{R(z)}=\mathrm{Re}\left[\dfrac{1}{q(z)}\right]\\[2ex]\dfrac{1}{\omega^2(z)}=-\dfrac{\pi}{\lambda}\mathrm{Im}\left[\dfrac{1}{q(z)}\right]\end{cases} \tag{2.8.11}$$

如果 $q_0=q(0)$ 表示 $z=0$ 处的 q 参数值，并注意到 $R(0)\to\infty,\omega(0)=\omega_0$，则按式(2.8.9)有

$$\frac{1}{q_0}=\frac{1}{q(0)}=\frac{1}{R(0)}-\mathrm{i}\frac{\lambda}{\pi\omega^2(0)}=-\mathrm{i}\frac{\lambda}{\pi\omega_0^2}$$

由此得到

$$q_0=\mathrm{i}\frac{\pi\omega_0^2}{\lambda}=\mathrm{i}f \tag{2.8.12}$$

此式把 q_0、ω_0 和 f 联系起来。

总之，确定了 q 参数就可以确定基模高斯光束的具体结构。由 2.8.2 节内容可知，用 q 参数来研究高斯光束的传输规律，特别是高斯光束通过光学系统的传输极为方便。

2.8.2 高斯光束的变换规律

1. 普通球面波的传播规律

考察沿 z 轴方向传播的普通球面波，如图 2.8.2 所示，其曲率中心为 O，该球面波的波前曲率半径 $R(z)$ 随传播过程而变化，有 $R_1=R(z_1)=z_1$，$R_2=R(z_2)=z_2$，那么

$$R_2=R_1+(z_2-z_1)=R_1+L \tag{2.8.13}$$

式(2.8.13)表述了普通球面波在自由空间的传播规律。

当傍轴球面波通过焦距为 F 的薄透镜时，如图 2.8.3 所示，以薄凸透镜为例，设从 O 点发出的球面波经过焦距为 F 的薄凸透镜后汇聚到 O' 点。O' 点可以看作是物点 O 通过透镜所成的像，根据透镜成像公式有

$$\frac{1}{l}+\frac{1}{l'}=\frac{1}{F}$$

式中，l 为物距，l' 为像距。设入射球面波和出射球面波在透镜前后表面处的波面曲率半径分别为 R_1 和 R_2，并规定沿光传输方向的发散球面波 R 为正，会聚球面波 R 为负，代入成像公式可得

$$\frac{1}{R_2}=\frac{1}{R_1}-\frac{1}{F} \tag{2.8.14}$$

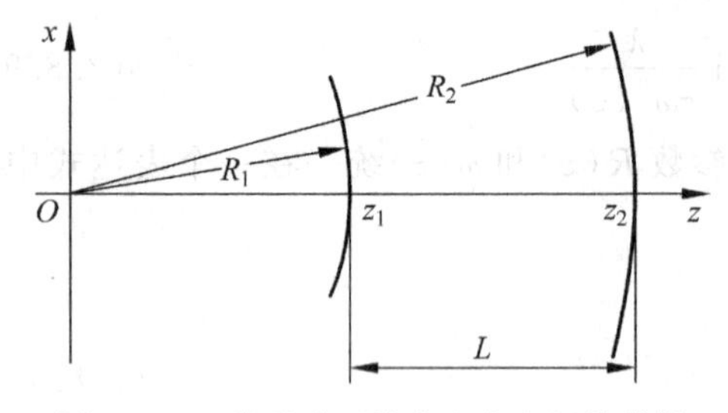

图 2.8.2 普通球面波在自由空间的传播

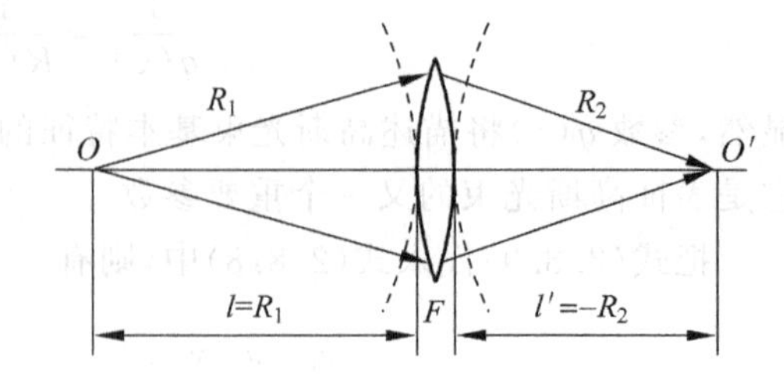

图 2.8.3 普通球面波经过凸透镜的变换

当普通球面波通过光学系统时，如图 2.8.4 所示，假设从 P_1 点发出的球面波经过一个光学系统后会聚到 P_2 点。(r_1,θ_1) 和 (r_2,θ_2) 分别为入射球面波和出射球面波的一对共轭光线，则它们之间应满足关系式

$$\begin{cases} r_2 = Ar_1 + B\theta_1 \\ \theta_2 = Cr_1 + D\theta_1 \end{cases}$$

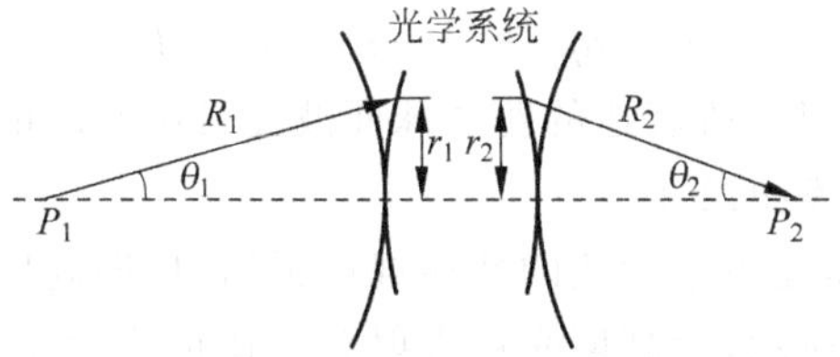

图 2.8.4　普通球面波经过光学系统的变换

对于傍轴光线,近似有

$$R_1 = \frac{r_1}{\theta_1},\quad R_2 = \frac{r_2}{\theta_2}$$

所以有

$$R_2 = \frac{AR_1 + B}{CR_1 + D} \tag{2.8.15}$$

式(2.8.15)称为球面波的 $ABCD$ 定律,描述了球面波通过光学系统时 R 的变换规律。

通过上述讨论可以看出,具有固定曲率中心的普通傍轴球面波可以由其曲率半径 R 来描述,它的传播规律按式(2.8.15)由傍轴光线变换矩阵 $\boldsymbol{T}$ 确定。

2. 高斯光束 q 参数的变换规律——*ABCD* 公式

由于高斯光束的 q 参数相当于球面波的曲率半径 R,因此,其传输和变换规律应与之相同。可以证明,当高斯光束通过一个光学系统时,其 q 参数也遵循与式(2.8.15)相同的规律,即

$$q_2 = \frac{Aq_1 + B}{Cq_1 + D} \tag{2.8.16}$$

式(2.8.16)称为高斯光束 q 参数的 ABCD 定律。

1) 高斯光束在自由空间的传播规律

根据式(2.8.9),q 参数的定义为

$$\frac{1}{q(z)} = \frac{1}{R(z)} - \mathrm{i}\frac{\lambda}{\pi\omega^2(z)}$$

其中

$$R(z) = z + \frac{f^2}{z} = z\left[1 + \left(\frac{\pi\omega_0^2}{\lambda z}\right)^2\right]$$

$$\omega(z) = \omega_0\sqrt{1 + \left(\frac{z}{f}\right)^2} = \omega_0\sqrt{1 + \left(\frac{\lambda z}{\pi\omega_0^2}\right)^2}$$

把 $R(z)$、$\omega(z)$代入经适当运算后得

$$q(z) = \mathrm{i}\frac{\pi\omega_0^2}{\lambda} + z = q_0 + z \tag{2.8.17}$$

式中,$q_0 \equiv q(0) = \mathrm{i}\pi\omega_0^2/\lambda = \mathrm{i}f$ 为 $z=0$ 处的 q 参数值。式(2.8.17)描述了高斯光束的 q 参

数在自由空间(或均匀各向同性介质)中的传输规律。它在形式上要比 $R(z)$ 和 $\omega(z)$ 的表达式更简洁。由式(2.8.17)得,$q(z_1)=q_1=q_0+z_1$,即 $q_0=q_1-z_1$,则可以推出 $q_2=q(z_2)=q_1-z_1+z_2$,即

$$q_2=q_1+z_2-z_1=q_1+L \tag{2.8.18}$$

式(2.8.18)与式(2.8.13)所表达的普通球面波在自由空间的传播规律完全一样。

2) 高斯光束经过薄透镜的变换

当通过薄透镜时,高斯光束 q 参数的变换规律很简单,即高斯光束经过薄透镜变换后仍为高斯光束。如图 2.8.5 所示,设高斯光束入射到透镜前表面上的等相位面为球面 M_1,其曲率半径为 R_1,光斑半径为 ω_1,q 参数为 q_1。经过薄透镜变换成另一球面的等相位面 M_2 而出射,其曲率半径为 R_2,光斑半径为 ω_2,q 参数为 q_2。

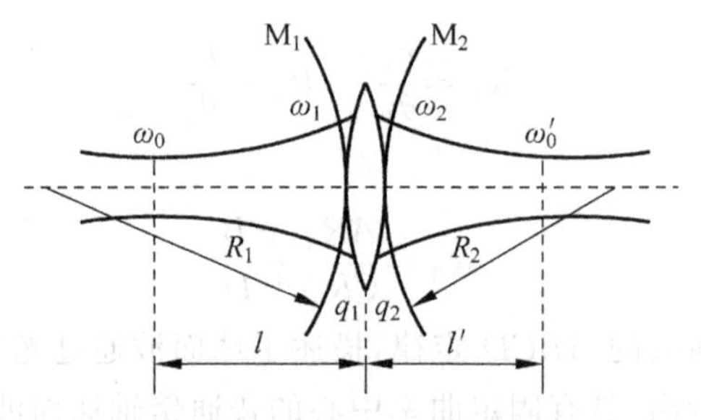

图 2.8.5　高斯光束经过薄透镜的变换

由于是薄透镜,紧挨着薄透镜两侧的等相位面 M_1 和 M_2 上的光斑大小及光强分布应该完全一样,即满足

$$\omega_2=\omega_1 \tag{2.8.19}$$

通过上述分析知,经过薄透镜变换后,出射光波的波面 M_2 是具有高斯型强度分布的球面,因此,出射光波仍为高斯光束。其在透镜后表面上的 q 参数为

$$\frac{1}{q_2}=\frac{1}{R_2}-\mathrm{i}\frac{\lambda}{\pi\omega_2^2}=\frac{1}{R_1}-\frac{1}{F}-\mathrm{i}\frac{\lambda}{\pi\omega_2^2}=\left(\frac{1}{R_1}-\mathrm{i}\frac{\lambda}{\pi\omega_2^2}\right)-\frac{1}{F}=\frac{1}{q_1}-\frac{1}{F} \tag{2.8.20}$$

可见,用 q 参数表示的高斯光束经过薄透镜的变换规律与球面波通过透镜的变换公式(2.8.14)具有相同的形式,并且与将薄透镜的光线变换矩阵代入式(2.8.16)所得到的结果相同。

利用 q 参数分析高斯光束的传输,其主要优点是形式简洁。对于任意复杂的光学系统,只要知道其光线变换矩阵 $\begin{bmatrix} A & B \\ C & D \end{bmatrix}$,就可以利用式(2.8.16)求出通过光学系统后高斯光束的 q 参数,并进一步根据式(2.8.11)求出该位置处高斯光束的光斑大小 $\omega(z)$ 和等相位面的曲率半径 $R(z)$。

3. 用 q 参数分析高斯光束的传输问题

下面用 q 参数研究如图 2.8.6 所示的高斯光束的传输过程。

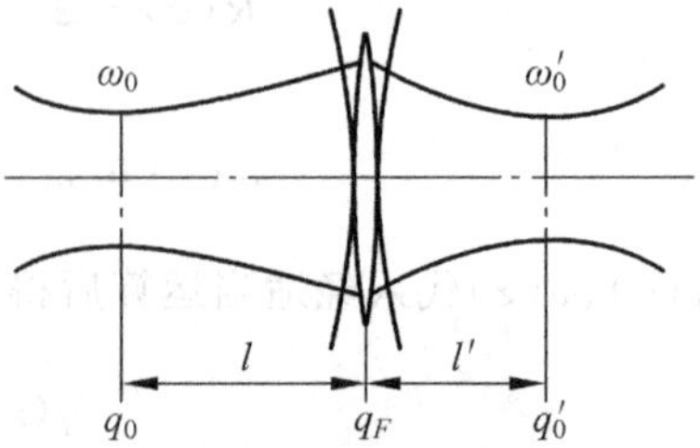

图 2.8.6　高斯光束经透镜的传输

设透镜的焦距为 F,入射高斯光束的光腰半径为 ω_0,光腰与透镜的距离为 l,利用 q 参数经光学系统变换时的 $ABCD$ 公式,可以求出出射高斯光

束的光腰半径 ω_0' 和光腰到透镜的距离 l'。

设入射高斯光束光腰处的 q 参数为 q_0，透镜出射面处高斯光束的 q 参数为 q_F，出射高斯光束光腰处的 q 参数为 q_0'，则

$$q_0 = \mathrm{i}\frac{\pi\omega_0^2}{\lambda} = \mathrm{i}f, \quad q_0' = \mathrm{i}\frac{\pi\omega_0'^2}{\lambda}$$

$$q_F = q_0' - l' = \mathrm{i}\frac{\pi\omega_0'^2}{\lambda} - l'$$

自入射高斯光束光腰至透镜出射面的变换矩阵为

$$\begin{bmatrix} A & B \\ C & D \end{bmatrix} = \begin{bmatrix} 1 & 0 \\ -\frac{1}{F} & 1 \end{bmatrix} \begin{bmatrix} 1 & l \\ 0 & 1 \end{bmatrix} = \begin{bmatrix} 1 & l \\ -\frac{1}{F} & 1 - \frac{l}{F} \end{bmatrix}$$

应有

$$q_F = \frac{Aq_0 + B}{Cq_0 + D} = \frac{\mathrm{i}\frac{\pi\omega_0^2}{\lambda} + l}{-\frac{1}{F}\mathrm{i}\frac{\pi\omega_0^2}{\lambda} + \left(1 - \frac{l}{F}\right)} = \mathrm{i}\frac{\pi\omega_0'^2}{\lambda} - l' \tag{2.8.21}$$

在式(2.8.21)中，等式两端实部和虚部对应相等，可得

$$l' = F + \frac{(l-F)F^2}{(l-F)^2 + \left(\frac{\pi\omega_0^2}{\lambda}\right)^2} = F + \frac{(l-F)F^2}{(l-F)^2 + f^2} \tag{2.8.22}$$

$$\omega_0'^2 = \frac{F^2\omega_0^2}{(l-F)^2 + \left(\frac{\pi\omega_0^2}{\lambda}\right)^2} = \frac{F^2\omega_0^2}{(l-F)^2 + f^2} \tag{2.8.23}$$

式(2.8.22)和式(2.8.23)就是高斯光束束腰的变换关系式。它们完全确定了像方高斯光束的特征。把 l' 和 ω_0' 表示为 ω_0、l 和 F 的函数，可以很方便地用来解决各种实际问题。

当满足条件

$$\begin{cases} \left(\frac{\pi\omega_0^2}{\lambda}\right)^2 = f^2 \ll (l-F)^2 \\ \text{或}\left(\frac{f}{F}\right)^2 \ll \left(1 - \frac{l}{F}\right)^2 \end{cases} \tag{2.8.24}$$

时，由式(2.8.22)得

$$l' \approx F + \frac{F^2}{l-F} = \frac{lF}{l-F}$$

$$\frac{1}{l} + \frac{1}{l'} = \frac{1}{F} \tag{2.8.25}$$

这正是几何光学中的成像公式。同理，由式(2.8.23)可得

$$\omega_0'^2 \approx \frac{F^2\omega_0^2}{(l-F)^2}$$

$$k=\frac{\omega'_0}{\omega_0}\approx\frac{F}{l-F}=\frac{l'}{l} \tag{2.8.26}$$

这正是薄透镜对高斯光束的腰斑的放大倍率，与几何光学中透镜成像公式的放大倍率公式一致。

可见，如果将物、像高斯光束的束腰与几何光学中的物、像相对应，则当满足式(2.8.24)条件时，可以用几何光学中处理傍轴光线的方法来处理高斯光束，这将使问题大为简化。由于 $l-F$ 为物高斯光束的束腰与透镜后焦面的距离，$f=\pi\omega_0^2/\lambda$ 为物高斯光束的共焦参数，所以式(2.8.24)要求物高斯光束束腰与透镜后焦面的距离大于物高斯光束的共焦参数，简而言之，即要求物高斯光束束腰与透镜距离足够远。

如果式(2.8.24)的条件不满足，则高斯光束的行为可能与通常几何光学中傍轴光线的行为迥然不同。例如，当 $l=F$ 时，由式(2.8.22)得到 $l'=F$，即当物高斯光束束腰处在透镜物方焦面上时，像高斯光束束腰亦将处在透镜像方焦面上，这与几何光学中处在焦点处的物经过透镜呈现在无穷远处的概念完全不同。同样地，当 $l<F$ 时仍可由式(2.8.22)得到实数 l' 值，如 $l=0$ 时，有 $F>l'>0$；这又与几何光学中当 $l<F$ 时不能成实像的情况不同。总之，在式(2.8.24)的条件不成立时，只有式(2.8.22)和式(2.8.23)才能正确地描述高斯光束通过透镜的传输规律。

2.8.3 高斯光束的聚焦

在实际应用中，常常需要把高斯光束聚焦，即减小像方高斯光束的腰斑。为此，首先利用式(2.8.22)和式(2.8.23)分析像方高斯光束腰斑大小 ω'_0 随物高斯光束的参数 ω_0、l 及透镜的焦距 F 而变化的情况，从而判明，为了有效地将高斯光束聚焦应如何合理地选择上述参数。

1. F 一定时，ω'_0 随 l 变化的情况

像方高斯光束的腰斑大小由式(2.8.23)确定，即

$$\omega'^2_0=\frac{F^2\omega_0^2}{(l-F)^2+\left(\frac{\pi\omega_0^2}{\lambda}\right)^2}=\frac{F^2\omega_0^2}{(l-F)^2+f^2}$$

不难得出：

(1) 当 $l<F$ 时，ω'_0 随着 l 的减小而减小，当 $l=0$ 时，ω'_0 达到最小值，最小值为

$$\omega'^2_0=\frac{F^2\omega_0^2}{(l-F)^2+f^2}=\frac{\omega_0^2}{1+\left(\frac{f}{F}\right)^2}$$

$$\omega'_0=\frac{\omega_0}{\sqrt{1+\left(\frac{f}{F}\right)^2}} \tag{2.8.27}$$

此时，由式(2.8.22)得

$$l'=F+\frac{(l-F)F^2}{(l-F)^2+f^2}=F-\frac{FF^2}{F^2+f^2}=F\left[1-\frac{1}{1+\left(\frac{f}{F}\right)^2}\right]=\frac{F}{1+\left(\frac{F}{f}\right)^2}<F \tag{2.8.28}$$

而腰斑的放大倍率为

$$k=\frac{\omega'_0}{\omega_0}=\frac{1}{\sqrt{1+\left(\frac{f}{F}\right)^2}}<1 \tag{2.8.29}$$

可见，当 $l=0$ 时，ω'_0 总是小于 ω_0，因而不论透镜的焦距 F 为多大，它都具有一定的聚焦作用，并且像方腰斑的位置处于前焦点以内($l'<F$)。

若进一步满足条件

$$F\ll\frac{\pi\omega_0^2}{\lambda}\equiv f$$

式(2.8.27)近似为

$$\omega'_0=\frac{\omega_0}{\sqrt{1+\left(\frac{f}{F}\right)^2}}\approx\frac{\omega_0}{f}F=\frac{\lambda}{\pi\omega_0}F$$

式(2.8.28)近似为

$$l'=\frac{F}{1+\left(\frac{F}{f}\right)^2}\approx F$$

在这种情况下，像方腰斑就处在透镜的前焦面上，且透镜的焦距 F 越小，焦斑半径 ω'_0 也越小，聚焦效果越好。

(2) 当 $l>F$ 时，ω'_0 随着 l 的增大而单调地减小，当 $l\to\infty$ 时，由式(2.8.22)和式(2.8.23)得出 $\omega'_0\to 0, l'\to F$。

一般地，当 $l\gg F$ 时，由式(2.8.22)得 $l'\approx F$；由式(2.8.23)得

$$\omega'^2_0=\frac{F^2\omega_0^2}{(l-F)^2+\left(\frac{\pi\omega_0^2}{\lambda}\right)^2}=\frac{F^2\omega_0^2}{(l-F)^2+f^2}\approx\frac{F^2\omega_0^2}{l^2+f^2}$$

化简得

$$\frac{1}{\omega'^2_0}\approx\frac{1}{\omega_0^2}\left(\frac{l}{F}\right)^2+\frac{1}{\omega_0^2}\left(\frac{f}{F}\right)^2=\frac{1}{\omega_0^2}\left(\frac{f}{F}\right)^2\left[1+\left(\frac{l}{f}\right)^2\right]=\frac{\pi^2\omega_0^2}{F^2\lambda^2}\left[1+\left(\frac{l}{f}\right)^2\right]=\frac{\pi^2}{F^2\lambda^2}\omega^2(l)$$

即

$$\omega'_0\approx\frac{F\lambda}{\pi\omega(l)} \tag{2.8.30}$$

式中，$\omega(l)$ 为入射在透镜表面上的高斯光束光斑半径。若同时满足 $l\gg f=\pi\omega_0^2/\lambda$，则有

$$w'_0\approx\frac{F}{l}\omega_0 \tag{2.8.31}$$

可见，在物高斯光束的腰斑离透镜足够远($l\gg F$)的情况下，l 越大，F 越小，聚焦效果越好。当然，上述讨论都是在透镜孔径足够大的假设下进行的，否则，还必须考虑衍射效应。

(3) 当 $l=F$ 时，ω'_0 达到极大值，极大值为

$$w'_0=\frac{\lambda}{\pi\omega_0}F \tag{2.8.32}$$

且有 $l'=F$，仅当 $F<f=\pi\omega_0^2/\lambda$ 时，透镜才有聚焦作用。

F 一定时，ω_0' 随着 l 而变化的情况以及透镜对高斯光束的聚焦作用如图 2.8.7 所示。从图中可以看出，不论 l 值为多大，只要满足条件

$$f=\frac{\pi\omega_0^2}{\lambda}>F$$

就能实现一定的聚焦作用。

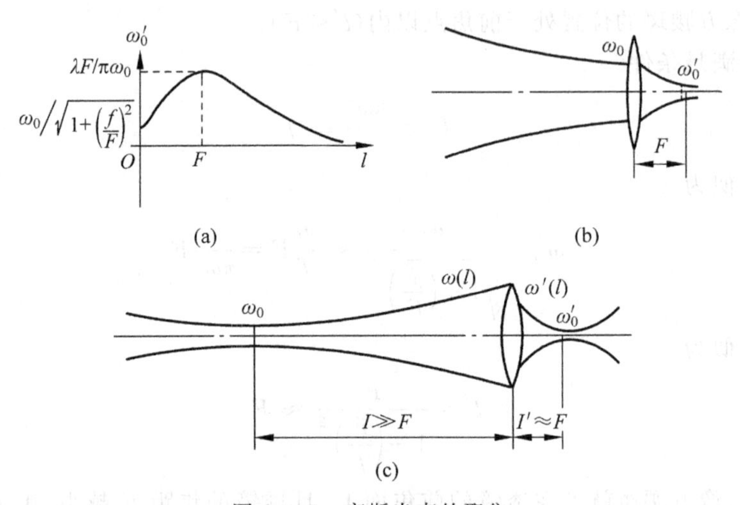

图 2.8.7 高斯光束的聚焦

(a) F 一定时，ω_0' 随 l 变化的情况；(b) $l=0$，$l'=F$；(c) $l\gg F$，$l'\approx F$

2. l 一定时，ω_0' 随 F 变化的情况

当 ω_0 和 l 一定时，根据式(2.8.23)，大致绘出 ω_0' 随 F 变化的情况如图 2.8.8 所示。图中 $R(l)$ 表示高斯光束到达透镜表面上的波面的曲率半径。

$$R(l)=f\left(\frac{l}{f}+\frac{f}{l}\right)=l\left[1+\left(\frac{f}{l}\right)^2\right]=l\left[1+\left(\frac{\pi\omega_0^2}{\lambda l}\right)^2\right] \tag{2.8.33}$$

从图中可以看出，对一定的 l 值，只有当其焦距 $F<R(l)/2$ 时，透镜才能对高斯光束起聚焦作用，F 越小，聚焦效果越好。在 $F\ll l$ 的条件下，ω_0' 及 l' 由下式决定：

$$\omega_0'\approx\frac{F\lambda}{\pi\omega(l)},\quad l'\approx F \tag{2.8.34}$$

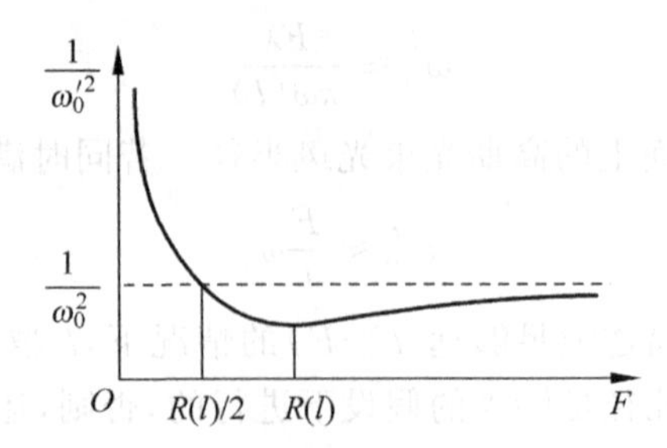

图 2.8.8 l 一定时，ω_0' 随 F 变化的情况

总之，为使高斯光束获得良好的聚焦效果，通常采用的方法是：

(1) 光束与透镜相对位置确定时，减小 F，使用短焦距透镜；

(2) F 一定时，使高斯光束腰斑远离透镜焦点，从而满足条件 $l \gg f, l \gg F$；

(3) F 一定时，令高斯光束束腰位于透镜表面，即 $l=0$，并设法满足条件 $f \gg F$，此时入射高斯光束在透镜表面的等相位面曲率半径 $R(l)$ 大，相应的聚焦效果好。

2.8.4 高斯光束的准直

由图2.8.8分析可知，当满足 $F > R(l)/2$ 时，$\omega_0' > \omega_0$，结合发散角的定义式(2.5.11)可知，经薄透镜变换后高斯光束的腰斑变大，发散角变小。因此，可以利用光学系统压缩高斯光束的发散角，这是激光在实际应用中提出的又一个问题，称之为高斯光束的准直。为此，首先考察高斯光束通过薄透镜时其发散角的变化规律。

1. 单透镜对高斯光束发散角的影响

根据基模高斯光束的远场发散角的定义式知，束腰大小为 ω_0 的物方高斯光束的发散角为

$$\theta_0 = 2\theta = 2\sqrt{\frac{\lambda}{\pi f}} = 2\frac{\lambda}{\pi\omega_0} \tag{2.8.35}$$

可见准直长度 f 越长，腰斑 ω_0 越大，发散角越小，高斯光束越趋近于平行光。显然，高斯光束的发散角 θ_0 与腰斑 ω_0 成反比，要减小发散角，腰斑必然会增大，因此，激光的准直伴随着扩束。

利用单透镜压缩发散角，通过焦距为 F 的透镜后，像方高斯光束的发散角为

$$\theta_0' = 2\frac{\lambda}{\pi\omega_0'} \tag{2.8.36}$$

把式(2.8.23)代入得

$$\theta_0' = 2\frac{\lambda}{\pi}\sqrt{\frac{1}{\omega_0^2}\left(1-\frac{l}{F}\right)^2 + \frac{1}{F^2}\left(\frac{\pi\omega_0}{\lambda}\right)^2} \tag{2.8.37}$$

可以看出，对 ω_0 为有限大小的高斯光束，无论 F、l 取什么值，都不能使 $\theta_0' \to 0$。这表明，要想用单个透镜将高斯光束转换成平面波，原则上来说是不可能的。

那么，在什么条件下可以借助透镜来压缩高斯光束的发散角呢？在式(2.8.37)中，当 $l=F$ 时，ω_0' 达到极大值，此时 θ_0' 最小，最小值为

$$\theta_0' = 2\frac{\lambda}{\pi\omega_{0\max}'} = 2\frac{\omega_0}{F} \tag{2.8.38}$$

因此

$$\frac{\theta_0'}{\theta_0} = \frac{2\dfrac{\omega_0}{F}}{2\dfrac{\lambda}{\pi\omega_0}} = \frac{\pi\omega_0^2}{\lambda F} = \frac{f}{F} \tag{2.8.39}$$

可见，当透镜的焦距 F 一定时，若入射高斯光束的束腰处在透镜的后焦面上($l=F$)，则 θ_0' 达到极小值，且此时，F 越大，即透镜焦距越长，θ_0' 越小。当 $f/F \ll 1$ 时，有较好的准直效果。

另外，在 $l=F$ 的条件下，像方高斯光束的方向性不但与 F 的大小有关，而且也与物方高斯光束的腰斑大小 ω_0 有关，ω_0 越小，像方高斯光束的方向性越好。因此，如果预先用一

个短焦距的透镜将高斯光束聚焦，以便获得极小的腰斑，然后再用一个长焦距的透镜来改善其方向性，就可以得到很好的准直效果。

2. 利用望远镜进行高斯光束准直

根据上述讨论，先用一个短焦距的透镜将高斯光束聚焦，获得极小的腰斑，再用一个长焦距的透镜改善其方向性，这种方法就是望远镜准直系统。在实际应用中，将两个透镜按照图 2.8.9 所示的方式组合起来，构成一个倒置的望远系统，即可实现高斯光束的准直。

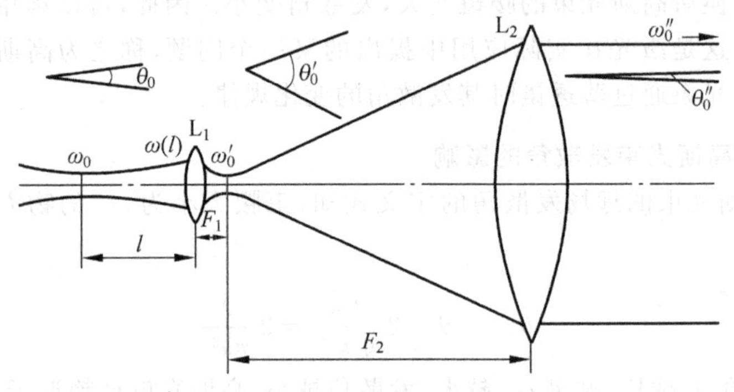

图 2.8.9 望远镜准直系统

图中 L_1 为短焦距透镜（或称为副镜），其焦距为 F_1。L_2 为长焦距透镜（或称为主镜），其焦距为 F_2。L_1 的像方焦平面和 L_2 的物方焦平面重合。

若入射高斯光束的束腰距离透镜 L_1 较远，即满足条件 $l \gg F_1$ 时，则其经过透镜后，将聚焦在透镜 L_1 的像方焦平面上，得到一极小光斑，其半径为

$$\omega_0' = \frac{\lambda F_1}{\pi \omega(l)} \tag{2.8.40}$$

式中，$\omega(l)$ 为入射在副镜 L_1 表面上的光斑半径。由于 ω_0' 恰好落在主镜 L_2 的物方焦平面上，所以腰斑为 ω_0' 的高斯光束将被主镜 L_2 很好地准直。

若入射高斯光束的发散角为 θ_0，θ_0' 为经过副镜 L_1 后的发散角，θ_0'' 为经过主镜 L_2 后出射高斯光束的发散角，则该望远系统对高斯光束的准直倍率 M' 定义为

$$M' = \frac{\theta_0}{\theta_0''} = \frac{\theta_0}{\theta_0'} \frac{\theta_0'}{\theta_0''} \tag{2.8.41}$$

对于透镜 L_1，由于 $l \gg F_1$，根据式(2.8.35)和式(2.8.36)，得

$$\frac{\theta_0'}{\theta_0} = \frac{2\dfrac{\lambda}{\pi \omega_0'}}{2\dfrac{\lambda}{\pi \omega_0}} = \frac{\omega_0}{\omega_0'}$$

对于透镜 L_2，由于 $l = F_2$，根据式(2.8.39)得

$$\frac{\theta_0''}{\theta_0'} = \frac{\pi (\omega_0')^2}{\lambda F_2}$$

则

$$M' = \frac{\theta_0}{\theta_0''} = \frac{\theta_0}{\theta_0'} \frac{\theta_0'}{\theta_0''} = \frac{\omega_0'}{\omega_0} \frac{\lambda F_2}{\pi (\omega_0')^2} = \frac{\lambda F_2}{\pi} \frac{1}{\omega_0 \omega_0'} = \frac{F_2}{F_1} \frac{\omega(l)}{\omega_0} \tag{2.8.42}$$

令 $M=F_2/F_1$ 为望远系统主镜与副镜的焦距之比，即是几何光学中所说的望远系统的准直倍率，或称为几何压缩比。

把式(2.8.4)代入式(2.8.42)得

$$M'=M\frac{\omega(l)}{\omega_0}=M\sqrt{1+\left(\frac{l}{f}\right)^2}=M\sqrt{1+\left(\frac{\lambda l}{\pi\omega_0^2}\right)^2} \tag{2.8.43}$$

式(2.8.43)即为望远系统对高斯光束的准直倍率，读者需注意 M' 与 M 定义的区别，以防混淆。从式中可以看出，一个给定的望远系统对高斯光束的准直倍率 M' 不仅与望远系统本身的结构参数有关，而且与高斯光束的结构参数 f 以及腰斑与副镜的距离 l 有关。

虽然公式(2.8.43)是在 $l\gg F_1$ 的条件下推导出来的，但它对 $l=0$ 且 $f\gg F_1$ 的情况也适合。此时

$$\omega(l)=\omega_0$$

$$M'=\frac{F_2}{F_1}=M$$

在一般情况下，$l\neq 0$，此时 $\omega(l)$ 总是大于 ω_0，因而望远镜对高斯光束的准直倍率 M' 总是比它对普通傍轴光线的几何压缩比 M 要大。M 越大，$\omega(l)/\omega_0$ 越大，M' 也就越大。

在 l 为有限的情况下，出射高斯光束的光腰并不准确地落在副镜 L_1 的前焦面上，因而望远系统应允许做微小的调整。此外，这里的讨论没有考虑像差，而且假设透镜孔面上的光斑远小于透镜本身的孔径，因而无须考虑由透镜的有限孔径引起的衍射效应。当光斑等于或大于透镜的孔径时，要想通过提高准直倍率来无限制地压缩高斯光束的发散角是不可能的。这时 ω_0' 的大小及出射光束的最小发散角应由透镜的孔径决定，这就是望远镜运用在衍射极限的情形。

实际的准直望远系统可以做成透射式、反射式或折-反射式，但其基本工作原理都是一样的，不再赘述。

2.9 激光光束质量因子

在前面几节中讨论的高斯光束的传输变换特性都是基于基模高斯光束推导出的，并不适用于其他高阶高斯光束。然而，基模高斯光束很难在激光器的实际输出光束中找到，实际激光光束多是高阶模式，或者是多种模式的混合。这就涉及激光束可见特性的评价。

由高斯光束的特性可知，基模高斯光束的功率最为集中，人为规定基模高斯光束的质量是最高的，是衍射极限光束，但这是在概念上的一个模糊的物理量。人们曾根据不同应用需求，将束腰光斑尺寸、远场发散角等作为表征激光束质量的参数。但是，由前面的分析可知，激光束经过光学系统后，光束的腰斑尺寸和发散角均可改变，减小腰斑必然增大发散角。因此，单独使用腰斑尺寸或发散角来评价激光束质量是不科学的。

人们发现，激光束经过理想光学系统后，腰斑尺寸 ω_0 和远场发散角 θ_0 的乘积保持恒定不变。对于基模高斯光束，恒有

$$\omega_0\theta_0=\frac{\lambda}{\pi} \tag{2.9.1}$$

即采用聚焦或准直等各种变换方法，$\omega_0\theta_0$ 总是一个常量。因此，光腰半径与远场发散角的

乘积反映了基模高斯光束的固有特性。

对于高阶高斯光束，随着模阶数的增加，其光腰半径和发散角均越来越大，因此，其光腰半径与远场发散角的乘积也越来越大，光束质量也就越差。

对于高阶厄米特-高斯光束，在 x 方向和 y 方向的束腰半径和发散角的乘积分别为

$$\begin{cases}\omega_m\theta_m=(2m+1)\dfrac{\lambda}{\pi}\\ \omega_n\theta_n=(2n+1)\dfrac{\lambda}{\pi}\end{cases}\tag{2.9.2}$$

对于高阶拉盖尔-高斯光束，有

$$\omega_{mn}\theta_{mn}=(m+2n+1)\frac{\lambda}{\pi}\tag{2.9.3}$$

为了描述实际光束偏离基模高斯光束的程度，20 世纪 80 年代末期希格曼定义了无量纲的 M^2 因子(光束质量因子，也称为光束衍射倍率因子)，用来描述实际光束空域质量。这一描述方法很快被广泛采用，并被国际标准化组织采用。M^2 因子(光束质量因子)定义为

$$M^2=\frac{\text{实际光束束腰半径}\times\text{实际光束远场发散角}}{\text{理想基模高斯光束束腰半径}\times\text{理想基模高斯光束远场发散角}}\tag{2.9.4}$$

可表示为

$$M^2=\frac{\pi}{\lambda}\omega_{R0}\theta_{R0}\tag{2.9.5}$$

式中，ω_{R0} 为实际光束束腰半径；θ_{R0} 为实际光束的远场发散角。

显然，对于基模高斯光束，$M^2=1$；对于高阶模、多模或其他非理想光束，$M^2>1$。M^2 的值表征了实际光束偏离基模高斯光束的程度。M^2 的值越大，光束衍射发散越快，光束质量越差。一台稳定运行于单横模的低功率氦氖激光器的 M^2 的值可以小于 1.1。高功率激光器通常都是多横模输出，其 M^2 的值大多高于 10。

对于高阶厄米特-高斯光束，有

$$\begin{cases}M_x^2=(2m+1)\\ M_y^2=(2n+1)\end{cases}\tag{2.9.6}$$

对于高阶拉盖尔-高斯光束，有

$$M_r^2=(m+2n+1)\tag{2.9.7}$$

每一个实际光束都可以等效出一个内嵌的基模高斯光束，设内嵌高斯光束束腰半径为 ω_0，远场发散角为 θ_0，如图 2.9.1 所示，则实际光束的束腰半径和远场发散角可用 M^2 因子表示为

$$\begin{cases}\omega_{R0}=M\omega_0\\ \theta_{R0}=M\theta_0\end{cases}\tag{2.9.8}$$

从而可求得任意位置处的光束半径 $\omega_R(z)$ 和波面曲率半径 $R_R(z)$ 为

$$\begin{cases}\omega_R(z)=\omega_{R0}\sqrt{1+\dfrac{z\lambda M^2}{\pi\omega_{R0}^2}}\\ R_R(z)=z\left(1+\dfrac{\pi\omega_{R0}^2}{z\lambda M^2}\right)\end{cases}\tag{2.9.9}$$

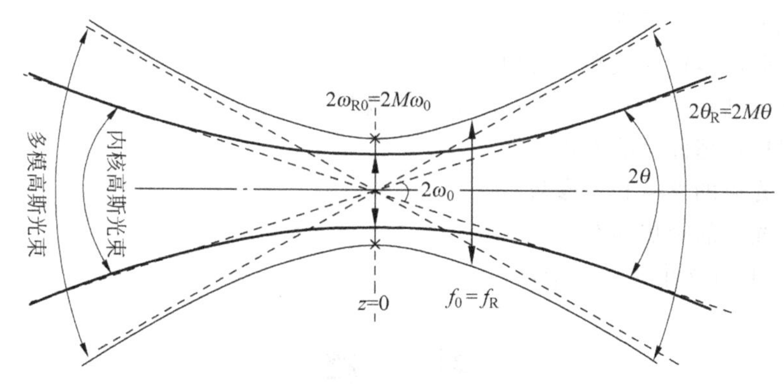

图 2.9.1　多模高斯光束与内嵌高斯光束

可见，实际光束在任意距离处的光束半径都是内嵌高斯光束的 M 倍，它们在相同位置处具有曲率半径相同的等相位面。

在准直距离 f_R 处应有

$$R_R(f_R)=f_R\left(1+\frac{\pi\omega_{R0}^2}{f_R\lambda M^2}\right)=2f_R$$

解得

$$f_R=\frac{\pi\omega_{R0}^2}{\lambda M^2}=\frac{\pi\omega_0^2M^2}{\lambda M^2}=\frac{\pi\omega_0^2}{\lambda} \tag{2.9.10}$$

即实际光束与内嵌高斯光束有着相同的共焦参数。

以上讨论是针对无光阑限制的激光束。M^2 因子的一个重要特性是它在无像差对光束无截断的理想光学系统中是一个不变量。如果光源的发光区很小，其发散角必然很大，则任何一个光学系统都会截断光束。对受硬边光阑截断光束，理论上 M^2 因子的计算会遇到积分发散的困难，需结合二阶矩阵、渐进分析法、功率通量法等定义广义 M^2 因子，仅取进入光阑内的一部分激光进行计算，此时，对于高阶高斯光束，也有可能出现 M^2 因子小于 1 的情况，感兴趣的读者可自行参阅相关书籍。

本章小结

光学谐振腔理论是激光原理和激光技术的理论基础。本章内容较多，首先介绍了光学谐振腔的基本概念(模式、损耗、光子在腔内平均寿命和品质因数 Q)，这四个概念是激光原理的基本概念，也是理解相关激光技术的关键。接着利用矩阵光学分析方法讨论了光线在腔内的传播问题，重点讨论了光腔的稳定性。然后利用波动光学中的衍射理论，推导了谐振腔的本征模式，在这部分内容中，需深入理解自再现模的概念和复常数 γ 的意义。在此基础上，讨论了方形镜共焦腔的自再现模、圆形镜共焦腔的自再现模，并重点讨论了一般稳定球面腔的模式特征。最后围绕着高斯光束的性质和 q 参数，阐述了高斯光束的变换规律，并分析了高斯公式的聚焦和准直等问题。

学习本章内容后，读者应理解以下概念：

(1) 光腔的模式、损耗、光子在腔内平均寿命和品质因数 Q；

（2）光腔的稳定性条件；

（3）谐振腔的本征模式和自再现模；

（4）方形镜共焦腔和圆形镜共焦腔的自再现模；

（5）一般稳定球面腔的模式特征；

（6）高斯光束的性质和 q 参数；

（7）高斯光束的聚焦和准直；

（8）M^2 因子(光束质量因子)。

习　题

1. 证明光线通过习题图 2.1 所示厚度为 d 的平行平面介质的光线变换矩阵为 $\begin{bmatrix} 1 & \frac{\eta_1 d}{\eta_2} \\ 0 & 1 \end{bmatrix}$。

2. 激光器的谐振腔由一面曲率半径为 1m 的凸面镜和曲率半径为 2m 的凹面镜组成，工作物质长 0.5m，其折射率为 1.52，求腔长 L 在什么范围内是稳定腔。

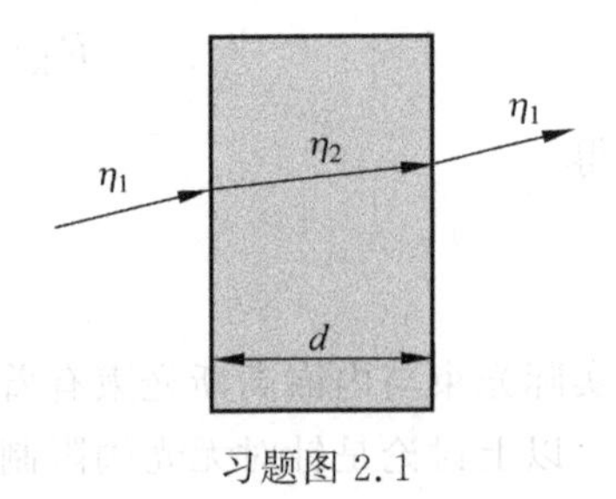

习题图 2.1

3. 试求出平凹、双凹和凹凸共轴球面腔镜的稳定性条件。

4. 由凸凹球面镜组成的球面腔，如果凸面镜曲率半径为 2m，凹面镜曲率半径为 3m，腔长为 1m，腔内介质折射率为 1，此球面腔是何种腔(稳定腔、临界腔、非稳腔)？当腔内插入一块长为 0.5m、折射率为 2 的其他透明介质时(介质两端面垂直于腔轴线)，谐振腔为何种腔(稳定腔、临界腔、非稳腔)？

5. 某 CO_2 激光器，采用平-凹腔，凹面镜的 $R=2\text{m}$，腔长 $L=1\text{m}$。试给出它所产生的高斯光束的腰斑半径 ω_0 的大小和位置、该高斯光束的共焦参数 f 及远场发散角 θ_0 的大小。

6. 某高斯光束腰斑 $\omega_0=1.14\text{mm}$，激光波长为 $\lambda=10.6\mu\text{m}$。求与束腰分别相距 30cm 和 10m 处的光斑半径 ω 及波前曲率半径 R。

7. 今有一球面腔，$R_1=1.5\text{m}$，$R_2=-1\text{m}$，$L=80\text{cm}$，试证明该腔为稳定腔；求出它的等价共焦腔的参数，画出等效共焦腔的具体位置。

8. 假设透镜入射面上高斯光束半径为 2cm，等相位面为平面，透镜焦距为 4cm，激光波长为 1μm。

（1）如果透镜位于 $z=0$ 处，求经过透镜后高斯光束的光腰位置；

（2）求经过透镜后的高斯光束远场发散角。

9. 如习题图 2.2 所示，波长为 $\lambda=1.06\mu\text{m}$ 的钕玻璃激光器，全反射镜的曲率半径 $R=1\text{m}$，距离全反射镜 $a=0.44\text{m}$ 处放置长为 $b=0.1\text{m}$ 的激光棒，其折射率为 $\eta=1.7$。棒的右端直接镀上半反射膜作为腔的输出端。

（1）判别腔的稳定性；

(2) 求输出端光斑大小；

(3) 若输出端刚好位于焦距 $F=0.1\text{m}$ 的薄透镜焦平面上，求经透镜聚焦后的光腰大小和位置。

10. 某高斯光束 $\omega_0=1.2\text{mm}$，$\lambda=10.6\mu\text{m}$。今用一望远镜将其准直。主镜用镀金反射镜 $R=1\text{m}$，口径为 20cm；副镜为一锗透镜，$F_1=2.5\text{cm}$，口径为 1.5cm；高斯光束束腰与透镜相距 $l=1\text{m}$，如习题图 2.3 所示。求该望远系统对高斯光束的准直倍率。

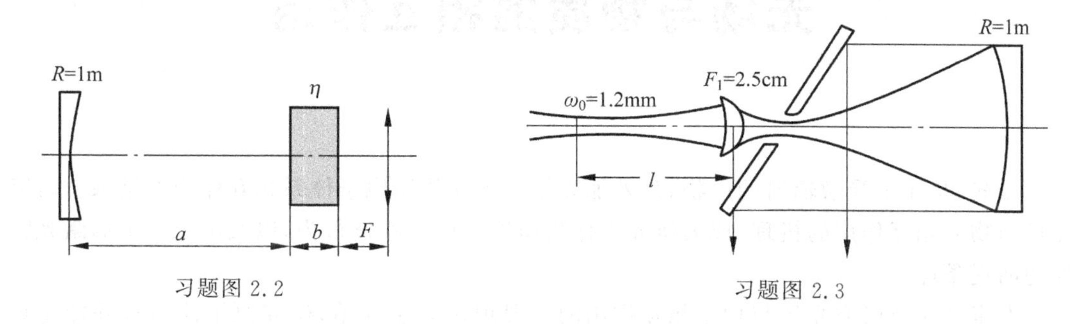

习题图 2.2　　习题图 2.3

11. (1) 用焦距为 F 的薄透镜对波长为 λ、束腰半径为 ω_0 的高斯光束进行变换，并使变换后的高斯光束的束腰半径 $\omega_0'<\omega_0$(此称为高斯光束的聚焦)，在 $F>f$ 和 $F<f$ 两种情况下，如何选择薄透镜到该高斯光束束腰的距离 l？

(2) 在聚焦过程中，如果薄透镜到高斯光束束腰的距离 l 不能改变，如何选择透镜的焦距 F？

12. CO_2 激光器输出波长为 $10.6\mu\text{m}$，$\omega_0=3\text{mm}$，用一个 $F=2\text{cm}$ 的凸透镜聚焦，要得到 $\omega_0'=20\mu\text{m}$，透镜应放在什么位置？

13. 若已知某高斯光束的 $\omega_0=0.3\text{mm}$，$\lambda=632.8\text{nm}$。求束腰处、距束腰 30cm 处和无限远处的 q 参数值。

14. 实施探月计划，需要航天员在月球上放置激光反射装置，若激光波长为 694.3nm，激光束腰为 2cm。

(1) 估算地球上发出的高斯光束到达月球后的光斑半径(地月距离为 $3.85\times10^5\text{km}$)；

(2) 如果该激光束通过直径为 2m 的准直透镜发射，那么月球上的光斑半径是多少？

(3) 超过 $10\mu\text{W/cm}^2$ 的光强会对人眼造成伤害，若激光器输出功率为 10MW。上述两种情况下，激光会对月球上的航天员造成伤害吗？

15. 一闪光灯泵浦的 Nd：YAG 平行平面腔激光器，腔长为 50cm。泵浦光会导致激光棒产生热透镜效应。假定激光棒形成的热透镜为薄透镜，焦距为 25cm，并位于谐振腔中央。求此时 TEM_{00} 模在透镜及反射镜上的光斑尺寸。

第3章思维导图

第3章 光场与物质的相互作用

激光，是原子受激辐射的产物，是外加光场与工作物质原子体系相互作用的结果。研究光场与物质相互作用的机理，成为研究工作物质原子体系跃迁行为，以及由此产生的激光特性的前提条件。

本章从介绍研究光场与物质相互作用的一般理论方法开始，研究原子体系对外加光场的响应特性和原子发光谱线的展宽，重点介绍了研究激光器内光场与物质相互作用的一种简化方法——速率方程。最后，以速率方程为基础，推导出激光工作物质的增益系数和反转集居数的关系，以及光强增加时增益的饱和行为。

本章重点内容：

1. 谱线加宽和线型函数
2. 典型激光器速率方程
3. 均匀加宽工作物质的增益系数
4. 非均匀加宽工作物质的增益系数

3.1 光场与物质相互作用的理论

光场与物质相互作用的研究，实际上是研究光频电磁场与构成激光工作物质的原子、分子等大量微观粒子构成的体系之间的能量交换等相互作用。无论是对电磁场还是原子体系的理论描述都经历了一个逐渐发展的过程，而且存在着各种不同近似程度的理论描述方法。在光场与物质相互作用的理论体系中，也存在着很多不同的理论体系。这些理论体系从最简单的经典理论到建立于量子电动力学基础上的量子理论，都可以在一定程度上描述激光器中的物理现象，或揭示其特性和规律。

3.1.1 光场与物质相互作用的理论体系

激光器的严格理论是建立在量子电动力学基础上的量子理论，它从原理上描述了激光器的全部特性。但是，这并不意味着，在描述激光器的任何特性时都一定要采用量子理论的全部观点和方法(比如在研究激光频率、强度、模式分布等宏观特性时)。因此，不同近似程度的理论体系也被广泛应用在激光特性的分析上。尽管这种近似分析往往掩盖了某些更深层次的物理现象，但是其揭示出的激光器的某些规律性是具有普遍意义的。这些近似理论方法基本上可以分为经典理论、半经典理论、量子理论和速率方程理论。

1. 经典理论

经典理论的出发点是将原子系统和电磁场都做经典处理，将光场视作光频电磁场，利用麦克斯韦方程来描述；而把原子体系视作电偶极子，利用经典电动力学的方法来研究其振荡特性，并通过这两个经典体系的结合来研究光场与物质的相互作用。这种方法在量子力学建立前曾被广泛应用，而且成功地解释了物质对光的吸收、色散，以及原子自发辐射及其谱线展宽等现象，对物理学的发展起到了重要的作用。

尽管从量子力学的角度来看，这种理论方法非常粗糙，但是可以用它来描述一些激光器中的物理现象，并且对于某些宏观特性的理解和计算是很有帮助的。本章将会利用经典理论来定性研究原子的自发辐射特性、原子与光场的共振相互作用以及原子发光谱线的展宽机理。

2. 半经典理论

半经典理论最早是由兰姆(W. E. Lamb. Jr)在 1946 年提出的，因此也称为兰姆理论。该理论是通过向经典理论中引入量子力学的描述方式而产生的，它的基本特点是对光场仍采用经典理论体系的麦克斯韦方程组来描述，而对原子体系则采用量子力学来描述，这样可以将量子力学中的原子跃迁、光的辐射和吸收等处理方法引入光场与物质的相互作用的研究中。

半经典理论可以较好地解释激光器中的大部分物理现象，例如增益饱和、模式竞争、频率牵引等效应，但是由于其对光场的解释仍然沿用了经典理论，故该理论不能揭示与场的量子特性相关的物理现象，例如激光器的线宽极限、光场的随机起伏等；同时，这种方法在数学处理上比较复杂，因此在研究输出功率、频率等宏观特性时一般较少使用该理论，而采用下面要介绍的更简明的速率方程理论。

3. 量子理论

量子理论是在半经典理论的基础上，将光场也进行量子化，并将二者作为一个统一的量子体系来考察其相互作用的特性。激光器的全量子理论一般只用来研究激光的随机起伏噪声和线宽极限等其他理论体系无法描述的物理现象，其内容超出了本书范围，因此本书中不予讨论。

4. 速率方程理论

速率方程理论是一种唯象的理论。它把光场与物质的相互作用视作光子与物质原子之间的相互作用，利用各种跃迁概率和原子体系中各能级原子数密度的变化速率来描述原子体系受激辐射的过程，这种理论可视作量子理论的简化形式。

速率方程理论非常适合研究激光器中光场能量(强度特性)的变化规律，也可以定性地描述模式竞争、兰姆凹陷、烧孔效应等，但是对于需要对光场与物质相互作用进行严格描述以及定量研究的场合就不适用了。

实际上，在第 1 章中已经给出了最简单的二能级系统的单模速率方程，本章将继续介绍多能级原子体系中的单模速率方程。

3.1.2　光场与物质相互作用的经典理论

在介绍光场与物质中原子相互作用的经典理论之前，首先回顾一下真实原子的物理特性。此处讨论的“原子”，包括气体激光器中的任意自由原子、离子或分子，以及液体和固体激光器中的单个原子、离子和分子，甚至是半导体中相应的价电子和导电子。在经典理论中，假设：

（1）由原子核和核外运动的电子所构成的物质原子被简化为一个经典的简谐振子，单个电子被与其位移成正比的弹性恢复力束缚在平衡位置附近作一维简谐振荡。

（2）原子中电子与原子核构成一个电偶极子。当没有外加电磁场时，原子内部正负电荷中心重合，原子不呈现极性。当存在外加电磁场时，正负电荷中心不再重合，从而产生感应电偶极矩，原子被电偶极化。从宏观上看，物质在光场下被极化，并可用感应电极化强度和电极化系数来描述极化特性。介质极化的情况与介质本身性质、入射光场的频率和强弱等密切相关，我们的讨论主要限于共振线性，即讨论入射光场的频率近似等于电子振子的固有频率、外加场强不太强时与各向同性的电介质原子相互作用所产生的极化。

（3）考虑到在光学激光领域中所遇到的大多数情况，入射光频电磁场的电场分量对电子振子的作用都远大于磁场分量的作用，在讨论中将忽略磁场分量的作用。此外，还假设光电场为振动方向与振子振动方向相同的单色平面线偏振光。

（4）被极化的物质对入射光场产生反作用，它可以使入射光场的振幅、频率和相位等发生变化。在经典理论中，仅从线性共振极化介质对光场所呈现的吸收和增益以及色散作出简单讨论。

1. 原子自发辐射的经典模型

我们在量子力学建立之前，人们用经典力学描述原子内部电子的运动，其物理模型就是按简谐振动或阻尼振动规律运动的电偶极子，称为简谐振子，如图 3.1.1 所示。简谐振子模型认为，核外电子在固定的原子核所在的平衡位置($x=0$)附近作简谐振动(假设一维运动情况)，当电子偏离平衡位置而具有位移 x 时，就受到一个线性恢复力 $f=-Kx$ 的作用。假定没有其他力作用在电子上，则电子的运动方程为

$$m\ddot{x}+Kx=0 \tag{3.1.1}$$

式中，m 为电子质量。

式(3.1.1)是齐次二阶微分方程，它的解就是简单的无阻尼振荡

$$x(t)=x_0\mathrm{e}^{\mathrm{i}\omega_0 t} \tag{3.1.2}$$

式中，ω_0 为电偶极子的谐振频率，其表达式为

$$\omega_0=\sqrt{\frac{K}{m}} \tag{3.1.3}$$

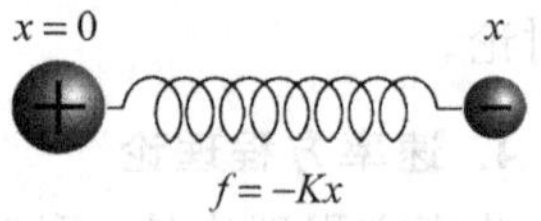

图 3.1.1 简谐振子模型

可以证明，经典电偶极子模型的谐振频率与原子的跃迁频率 $\omega_{21}=(E_2-E_1)/\hbar$ 是相同的。

无论是经典电偶极子模型还是真实的原子能级跃迁，都会通过辐射出频率为 ω_0 的电磁波而衰减能量，这种电磁波称为自发辐射或荧光辐射，通过自发辐射所造成的能量衰减速率记为 γ_{rad}。在工作物质原子体系中，除自发辐射外，原子还会通过与其他原子的碰撞，或者向邻近晶格辐射热振动而衰减能量。这些无辐射的能量衰减速率记为 γ_{nr}。总的能量衰减速率表示为

$$\gamma=\gamma_{\mathrm{rad}}+\gamma_{\mathrm{nr}} \tag{3.1.4}$$

根据电动力学原理，当运动的电子具有加速度时，它将按一定的速率辐射电磁波能量（自发辐射），即电子自发辐射的功率为

$$P=\frac{e^2(\dot{v}_e)^2}{6\pi\varepsilon_0 c^3} \tag{3.1.5}$$

式中，e 为电子电荷；$\dot{v}_e$ 为电子运动的加速度；ε_0 为真空中的介电常数；c 为光速。式(3.1.5)称为拉莫尔方程，其向外辐射电磁波的功率也可以认为是辐射电磁波对电子的反作用力（或辐射阻力）在单位时间内所做的负功，表示为

$$P'=Fv_e=-\frac{e^2(\dot{v}_e)^2}{6\pi\varepsilon_0 c^3} \tag{3.1.6}$$

式中，F 为辐射电磁波作用在电子上的反作用力；v_e 为电子的速度。

对式(3.1.6)在一个周期 T 的时间内积分：

$$\begin{aligned}\int_t^{t+T}P'\mathrm{d}t&=\int_t^{t+T}Fv_e\mathrm{d}t=\int_t^{t+T}-\frac{e^2(\dot{v}_e)^2}{6\pi\varepsilon_0 c^3}\mathrm{d}t=-\frac{e^2}{6\pi\varepsilon_0 c^3}\int_t^{t+T}\dot{v}_e\mathrm{d}v_e\\&=-\frac{e^2}{6\pi\varepsilon_0 c^3}\dot{v}_e v_e\Big|_t^{t+T}+\frac{e^2}{6\pi\varepsilon_0 c^3}\int_t^{t+T}v_e\mathrm{d}\dot{v}_e\\&=-\frac{e^2}{6\pi\varepsilon_0 c^3}\dot{v}_e v_e\Big|_t^{t+T}+\frac{e^2}{6\pi\varepsilon_0 c^3}\int_t^{t+T}v_e\ddot{v}_e\mathrm{d}t\end{aligned}$$

即

$$\int_t^{t+T}Fv_e\mathrm{d}t-\frac{e^2}{6\pi\varepsilon_0 c^3}\int_t^{t+T}v_e\ddot{v}_e\mathrm{d}t=-\frac{e^2}{6\pi\varepsilon_0 c^3}\dot{v}_e v_e\Big|_t^{t+T}$$

$$\int_t^{t+T}\left(F-\frac{e^2}{6\pi\varepsilon_0 c^3}\ddot{v}_e\right)v_e\mathrm{d}t=-\frac{e^2}{6\pi\varepsilon_0 c^3}\dot{v}_e v_e\Big|_t^{t+T}$$

在一个时间周期 T 内，上式的右边为0。因此，得

$$F=\frac{e^2}{6\pi\varepsilon_0 c^3}\ddot{v}_e=\frac{e^2}{6\pi\varepsilon_0 c^3}\dddot{x} \tag{3.1.7}$$

即求出辐射电磁波对电子的反作用力 F。

现在，考虑辐射电磁波对电子的反作用力，则电子运动方程(3.1.1)应改写为

$$m\ddot{x}+Kx=F$$

即

$$m\ddot{x}+Kx=\frac{e^2}{6\pi\varepsilon_0 c^3}\dddot{x} \tag{3.1.8}$$

由于辐射反作用力 F 比恢复力 Kx 小得多，因而可认为式(3.1.8)的解近似为式(3.1.2)的表达式，即 $x(t)=x_0\mathrm{e}^{\mathrm{i}\omega_0 t}$。则

$$\dot{x}=\mathrm{i}\omega_0 x_0\mathrm{e}^{\mathrm{i}\omega_0 t}=\mathrm{i}\omega_0 x(t)$$

$$\ddot{x}=-\omega_0^2 x_0\mathrm{e}^{\mathrm{i}\omega_0 t}=-\omega_0^2 x(t)$$

$$\dddot{x}=-\mathrm{i}\omega_0^3 x_0\mathrm{e}^{\mathrm{i}\omega_0 t}=-\omega_0^2\dot{x}$$

把 $\dddot{x}=-\omega_0^2\dot{x}$ 和 $\omega_0=\sqrt{K/m}$ 代入式(3.1.8)中，整理得

$$\ddot{x}+\frac{e^2\omega_0^2}{6\pi\varepsilon_0 c^3 m}\dot{x}+\omega_0^2 x=0 \tag{3.1.9}$$

令

$$\gamma=\frac{e^2\omega_0^2}{6\pi\varepsilon_0 c^3 m} \tag{3.1.10}$$

γ 称为经典辐射阻尼系数。对于可见光频率的简谐振子，按照经典简谐振子模型的电磁波辐射能量衰减速率 $\gamma\approx10^8\,\text{Hz}$，而其谐振频率 $\omega_0\approx4\times10^{15}\,\text{Hz}$，即光频简谐振子的谐振频率远大于其能量衰减速率。

把式(3.1.9)写为

$$\ddot{x}+\gamma\dot{x}+\omega_0^2 x=0 \tag{3.1.11}$$

求解得

$$x(t)=x_0 \mathrm{e}^{-\frac{\gamma}{2}t}\mathrm{e}^{\mathrm{i}\omega_0 t} \tag{3.1.12}$$

式中，x_0 为常数。可见，考虑了自发辐射的对电子的反作用力，则振子作简谐阻尼振荡。以上就是原子的经典简谐振子模型。

按式(3.1.12)作简谐振动的电子和带正电的原子核组成一个作简谐振动的电偶极子，其偶极矩为

$$p(t)=-ex(t)=-ex_0\mathrm{e}^{-\frac{\gamma}{2}t}\mathrm{e}^{\mathrm{i}\omega_0 t}=p_0\mathrm{e}^{-\frac{\gamma}{2}t}\mathrm{e}^{\mathrm{i}\omega_0 t} \tag{3.1.13}$$

上述简谐偶极振子发出的电磁辐射可表示为

$$E=E_0\mathrm{e}^{-\frac{\gamma}{2}t}\mathrm{e}^{\mathrm{i}\omega_0 t} \tag{3.1.14}$$

这就是原子在某一特定谱线(中心频率为 $\omega_0=2\pi\nu_0$)上的自发辐射的经典描述，其辐射功率如图 3.1.2 所示。显然，可以定义 $\tau=1/\gamma$ 为简谐振子的自发辐射衰减时间。在可见光频率范围内，$\tau\approx10^{-8}\,\text{s}$，这与实验结果一致。

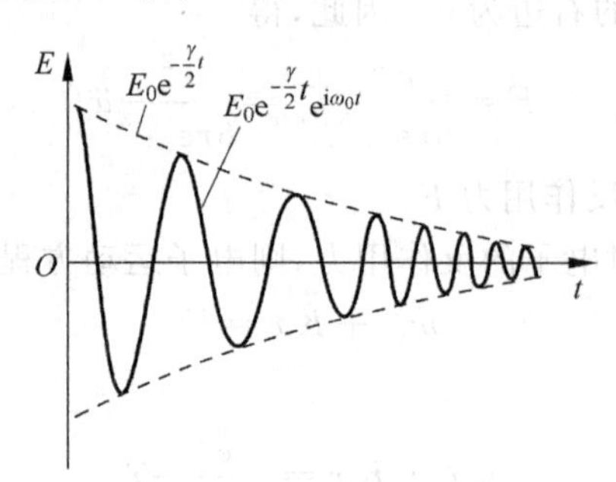

图 3.1.2 简谐偶极子辐射场的衰减振动

2. 受激吸收和色散现象的经典理论

现在，从原子的经典模型出发，分析当频率为 ω 的单色平面波通过物质时的受激吸收和色散现象，并直接推导出物质的吸收系数和折射率(色散)的经典表示式，以及它们之间的相互关系。

受激吸收和色散现象是物质原子和电磁场相互作用的结果。物质原子在电磁场的作用下产生感应电极化强度(即介质的极化)，感应电极化强度使物质的介电常数发生变化，从而

导致物质对电磁波的吸收和色散。

根据电磁场理论，在物质中沿 z 轴方向传播的单色平面波，其 x 方向的电场强度表示为

$$E(z,t)=E(z)\mathrm{e}^{\mathrm{i}\omega t}=E_0\mathrm{e}^{-\mathrm{i}z\frac{\omega}{c}\sqrt{\varepsilon'\mu'}}\mathrm{e}^{\mathrm{i}\omega t} \tag{3.1.15}$$

式中，ε'和μ'分别为物质的相对介电常数和相对磁导率。在一般介电物质中，$\mu'=1$，而ε'则应根据物质在$E(z,t)$作用下的极化过程求得。下面就从原子的经典模型出发求ε'。

设物质为单电子原子组成，忽略磁场对电子的微小作用力，则外加电磁场作用在电子上的电场力为$-eE(z,t)$。在此电场力的作用下，电子运动方程(3.1.11)应改写为

$$\ddot{x}+\gamma\dot{x}+\omega_0^2x=-\frac{e}{m}E(z)\mathrm{e}^{\mathrm{i}\omega t} \tag{3.1.16}$$

上述方程的特解可写为

$$x(t)=x_0\mathrm{e}^{\mathrm{i}\omega t} \tag{3.1.17}$$

式(3.1.17)没有考虑微分方程通解中代表自由阻尼振荡的项，因为它对感应电偶极矩没有贡献。

将式(3.1.17)代入式(3.1.16)，求得

$$x_0=\frac{-\frac{e}{m}E(z)}{(\omega_0^2-\omega^2)+\mathrm{i}\gamma\omega} \tag{3.1.18}$$

只考虑共振相互作用，即当 $\omega\approx\omega_0$ 时，对式(3.1.18)近似为

$$x_0=\frac{-\frac{e}{m}E(z)}{2\omega_0(\omega_0-\omega)+\mathrm{i}\gamma\omega_0} \tag{3.1.19}$$

一个原子的感应电偶极矩表示为

$$p(z,t)=-ex(z,t)=\frac{e^2/m}{2\omega_0(\omega_0-\omega)+\mathrm{i}\gamma\omega_0}E(z,t) \tag{3.1.20}$$

对于气压不太高的气体工作物质，原子之间相互作用可以忽略，因而感应电极化强度可以通过对单位体积中原子的感应电偶极矩求和得到

$$P(z,t)=np(z,t)=\frac{ne^2/m}{2\omega_0(\omega_0-\omega)+\mathrm{i}\gamma\omega_0}E(z,t) \tag{3.1.21}$$

式中，n 为单位体积工作物质中的原子数。

物质的感应电极化强度也可以表示为

$$P(z,t)=\varepsilon_0\chi E(z,t) \tag{3.1.22}$$

式中，χ 为工作物质的电极化系数。

比较式(3.1.21)和式(3.1.22)可得电极化系数

$$\chi=\frac{ne^2}{m\varepsilon_0}\frac{1}{2\omega_0(\omega_0-\omega)+\mathrm{i}\gamma\omega_0}=\frac{ne^2}{m\varepsilon_0\omega_0\gamma}\frac{\frac{2(\omega_0-\omega)}{\gamma}-\mathrm{i}}{1+\frac{4(\omega_0-\omega)^2}{\gamma^2}} \tag{3.1.23}$$

令 $\chi=\chi'+\mathrm{i}\chi''$，则电极化系数的实部和虚部分别是

$$\begin{cases} \chi' = \dfrac{ne^2}{m\varepsilon_0\omega_0\gamma} \dfrac{\dfrac{2(\omega_0-\omega)}{\gamma}}{1+\dfrac{4(\omega_0-\omega)^2}{\gamma^2}} \\ \chi'' = -\dfrac{ne^2}{m\varepsilon_0\omega_0\gamma} \dfrac{1}{1+\dfrac{4(\omega_0-\omega)^2}{\gamma^2}} \end{cases} \tag{3.1.24}$$

物质的相对介电系数 ε' 与电极化系数的关系为

$$\varepsilon' = 1+\chi = 1+\chi'+\mathrm{i}\chi'' \tag{3.1.25}$$

因为 $|\chi| \ll 1$，所以

$$\sqrt{\varepsilon'} = \sqrt{1+\chi} \approx 1+\frac{\chi}{2} = 1+\frac{\chi'}{2}+\mathrm{i}\frac{\chi''}{2} = \eta+\mathrm{i}\beta \tag{3.1.26}$$

式中，$\eta=1+\chi'/2$，$\beta=\chi''/2$。

把 $\sqrt{\varepsilon'}=\eta+\mathrm{i}\beta$ 代入式(3.1.15)中，且由于在一般介电物质中 $\mu'=1$，因此，可得

$$E(z,t) = E_0 \mathrm{e}^{-\mathrm{i}z\frac{\omega}{c}\sqrt{\varepsilon'\mu'}} \mathrm{e}^{\mathrm{i}\omega t} = E_0 \mathrm{e}^{-\mathrm{i}z\frac{\omega}{c}(\eta+\mathrm{i}\beta)} \mathrm{e}^{\mathrm{i}\omega t} = E_0 \mathrm{e}^{\frac{\omega}{c}\beta z} \mathrm{e}^{\mathrm{i}\left(\omega t-\frac{\omega}{c}\eta z\right)} \tag{3.1.27}$$

从式(3.1.27)可以看出，η 就是物质的折射率。根据第 1 章中增益系数的定义

$$g = \frac{1}{I(z)} \frac{\mathrm{d}I(z)}{\mathrm{d}z}$$

由于 $I(z) \propto |E(z,t)|^2 = E(z,t)E^*(z,t) = E_0^2 \mathrm{e}^{2\frac{\omega}{c}\beta z}$，可得

$$g = 2\frac{\omega}{c}\beta \tag{3.1.28}$$

又因为 $\beta=\chi''/2$，则式(3.1.28)可写为

$$g = \frac{\omega}{c}\chi'' \tag{3.1.29}$$

把式(3.1.24)中的 χ'' 代入式(3.1.29)，并利用近似条件 $\omega \approx \omega_0$，可求得物质的增益系数为

$$g = \frac{\omega}{c}\chi'' \approx \frac{\omega_0}{c}\chi'' = -n\frac{e^2}{m\varepsilon_0\gamma c} \frac{1}{1+\dfrac{4(\omega_0-\omega)^2}{\gamma^2}} \tag{3.1.30}$$

把式(3.1.24)中的 χ' 代入 $\eta=1+\chi'/2$，可求得物质的折射率为

$$\eta = 1+\frac{\chi'}{2} = 1+\frac{ne^2}{m\varepsilon_0\omega_0\gamma} \frac{\dfrac{\omega_0-\omega}{\gamma}}{1+\dfrac{4(\omega_0-\omega)^2}{\gamma^2}} \tag{3.1.31}$$

式(3.1.30)和式(3.1.31)是在无激励的情况下导出的。在小信号情况下，若二能级简并度相等，则反转粒子数密度 $\Delta n=-n$，所以 $g<0$，实际上物质处于吸收状态。

将上述结果推广到普遍的状态(有激励或无激励，大信号或小信号)，令 Δn 代替 $-n$，$\gamma=2\pi\Delta\nu_{\mathrm{H}}$，则式(3.1.30)和式(3.1.31)可改写为

$$g=\frac{\Delta n e^2}{4m\varepsilon_0 c}\frac{\dfrac{\Delta\nu_H}{2\pi}}{(\nu-\nu_0)^2+\left(\dfrac{\Delta\nu_H}{2}\right)^2} \tag{3.1.32}$$

$$\eta=1-\frac{\Delta n e^2}{16\pi^2 m\varepsilon_0\nu_0}\frac{\nu_0-\nu}{(\nu-\nu_0)^2+\left(\dfrac{\Delta\nu_H}{2}\right)^2} \tag{3.1.33}$$

若 $\Delta n>0$，则 $g>0$，对应于增益状态；反之，对应于吸收状态。由上述分析可见，由于自发辐射的存在，物质的增益（吸收）谱线为洛伦兹线型，而 $\Delta\nu_H$ 即为谱线宽度。

另外，由式(3.1.33)知，物质在 ν_0 附近呈现出较强的色散。比较式(3.1.32)和式(3.1.33)，还可以得出增益系数和折射率之间的普遍关系式，即

$$\eta=1-\frac{(\nu_0-\nu)c}{\Delta\nu_H\omega}g \tag{3.1.34}$$

根据这个关系，可以从物质的增益系数求得它的折射率。

3.2　谱线加宽和线型函数

在1.3节的全部讨论中，没有考虑原子系统能级的弥散，即假定各能级是一条没有宽度的线，从而认为自发辐射是单色的，辐射时全部功率 P 都集中在单一的频率 $\nu=(E_2-E_1)/h$ 上，由自发辐射的公式可以求得单位体积内物质原子发出的自发辐射功率为

$$P=\frac{\mathrm{d}n_{21}}{\mathrm{d}t}h\nu=n_2A_{21}h\nu \tag{3.2.1}$$

事实上，根据海森堡测不准原理，如果某个能级无限窄（认为能级宽度 $\Delta E\to 0$），则该能级将具有无限长的寿命（$\tau\to\infty$），处于该能级上的粒子也就不可能发生自发辐射跃迁。因此，在实际的物质原子体系中，能级必然存在一定的宽度。

3.2.1　基本概念

1. 谱线加宽

通过3.1节经典理论的推导可知，处于高能级的原子体系在进行自发辐射时，会由于各种原因造成其自发辐射电磁场能量的指数衰减（式(3.1.14)），对其进行傅里叶变换，可知真实原子体系的自发辐射电磁场的频域分布并不是无限窄的，而是具有一定的宽度，把这一现象称为原子自发辐射谱线的谱线加宽。

如图3.2.1所示的二能级系统能级结构，上能级的最大值和最小值分别为 E_{2M} 和 E_{2m}，能级宽度为 ΔE_2，中心值为 E_{20}；下能级的最大值和最小值分别为 E_{1M} 和 E_{1m}，能级宽度为 ΔE_1，中心值为 E_{10}。

从图中可以看出，由于上、下能级具有有限宽度，其自发辐射功率并不集中在中心频率 $\nu_0=(E_{20}-E_{10})/h$ 上，而是有一定的频带宽度。其中，上、下边频分别为

$$\nu_+=\frac{E_{2M}-E_{1m}}{h},\quad \nu_-=\frac{E_{2m}-E_{1M}}{h}$$

由此可得频带宽度 $\Delta\nu$ 为

$$\Delta\nu = \nu_+ - \nu_- = \frac{\Delta E_2 + \Delta E_1}{h} \tag{3.2.2}$$

那么,由式(3.2.1)所表示的自发辐射功率应表示为频率 ν 的函数 $P(\nu)$,图 3.2.2 所示为自发辐射功率 $P(\nu)$ 按频率 ν 分布的函数。

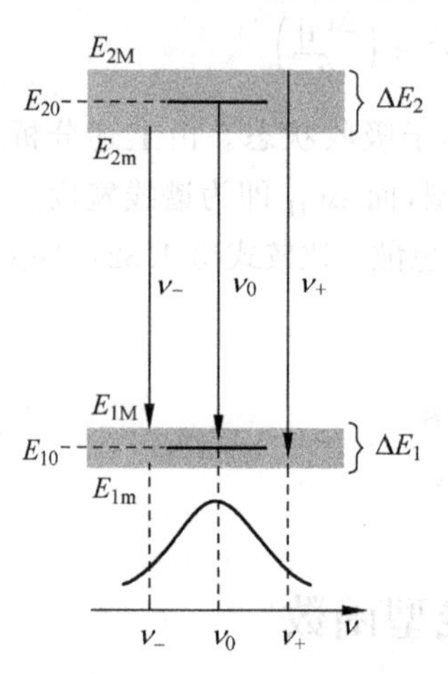

图 3.2.1 谱线加宽的二能级系统结构及相应的辐射

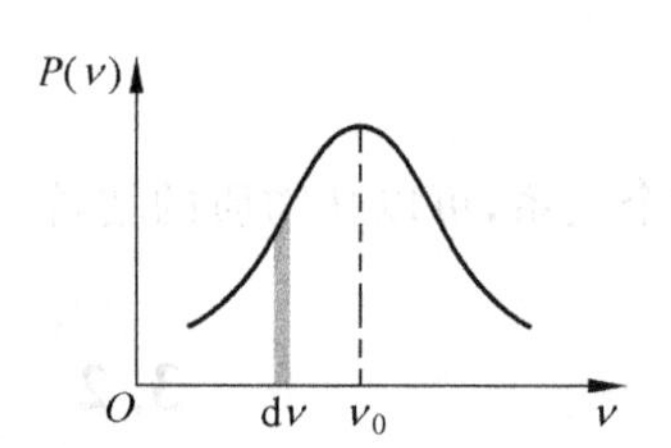

图 3.2.2 自发辐射的频率分布

那么,通过对 $P(\nu)$ 积分,即可求得自发辐射的总功率 P 为

$$P = \int_{-\infty}^{+\infty} P(\nu)\mathrm{d}\nu \tag{3.2.3}$$

2. 线型函数

为了描述自发辐射谱线的频域分布,引入线型函数 $g(\nu)$,定义为

$$g(\nu) = \frac{P(\nu)}{P} = \frac{P(\nu)}{\int_{-\infty}^{+\infty} P(\nu)\mathrm{d}\nu} \tag{3.2.4}$$

线型函数的单位为 s。显然,线型函数具有归一化特性,即

$$\int_{-\infty}^{+\infty} g(\nu)\mathrm{d}\nu = \int_{-\infty}^{+\infty} \frac{P(\nu)}{P}\mathrm{d}\nu = 1 \tag{3.2.5}$$

式(3.2.5)也称为线型函数的归一化条件。

如图 3.2.3 所示,线型函数在中心频率 ν_0 处有最大值 $g(\nu_0)$,并在 $\nu = \nu_0 \pm \Delta\nu/2$ 时下降至最大值的一半,即

$$g\left(\nu_0 \pm \frac{\Delta\nu}{2}\right) = \frac{1}{2} g(\nu_0) \tag{3.2.6}$$

其中,定义线型函数的半高全宽(full width at half maximum,FWHM)为谱线宽度,用 $\Delta\nu$ 表示。

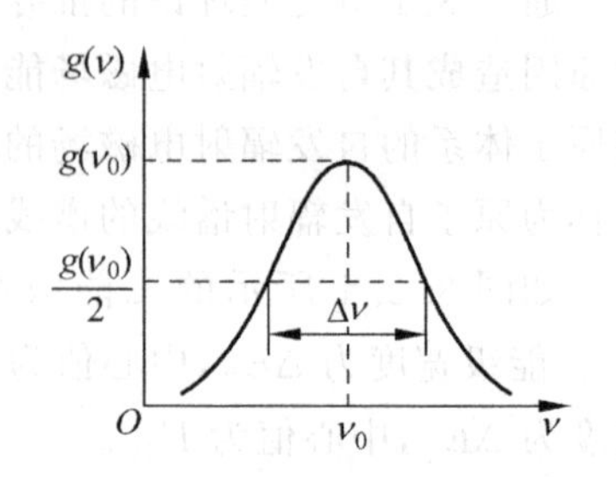

图 3.2.3 线型函数和谱线宽度

下面分析引起谱线加宽的各种物理机制,并根据不同的物理过程求出线型函数 $g(\nu)$ 的具体形式。

3.2.2　均匀加宽

如果引起谱线加宽的物理因素对每个原子都是等同的，则这种加宽称为均匀加宽。对于均匀加宽，每个发光原子的自发辐射光子频率在整个频带内的概率是相同的，不能把线型函数上的某一特定频率和某些原子联系起来，即每一个发光原子对光谱线内任一频率都有贡献。均匀加宽包括自然加宽、碰撞加宽以及晶格振动加宽等。

1. 自然加宽

在不受外界影响时，受激原子并非永远处于激发态，它们会自发地向低能态跃迁，从而造成原子体系的能量以一定的速率衰减，导致自发辐射谱线在频域上存在一定的分布。这种由于原子体系总体能量衰减造成的谱线加宽，即被称为自然加宽。自然加宽的线型函数可以在辐射的经典理论基础上求得。

根据经典模型，原子中作简谐振动的电子由于自发辐射而不断地损耗能量，由电子和原子核组成的简谐偶极振子发出的电磁辐射可表示为(见式(3.1.14))

$$E(t)=E_0 e^{-\frac{\gamma}{2}t} e^{i\omega_0 t}$$

式中，$\omega_0=2\pi\nu_0$，ν_0 是原子作无阻尼简谐振动的频率，即原子发光的中心频率；γ 为阻尼系数。

对 $E(t)$ 作傅里叶变换，可求得其频谱

$$E(\nu)=\int_0^{+\infty} E(t) e^{-i\omega t} dt=\int_0^{+\infty} E_0 e^{-\frac{\gamma}{2}t} e^{i\omega_0 t} e^{-i\omega t} dt=\int_0^{+\infty} E_0 e^{-\frac{\gamma}{2}t} e^{i2\pi\nu_0 t} e^{-i2\pi\nu t} dt$$

$$E(\nu)=\frac{E_0}{\frac{\gamma}{2}-i2\pi(\nu_0-\nu)} \tag{3.2.7}$$

由于 $P\propto I=E^2$，因此把式(3.2.7)代入线型函数的定义式(3.2.4)得

$$g(\nu)=\frac{P(\nu)}{P}=\frac{|E(\nu)|^2}{\int_{-\infty}^{+\infty}|E(\nu)|^2 d\nu}=\frac{\gamma}{\left(\frac{\gamma}{2}\right)^2+4\pi^2(\nu-\nu_0)^2} \tag{3.2.8}$$

根据谱线宽度的定义(式(3.2.6))，$g(\nu_0)=2g(\nu_0\pm\Delta\nu/2)$，可得 $\Delta\nu=\gamma/2\pi$。因此自然加宽的线型函数和谱线宽度可表示为

$$\begin{cases} g_N(\nu)=\dfrac{\gamma}{\left(\dfrac{\gamma}{2}\right)^2+4\pi^2(\nu-\nu_0)^2} \\ \Delta\nu_N=\dfrac{\gamma}{2\pi} \end{cases} \tag{3.2.9}$$

其中，下标 N 表示自然加宽。

不难发现，在式(3.2.9)中，线型函数与自然加宽的线型函数和谱线宽度只与阻尼系数 γ 有关。下面讨论阻尼系数 γ 与能级寿命 τ 的关系。

设在初始时刻 $t=0$ 时，上能级上有 n_{20} 个原子，则自发辐射功率随时间的变换规律可写为

$$P(t)\propto n_{20}|E(t)|^2=n_{20}E(t)E^*(t)=n_{20}E_0^2 e^{-\gamma t}$$

也可写成

$$P(t)=P_0 e^{-\gamma t} \tag{3.2.10}$$

根据第1章中自发辐射规律，可以求得上能级上原子数随时间变换规律为

$$n_2(t)=n_{20}e^{-A_{21}t}=n_{20}e^{-\frac{t}{\tau_{s_2}}}$$

因此，由式(3.2.1)可求出自发辐射功率为

$$P(t)=\frac{dn_{21}}{dt}h\nu=n_{20}h\nu A_{21}e^{-t/\tau_{s_2}}=n_{20}h\nu\frac{1}{\tau_{s_2}}e^{-\frac{t}{\tau_{s_2}}}=P_0 e^{-\frac{t}{\tau_{s_2}}} \tag{3.2.11}$$

比较式(3.2.10)和式(3.2.11)，两式相等，可得

$$\gamma=\frac{1}{\tau_{s_2}} \tag{3.2.12}$$

即自发辐射能量衰减速率和原子体系中的能级平均寿命互为倒数关系。那么，自然加宽的谱线宽度可写为

$$\Delta\nu_N=\frac{\gamma}{2\pi}=\frac{1}{2\pi\tau_{s_2}} \tag{3.2.13}$$

把 $\gamma=2\pi\Delta\nu_N$ 代入线型函数公式，则有

$$g_N(\nu,\nu_0)=\frac{\frac{\Delta\nu_N}{2\pi}}{(\nu-\nu_0)^2+\left(\frac{\Delta\nu_N}{2}\right)^2} \tag{3.2.14}$$

式(3.2.14)具有洛伦兹线型的形式，即自发辐射的自然加宽具有洛伦兹线型。当 $\nu=\nu_0$ 时，线型函数有最大值 $g_N(\nu_0)=2/\pi\Delta\nu_N$。

若上下能级均存在自发辐射，且自发辐射寿命分别为 τ_{s_2} 和 τ_{s_1}，则原子发光具有的自然线宽为

$$\Delta\nu_N=\frac{1}{2\pi}\left(\frac{1}{\tau_{s_2}}+\frac{1}{\tau_{s_1}}\right) \tag{3.2.15}$$

当下能级为基态时，τ_{s_1} 为无穷大，式(3.2.15)结果与式(3.2.13)一致。

从上述讨论可以看出，自然加宽是一种只与原子体系本身特性相关，不受任何外界条件影响而永远存在的谱线加宽机制。

表3.2.1列出了几种气体激光谱线的自发辐射概率及相应的自然加宽线宽。

表3.2.1 典型气体激光器的自发辐射概率和自然加宽线宽

激光器种类	He-Ne	Ar^+	He-Cd	Copper
λ/nm	632.8	488.0	441.6	510.5
$A/\times10^6 s^{-1}$	3.4	7.8×10^1	1.4	2.0
$\Delta\nu_N/\times10^5$ Hz	5.4	1.2×10^2	2.2	3.2

2. 碰撞加宽

另一种重要的均匀加宽机制是碰撞加宽。当原子系统密度很低，原子近乎孤立时，由自发辐射跃迁引起的自然加宽占主要部分；而当原子系统密度足够高时，原子之间发生随机

的碰撞，这种随机的碰撞导致原子发光中断或光波相位发生突变，其效果均可看作使发光波列缩短，如图 3.2.4 所示。与图 3.1.2 所示的阻尼振荡比较，由碰撞导致的波列缩短偏离简谐波程度更大，所引起的谱线加宽称为碰撞加宽，其线宽用 $\Delta\nu_L$ 表示。

在气体物质中，大量原子（分子、离子）处于无规则热运动状态，当两个原子相遇而处于足够接近的位置时（或原子与器壁发生碰撞时），原子间的相互作用力足以改变原子原来的运动状态。这时就认为两个原子发生了“碰撞”。在晶体中，虽然原子基本上是不动的，但是每个原子也受到相邻原子的偶极相互作用力（原子-原子耦合相互作用）。因此，一个原子也可能由于这种相互作用力而随机地改变自己的运动状态，这种情况也称为“碰撞”，虽然实际上并没有发生碰撞。

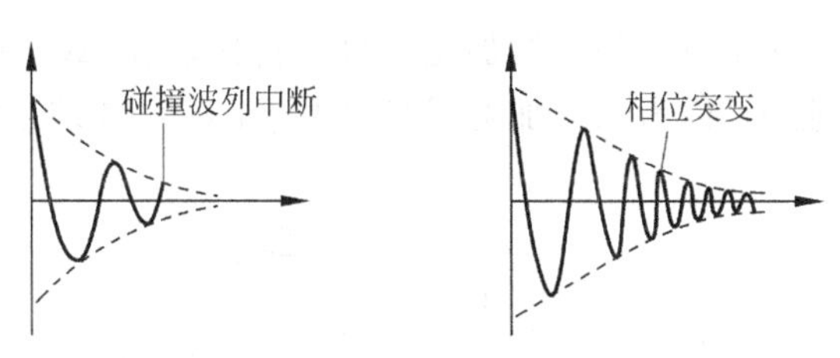

图 3.2.4　碰撞加宽的形成机理

综上，这里所说的“碰撞”，并非一定是两个原子相撞，包括当两个原子间距足够近时，原子间的相互作用力足以改变原子运动状态的情况。

碰撞加宽主要有两种，下面分别作简要介绍。

（1）由于碰撞，使处于高能态的粒子在发生自发辐射之前就跃迁到低能态，即提前发生跃迁。这相当于衰减速率的增加（或衰减时间的缩短），波列变短，因而使辐射谱线变宽。气体中的电子碰撞以及固体中的声子碰撞均属于这一类。

（2）另一种碰撞并不是直接增加粒子的衰减速率，而是以一定的速率干扰辐射原子的相位，从而影响能级的衰减。假设任一原子与其他原子发生碰撞的平均时间间隔为 τ_L，它描述碰撞的频繁程度，也称为平均碰撞时间。可以证明，这种评价长度为 τ_L 的波列可以等效为振幅呈指数变化的波列，其衰减常数为 $1/\tau_L$。令上下能级的平均碰撞时间分别为 τ_{L_2} 和 τ_{L_1}，则碰撞加宽的线宽可表示为

$$\Delta\nu_L = \frac{1}{2\pi}\left(\frac{1}{\tau_{L_2}} + \frac{1}{\tau_{L_1}}\right) \tag{3.2.16}$$

典型情况下，上下能级的平均碰撞时间相等，则

$$\Delta\nu_L = \frac{1}{\pi\tau_L} \tag{3.2.17}$$

由此可见，碰撞过程应和自发辐射过程一样，均会引起谱线加宽，且碰撞加宽的线型函数和自然加宽一样，并可表示为

$$g_L(\nu,\nu_0) = \frac{1}{\pi}\frac{\dfrac{\Delta\nu_L}{2}}{(\nu-\nu_0)^2 + \left(\dfrac{\Delta\nu_L}{2}\right)^2} \tag{3.2.18}$$

在气体激光工作物质中，平均碰撞时间 τ_L 与气体的压强、原子（分子）间的碰撞截面、

温度等因素有关。实验证明，在气压不太高时，气体激光的碰撞线宽 $\Delta\nu_L$ 与气体的压强 p 成正比，即

$$\Delta\nu_L = \alpha p \tag{3.2.19}$$

式中，p 为气体压强，Pa；α 为实验测得的比例系数，kHz/Pa，与原子间的碰撞截面、温度等有关。

例如，在室温下，对 CO_2 气体激光器，测得 $\alpha \approx 49$kHz/Pa；对 $He^3 : Ne^{20} = 7 : 1$ 的混合气体，Ne^{20} 的 $\alpha \approx 750$kHz/Pa。如果该 $He^3 : Ne^{20}$ 混合气体的总气压为 333Pa，则可得到其碰撞加宽的线宽为 $\Delta\nu_L = 2.5\times10^8$ Hz，与表 3.2.1 中的数据相比较，可见它远大于其自然加宽的线宽，即 $\Delta\nu_L \gg \Delta\nu_N$。

在气体工作物质中，发光原子的谱线加宽来自于自然加宽 $\Delta\nu_N$ 和碰撞加宽 $\Delta\nu_L$。把两种加宽的线型函数合并起来，称为均匀加宽线型函数 $g_H(\nu)$，其结果仍为洛伦兹线型，线宽为二者之和，即

$$\begin{cases} g_H(\nu,\nu_0) = \dfrac{1}{\pi}\dfrac{\dfrac{\Delta\nu_H}{2}}{(\nu-\nu_0)^2 + \left(\dfrac{\Delta\nu_H}{2}\right)^2} \\ \Delta\nu_H = \Delta\nu_N + \Delta\nu_L \end{cases} \tag{3.2.20}$$

对于一般气体激光工作物质，因为 $\Delta\nu_L \gg \Delta\nu_N$，所以均匀加宽主要由碰撞加宽决定。只有当气压极低时，自然加宽才会显示出来。

激发态原子(或分子、离子)也可以和其他原子或器壁发生碰撞而把自己的内能变为其他原子的动能或传给器壁，自己跃迁到基态。这一过程属于非弹性碰撞，它与自发辐射过程一样，也会引起激发态寿命缩短。这种跃迁称为无辐射跃迁。在固体工作物质中，无辐射跃迁是由于离子和晶格振动相互作用，离子释放的内能转化为声子能量。若原子(或分子、离子)在 $E_i(i=1,2,\cdots)$ 能级的自发辐射跃迁寿命为 τ_{s_i}，无辐射跃迁寿命为 τ_{nr_i}，则该能级的寿命 τ_i 为

$$\frac{1}{\tau_i} = \frac{1}{\tau_{s_i}} + \frac{1}{\tau_{nr_i}} \tag{3.2.21}$$

由量子力学的测不准关系可得，当存在无辐射跃迁时，自 $E_2 \to E_1$ 能级的自发辐射均匀加宽线宽为

$$\Delta\nu_H = \frac{1}{2\pi}\left(\frac{1}{\tau_2} + \frac{1}{\tau_1}\right) \tag{3.2.22}$$

当下能级为基态时，$\tau_1 \to \infty$，$\Delta\nu_H = 1/2\pi\tau_2$，其线型函数如式(3.2.20)所示。

3. 晶格振动加宽

固体工作物质中，激活离子镶嵌在晶体中，周围的晶格场将影响其能级的位置。由于晶格振动使激活离子处于随时间周期变化的晶格场中，激活离子的能级所对应的能量在某一范围内变换，因而引起谱线加宽。

晶格振动加宽与温度有关。温度越高，振动越剧烈，谱线越宽。由于晶格振动对于所有激活离子的影响基本相同，所以这种加宽也属于均匀加宽。对于固体激光工作物质，自发辐射和无辐射跃迁造成的谱线加宽是很小的，晶格振动加宽是主要的均匀加宽因素。

综上，均匀加宽系统中每个发光原子都是以整个线型发射，不能将线型函数上的某一个特定频率和某些特定原子联系起来。或者说，每一个发光原子对光谱线内任意频率都有贡献。所有发光原子的给定自发辐射都具有完全相同的中心频率、线型函数和谱线宽度。

3.2.3　非均匀加宽

除均匀加宽外，还存在另一类加宽，引起谱线加宽的物理因素不是对每一个原子都等同，原子系统中不同原子对谱线的不同频率的部分有贡献，因而可以区分谱线上某一频率范围是哪一部分原子发射的。这种加宽机制统称为非均匀加宽。气体工作物质中的多普勒加宽和固体工作物质中的晶格缺陷加宽均属于非均匀加宽类型。用$g_i(\nu)$表示非均匀加宽的线型函数，$g_D(\nu)$特指气体中的多普勒加宽线型函数。

1. 多普勒加宽

在生活中，我们常见到救护车呼啸而过，听到警笛的音调先高后低，这就是声音的多普勒效应，如图3.2.5所示。其本质是当声源（救护车）在经过身边时，我们听到的声音频率发生了变化。在这个过程中，我们的耳朵相当于一个探测声音的探测器，而救护车是声源，当声源由远及近再远离的过程中，耳朵探测到的声音频率发生了变化。

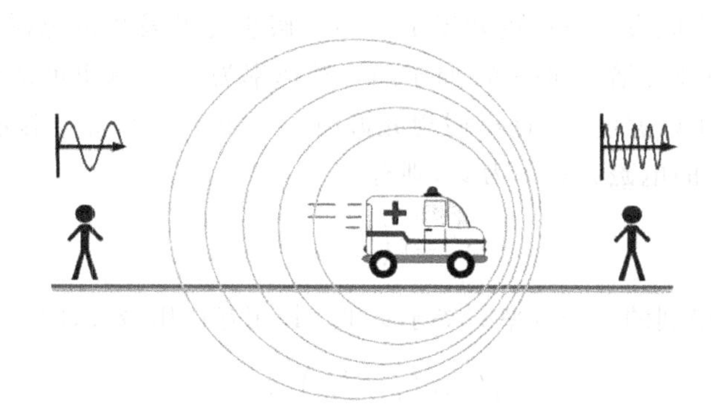

图3.2.5　声音的多普勒效应

光学中也存在类似的现象。可以直观想象，当某个发光光源在"高速"移动时，我们用探测器接收到的光子的频率也会发生变化。

如图3.2.6所示，设一个发光原子（光源）的中心频率为$\nu_0=(E_2-E_1)/h$，当发光原子相对于探测器静止时，探测器测得光波频率为ν_0，但当发光原子相对于探测器以速度v_z运动时，探测器测得频率不再是ν_0。规定：当发光原子朝着探测器运动（沿着光传播方向运动）时，$v_z>0$；反之，$v_z<0$。

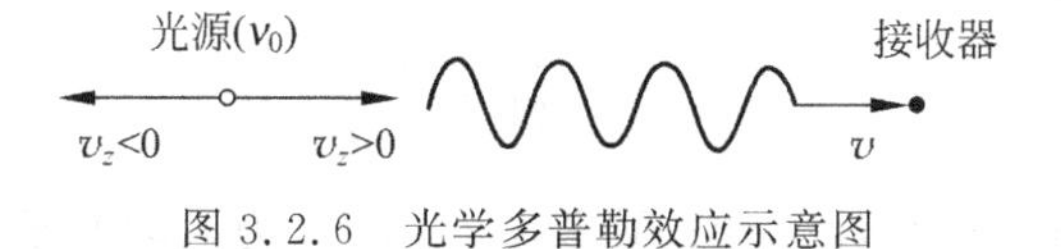

图3.2.6　光学多普勒效应示意图

根据光速不变原理和洛伦兹变换推导得探测器测得的频率为

$$\nu=\nu_0\sqrt{\frac{1+v_z/c}{1-v_z/c}} \tag{3.2.23}$$

式中，c 为光速。当 $v_z/c\ll 1$ 时，可近似为

$$\nu\approx\nu_0\left(1+\frac{v_z}{c}\right) \tag{3.2.24}$$

在激光器中，如果不考虑谱线加宽的影响，则对于静止原子，当入射单色光场的频率与原子本身的跃迁频率 ν_0 相等时，会引起原子的受激吸收或受激辐射跃迁。而运动原子与光场相互作用时，由于光学多普勒效应的存在，引起原子产生受激吸收或受激辐射跃迁的入射单色光场的频率不再等于 ν_0，而是有一定的偏差。

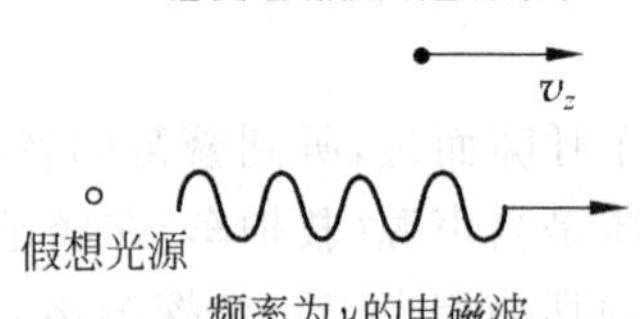

图 3.2.7　运动原子与电磁场相互作用时的多普勒频移

如图 3.2.7 所示，假设入射单色光场是由一个假想光源发出的电磁波，其频率为 ν，原子的运动方向与电磁波传播方向一致，原子的运动速率为 v_z。这里可认为原子为接收电磁波的“探测器”，当原子以速度 v_z 远离假想光源时，$v_z>0$，此时，原子接收到的电磁波频率变小。令原子感受到的电磁波频率为 ν'，则有

$$\nu'=\nu\left(1-\frac{v_z}{c}\right)$$

显然，当原子感受到的光场频率 ν' 等于 ν_0 时，其相互作用最大，即

$$\nu'=\nu\left(1-\frac{v_z}{c}\right)=\nu_0$$

当 $v_z/c\ll 1$ 时，推导得

$$\nu=\frac{\nu_0}{1-\dfrac{v_z}{c}}=\frac{\nu_0\left(1+\dfrac{v_z}{c}\right)}{1-\left(\dfrac{v_z}{c}\right)^2}\approx\nu_0\left(1+\frac{v_z}{c}\right)$$

即，当光场频率为 $\nu_0(1+v_z/c)$ 时，原子与光场的相互作用才最大。

综上，沿 z 方向传播的光场与中心频率为 ν_0 且以速度 v_z 运动的原子相互作用时，原子表现出来的中心频率为

$$\nu_0'=\nu_0\left(1+\frac{v_z}{c}\right) \tag{3.2.25}$$

当原子沿光场传播方向运动时，$v_z>0$；反之，$v_z<0$；ν_0' 为运动原子与光场相互作用时表现出来的中心频率，称为运动原子的表观中心频率。

从上述分析可知，当原子以一定的速度运动时，所探测到的辐射频率以及其发生最大共振相互作用的光场频率都不再是原子的中心频率 ν_0，而是与速度有关的表观中心频率 ν_0'。

当原子系统中的大量原子以不同的速度运动时，其表现出的表观中心频率也不相同，从而造成辐射光谱的展宽。这种由光学多普勒效应引起的谱线加宽称为多普勒加宽。

现在考虑包含大量原子(分子)的气体工作物质中原子数按表观中心频率的分布。由于气体原子的无规则热运动，各个原子具有不同方向、不同大小的热运动速度，如图3.2.8(a)所示。设单位体积工作物质内的原子数为n，根据分子运动论，它们的热运动速度服从麦克斯韦统计分布规律：在温度为T的热平衡状态下，单位体积内速度处于$v_z \sim v_z + \mathrm{d}v_z$间隔内的原子数为

$$n(v_z)\mathrm{d}v_z = n\sqrt{\frac{m}{2\pi k_b T}}\mathrm{e}^{-\frac{mv_z^2}{2k_b T}}\mathrm{d}v_z \tag{3.2.26}$$

式中，k_b为玻尔兹曼常数；T为热力学温度；m为原子(或分子、离子)的质量。原子数按v_z的分布函数如图3.2.8(b)所示。

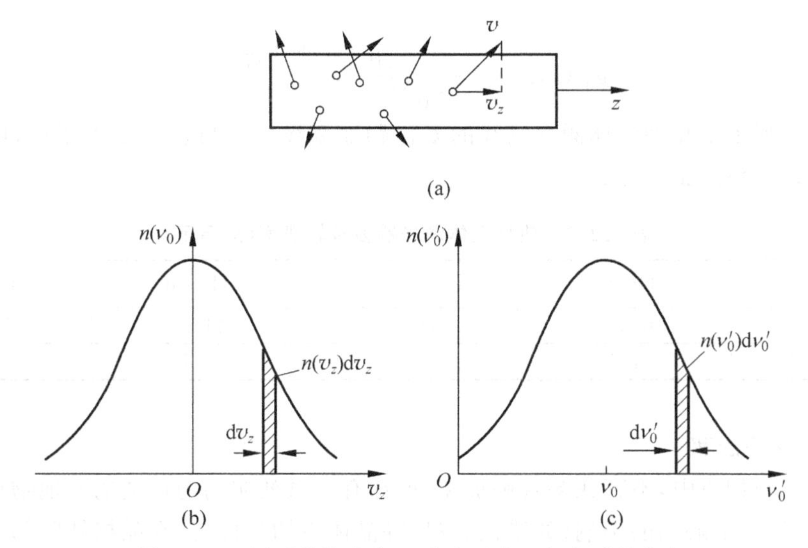

图3.2.8　原子数按速度v_z和表观中心频率ν_0'的分布

由式(3.2.25)知，表观中心频率为ν_0'的原子的运动速度v_z为

$$v_z = c\left(\frac{\nu_0'}{\nu_0} - 1\right)$$

则有

$$\mathrm{d}v_z = \frac{c}{\nu_0}\mathrm{d}\nu_0'$$

代入式(3.2.26)可得表观中心频率处$\nu_0' \sim \nu_0' + \mathrm{d}\nu_0'$间隔内的原子数为

$$n(\nu_0', \nu_0)\mathrm{d}\nu_0' = n\frac{c}{\nu_0}\sqrt{\frac{m}{2\pi k_b T}}\mathrm{e}^{-\frac{mc^2}{2k_b T\nu_0^2}(\nu_0' - \nu_0)^2}\mathrm{d}\nu_0' \tag{3.2.27}$$

原子数按表观中心频率ν_0'的分布函数$n(\nu_0')$如图3.2.8(c)所示。

上能级原子数n_2按表观中心频率的分布同样可由式(3.2.27)描述。忽略每个发光原子的自然加宽和碰撞加宽，则每个原子自发辐射的频率就等于原子的表观中心频率ν_0'。则频率处于$\nu \sim \nu + \mathrm{d}\nu$间隔内的自发辐射功率为

$$P(\nu,\nu_0)\mathrm{d}\nu = h\nu_0 A_{21} n_2(\nu)\mathrm{d}\nu = h\nu_0 A_{21} n_2 \frac{c}{\nu_0}\sqrt{\frac{m}{2\pi k_b T}}\,\mathrm{e}^{-\frac{mc^2}{2k_b T\nu_0^2}(\nu-\nu_0)^2}\mathrm{d}\nu \tag{3.2.28}$$

自发辐射的总功率为 $P=h\nu_0 A_{21} n_2$，代入线型函数的定义式(3.2.4)得

$$g_D(\nu,\nu_0) = \frac{P(\nu,\nu_0)}{P} = \frac{c}{\nu_0}\sqrt{\frac{m}{2\pi k_b T}}\,\mathrm{e}^{-\frac{mc^2}{2k_b T\nu_0^2}(\nu-\nu_0)^2} \tag{3.2.29}$$

式(3.2.29)表明，多普勒加宽的线型函数与均匀加宽的线型函数不同，服从高斯分布。

根据谱线宽度的定义，可以求出多普勒加宽的谱线宽度 $\Delta\nu_D$ 为

$$\Delta\nu_D = 2\nu_0\sqrt{2\ln 2\,\frac{k_b T}{mc^2}} = 7.16\times 10^{-7}\nu_0\sqrt{\frac{T}{M}} \tag{3.2.30}$$

式(3.2.30)中，M 为原子(分子)量，$m=1.66\times 10^{-27}M(\mathrm{kg})$。式(3.2.29)也可以改写成

$$g_D(\nu,\nu_0) = \frac{2}{\Delta\nu_D}\sqrt{\frac{\ln 2}{\pi}}\,\mathrm{e}^{-4\ln 2\left(\frac{\nu-\nu_0}{\Delta\nu_D}\right)^2} \tag{3.2.31}$$

表 3.2.2 列出了几种气体激光谱线的多普勒加宽线宽。与表 3.2.1 相比，可见对于气体激光谱线，一般有 $\Delta\nu_D \gg \Delta\nu_N$。

表 3.2.2　典型气体激光器多普勒线宽(室温下)

激光器种类	He-Ne	Ar^+	He-Cd	Copper
λ/nm	632.8	488.0	441.6	510.5
$\Delta\nu_D/\times 10^9$ Hz	1.5	2.7	1.1	2.3

2. 晶格缺陷加宽

在固体工作物质中，不存在多普勒加宽，但却有一系列非均匀加宽的其他物理因素。其中，最主要的是晶格缺陷的影响(如错位、空位等晶体不均匀性)。在晶格缺陷部位的晶格场将和无缺陷部位的理想晶格场不同，因此处于缺陷部位的激活离子的能级将发生偏移，这就导致处于晶体不同部位的激活离子的发光中心频率不同，即产生非均匀性加宽。这种加宽在均匀性差的晶体中表现得尤为突出。在玻璃作为基质的钕玻璃激光介质中，由于玻璃结构的无序性，各个激活离子处于不等价的配位场中，这也导致了与晶格缺陷类似的非均匀加宽。非均匀加宽线型函数可以用 $g_i(\nu)$ 表示。固体工作物质的非均匀加宽线型函数一般很难从理论上求得，只能通过实验测出它的谱线宽度。

3.2.4　综合加宽

在讨论多普勒加宽线型函数时，假设了原子体系中不存在均匀加宽。但是，以自然加宽和碰撞加宽为主的均匀加宽是一定存在的，无法消除其对谱线加宽的影响。因此，在考虑实际工作物质的谱线加宽特性时，必须综合考虑均匀加宽和非均匀加宽的作用。这种由均匀加宽和非均匀加宽共同作用造成的原子发光谱线展宽称为综合加宽。

1. 综合加宽的线型函数

根据线型函数的定义式(3.2.4)，需要求出频率处于 $\nu\sim\nu+\mathrm{d}\nu$ 间隔内的自发辐射光功

率 $P(\nu)$才能求出相应的线型函数。

根据多普勒加宽线型函数的推导过程知，频率 $\nu\sim\nu+\mathrm{d}\nu$ 对应的表观中心频率为 $\nu_0'\sim\nu_0'+\mathrm{d}\nu_0'$。因此，若单位体积内的上能级粒子数为 n_2，则在单位体积内处于表观中心频率 $\nu_0'\sim\nu_0'+\mathrm{d}\nu_0'$范围内的粒子数为

$$n_2(\nu_0',\nu_0)\mathrm{d}\nu_0'=n_2\frac{c}{\nu_0}\sqrt{\frac{m}{2\pi k_\mathrm{b}T}}\mathrm{e}^{-\frac{mc^2}{2k_\mathrm{b}T\nu_0^2}(\nu_0'-\nu_0)^2}\mathrm{d}\nu_0'=n_2g_\mathrm{D}(\nu_0',\nu_0)\mathrm{d}\nu_0'$$

如图 3.2.9(a)所示。式中，$g_\mathrm{D}(\nu_0',\nu_0)$是上能级粒子数按表观中心频率分布的线型函数，满足归一化条件。

由于均匀加宽的作用，这部分原子($n_2(\nu_0',\nu_0)\mathrm{d}\nu_0'$)将发出频率为 ν 的自发辐射，则自发辐射光子数按频率 ν 的分布为

$$n_2(\nu,\nu_0')=n_2g_\mathrm{D}(\nu_0',\nu_0)\mathrm{d}\nu_0'g_\mathrm{H}(\nu,\nu_0')$$

因此，这部分表观中心频率为 ν_0'的原子的自发辐射光功率在频域上分布为

$$P(\nu,\nu_0')=h\nu A_{21}n_2(\nu,\nu_0')=h\nu A_{21}n_2g_\mathrm{D}(\nu_0',\nu_0)\mathrm{d}\nu_0'g_\mathrm{H}(\nu,\nu_0') \tag{3.2.32}$$

如图 3.2.9(b)所示。

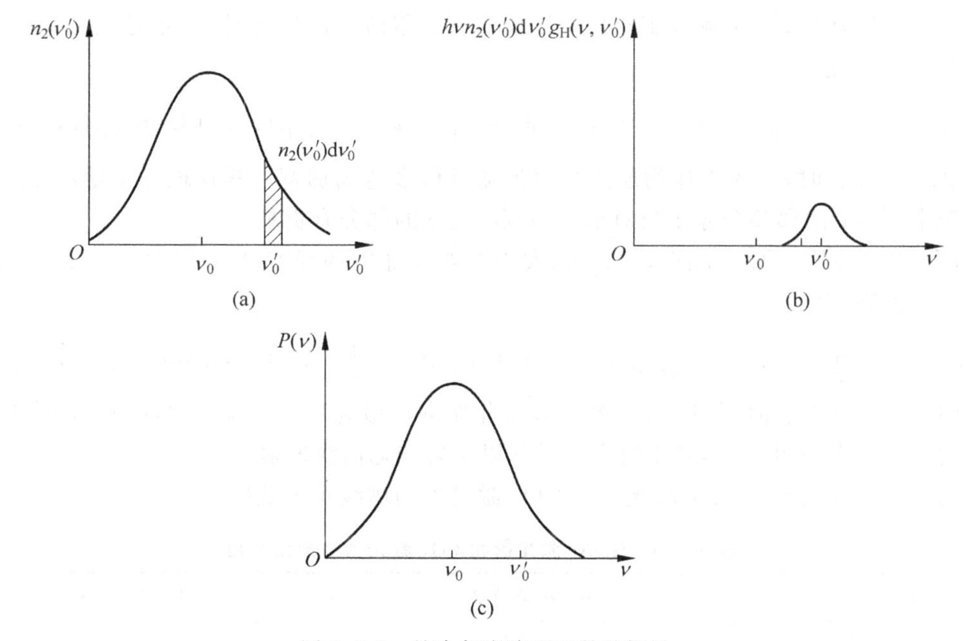

图 3.2.9 综合加宽线型函数的推导

要计算包括各种表观中心频率原子的原子体系的总发光功率在频域上的分布，须对式(3.2.32)中所有的表观中心频率 ν_0'进行积分，得

$$P(\nu)=\int_{-\infty}^{+\infty}h\nu A_{21}n_2g_\mathrm{D}(\nu_0',\nu_0)g_\mathrm{H}(\nu,\nu_0')\mathrm{d}\nu_0'$$

即

$$P(\nu)=h\nu A_{21}n_2\int_{-\infty}^{+\infty}g_\mathrm{D}(\nu_0',\nu_0)g_\mathrm{H}(\nu,\nu_0')\mathrm{d}\nu_0' \tag{3.2.33}$$

在原子的自发辐射谱线中，谱线的中心频率 ν_0 远大于谱线宽度 $\Delta\nu$，因此，可以认为在

谱线宽度的范围内，$h\nu \approx h\nu_0$。那么，式(3.2.33)可写为

$$P(\nu)=h\nu_0 A_{21} n_2 \int_{-\infty}^{+\infty} g_D(\nu'_0,\nu_0) g_H(\nu,\nu'_0) d\nu'_0 \tag{3.2.34}$$

根据线型函数的定义，可得综合加宽的线型函数为

$$g(\nu,\nu_0)=\int_{-\infty}^{+\infty} g_D(\nu'_0,\nu_0) g_H(\nu,\nu'_0) d\nu'_0 \tag{3.2.35}$$

2. 气体工作物质的谱线加宽

对于气体工作物质，主要的加宽类型是由碰撞引起的均匀加宽和多普勒非均匀加宽，分别把碰撞均匀加宽和多普勒加宽的线型函数代入式(3.2.35)，得

$$g(\nu,\nu_0)=\sqrt{\frac{\ln 2}{\pi}}\frac{\Delta\nu_L}{\pi\Delta\nu_D}\int_{-\infty}^{+\infty}\frac{e^{-4\ln 2\frac{(\nu'_0-\nu_0)^2}{\nu_D^2}}}{(\nu-\nu'_0)^2+\left(\frac{\Delta\nu_L}{2}\right)^2}d\nu'_0 \tag{3.2.36}$$

式(3.2.36)无法进行解析计算，下面讨论两种极限情况。

(1) 当碰撞均匀加宽的线宽 $\Delta\nu_L$ 远小于多普勒加宽的线宽 $\Delta\nu_D$ 时，$\Delta\nu_H \ll \Delta\nu_D$。此时，式(3.2.35)只有在 $\nu'_0 \approx \nu$ 附近很小的范围内才有非零值。在此范围内，可用 $g_D(\nu,\nu_0)$ 代替 $g_D(\nu'_0,\nu_0)$，因此

$$g(\nu,\nu_0)=\int_{-\infty}^{+\infty} g_D(\nu,\nu_0) g_H(\nu,\nu'_0) d\nu'_0 = g_D(\nu,\nu_0)\int_{-\infty}^{+\infty} g_H(\nu,\nu'_0) d\nu'_0 = g_D(\nu,\nu_0)$$

即当 $\Delta\nu_H \ll \Delta\nu_D$ 时，气体工作物质的综合加宽近似多普勒加宽。其物理意义是：具有表观中心频率 $\nu'_0=\nu$ 的那部分原子只对谱线中频率为 ν 的部分有贡献。

(2) 当碰撞均匀加宽的线宽 $\Delta\nu_L$ 远大于多普勒加宽的线宽 $\Delta\nu_D$ 时，$\Delta\nu_H \gg \Delta\nu_D$。采用上述分析方法，得

$$g(\nu,\nu_0)=\int_{-\infty}^{+\infty} g_D(\nu'_0,\nu_0) g_H(\nu,\nu'_0) d\nu'_0 = g_H(\nu,\nu_0)\int_{-\infty}^{+\infty} g_D(\nu'_0,\nu_0) d\nu'_0 = g_H(\nu,\nu_0)$$

即当 $\Delta\nu_H \gg \Delta\nu_D$ 时，气体工作物质的综合加宽近似为均匀加宽。这时 n_2 个原子近似具有同一表观中心频率 ν_0，其中每个原子都以均匀加宽谱线发射。

表 3.2.3 列出了 He-Ne 激光器和 CO_2 激光器的谱线宽度数据。

表 3.2.3　He-Ne 激光器和 CO_2 激光器的谱线参数

指　　标	He-Ne 激光器	CO_2 激光器
λ/nm	0.6328	10.6
$\Delta\nu_N$/MHz	10	1～10
α/kHz/Pa	750	49
p/Pa	133～400	1333
$\Delta\nu_L$/MHz	100～300	65
原子量 M	20(Ne)	44(CO_2)
T/K	400	400
$\Delta\nu_D$/MHz	1500	61

从 He-Ne 激光器的数据可以看出多普勒线宽比均匀加宽线宽大得多，是造成谱线加宽的主要机制。对于 CO_2 激光器，根据条件和式(3.2.30)，可求得 $\Delta\nu_D \approx 61$MHz。当气压在

1333Pa 时，碰撞线宽与多普勒线宽较为接近，则谱线加宽认为是综合加宽；当气压比 1333Pa 大得多时，则认为是均匀加宽为主。

3. 固体工作物质的谱线加宽

在一般情况下，固体工作物质的谱线加宽主要是晶格热振动引起的均匀加宽和晶格缺陷引起的非均匀加宽，它们的机制都比较复杂，很难从理论上求得线型函数的解析表达式，一般都是通过实验测定其谱线宽度。

图 3.2.10 所示为两个常见固体激光器中跃迁谱线宽度随温度变换的曲线。红宝石晶体中的 694.3nm 跃迁在低温时主要是晶格缺陷引起的非均匀应变加宽，当温度升高到常温时则是晶格热振动引起的均匀加宽为主，且会随着温度的升高而逐渐增大；然而 1.06μm 的 Nd：YAG 晶体中的激光跃迁则在整个温度变化范围内都体现出强烈的晶格振动加宽效应。

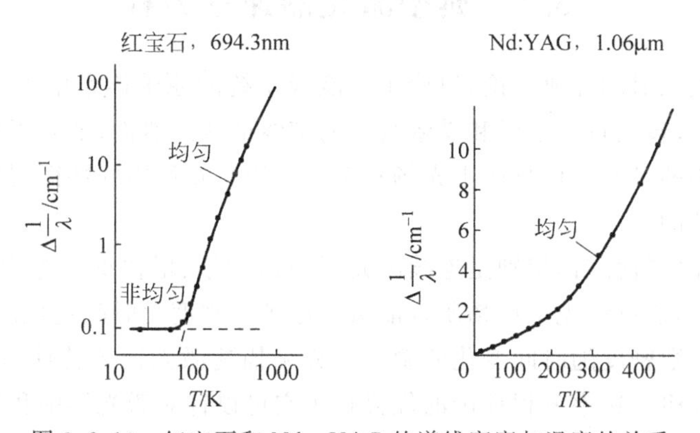

图 3.2.10　红宝石和 Nd：YAG 的谱线宽度与温度的关系

应该指出，固体工作物质的谱线宽度一般都比气体大得多，例如，对室温下的红宝石 694.3nm 谱线，其谱线宽度约为 9cm^{-1}，相当于

$$\Delta\lambda = \Delta\left(\frac{1}{\lambda}\right)\lambda^2 \approx 0.4\text{nm}$$

或以频率表示为

$$\Delta\nu = c\Delta\left(\frac{1}{\lambda}\right) \approx 2.7\times10^5\text{MHz}$$

在钕玻璃中，配位场不均匀性引起的非均匀加宽和玻璃网络体热振动引起的均匀加宽是主要的加宽机构。二者的比例因材料而异。在室温下，1.06μm 谱线的非均匀加宽在 120～3600GHz 范围内变化。均匀加宽在 60～225GHz 范围内变化。虽然其非均匀加宽线宽大于均匀加宽线宽，但是由于交叉弛豫过程，其增益饱和特性与均匀加宽工作物质相似。

掺铒光纤在常温下的谱线加宽属于均匀加宽，其谱线宽度与形状和掺杂情况有关，典型情况下谱宽约 35nm。

在半导体激光器或放大器的工作物质中，由于能带中各能级间载流子的快速热弛豫（弛豫跃迁时间为皮秒量级），通常表现为均匀加宽。但在某些瞬态过程中，会出现光谱烧孔等非均匀加宽现象。

4. 液体工作物质的谱线加宽

溶于液体中的发光分子与周围其他分子碰撞而导致自发辐射的碰撞加宽。由于和气体介质相比有高得多的密度，碰撞的平均时间间隔较短，为 $10^{-13}\sim10^{-11}$s，因此碰撞加宽往往很大，从而使液体有机染料激光工作物质自发辐射的带状分子光谱变成准连续光谱，其线宽可达数十纳米。这种加宽的特点是有机染料激光器的输出波长连续可调的物理基础。

应该指出，虽然自然加宽和碰撞加宽构成的均匀加宽具有洛伦兹线型，多普勒效应导致的非均匀加宽具有高斯线型，但在有些工作物质中(如掺杂光纤)，均匀加宽或非均匀加宽机构比较复杂，其线型函数不能简单地由洛伦兹或高斯函数来描述。这种情况下，线型函数通常由实验测出。为简单起见，本书某些理论推导中仍采用洛伦兹线型或高斯线型。

3.3 典型激光器速率方程

原子体系自发辐射的经典理论，讨论了二能级系统的原子体系中光场与工作物质相互作用时的响应特征，包括自发辐射和受激吸收的谱线形状。然而，如果用经典理论来求解三能级或四能级结构的激光工作物质中光场和工作物质相互作用的特征，其过程会比较复杂，而且难以得到简洁的结论。

在研究激光器的特性时，特别是连续激光器输出功率、增益饱和等宏观特性时，往往采用速率方程理论，即通过激光工作物质各能级上原子数密度随时间变化的微分方程组，以及光学谐振腔内光子数密度随时间变化的微分方程来描述激光器的特性，这样的方程组称为激光器的速率方程组。速率方程理论的优势在于它可以针对激光器中我们感兴趣的输出功率、增益饱和等特性给出简洁、直观的解释，并且可以进行定量计算。

激光器速率方程理论的出发点是原子的自发辐射、受激辐射和受激吸收概率的基本关系式。实际上，在第1章中，已经给出了爱因斯坦采用唯象方法得到二能级系统的速率方程，即各能级原子数密度变化的关系式：

$$\begin{cases}\left(\dfrac{\mathrm{d}n_{21}}{\mathrm{d}t}\right)_{\mathrm{sp}}=n_2A_{21}\\[2ex]\left(\dfrac{\mathrm{d}n_{21}}{\mathrm{d}t}\right)_{\mathrm{st}}=n_2W_{21}=n_2B_{21}\rho_\nu\\[2ex]\left(\dfrac{\mathrm{d}n_{12}}{\mathrm{d}t}\right)_{\mathrm{st}}=n_1W_{12}=n_1B_{12}\rho_\nu\end{cases}\tag{3.3.1}$$

其中，爱因斯坦系数之间的关系为

$$\begin{cases}\dfrac{A_{21}}{B_{21}}=\dfrac{8\pi h\nu^3}{c^3}=n_\nu h\nu\\[2ex]B_{12}f_1=B_{21}f_2\end{cases}\tag{3.3.2}$$

式中，n_ν 为单位体积内频率 ν 附近单位频率间隔内的模式数(单色模密度)，表达式为

$$n_\nu=\frac{8\pi\nu^2}{c^3}$$

式(3.3.1)和式(3.3.2)是建立在二能级系统的能级无限窄、自发辐射是单色光的假设

基础上的。但是，在 3.2 节中分析了原子发光谱线具有一定的谱线宽度，因此，在推导速率方程之前，必须对上述关系式进行必要的修正。

3.3.1　爱因斯坦系数的修正

线型函数 $g(\nu,\nu_0)$ 是用来描述原子自发辐射谱线形状的函数，即自发辐射功率按照频率的分布，由于其具有归一化特性，可以将其理解为原子自发辐射跃迁概率按照频率分布的概率密度函数。可以将原子自发辐射功率随频率的分布表示为

$$P(\nu)=n_2h\nu_0A_{21}g(\nu,\nu_0)=n_2h\nu_0A_{21}(\nu) \tag{3.3.3}$$

其中

$$A_{21}(\nu)=A_{21}g(\nu,\nu_0) \tag{3.3.4}$$

$A_{21}(\nu)$ 表示在总的自发辐射跃迁概率 A_{21} 中，分配在频率 ν 附近单位频率间隔内的自发辐射跃迁概率。

根据 B_{21} 和 A_{21} 的关系，可得

$$B_{21}=\frac{c^3}{8\pi h\nu^3}A_{21}=\frac{c^3}{8\pi h\nu^3}\frac{A_{21}(\nu)}{g(\nu,\nu_0)} \tag{3.3.5}$$

或

$$B_{21}(\nu)=B_{21}g(\nu,\nu_0)=\frac{c^3}{8\pi h\nu^3}A_{21}(\nu) \tag{3.3.6}$$

因此，在辐射场 ρ_ν 作用下的总受激辐射概率 W_{21} 中，分配在频率 ν 附近单位频率间隔内的受激辐射跃迁概率为

$$W_{21}(\nu)=B_{21}(\nu)\rho_\nu=B_{21}g(\nu,\nu_0)\rho_\nu \tag{3.3.7}$$

对于原子自发辐射，高能级原子数密度的衰减速率是所有频率上跃迁概率共同作用的结果，因此，总的衰减速率可以表示为

$$\left(\frac{\mathrm{d}n_{21}}{\mathrm{d}t}\right)_{\mathrm{sp}}=\int_{-\infty}^{+\infty}n_2A_{21}(\nu)\mathrm{d}\nu=n_2\int_{-\infty}^{+\infty}A_{21}g(\nu,\nu_0)\mathrm{d}\nu=n_2A_{21} \tag{3.3.8}$$

式(3.3.8)表明，谱线加宽对自发辐射没有任何影响。

对于受激辐射，则有

$$\left(\frac{\mathrm{d}n_{21}}{\mathrm{d}t}\right)_{\mathrm{st}}=\int_{-\infty}^{+\infty}n_2W_{21}(\nu)\mathrm{d}\nu=n_2B_{21}\int_{-\infty}^{+\infty}g(\nu,\nu_0)\rho_\nu\mathrm{d}\nu \tag{3.3.9}$$

式(3.3.9)中的积分部分除了线型函数外，还与频率相关的外加光场能量密度 ρ_ν 有关。下面分两种情况讨论。

1. 原子体系与连续谱光场的相互作用

假设外加光场是一个连续谱光场，其能量密度在频域上的分布为 $\rho_{\nu'}$，谱线宽度为 $\Delta\nu'$。原子体系辐射光场的线型函数为 $g(\nu,\nu_0)$，谱线宽度为 $\Delta\nu$，且有 $\Delta\nu'\gg\Delta\nu$，如图 3.3.1 所示。

式(3.3.9)中的被积函数中的线型函数只在原子体系中心频率 ν_0 附近一个很小的范围 $\Delta\nu$ 内才有非零值。在该范围($\Delta\nu$)内可认为外加光场的能量密度为常数，即认为 $\rho_{\nu'}=\rho_{\nu_0}$，此时，式(3.3.9)可化为

$$\left(\frac{\mathrm{d}n_{21}}{\mathrm{d}t}\right)_{\mathrm{st}}=n_2B_{21}\rho_{\nu_0}\int_{-\infty}^{+\infty}g(\nu,\nu_0)\mathrm{d}\nu=n_2B_{21}\rho_{\nu_0}=n_2W_{21} \tag{3.3.10}$$

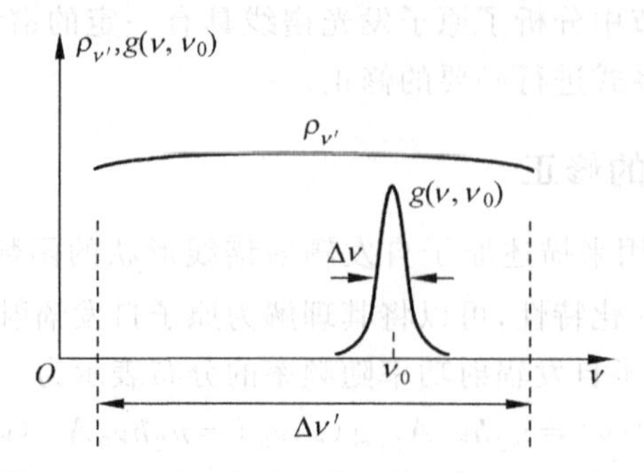

图 3.3.1 原子和连续谱入射光场的相互作用

同理可求出

$$\left(\frac{\mathrm{d}n_{12}}{\mathrm{d}t}\right)_{\mathrm{st}}=n_1B_{12}\rho_{\nu_0}=n_1W_{12} \tag{3.3.11}$$

式中，ρ_{ν_0} 为连续谱辐射场在原子中心频率 ν_0 处的单色能量密度。

这里求出的表达式与第 1 章中黑体辐射场作用于二能级系统的速率方程的形式是一样的，因为黑体辐射场正具有连续场的特性。

2. 原子体系与准单色光的相互作用

假设外加光场是一个在频域上非常窄的准单色光，其中心频率为 ν'，谱线宽度为 $\Delta\nu'$。原子体系辐射光场的线型函数为 $g(\nu,\nu_0)$，谱线宽度为 $\Delta\nu$，且有 $\Delta\nu'\ll\Delta\nu$，如图 3.3.2 所示。

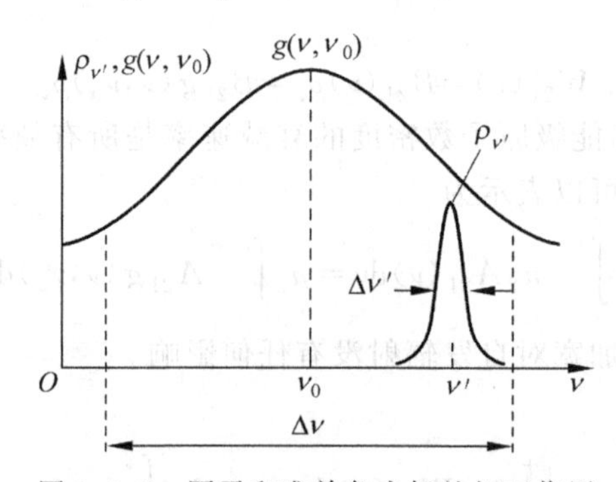

图 3.3.2 原子和准单色光场的相互作用

从图 3.3.2 可以看出，式(3.3.9)中的被积函数 ρ_ν 只在中心频率 ν' 附近的一个极窄范围($\Delta\nu'$)内才有非零值，因此，可把 $\rho_{\nu'}$ 表示为

$$\rho_{\nu'}=\rho\delta(\nu-\nu')$$

式中，ρ 表示频率为 ν 的准单色光辐射场的总能量密度，$\mathrm{J\cdot m^{-3}}$。

根据 δ 函数的性质有

$$\int_{-\infty}^{+\infty}\rho_{\nu'}\,\mathrm{d}\nu=\rho\int_{-\infty}^{+\infty}\delta(\nu-\nu')\,\mathrm{d}\nu=\rho \tag{3.3.12}$$

另外，在频带为 $\Delta\nu'$ 的范围内，原子体系辐射光场线型函数 $g(\nu,\nu_0)$ 可近似为常数，即 $g(\nu',\nu_0)$，则式(3.3.9)可化为

$$\left(\frac{\mathrm{d}n_{21}}{\mathrm{d}t}\right)_{\mathrm{st}}=n_2B_{21}\int_{-\infty}^{+\infty}g(\nu',\nu_0)\rho\delta(\nu-\nu')\,\mathrm{d}\nu=n_2B_{21}g(\nu',\nu_0)\rho \tag{3.3.13}$$

同理,可将受激吸收的表达式修正为

$$\left(\frac{\mathrm{d}n_{12}}{\mathrm{d}t}\right)_{\mathrm{st}}=n_1 B_{12} g(\nu',\nu_0)\rho \tag{3.3.14}$$

从以上两式可得：在频率为ν'的准单色辐射场的作用下,受激跃迁概率为

$$\begin{cases} W_{21}=B_{21}g(\nu',\nu_0)\rho \\ W_{12}=B_{12}g(\nu',\nu_0)\rho \end{cases}$$

为方便书写,令准单色辐射场的频率为ν,则上式可写成

$$\begin{cases} W_{21}=B_{21}g(\nu,\nu_0)\rho \\ W_{12}=B_{12}g(\nu,\nu_0)\rho \end{cases} \tag{3.3.15}$$

其物理意义是：由于谱线加宽,和原子体系相互作用的单色光的频率ν并不一定要精确等于原子发光的中心频率ν_0才能产生受激辐射或受激吸收,而是在$\nu=\nu_0$附近的一个频率范围内都能产生受激跃迁。当$\nu=\nu_0$时,受激辐射或受激吸收的概率最大；当ν偏离ν_0时,受激辐射或受激吸收的概率急剧下降。

3. 发射截面和吸收截面

可以将入射光场中第l个模式(中心频率为ν_0)的总能量密度ρ用激光器内的光子数密度N_l表示为

$$\rho=N_l h\nu_0 \tag{3.3.16}$$

由式(3.3.2)得

$$\begin{cases} B_{21}=\dfrac{A_{21}}{n_{\nu_0}h\nu_0} \\ B_{12}=\dfrac{f_2}{f_1}\dfrac{A_{21}}{n_{\nu_0}h\nu_0} \end{cases} \tag{3.3.17}$$

那么,把式(3.3.16)和式(3.3.17)代入式(3.3.15)中可得

$$\begin{cases} W_{21}=\dfrac{A_{21}}{n_{\nu_0}}g(\nu,\nu_0)N_l \\ W_{12}=\dfrac{f_2}{f_1}\dfrac{A_{21}}{n_{\nu_0}}g(\nu,\nu_0)N_l \end{cases} \tag{3.3.18}$$

设工作物质的折射率为η,光波在工作物质中的速度为v,则单色模密度n_{ν_0}的表达式可写为

$$n_{\nu_0}=\frac{8\pi\nu_0^2}{v^3}$$

代入式(3.3.18)得

$$\begin{cases} W_{21}=\dfrac{A_{21}v^3}{8\pi\nu_0^2}g(\nu,\nu_0)N_l=\dfrac{A_{21}v^2}{8\pi\nu_0^2}g(\nu,\nu_0)vN_l \\ W_{12}=\dfrac{f_2}{f_1}\dfrac{A_{21}v^3}{8\pi\nu_0^2}g(\nu,\nu_0)N_l=\dfrac{f_2}{f_1}\dfrac{A_{21}v^2}{8\pi\nu_0^2}g(\nu,\nu_0)vN_l \end{cases} \tag{3.3.19}$$

令

$$\begin{cases} \sigma_{21}(\nu,\nu_0)=\dfrac{A_{21}v^2}{8\pi\nu_0^2}g(\nu,\nu_0) \\ \sigma_{12}(\nu,\nu_0)=\dfrac{f_2}{f_1}\dfrac{A_{21}v^2}{8\pi\nu_0^2}g(\nu,\nu_0)=\dfrac{f_2}{f_1}\sigma_{21}(\nu,\nu_0) \end{cases} \tag{3.3.20}$$

则式(3.3.19)可写为

$$\begin{cases} W_{21}=\sigma_{21}(\nu,\nu_0)vN_l \\ W_{12}=\dfrac{f_2}{f_1}\sigma_{21}(\nu,\nu_0)vN_l \end{cases} \tag{3.3.21}$$

其中,$\sigma_{21}(\nu,\nu_0)$称为发射截面,$\sigma_{12}(\nu,\nu_0)$称为吸收截面,它们都具有面积的量纲。显然,在中心频率 ν_0 处,发射截面和吸收截面有最大值。

当 $\nu=\nu_0$ 时,对于均匀加宽工作物质(具有洛伦兹线型),发射截面的最大值为

$$\sigma_{21}=\sigma_{21}(\nu_0,\nu_0)=\frac{A_{21}v^2}{8\pi\nu_0^2}g_{\mathrm{H}}(\nu_0,\nu_0)=\frac{A_{21}v^2}{4\pi^2\nu_0^2\Delta\nu_{\mathrm{H}}} \tag{3.3.22}$$

对于非均匀加宽工作物质(具有高斯线型),其发射截面为

$$\sigma_{21}=\sigma_{21}(\nu_0,\nu_0)=\frac{A_{21}v^2}{8\pi\nu_0^2}g_{\mathrm{D}}(\nu_0,\nu_0)=\frac{\sqrt{\ln 2}A_{21}v^2}{4\pi^{3/2}\nu_0^2\Delta\nu_{\mathrm{D}}} \tag{3.3.23}$$

发射截面的物理意义可理解为:把激光工作物质中每个发光原子视为一个小光源,该光源的横截面积即为发射截面。若工作物质的体积为 V,反转粒子数密度为 Δn,则总的发射面积为 $\Delta nV\sigma_{21}$,如图 3.3.3 所示。

吸收截面的物理意义可理解为:把激光工作物质中每个吸收光强的粒子视为一个小光阑,该光阑把入射到工作物质中的光挡住,其面积即为吸收截面。

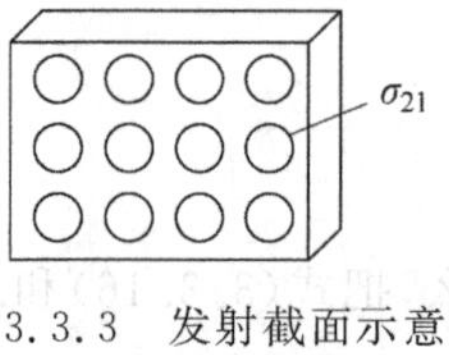

图 3.3.3　发射截面示意图

3.3.2　单模振荡速率方程组

激光振荡可以在满足振荡条件的各种不同模式上产生,每个振荡模式具有一定的频率 ν 和一定腔内损耗的准单色光(具有极窄的模式频带宽度)。腔内的损耗用光腔的光子寿命 τ_{R} 描述。下面首先讨论激光器内只有第 l 个模式振荡时的速率方程组,即单模速率方程组。

1. 三能级系统速率方程组

图 3.3.4 所示为三能级系统激光工作物质的能级图(简化图)。参与激光产生过程的有三个能级:激光下能级 E_1,为基态能级;激光上能级 E_2,一般为亚稳态能级;能级 E_3,为抽运高能级。在单位体积工作物质中,总粒子数为 n,能级 E_1、E_2 和 E_3 上的粒子数分别为 n_1、n_2 和 n_3,且 $n=n_1+n_2+n_3$。

粒子在各能级间的跃迁过程如下:

(1) 泵浦过程。在激励泵浦的作用下,能级 E_1 上的粒子被抽运到能级 E_3 上,抽运概率为 W_{13}。在光激励情况下,W_{13} 即为受激吸收跃迁概率。对于其他激励方式,则 W_{13} 只表示粒子在单位时间内被抽运到能级 E_3 上的概率。

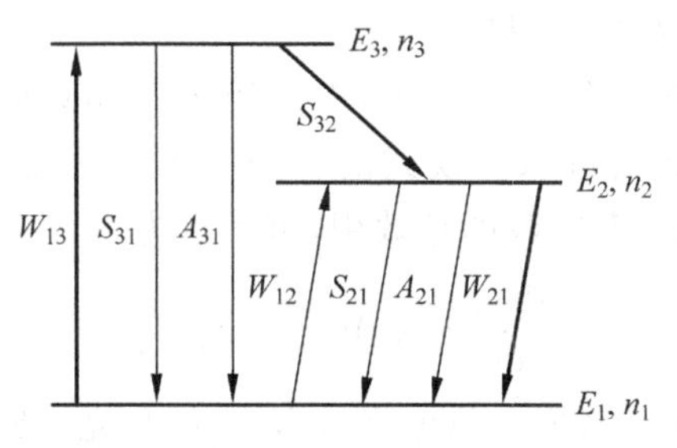

图 3.3.4　三能级系统示意图

(2) 热弛豫过程。到达能级 E_3 的粒子将主要以无辐射跃迁(热弛豫)的形式极为迅速地转移到激光上能级 E_2 上，其概率为 S_{32}，S_{32} 表示为单位时间内能级 E_3 上发生无辐射跃迁(热弛豫)的粒子数与能级 E_3 上总的粒子数 n_3 的比值。

另外，能级 E_3 上的粒子也能以自发辐射(概率为 A_{31})和无辐射跃迁(概率为 S_{31})等方式返回能级 E_1。但是，对于一般激光工作物质来说，这两种跃迁的发生概率很小，可认为 $A_{31} \ll S_{32}$，$S_{31} \ll S_{32}$。

(3) 激光产生过程。激光上能级 E_2 是亚稳态能级，粒子在能级 E_2 上的寿命较长。在未形成集居数反转之前，能级 E_2 上的粒子主要以自发辐射跃迁(概率为 A_{21})形式返回能级 E_1，并且 A_{21} 较小。

另外，能级 E_2 上的粒子也可以通过无辐射跃迁(概率为 S_{21})形式返回能级 E_1。一般情况下，$S_{21} \ll A_{21}$。

由于 A_{21} 较小，因此，若抽运到激光上能级 E_2 上的速率足够高，就有可能形成集居数反转(即 $n_2 > n_1 f_2/f_1$，若 $f_1 = f_2$，则 $n_2 > n_1$)。一旦出现这种情况，则在能级 E_2 和 E_1 间的受激辐射跃迁(和受激吸收跃迁相比)将占绝对优势，继而产生激光。

红宝石晶体是三能级系统激光工作物质的典型例子。在室温下，红宝石的跃迁概率数据为 $S_{32} = 0.5 \times 10^7\ \mathrm{s}^{-1}$，$A_{31} = 3 \times 10^5\ \mathrm{s}^{-1}$，$A_{21} = 0.3 \times 10^3\ \mathrm{s}^{-1}$，$S_{31} \approx 0$。

以红宝石激光工作物质为例，可以写出各能级集居数密度随时间变化的方程：

$$\begin{cases} \dfrac{\mathrm{d}n_3}{\mathrm{d}t} = n_1 W_{13} - n_3 A_{31} - n_3 S_{32} - n_3 S_{31} \\ \dfrac{\mathrm{d}n_2}{\mathrm{d}t} = n_1 W_{12} + n_3 S_{32} - n_2 W_{21} - n_2 A_{21} - n_2 S_{21} \\ n = n_1 + n_2 + n_3 \end{cases} \tag{3.3.24}$$

由于 $S_{31} \approx 0$，故在式(3.3.24)中可忽略，即

$$\begin{cases} \dfrac{\mathrm{d}n_3}{\mathrm{d}t} = n_1 W_{13} - n_3 A_{31} - n_3 S_{32} \\ \dfrac{\mathrm{d}n_2}{\mathrm{d}t} = n_1 W_{12} + n_3 S_{32} - n_2 W_{21} - n_2 A_{21} - n_2 S_{21} \\ n = n_1 + n_2 + n_3 \end{cases} \tag{3.3.25}$$

速率方程组中除了各能级上粒子数密度随时间变化的速率方程外，还应包括光腔内光子数密度随时间变化的速率方程。由于激光振荡可以在满足振荡条件的各种不同模式上产生，每一种模式的振荡是具有一定频率的准单色光，且每一种模式还具有一定的腔内损耗

(可由该模式在腔内的光子寿命 τ_R 描述)。

假设激光工作物质长度 l 等于腔长 L,腔内第 l 个模式的频率为 ν,腔内光子寿命为 τ_{Rl},单色能量密度为 ρ_ν。忽略进入 l 模式的少量自发辐射非相干光子,该模式光子密度 N_l 的增加归于受激发射和受激吸收的总效用,可表示为

$$\frac{\mathrm{d}N_l}{\mathrm{d}t}=n_2W_{21}-n_1W_{12} \tag{3.3.26}$$

式中,N_l 为第 l 个模式的光子密度。单色能量密度 ρ_ν 与光子密度 N_l 的关系为 $\rho_\nu=N_lh\nu$。

把式(3.3.21)代入式(3.3.26)得

$$\frac{\mathrm{d}N_l}{\mathrm{d}t}=\left(n_2-\frac{f_2}{f_1}n_1\right)\sigma_{21}(\nu,\nu_0)vN_l \tag{3.3.27}$$

考虑到该模式的损耗,腔内因损耗而熄灭的光子数密度为 N_l/τ_{Rl},则式(3.3.27)应改写为

$$\frac{\mathrm{d}N_l}{\mathrm{d}t}=\left(n_2-\frac{f_2}{f_1}n_1\right)\sigma_{21}(\nu,\nu_0)vN_l-\frac{N_l}{\tau_{Rl}} \tag{3.3.28}$$

因此,三能级系统的速率方程组为

$$\begin{cases}\dfrac{\mathrm{d}n_3}{\mathrm{d}t}=n_1W_{13}-n_3(A_{31}+S_{32})\\[2mm]\dfrac{\mathrm{d}n_2}{\mathrm{d}t}=n_3S_{32}-\left(n_2-\dfrac{f_2}{f_1}n_1\right)\sigma_{21}(\nu,\nu_0)vN_l-n_2(A_{21}+S_{21})\\[2mm] n=n_1+n_2+n_3\\[2mm]\dfrac{\mathrm{d}N_l}{\mathrm{d}t}=\left(n_2-\dfrac{f_2}{f_1}n_1\right)\sigma_{21}(\nu,\nu_0)vN_l-\dfrac{N_l}{\tau_{Rl}}\end{cases} \tag{3.3.29}$$

2. 四能级系统速率方程组

对于大多数激光工作物质来说,四能级系统更具代表性,正如第1章中所述,四能级系统工作物质更容易实现粒子数反转。He-Ne 激光器和 Nd:YAG 激光器等都属于四能级系统。

图 3.3.5 表示具有四能级系统的激光工作物质的能级简图。参与产生激光的能级有四个:基态能级 E_0、激光下能级 E_1、激光上能级 E_2(亚稳态能级)、抽运高能级 E_3。在单位体积工作物质中,总粒子数为 n,能级 E_0、E_1、E_2 和 E_3 上的粒子数分别为 n_0、n_1、n_2 和 n_3,且 $n=n_0+n_1+n_2+n_3$。

四能级系统的特点是其激光下能级 E_1 不再是基态能级,因此,在热平衡状态下,能级 E_1 上的粒子数很少,有利于在 E_1、E_2 之间形成集居数反转。有时也将具有这一特点、而 E_2 和 E_3 能级合二为一的能级系统称为四能级系统。

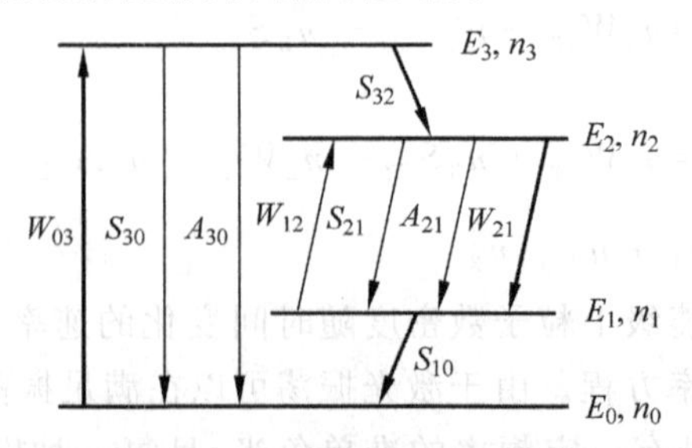

图 3.3.5 四能级系统示意图

粒子在能级间的主要跃迁过程如图 3.3.5 所示，各符号代表的物理意义与三能级系统类似。这里强调以下两点。

(1) 对于实际的激光工作物质，仍有 $A_{30} \ll S_{32}$，$S_{30} \ll S_{32}$，$S_{21} \ll A_{21}$。为简化起见，在速率方程中略去 S_{30} 的影响。

(2) 激光下能级 E_1 和基态能级 E_0 的间隔一般都比粒子热运动能量 $k_b T$ 大得多，即 $E_1 - E_0 \gg k_b T$，因此，在热平衡状态下，能级 E_1 上的粒子数可以忽略。另一方面，当粒子由于受激辐射和自发辐射跃迁到能级 E_1 上后，必须能够以某种方式迅速地转移到基态能级，即要求 S_{10} 较大。S_{10} 也称为激光下能级的抽空速率。

仿照三能级系统，四能级系统的速率方程组可写为

$$\begin{cases} \dfrac{\mathrm{d}n_3}{\mathrm{d}t} = n_0 W_{03} - n_3 (A_{30} + S_{30} + S_{32}) \\ \dfrac{\mathrm{d}n_2}{\mathrm{d}t} = n_3 S_{32} - \left(n_2 - \dfrac{f_2}{f_1} n_1\right) \sigma_{21}(\nu, \nu_0) v N_l - n_2 (A_{21} + S_{21}) \\ \dfrac{\mathrm{d}n_1}{\mathrm{d}t} = n_2 (A_{21} + S_{21} + W_{21}) - n_1 (W_{12} + S_{10}) \\ \dfrac{\mathrm{d}n_0}{\mathrm{d}t} = n_1 S_{10} + n_3 (A_{30} + S_{30}) - n_0 W_{03} \\ n = n_0 + n_1 + n_2 + n_3 \\ \dfrac{\mathrm{d}N_l}{\mathrm{d}t} = \left(n_2 - \dfrac{f_2}{f_1} n_1\right) \sigma_{21}(\nu, \nu_0) v N_l - \dfrac{N_l}{\tau_{Rl}} \end{cases} \tag{3.3.30}$$

由于 n_3 很小，且 $S_{30} \ll S_{32}$，因此，在上式中可忽略 S_{30}。又因激光下能级 E_1 上的粒子会快速转移到基态能级上，因此，$\mathrm{d}n_1/\mathrm{d}t$ 可认为为 0，则四能级速率方程组可改写为

$$\begin{cases} \dfrac{\mathrm{d}n_3}{\mathrm{d}t} = n_0 W_{03} - n_3 (A_{30} + S_{32}) \\ \dfrac{\mathrm{d}n_2}{\mathrm{d}t} = n_3 S_{32} - \left(n_2 - \dfrac{f_2}{f_1} n_1\right) \sigma_{21}(\nu, \nu_0) v N_l - n_2 (A_{21} + S_{21}) \\ \dfrac{\mathrm{d}n_0}{\mathrm{d}t} = n_1 S_{10} + n_3 A_{30} - n_0 W_{03} \\ n = n_0 + n_1 + n_2 + n_3 \\ \dfrac{\mathrm{d}N_l}{\mathrm{d}t} = \left(n_2 - \dfrac{f_2}{f_1} n_1\right) \sigma_{21}(\nu, \nu_0) v N_l - \dfrac{N_l}{\tau_{Rl}} \end{cases} \tag{3.3.31}$$

3.4　小信号增益系数

从速率方程可以导出激光工作物质的增益系数表达式，分析影响增益系数的各种因素，本节着重讨论光强增加时增益的饱和行为。由于速率方程的建立基础是腔内光子数的动态稳定，因此，在推导其增益系数时，利用了连续激励或长脉冲激励下的稳态速率方程。对于短脉冲激励情况，由于未达到稳态，某些表达式不完全适用。

3.4.1 增益系数

在第1章中已经指出，如果在工作物质的某一对跃迁频率为 ν 的能级间形成了粒子数反转状态，当由频率为 ν、光强为 I_0 的准单色光入射时，会产生受激辐射，在传播过程中光强将不断增加，如图3.4.1所示。通常用增益系数(为区别线型函数，下述增益系数均用 G 表示)来描述光强经过单位距离后的增长率。设在 z 处的光强为 $I(z)$，$z+\mathrm{d}z$ 处的光强为 $I(z)+\mathrm{d}I(z)$，则增益系数为

$$G=\frac{\mathrm{d}I(z)}{I(z)\mathrm{d}z} \tag{3.4.1}$$

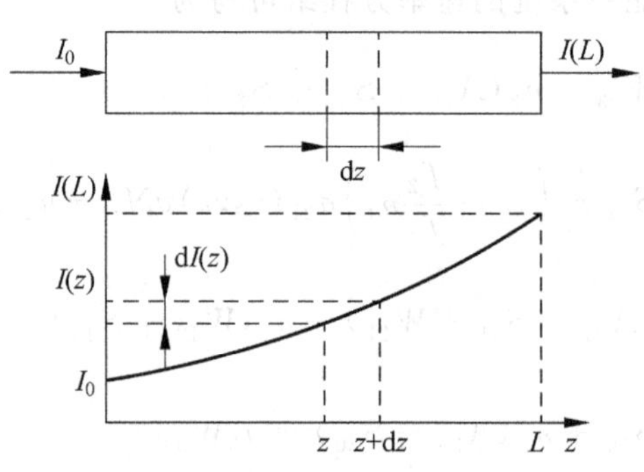

图3.4.1 增益系数

由于大部分激光工作物质为四能级系统，所以可以从四能级速率方程(3.3.30)中的第5式出发，写出不计损耗时工作物质中光子数密度 N_l 的速率方程为

$$\frac{\mathrm{d}N_l}{\mathrm{d}t}=\left(n_2-\frac{f_2}{f_1}n_1\right)\sigma_{21}(\nu,\nu_0)vN_l \tag{3.4.2}$$

式中，v 为光在工作物质中的速度。反转粒子数密度为

$$\Delta n=n_2-\frac{f_2}{f_1}n_1 \tag{3.4.3}$$

则有

$$\frac{\mathrm{d}N_l}{\mathrm{d}t}=\Delta n\sigma_{21}(\nu,\nu_0)vN_l \tag{3.4.4}$$

由于发光强度 $I(z)=N_l vh\nu$，$\mathrm{d}z=v\mathrm{d}t$，代入增益系数的表达式(3.4.1)得

$$G=\frac{\mathrm{d}I(z)}{I(z)\mathrm{d}z}=\frac{1}{N_l v}\frac{\mathrm{d}N_l}{\mathrm{d}t}$$

把式(3.4.4)代入上式得

$$G=\Delta n\sigma_{21}(\nu,\nu_0)=\Delta n\frac{A_{21}v^2}{8\pi\nu_0^2}g(\nu,\nu_0) \tag{3.4.5}$$

可见，工作物质的增益系数正比于反转粒子数密度 Δn，其比例系数为发射截面 $\sigma_{21}(\nu,\nu_0)$，而发射截面的大小由工作物质的线型函数 $g(\nu,\nu_0)$ 及自发辐射概率 A_{21} 决定。

3.4.2 反转粒子数

若入射光的频率为 ν，光强为 I_ν，在此光场的作用下，工作物质的反转粒子数密度 Δn

可根据粒子数密度速率方程组(3.3.31)求得：

$$\begin{cases}\dfrac{dn_3}{dt}=n_0W_{03}-n_3(A_{30}+S_{32})\\ \dfrac{dn_2}{dt}=n_3S_{32}-\Delta n\sigma_{21}(\nu,\nu_0)vN_l-n_2(A_{21}+S_{21})\\ \dfrac{dn_0}{dt}=n_1S_{10}+n_3A_{30}-n_0W_{03}\\ n=n_0+n_1+n_2+n_3\\ \dfrac{dN_l}{dt}=\Delta n\sigma_{21}(\nu,\nu_0)vN_l-\dfrac{N_l}{\tau_{Rl}}\end{cases}$$

在激光器连续稳定工作状态下，腔内光场处于稳态时，各能级上的粒子数密度不随时间变化，则有

$$\frac{dn_0}{dt}=\frac{dn_2}{dt}=\frac{dn_3}{dt}=0 \tag{3.4.6}$$

一般四能级系统中，$S_{10}\gg W_{03}$，$S_{32}\gg W_{03}$，$A_{30}\ll S_{32}$，且 A_{30} 很小可忽略，则由式

$$\frac{dn_3}{dt}=n_0W_{03}-n_3(A_{30}+S_{32})\approx n_0W_{03}-n_3S_{32}=0$$

得 $n_0W_{03}=n_3S_{32}$，即

$$n_3=n_0\frac{W_{03}}{S_{32}}\approx 0 \tag{3.4.7}$$

由式

$$\frac{dn_0}{dt}=n_1S_{10}+n_3A_{30}-n_0W_{03}\approx n_1S_{10}-n_0W_{03}=0$$

得

$$n_1=n_0\frac{W_{03}}{S_{10}}\approx 0 \tag{3.4.8}$$

因此，由式(3.4.3)知

$$\Delta n=n_2 \tag{3.4.9}$$

把 $\Delta n=n_2$ 和 $n_0W_{03}=n_3S_{32}$ 代入下式：

$$\frac{dn_2}{dt}=n_3S_{32}-\Delta n\sigma_{21}(\nu,\nu_0)vN_l-n_2(A_{21}+S_{21})$$

得

$$\frac{d\Delta n}{dt}=n_0W_{03}-\Delta n\sigma_{21}(\nu,\nu_0)vN_l-\Delta n(A_{21}+S_{21}) \tag{3.4.10}$$

设能级 E_2 的能级寿命为 τ_2，则有

$$\tau_2=\frac{1}{A_{21}+S_{21}}$$

代入式(3.4.10)得

$$\frac{d\Delta n}{dt}=n_0W_{03}-\Delta n\sigma_{21}(\nu,\nu_0)vN_l-\frac{\Delta n}{\tau_2} \tag{3.4.11}$$

在稳态时，应有 $\mathrm{d}\Delta n/\mathrm{d}t=0$，且对于四能级系统，认为 $n_0 \approx n$，于是根据式(3.4.11)可求得

$$\Delta n=\frac{nW_{03}\tau_2}{1+\sigma_{21}(\nu,\nu_0)v\tau_2 N_l} \tag{3.4.12}$$

当入射光强 I_ν 很弱(认为是小信号)时，由于受激辐射对反转粒子数密度 Δn^0 的影响很弱，$N_l=0$，可以忽略式(3.4.12)中的 $\sigma_{21}(\nu,\nu_0)v\tau_2 N_l$，则有

$$\Delta n^0=nW_{03}\tau_2 \tag{3.4.13}$$

式(3.4.13)即为小信号反转粒子数密度 Δn^0 的表达式，可以看出，在小信号的时候，反转粒子数密度 Δn^0 是不变的，也就是说不会由受激辐射而消耗 Δn^0，且与光强 I_ν 无关，仅与激光上能级寿命 τ_2 以及发受激吸收概率 W_{03} 成正比。此外，由于 $\Delta n=n_2$，$n_1\approx 0$，说明能级 E_2 上只要有粒子数存在就能实现粒子数反转分布。

3.4.3 小信号增益系数

把 $\Delta n^0=nW_{03}\tau_2$ 代入增益系数的表达式(3.4.5)中，即得到小信号增益系数的 G^0 表达式为

$$G^0(\nu,\nu_0)=\Delta n^0\sigma_{21}(\nu,\nu_0)=nW_{03}\tau_2\frac{A_{21}v^2}{8\pi\nu_0^2}g(\nu,\nu_0) \tag{3.4.14}$$

可以看出，小信号增益系数 $G^0(\nu,\nu_0)$ 除了与反转粒子数密度成正比外，还与入射光的频率 ν 有关，图 3.4.2 给出了小信号增益系数 $G^0(\nu,\nu_0)$ 与入射光频率 ν 的关系曲线。

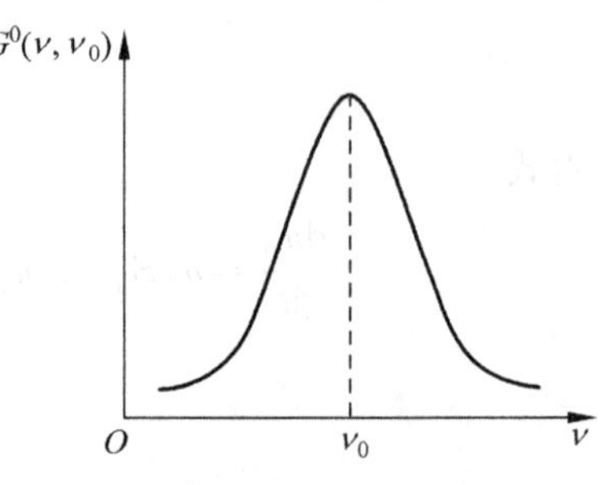

图 3.4.2 小信号增益曲线

在小信号的时候，由于 Δn^0 与入射光场无关，因此，小信号增益曲线的形状仅取决于谱线的线型函数 $g(\nu,\nu_0)$。

(1) 对于均匀加宽的工作物质，其线型函数具有洛伦兹线型，代入式(3.4.14)得

$$G_{\mathrm{H}}^0(\nu,\nu_0)=\Delta n^0\frac{A_{21}v^2}{8\pi\nu_0^2}\frac{\dfrac{\Delta\nu_{\mathrm{H}}}{2\pi}}{(\nu-\nu_0)^2+\left(\dfrac{\Delta\nu_{\mathrm{H}}}{2}\right)^2}=\Delta n^0\frac{A_{21}v^2}{4\pi^2\nu_0^2\Delta\nu_{\mathrm{H}}}\frac{\left(\dfrac{\Delta\nu_{\mathrm{H}}}{2}\right)^2}{(\nu-\nu_0)^2+\left(\dfrac{\Delta\nu_{\mathrm{H}}}{2}\right)^2} \tag{3.4.15}$$

令 $\nu=\nu_0$，可得

$$G_{\mathrm{H}}^0(\nu_0,\nu_0)=\Delta n^0\frac{A_{21}v^2}{4\pi^2\nu_0^2\Delta\nu_{\mathrm{H}}} \tag{3.4.16}$$

$G_{\mathrm{H}}^0(\nu_0,\nu_0)$为中心频率 ν_0 处的小信号增益系数，简记为 $G_{\mathrm{H}}(\nu_0)$，其值取决于工作物质的特性($\Delta\nu_{\mathrm{H}}$)和激发速率(A_{21})，一般可由实验测得。那么，可进一步把小信号增益系数 $G_{\mathrm{H}}^0(\nu,\nu_0)$写为

$$G_{\mathrm{H}}^{0}(\nu,\nu_0)=G_{\mathrm{H}}^{0}(\nu_0)\frac{\left(\frac{\Delta\nu_{\mathrm{H}}}{2}\right)^2}{(\nu-\nu_0)^2+\left(\frac{\Delta\nu_{\mathrm{H}}}{2}\right)^2} \tag{3.4.17}$$

（2）对于非均匀加宽（多普勒加宽）的工作物质，其线型函数为高斯型，代入式（3.4.14）得

$$G_{\mathrm{i}}^{0}(\nu,\nu_0)=\Delta n^0\frac{A_{21}v^2}{4\pi\nu_0^2\Delta\nu_{\mathrm{D}}}\sqrt{\frac{\ln 2}{\pi}}\mathrm{e}^{-4\left(\frac{\nu-\nu_0}{\Delta\nu_{\mathrm{D}}}\right)^2\ln 2} \tag{3.4.18}$$

令 $\nu=\nu_0$，可得

$$G_{\mathrm{i}}^{0}(\nu_0)=\Delta n^0\frac{A_{21}v^2}{4\pi\nu_0^2\Delta\nu_{\mathrm{D}}}\sqrt{\frac{\ln 2}{\pi}} \tag{3.4.19}$$

同理可得

$$G_{\mathrm{i}}^{0}(\nu,\nu_0)=G_{\mathrm{i}}^{0}(\nu_0)\mathrm{e}^{-4\left(\frac{\nu-\nu_0}{\Delta\nu_{\mathrm{D}}}\right)^2\ln 2} \tag{3.4.20}$$

3.5　大信号增益系数

3.5.1　反转粒子数饱和

由式（3.4.12）知，反转粒子数密度 Δn 为

$$\Delta n=\frac{nW_{03}\tau_2}{1+\sigma_{21}(\nu,\nu_0)v\tau_2N_l}=\frac{\Delta n^0}{1+\sigma_{21}(\nu,\nu_0)v\tau_2N_l}$$

当入射光的强度 I_ν 足够小时，由于受激辐射对反转粒子数密度 Δn^0 的影响很弱，因此，忽略式中的 $\sigma_{21}(\nu,\nu_0)v\tau_2N_l$，则有 $\Delta n=\Delta n^0=nW_{03}\tau_2$，即反转粒子数密度为常数。

只要入射光的频率落在工作物质的谱线宽度内，就会产生受激辐射和受激吸收。随着入射光的强度 I_ν 的不断增强，由于受激辐射的作用，各能级上的粒子数密度就会发生变化，反转粒子数密度 Δn 也必将产生变化。

由于频率为 ν 的入射光在工作物质内的传播速度为 v，则 $I_\nu=N_lh\nu v$，即 $N_lv=I_\nu/h\nu$，代入 Δn 的表达式得

$$\Delta n=\frac{\Delta n^0}{1+\frac{\sigma_{21}(\nu,\nu_0)\tau_2}{h\nu}I_\nu} \tag{3.5.1}$$

从式（3.5.1）可以看出，随着入射光强 I_ν 的增强，Δn 会相应地降低，使得 $\Delta n<\Delta n^0$，且 I_ν 越强，Δn 越小，即消耗的反转粒子数越多，把这种现象称为反转粒子数的饱和。

在式（3.5.1）中，令

$$I_{\mathrm{s}}(\nu)=\frac{h\nu}{\sigma_{21}(\nu,\nu_0)\tau_2} \tag{3.5.2}$$

则式（3.5.1）可写为

$$\Delta n=\frac{\Delta n^{0}}{1+\dfrac{I_{\nu}}{I_{s}(\nu)}} \tag{3.5.3}$$

式中,$I_s(\nu)$为入射光在频率ν下的饱和光强,也称为饱和参量,它具有光强的量纲。饱和光强的数值取决于激光工作物质的性质(与发射截面或线型函数成反比)和入射光的频率ν,一般可通过实验测得。

显然,当$I_\nu=I_s(\nu)$时,

$$\Delta n=\frac{1}{2}\Delta n^{0} \tag{3.5.4}$$

即反转粒子数密度减少了一半。

当$\nu=\nu_0$时,无论是均匀加宽还是非均匀加宽,$\sigma_{21}(\nu_0,\nu_0)$均取得最大值σ_{21},此时,饱和光强$I_s(\nu_0)$的值最小,即中心频率ν_0处的饱和光强I_s为

$$I_{s}=\frac{h\nu_{0}}{\sigma_{21}\tau_{2}} \tag{3.5.5}$$

对于某些常用激光工作物质,中心频率ν_0处的饱和光强I_s的值可以从手册中查得。

下面,针对均匀加宽和非均匀加宽两种情况,分别求出相应的反转粒子数密度Δn和增益系数。

3.5.2 均匀加宽工作物质的大信号增益系数

1. 反转粒子数

均匀加宽工作物质的发射截面$\sigma_{21}(\nu,\nu_0)$和线型函数$g_H(\nu,\nu_0)$分布为

$$\sigma_{21}(\nu,\nu_{0})=\frac{A_{21}v^{2}}{8\pi\nu_{0}^{2}}g_{H}(\nu,\nu_{0}),\quad g_{H}(\nu,\nu_{0})=\frac{1}{\pi}\frac{\dfrac{\Delta\nu_{H}}{2}}{(\nu-\nu_{0})^{2}+\left(\dfrac{\Delta\nu_{H}}{2}\right)^{2}}$$

代入式(3.5.2),即可得到均匀加宽情况下的饱和光强为

$$I_{s}(\nu)=\frac{h\nu}{\sigma_{21}(\nu,\nu_{0})\tau_{2}}=\frac{h\nu 4\pi^{2}\nu_{0}^{2}\Delta\nu_{H}}{A_{21}v^{2}\tau_{2}}\frac{(\nu-\nu_{0})^{2}+\left(\dfrac{\Delta\nu_{H}}{2}\right)^{2}}{\left(\dfrac{\Delta\nu_{H}}{2}\right)^{2}} \tag{3.5.6}$$

当$\nu=\nu_0$时,得均匀加宽情况下的中心频率ν_0处的饱和光强I_s为

$$I_{s}=\frac{h\nu_{0}}{\sigma_{21}\tau_{2}}=\frac{h\nu_{0}4\pi^{2}\nu_{0}^{2}\Delta\nu_{H}}{A_{21}v^{2}\tau_{2}} \tag{3.5.7}$$

代入式(3.5.6)得

$$I_{s}(\nu)=I_{s}\frac{\nu}{\nu_{0}}\frac{(\nu-\nu_{0})^{2}+\left(\dfrac{\Delta\nu_{H}}{2}\right)^{2}}{\left(\dfrac{\Delta\nu_{H}}{2}\right)^{2}} \tag{3.5.8}$$

在中心频率附近,认为$\nu\approx\nu_0$,则式(3.5.8)可写为

$$I_s(\nu)=I_s\frac{(\nu-\nu_0)^2+\left(\frac{\Delta\nu_H}{2}\right)^2}{\left(\frac{\Delta\nu_H}{2}\right)^2}\tag{3.5.9}$$

把式(3.5.8)代入式(3.5.3)得

$$\Delta n=\frac{\Delta n^0}{1+\frac{I_\nu}{I_s(\nu)}}=\Delta n^0\frac{(\nu-\nu_0)^2+\left(\frac{\Delta\nu_H}{2}\right)^2}{(\nu-\nu_0)^2+\left(\frac{\Delta\nu_H}{2}\right)^2\left(1+\frac{I_\nu}{I_s}\right)}\tag{3.5.10}$$

式(3.5.10)即为均匀加宽工作物质(具有洛伦兹线型)的反转粒子数。可见,Δn 与入射光的频率 ν 和光强 I_ν 有关。

当入射光强相同时,如果入射光频率 ν 偏离中心频率 ν_0 较远时,则反转粒子数密度 Δn 下降的程度相对较弱,即饱和作用较弱。这是因为中心频率 ν_0 处的辐射概率最大,所以造成反转粒子数下降程度最严重。当入射光频率偏离中心频率足够远时,基本上没有饱和作用。通常认为频率 ν 处于

$$|\nu-\nu_0|\leqslant\frac{\Delta\nu_H}{2}\sqrt{1+\frac{I_\nu}{I_s}}\tag{3.5.11}$$

范围内的入射光才会引起显著的饱和作用。

2. 大信号增益系数

由式(3.4.5)知,工作物质的增益系数正比于反转粒子数密度 Δn,即

$$G_H(\nu,I_\nu)=\Delta n\sigma_{21}(\nu,\nu_0)=\Delta n\frac{A_{21}v^2}{8\pi\nu_0^2}g(\nu,\nu_0)$$

把式(3.5.10)代入式(3.4.5)的 $G=\Delta n\sigma_{21}(\nu,\nu_0)$ 中,得到均匀加宽工作物质的大信号增益系数为

$$G_H(\nu,I_\nu)=\Delta n^0\frac{(\nu-\nu_0)^2+\left(\frac{\Delta\nu_H}{2}\right)^2}{(\nu-\nu_0)^2+\left(\frac{\Delta\nu_H}{2}\right)^2\left(1+\frac{I_\nu}{I_s}\right)}\frac{A_{21}v^2}{8\pi\nu_0^2}\frac{1}{\pi}\frac{\frac{\Delta\nu_H}{2}}{(\nu-\nu_0)^2+\left(\frac{\Delta\nu_H}{2}\right)^2}$$

化简得

$$G_H(\nu,I_\nu)=\Delta n^0\frac{A_{21}v^2}{4\pi^2\nu_0^2\Delta\nu_H}\frac{\left(\frac{\Delta\nu_H}{2}\right)^2}{(\nu-\nu_0)^2+\left(\frac{\Delta\nu_H}{2}\right)^2\left(1+\frac{I_\nu}{I_s}\right)}\tag{3.5.12}$$

假设入射光的频率位于中心频率,即 $\nu=\nu_0$,则当 $I_\nu\ll I_s$ 的小信号情况下,式(3.5.12)为

$$G_H(\nu,I_\nu)=\Delta n^0\frac{A_{21}v^2}{4\pi^2\nu_0^2\Delta\nu_H}=G_H^0(\nu_0)$$

即为中心频率处的小信号增益系数。将其代入式(3.5.12)得

$$G_H(\nu,I_\nu)=G_H^0(\nu_0)\frac{\left(\frac{\Delta\nu_H}{2}\right)^2}{(\nu-\nu_0)^2+\left(\frac{\Delta\nu_H}{2}\right)^2\left(1+\frac{I_\nu}{I_s}\right)}\tag{3.5.13}$$

式(3.5.13)表明,入射光的光强 I_ν 与中心频率处的饱和光强 I_s 可比拟时,$G_H(\nu,I_\nu)$ 的值将随着 I_ν 的增强而降低,这就是增益饱和现象。和反转粒子数饱和类似,增益饱和的程度与入射光的频率 ν 和光强 I_ν 有关。ν 偏离 ν_0 越远,饱和效应越弱。

当 $\nu=\nu_0$,且 $I_\nu=I_s$ 时,由式(3.5.13)得

$$G_H(\nu_0,I_s)=\frac{1}{2}G_H^0(\nu_0) \tag{3.5.14}$$

式(3.5.14)表示,此时大信号增益系数减少为小信号增益系数的一半。

以上讨论了频率为 ν 和光强为 I_ν 的准单色光入射到均匀工作物质时,它本身所能获得的增益系数$G_H(\nu,I_\nu)$随着 I_ν 的增加而降低的规律。

假设有两种频率的光入射,一个是频率为 ν、光强为 I_ν 的弱光入射,另一个是频率为 ν_1、光强为 I_{ν_1} 的强光入射,那么,其各自的增益系数如何变化呢?

对于频率为 ν_1、光强为 I_{ν_1} 的强光,由上述讨论可知,其大信号增益系数为

$$G_H(\nu_1,I_{\nu_1})=G_H^0(\nu_0)\frac{\left(\frac{\Delta\nu_H}{2}\right)^2}{(\nu_1-\nu_0)^2+\left(\frac{\Delta\nu_H}{2}\right)^2\left(1+\frac{I_{\nu_1}}{I_s}\right)} \tag{3.5.15}$$

需要特别注意的是,由于强光 I_{ν_1} 的增益饱和效应,必然会使反转粒子数密度 Δn 降低,即反转粒子数密度 Δn 是 ν_1 和 I_{ν_1} 的函数,即

$$\Delta n(\nu_1,I_{\nu_1})=\Delta n^0\frac{(\nu_1-\nu_0)^2+\left(\frac{\Delta\nu_H}{2}\right)^2}{(\nu_1-\nu_0)^2+\left(\frac{\Delta\nu_H}{2}\right)^2\left(1+\frac{I_{\nu_1}}{I_s}\right)} \tag{3.5.16}$$

把式(3.5.16)代入增益系数公式 $G=\Delta n\sigma_{21}(\nu,\nu_0)$中,即得到弱光的小信号增益系数为

$$G(\nu,I_{\nu_1})=\Delta n(\nu_1,I_{\nu_1})\sigma_{21}(\nu,\nu_0)$$

$$G(\nu,I_{\nu_1})=\Delta n^0\frac{(\nu_1-\nu_0)^2+\left(\frac{\Delta\nu_H}{2}\right)^2}{(\nu_1-\nu_0)^2+\left(\frac{\Delta\nu_H}{2}\right)^2\left(1+\frac{I_{\nu_1}}{I_s}\right)}\frac{A_{21}v^2}{4\pi^2\nu_0^2\Delta\nu_H}\frac{\left(\frac{\Delta\nu_H}{2}\right)^2}{(\nu-\nu_0)^2+\left(\frac{\Delta\nu_H}{2}\right)^2}$$

$$G(\nu,I_{\nu_1})=G_H^0(\nu_0)\frac{(\nu_1-\nu_0)^2+\left(\frac{\Delta\nu_H}{2}\right)^2}{(\nu_1-\nu_0)^2+\left(\frac{\Delta\nu_H}{2}\right)^2\left(1+\frac{I_{\nu_1}}{I_s}\right)}\frac{\left(\frac{\Delta\nu_H}{2}\right)^2}{(\nu-\nu_0)^2+\left(\frac{\Delta\nu_H}{2}\right)^2}$$

$$G(\nu,I_{\nu_1})=\frac{(\nu_1-\nu_0)^2+\left(\frac{\Delta\nu_H}{2}\right)^2}{(\nu_1-\nu_0)^2+\left(\frac{\Delta\nu_H}{2}\right)^2\left(1+\frac{I_{\nu_1}}{I_s}\right)}G_H^0(\nu,\nu_0) \tag{3.5.17}$$

式中,$G_H^0(\nu,\nu_0)$是频率为 ν、光强为 I_ν 的弱光的增益系数,即小信号增益系数。

如果 $\nu_1=\nu_0$，且 $I_{\nu_1}=I_s$，则

$$G(\nu,I_{\nu_1})=\frac{1}{2}G_H^0(\nu_0)\frac{\left(\frac{\Delta\nu_H}{2}\right)^2}{(\nu-\nu_0)^2+\left(\frac{\Delta\nu_H}{2}\right)^2}=\frac{1}{2}G_H^0(\nu,\nu_0) \tag{3.5.18}$$

由此可见，在均匀加宽的情况下，由于每个粒子对整个增益曲线都有贡献，所以，当某一频率为 ν_1、光强为 I_{ν_1} 的强光入射时，产生频率为 ν_1 的受激辐射，消耗了激光上能级的反转粒子数，这就意味着对其他频率 ν 有作用的粒子数将减少，其结果是，整个频率曲线均匀下降。因此，在均匀加宽激光器中，当一个模式振荡后，就会使其他模式的增益降低，从而阻止了其他模式的振荡。如图 3.5.1 所示，表示均匀加宽工作物质中频率为 ν_1 强光入射使增益曲线均匀下降的情况。

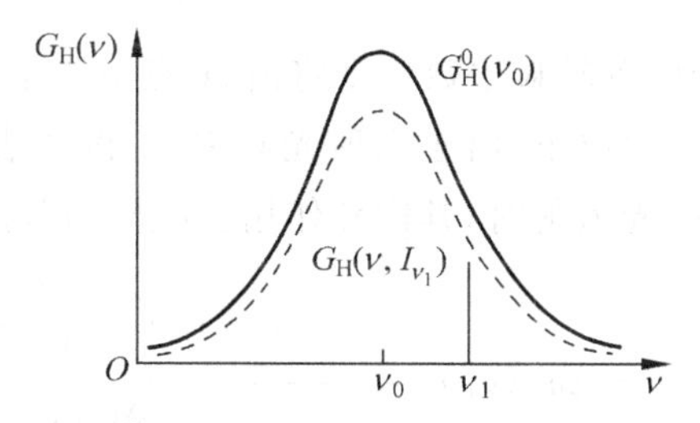

图 3.5.1　均匀加宽工作物质增益曲线

3.5.3　非均匀加宽工作物质的大信号增益系数

1. 反转粒子数

非均匀加宽工作物质的特性表现为：每一种特定类型的粒子只能和某一特定频率的光产生相互作用。因此，在计算增益系数时，必须把反转粒子数密度 Δn 按照表观中心频率分类。与均匀加宽类似，在小信号情况下，其线型函数为 $g_i(\nu,\nu_0)$，设 Δn^0 为中心频率 ν_0 处的反转粒子数密度，那么中心频率在 $\nu\sim\nu+d\nu$ 的范围内的粒子的反转粒子数密度为

$$\Delta n^0(\nu)d\nu=\Delta n^0 g_i(\nu,\nu_0)d\nu \tag{3.5.19}$$

图 3.5.2 给出了 $\Delta n^0(\nu)$ 和入射光频率 ν 的关系曲线。图中，曲线 1 为入射光很弱的情况，即小信号情况；曲线 2 为入射光较强的情况，即大信号情况。

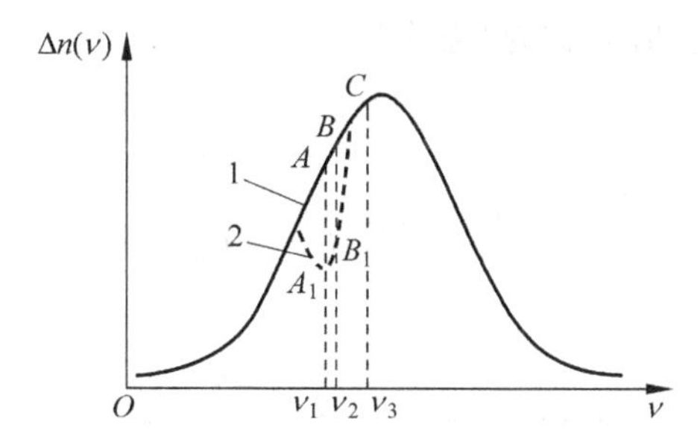

图 3.5.2　非均匀加宽工作物质中反转粒子数密度和频率的关系

若只考虑非均匀加宽，那么频率为 ν_1 的单色光入射只能造成与 ν_1 对应的那部分反转粒子数饱和，即只有 ν_1 附近的反转粒子数被消耗掉。但是，在实际的激光工作物质中，由于自发辐射会消耗反转粒子数，因此，属于均匀加宽的自然加宽是不可避免的。即与频率 ν_1 相对应的粒子将发射一条以频率 ν_1 为中心、宽度为 $\Delta\nu_H$ 的均匀加宽谱线。这一部分粒子在准单色光作用下的饱和行为可以用均匀加宽情况下得出的公式描述。

当频率为 ν_1、光强为 I_{ν_1} 的强光入射时，对于表观中心频率为 ν_1 的粒子，相当于在均匀加宽情况下入射光频率等于原子发光的中心频率，如果 I_{ν_1} 足够强，就会引起相应的粒子的饱和，即在频率 ν_1 处消耗粒子，有

$$\Delta n(\nu_1, I_{\nu_1}) = \frac{\Delta n^0(\nu_1)}{1+\dfrac{I_{\nu_1}}{I_s}} \tag{3.5.20}$$

那么，在表观中心频率 ν_1 处的反转粒子数密度将由 A 点下降至 A_1，如图 3.5.2 所示。

对于表观中心频率为 ν_2 的粒子，由于入射光频率 ν_1 偏离表观中心频率 ν_2 不太远，则在频率为 ν_1、光强为 I_{ν_1} 的强光入射时，其饱和作用会减弱，相应的反转粒子数密度为

$$\Delta n(\nu_1, I_{\nu_1}) = \Delta n^0(\nu_1)\frac{(\nu_1-\nu_2)^2+\left(\dfrac{\Delta\nu_H}{2}\right)^2}{(\nu_1-\nu_2)^2+\left(\dfrac{\Delta\nu_H}{2}\right)^2\left(1+\dfrac{I_{\nu_1}}{I_s}\right)} \tag{3.5.21}$$

那么，在中心频率 ν_2 处的反转粒子数密度将由 B 点下降至 B_1。

对于中心频率 ν_3 处的粒子，由于入射光频率 ν_1 偏离中心频率 ν_3 较远，即

$$|\nu_1-\nu_3| > \frac{\Delta\nu_H}{2}\sqrt{1+\frac{I_{\nu_1}}{I_s}}$$

相当于在均匀加宽条件下，入射光频率远离中心频率的情况，此时饱和效应可以忽略，则没有消耗相应的粒子数。

综上所述，对于频率为 ν_1、光强为 I_{ν_1} 的入射强光，将使频率处于

$$|\nu-\nu_1| \leqslant \frac{\Delta\nu_H}{2}\sqrt{1+\frac{I_{\nu_1}}{I_s}}$$

范围内的粒子产生反转粒子数密度的饱和。由于饱和作用，在 $\Delta n^0(\nu)$ 的曲线上形成了一个以入射光频率 ν_1 为中心的凹陷，称为“烧孔”。

烧孔的宽度为

$$\delta\nu = \Delta\nu_H\sqrt{1+\frac{I_{\nu_1}}{I_s}} \tag{3.5.22}$$

烧孔的深度为

$$d_{孔} = \Delta n^0(\nu_1) - \Delta n(\nu_1) = \Delta n^0(\nu_1) - \frac{\Delta n^0(\nu_1)}{1+\dfrac{I_{\nu_1}}{I_s}} = \Delta n^0(\nu_1)\frac{I_{\nu_1}}{I_s+I_{\nu_1}} \tag{3.5.23}$$

烧孔的面积为

$$\delta S=\delta\nu d_{孔}=\Delta n^0(\nu_1)\Delta\nu_H\frac{\dfrac{I_{\nu_1}}{I_s}}{\sqrt{1+\dfrac{I_{\nu_1}}{I_s}}} \tag{3.5.24}$$

需要说明的是，根据半经典理论，四能级受激辐射产生的光子数等于烧孔面度 δS，故而受激辐射的功率正比于烧孔面积 δS。

2. 烧孔效应

由上述讨论知，在非均匀加宽工作物质中，频率为 ν_1、光强为 I_{ν_1} 的入射强光只在 ν_1 附近宽度为

$$\delta\nu=\Delta\nu_H\sqrt{1+\frac{I_{\nu_1}}{I_s}}$$

的范围内引起反转粒子数的饱和，对于该频率范围外的反转粒子数没有影响。所以在增益系数曲线上，由于频率为 ν_1、光强为 I_{ν_1} 的强光入射，在频率 ν_1 处产生一个凹陷，如图 3.5.3 所示。凹陷的宽度和深度分别由式(3.5.22)和式(3.5.23)表示。频率 ν_1 处的凹陷最深，增益系数为下降到小信号增益系数的$\sqrt{1+I_{\nu_1}/I_s}$。这种现象称为增益曲线的烧孔效应。

特别地，对于多普勒加宽的气体激光器，频率为 ν_1 的强光入射会在增益曲线上产生关于激光器中心频率 ν_0 对称的两个烧孔，如图 3.5.4 所示。

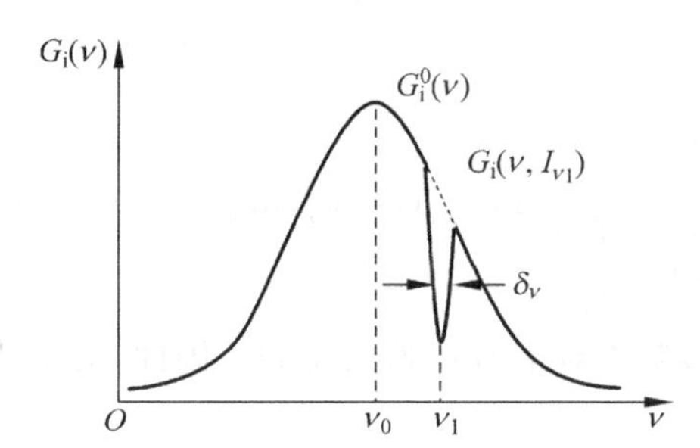

图 3.5.3　非均匀加宽工作物质的增益曲线

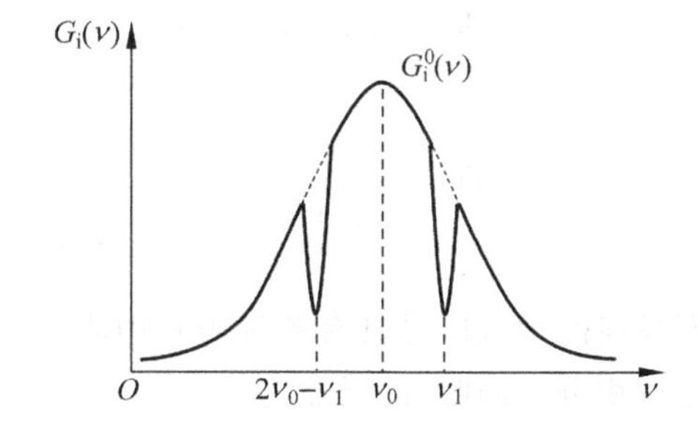

图 3.5.4　非均匀加宽气体激光器的增益曲线

出现两个烧孔的原因是：如图 3.5.5 所示，设在某个气体激光器中，中心频率为 ν_0 的纵模 ϕ_0，当它沿着 z 正方向传播时用 ϕ_0^+ 表示，沿着 z 负方向传播时用 ϕ_0^- 表示，z 方向的速度为 v_z。

当运动原子沿着 z 正方向运动时，其表观中心频率为

$$\nu_0'=\nu_0\left(1+\frac{v_z}{c}\right)$$

若入射光的频率为 ν_1，当 $\nu_1=\nu_0'$时，将引起速度为 v_z 的粒子受激辐射，由上式得

$$\nu_1=\nu_0\left(1+\frac{v_z}{c}\right),\quad v_z=c\,\frac{\nu_1-\nu_0}{\nu_0}$$

如果入射光强 I_{ν_1} 足够强时，在频率 ν_1 处将产生一

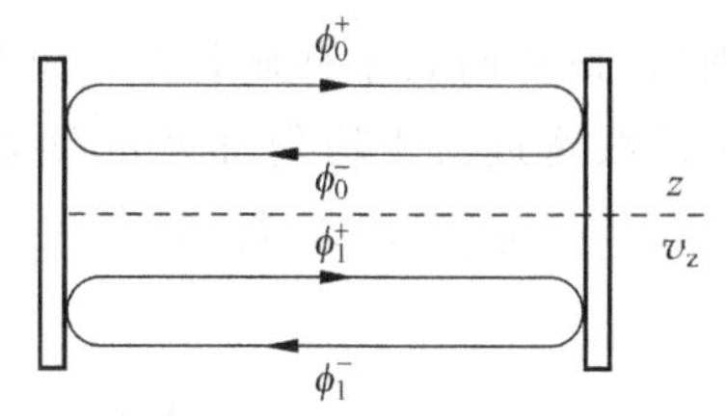

图 3.5.5　气体激光器 ϕ 和 ϕ_1 模与运动原子相互作用示意图

个烧孔。

同理，当运动原子沿着 z 负方向运动时，运动原子的表观中心频率为

$$\nu'_0=\nu_0\left(1-\frac{v_z}{c}\right)$$

若入射光的频率为 ν_1，当 $\nu_1=\nu'_0$ 时，将引起速度为 v_z 的粒子受激辐射，由上式得

$$\nu_1=\nu_0\left(1-\frac{v_z}{c}\right),\quad v_z=-c\,\frac{\nu_1-\nu_0}{\nu_0}$$

如果入射光强 I_{ν_1} 足够强，在频率 ν_1 处将产生一个烧孔。

综上，对于气体激光器中，频率为 ν_1 的振荡模式在增益曲线上出现两个烧孔，它们对称地分布在激光器中心频率的两侧。

3. 大信号增益系数

要获得非均匀加宽工作物质的增益系数，必须将反转粒子数 Δn 按照表观中心频率分类。表观中心频率在 $\nu'_0\sim\nu'_0+\mathrm{d}\nu'_0$ 范围内的粒子的反转粒子数密度为

$$\Delta n^0(\nu'_0)\mathrm{d}\nu'_0=\Delta n^0 g_i(\nu'_0,\nu_0)\mathrm{d}\nu'_0 \tag{3.5.25}$$

这一部分粒子发射的是一条中心频率为 ν'_0、线宽为 $\Delta\nu_H$ 的均匀加宽谱线。

考虑频率为 ν、强度为 I_ν 的准单色强光入射，则根据增益系数公式 $G=\Delta n\sigma_{21}(\nu,\nu_0)$，这部分粒子产生的增益为

$$\mathrm{d}G=\sigma_{21}(\nu,\nu'_0)\Delta n^0 g_i(\nu'_0,\nu_0)\mathrm{d}\nu'_0$$

$$\mathrm{d}G=\frac{A_{21}v^2}{4\pi^2\nu_0^2\Delta\nu_H}\frac{\left(\frac{\Delta\nu_H}{2}\right)^2}{(\nu-\nu'_0)^2+\left(\frac{\Delta\nu_H}{2}\right)^2\left(1+\frac{I_\nu}{I_s}\right)}\Delta n^0 g_i(\nu'_0,\nu_0)\mathrm{d}\nu'_0 \tag{3.5.26}$$

而最终的增益应是具有各种表观中心频率 ν'_0 的全部粒子对增益贡献的总和。因此，对上式进行积分，得到总的增益为

$$G_i(\nu,I_\nu)=\Delta n^0\frac{A_{21}v^2}{4\pi^2\nu_0^2\Delta\nu_H}\left(\frac{\Delta\nu_H}{2}\right)^2\int_{-\infty}^{+\infty}\frac{g_i(\nu'_0,\nu_0)}{(\nu-\nu'_0)^2+\left(\frac{\Delta\nu_H}{2}\right)^2\left(1+\frac{I_\nu}{I_s}\right)}\mathrm{d}\nu'_0 \tag{3.5.27}$$

式(3.5.27)积分仅在

$$|\nu-\nu'_0|\leqslant\frac{\Delta\nu_H}{2}\sqrt{1+\frac{I_\nu}{I_s}}$$

范围内，被积函数才有显著值；而在这个范围外，被积函数近似为 0。另外，由于非均匀加宽的线宽远大于均匀加宽的线宽，即 $\Delta\nu_D\gg\Delta\nu_H$，因此，可以将 $g_i(\nu'_0,\nu_0)$ 视为常数，即 $g_i(\nu'_0,\nu_0)\approx g_D(\nu,\nu_0)$，得到

$$G_i(\nu,I_\nu)=\Delta n^0\frac{A_{21}v^2}{8\pi^2\nu_0^2\sqrt{1+\frac{I_\nu}{I_s}}}g_D(\nu,\nu_0)\int_{-\infty}^{+\infty}\frac{\frac{\Delta\nu_H}{2}\sqrt{1+\frac{I_\nu}{I_s}}}{(\nu-\nu'_0)^2+\left(\frac{\Delta\nu_H}{2}\right)^2\left(1+\frac{I_\nu}{I_s}\right)}\mathrm{d}\nu'_0$$

$$G_i(\nu,I_\nu)=\Delta n^0\frac{A_{21}v^2}{8\pi^2\nu_0^2\sqrt{1+\dfrac{I_\nu}{I_s}}}g_D(\nu,\nu_0)=\frac{g_D^0(\nu,\nu_0)}{\sqrt{1+\dfrac{I_\nu}{I_s}}} \tag{3.5.28}$$

对该结果进行如下讨论：

(1) 当 $I_\nu \ll I_s$ 时，可得到与光强无关的小信号增益系数

$$G_i(\nu,I_\nu)=\Delta n^0\frac{A_{21}v^2}{8\pi^2\nu_0^2}g_D(\nu,\nu_0) \tag{3.5.29}$$

(2) 当入射光强 I_ν 与中心频率处的饱和光强可比拟时，则有

$$G_i(\nu,I_\nu)=\frac{G_i^0(\nu_0)}{\sqrt{1+\dfrac{I_\nu}{I_s}}}e^{-4\ln2\frac{(\nu-\nu_0)^2}{\Delta\nu_D^2}} \tag{3.5.30}$$

(3) 与均匀加宽相比，同样的条件下，非均匀加宽的饱和效应要弱一些。例如，当有 $\nu=\nu_0$、$I_\nu=I_s$ 的强光入射时，对于均匀加宽的工作物质，其增益系数为

$$G_H(\nu_0,I_s)=\frac{1}{2}G_H^0(\nu_0)$$

下降到小信号增益系数的一半。而对于非均匀加宽的工作物质，其增益系数为

$$G_i(\nu_0,I_s)=\frac{1}{\sqrt{2}}G_i^0(\nu_0)$$

下降到小信号增益系数的 $1/\sqrt{2}$。

(4) 非均匀加宽饱和效应的强弱与频率无关。这是非均匀加宽增益饱和特性的一个重要特点。不管入射频率 ν 为何值，只要产生了饱和作用，增益系数均下降到小信号增益系数的 $\sqrt{1+I_\nu/I_s}$。

3.5.4 综合加宽工作物质的大信号增益系数

对于综合加宽工作物质，设其均匀加宽具有洛伦兹线型，非均匀加宽属于多普勒加宽。当 $\Delta\nu_H$ 和 $\Delta\nu_D$ 可比拟时，谱线具有综合加宽线型。此时，须将粒子按表观中心频率分类，求出各类粒子对增益的贡献，然后求出总增益系数。

由式(3.5.27)知，总增益系数为

$$G_i(\nu,I_\nu)=\Delta n^0\frac{A_{21}v^2}{4\pi^2\nu_0^2\Delta\nu_H}\left(\frac{\Delta\nu_H}{2}\right)^2\int_{-\infty}^{+\infty}\frac{g_i(\nu_0',\nu_0)}{(\nu-\nu_0')^2+\left(\dfrac{\Delta\nu_H}{2}\right)^2\left(1+\dfrac{I_\nu}{I_s}\right)}d\nu_0'$$

其中，$g_i(\nu_0',\nu_0)=g_D(\nu_0',\nu_0)$。由于 $\Delta\nu_H$ 和 $\Delta\nu_D$ 可比拟，因此，$g_D(\nu_0',\nu_0)$ 不能作为常数。由式(3.2.31)知

$$g_D(\nu_0',\nu_0)=\frac{2}{\Delta\nu_D}\sqrt{\frac{\ln2}{\pi}}e^{-4\ln2\left(\frac{\nu_0'-\nu_0}{\Delta\nu_D}\right)^2}$$

把 $g_D(\nu_0',\nu_0)$ 代入式(3.5.27)得

$$G_{\mathrm{i}}(\nu,I_{\nu})=\Delta n^{0}\frac{A_{21}v^{2}}{8\pi\nu_{0}^{2}}\frac{\Delta\nu_{\mathrm{H}}}{\Delta\nu_{\mathrm{D}}}\sqrt{\frac{\ln 2}{\pi}}\int_{-\infty}^{+\infty}\frac{\mathrm{e}^{-4\ln 2\left(\frac{\nu_0'-\nu_0}{\Delta\nu_{\mathrm{D}}}\right)^{2}}}{(\nu-\nu_0')^{2}+\left(\frac{\Delta\nu_{\mathrm{H}}}{2}\right)^{2}\left(1+\frac{I_{\nu}}{I_{\mathrm{s}}}\right)}\mathrm{d}\nu_0' \quad (3.5.31)$$

式(3.5.31)的积分可变换为复变量误差函数的形式。为此,令

$$t=2\sqrt{\ln 2}\,\frac{\nu_0'-\nu_0}{\Delta\nu_D},\quad \xi=2\sqrt{\ln 2}\,\frac{\nu-\nu_0}{\Delta\nu_{\mathrm{D}}},\quad \mu=\sqrt{\ln 2}\,\frac{\Delta\nu_{\mathrm{H}}}{\Delta\nu_{\mathrm{D}}}\sqrt{1+\frac{I_{\nu}}{I_{\mathrm{s}}}}$$

代入式(3.5.31)得

$$G_{\mathrm{i}}(\nu,I_{\nu})=\Delta n^{0}\frac{A_{21}v^{2}}{4\pi\nu_{0}^{2}\Delta\nu_{\mathrm{H}}}\frac{\Delta\nu_{\mathrm{H}}}{\Delta\nu_{\mathrm{D}}}\sqrt{\frac{\ln 2}{\pi}}\frac{1}{\sqrt{1+\frac{I_{\nu}}{I_{\mathrm{s}}}}}\int_{-\infty}^{+\infty}\frac{\mu\mathrm{e}^{-t^{2}}}{(\xi-t)^{2}+\mu^{2}}\mathrm{d}t \quad (3.5.32)$$

以 ξ 和 μ 为变量的复变量误差函数定义为

$$W(\xi+\mathrm{i}\mu)=\frac{\mathrm{i}}{\pi}\int_{-\infty}^{+\infty}\frac{\mu\mathrm{e}^{-t^{2}}}{\xi+\mathrm{i}\mu-t}\mathrm{d}t$$

将其按虚部和实部展宽,得

$$W(\xi+\mathrm{i}\mu)=W_{\mathrm{R}}(\xi+\mathrm{i}\mu)+\mathrm{i}W_{\mathrm{I}}(\xi+\mathrm{i}\mu)$$

其中,实部为

$$W_{\mathrm{R}}(\xi+\mathrm{i}\mu)=\frac{1}{\pi}\int_{-\infty}^{+\infty}\frac{\mu\mathrm{e}^{-t^{2}}}{(\xi-t)^{2}+\mu^{2}}\mathrm{d}t$$

虚部为

$$W_{\mathrm{I}}(\xi+\mathrm{i}\mu)=\frac{1}{\pi}\int_{-\infty}^{+\infty}\frac{(\xi-t)\mathrm{e}^{-t^{2}}}{(\xi-t)^{2}+\mu^{2}}\mathrm{d}t$$

将式(3.5.32)与复变量的误差函数比较可以看出,式(3.5.32)中的积分可用 $W_{\mathrm{R}}(\xi+\mathrm{i}\mu)$ 表示。于是综合加宽工作物质的增益系数可表示为

$$G_{\mathrm{i}}(\nu,I_{\nu})=\Delta n^{0}\frac{A_{21}v^{2}}{4\pi\nu_{0}^{2}\Delta\nu_{\mathrm{D}}}\sqrt{\frac{\ln 2}{\pi}}\frac{1}{\sqrt{1+\frac{I_{\nu}}{I_{\mathrm{s}}}}}W_{\mathrm{R}}(\xi+\mathrm{i}\mu)$$

$$=\frac{G_{\mathrm{i}}^{0}(\nu_0)}{\sqrt{1+\frac{I_{\nu}}{I_{\mathrm{s}}}}}W_{\mathrm{R}}(\xi+\mathrm{i}\mu) \quad (3.5.33)$$

如果已知 $\Delta\nu_{\mathrm{H}}$、$\Delta\nu_{\mathrm{D}}$、入射光频率 ν、光强 I_{ν} 和中心频率 ν_0 处的饱和光腔 I_{s},则可由 ξ 和 μ 的值从数学手册中查出 $W_{\mathrm{R}}(\xi+\mathrm{i}\mu)$ 的数值。图 3.5.6 给出了不同的 μ 值时 $W_{\mathrm{R}}(\xi+\mathrm{i}\mu)$-$\xi$ 的关系曲线。由图可知,当 μ 增加时,$W_{\mathrm{R}}(\xi+\mathrm{i}\mu)$ 数值减小。这就意味着当 I_{ν} 增加时,增益系数随之减小。

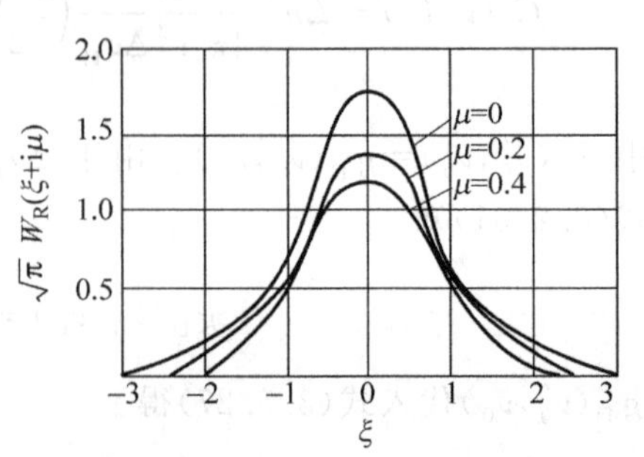

图 3.5.6 $W_{\mathrm{R}}(\xi+\mathrm{i}\mu)$-$\xi$ 的关系曲线

本章小结

本章首先介绍了光场与物质相互作用的经典理论，重点讨论了原子自发辐射的经典模型，在此基础上引入谱线加宽的概念，为描述谱线加宽，引入线型函数。对于均匀加宽，重点讨论了自然加宽和碰撞加宽；对于非均匀加宽，重点讨论了多普勒加宽。

典型激光器速率方程是本章的核心内容，该方法是研究激光输出特性的重要手段。在阅读和学习这部分内容时，需要注意如何列出速率方程，同时，尤其要注意推导求解过程中的忽略条件。

通过求解典型激光器的速率方程，得出反转粒子数的表达式，并分别阐述了均匀加宽和非均匀加宽的小信号增益和大信号增益。其中，小信号增益较容易理解。对于大信号增益，应先理解均匀加宽工作物质的增益系数的特征，然后根据反转粒子数的变化，理解烧孔效应的原因，最后理解非均匀工作物质的大信号增益系数。

学习本章内容后，读者应理解以下概念：

(1) 原子自发辐射的经典模型；

(2) 谱线加宽和线型函数的含义；

(3) 自然加宽、碰撞加宽、多普勒加宽和综合加宽；

(4) 三能级系统和四能级系统的速率方程组；

(5) 发射截面和吸收截面的意义；

(6) 均匀加宽工作物质和非均匀加宽工作物质的小信号增益系数；

(7) 均匀加宽工作物质和非均匀加宽工作物质的大信号增益系数；

(8) 烧孔效应。

习　题

1. 静止氖原子的 $3S_2$-$2P_4$ 谱线中心波长为 632.8nm，设氖原子分别以 $0.1c$、$0.4c$ 和 $0.8c$ 的速度向着观察者运动，问其表观中心波长分别变为多少？

2. 在激光出现以前，Kr^{86} 低气压放电灯是很好的单色光源。如果忽略自然加宽和碰撞加宽，试估算在 77K 温度下它的 605.7nm 谱线的相干长度是多少，并与一个单色性 $\Delta\lambda/\lambda=10^{-8}$ 的氦氖激光器比较。

3. 氦氖激光器有下列三种跃迁，即 $3S_2$-$2P_4$ 的 632.8nm、$2S_2$-$2P_4$ 的 $1.1523\mu m$ 和 $3S_2$-$3P_4$ 的 $3.39\mu m$ 的跃迁。求 400K 时它们的多普勒线宽，分别用 GHz、μm、cm^{-1} 为单位表示。由所得结果能得到什么启示？

4. 考虑某二能级工作物质，E_2 能级自发辐射寿命为 τ_{s2}，无辐射跃迁寿命为 τ_{nr2}。假定在 $t=0$ 时刻能级 E_2 上的原子数密度为 $n_2(0)$，工作物质的体积为 V，自发辐射光的频率为 ν，求：

(1) 自发辐射光功率随时间 t 的变化规律；

(2) 能级 E_2 上的原子在其衰减过程中发出的自发辐射光子数；

(3) 自发辐射光子数与初始时刻能级 E_2 上的粒子数之比 η_2（η_2 称为量子产额）。

5. 设粒子数密度为 n 的红宝石被一矩形脉冲激励光照射，其激励跃迁概率可表示为

$$W_{13}(t)=\begin{cases}W_{\mathrm{p}}, & 0<t\leqslant t_0\\ 0, & t>t_0\end{cases}$$

求激光上能级粒子数密度 $n_2(t)$，并画出相应的波形。

6. 某种多普勒加宽气体吸收物质被置于光腔中，设吸收谱线对应的能级为 E_2 和 E_1（基态），中心频率为 ν_0。如果光腔中存在频率为 ν 的单模光波场，试定性画出下列情况下基态粒子数按速度的分布 $n_1(v_z)$：

(1) $\nu\gg\nu_0$；

(2) $\nu-\nu_0\approx\Delta\nu_{\mathrm{D}}/2$；

(3) $\nu=\nu_0$。

7. 设有两束频率分别为 $\nu_0+\delta\nu$ 和 $\nu_0-\delta\nu$、光强为 I_1 及 I_2 的强光沿相同方向（习题图 3.1(a)）或沿相反方向（习题图 3.1(b)）通过中心频率为 ν_0 的非均匀加宽增益介质，$I_1>I_2$。试分别画出两种情况下反转粒子数按速度分布曲线，并标出烧孔位置。

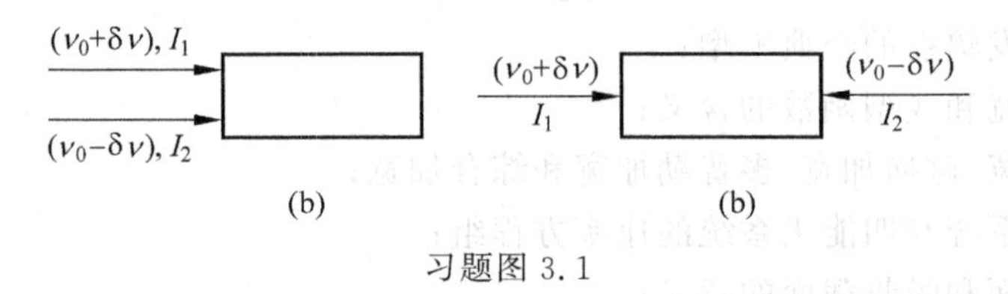

习题图 3.1

8. 室温下红宝石能级间的跃迁概率为：$S_{32}\approx5\times10^6\,\mathrm{s}^{-1}$，$A_{31}\approx3\times10^5\,\mathrm{s}^{-1}$，$A_{21}\approx3\times10^2\,\mathrm{s}^{-1}$，$S_{31}$、$S_{21}\approx0$。试估算 W_{13} 等于多少时红宝石对 $\lambda=694.3\mathrm{nm}$ 的光是透明的（对红宝石，激光上、下能级的统计权重 $f_1=f_2=4$，计算中可不计光的各种损耗）。

9. 有频率为 ν_1、ν_2 的二强光入射，试求在均匀加宽情况下：

(1) 频率为 ν 的弱光的增益系数表达式；

(2) 频率为 ν_1 的强光的增益系数表达式。

（设频率为 ν_1 和 ν_2 的光在介质内的平均强度为 I_{ν_1} 和 I_{ν_2}）

10. 已知某均匀加宽二能级（$f_1=f_2$）饱和吸收染料在其吸收谱线中心波长 $\lambda_0=694.3\mathrm{nm}$ 处的吸收截面 $\sigma=8.1\times10^{-16}\mathrm{cm}^2$，其上能级寿命 $\tau_2=22\times10^{-12}\mathrm{s}$，试求此染料中心频率的饱和光强 I_{s}。

11. 有一个三能级系统，其中 E_1 是基态，三个能级的统计权重相等。泵浦光频率与 E_1、E_3 间跃迁相对应，其跃迁概率 $W_{13}=W_{31}=W_{\mathrm{p}}$。$E_3$ 能级的寿命 τ_3 较长，E_2 能级的寿命 τ_2 较短，$E_3\rightarrow E_2$ 的跃迁概率为 $1/\tau_{32}$。求：

(1) 在 E_3 和 E_2 间形成集居数反转的条件；

(2) E_3 和 E_2 间的反转集居数密度和 W_{p} 的关系式；

(3) 泵浦（抽运）极强时 E_3 和 E_2 间的反转集居数密度。

（因无谐振腔，也无相应频率的光入射，因而 E_3 和 E_2 间的受激辐射可忽略不计。）

12. 室温下 Nd：YAG 的 1.06μm 跃迁的线型函数是线宽约为 195GHz 的洛伦兹函数。上能级的寿命为 230μs，该跃迁的量子效率为 0.42（自发辐射光子总数和初始时刻上能级钕离子数之比），晶体的折射率为 1.82。求中心频率的发射截面 σ_{21}。

13. 均匀加宽 CO_2 激光器的激光跃迁波长为 10.6μm，相应的自发辐射概率 $A_{21}=0.34s^{-1}$，线宽 $\Delta\nu_H=1GHz$，上下能级统计权重分别为 $f_2=43$ 和 $f_1=41$，上能级寿命为 $\tau_2=10\mu s$，下能级寿命为 $\tau_1=0.1\mu s$，求：

(1) 谱线中心的发射截面 σ_{21}；

(2) 中心频率增益系数 $G(\nu_0)=5\%cm^{-1}$ 时的反转集居数密度；

(3) 中心频率处的饱和光强 I_s。

第4章思维导图

第4章 激光振荡特性

在第3章中，根据速率方程求解反转粒子数密度，讨论了均匀加宽和非均匀加宽工作物质的增益系数。本章将在此基础上讨论激光器的振荡条件、激光形成过程、模式竞争、激光器的输出功率或能量等基本特性。

激光器按泵浦方式不同可分为连续激光器和脉冲激光器两大类，其振荡特性既有区别又有联系。本章主要阐述连续激光器振荡特性和脉冲激光器振荡特性，包括阈值条件、振荡模式、输出功率或能量等。本章内容与第3章中的典型激光器速率方程和增益系数等内容联系十分紧密。

本章重点内容：

1. 连续激光器振荡特性
2. 脉冲激光器振荡特性
3. 弛豫振荡的形成过程

4.1 连续激光器和脉冲激光器

连续激光器和脉冲激光器的最主要区别是泵浦方式的不同，若单次泵浦的时间足够长，则为连续激光器，若单次泵浦时间很短，则为脉冲激光器。那么，泵浦时间的长或短的标准是什么呢？下面就以三能级系统红宝石激光器的激励过程为例进行讨论和说明。

如图4.1.1所示，假设红宝石工作物质的总粒子数密度为n，泵浦光的持续时间为t_0，在时间为t_0内，泵浦光的强度不变，则其激励概率$W_{13}(t)$可写为

$$W_{13}(t)=\begin{cases}W_{13}, & 0<t\leqslant t_0\\ 0, & t>t_0\end{cases}$$

把$W_{13}(t)$代入得三能级系统的速率方程为

$$\begin{cases}\dfrac{\mathrm{d}n_3}{\mathrm{d}t}=n_1W_{13}(t)-n_3(A_{31}+S_{32})\\ \dfrac{\mathrm{d}n_2}{\mathrm{d}t}=n_3S_{32}-\Delta n\sigma_{21}(\nu,\nu_0)vN_l-n_2(A_{21}+S_{21})\\ n=n_1+n_2+n_3\\ \dfrac{\mathrm{d}N_l}{\mathrm{d}t}=\Delta n\sigma_{21}(\nu,\nu_0)vN_l-\dfrac{N_l}{\tau_{Rl}}\end{cases}$$

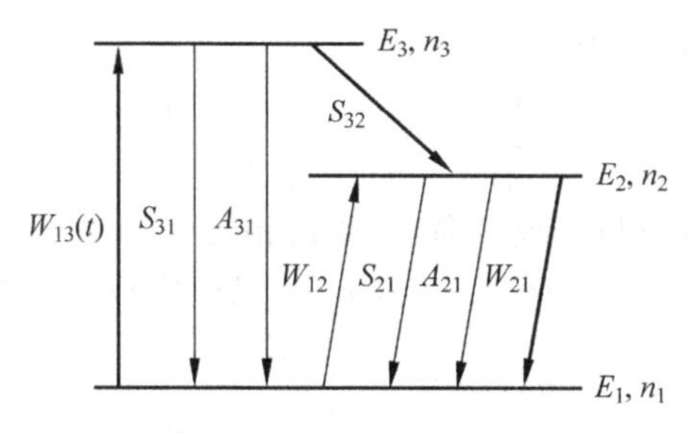

图 4.1.1　红宝石系统能级图

由于 $S_{32} \gg W_{13}$，即抽运到 E_3 能级上的粒子立即弛豫到 E_2 能级上，所以 $n_3 \approx 0$，则 $\mathrm{d}n_3/\mathrm{d}t=0$，于是得 $n_1 W_{13}(t)-n_3(A_{31}+S_{32})=0$，即

$$n_1 W_{13}(t)=n_3(A_{31}+S_{32})=\frac{n_3 S_{32}}{\dfrac{S_{32}}{A_{31}+S_{32}}}=\frac{n_3 S_{32}}{\eta_1}$$

式中，$\eta_1=S_{32}/(A_{31}+S_{32})$ 表示 E_3 能级向 E_2 能级无辐射跃迁的量子效率。

把 $n_3 S_{32}=\eta_1 n_1 W_{13}(t)$ 代入速率方程的第 2 式，并忽略在未形成自激振荡或在阈值附近时受激辐射很微弱的情形，即忽略 $\Delta n \sigma_{21}(\nu,\nu_0) v N_l$，则有

$$\frac{\mathrm{d}n_2}{\mathrm{d}t}=n_3 S_{32}-n_2(A_{21}+S_{21})=\eta_1 n_1 W_{13}(t)-\frac{n_2 A_{21}}{\dfrac{A_{21}}{A_{21}+S_{21}}}$$

由于 $n_3 \approx 0$，则 $n_1 \approx n-n_2$，并令 $\eta_2=A_{21}/(A_{21}+S_{21})$，代入上式得

$$\frac{\mathrm{d}n_2}{\mathrm{d}t}=\eta_1(n-n_2)W_{13}(t)-\frac{n_2 A_{21}}{\eta_2} \tag{4.1.1}$$

式中，$\eta_2=A_{21}/(A_{21}+S_{21})$ 表示 E_2 能级向 E_1 能级跃迁的荧光效率。

当 $0<t\leqslant t_0$ 时，$W_{13}(t)=W_{13}$，解方程(4.1.1)得

$$n_2(t)=n\frac{\eta_1 W_{13}}{\dfrac{A_{21}}{\eta_2}+\eta_1 W_{13}}\left[1-\mathrm{e}^{-\left(\frac{A_{21}}{\eta_2}+\eta_1 W_{13}\right)t}\right] \tag{4.1.2}$$

当 $t>t_0$ 时，$W_{13}(t)=0$，代入式(4.1.1)并求解得

$$n_2(t)=n_2(t_0)\mathrm{e}^{-\frac{A_{21}}{\eta_2}(t-t_0)} \tag{4.1.3}$$

可见，当 $t=t_0$ 时，$n_2(t)$ 达到最大值；当 $t>t_0$ 时，$n_2(t)$ 因自发辐射而指数衰减，如图 4.1.2 所示。

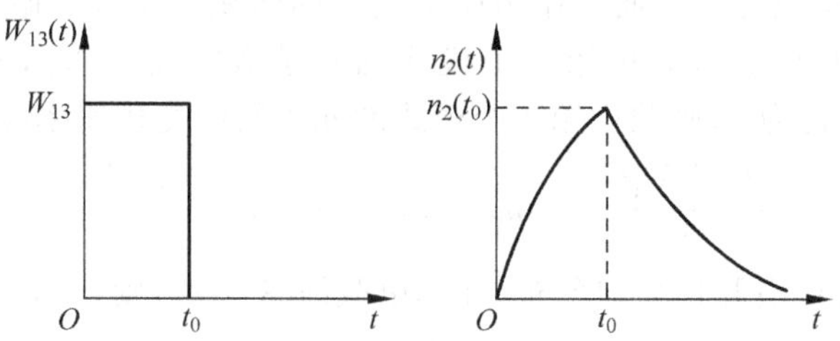

图 4.1.2　激励脉冲波形和激光上能级粒子数随时间的变化

在式(4.1.2)和式(4.1.3)中，

$$\frac{A_{21}}{\eta_2}=A_{21}+S_{21}=\frac{1}{\tau_2}$$

即 E_2 能级上的粒子数 $n_2(t)$ 与能级寿命 τ_2 紧密相关。

如果泵浦时间 $t_0 \gg \tau_2$，当 $t_0 > t \gg \tau_2$ 时，$n_2(t)$ 已经完成了增长过程并达到稳定值，此时

$$n_2(t) \approx n \frac{\eta_1 W_{13}}{\dfrac{A_{21}}{\eta_2}+\eta_1 W_{13}}$$

如果泵浦时间 $t_0 < \tau_2$，则在整个泵浦时间内$(0 < t \leqslant t_0)$，$n_2(t)$ 处于不断增长的非稳定状态。

综上，对于脉冲激光器，当泵浦时间很短且小于激光上能级寿命时，上能级粒子数尚未达到稳态，泵浦过程就结束了。因此，在整个泵浦过程中，各能级的粒子数及腔内光子数均处于剧烈的变化之中，系统处于非稳态。对于连续激光器，泵浦时间较长，远大于激光上能级寿命，在泵浦过程中，各能级的粒子数及腔内光子数能够达到一种稳定状态，这种稳态是一种动态平衡状态。事实上，非稳态是系统打破原有热平衡状态而达到新的稳态过程的一个必经阶段。对于长脉冲激光器，其泵浦时间较长，$t_0 > \tau_2$，腔内也能达到稳定状态，因此，长脉冲激光器也可以看成一个连续激光器。

在采用速率方程分析连续或长脉冲激光器时，由于腔内达到稳态，可有 $\mathrm{d}N/\mathrm{d}t=0$，$\mathrm{d}n_i/\mathrm{d}t=0$，这时速率方程中的微分方程转换为代数方程，处理较为容易。而对于脉冲激光器中的非稳态，用速率方程处理比较复杂，一般采用数值解、小信号微扰或其他近似方法。

4.2 连续激光器的振荡特性

对于连续激光器，在泵浦时间内，激光上能级粒子数达到稳定状态，对下能级形成粒子数反转分布，那么，频率处于其谱线宽度内的微弱光信号会因增益而不断增强。另一方面，谐振腔内存在各种损耗，亦会使光信号不断衰减。能否产生振荡就取决于增益与损耗的大小。由于大部分激光工作物质为四能级系统，下面就从四能级系统的速率方程出发，推导出激光器自激振荡的阈值条件。

4.2.1 阈值条件

1. 阈值反转粒子数

在实际的激光器中，工作物质的长度 l 往往小于腔长 L。为便于推导，假设 $l=L$。另外，假设腔中光束的体积为 V_{R}，而工作物质中光束的体积为 V_{a}，谐振腔中折射率均匀分布(η)，光子在腔内的速度为 v，腔中第 l 个模式的光子数密度为 N_l，光子在腔内的寿命为 $\tau_{\mathrm{R}l}$，腔的平均单程损耗为 δ，则腔中第 l 个模式的光子数的变化速率应为

$$\frac{\mathrm{d}(N_l V_{\mathrm{R}})}{\mathrm{d}t}=\Delta n\sigma_{21}(\nu,\nu_0)vN_l V_{\mathrm{a}}-\frac{N_l V_{\mathrm{R}}}{\tau_{\mathrm{R}l}} \tag{4.2.1}$$

假设腔内光束直径沿腔长均匀分布，即光束截面 S 不变，则式(4.2.1)可写为

$$\frac{\mathrm{d}(N_l SL)}{\mathrm{d}t}=\Delta n\sigma_{21}(\nu,\nu_0)vN_l Sl-\frac{N_l SL}{\tau_{\mathrm{R}l}}=\Delta n\sigma_{21}(\nu,\nu_0)\frac{c}{\eta}N_l Sl-\frac{N_l SL}{\tau_{\mathrm{R}l}}$$

由光子在腔内的平均寿命公式(2.1.20)知 $\tau_{Rl}=L'/\delta c$，L' 为谐振腔光程长度，即 $L'=\eta L$。代入上式得

$$\frac{\mathrm{d}N_l}{\mathrm{d}t}=\Delta n\sigma_{21}(\nu,\nu_0)cN_l\frac{l}{L'}-N_l\frac{\delta c}{L'} \tag{4.2.2}$$

当 $\mathrm{d}N_l/\mathrm{d}t\geqslant 0$ 时，说明腔内辐射场可由起始的微弱的自发辐射场增长为足够强的受激辐射场。考虑到起始时腔内光强很弱，相当于小信号情况，因此可得到激光器自激振荡的阈值条件 Δn_t 为

$$\Delta n^0\geqslant\Delta n_t=\frac{\delta}{\sigma_{21}(\nu,\nu_0)l} \tag{4.2.3}$$

由于不同的振荡具有不同的发射截面 $\sigma_{21}(\nu,\nu_0)$，当 $\nu=\nu_0$ 时，有最大值 σ_{21}。因此，频率为 ν_0 的模式的振荡阈值最低，为

$$\Delta n_t=\frac{\delta}{\sigma_{21}l} \tag{4.2.4}$$

2. 阈值增益系数

根据增益系数与反转粒子数密度之间的关系 $G=\Delta n\sigma_{21}(\nu,\nu_0)$，可得频率为 ν_0 的模式的阈值增益系数为

$$G_t=\frac{\delta}{l} \tag{4.2.5}$$

对于小信号增益 $G^0(\nu)$，只要满足 $G^0(\nu)\geqslant G_t$，即能产生自激振荡。

需要说明的是，不同的纵模具有相同的 δ，因而具有相同的阈值 G_t。而不同的横模具有不同的衍射损耗，因而具有不同的阈值，且横模阶次越高，阈值越大。

图4.2.1给出了某激光器稳定运行后输出纵模的频域分布，其中 TEM_{00} 模和 TEM_{01} 模的阈值增益系数分别为 G_t^{00} 和 G_t^{01}，并且 $G_t^{00}<G_t^{01}$，图中 TEM_{00q}、TEM_{01q} 和 $TEM_{00(q+1)}$ 的小信号增益系数都大于阈值增益系数 G_t^{00}，因此，这三个模式都可以起振。

从上述例子可以看出，所有小信号增益系数超过阈值增益系数的激光模式都可以在腔内得到放大，从而建立振荡。由此，可推算出激光腔内可以起振的纵模数为

$$N=\left[\frac{\Delta\nu_{osc}}{\Delta\nu_q}\right]+1 \tag{4.2.6}$$

式中，$\Delta\nu_{osc}$ 为小信号增益曲线中超过阈值增益系数的频率范围，称为激光器振荡线宽；$\Delta\nu_q$ 为纵模之间的频率间隔，如图4.2.1所示。

对于均匀加宽激光器，其小信号增益系数为

$$G_H^0(\nu,\nu_0)=G_H^0(\nu_0)\frac{\left(\frac{\Delta\nu_H}{2}\right)^2}{(\nu-\nu_0)^2+\left(\frac{\Delta\nu_H}{2}\right)^2}$$

结合阈值条件，令 $G_H^0(\nu,\nu_0)=G_t$，$\nu-\nu_0=\Delta\nu_{osc}/2$，得

$$\Delta\nu_{osc}=\Delta\nu_H\sqrt{\frac{G_H^0(\nu_0)l}{\delta}-1}=\Delta\nu_H\sqrt{\alpha-1} \tag{4.2.7}$$

式中，α 称为激发参量。

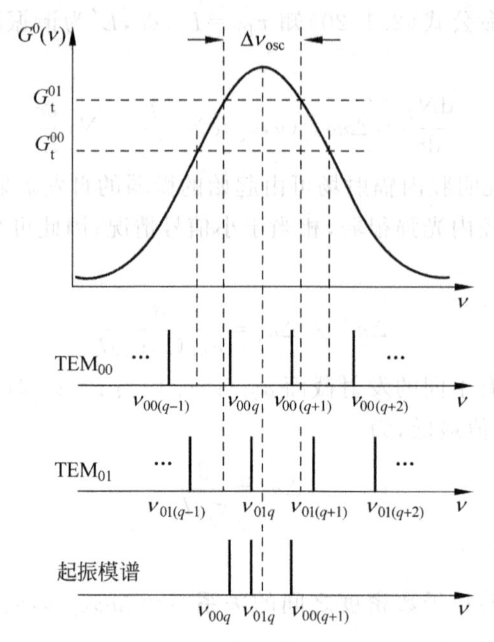

图 4.2.1 激光器起振模谱的形成

$$\alpha=\frac{G_H^0(\nu_0)l}{\delta}=\frac{G_H^0(\nu_0)}{G_t} \tag{4.2.8}$$

对于非均匀加宽激光器，其小信号增益系数为

$$G_i^0(\nu,\nu_0)=G_i^0(\nu_0)e^{-4\left(\frac{\nu-\nu_0}{\Delta\nu_D}\right)^2\ln 2}$$

结合阈值条件，令 $G_i^0(\nu,\nu_0)=G_t$，$\nu-\nu_0=\Delta\nu_{osc}/2$，得

$$\Delta\nu_{osc}=\Delta\nu_D\sqrt{\frac{\ln\frac{G_D^0(\nu_0)}{G_t}}{\ln 2}}=\Delta\nu_D\sqrt{\frac{\ln\alpha}{\ln 2}} \tag{4.2.9}$$

式中，α 为非均匀加宽激光器的激发参量，

$$\alpha=\frac{G_D^0(\nu_0)}{G_t}$$

3. 泵浦功率

1）四能级激光器

在四能级系统中，激光下能级 E_1 是激发态，其无辐射跃迁概率 S_{10} 很大，因而

$$n_1\approx 0,\quad \Delta n=n_2-\frac{f_2}{f_1}n_1\approx n_2$$

则能级 E_2 上的反转粒子数密度阈值为

$$n_{2t}\approx\Delta n_t=\frac{\delta}{\sigma_{21}(\nu,\nu_0)l} \tag{4.2.10}$$

在中心频率 ν_0 处

$$n_{2t}\approx\Delta n_t=\frac{\delta}{\sigma_{21}l} \tag{4.2.11}$$

E_2 能级向 E_1 能级跃迁的荧光效率为

$$\eta_2=\frac{A_{21}}{A_{21}+S_{21}}$$

则当 E_2 能级上的反转粒子数密度 n_2 稳定于 n_{2t} 时，在单位时间内单位体积中有 $n_{2t}/\eta_2\tau_{s_2}$ 个粒子由 E_2 能级跃迁至 E_1 能级，τ_{s_2} 为自发辐射跃迁引起的 E_2 能级粒子平均寿命。那么，为使 n_2 稳定于 n_{2t}，在单位时间内单位体积中必须有 $n_{2t}/\eta_2\tau_{s_2}$ 个粒子由 E_3 能级跃迁至 E_2 能级，也就意味着必须有 $n_{2t}/\eta_2\tau_{s_2}$ 个粒子由 E_0 能级抽运至 E_3 能级。

E_3 能级向 E_2 能级无辐射跃迁（热弛豫）的量子效率为

$$\eta_1=\frac{S_{32}}{S_{32}+A_{30}}$$

那么，在单位时间、单位体积内从基态抽运到 E_3 能级后再经过无辐射跃迁到 E_2 能级的粒子数为

$$n_0W_{03}\frac{S_{32}}{S_{32}+A_{30}}=n_0W_{03}\eta_1$$

当处于阈值附近时，激光上能级粒子数密度保持不变，即 $n_0W_{03}\eta_1=n_{2t}/\eta_2\tau_{s_2}$，则有

$$n_0W_{03}=\frac{n_{2t}}{\eta_1\eta_2\tau_{s_2}}=\frac{n_{2t}}{\eta_F\tau_{s_2}} \tag{4.2.12}$$

式中，η_F 为系统总量子效率，$\eta_F=\eta_1\eta_2$ 可以理解为通过自发辐射发出荧光的方式跃迁回到基态的粒子数与泵浦到高能级总粒子数的比值，因此，也称为荧光效率。

为了维持阈值条件而必须吸收的泵浦功率称为激光器的阈值泵浦功率，用 P_{pt} 表示：

$$P_{pt}=h\nu_p\frac{n_{2t}}{\eta_F\tau_{s_2}}V=h\nu_p\frac{\Delta n_t}{\eta_F\tau_{s_2}}V=\frac{h\nu_p\delta V}{\eta_F\tau_{s_2}\sigma_{21}(\nu,\nu_0)l} \tag{4.2.13}$$

式中，ν_p 为采用光泵浦方式时的泵浦光频率；$\sigma_{21}(\nu,\nu_0)$ 为工作物质的发射截面；V 为工作物质的体积；l 为工作物质的长度；τ_{s_2} 为激光上能级的平均寿命。

在中心频率 ν_0 处，有

$$P_{pt}=\frac{h\nu_p\delta V}{\eta_F\tau_{s_2}\sigma_{21}l} \tag{4.2.14}$$

2）三能级激光器

对于三能级系统，分析方法与四能级类似，不同的是在三能级系统中，激光下能级 E_1 为基态，且有

$$n_3\approx 0,\quad n_2+n_1\approx n,\quad \Delta n=n_2-\frac{f_2}{f_1}n_1$$

那么，可得

$$\Delta n=n_2-\frac{f_2}{f_1}(n-n_2)=\left(1+\frac{f_2}{f_1}\right)n_2-\frac{f_2}{f_1}n \tag{4.2.15}$$

若要实现粒子数反转分布，则在阈值条件附近，$\Delta n_t\geqslant 0$，可得

$$n_{2t}\geqslant\frac{1}{1+\dfrac{f_1}{f_2}}n \tag{4.2.16}$$

对于三能级系统，$f_1 \approx f_2$，因此，在阈值条件下，激光上能级的粒子数至少为

$$n_{2t} = \frac{1}{2} n \tag{4.2.17}$$

此时，需要的泵浦阈值功率为

$$P_{pt} = h\nu_p \frac{n_{2t}}{\eta_F \tau_{s_2}} V = \frac{h\nu_p n V}{2\eta_F \tau_{s_2}} \tag{4.2.18}$$

4.2.2 振荡模式

1. 均匀加宽激光器中的模式竞争

1）增益曲线均匀饱和引起的自选模作用

在连续或长脉冲激光器中，如果有多个模式的谐振频率均落在工作物质的均匀加宽增益曲线范围内，且其小信号增益系数 $G^0(\nu)$ 均大于阈值增益系数 G_t，那么，这些模式是否都能维持稳态振荡呢？为讨论方便，假设最初有频率为 ν_{q-1}、ν_q、ν_{q+1} 的三个模式的小信号增益系数 $G^0(\nu)$ 均大于阈值增益系数 G_t，如图 4.2.2 所示。开始时，这三个模式的小信号增益系数都大于 G_t，因而它们都可以获得振荡，因而，其光强 $I_{\nu_{q-1}}$、I_{ν_q}、$I_{\nu_{q+1}}$ 都逐渐增强。

由于饱和效应，增益曲线都将随着光强的增强而不断下降。当增益曲线下降到图中曲线 1 时，$G(\nu_{q+1}, I_{\nu_{q-1}}, I_{\nu_q}, I_{\nu_{q+1}}) = G_t$，$I_{\nu_{q+1}}$ 不再增强。

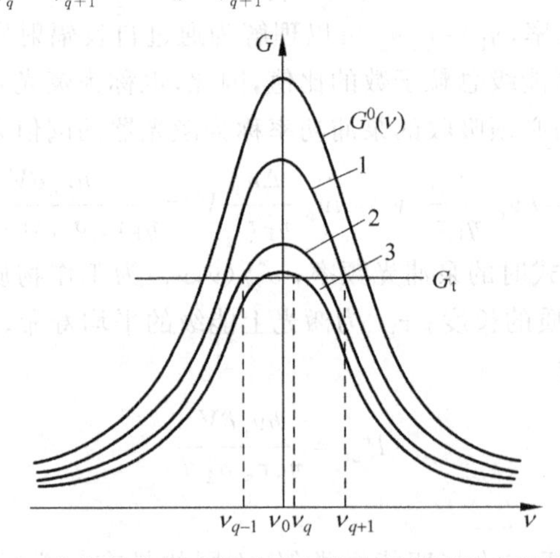

图 4.2.2 均匀加宽激光器中建立稳态振荡过程中的模式竞争

但是 ν_{q-1} 和 ν_q 两个模式的增益系数仍大于阈值增益系数，因此，$I_{\nu_{q-1}}$ 和 I_{ν_q} 仍将继续增加，而其增益曲线继续下降，这将使 $G(\nu_{q+1}, I_{\nu_{q-1}}, I_{\nu_q}, I_{\nu_{q+1}}) < G_t$，因此，$I_{\nu_{q+1}}$ 很快下降到零，即 ν_{q+1} 模式熄灭。

当增益曲线下降到曲线 2 时，$G(\nu_{q-1}, I_{\nu_{q-1}}, I_{\nu_q}) = G_t$，$I_{\nu_{q-1}}$ 不再增强，但 I_{ν_q} 仍继续增加，增益曲线随之继续下降，这就导致 $G(\nu_{q-1}, I_{\nu_{q-1}}, I_{\nu_q}) < G_t$，因此，$I_{\nu_{q-1}}$ 很快下降到零，即 ν_{q-1} 模式也很快熄灭。

最后，当增益曲线下降至曲线 3 时，$G(\nu_q, I_{\nu_q}) = G_t$，$I_{\nu_q}$ 达到稳定值。因此，尽管最初 ν_{q-1}、ν_q、ν_{q+1} 三个模式均可以起振，但是在达到稳态工作过程中，ν_{q-1}、ν_{q+1} 两个模式都相继熄灭，最终只有最靠近中心频率的模式 ν_q 能维持稳定振荡。

因此，一般情况下，均匀加宽稳态激光器应为单纵模输出，并且单纵模的频率总是在谱线中心频率附近。

在实际的激光器中，当激发比较强时，往往出现多纵模的情况，并且激发越强，振荡的纵模数目就越多。

2) 空间烧孔引起的多模振荡

当某一纵模 ν_q 在腔内形成稳定的振荡时，腔内形成一个驻波场，如图 4.2.3 所示。波腹处的光强最大（反转集居数密度最小），波节处的光强最小（反转集居数密度最大），其平均增益为 G_t。因此，沿着腔长的方向，轴上各点的反转集居数密度 Δn 和增益系数 G 不同，波腹处的增益系数最小（反转集居数密度最小），波节处的增益系数最大（反转集居数密度最大），这一现象称为增益的空间烧孔效应。

假设腔内还存在另一频率为 $\nu_{q'}$ 的纵模，其波腹恰好对应于模 ν_q 的波节，那么，模 $\nu_{q'}$ 就可以通过消耗该处的反转粒子数 Δn 而获得较强的增益。因此，不同的纵模可以通过消耗不同空间位置的反转粒子数而同时产生振荡，这一现象称为纵模的空间竞争。

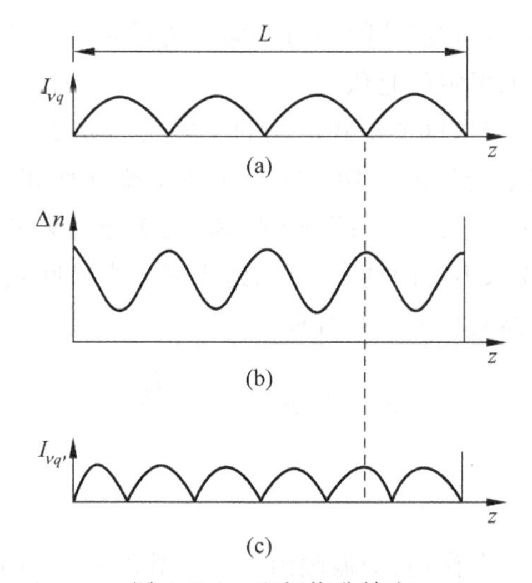

图 4.2.3　空间烧孔效应

(a) 模 ν_q 的光强分布；(b) 只有纵模 ν_q 存在时的反转集居数密度的分布；(c) 模 $\nu_{q'}$ 的光强分布

显然，如果激活粒子的空间转移非常快，空间烧孔就无法形成。在气体激光工作物质中，粒子的无规则热运动消除了空间烧孔，所以，均匀加宽为主的高气压气体激光器可以获得单纵模振荡。而在固体激光器中，激活粒子被束缚在晶格上，虽然借助粒子和晶格的能量交换形成激发态粒子的空间转移，但是由于激发态粒子在空间转移半个波长所需要的时间远远大于激光形成所需要的时间，所以空间烧孔不能消除。若不采取特殊措施，以均匀加宽为主的固体激光器一般为多纵模输出。在含有光隔离器的环形行波腔中，光纤沿轴向均匀分布，因而可以消除空间烧孔效应而获得单纵模振荡。

2. 非均加宽激光器中的多模振荡

在非均匀加宽激光器中，假设有多个纵模都满足振荡的阈值条件，则由于某一纵模光强的增加，并不会使整个增益曲线均匀下降，而只是在入射光频率附近产生烧孔效应，只要纵模间隔 $\Delta\nu_q$ 足够大，所有小信号增益系数大于阈值 G_t 的纵模都能维持振荡。当外界激发增强时，振荡的模式数目也会增加，如图 4.2.4 所示。

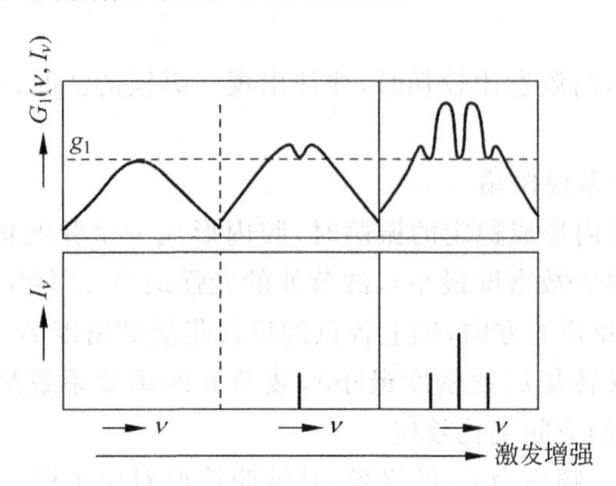

图 4.2.4　非均匀加宽激光器的增益曲线和振荡模式

然而，非均匀加宽激光器中也存在模式竞争。例如，当 $\nu_q=\nu_0$ 时，那么相邻模式 ν_{q-1} 和 ν_{q+1} 模形成的烧孔重合，则它们共同用同一部分的反转粒子数从而产生竞争，此时两个模式的输出功率会表现出无规则的起伏。

由于非均匀加宽激光器中，每个模式消耗的反转粒子数 Δn 正比于烧孔的面积，因此，多纵模振荡的非均匀加宽激光器的总功率正比于各个烧孔面积之和。如果纵模间隔 $\Delta\nu_q$ 大于烧孔宽度，那么增益曲线中会有一部分未饱和，也就是说反转粒子数未被充分利用。因此，在对于激光的相干性要求不高的场合，可以适当减小纵模间隔 $\Delta\nu_q$ 使烧孔相连，反转粒子数全部被利用以获得较高的功率。此时有

$$\Delta\nu_q < \Delta\nu_{\mathrm{H}}\sqrt{1+\frac{I_\nu}{I_{\mathrm{s}}}} \tag{4.2.19}$$

4.2.3　输出功率

由于激活介质中的光放大作用、谐振腔内损耗系数的不均匀分布以及驻波效应和光波模式的横向非均匀分布，腔内的光强是不均匀的，精确计算腔内各点的光强是个非常复杂的问题。因此，从增益饱和效应出发估算稳态工作时腔内的平均光强，并在此基础上给出粗略估算输出功率的方法。

1. 稳态时腔内的光强

如果腔内某一个振荡模式的频率为 ν_q，开始时，$G^0(\nu_q)>G_t$，那么该模式的光强 I_{ν_q} 会逐渐增大，而当光强增加到一定程度的时候，由于增益饱和效应，其增益会随着光强的增大而不断下降，直到 $G^0(\nu_q)=G_t$ 为止。此时，增益等于损耗，光强不再增加，建立稳定工作状态，即稳态。

如果外界激发增强，会使 $G^0(\nu_q)$ 增加，相应的，I_{ν_q} 必然增加到一个更高的值才能使 $G^0(\nu_q)=G_t$，重新建立稳定工作状态。因此，如果外界激发增强，光强也增强，使得激光器的输出功率增加。但是，不管激发强或弱，稳态工作时激光器振荡模式的大信号增益系数总是等于 G_t，即

$$G(\nu_q, I_{\nu_q}) = G_t = \frac{\delta}{l} \tag{4.2.20}$$

根据式(4.2.20)，分别结合均匀加宽激光器和非均匀加宽激光器的增益系数表达式，可以求出其输出功率。

2. 均匀加宽单模激光器

在驻波型激光器中，腔内存在着沿腔轴方向传播的光 I_+ 和反方向传播的光 I_-。若谐振腔由一面全反镜和一面透过率为 T 的输出反射镜组成，腔内的光强如图 4.2.5 所示。

如果 $T \ll 1$，则稳态工作时增益系数也很小，这时可近似认为 $I_+ \approx I_-$，腔内平均光强为

$$I_{\nu_q} = I_+ + I_- \approx 2I_+$$

在均匀加宽情况下，I_+ 和 I_- 同时参与饱和作用。

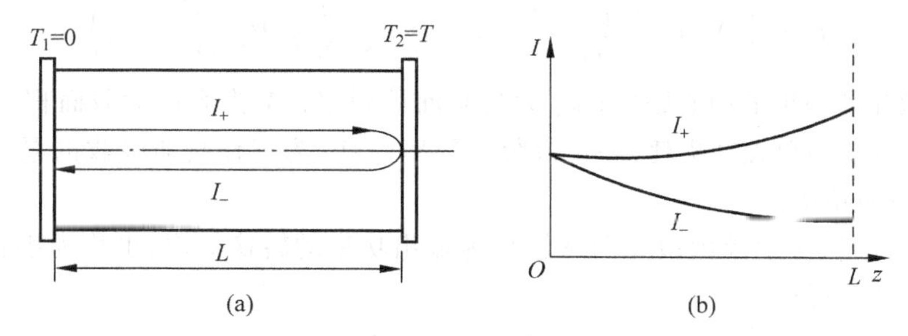

图 4.2.5　驻波型激光器腔内光强示意图

对于均匀加宽激光器，其增益系数为

$$G_H(\nu, I_\nu) = G_H^0(\nu_0) \frac{\left(\frac{\Delta\nu_H}{2}\right)^2}{(\nu - \nu_0)^2 + \left(\frac{\Delta\nu_H}{2}\right)^2 \left(1 + \frac{I_\nu}{I_s}\right)}$$

如果腔中某一振荡模式频率 $\nu_q = \nu_0$，当达到稳态时，其增益系数为

$$G_H(\nu_q, I_{\nu_q}) = \frac{G_H^0(\nu_q)}{1 + \frac{I_{\nu_q}}{I_s}} = \frac{\delta}{l}$$

求得

$$I_{\nu_q} = I_s \left[\frac{G_H^0(\nu_q) l}{\delta} - 1\right] \tag{4.2.21}$$

即为激光器稳定工作时的腔内光强。式中，定义

$$\beta = \frac{G_H^0(\nu_q) l}{\delta} = \frac{G_H^0(\nu_q)}{G_t}$$

为激发参量，用 β 表示，则式(4.2.21)可写为

$$I_{\nu_q} = I_s(\beta - 1) \tag{4.2.22}$$

设激光束的有效截面积为 A，则激光器的输出功率为

$$P = ATI_+ = \frac{1}{2}ATI_{\nu_q} = \frac{1}{2}ATI_s \left[\frac{G_H^0(\nu_q)}{G_t} - 1\right] = \frac{1}{2}ATI_s \left[\frac{G_H^0(\nu_q) l}{\delta} - 1\right] \tag{4.2.23}$$

在 $T \ll 1$ 时，$2\delta = T + \alpha$，其中，α 为往返净损耗率，通常情况下，$\alpha \ll 1$。式(4.2.23)可改写为

$$P = \frac{1}{2}ATI_s\left[\frac{2G_H^0(\nu_q)l}{T+\alpha} - 1\right] \tag{4.2.24}$$

当 T 较大时，必须考虑 I_+ 和 I_- 在传播过程中的变化以及二者的区别。但较严格的理论推导证明在 $\alpha \ll T < 1$ 的情况下，式(4.2.24)仍然成立。

对于光泵浦激光器，无论是三能级系统还是四能级系统，均有

$$I_s(\nu) = \frac{h\nu_0}{\sigma_{21}(\nu,\nu_0)\tau_2}, \quad P_{pt} = \frac{h\nu_p\delta V}{\eta_F\tau_{s_2}\sigma_{21}(\nu,\nu_0)l}, \quad \frac{G_H^0(\nu_q)}{G_t} = \frac{P_p}{P_{pt}}$$

代入式(4.2.23)，得

$$P = \frac{1}{2}ATI_s\left[\frac{G_H^0(\nu_q)}{G_t} - 1\right] = \frac{\nu_0}{\nu_p}\frac{A}{S}\frac{T}{2\delta}\eta_F P_{pt}\left(\frac{P_p}{P_{pt}} - 1\right) \tag{4.2.25}$$

式中，ν_0 为激光器输出的中心频率；ν_p 为光泵浦的频率；A 为光束横截面积；S 为工作物质的横截面积；δ 为单程净损耗；η_F 为荧光效率；P_p 为工作物质吸收的泵浦功率；P_{pt} 为阈值吸收泵浦功率。

令 $\eta_0 = T/2\delta$，表示腔内激光功率转化为输出功率的转换效率，也称为耦合系数，$\eta_1 = \eta_F$，则式(4.2.25)可写成

$$P = \frac{\nu_0}{\nu_p}\frac{A}{S}\eta_0\eta_1 P_{pt}\left(\frac{P_p}{P_{pt}} - 1\right) \tag{4.2.26}$$

若光泵的输入电功率为 p_p，阈值输入电功率为 p_{pt}，泵浦效率为 $\eta_p = P_p/p_p = P_{pt}/p_{pt}$，则式(4.2.26)可写为

$$P = \frac{\nu_0}{\nu_p}\frac{A}{S}\eta_0\eta_1\eta_p p_{pt}\left(\frac{p_p}{p_{pt}} - 1\right) \tag{4.2.27}$$

式(4.2.27)即为激光器输出功率与光泵电功率之间的关系。

由式(4.2.23)及式(4.2.27)可知，激光器的输出功率正比于饱和光强 $I_s(\nu_q)$，并随着激发参量 β 或 P_p/P_{pt} 的增加而增加。输出功率随着 P_p 线性增加，它是由超过阈值的那部分泵浦功率转化而来的，所以通过增加泵浦功率提高小信号增益系数、增加工作物质长度或降低损耗都将使输出功率提高。选择饱和光强较大的工作物质也可以产生较大的输出功率。

增加输出镜透过率 T，一方面提高了透射光的比例，有利于提高输出功率，但同时也会使得谐振腔的阈值增加，导致腔内稳态光强的下降。因此，必然存在一个最佳透过率 T_m，使输出功率达到最大值。对式(4.2.24)求导，令 $dP/dT=0$，可以得到最佳透过率的值为

$$T_m = \sqrt{2G_H^0(\nu_q)l\alpha} - \alpha \tag{4.2.28}$$

代入式(4.2.24)，可得到输出镜具有最佳透射率时的输出功率为

$$P_m = \frac{1}{2}AI_s(\nu_q)\left[\sqrt{2G_H^0(\nu_q)l} - \sqrt{\alpha}\right]^2 \tag{4.2.29}$$

图 4.2.6 画出了 $\nu_q = \nu_0$ 时，往返净损耗率 α 值不同时的 T_m 和 $2G_m l$($G_m = G_H^0(\nu_0)$)的关系曲线。图 4.2.7 画出了输出功率与透射率的关系，由图可知，G_m 越大，工作物质越长，α 越大，则最佳透过率越大。在实际工作中，往往由实验测定 T_m 的值。

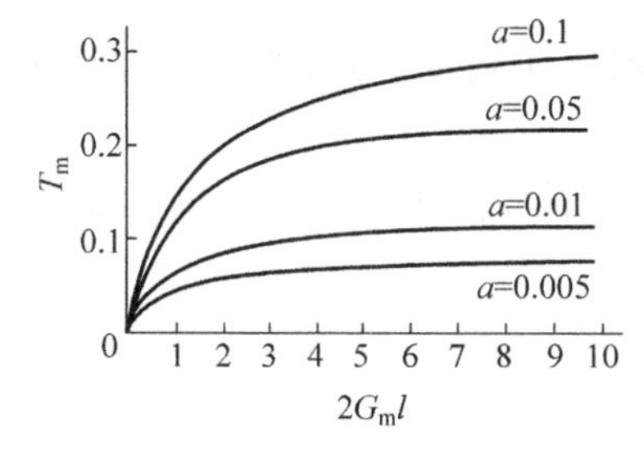

图 4.2.6 T_m 和 $2G_m l$ 的曲线关系

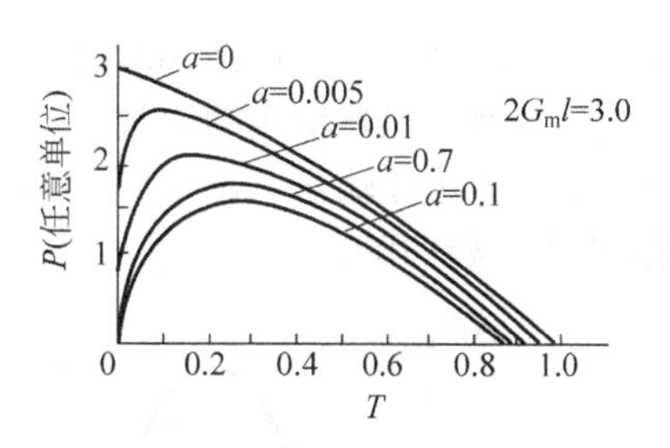

图 4.2.7 输出功率和透过率 T 的关系

3. 非均匀加宽单模激光器

与均匀加宽激光器不同，对于多普勒非均匀加宽工作物质组成的激光器，当振荡频率 $\nu_q \neq \nu_0$ 时，I_+ 和 I_- 两束光在增益曲线上分别产生一个烧孔。对每一个孔起饱和作用的分别是 I_+ 或 I_-，而不是两者之和，因此，振荡模式的增益系数为

$$G_i(\nu_q, I_{\nu_q}) = \frac{G_i^0(\nu_0)}{\sqrt{1+\frac{I_+}{I_s}}} e^{-4(\ln 2)\left(\frac{\nu_q-\nu_0}{\Delta\nu_D}\right)^2} = \frac{G_m}{\sqrt{1+\frac{I_+}{I_s}}} e^{-4(\ln 2)\left(\frac{\nu_q-\nu_0}{\Delta\nu_D}\right)^2} \tag{4.2.30}$$

式中，$G_m = G_i^0(\nu_0)$。

当激光器稳态工作时，

$$G_i(\nu_q, I_{\nu_q}) = G_t = \frac{\delta}{l} \tag{4.2.31}$$

通过式(4.2.30)和式(4.2.31)解得

$$I_+ = I_s \left\{ \left[\frac{G_m l}{\delta} e^{-4(\ln 2)\left(\frac{\nu_q-\nu_0}{\Delta\nu_D}\right)^2} \right]^2 - 1 \right\} \tag{4.2.32}$$

单模($\nu_q \neq \nu_0$)输出功率为

$$P = ATI_+ = ATI_s \left\{ \left[\frac{G_m l}{\delta} e^{-4(\ln 2)\left(\frac{\nu_q-\nu_0}{\Delta\nu_D}\right)^2} \right]^2 - 1 \right\} \tag{4.2.33}$$

当 $\nu_q = \nu_0$ 时，I_+ 和 I_- 同时在增益曲线上中心频率 ν_0 处烧一个孔，烧孔深度取决于腔内平均光强 I_{ν_0}，此时

$$I_{\nu_0} = I_+ + I_- \approx 2I_+$$

稳定工作时振荡模的增益系数为

$$G_i(\nu_0, I_{\nu_0}) = \frac{G_m}{\sqrt{1+\frac{I_{\nu_0}}{I_s}}} = \frac{\delta}{l}$$

由此可求出腔内平均光强为

$$I_{\nu_0} = I_s \left[\left(\frac{G_m l}{\delta} \right)^2 - 1 \right] \tag{4.2.34}$$

输出功率为

$$P = \frac{1}{2} ATI_{\nu_0} = \frac{1}{2} ATI_s \left[\left(\frac{G_m l}{\delta} \right)^2 - 1 \right] \tag{4.2.35}$$

比较式(4.2.35)和式(4.2.33)可知，当 $\nu_q=\nu_0$ 时输出功率下降，即多普勒加宽工作物质的非均匀加宽激光器输出功率较小。

图 4.2.8 为单模输出功率 P 和单模频率 ν_q 的关系曲线。显然，在 $\nu_q=\nu_0$ 处，曲线有一个凹陷，称为兰姆凹陷。

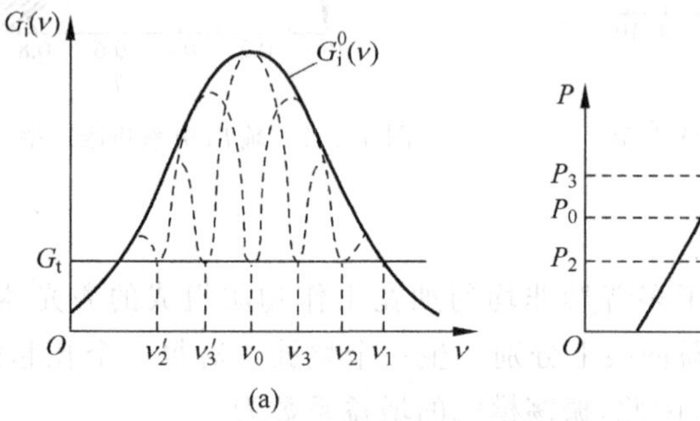

图 4.2.8 兰姆凹陷的形成

(a) 增益曲线；(b) 输出功率曲线

如图所示，当 $\nu_q=\nu_1$ 时，$G_i(\nu_1)=G_t$，输出功率为 0。

当 $\nu_q=\nu_2$ 时，$G_i(\nu_2)>G_t$，激光振荡将在增益曲线的 ν_2 和 $\nu_2'=2\nu_0-\nu_2$ 处造成两个凹陷，即速度为 $v_z=c(\nu_2-\nu_0)/\nu_0$ 和 $v_z=-c(\nu_2-\nu_0)/\nu_0$ 的两部分粒子对频率为 ν_2 的激光有贡献。输出功率 P_2 正比于这两个凹陷面积之和。

当 $\nu_q=\nu_3$ 时，由于烧孔面积增大，则输出功率也增大，即 $P_3>P_2$。

当 ν_q 接近于 ν_0，且 $|\nu_q-\nu_0|<(\Delta\nu_H/2)\sqrt{1+(I_{\nu_q}/I_s)}$ 时，两烧孔部分重叠，烧孔面积的和可能小于 $\nu_q=\nu_3$ 时的两个烧孔面积的和。因此输出功率 $P<P_3$。

当 $\nu_q=\nu_0$ 时，两个烧孔完全重合，此时，只有 $v_z=0$ 附近的原子对激光有贡献。虽然它对应着最大的小信号增益，但由于对激光做贡献的反转集居数减少了，即烧孔面积减少了，所以输出功率 P_0 下降到某一极小值，即在 ν_0 处出现兰姆凹陷。由于烧孔在 $|\nu_q-\nu_0|<(\Delta\nu_H/2)\sqrt{1+(I_{\nu_q}/I_s)}$ 时开始重叠，所以兰姆凹陷的宽度约等于烧孔的宽度，即

$$\delta\nu=\Delta\nu_H\sqrt{1+\frac{I_{\nu_q}}{I_s}} \tag{4.2.36}$$

当激光管内的气压增高时，碰撞线宽 $\Delta\nu_L$ 增加，兰姆凹陷变宽、变浅。当气压高到一定程度时，谱线加宽以均匀加宽为主，兰姆凹陷消失。图 4.2.9 为不同气压下输出功率随频率的变化关系。

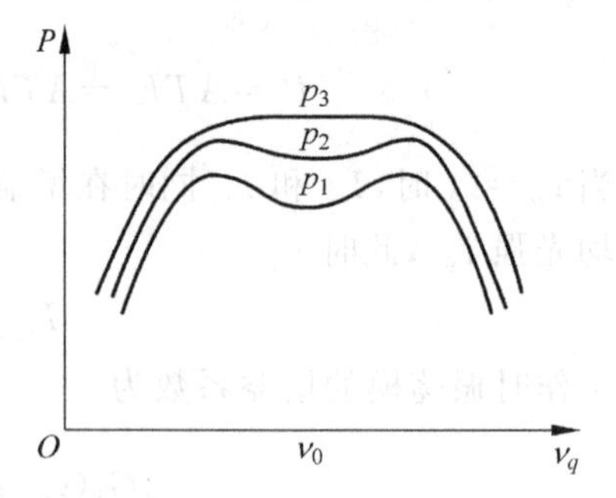

图 4.2.9 不同气压下输出功率与频率的关系

4.3 脉冲激光器的振荡特性

在脉冲激光器中，由于脉冲工作时间很短，腔内光子数密度和各能级粒子数密度在尚未达到新的平衡之前，脉冲激光振荡过程就结束了。因此，在整个脉冲工作过程中，各能级的

粒子数及腔内光子数均处于剧烈变化中，系统处于非稳态。非稳态振荡是系统打破原有热平衡状态达到新的稳态过程中的一个阶段。当脉冲持续时间足够长时，脉冲激光器就达到稳态振荡，因此脉冲激光器和连续激光器的特性既有差别，又有联系。

因为大多数常用脉冲激光器的工作物质是固体，泵浦方式为光泵浦，所以本节讨论的内容以固体激光器和光泵浦为主。

4.3.1 阈值条件

在4.2节中已得出激光器的振荡阈值条件为

$$G^0(\nu) \geqslant G_t = \frac{\delta}{l}$$

阈值反转集居数为

$$\Delta n^0 \geqslant \Delta n_t = \frac{\delta}{\sigma_{21}(\nu, \nu_0) l}$$

为使反转集居数 Δn 达到阈值 Δn_t，要求光泵浦必须提供足够的能量或功率。下面从多纵模速率方程出发讨论脉冲激光器的阈值泵浦能量或功率。

1. 三能级激光器的阈值泵浦能量

在三能级系统中，假设 $f_1 = f_2$（例如，在红宝石激光器中，$f_1 = f_2 = 4$），代入式(4.2.16)中，可得三能级系统的振荡条件为

$$n_{2t} \geqslant \frac{1}{1 + \dfrac{f_1}{f_2}} n = \frac{n}{2} \tag{4.3.1}$$

式中，n 为原子系统中的总粒子数密度。

对于脉冲激光器，需要分以下三种情况讨论：

(1) 短脉冲情况，即泵浦时间 t_0 远小于激光上能级寿命 τ_{s_2}。这种情况下，在光泵作用期间，自发辐射的影响很小。根据振荡条件，则光泵能量的阈值为

$$E_{pt} = \frac{h\nu_p n V}{2\eta_1} \tag{4.3.2}$$

式中，$\eta_1 = S_{32}/(S_{32} + A_{31})$。当光泵浦时间很短，自发辐射可以忽略不计时，$\eta_1 = 1$，则在单位体积内，每吸收一个光子，就能使激光上能级增加一个粒子。因此，必须吸收 $n/2$ 个光子，才能使 $n_{2t} = n/2$，达到阈值条件而产生激光。

(2) 长脉冲情况，即泵浦时间 t_0 远大于激光上能级寿命 τ_{s_2}。这种情况和连续激光器一样当成稳态问题来处理。则泵浦阈值功率为

$$P_{pt} = h\nu_p \frac{n_{2t}}{\eta_F \tau_{s_2}} V = \frac{h\nu_p n V}{2\eta_F \tau_{s_2}} \tag{4.3.3}$$

式中，η_F 为三能级系统的荧光效率，$\eta_F = \eta_1 \eta_2$。

(3) 脉冲宽度 t_0 与上能级寿命 τ_{s_2} 相比拟的情况。这时光泵能量的阈值 E_{pt} 不能用一个简单的解析式表示出来。但 t_0 给定时，可以用数值计算的办法求出 E_{pt} 的值，本节对此不予讨论。实验说明，当固体激光器的氙灯储能电容越大时，光泵脉冲持续时间 t_0 越长，光泵的阈值能量 E_{pt} 就越大。这是由于 t_0 越长自发辐射的损耗越严重所致。

2. 四能级激光器的阈值泵浦能量

对于四能级系统，分析方法与三能级系统类似。所不同的是，在四能级系统中，激光下能级不是基态，而是激发态，其无辐射跃迁速率 S_{10} 很大，因而

$$n_1 \approx 0, \quad \Delta n \approx n_2$$

则能级 E_2 上的反转粒子数密度阈值为

$$n_{2t} \approx \Delta n_t = \frac{\delta}{\sigma_{21}(\nu,\nu_0)l}$$

在中心频率 ν_0 处

$$n_{2t} \approx \Delta n_t = \frac{\delta}{\sigma_{21}l}$$

在短脉冲泵浦时($t_0 \ll \tau_{s_2}$)，须吸收的光泵能量的阈值为

$$E_{pt} = \frac{h\nu_p V\delta}{\eta_1 \sigma_{21} l} \tag{4.3.4}$$

在长脉冲激励时，须吸收的光泵功率的阈值为

$$P_{pt} = \frac{h\nu_p V\delta}{\eta_F \sigma_{21} \tau_{s_2} l} \tag{4.3.5}$$

需要指出，以上得出的光泵阈值能量(功率)是指工作物质吸收的有效能量，而不是光泵的输入电能。实际上，光泵的输入电能只有一部分转换为光能，而光泵发出的光能中也只有一部分能到达工作物质，而工作物质只能吸收波长与工作物质吸收带相应的那部分光能，因此光泵激光器的效率比较低。

把三能级和四能级激光器的阈值条件进行比较(假设激光器的运行在中心频率 ν_0)，列于表 4.3.1。

表 4.3.1 三能级和四能级激光器的阈值条件

参 数	三能级激光器	四能级激光器
Δn_t	$\frac{\delta}{\sigma_{21}l}$	$\frac{\delta}{\sigma_{21}l}$
$n_{2t}(n_{3t})$	$\frac{n}{2}$	$\frac{\delta}{\sigma_{21}l}$
$\frac{E_{pt}}{V}$	$\frac{h\nu_p n}{2\eta_1}$	$\frac{h\nu_p\delta}{\eta_1\sigma_{21}l}$
$\frac{P_{pt}}{V}$	$\frac{h\nu_p n}{2\eta_F\tau_{s_2}}$	$\frac{h\nu_p\delta}{\eta_F\sigma_{21}\tau_{s_2}l}$

对具有相同谐振腔参量的红宝石、钕玻璃和掺钕钇铝石榴石(Nd∶YAG)三种激光器，分别求出 Δn_t、n_{2t}、E_{pt}/V、P_{pt}/V 的数值，列于表 4.3.2。计算中取工作物质长度 $l=10\text{cm}$，输出镜透过率 $T=0.5$，假设工作物质内部损耗为零，求得单程损耗 $\delta \approx 0.35$，红宝石中粒子数密度 $n=1.9\times10^{19}\text{cm}^{-3}$。

表 4.3.2　三种激光器的参数比较

参　数	红宝石	钕玻璃	Nd：YAG
$\lambda_0/\mu m$	0.6943	1.06	1.06
ν_0/Hz	4.32×10^{14}	2.83×10^{14}	2.83×10^{14}
η	1.76	1.52	1.82
$\Delta\nu_F/Hz$	3.3×10^{11}	7×10^{12}	1.95×10^{11}
τ/s	3×10^{-3}	7×10^{-4}	2.3×10^{-4}
$\Delta n_t/cm^{-3}$	8.7×10^{17}	1.4×10^{18}	1.8×10^{16}
n_{2t}/cm^{-3}	$\approx9.5\times10^{18}$	1.4×10^{18}	1.8×10^{16}
η_F	0.7	0.4	1
$E_{pt}/V(J\cdot cm^{-3})$	5	0.95	4.9×10^{-3}
$P_{pt}/V(W\cdot cm^{-3})$	1600	1400	21

从表 4.3.1 和表 4.3.2 可以看出：

(1) 三能级系统所需要的阈值能量比四能级大得多，这是因为四能级系统的激光下能级是激发态，$n_1\approx0$，所以只需把 Δn_t 个粒子激励到激光上能级上就可以使增益克服腔的损耗而产生激光。而在三能级系统中，激光下能级是基态，因此，至少要把 $n/2$ 个粒子激励到激光上能级上才能形成粒子数反转。$n/2\gg\Delta n_t$，所以三能级系统的阈值能量(功率)要比四能级系统大得多。由于连续工作时所需阈值功率太大，所以三能级系统激光器一般只能以脉冲方式工作。

(2) 三能级系统激光器中光腔损耗的大小对光泵阈值能量(功率)的影响不大。而在四能级系统中，阈值能量(功率)正比于光腔的损耗 δ。这是因为在四能级系统中，为获得激光，必须把 Δn_t 个粒子激励到高能级，而 Δn_t 正比于 δ。在三能级系统中，必须把$(n+\Delta n_t)/2$ 个粒子激发到高能级上，而 Δn_t 与 n 相比可以忽略，因而 δ 对阈值能量(功率)的影响也就很小。

(3) 由于同样的原因，荧光谱线宽度 $\Delta\nu_F$ 对三能级系统的阈值能量(功率)影响很小，而四能级系统的阈值功率正比于 $\Delta\nu_F$。因为 Nd：YAG 的 $\Delta\nu_F$ 比钕玻璃小得多，其量子效率 η_F 又比钕玻璃高得多，使 Nd：YAG 激光器的阈值能量(功率)比钕玻璃激光器低得多，所以它可以连续工作，而钕玻璃激光器一般只能以脉冲方式工作。

(4) 由于 Δn_t 反比于工作物质的长度 l，所以四能级系统中单位体积的阈值光泵能量或功率反比于 l。而在三能级系统中，工作物质的长度对阈值光泵能量或功率的影响很小。

4.3.2　输出能量

以四能级为例，在短脉冲激光器中，设工作物质吸收的泵浦能量为E_p，则有 $E_p\eta_1/h\nu_p$ 个粒子从基态经 E_3 能级跃迁到 E_2 能级上。如果 $E_p\eta_1/h\nu_p>n_{2t}V$，则由于增益大于损耗，腔内受激辐射光强不断增加，与此同时，n_2 将因受激辐射而不断减少，当减少至 n_{2t} 时，受激辐射光强便开始迅速衰减直至熄灭。E_2 能级上剩余的 $n_{2t}V$ 个粒子通过自发辐射返回基态，它们对腔内激光能量没有贡献。

如图 4.3.1 所示，假设腔内的激光束有效横截面积为 A，工作物质的横截面积为 S，输出镜的透射率为 T。那么，仅有光束范围内的工作物质上的反转粒子数对腔内激光能量有贡献，设这部分粒子数为 N，则有

$$N=\frac{A}{S}\left(\frac{E_p\eta_1}{h\nu_p}-n_{2t}V\right)$$

这部分反转粒子将产生 N 个受激发射光子，所以腔内的激光能量为

$$E_{内}=Nh\nu_{21}=\frac{A}{S}\left(\frac{E_{p}\eta_{1}}{h\nu_{p}}-n_{2t}V\right)h\nu_{21}=\frac{A}{S}\frac{\nu_{21}}{\nu_{p}}\eta_{1}\left(E_{p}-\frac{h\nu_{p}n_{2t}V}{\eta_{1}}\right) \tag{4.3.6}$$

把

$$n_{2t}\approx\Delta n_{t}=\frac{\delta}{\sigma_{21}l},\quad E_{pt}=\frac{h\nu_{p}V\delta}{\eta_{1}\sigma_{21}l}$$

代入式(4.3.6)得

$$E_{内}=\frac{A}{S}\frac{\nu_{21}}{\nu_{p}}\eta_{1}(E_{p}-E_{pt})=\frac{A}{S}\frac{\nu_{21}}{\nu_{03}}\eta_{1}(E_{p}-E_{pt}) \tag{4.3.7}$$

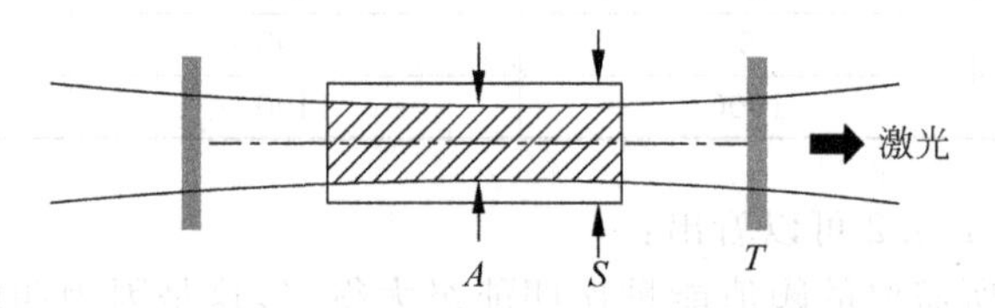

图 4.3.1　脉冲激光器腔内光束示意图

腔内光能一部分损耗于腔内，一部分经输出镜输出到腔外。如果输出镜的透过率为 T，谐振腔往返净损耗为 α，则输出能量为

$$E=E_{内}\frac{T}{T+\alpha}=\frac{A}{S}\frac{\nu_{21}}{\nu_{03}}\eta_{1}\frac{T}{T+\alpha}(E_{p}-E_{pt}) \tag{4.3.8}$$

式中，工作物质吸收的光泵能量是难以测量的，能测量的是光泵的输入电能 ε_{p}，因此，激光输出能量与输入电能的关系为

$$E=\frac{A}{S}\frac{\nu_{21}}{\nu_{03}}\eta_{0}\eta_{1}\eta_{p}\varepsilon_{pt}\left(\frac{\varepsilon_{p}}{\varepsilon_{pt}}-1\right) \tag{4.3.9}$$

式中，$\eta_{0}=T/(T+\alpha)$，称为谐振腔效率；$\eta_{p}=E_{pt}/\varepsilon_{pt}$，为光泵的泵浦效率。

同理，可得三能级系统激光器的输出能量为

$$E=\frac{A}{S}\frac{\nu_{21}}{\nu_{13}}\eta_{0}\eta_{1}\eta_{p}\varepsilon_{pt}\left(\frac{\varepsilon_{p}}{\varepsilon_{pt}}-1\right) \tag{4.3.10}$$

式(4.3.9)和式(4.3.10)表明，当光泵输入电能 $\varepsilon_{p}\leqslant\varepsilon_{pt}$ 时，激光输出能量为0，当 $\varepsilon_{p}>\varepsilon_{pt}$ 时，输出能量随着 ε_{p} 线性增加。输出能量是由超过阈值那部分输入能量转换而来的。图 4.3.2 所示为一个脉冲红宝石激光器的输出能量和光泵输入电能 ε_{p} 的关系曲线。

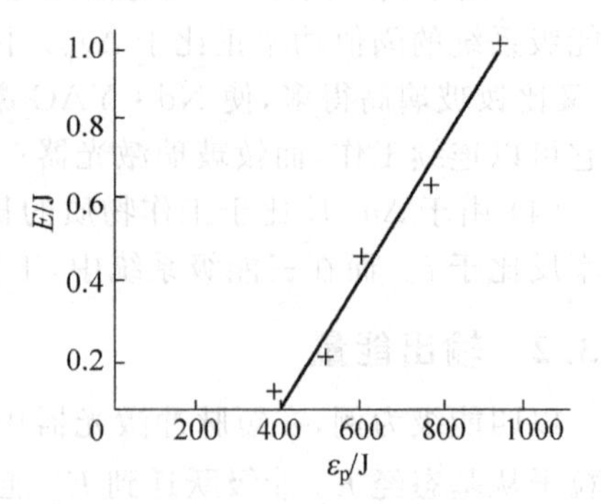

图 4.3.2　红宝石激光器输出能量和光泵输入电能的关系

4.3.3　激光器的效率

激光器的效率通常用总效率和斜效率来表示。

1. 总效率

总效率 η_{t} 定义为激光器的输出功率(能量)与泵浦输入电功率(能量)的百分比，可表示为

$$\eta_t=\frac{P}{p_p}\quad 或\quad \eta_t=\frac{E}{\varepsilon_p}$$

2. 斜效率

当泵浦输入电功率（能量）高出阈值很多时，激光器输出功率（能量）和泵浦输入电功率（能量）的关系曲线接近直线，该直线的斜率称为斜效率 η_s。斜效率表示为

$$\eta_s=\frac{P}{p_p-p_{pt}}\quad 或\quad \eta_t=\frac{E}{\varepsilon_p-\varepsilon_{pt}}$$

4.4 弛豫振荡

大量实验表明，一般固体脉冲激光器所输出的并不是一个平滑的光脉冲，而是一群宽度只有微秒量级的短脉冲序列，即所谓的“尖峰”序列。激励越强，则短脉冲之间的时间间隔越小。人们把上述现象称为弛豫振荡或尖峰振荡效应。

使用快速响应的光电探测器和脉冲示波器，采集典型脉冲红宝石激光器或脉冲 Nd：YAG 激光器的输出脉冲发现，自由振动激光器的输出由一系列无规则的尖峰组成，每个尖峰的持续时间为 0.1～1μs，相邻尖峰之间的时间间隔约为几微秒。当激光器连续运转时则呈现为准正弦阻尼振荡或无阻尼的脉动。通常称激光器开启时所发生的不连续的、尖锐的大振幅脉冲为“尖峰”，激光器连续运转时发生在稳态振荡附近的小振幅、准正弦阻尼振动为“弛豫振荡”，也有文献将这两者都称为弛豫振荡。图 4.4.1 画出了典型固体激光器中所观测到的三种不同类型的输出波形。

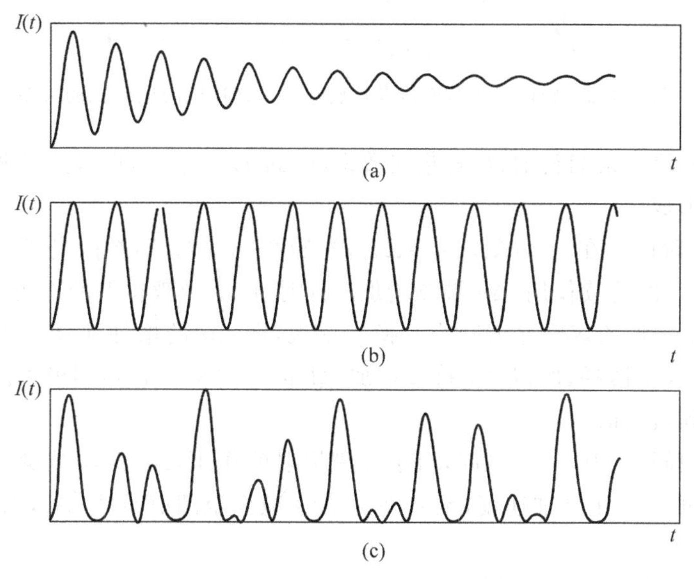

图 4.4.1　典型固体激光器的输出波形

(a) 规则的准正弦阻尼振荡；(b) 规则的无阻尼振荡；(c) 无规则的尖峰振荡

尖峰和弛豫振荡是大多数固体激光器、半导体激光器的共同特点，但在大多数气体激光器中观测不到这种现象。图 4.4.2 所示为实验观测到的荧光波形和激光波形。

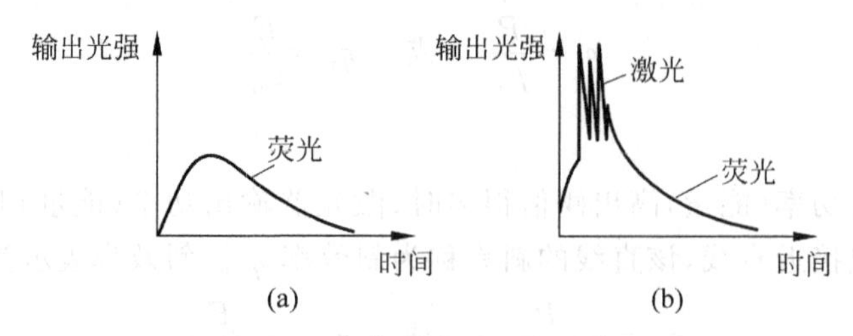

图 4.4.2 荧光波形和激光波形

4.4.1 弛豫振荡的形成过程

利用图 4.4.3 可以定性说明弛豫振荡形成的物理过程，为便于说明，将弛豫振荡的形成过程分为以下几个阶段。

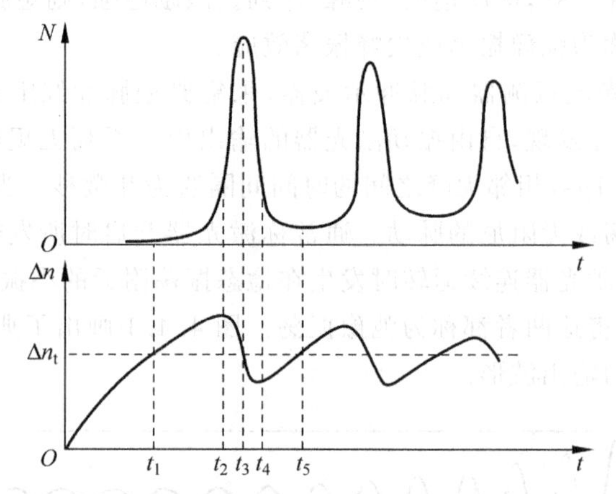

图 4.4.3 腔内光子数密度及反转集居数密度随时间变化的关系

(1) $0\sim t_1$ 阶段。泵浦初期，反转集居数密度 Δn 逐渐增加，但未达到阈值条件 Δn_t，因此，无激光脉冲形成。

(2) $t_1\sim t_2$ 阶段。在 t_1 时刻，$\Delta n=\Delta n_t$，开始产生激光，即腔内光子数密度 N 开始增加。由于泵浦激励的持续作用，Δn 继续增加。同时，由于受激辐射的作用，会消耗 Δn 而使 N 增加，导致 Δn 增加的速度逐渐减小。换句话说，即 Δn 的增加速度大于减少速度，可认为是腔内的增益大于损耗，所以 Δn 持续增加，直至 t_2 时刻，Δn 达到极大值，但腔内光子数密度 N 并未达到最大值。

(3) $t_2\sim t_3$ 阶段。从 t_2 时刻起，由于受激辐射的作用，Δn 急剧减少，而 N 急剧增加。即 Δn 的减少速度远大于增加速度，至 t_3 时刻，Δn 减少至阈值条件 Δn_t，而腔内光子数密度 N 达到最大值。

(4) $t_3\sim t_4$ 阶段。从 t_3 时刻起，$\Delta n<\Delta n_t$，受激辐射仍在进行，但 Δn 的减少速度逐渐减小。至 t_4 时刻，Δn 的减少速度等于增加速度，Δn 达到极小值。在这个阶段，相当于腔内的增益小于损耗，腔内的光子数密度 N 开始急剧减少。

(5) $t_4\sim t_5$ 阶段。从 t_4 时刻起，Δn 的增加速度开始大于减少速度，即 Δn 又重新增加，但 $\Delta n<\Delta n_t$，腔内的增益小于损耗，即腔内的光子数密度 N 继续减少。至 t_5 时刻，Δn

达到阈值条件 $\Delta n_t(\Delta n=\Delta n_t)$，于是开始形成第二个尖峰。

在整个泵浦激励的时间内(例如，脉冲氙灯的泵浦激励持续时间为毫秒量级)，上述过程反复发生，最终使激光输出脉冲呈现一个尖峰脉冲序列。由于激光器腔内光子数密度 N 的增大与减小的变化速率很高，并且远大于腔损耗的变化速率，因此每个激光尖峰非常陡峭且脉宽很窄。两个激光尖峰之间的时间间隔与泵浦能量(功率)有关，光泵功率越大，尖峰形成越快，因而尖峰的时间间隔就越小。

值得指出的是，在多数激光器中，大信号的尖峰行为最终会衰减为准正弦的弛豫振荡，这是因为在激光器中，Δn 和 N 不会减小至 0，这使得后续的尖峰开始的条件会越来越接近阈值条件，即越来越接近激光器的稳定值。

4.4.2　弛豫振荡的线性近似分析

以上定性说明了弛豫振荡的形成过程，下面用一级微扰近似的方法对非稳态的速率方程求解，从而对弛豫振荡过程给出一种近似的数学描述。

以四能级系统为例，其速率方程为

$$\begin{cases}\dfrac{\mathrm{d}n_3}{\mathrm{d}t}=n_0W_{03}-n_3(A_{30}+S_{30}+S_{32})\\[2mm]\dfrac{\mathrm{d}n_2}{\mathrm{d}t}=n_3S_{32}-\left(n_2-\dfrac{f_2}{f_1}n_1\right)\sigma_{21}(\nu,\nu_0)vN_l-n_2(A_{21}+S_{21})\\[2mm]\dfrac{\mathrm{d}n_1}{\mathrm{d}t}=n_2(A_{21}+S_{21}+W_{21})-n_1(W_{12}+S_{10})\\[2mm]\dfrac{\mathrm{d}n_0}{\mathrm{d}t}=n_1S_{10}+n_3(A_{30}+S_{30})-n_0W_{03}\\[2mm]n=n_0+n_1+n_2+n_3\\[2mm]\dfrac{\mathrm{d}N_l}{\mathrm{d}t}=\left(n_2-\dfrac{f_2}{f_1}n_1\right)\sigma_{21}(\nu,\nu_0)vN_l-\dfrac{N_l}{\tau_{Rl}}\end{cases}$$

由于激光下能级为激发态，认为 $n_1\approx 0$，$\Delta n\approx n_2$，$n_3\approx 0$，假设激光器以单模运行，振荡模式频率为 ν_0，为便于推导，令 $\eta_1=\eta_2=\eta_F=1$，$L=l$，于是四能级系统中腔内光子数密度 $N(t)$ 和反转集居数密度 $\Delta n(t)$ 的速率方程为

$$\frac{\mathrm{d}N(t)}{\mathrm{d}t}=\Delta n(t)\sigma_{21}vN(t)-\frac{N(t)}{\tau_{Rl}} \tag{4.4.1}$$

$$\frac{\mathrm{d}\Delta n(t)}{\mathrm{d}t}=[n-\Delta n(t)]W_{03}-\Delta n(t)\sigma_{21}vN-\Delta n(t)A_{21} \tag{4.4.2}$$

一级微扰近似方法中，假定

$$N(t)=N_0+N'(t) \tag{4.4.3}$$

$$\Delta n(t)=(\Delta n)_0+\Delta n'(t) \tag{4.4.4}$$

式(4.4.3)和式(4.4.4)中 N_0 和 $(\Delta n)_0$ 为稳态解，$N'(t)\ll N_0$，$\Delta n'(t)\ll(\Delta n)_0$。这一假设的物理意义是：$N(t)$ 和 $\Delta n(t)$ 的值只在稳态值 N_0 和 $(\Delta n)_0$ 附近变化，$N'(t)$ 和 $\Delta n'(t)$ 只是一个小量。令式(4.4.1)和式(4.4.2)等于 0，可得出稳态解

$$(\Delta n)_0=\Delta n_t \tag{4.4.5}$$

$$N_0 = \tau_R [W_{03}(n - \Delta n_t) - A_{21}\Delta n_t] \tag{4.4.6}$$

将式(4.4.3)～式(4.4.6)代入式(4.4.1)和式(4.4.2),忽略二阶小量,可得

$$\frac{d\Delta n'}{dt} = -\Delta n'(\sigma_{21} v N_0 + A_{21} + W_{03}) - \frac{N'}{\tau_{Rl}} \tag{4.4.7}$$

$$\frac{dN'}{dt} = \Delta n' \sigma_{21} v N_0 \tag{4.4.8}$$

令

$$\alpha = \sigma_{21} v N_0 + A_{21} + W_{03}, \quad \beta = \frac{1}{\tau_{Rl}}, \quad \gamma = \sigma_{21} v N_0$$

对式(4.4.7)和式(4.4.8)再次求导后代入式(4.4.7)和式(4.4.8),可得

$$\frac{d^2 \Delta n'}{dt^2} + \alpha \frac{d\Delta n'}{dt} + \beta\gamma \Delta n' = 0 \tag{4.4.9}$$

$$\frac{d^2 N'}{dt^2} + \alpha \frac{dN'}{dt} + \beta\gamma N' = 0 \tag{4.4.10}$$

式(4.4.9)和式(4.4.10)是一对具有相同系数的二阶常系数微分方程,考虑到 $\Delta n'(t)$ 和 $N'(t)$ 的相位差,其解为

$$\Delta n'(t) = \Delta n'(0) e^{-\varphi t} \sin \Omega_{Rl} t \tag{4.4.11}$$

$$N'(t) = N'(0) e^{-\varphi t} \sin\left(\Omega_{Rl} t - \frac{\pi}{2}\right), \quad t > 0 \tag{4.4.12}$$

其中 $t=0$ 时刻对应于 Δn 上升到 Δn_t 的时刻。式(4.4.12)说明,起伏量 $\Delta n'(t)$ 和 $N'(t)$ 随时间作阻尼周期变化,式中阻尼振荡的衰减常数 φ 及振荡频率 Ω_{Rl} 分别为

$$\varphi = \frac{\alpha}{2} = \frac{1}{2}(\sigma_{21} v N_0 + A_{21} + W_{03}) \tag{4.4.13}$$

$$\Omega_{Rl} = \frac{1}{2}\sqrt{4\beta\gamma - \alpha^2} = \sqrt{\beta\gamma - \varphi^2} \tag{4.4.14}$$

当 $t \gg 1/\varphi$ 时,$\Delta n'(t)$ 和 $N'(t)$ 趋近于 0,则 $N(t) \to N_0$,$\Delta n(t) \to (\Delta n)_0$,此时达到稳态,激光器具有稳定的输出。

以上结果和实验观察到的单模激光器输出的阻尼尖峰序列是一致的。这说明尖峰序列是向稳态振荡过渡的弛豫过程的产物。如果脉冲激励持续时间较短,输出具有尖峰序列,而在连续工作激光器中,则可得到稳定输出。

把式(4.4.6)代入式(4.4.13),可得

$$\varphi = \frac{1}{2}\sigma_{21} v \tau_{Rl} W_{03} n \tag{4.4.15}$$

由式(4.4.6)、式(4.4.14)和式(4.4.15),并考虑到 $n \gg \Delta n_t$,可得

$$\Omega_{Rl} = \sqrt{\beta\gamma - \varphi^2} = \sqrt{\sigma_{21} v \left[W_{03} n - A_{21}\Delta n_t - \frac{1}{4}(\sigma_{21} v \tau_{Rl} W_{03} n)^2\right]} \tag{4.4.16}$$

一般情况下,$W_{03} \ll 1/\tau_{Rl}$,则式(4.4.16)可忽略最后一项,简写为

$$\Omega_{Rl} \approx \sqrt{\sigma_{21} v (W_{03} n - A_{21}\Delta n_t)} \tag{4.4.17}$$

稳态时 $A_{21}\Delta n_t \approx (W_{03})_t n$,其中 $(W_{03})_t$ 表示 W_{03} 的阈值,于是可得

$$\Omega_{Rl} \approx \sqrt{\sigma_{21} v (W_{03})_t n \left[\frac{W_{03}}{(W_{03})_t} - 1\right]} = \sqrt{\sigma_{21} v A_{21} \Delta n_t \left[\frac{W_{03}}{(W_{03})_t} - 1\right]} \tag{4.4.18}$$

把

$$\Delta n_t = \frac{\delta}{\sigma_{21} l}, \quad \tau_R = \frac{L'}{\delta c} = \frac{\eta L}{\delta c}, \quad l = L, \quad v = \frac{c}{\eta}$$

代入式(4.4.18)得

$$\Omega_{Rl} = \sqrt{\frac{A_{21}}{\tau_{Rl}} \left[\frac{W_{03}}{(W_{03})_t} - 1\right]} \tag{4.4.19}$$

由式(4.4.16)和式(4.4.19)可以看出,激励越强(W_{03}越大),则阻尼振荡频率越高(尖峰时间间隔越小),衰减越迅速。

上述理论模型可以粗略地解释单模激光器的阻尼尖峰序列现象,一般多模激光器的输出往往是无规则的尖峰序列。

4.5 单模激光器的线宽极限

在腔内工作物质增益为零的无源腔中,腔内光强可表示为

$$I(t) = I_0 e^{-\frac{t}{\tau_{Rl}}}$$

因为光强与光场振幅的平方成正比,因此,上式所描述的光场振幅为

$$A(t) = A_0 e^{-\frac{t}{2\tau_{Rl}}}$$

而光场可表示为

$$E(t) = A(t) e^{i\omega t} = A_0 e^{-\frac{t}{2\tau_{Rl}}} e^{i\omega t}$$

由频谱分析可知,上式所表示的衰减振荡将具有有限的频谱宽度$\Delta\nu_c$:

$$\Delta\nu_c = \frac{1}{2\pi\tau_{Rl}} = \frac{\delta c}{2\pi L'} \tag{4.5.1}$$

式中,τ_{Rl}为腔内光子寿命;δ为无源腔的单程损耗;L'为腔的光学长度;$\Delta\nu_c$即为无源腔中本征模式的谱线宽度。可见,腔的损耗δ越低,则光场的衰减时间越长,模的线宽越窄。

实际激光器内工作物质的增益系数恒大于零,所以称为有源腔。有源腔的单程净损耗δ_s为

$$\delta_s = \delta - G(\nu, I_\nu) l \tag{4.5.2}$$

那么,有源腔的模式线宽为

$$\Delta\nu_s = \frac{1}{2\pi\tau'_{Rl}} = \frac{\delta_s c}{2\pi L'} \tag{4.5.3}$$

式中,$\tau'_{Rl} = L'/\delta_s c$,为由谐振腔损耗及工作物质增益共同决定的有源腔中光子的寿命。如前所述,激光器稳态工作时,增益等于损耗,应有

$$\delta = G(\nu, I_\nu) l$$

因此激光器的净损耗以及单纵模的线宽似乎应等于零。但这只是对激光器内物理过程的一种理想化的近似描述。这种理想情况的物理图像是:腔内的受激辐射能量补充了损耗的能

量，而且由于受激辐射产生的光波与原来的光波具有相同的相位，二者相干叠加使腔内光波的振幅始终保持恒定，因而输出激光在理想情况下为一无限长的波列，其线宽应等于零。

实际中不可能存在绝对的单色光，实际的单纵模激光器的线宽也不等于零。产生这一矛盾的原因是，在分析激光器振荡过程中，忽略了自发辐射的存在，而实际上自发辐射始终存在。由于和受激辐射相比自发辐射的作用极其微弱，因而在讨论阈值及输出功率等问题时可以忽略不计；但在考虑线宽问题时却必须考虑自发辐射的影响。下面对这一问题进行粗略的分析。

考虑到自发辐射的存在，当腔长 L 等于工作物质长 l 时，单模腔内光子数密度的速率方程为

$$\frac{\mathrm{d}N_l}{\mathrm{d}t}=\Delta n\sigma_{21}vN_l+a_l n_2-\frac{N_l}{\tau_{\mathrm{R}l}} \tag{4.5.4}$$

式中，$a_l n_2$ 为自发辐射项，a_l 为分配在该模式中的自发辐射概率，因为 $A_{21}g(\nu,\nu_0)$ 是分配到频率 ν 处单位频带内的自发辐射跃迁概率，所以

$$a_l=\frac{A_{21}g(\nu,\nu_0)}{n_\nu SL}=\frac{\sigma_{21}(\nu,\nu_0)v}{SL} \tag{4.5.5}$$

式中，S 为光腔横截面面积。

把

$$G=\Delta n\sigma_{21}(\nu,\nu_0),\quad \tau_{\mathrm{R}l}=\frac{L'}{\delta c}$$

代入式(4.5.4)得

$$\frac{\mathrm{d}N_l}{\mathrm{d}t}=G(\nu,I_\nu)vN_l+a_l n_2-\frac{N_l\delta v}{L} \tag{4.5.6}$$

在稳定振荡时有

$$\frac{\mathrm{d}N_l}{\mathrm{d}t}=0,\quad n_2=n_{2\mathrm{t}},\quad \Delta n=\Delta n_{\mathrm{t}}$$

代入式(4.5.6)得

$$\delta_{\mathrm{s}}=\delta-G(\nu,I_\nu)l=a_l n_{2\mathrm{t}}\frac{1}{N_l v} \tag{4.5.7}$$

式(4.5.7)说明由于存在着自发辐射，稳定振荡时的单程增益略小于单程损耗，有源腔的净损耗 δ_{s} 不为零。虽然该模式的总光子数密度 N_l 保持恒定，但自发辐射具有随机的相位，所以输出激光是一个略有衰减的有限长波列，因此具有一定的谱线宽度 $\Delta\nu_{\mathrm{s}}$。由于分配到一个模式的自发辐射概率 a_l 很小，因此 $\delta_{\mathrm{s}}\ll\delta$，$\Delta\nu_{\mathrm{s}}\ll\Delta\nu_{\mathrm{c}}$。

下面求式(4.5.7)中的 a_l 和 N_l。通常输出功率由两部分组成，即

$$P_0=P_{\mathrm{st}}+P_{\mathrm{sp}}$$

式中，P_{st} 为受激辐射功率；P_{sp} 为分配于该模式的自发辐射功率，$P_{\mathrm{sp}}\ll P_{\mathrm{st}}$。若谐振腔由一面反射镜和一面透射率为 T 的输出反射镜组成，除输出损耗外的其他损耗可忽略不计，则在稳定工作时

$$P_0\approx P_{\mathrm{st}}=\Delta n_{\mathrm{t}}\sigma_{21}(\nu,\nu_0)vN_l SLh\nu$$

利用式(4.5.5)，上式可改写为

$$P_0 \approx \Delta n_t a_l N_l (SL)^2 h\nu \tag{4.5.8}$$

显然,输出功率和腔内光子数密度应满足如下关系

$$P_0 = \frac{N_l}{2} v S h\nu T \tag{4.5.9}$$

由式(4.5.9)得

$$N_l = \frac{2P_0}{vSh\nu T} \tag{4.5.10}$$

代入式(4.5.8)得

$$a_l = \frac{Tv}{2SL^2 \Delta n_t} \tag{4.5.11}$$

把 a_l、N_l 和 δ_s 的表达式代入式(4.5.3),得

$$\Delta\nu_s = \frac{n_{2t}}{\Delta n_t} \frac{2\pi(\Delta\nu_c)^2 h\nu}{P_0} \approx \frac{n_{2t}}{\Delta n_t} \frac{2\pi(\Delta\nu_c)^2 h\nu_0}{P_0} \tag{4.5.12}$$

对于 $L=30\text{cm}$、$T=0.02$、$P_0=1\text{mW}$ 的632.8nm氦氖激光器有

$$\Delta\nu_c = \frac{cT}{4\pi L'} \approx 1.6\times 10^6\ \text{Hz}$$

由于 $n_{2t}/\Delta n_t \approx 1$,则可计算出 $\Delta\nu_s = 6\times 10^{-3}\ \text{Hz}$。

这种线宽是由于自发辐射的存在而产生的,因而无法排除,所以称之为线宽极限。实际激光器中由于各种不稳定因素,纵模频率本身的漂移远大于 $\Delta\nu_s$。

由式(4.5.12)可看出,输出功率越大,线宽就越窄。这是因为输出功率增大就意味着腔内相干光子数增多,受激辐射比自发辐射占更大优势,因而线宽变窄。减小损耗和增大腔长也可以使线宽变窄。例如半导体激光器由于腔长只有数百微米而具有较宽的激光线宽,若将它与一外反射镜构成外腔半导体激光器则可使线宽显著减小。

4.6 激光器的频率牵引

由3.1节知,激光工作物质在增益(或吸收)曲线中心频率 ν_0 附近呈现强烈的色散,即折射率随着频率而急剧变化,如图4.6.1所示。色散随工作物质增益系数的增高而增大。增益系数为零时,折射率为常数,记为 η^0,增益系数不为零时,折射率是频率的函数,记为 $\eta(\nu)$,有

$$\eta(\nu) = \eta^0 + \Delta\eta(\nu) \tag{4.6.1}$$

式中,$\Delta\eta(\nu)$ 为折射率随频率变化的部分。

在洛伦兹加宽的均匀加宽工作物质中,由式(3.1.34)可得

$$\Delta\eta(\nu) = \frac{(\nu-\nu_0)c}{2\pi\nu\Delta\nu_H} G_H(\nu, I_\nu) \tag{4.6.2}$$

式中

$$G_H(\nu, I_\nu) = \frac{A_{21} v^2 \Delta n^0}{4\pi^2 \nu_0^2 \Delta\nu_H} \frac{\left(\frac{\Delta\nu_H}{2}\right)^2}{(\nu-\nu_0)^2 + \left(\frac{\Delta\nu_H}{2}\right)^2 \left(1+\frac{I_\nu}{I_s}\right)}$$

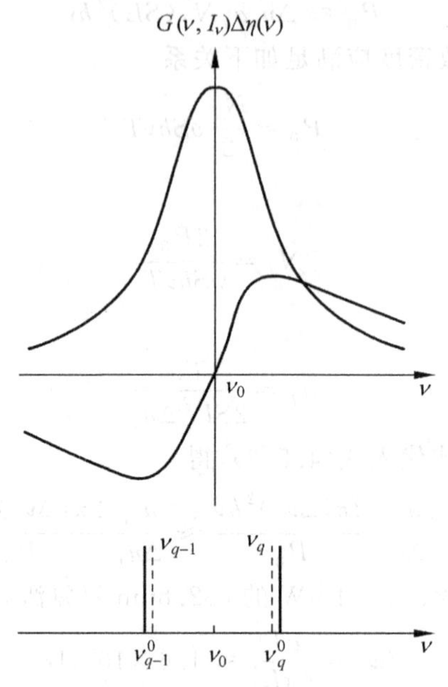

图 4.6.1 增益曲线，色散曲线及谐振腔模谱

下面讨论由色散引起的频率牵引现象。

在无源腔中，纵模频率表示为

$$\nu_q^0 = \frac{qc}{2\eta^0 L} \tag{4.6.3}$$

相邻纵模间隔相等。

在有源腔中，由于色散的存在，纵模频率变为

$$\nu_q = \frac{qc}{2\eta L} = \frac{qc}{2[\eta^0 + \Delta\eta(\nu_q)]L} \tag{4.6.4}$$

显然，它将偏离无源腔的纵模频率，偏离量为

$$\nu_q - \nu_q^0 \approx -\frac{\Delta\eta(\nu_q)}{\eta^0}\nu_q^0 \tag{4.6.5}$$

由式(4.6.2)可以看出，当 $\nu_q^0 > \nu_0$ 时，$\Delta\eta(\nu_q) > 0$，因而 $\nu_q - \nu_q^0 < 0$。当 $\nu_q^0 < \nu_0$ 时，$\Delta\eta(\nu_q) < 0$，因而 $\nu_q - \nu_q^0 > 0$。由此可见，在有源腔中，由于增益物质的色散，使纵模频率比无源腔纵模频率更靠近中心频率，这种现象叫做频率牵引。

在均匀加宽激光器中，根据式(4.6.2)及式(4.6.5)，并考虑 $\nu_q \approx \nu_q^0$，可得

$$\nu_q - \nu_q^0 \approx -\frac{(\nu_q - \nu_0)c}{2\pi\eta^0 \Delta\nu_H} G_H(\nu_q, I_{\nu_q})$$

假定腔长与工作物质长度相等，则当激光器稳态工作时

$$G_H(\nu_q, I_{\nu_q}) = \frac{\delta}{l} = \frac{\delta}{L}$$

因此，有

$$\nu_q - \nu_q^0 \approx -\frac{(\nu_q - \nu_0)c}{2\pi\eta^0 \Delta\nu_H}\frac{\delta}{L} = -\frac{\Delta\nu_c}{\Delta\nu_H}(\nu_q - \nu_0) \tag{4.6.6}$$

式中，$\Delta\nu_c$ 为无源腔线宽，表达式为

$$\Delta\nu_c=\frac{\delta c}{2\pi L'}=\frac{\delta c}{2\pi\eta^0 L}$$

引入牵引参量 σ_{H}，定义为

$$\sigma_{\mathrm{H}}=-\frac{\nu_q-\nu_q^0}{\nu_q-\nu_0}=\frac{\Delta\nu_c}{\Delta\nu_{\mathrm{H}}} \tag{4.6.7}$$

对于非均匀加宽激光器的牵引参量为

$$\sigma_{\mathrm{i}}=-\frac{\nu_q-\nu_q^0}{\nu_q-\nu_0}=2\sqrt{\frac{\ln 2}{\pi}}\frac{\Delta\nu_c}{\Delta\nu_{\mathrm{D}}}\sqrt{1+\frac{I_\nu}{I_{\mathrm{s}}}} \tag{4.6.8}$$

对 632.8nm 氦氖激光器，σ_{i} 的数量级约为 10^{-3}。

本 章 小 结

本章首先讨论了连续激光器和脉冲激光器的区别与联系。针对连续激光器的振荡特性，以四能级系统为例，从速率方程出发，求得激光振荡阈值条件(阈值反转粒子数、阈值增益系数和泵浦功率)，讨论了均匀加宽激光器和非均匀加宽激光器的振荡模式，推导了稳态时的输出功率。对于脉冲激光器，由于是非稳态运转，其分析方法与连续激光器略有不同，注意与连续激光器的区别。在讨论完激光器的振荡特性的基础上，分析了脉冲激光器的弛豫振荡的形成过程，并进行了近似分析。最后讨论了单模激光器的线宽极限和频率牵引问题。

学习本章内容后，读者应理解以下内容：

(1) 连续激光器和脉冲激光器；

(2) 连续激光器的阈值条件、振荡模式和输出功率(最佳透过率)；

(3) 脉冲激光器的阈值条件、输出能量；

(4) 弛豫振荡的形成过程；

(5) 线宽极限的概念；

(6) 频率牵引的概念。

习　　题

1. 长度为 10cm 的红宝石棒置于长度为 20cm 的光谐振腔中，红宝石 694.3nm 谱线的自发辐射寿命 $\tau_{s_2}\approx4\times10^{-3}$s，红宝石折射率为 1.76，均匀加宽线宽为 2×10^5MHz，光腔单程损耗因子 $\delta=0.2$。求：

(1) 中心频率处阈值反转粒子数密度 Δn_1；

(2) 当光泵激励产生反转粒子数密度 $\Delta n=1.2\Delta n_1$ 时，有多少个纵模可以振荡？

2. 脉冲掺钕钇铝石榴石激光器的两个反射镜透射率 T_1、T_2 分别为 0 和 0.5。工作物质直径 $d=0.8$cm，折射率 $\eta=1.836$，总量子效率为 1，荧光线宽 $\Delta\nu_{\mathrm{F}}=1.95\times10^{11}$Hz，自发辐射寿命 $\tau_{s_2}=2.3\times10^{-4}$s。假设光泵吸收带的平均波长 $\lambda_{\mathrm{p}}=0.8\mu$m。试估算此激光器在中心频率处所需吸收的阈值泵浦能量 E_{pt}。

3. 某激光器工作物质的谱线线宽为50MHz,激励速率是中心频率处阈值激励速率的2倍,欲使该激光器单纵模振荡,腔长 L 应为多少?

4. 考虑氦氖激光器的632.8nm跃迁,其上能级 $3S_2$ 的寿命 $\tau_2 \approx 2\times10^{-8}$s,下能级 $2P_4$ 的寿命 $\tau_1 \approx 2\times10^{-8}$s,设管内气压 $p=266$Pa。

(1) 计算 $T=300$K 时的多普勒线宽 $\Delta\nu_D$;

(2) 计算均匀线宽 $\Delta\nu_H$ 及 $\Delta\nu_D/\Delta\nu_H$;

(3) 当腔内光强分别为接近0和10W/cm^2 时谐振腔需多长才能使烧孔重叠?

5. 腔内均匀加宽增益介质具有最大增益系数 G_m 及中心频率处的饱和光强 I_{sG},同时腔内存在一均匀加宽吸收介质,其最大吸收系数为 α_m,中心频率处的饱和光强为 $I_{s\alpha}$,假设两介质中心频率均为 ν_0,$\alpha_m>G_m$,$I_{s\alpha}<I_{sG}$,试问:

(1) 此激光器能否起振?

(2) 如果瞬时输入一足够强的频率为 ν_0 的光信号,此激光器能否起振?写出其起振条件;讨论在何种情况下能获得稳定振荡,并写出稳定振荡时的腔内光强。

(提示:①读者可自行假设题中未给出的有关参数;②既然能注入光信号,就必须考虑谐振腔的透射损耗。)

6. 设一台单向运行的环行激光器和驻波腔激光器具有相同的腔长、小信号增益系数和谐振腔损耗,试比较其输出功率。

7. 一台驻波腔均匀加宽单模(中心频率)气体激光器,其工作物质长80cm,中心频率小信号增益系数为0.001cm^{-1},中心频率饱和光强为30W/cm^2,均匀加宽线宽为2GHz,一端反射镜透过率为0.01,另一端输出反射镜透过率可调,腔长为1m,不计其他损耗。求:

(1) 输出光强和输出镜透过率间的函数关系;

(2) 假设光斑面积为1mm^2,求最佳输出透过率及相应的最大输出功率。

8. 有一氪灯激励的连续工作掺钕钇铝石榴石激光器(如习题图4.1所示)。由实验测出氪灯输入电功率的阈值 p_{pt} 为2.2kW,斜效率 $\eta_s=dP/dp_p=0.024$(P 为激光器输出功率,p_p 为氪灯输入电功率)。掺钕钇铝石榴石棒内损耗系数 $\alpha_i=0.005$cm^{-1}。试求:

(1) p_p 为10kW时激光器的输出功率;

(2) 反射镜1换成平面镜时的斜效率(更换反射镜引起的衍射损耗变化忽略不计;假设激光器振荡于 TEM_{00} 模);

(3) 习题图4.1所示激光器中 T_1 改成0.1时的斜效率和 $p_p=10$kW时的输出功率。

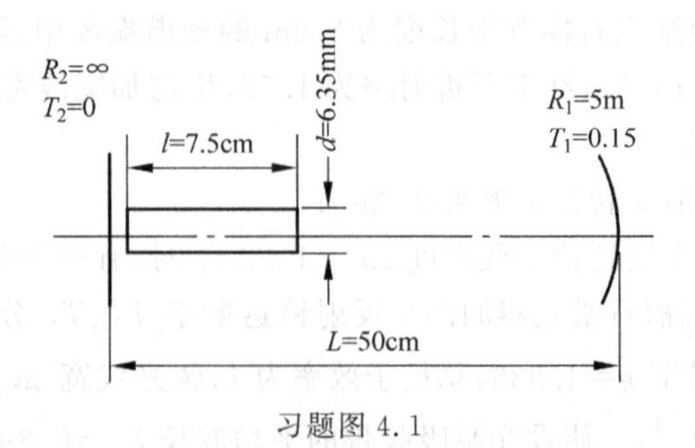

习题图4.1

第 5 章思维导图

激光调制技术

自 1960 年第一台红宝石激光器产生以来，人们持续研究在日常生活、工业生产和军事上真正具有应用价值的激光器。而利用激光来传递信息是人们梦寐以求的通信手段。激光通信具有比无线通信高得多的频率(约 10^4 倍)，因而能传递的信息容量是无线电波的 10^4 倍；相干性好，因而易于信息加载；方向性好、发散角小，因而能传输较远的距离。在激光通信中，将激光作为信息的载体，通过改变激光的振幅、波长(频率)、相位、偏振参数、方向等参量，使激光携带信息，这一过程称为激光的调制。

本章主要阐述激光的调制技术，包括基本概念、电光调制、声光调制、磁光调制等。重点阐述各种调制方式的物理基础和特性。

本章重点内容：

1. 激光调制的分类
2. 电光调制
3. 声光调制
4. 磁光调制

5.1 激光调制的基本概念

激光是光频段的电磁波，具有良好的相干性，与无线电磁波相似，也可以用作传输信号的载波。由于激光的频率很高(10^{13}～10^{15} Hz)，可利用的频带很宽(传输速率很高)，传递信息的容量大，因此，光通信随着激光器和激光技术的发展而迅猛发展起来。

要把激光作为信息的载体，就必须解决如何把信息(如语音、图文、视频等)加载到激光上，经大气、光纤等传输通道送至目的地，再由接收器鉴别和还原，从而完成信息的传输。这种将信息加载到激光上的过程称为调制，完成这一功能的装置称为光调制器。与之对应，在接收端，有光接收器(探测器)、光解调器鉴别并还原信息，此过程称为解调。光通信系统的结构模型如图 5.1.1 所示。

图 5.1.1　光通信系统模型

5.1.1 激光调制的分类

在光电子学中，常用光波的电场分量表示电磁波。表示为

$$E_c(t)=A_c\cos(\omega_c t+\varphi_c) \tag{5.1.1}$$

式中，A_c 为振幅；ω_c 为角频率；φ_c 为相位角。激光调制是利用某种物理方法改变激光的某个参量(如振幅、光强、频率、相位、偏振等)，使其按照调制信号的规律变化的技术。当激光这种载波受到信号的调制后，在传输过程中即能达到运载信息的目的。

实现激光调制的方法很多，按照调制器和激光器的位置关系，可分为内调制和外调制两大类。按照调制器的性质分，可以分为连续调制和脉冲调制。其中，连续调制所得的调制波都是一种连续振荡的波，采用的方法有振幅调制、频率调制、相位调制、强度调制等，统称为模拟调制。另外，目前广泛采用一种在不连续状态下进行调制的脉冲调制和脉冲编码调制，统称为数字调制。按照调制器的工作机理分，可分为电光调制、声光调制、磁光调制和直接调制。下面简要介绍这几种常用的调制方式。

5.1.2 内调制和外调制

1. 内调制

内调制是指在激光生成的振荡过程中加载调制信号，通过改变激光器的振荡参数而改变激光输出特性的调制方式。例如，在半导体激光器中，常常用调制信号直接改变它的驱动电流，从而调制输出激光强度(这种方式称为直接调制)。还有一种调制方式，通过在光学谐振腔内放置特殊的光学元件(调制器)，用调制信号控制光学元件的物理特性，以改变光学谐振腔的参数，从而改变输出激光特性(详见第 6 章调 Q 技术)。

2. 外调制

外调制则是在激光形成之后，在输出的激光光路上放置光学元件(调制器)，用调制信号控制光学元件(调制器)的物理特性，当激光通过时，就会使激光的某些参量受到调制。外调制不改变激光器的参数，只改变输出激光的参数。

与内调制相比，外调制的调整方便，对激光器没有影响。另外，由于外调制是对输出的激光束进行调制，调制速率高(比内调制高一个数量级)，调制带宽也要宽得多。因此，在未来高速率、大容量的光通信及光信息处理中，外调制更受人们的重视。

激光外调制器又可分为体调制器和光波导调制器两类。体调制器的体积较大，所需调制电压和消耗的调制功率都较大；光波导调制器则是制作在波模光波导或条形光波导上，因而体积小巧、驱动电压低、功耗小，受到普遍重视。外调制的基础是外场作用下光与物质的相互作用，其共同物理本质都是外场微扰引起材料的非线性变化，并导致光学各向异性。这种非线性相互作用过程使得通过的光波强度、偏振方向、频率、传播方向、相位等参量发生变化从而实现了激光的调制。

5.1.3 模拟调制

振幅调制、角度调制和强度调制都是一种连续振荡的波，统称为模拟调制。

1. 振幅调制

振幅调制是指载波的振幅随调制信号的规律而变化的振荡，简称调幅(AM)。若调制

信号是一个时间的余弦函数，即

$$a(t)=A_{m}\cos\omega_{m}t \tag{5.1.2}$$

式中，A_m 为调制信号的振幅；ω_m 为调制信号的角频率。当进行激光振幅调制后，式(5.1.1)中的激光振幅 A_c 不再是常量，而是随调制信号成正比的函数，其调幅波的表达式为

$$E(t)=(A_{c}+A_{m}\cos\omega_{m}t)\cos(\omega_{c}t+\varphi_{c})$$

$$E(t)=A_{c}(1+m_{a}\cos\omega_{m}t)\cos(\omega_{c}t+\varphi_{c}) \tag{5.1.3}$$

式中，$m_a=A_m/A_c$，称为调幅系数。

利用三角函数公式展开式(5.1.3)，得到调幅波的频谱公式，即

$$E(t)=A_{c}\cos(\omega_{c}t+\varphi_{c})+\frac{m_{a}}{2}A_{c}\cos[(\omega_{c}+\omega_{m})t+\varphi_{c}]+\frac{m_{a}}{2}A_{c}\cos[(\omega_{c}-\omega_{m})t+\varphi_{c}] \tag{5.1.4}$$

显然，调制后的波包含三个频率成分：ω_c、$\omega_c+\omega_m$ 和 $\omega_c-\omega_m$。$\omega_c+\omega_m$ 称为上边频，$\omega_c-\omega_m$ 称为下边频。调幅波的频谱图如图 5.1.2 所示。

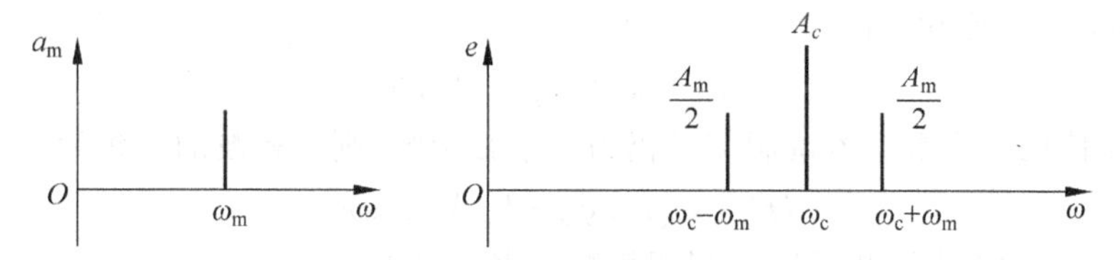

图 5.1.2　单频调幅波频谱

由频谱图可知，调幅波的频带宽度为 $BW=2f$，f 为调制信号的频率($f=2\pi/\omega_m$)。

上述分析是单余弦信号调制的情况，若调制信号是一个复杂的周期信号，则调幅波的频谱将由载频分量和两个边频带组成，其频谱如图 5.1.3 所示。

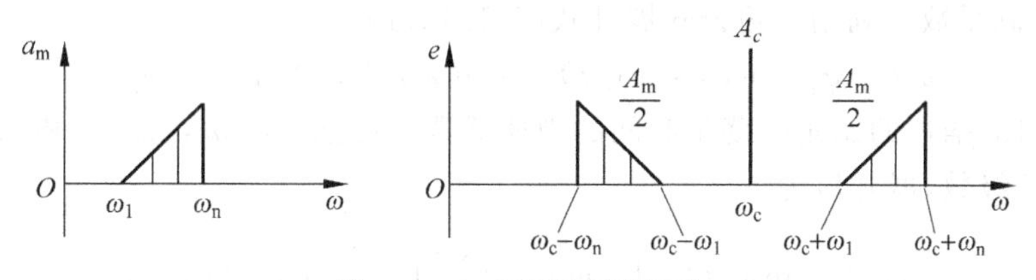

图 5.1.3　多频调幅波频谱

观察调幅波的频谱发现，无论是单音频调制信号还是复杂的调制信号，其调制过程均为频谱的线性搬移过程，即将调制信号的频谱不失真地搬移到载频的两旁，因此，调幅称为线性调制。

2. 角度调制

角度调制是利用光载波的相角随着调制信号的变化规律而改变的振荡。改变相角的常用方法是改变频率和改变相位，因此，角度调制也分为频率调制和相位调制。

1) 频率调制

对于频率调制来说，式(5.1.1)中的振幅和相位不变，但角频率 ω_c 不再是常数，而是随调制信号变化，即

$$\omega(t)=\omega_c+\Delta\omega(t)=\omega_c+k_f a(t) \tag{5.1.5}$$

式中，k_f 为频率比例系数。若调制信号仍为一余弦函数，则调频波的总相角为

$$\Psi(t)=\int\omega(t)\mathrm{d}t+\varphi_c=\int[\omega_c+k_f a(t)]\mathrm{d}t+\varphi_c=\omega_c t+\int k_f a(t)\mathrm{d}t+\varphi_c \tag{5.1.6}$$

把式(5.1.2)代入式(5.1.6)得

$$\Psi(t)=\omega_c t+\int k_f A_m\cos\omega_m t\,\mathrm{d}t+\varphi_c$$

$$\Psi(t)=\omega_c t+\frac{k_f A_m}{\omega_m}\sin\omega_m t+\varphi_c \tag{5.1.7}$$

令 $m_f=\dfrac{k_f A_m}{\omega_m}$（$m_f$ 称为调频系数），把式(5.1.7)代入式(5.1.1)，则调频波的表达式为

$$E(t)=A_c\cos(\omega_c t+m_f\sin\omega_m t+\varphi_c) \tag{5.1.8}$$

2）相位调制

与频率调制相似，相位调制就是式(5.1.1)中的振幅和角频率不变，但相位 φ 不再是常数，而是随调制信号变化，即

$$\varphi(t)=\omega_c t+\varphi_c+k_\varphi a(t) \tag{5.1.9}$$

式中，k_φ 为相位比例系数。若调制信号仍为一余弦函数，则调相波的相角为

$$\varphi(t)=\omega_c t+\varphi_c+k_\varphi A_m\cos\omega_m t \tag{5.1.10}$$

令 $m_\varphi=k_\varphi A_m$（m_φ 称为调相系数），则调相波的表达式为

$$E(t)=A_c\cos(\omega_c t+m_\varphi\cos\omega_m t+\varphi_c) \tag{5.1.11}$$

由于调频和调相的实质都是调制总相角，因此，调频波和调相波的表达式可以写成统一的形式

$$E(t)=A_c\cos(\omega_c t+m\sin\omega_m t+\varphi_c) \tag{5.1.12}$$

式中，m 为调制系数。利用三角公式展开式(5.1.12)得

$$E(t)=A_c[\cos(\omega_c t+\varphi_c)\cos(m\sin\omega_m t)-\sin(\omega_c t+\varphi_c)\sin(m\sin\omega_m t)] \tag{5.1.13}$$

式(5.1.13)描述的调角振荡是时间的周期函数。可把 $\cos(m\sin\omega_m t)$ 和 $\sin(m\sin\omega_m t)$ 分解为傅里叶级数，展开后为

$$\cos(m\sin\omega_m t)=\mathrm{J}_0(m)+2\sum_{n=1}^{\infty}\mathrm{J}_{2n}(m)\cos(2n\omega_m t)$$

$$\sin(m\sin\omega_m t)=2\sum_{n=1}^{\infty}\mathrm{J}_{2n-1}(m)\sin[(2n-1)\omega_m t]$$

式中，$\mathrm{J}_n(m)$ 是 m 的 n 阶第一类贝塞尔函数，把上述两个傅里叶级数代入式(5.1.13)，得到

$$\begin{aligned}e(t)=A_c\{&\mathrm{J}_0(m)\cos(\omega_c t+\varphi_c)+\mathrm{J}_1(m)\cos[(\omega_c+\omega_m)+\varphi_c]-\mathrm{J}_1(m)\cos[(\omega_c-\omega_m)+\varphi_c]+\\&\mathrm{J}_2(m)\cos[(\omega_c+2\omega_m)+\varphi_c]-\mathrm{J}_2(m)\cos[(\omega_c-2\omega_m)+\varphi_c]+\cdots\}\end{aligned} \tag{5.1.14}$$

由此可见，在单频余弦波调制时，其角度调制波的频谱由光载波与在它两边对称分布的无穷多对边频组成，各边频之间的频率间隔是 ω_m，各边频幅度的大小 $\mathrm{J}_n(m)$ 由贝塞尔函数决定。如 $m=1$ 时，由贝塞尔函数表查得：$\mathrm{J}_0(m)=0.77$，$\mathrm{J}_1(m)=0.44$，$\mathrm{J}_2(m)=0.11$，其频谱分布如图 5.1.4 所示。显然，若调制信号不是单余弦波，则其频谱将更为复杂。另外，当角度调制系数较小（即 $m\ll1$）时，其频谱与调幅波的频谱具有相同的形式。

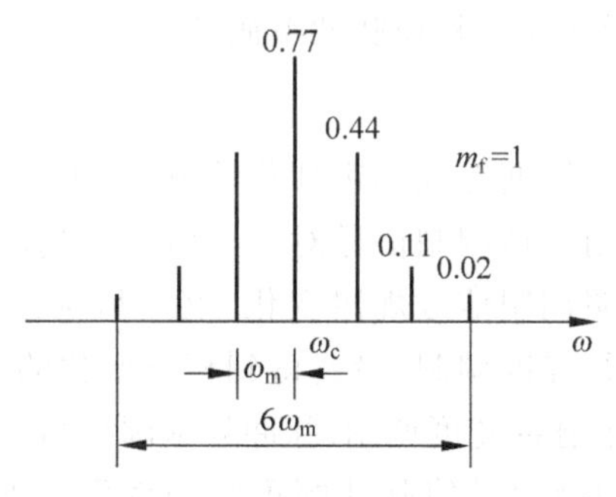

图 5.1.4 角度调制的频谱

3. 强度调制

强度调制是利用光载波的强度(光强)随调制信号规律而变化的激光振荡。激光调制多采用强度调制形式,这是因为接收器(光电探测器)一般都是直接地响应其接收的光强变化。

激光的光强定义为光波电场的平方,其表达式为

$$I(t)=E^2(t)=A_c^2\cos^2(\omega_c t+\varphi_c) \tag{5.1.15}$$

设调制信号仍是单频余弦波 $a(t)$,则强度调制的光强可表示为

$$I(t)=\frac{1}{2}[1+k_p a(t)]A_c^2\cos^2(\omega_c t+\varphi_c)$$

$$I(t)=\frac{1}{2}[1+m_p\cos\omega_m t]A_c^2\cos^2(\omega_c t+\varphi_c) \tag{5.1.16}$$

式中,k_p 为强度比例系数,$m_p=k_pA_m$ 为强度调制系数。需要强调的是,式(5.1.16)是在强度调制系数 $m_p\ll1$ 时的比较理想的光强调制公式。

强度调制波的频谱可以用前述方法求得,其结果与调幅波略有不同,除了载波及对称分布的两边频以外,还有低频 ω_m 和直流分量,如图 5.1.5 所示。

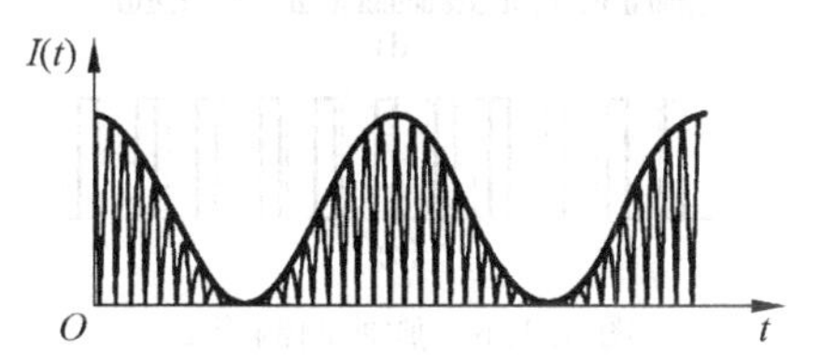

图 5.1.5 强度调制

在实际应用中,为了得到较强的抗干扰效果,往往利用二次调制方式,即先用低频信号对一高频副载波进行频率调制,然后利用这个调频波进行强度调制(称为 FM/IM 调制),使光的强度按副载波信号的变化而变化。这是因为在传输过程中,尽管大气抖动等干扰波会直接叠加到光波上,但经解调后,其信息包含在调频的副载波中,故其信息不会受到干扰,可以无失真地再现出来。

5.1.4 数字调制

在光通信中,广泛采用了一种在不连续状态下进行调制的脉冲调制和脉冲编码调制,一般是先进行电调制(模拟脉冲调制或数字脉冲调制),再对光载波进行光强度调制。这种方

式统称为数字调制，主要包括脉冲调制和脉冲编码调制。

1. 脉冲调制

脉冲调制是用一种间歇的周期性脉冲序列作为载波，并使载波的某一参量按调制信号规律变化的调制方法。即先用模拟调制信号对一电脉冲序列的某个参量(幅度、宽度、频率、位置等)进行电调制，使之按照调制信号规律变化，继而得到已调脉冲序列。然后再用这一已调电脉冲序列对光载波进行强度调制，最终得到相应变化的光脉冲序列。

脉冲调制有脉冲幅度调制、脉冲宽度调制、脉冲频率调制和脉冲位置调制，如图 5.1.6(a)～图 5.1.6(e)所示。例如，若调制信号使脉冲的重复频率发生变化，频移的幅度正比于调制信号电压的幅值，而与调制频率无关，则这种调制称为脉冲频率调制(PFM)，如图 5.1.6(d)所示。再如，用调制信号改变电脉冲序列中每一个脉冲产生的时间，则其每个脉冲的位置与未调制时的位置有一个与调制信号成比例的位移，这种调制称为脉冲位置调制，如图 5.1.6(e)所示。进而再对光载波进行调制，便可得到相应的光脉冲位置调制波。

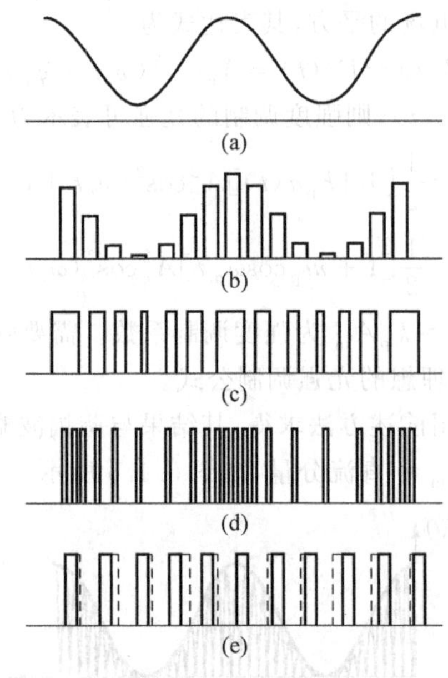

图 5.1.6　脉冲调制形式

脉冲频率调制和脉冲位置调制都可以采用较窄的光脉冲，脉冲形状不变，只是脉冲频率或脉冲位置随调制信号的变化而变化，这两种调制方法具有较强的抗干扰能力，在光通信中具有较广泛的应用。

2. 脉冲编码调制

脉冲编码调制是把模拟信号先变成电脉冲信号，进而变成代表信号信息的二进制编码，再对光载波进行强度调制。实现脉冲编码调制，必须经历三个过程：抽样、量化和编码。

(1) 抽样。抽样就是把连续时间模拟信号分割成不连续的脉冲信号，且脉冲序列的幅度与信号波的幅度相对应。通过抽样，原来的模拟信号变成一个脉冲幅度调制信号。按照抽样定理，只要取样频率比所传递信号的最高频率大两倍以上，就能恢复原信号。

(2) 量化。量化是把抽样后的脉冲幅度调制信号进行分级“取整”，用有限个数的代表值取代抽样值的大小,这个过程称为"量化"。原始信号在抽样出来后再通过量化过程才能变成数字信号。

(3) 编码。编码是把量化后的数字信号变换成相应的二进制码组的过程。即用一组等幅值、等脉宽的脉冲作为"码子",用有脉冲和无脉冲分别代表二进制码的"1"和"0"。再把这一系列反应数字信号规律的电脉冲加载到调制器上,控制激光的输出,用激光载波的极大值代表"1",用激光载波的零值代表"0"。

脉冲编码调制要求更宽的带宽,具有强抗干扰性,在数字光纤通信中得到广泛应用。

尽管激光调制的分类和具体方式不同,但其调制的工作原理都是基于电光、声光、磁光等物理效应。因此,下面分别扼要讨论电光调制、声光调制、磁光调制和直接调制的原理和方法。

5.1.5　激光调制的特点

激光调制和射频调制的区别,主要在于调制手段、调制器件的特性和限制。

(1) 从调制手段来说,目前光频段的接收器采用光电探测器,一般都是直接地响应其所接收的光强度变化,探测器的输出信号与光强成正比。如果采用振幅调制,探测器输出与调制信号之间存在非线性关系;对激光可以进行调相,但是由于载波发射机和接收器的本机振荡频率之间的不稳定使解调发生困难,因此在使用上也存在很大限制;因此激光调制通常多采用强度调制形式,在实际运用中,大多数是采用振幅、频率、相位调制达到强度调制的效果。

(2) 从调制器件来说,激光属于振荡频率在 $10^{13}\sim10^{15}$ Hz 的相干电磁波,比无线电波(RF,$10^4\sim10^8$ Hz)、微波(MW,$10^9\sim10^{11}$ Hz)的频率高出几个数量级,一般的 LC 振荡电路、晶体管振荡电路或者磁控管等调制方法无法直接对激光调制。对激光进行调制,必须考虑在光与物质的相互作用中,介质中电偶极子振荡机制,利用介质极化率实部(折射率)的变化对激光的调制作用。根据不同的光与物质相互作用类型,可以表现为电、声、磁对光的控制作用,即电光(EO)效应、声光(AO)效应和磁光(MO)效应等。

尽管激光调制有各种不同的分类,但其调制的工作机理主要是基于电光、声光、磁光等各种物理效应。下面将分别讨论电光调制、声光调制和磁光调制等方式的基本原理和调制方法。

5.2　电光调制

电光调制的物理基础是电光效应。电光效应是指某些各向同性的透明介质(晶体或液体)在外加电场作用下显示出光学各向异性,即介质的折射率因外加电场而发生变化的现象。当光波通过这样的介质时,其传播特性会受到影响而改变。电光效应已经广泛用来实现对光波参数(相位、频率、偏振态和强度等)的控制。根据电光效应可以做成各种光调制器件、光偏转器和电光滤波器件等。

5.2.1　电光调制的物理基础

光波在介质中的传播规律受介质折射率分布的制约,而折射率的分布又与其介电常量密切相关。理论和实践均证明:介质的介电常量与晶体中的电荷分布有关,当晶体上施加电场之后，将引起束缚电荷的重新分布，并可能导致离子晶格的微小形变，其结果将引起介电常量的变化，最终导致晶体折射率的变化，所以折射率称为外加电场的函数，这时晶体折射率可用施加电场 E 的幂级数表示，即

$$n = n_0 + \gamma E + hE^2 + \cdots \tag{5.2.1}$$

或写成

$$\Delta n = n - n_0 = \gamma E + hE^2 + \cdots \tag{5.2.2}$$

式中，n_0 为介质未加电场时的折射率；γ、h 为常量。

式(5.2.2)中的第一项 γE 表示折射率与所加电场强度的一次方成正比，称为线性电光效应或普克尔(Pockels)效应，该效应是由德国物理学家普克尔于1893年发现的。

式(5.2.2)中的第二项 hE^2 表示折射率与所加电场强度的二次方成正比，称为克尔(Kerr)效应或二次电光效应，该效应是由英国物理学家克尔(John Kerr)于1875年发现的。

对于大多数电光晶体材料，一次效应要比二次效应显著，可略去二次项(只有在具有对称中心的晶体中，因不存在一次电光效应，二次电光效应才比较显著)，故在此只讨论线性电光效应，即普克尔效应。

利用普克尔效应实现电光调制主要分为两种情况，一种是施加在晶体上的电场在空间上基本上是均匀的，但是在时间上是变化的，当一束光通过晶体后，可以使一个随时间变化的电信号转换成光信号，由光波的强度或相位变化来体现要传递的信息，这种调制方式主要应用于光通信、光开关等领域。另一种是施加在晶体上的电场在空间上有一定的分布，形成电场图像，即随 x 和 y 坐标变化的强度通过率或相位分布，但在时间上是不变或者缓慢变化的，从而对通过的光波进行调制，空间调制器就属于这种情况。

1. 电致折射率变化

对电光效应的分析和描述有两种方法：一种是电磁理论方法，这种方法的数学推导相当烦琐；另一种是用几何图形法，即折射率椭球(又称为光率体)的方法，这种方法直观、方便，所以通常都采用这种方法。

在晶体未加外电场时，主轴坐标系中，折射率椭球由如下方程描述

$$\frac{x^2}{n_1^2} + \frac{y^2}{n_2^2} + \frac{z^2}{n_3^2} = 1 \tag{5.2.3}$$

式中，x、y、z 为介质的主轴方向，也就是说在晶体内沿着这些方向的电位移 $\boldsymbol{D}$ 和电场强度 $\boldsymbol{E}$ 是互相平行的；n_1、n_2、n_3 分别为折射率椭球 x、y、z 方向的折射率，称为主折射率。利用该方程可以描述光波在晶体中的传播特性。由此可以推论，晶体加了外电场后对光波传播规律的影响，也可以借助折射率椭球方程参量的改变来进行分析。

当晶体施加电场后，n_1、n_2、n_3 将发生改变，导致折射率椭球发生"变形"，成为如下形式

$$\left(\frac{1}{n^2}\right)_1 x^2 + \left(\frac{1}{n^2}\right)_2 y^2 + \left(\frac{1}{n^2}\right)_3 z^2 + 2\left(\frac{1}{n^2}\right)_4 yz + 2\left(\frac{1}{n^2}\right)_5 xz + 2\left(\frac{1}{n^2}\right)_6 xy = 1 \tag{5.2.4}$$

对于一次光电效应情形，式(5.2.4)中折射率椭球各系数 $(1/n^2)$ 的变化量为 $\Delta(1/n^2)_i$ 是线性张量 $\boldsymbol{\gamma}$ (可表示为 6×3 矩阵张量，称为电光张量)和外加电场 $\boldsymbol{E}$ (可表示为 3×1 矩阵张量)的函数，即

$$\Delta\left(\frac{1}{n^2}\right)_i = \sum_{j=1}^{3} \boldsymbol{\gamma}_{ij} \boldsymbol{E}_j, \quad i = 1,2,\cdots,6 \tag{5.2.5}$$

线性电光张量$\boldsymbol{\gamma}_{ij}$是晶体的固有参量,每个元素的值由具体参数决定,它表征感应极化强弱的量。一般来说,不同类型晶体的$\boldsymbol{\gamma}_{ij}$是不同的。下面以常用的KDP晶体为例进行分析。

KDP(KH_2PO_4)类晶体属于四方晶系,$\bar{4}2m$点群,是负单轴晶体,则有$n_x=n_y=n_o$,$n_z=n_e$,且$n_o>n_e$,这类晶体的电光张量为

$$\boldsymbol{\gamma}_{ij}=\begin{bmatrix}0&0&0\\0&0&0\\0&0&0\\\gamma_{41}&0&0\\0&\gamma_{52}&0\\0&0&\gamma_{63}\end{bmatrix}\tag{5.2.6}$$

而且$\gamma_{41}=\gamma_{52}$,因此,这一类晶体独立的电光系数只有γ_{41}和γ_{63}两个。

为简单起见,设外加电场的方向平行于z轴,即$E_z=E_3=E$,$E_x=E_1=0$,$E_y=E_2=0$,此时有

$$\begin{bmatrix}\Delta\left(\frac{1}{n^2}\right)_1\\\Delta\left(\frac{1}{n^2}\right)_2\\\Delta\left(\frac{1}{n^2}\right)_3\\\Delta\left(\frac{1}{n^2}\right)_4\\\Delta\left(\frac{1}{n^2}\right)_5\\\Delta\left(\frac{1}{n^2}\right)_6\end{bmatrix}=\begin{bmatrix}0&0&0\\0&0&0\\0&0&0\\\gamma_{41}&0&0\\0&\gamma_{41}&0\\0&0&\gamma_{63}\end{bmatrix}\begin{bmatrix}0\\0\\E_z\end{bmatrix}\tag{5.2.7}$$

则新的折射率椭球方程为

$$\frac{x^2}{n_o^2}+\frac{y^2}{n_o^2}+\frac{z^2}{n_e^2}+2\gamma_{63}xyE_z=1\tag{5.2.8}$$

通过坐标变换,可将式(5.2.8)变换成具有标准形式的椭球方程。考虑x方向和y方向是对称的,所以将x坐标和y坐标绕z轴旋转α角,得到新的坐标系。当$\alpha=45°$时,得到具有标准形式的椭球方程

$$\left(\frac{1}{n_o^2}+\gamma_{63}E_z\right)x'^2+\left(\frac{1}{n_o^2}-\gamma_{63}E_z\right)y'^2+\frac{1}{n_e^2}z'^2=1\tag{5.2.9}$$

这就是KDP类晶体沿z轴加电场之后的新椭球方程,如图5.2.1所示。

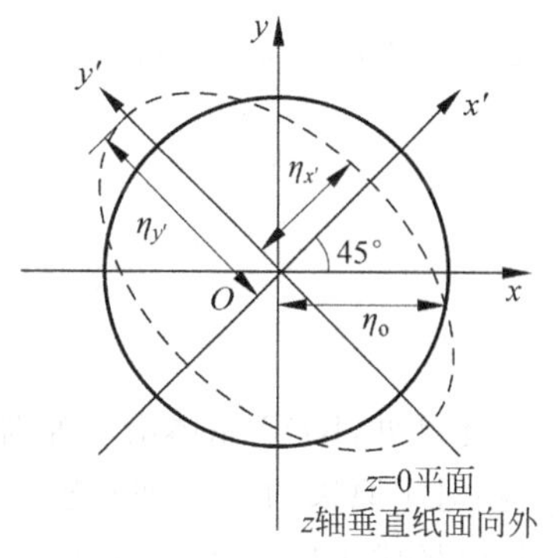

图5.2.1　加电场后的椭球的变形

令

$$\begin{cases} \dfrac{1}{n_{x'}^2}=\dfrac{1}{n_o^2}+\gamma_{63}E_z \\ \dfrac{1}{n_{y'}^2}=\dfrac{1}{n_o^2}-\gamma_{63}E_z \\ \dfrac{1}{n_{z'}^2}=\dfrac{1}{n_e^2} \end{cases} \tag{5.2.10}$$

由于 γ_{63} 很小(约为 10^{-12} m/V),所以一般有 $\gamma_{63}E_z \ll 1/n_o^2$,可认为 $\gamma_{63}E_z$ 是 $1/n_o^2$ 的无穷小量。

由于

$$d\left(\frac{1}{n^2}\right)=-\frac{2}{n^3}dn, \quad dn=-\frac{n^3}{2}d\left(\frac{1}{n^2}\right)$$

且从式(5.2.10)知

$$d\left(\frac{1}{n_{x'}^2}\right)=\gamma_{63}E_z, \quad d\left(\frac{1}{n_{y'}^2}\right)=-\gamma_{63}E_z, \quad d\left(\frac{1}{n_z^2}\right)=0$$

则对于

$$\begin{cases} \dfrac{1}{n_x^2}=\dfrac{1}{n_o^2} \\ \dfrac{1}{n_y^2}=\dfrac{1}{n_o^2} \\ \dfrac{1}{n_z^2}=\dfrac{1}{n_e^2} \end{cases}$$

可得

$$\begin{cases} \Delta n_x=-\dfrac{n_o^3}{2}d\left(\dfrac{1}{n_x^2}\right)=-\dfrac{1}{2}n_o^3\gamma_{63}E_z \\ \Delta n_y=-\dfrac{n_o^3}{2}d\left(\dfrac{1}{n_y^2}\right)=\dfrac{1}{2}n_o^3\gamma_{63}E_z \\ \Delta n_z=0 \end{cases} \tag{5.2.11}$$

由于 $\Delta n_x=\Delta n_{x'}-n_x=\Delta n_{x'}-n_o$,从而得到 $\Delta n_{x'}=n_o+\Delta n_x$,同理可得

$$\begin{cases} \Delta n_{x'}=n_o-\dfrac{1}{2}n_o^3\gamma_{63}E_z \\ \Delta n_{y'}=n_o+\dfrac{1}{2}n_o^3\gamma_{63}E_z \\ \Delta n_{z'}=n_e \end{cases} \tag{5.2.12}$$

由此可见,KDP 晶体沿 z 轴加电场时,由单轴晶体变成了双轴晶体,折射率椭球的主轴 x'、y'相对于原来的 x、y 轴(绕 z 轴)旋转了 45°,此转角与外加电场的大小无关,其折射率变化与电场成正比。式(5.2.11)中的 Δn 称为电致折射率变化。这是利用电光效应实现光调制、调 Q、锁模等技术的物理基础。

2. 电光相位延迟

在实际运用中，电光晶体总是沿着相对于光轴的某些特殊方向切割而成的，而外电场也是沿着某一主轴方向加到晶体上，常用的有两种方式：一种是电场方向与通光方向一致，称为纵向电光效应；另一种是电场与通光方向垂直，称为横向电光效应。

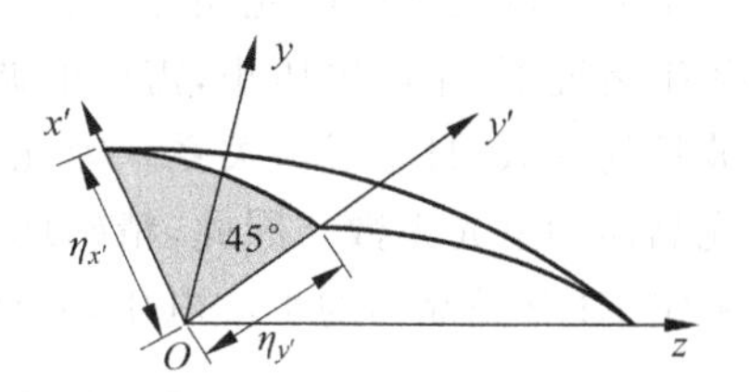

图 5.2.2　折射率椭球的截面

以 KDP 类晶体为例进行分析，沿晶体 z 轴加电场后，其折射率椭球的截面如图 5.2.2 所示。如果光波沿 z 轴方向传播，则其双折射特性取决于椭球与垂直于 z 轴的平面相交所形成的椭圆。在式(5.2.9)中，令 $z=0$，得到该椭圆方程为

$$\left(\frac{1}{n_o^2}+\gamma_{63}E_z\right)x'^2+\left(\frac{1}{n_o^2}-\gamma_{63}E_z\right)y'^2=1 \tag{5.2.13}$$

这个椭圆的一个象限如图 5.2.2 中的阴影部分所示。它的长、短半轴分别与 x'和 y'重合，x'和 y'也就是两个分量的偏振方向，相应的折射率 $n_{x'}$和 $n_{y'}$由式(5.2.12)决定。

当一束线偏振光沿着 z 轴方向入射晶体后，即分解为沿 x'和 y'方向的两个垂直偏振分量，如图 5.2.3 所示。由于二者的折射率不同，在 $E_z>0$ 时沿 x 方向振动的光传播速度快，而沿 y 方向振动的光传播速度慢，所以当它们经过长度 L 后所走的光程分别为 $n_{x'}L$ 和 $n_{y'}L$，这样两偏振分量的相位延迟分别为

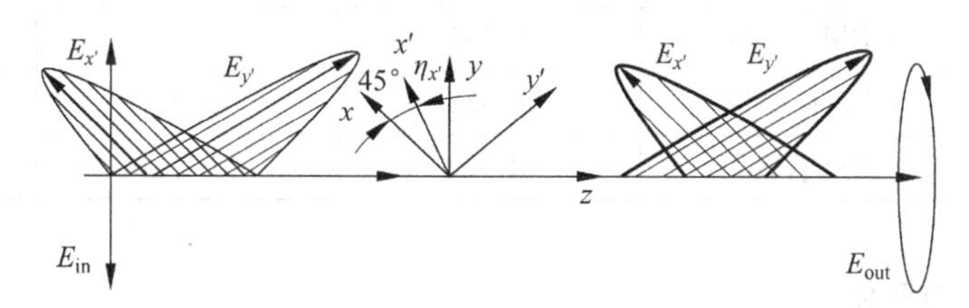

图 5.2.3　电光相位延迟

$$\begin{cases}\varphi_{n_{x'}}=\dfrac{2\pi}{\lambda}n_{x'}L=\dfrac{2\pi L}{\lambda}\left(n_o-\dfrac{1}{2}n_o^3\gamma_{63}E_z\right)\\[2ex]\varphi_{n_{y'}}=\dfrac{2\pi}{\lambda}n_{y'}L=\dfrac{2\pi L}{\lambda}\left(n_o+\dfrac{1}{2}n_o^3\gamma_{63}E_z\right)\end{cases}$$

因此，当这两束偏振光穿过晶体后将产生一个相位差

$$\Delta\varphi=\varphi_{n_{y'}}-\varphi_{n_{x'}}=\frac{2\pi L}{\lambda}n_o^3\gamma_{63}E_z=\frac{2\pi}{\lambda}n_o^3\gamma_{63}V \tag{5.2.14}$$

由以上分析可知，该相位延迟 $\Delta\varphi$ 完全是由电光效应造成的双折射引起的，所以称为电光相位延迟。式中，$V=LE_z$ 是沿晶体 z 轴所加的电压；当电光晶体和通光波长确定后，$\Delta\varphi$ 仅由外加电压 V 决定，即电光相位延迟正比于外加电压。

在式(5.2.14)中，当光波的两个垂直分量 $E_{x'}$ 和 $E_{y'}$ 的光程差$(n_{y'}-n_{x'})L$ 为半波长，则相应的相位差为 π，所加的电压称为半波电压，通常用 V_π 或 $V_{\lambda/2}$ 表示。由式(5.2.14)可得

$$V_{\pi}=V_{\lambda/2}=\frac{\lambda}{2n_{o}^{3}\gamma_{63}} \tag{5.2.15}$$

半波电压是表征电光晶体性能优劣的一个重要参数，$V_{\lambda/2}$ 越小越好，特别是在宽频带高频率情况下，半波电压小，需要的调制功率就小。另外，由式(5.2.15)可以看出，半波电压是波长的函数，且呈线性关系。因此，可以用静态法(加直流电压)测出半波电压，再计算出电光晶体的电光系数。因此，精确地测定半波电压，对研究电光晶体材料极为重要。用静态法测定 KDP 类晶体的半波电压，并计算出的 γ_{63} 值($\lambda=550$nm)列于表 5.2.1。

表 5.2.1 KDP 类晶体的半波电压和电光系数

晶 体	化学式	折射率 n_o	$V_{\lambda/2}$/kV	$\gamma_{63}/(10^{-12}$ m/V)
ADP	$NH_4H_2PO_4$	1.526	9.20	8.4
D-ADP	$NH_4D_2PO_4$	1.521	6.55	11.9
KDP	KH_2PO_4	1.512	7.45	10.6
D-KDP	KD_2PO_4	1.508	3.85	20.8
RbDP	RbH_2PO_4	1.510	5.15	15.5
ADA	$NH_4H_2AsO_4$	1.580	7.20	9.2
KDA	KH_2AsO_4	1.569	6.50	10.9
D-KDA	KD_2AsO_4	1.564	3.95	18.2
RbDA	RbH_2AsO_4	1.562	4.85	14.8
D-RbDA	RbD_2AsO_4	1.557	3.40	21.4
CsDA	CsH_2AsO_4	1.572	3.80	18.6
D-CsDA	CsD_2AsO_4	1.67	1.95	36.6

3. 光偏振态的变化

根据上述分析可知，两个偏振分量间相速度的差异，会使两个分量间产生相位差，而这个相位差作用就会改变出射光束的偏振态。从"物理光学"相关内容可知，"波片"可作为光波偏振态的变换器，它对入射光偏振态的改变是由波片的厚度决定的。一般情况下，出射的合成振动是椭圆偏振光，用数学式表示为

$$\frac{E_{x'}^{2}}{A_{1}^{2}}+\frac{E_{y'}^{2}}{A_{2}^{2}}-\frac{2E_{x'}E_{y'}}{A_{1}A_{2}}\cos\Delta\varphi=\sin^{2}\Delta\varphi \tag{5.2.16}$$

式中，A_1、A_2 分别为两分量 $E_{x'}$ 和 $E_{y'}$ 的振幅。因此，如果采用一个与外加电压成正比变化的"相位延迟"晶体(相当于一个可调的偏振态变换器)，那么就可能用电学方法将入射光波的偏振态变换成所需要的偏振态。为了说明这一点，先考察几种特定情况下的偏振态变化。

(1) 当晶体上未加电场时，$\Delta\varphi=2n\pi(n=0,1,2,\cdots)$，式(5.2.16)可写为

$$\frac{E_{x'}^{2}}{A_{1}^{2}}+\frac{E_{y'}^{2}}{A_{2}^{2}}-\frac{2E_{x'}E_{y'}}{A_{1}A_{2}}=\left(\frac{E_{x'}}{A_{1}}-\frac{E_{y'}}{A_{2}}\right)^{2}=0$$

则有

$$E_{y'}=\frac{A_2}{A_1}E_{x'}=E_{x'}\tan\theta \tag{5.2.17}$$

由于未加电压，两分量通过晶体后的合成光线仍然是线偏振光，且与入射光的偏振方向一致，在这种情况下，晶体起到一个“全波片”的作用。

(2) 当晶体上施加电压 $V_{\lambda/4}$ 时，$\Delta\varphi=\left(n+\frac{1}{2}\right)\pi(n=0,1,2,\cdots)$，式(5.2.16)可写为

$$\frac{E_{x'}^2}{A_1^2}+\frac{E_{y'}^2}{A_2^2}=1$$

当两分量的振幅相等，即 $A_1=A_2$ 时，两分量通过晶体后的合成光线变成一个圆偏振光，在这种情况下，晶体起到一个“四分之一波片”的作用。

(3) 当晶体上施加电压 $V_{\lambda/2}$ 时，$\Delta\varphi=(2n+1)\pi(n=0,1,2,\cdots)$，式(5.2.16)可写为

$$\frac{E_{x'}^2}{A_1^2}+\frac{E_{y'}^2}{A_2^2}+\frac{2E_{x'}E_{y'}}{A_1A_2}=\left(\frac{E_{x'}}{A_1}+\frac{E_{y'}}{A_2}\right)^2=0$$

则有

$$E_{y'}=-\frac{A_2}{A_1}E_{x'}=E_{x'}\tan(-\theta) \tag{5.2.18}$$

式(5.2.18)说明，两分量通过晶体后的合成光线又变为线偏振光，但偏振方向相对于入射光旋转了 2θ 角，如果 $\theta=45°$，则旋转 $90°$，在这种情况下，晶体起到一个“半波片”的作用。

综上所述，设一束线偏振光垂直于 x'-y' 平面入射，且沿 x 轴方向振动，它刚进入晶体($z=0$)时，即分解为相互垂直的 x'、y' 两个偏振分量。

经过距离 L 后，x' 分量为

$$E_{x'}=A\exp\left\{\mathrm{i}\left[\omega_c t-\frac{\omega_c}{c}\left(n_o-\frac{1}{2}n_o^3\gamma_{63}E_z\right)L\right]\right\} \tag{5.2.19}$$

y' 分量为

$$E_{y'}=A\exp\left\{\mathrm{i}\left[\omega_c t-\frac{\omega_c}{c}\left(n_o+\frac{1}{2}n_o^3\gamma_{63}E_z\right)L\right]\right\} \tag{5.2.20}$$

在晶体的出射面($z=L$)处，两个分量间的相位差为

$$\Delta\varphi=\frac{2\pi}{\lambda}n_o^3\gamma_{63}V=\frac{\omega_c}{c}n_o^3\gamma_{63}V \tag{5.2.21}$$

图5.2.4所示为某个瞬间 $E_{x'}(z)$ 和 $E_{y'}(z)$ 两个分量随 z 变化的曲线(为便于观察，分别画出两个垂直分量)，以及在路径上不同点处光场矢量的顶端扫描的轨迹。在 $z=0$ 处，相位差为0，光场矢量是沿 x 方向的线偏振光；在 e 点处，$\Delta\varphi=\pi/2$，则合成光场矢量变为一个顺时针旋转的圆偏振光，在 i 点处，$\Delta\varphi=\pi$，则合成光矢量变为沿着 y 方向的线偏振光，相对于入射偏振光旋转了90°。如果在晶体的输出端放置一个与入射光偏振方向垂直的检偏器，那么当晶体上所加的电压在 $0\sim V_{\lambda/2}$ 之间变化时，从检偏器输出的光只是椭圆偏振光的 y 方向分量，因而可以把偏振态的变化(偏振调制)变换为光强度的变化(强度调制)。

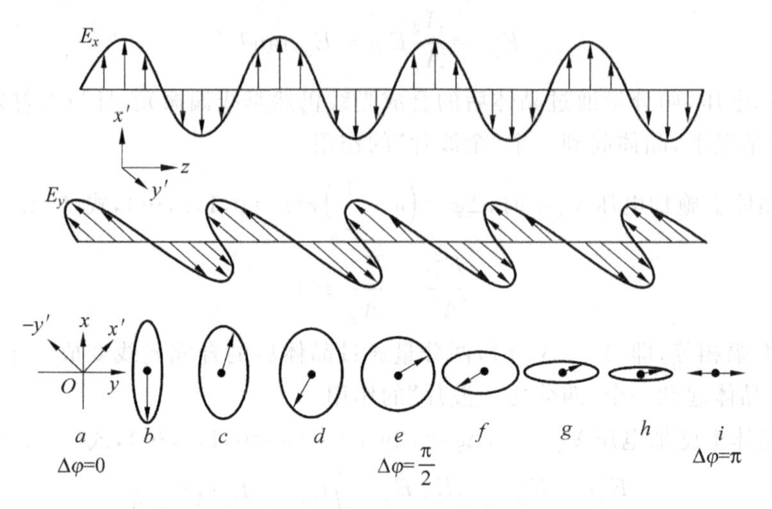

图 5.2.4　纵向运用 KDP 晶体中光波的偏振态变化

5.2.2　电光强度调制

利用普克尔效应实现电光强度调制，实现途径有两种，一是电场方向沿晶体主轴 z 轴(光轴方向)，光束传播方向与电场方向平行，产生纵向电光效应，实现纵向电光调制；二是电场方向沿晶体的任意主轴 x、y 或 z 轴，光束传播方向与电场方向垂直，产生横向电光效应，实现横向电光调制。下面以 KDP 晶体为例，讨论电光强度调制的基本工作原理。

1. 纵向电光强度调制

典型纵向电光强度调制装置的结构如图 5.2.5 所示。它由两块偏振方向互相垂直的偏振片、KDP 电光晶体和 1/4 波片组成，其中，起偏器 P_1 的偏振方向与电光晶体的 x 轴平行，检偏器 P_2 的偏振方向与电光晶体的 y 轴平行。当沿晶体 z 轴方向施加电场后，晶体主轴 x 和 y 分别旋转 45°至感应主轴 x' 和 y'。因此，沿 z 轴入射的光束经起偏器后变为与 x 轴平行的线偏振光，进入晶体后($z=0$)分解为沿感应主轴 x' 和 y' 方向振动的两个正交偏振分量，其振幅(等于入射光振幅的 $1/\sqrt{2}$)和相位都相同，分别为

$$E_{x'}(0)=A\cos(\omega_c t)$$

$$E_{y'}(0)=A\cos(\omega_c t)$$

或采用复数形式表示为

$$E_{x'}(0)=A\exp(\mathrm{i}\omega_c t)$$

$$E_{y'}(0)=A\exp(\mathrm{i}\omega_c t)$$

由于光强正比于电场的平方，因此，在晶体的入射端，入射光强为

$$I_i \propto E\cdot E^* = |E_{x'}(0)|^2+|E_{y'}(0)|^2=2A^2 \tag{5.2.22}$$

当光束通过长度为 L 的晶体后，由于电光效应引起的双折射，$E_{x'}$ 和 $E_{y'}$ 两个分量为

$$E_{x'}=A\exp\left\{\mathrm{i}\left[\omega_c t-\frac{\omega_c}{c}\left(n_o-\frac{1}{2}n_o^3\gamma_{63}E_z\right)L\right]\right\}$$

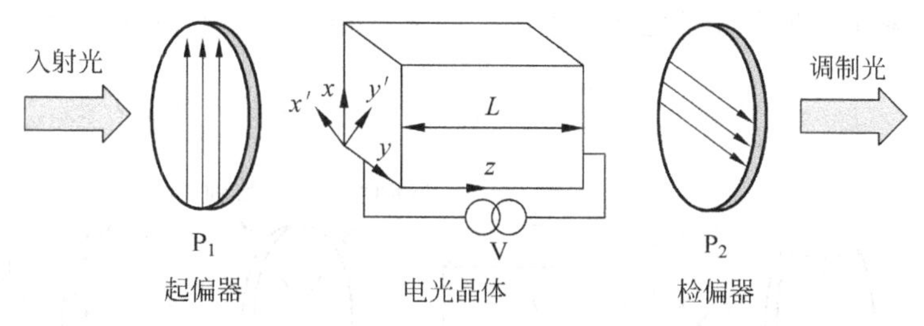

图 5.2.5 纵向电光强度调制装置的结构

$$E_{y'}=A\exp\left\{\mathrm{i}\left[\omega_c t-\frac{\omega_c}{c}\left(n_o+\frac{1}{2}n_o^3\gamma_{63}E_z\right)L\right]\right\}$$

它们之间产生了相位差 $\Delta\varphi$，忽略时间项，则 $E_{x'}$ 和 $E_{y'}$ 可写为

$$E_{x'}(L)=A$$

$$E_{y'}(L)=A\exp(-\mathrm{i}\Delta\varphi)$$

那么，通过检偏器后的总电场强度是 $E_{x'}(L)$ 和 $E_{y'}(L)$ 在 y 方向的投影之和，即

$$(E_y)_o=\frac{A}{\sqrt{2}}(\mathrm{e}^{-\mathrm{i}\Delta\varphi}-1)$$

与之相应的出射光强 I_o 为

$$I_o\propto(E_y)_o\cdot(E_y^*)_o=\frac{A^2}{2}(\mathrm{e}^{-\mathrm{i}\Delta\varphi}-1)(\mathrm{e}^{\mathrm{i}\Delta\varphi}-1)=2A^2\sin^2\frac{\Delta\varphi}{2} \tag{5.2.23}$$

将出射光强与入射光强相比，结合 $\Delta\varphi$ 和半波电压的关系，可得

$$T=\frac{I_o}{I_i}=\sin^2\frac{\Delta\varphi}{2}=\sin^2\left(\frac{\pi}{2}\frac{V}{V_\pi}\right) \tag{5.2.24}$$

式中，T 为调制器的透过率；V 为晶体的电压；V_π 为晶体的半波电压。根据式(5.2.24)可以画出光强调制曲线，如图 5.2.6 所示。

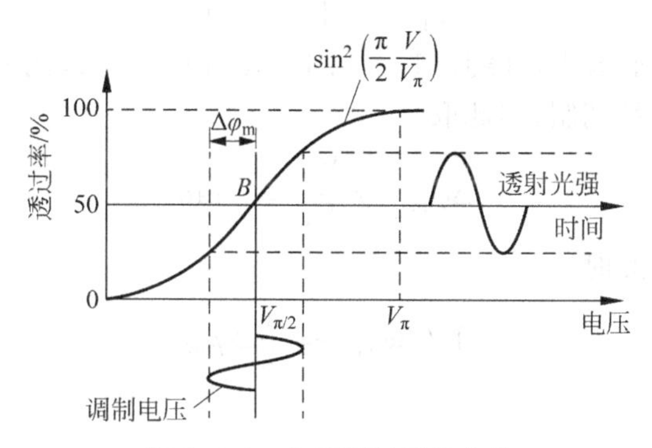

图 5.2.6 电光调制特性曲线

由图可见，一般情况下，纵向电光调制装置的输出特性与外加电压的关系是非线性的。在非线性区，调制光强发生畸变。为了获得线性调制，可以通过引入一个固定的 $\pi/2$ 相位延迟，使调制器的电压偏置在 $T=50\%$ 的工作点上。常用的方法有两种，一是在晶体上除了施加信号电压外，再附加一个固定偏压 $V_{\pi/2}$，但此方法会增加电路的复杂性，稳定性也差；二是在晶体和检偏器之间插入 1/4 波片(如图 5.2.7 所示)，使其快慢轴与晶体的主轴 x 成

45°，从而使 $E_{x'}$ 和 $E_{y'}$ 两个分量之间产生固定的 π/2 相位差。于是，总的相位差 $\Delta\varphi$ 为

$$\Delta\varphi = \frac{\pi}{2} + \pi\frac{V_m}{V_\pi}\sin(\omega_m t) = \frac{\pi}{2} + \Delta\varphi_m\sin(\omega_m t) \tag{5.2.25}$$

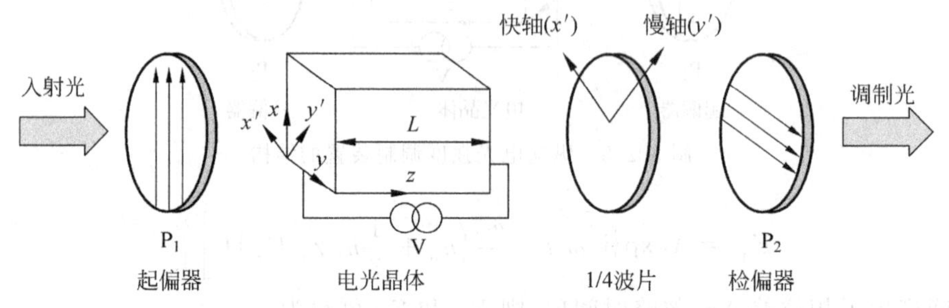

图 5.2.7 带 1/4 波片的纵向电光调制器的典型结构

式中，$\Delta\varphi_m = \pi\frac{V_m}{V_\pi}$ 是相应于外加调制信号电压 V_m 的相位差。因此，调制的透过率可表示为

$$T = \frac{I_o}{I_i} = \sin^2\frac{\Delta\varphi}{2} = \sin^2\left(\frac{\pi}{4} + \frac{\Delta\varphi_m}{2}\sin\omega_m t\right) = \frac{1}{2}[1 + \sin(\Delta\varphi_m\sin\omega_m t)] \tag{5.2.26}$$

利用贝塞尔函数将式(5.2.26)中的 $\sin(\Delta\varphi_m\sin\omega_m t)$ 展开得

$$T = \frac{1}{2} + \sum_{n=0}^{\infty}\{J_{2n+1}(\Delta\varphi_m)\sin[(2n+1)\omega_m t]\} \tag{5.2.27}$$

可见，输出的调制光中含有高次谐波分量，使调制光发生畸变。因此，必须把高次谐波控制在允许范围内。

设基频波和高次谐波的幅值分别为 I_1 和 I_{2n+1}，则高次谐波与基频波的比值为

$$\frac{I_{2n+1}}{I_1} = \frac{J_{2n+1}(\Delta\varphi_m)}{J_1(\Delta\varphi_m)} \tag{5.2.28}$$

取 $\Delta\varphi_m = 1\text{rad}$，查贝塞尔函数表得 $J_1(1) = 0.44$，$J_3(1) = 0.02$，代入得 $I_3/I_1 = 0.045$。在此范围内可近似获得线性调制，因此取

$$\Delta\varphi_m = \pi\frac{V_m}{V_\pi} \leqslant 1\text{rad} \tag{5.2.29}$$

作为线性调制的判据。此时

$$J_1(\Delta\varphi_m) \approx \frac{1}{2}\Delta\varphi_m$$

代入式(5.2.27)得

$$T = \frac{I_o}{I_i} \approx \frac{1}{2}[1 + \Delta\varphi_m\sin\omega_m t] \tag{5.2.30}$$

因此，为了获得线性调制，要求调制信号不宜过大(小信号调制)，那么输出光强调制波就是调制信号 $V = V_m\sin\omega_m t$ 的线性复现。如果 $\Delta\varphi_m > 1\text{rad}$(大信号调制)，则光强调制波就会发生畸变。

纵向电光调制装置具有结构简单、工作稳定、不存在自然双折射的影响等优点，其缺点是半波电压太高，特别是在调制频率较高时，功率损耗比较大。

2. 横向电光强度调制

横向电光效应的运用可以分为三种不同形式：

(1) 沿 z 轴方向加电场，通光方向垂直于 z 轴，并与 x 或 y 轴成 45°角(晶体为 45°-z 切割)；

(2) 沿 x 轴方向加电场，通光方向垂直于 x 轴，并与 z 轴成 45°角(晶体为 45°-x 切割)；

(3) 沿 y 轴方向加电场，通光方向垂直于 y 轴，并与 z 轴成 45°角(晶体为 45°-y 切割)。

以 KDP 晶体的第一类运用方式为例，横向电光调制如图 5.2.8 所示。由于外加电场沿 z 轴方向，因此和纵向应用一样，$E_x=E_y=0, E_z=E$，晶体的主轴 x、y 旋转至 x' 和 y' 方向。此时的通光方向与 z 轴垂直，沿着 y' 方向传播(入射光偏振方向与 z 轴成 45°)，进入晶体后将分解为沿 x' 和 z 方向振动的两个分量，其折射率分别为 $n_{x'}$ 和 n_z。若通光方向的晶体长度为 L，厚度(两电极间距离)为 d，外加电压 $V=E_z d$，则从晶体出射的两个分量间的相位差为

$$\Delta\varphi=\frac{2\pi}{\lambda}(n_{x'}-n_z)L=\frac{2\pi}{\lambda}\left[(n_o-n_e)L-\frac{1}{2}n_o^3\gamma_{63}\left(\frac{L}{d}\right)V\right] \tag{5.2.31}$$

由此可知，KDP 晶体的 γ_{63} 横向电光效应使光波通过晶体后的相位差包括两项，第一项是与外电场无关的由晶体本身的自然双折射引起的相位差，这一项对调制器的工作没有贡献，但是，当晶体温度变化时，就会带来不利的影响，因此，应设法消除(补偿)；第二项是外加电场作用产生的相位差，与外加电压 V 和晶体的尺寸 L/d 有关，若适当选择晶体尺寸，则可以降低晶体的半波电压。

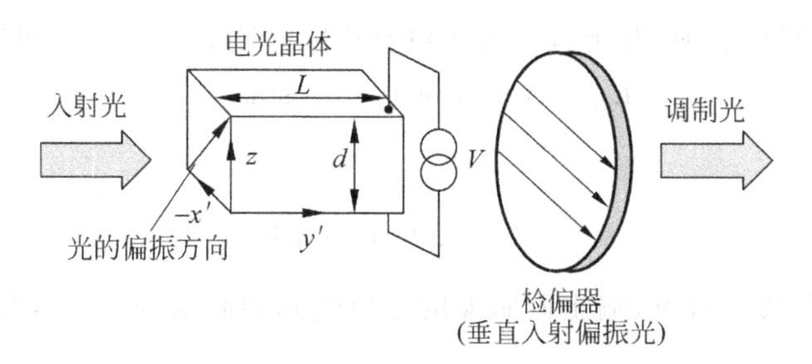

图 5.2.8 横向电光强度调制的典型结构

KDP 晶体横向电光调制的主要缺点是存在着由自然双折射引起的相位差，这意味着在没有外加电场时进入晶体的线偏振光分解的两个偏振分量就存在相位差。当晶体的温度变化时，折射率 n_o 和 n_e 随温度的变化率不同，因而两分量的相位差会发生漂移，引起调制光发生畸变，严重时导致调制器不能工作。在实际运用中，除了尽量采取一些措施(如散热、恒温等)以减小晶体温度的漂移之外，主要采用一种“组合调制器”的结构予以补偿(详见参考文献)。

常用的电光调制器件有 KDP 晶体、GaAs 晶体和 $LiNbO_3$ 晶体(x 方向加电场，z 方向通光)。由于 GaAs 晶体和 $LiNbO_3$ 晶体均无自然双折射的影响，故横向电光调制多采用这

两种晶体,而不采用 KDP 晶体。

5.2.3 电光相位调制

相位调制是用调制信号的规律来改变激光振荡的相位角。图 5.2.9 是电光相位调制的典型结构,它由起偏器和电光晶体组成。

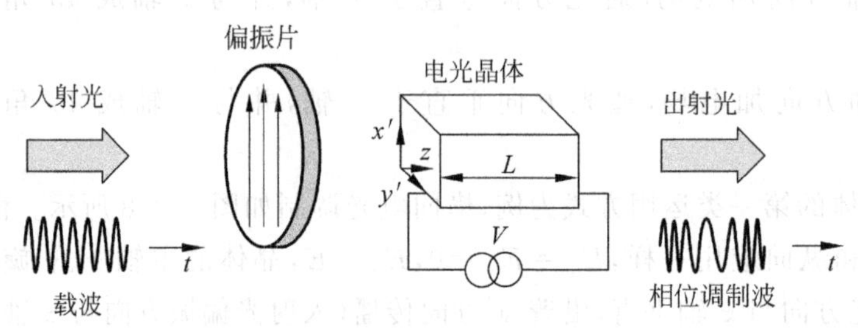

图 5.2.9 电光相位调制器原理图

起偏器的偏振方向与晶体的感应主轴 x'(或 y')平行,此时入射到晶体的线偏振光不再分解成 x'和 y'上的分量,而是沿着 x'(或 y')在一个方向上偏振,故外电场不改变出射光的偏振状态,仅改变其相位,相位的变化为

$$\Delta\varphi_{x'} = -\frac{\omega_c}{c}\Delta n_{x'}L \tag{5.2.32}$$

因为光波沿 x' 方向偏振,其折射率为 $n_{x'} = n_o - n_o^3\gamma_{63}E_z$。若外加电场是 $E_z = E_m\sin\omega_m t$,在晶体入射面($z=0$)处的光场为 $E_i = A_c\cos\omega_c t$,则输出光场($z=L$)处就变为

$$E_o = A_c\cos\left[\omega_c t - \frac{\omega_c}{c}\left(n_o - \frac{1}{2}n_o^3\gamma_{63}E_m\sin\omega_m t\right)L\right] \tag{5.2.33}$$

略去式中相角的常数项(对于调制效果没有影响),则式(5.2.32)可写成

$$E_o = A_c\cos(\omega_c t + m_\varphi\sin\omega_m t) \tag{5.2.34}$$

式中

$$m_\varphi = \frac{\omega_c}{2c}n_o^3\gamma_{63}E_m L$$

m_φ 称为相位调制系数。可见,输出调制波的相位受到调制度为 m_φ、角频率为 ω_m 的调制电场的调制。

除上述电光强度调制和电光相位调制以外,激光调制还有多种方式,如电光行波调制、克尔电光调制、声光调制、磁光调制以及机械调制和干涉调制等,近年来发展很快的还有空间光调制器。

5.3 声 光 调 制

声光调制的基础是声光效应。声光效应是指光波在声场中传播时被声场衍射或散射的现象,即当光场和声场同时入射到声光介质中时,它们将发生相互作用。声光效应是机械波和电磁波之间通过声光介质进行的相互作用。

声光效应是 1922 年由 Brillouin 所预言,1932 年,由美国的 Delye 和 Sears 及法国的

Lucas 和 Biguard 分别用实验所证实。由于声光相互作用，受到声波扰动的介质对光能够进行衍射，使光束的传播方向发生偏折，声波可以用来调制光束的强度和频率。同样，声光的相互作用也提供了在固体中探测声波的合适的方法。20 世纪 30 年代，就有人利用各向同性介质中的声光效应制成超声光栅，到 70 年代后，利用声光效应控制激光束对激光进行调制有着广泛的应用，如作为光调制器、光束偏转、光信息处理、频谱分析等。

就声光效应的物理本质而言，由于声波在介质中传播时引起弹性应变，使介质的介电系数和折射率发生改变，从而影响到光在介质中的传播。也就是说，声光效应实际上是弹光效应的一种表现。弹光效应是介质受到应力和应变时引起光学性质的变化，声光效应是当介质中有声波传输时，介质中存在着空间周期性变化的应力和应变场，从而使介质的折射率受到周期性的扰动。

5.3.1 声光调制的物理基础

1. 弹光效应

晶体不受作用力时不发生形变。从晶体结构来分析，无形变的晶体的内部粒子排列在其平衡位置上。当形变发生时，粒子间发生相对位移，平衡状态被破坏使粒子间产生相互作用力，该作用力驱使粒子恢复到原来的平衡位置，此时粒子间的相互作用力称为恢复力，表现为晶体的内应力。晶体受力产生的形变大致可分为如下两类：

（1）晶体受外力作用时即有形变产生，当撤去外力后，晶体仍能回复原来的初始状态，这种形变称为弹性形变；

（2）应力超过弹性极限后，去掉晶体上的外力，晶体也不能恢复原状，即粒子不能回到原有的平衡位置，而是处于一种新的准平衡位置，晶体发生了永久的形变，这种形变称为范性形变或塑性形变。

在声光调制中，仅讨论弹性形变对介质光学特性的影响。当介质在应力波的作用下发生形变后，介质的折射率发生变化，从而影响光在介质中的传播特性，这种现象称为弹光效应。由电光效应中的推导知，介质折射率的改变可以用折射率椭球系数的变化来表示。

以声光调制器中的常用材料熔融石英为例，熔融石英在应力作用前是各向同性的，其折射率椭球为一圆球，当在 z 方向上存在纵波以后，变成单轴晶体，其主轴方向不变，主轴折射率发生改变，即

$$\begin{cases} \Delta n_x = \Delta n_y = -\dfrac{1}{2} n_0^3 p_{12} S_3 \\ \Delta n_z = -\dfrac{1}{2} p_{11} S_3 \end{cases} \tag{5.3.1}$$

一般可以把折射率变化写为统一的表示形式，即

$$\Delta n = -\frac{1}{2} n_0^3 p S \tag{5.3.2}$$

式中，n_0 为未加声场时介质的折射率；p 为声光介质的弹光系数；S 为声光介质的形变幅值。

2. 介质的形变

介质发生形变后，在弹性恢复力的作用下，粒子在平衡位置附近形成振动，这种振动通

过粒子间的相互作用传递开来，最终形成在介质中传播的声波。

设介质质点的瞬时位移为 $a(x,t)$，则 $a(x,t)$ 符合波动传播方程

$$\left(\frac{\partial^2}{\partial x^2}-\frac{1}{v_s^2}\frac{\partial^2}{\partial t^2}\right)a(x,t)=0$$

式中，v_s 为介质中的声速。上式的通解为

$$a(x,t)=f(v_st-x)+g(v_st+x)$$

式中，$f(x,t)$ 和 $g(x,t)$ 为二次可微任意函数，分别代表沿 x 轴正方向和负方向传播的声场，取 x 轴正方向传播的行波场的特解：

$$a(x,t)=A\sin(\omega_st-k_sx) \tag{5.3.3}$$

式中，ω_s 为声波的角频率；k_s 为波矢。

如果在超声介质末端加上吸声材料，则在介质中就可以形成式(5.3.3)描述的行波场。如果在超声介质的末端加上超声反射材料，同时令介质的长度为 $L=m\lambda_s/2$（λ_s 为声波场的波长），这时在介质中就会形成超声驻波。超声驻波是两列频率相同、传播方向相反的行波合成而来，如图 5.3.1 所示，振幅极大值处称为波腹，振幅为零处称为波节。

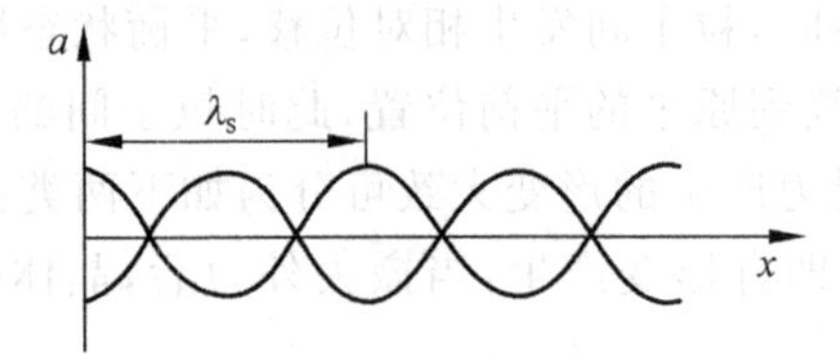

图 5.3.1 超声驻波

超声驻波的表达式为

$$a(x,t)=A\sin(\omega_st-k_sx)+A\sin(\omega_st+k_sx)$$

$$a(x,t)=2A\sin(\omega_st)\cos(k_sx)=2A\cos\left(\frac{2\pi}{\lambda_s}x\right)\sin\left(\frac{2\pi}{T_s}t\right) \tag{5.3.4}$$

式中，T_s 为超声场的周期。式(5.3.4)说明，超声驻波的振幅为 $2A\cos(2\pi x/\lambda_s)$，它在 x 方向各不相同，但相位 $2\pi t/T_s$ 在 x 方向各点处均相同。

在介质内质点的位移为 $a(x,t)$，设介质的形变为 S，即介质内各质点的相对位移，则形变量 S 与质点的位移的关系为

$$S(x,t)=\frac{\partial a(x,t)}{\partial x} \tag{5.3.5}$$

那么，介质中行波场形成的形变为

$$S(x,t)=-k_sA\cos(\omega_st-k_sx)=S\cos(\omega_st-k_sx) \tag{5.3.6}$$

介质中驻波场形成的形变为

$$S(x,t)=-2k_sA\sin(k_sx)\sin(\omega_st)=2S\sin\left(\frac{2\pi}{\lambda_s}x\right)\sin\left(\frac{2\pi}{T_s}t\right) \tag{5.3.7}$$

式中，$S=-k_sA$，为声光介质的形变幅值。

3. 声光效应

声波在介质中传播时，能使介质产生相应的弹性形变 $S(x,t)$，从而激起介质中各质点沿声波传播方向的振动，引起介质的密度呈疏密相间的交替变化，因此，介质的折射率随之

发生相应的周期性变化。在超声场(频率高于20kHz)中,超声波通过介质时会造成介质的局部压缩或伸长而产生弹性应变,该应变随时间和空间作周期性变化,使介质出现疏密相间的现象,如同一个相位光栅。当光通过这一受到超声波扰动的介质时就会发生衍射现象,这种现象称为声光效应,其衍射光的强度、频率、方向都随着超声场的变化而变化。

在行波场的作用下,由式(5.3.2)和式(5.3.6)可得,介质的折射率变化为

$$\Delta n(x,t)=-\frac{1}{2}n_0^3 pS\cos(\omega_s t-k_s x)=\Delta n\cos(\omega_s t-k_s x) \tag{5.3.8}$$

式中,$\Delta n=-(n_0^3 pS/2)$,n_0 为介质中没有超声场时的折射率。则行波时的介质折射率为

$$\begin{aligned} n(x,t) &= n_0+\Delta n(x,t) \\ &= n_0+\Delta n\cos(\omega_s t-k_s x) \end{aligned} \tag{5.3.9}$$

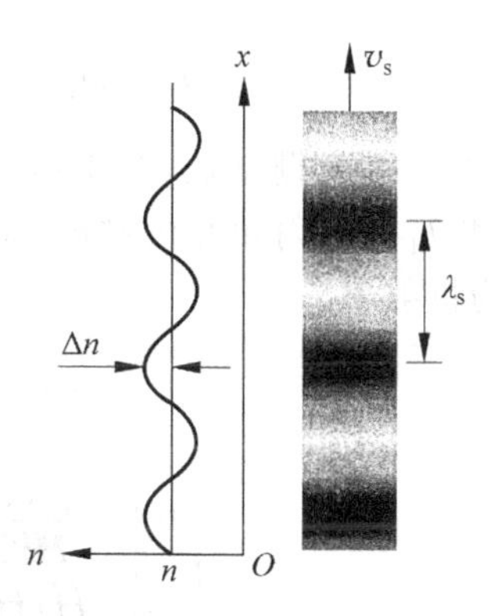

图5.3.2 超声行波在介质中的传播

图5.3.2所示为某一瞬间超声行波场的情况,图中深色部分表示介质受到压缩,密度增大,折射率也增大,而浅色部分表示介质密度减小,对应的折射率也减小。在行波超声场作用下,介质折射率的增大或减小交替变化,并以声速 v_s(一般为 10^3 m/s 量级)向前推进。由于声速仅为光速的数十万分之一,所以对于光波来说,运动的"声光栅"可以看做静止的。

同理可得在驻波场的作用下,介质的折射率变化为

$$\Delta n(x,t)=-\frac{1}{2}n_0^3 p2S\sin(k_s x)\sin(\omega_s t)=2\Delta n\sin\left(\frac{2\pi}{\lambda_s}x\right)\sin\left(\frac{2\pi}{T_s}t\right) \tag{5.3.10}$$

式中,$\Delta n=-(n_0^3 pS/2)$,n_0 为介质中没有声场时的折射率。则驻波时的介质折射率为

$$n(x,t)=n_0+\Delta n(x,t)=n_0+2\Delta n\sin\left(\frac{2\pi}{\lambda_s}x\right)\sin(2\pi f_s t) \tag{5.3.11}$$

由于超声驻波的波腹和波节在介质中的位置是固定的,所以它形成的光栅在空间上也是固定的。但是由于 $\sin(2\pi f_s t)$ 项的存在,各点的折射率大小随时间变化,"声光栅"也随时间变化,即随时间变化的声光栅造成了随时间变化的光衍射,体现为对光波的时间调制。

由图5.3.1知,超声驻波在一个周期内,介质出现两次疏密交替,且在波节处密度保持不变,因而折射率每隔半个周期就在波腹处变化一次,由极大(极小)变为极小(极大)。在两次变化的某一个瞬间介质各部分的折射率相同,相当于一个没有声场作用的均匀介质。若超声波的频率为 f_s,则光栅出现和消失的次数为 $2f_s$,因而光波通过该介质后所得到的调制光的调制频率为超声波频率的2倍。

按照声波频率的高低以及声波和光波作用长度的不同,声光效应可以分为拉曼-奈斯衍射和布拉格衍射两种类型。

5.3.2 声光衍射

1. 拉曼-奈斯衍射

当超声波频率较低,光波平行于声波面入射(即垂直于声场传播方向),声光互相作用长度 L 较短时,产生拉曼-奈斯衍射。由于声速比光速小得多,声光介质可视为一个静止的平

面相位光栅，而且声波波长 λ_s 比光波波长 λ 大得多，当光波平行通过介质时，概率不通过声波面，因此，只受到相位调制，即通过光密（折射率大）部分的光波波阵面将推迟，而通过光疏（折射率小）部分的光波波阵面将超前，于是通过声光介质的平面波波阵面将出现凸凹现象，变成一个折皱曲面，如图 5.3.3 所示。

由出射波阵面上各子波源发出的次波将发生相干作用，形成与入射方向对称分布的多级衍射光，这就是拉曼-奈斯衍射。

如图 5.3.4 所示光栅的衍射方程为

$$d(\sin\theta_i + \sin\theta_d) = m\lambda = m\frac{\lambda_0}{n}, \quad m = 0, \pm 1, \pm 2, \cdots \tag{5.3.12}$$

式中，d 为光栅常数，对于声光效应形成的光栅，光栅常数为声场波长 λ_s；m 为衍射级次；θ_i 和 θ_d 为入射角和衍射角；λ 为入射光在介质中的波长；λ_0 为入射光的在真空中的波长；n 为折射率。

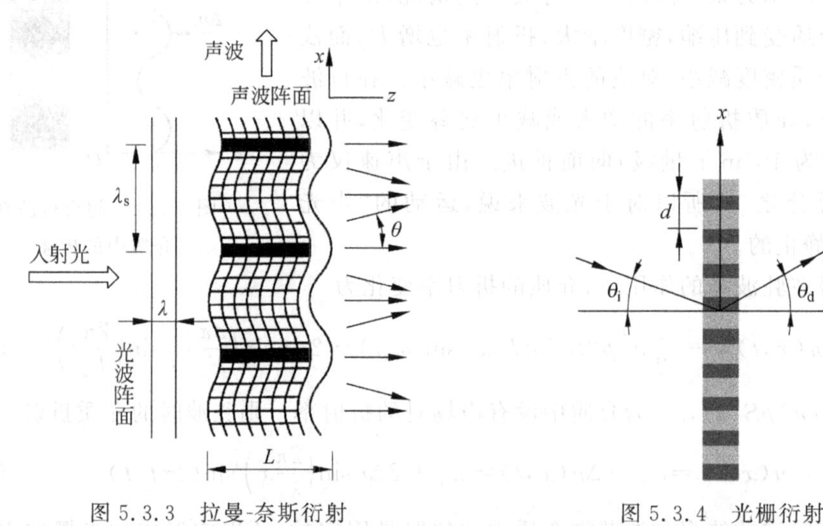

图 5.3.3 拉曼-奈斯衍射　　图 5.3.4 光栅衍射

当光波正入射时，$\theta_i = 0$，得到拉曼-奈斯衍射的各级衍射光的衍射角为

$$\sin\theta_d = m\frac{\lambda_0}{n\lambda_s}, \quad m = 0, \pm 1, \pm 2, \cdots \tag{5.3.13}$$

可以证明，此时各级衍射光的强度为

$$I_m \propto J_m^2(\Delta\varphi_s), \quad \Delta\varphi_s = \Delta n k_i L = \frac{2\pi}{\lambda_0}\Delta n L \tag{5.3.14}$$

式中，$\Delta\varphi_s$ 为光波穿过长度为 L 的超声场所产生的附加相位延迟。

综上所述，拉曼-奈斯声光衍射使光波在远场分成一组衍射光，它们分别对应于确定的衍射角 θ_m（即传播方向）和衍射强度，其中，衍射角由式(5.3.13)决定，衍射光强由式(5.3.14)决定，因此，这一组衍射光是离散的。由于 $J_m^2(\Delta\varphi_s) = J_{-m}^2(\Delta\varphi_s)$，故各级衍射光对称地分布在零级衍射光的两侧，且同级次衍射光的强度相等。这是拉曼-奈斯衍射的主要特征之一。另外，由于

$$J_0^2(\Delta\varphi_s) + 2\sum_{m=1}^{\infty} J_m^2(\Delta\varphi_s) = 1 \tag{5.3.15}$$

所以无吸收时衍射光各级极值光强之和应等于入射光强，即光功率守恒。

以上分析略去了时间因素，采用比较简单的处理方法得到拉曼-奈斯声光作用的物理图像。但是由于光波与驻波超声场的作用，各级衍射光波将产生多普勒频移，根据能量守恒原理，应有

$$\omega=\omega_i\pm mk\omega_s \tag{5.3.16}$$

对于驻波超声场，各级衍射光强将受到角频率为 $2\omega_s$ 的强度调制。但是由于超声波频率为 10^8 Hz 量级，而光频率高达 10^{14} Hz 量级，故频移的影响可以忽略不计。

2. 布拉格(Bragg)衍射

当声波频率较高、声光作用长度 L 较大，且光束与声波波面间以一定的角度斜入射时，光波在介质中要穿过多个声波面，故介质具有"体光栅"的性质。当入射光与声波面间夹角满足一定条件时，介质内各级衍射光会相互干涉，各高级次衍射光将互相抵消，只出现0级和+1级(或-1级)(视入射光的方向而定)的衍射光，这种衍射称为布拉格衍射，如图5.3.5所示。若能合理选择参数，且超声场足够强，那么可使入射光的能量几乎全部转移到+1级(或-1级)衍射级上，从而使光束能量得到充分利用。因此，利用布拉格衍射效应制成的声光器件可以获得较高的效率。

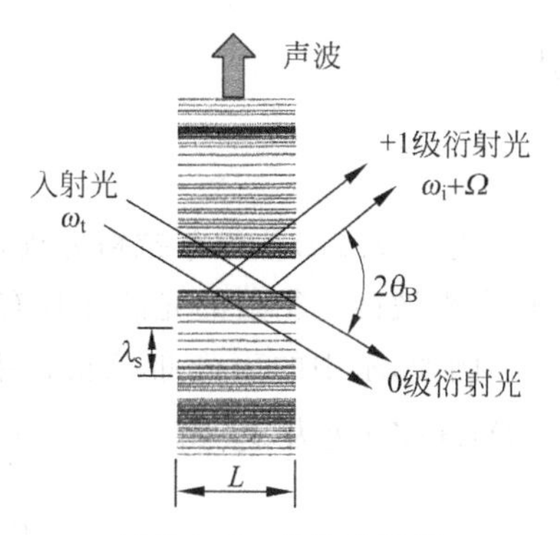

图5.3.5 布拉格衍射

下面从波的干涉加强条件来推导布拉格方程。为此，可把超声波通过的介质近似看做许多相距为 λ_s 的部分反射、部分透射的镜面。

对于行波超声场，这些镜面将以速度 v_s 沿 x 方向移动。因为声速比光速低得多，所以在某一瞬间，行波超声场可以近似看成静止的，因而对衍射光的强度分布没有影响。

对于驻波超声场，波节是完全不动的，如图5.3.6所示。

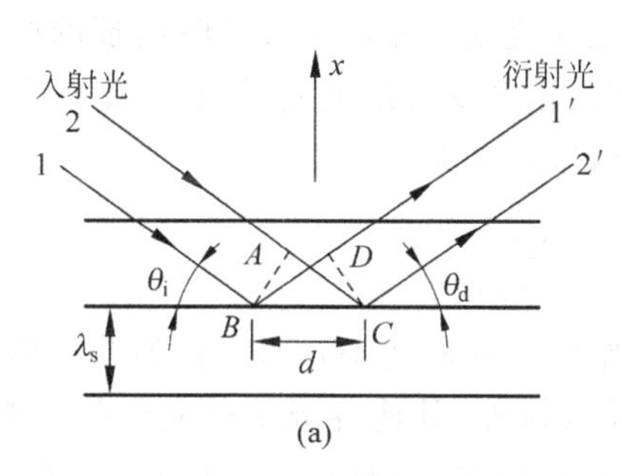

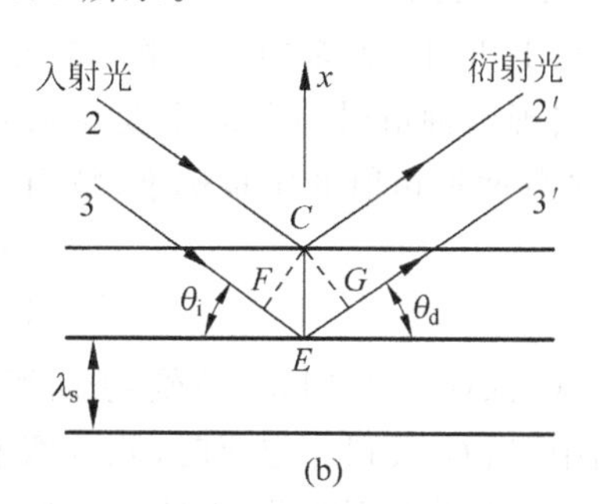

图5.3.6 产生布拉格衍射条件的模型

从图5.3.6中可以看出，当入射光(平面波)1、2和3以角度 θ_i 入射至声波场，分别在 B、C、E 三点处发生反射，产生衍射光1′、2′和3′。各级衍射光相干增强的条件是它们之间的光程差应为其波长的整数倍，或者说它们必须同相位。

图5.3.6(a)表示同一镜面上的衍射情况，若入射光1、2和反射光1′、2′的相位相同，则必须使光程差 $AC-BD$ 等于介质内光波波长的整数倍，即

$$x(\cos\theta_i - \cos\theta_d) = m\frac{\lambda_0}{n}, \quad m = 0, \pm 1 \tag{5.3.17}$$

式中，n 为介质的折射率。

要使声波面上所有点都满足这一条件，则必须使

$$\theta_i = \theta_d \tag{5.3.18}$$

即入射角等于衍射角。

对于相距 λ_s 的两个不同镜面上的衍射情况，如图 5.3.6(b)所示，由 C、E 点反射的光 $2'$ 和 $3'$ 具有相同相位的条件知，其光程差 $FE+EG$ 必须等于光波波长的整数倍，即

$$\lambda_s(\sin\theta_i + \sin\theta_d) = m\frac{\lambda_0}{n}, \quad m = 0, \pm 1 \tag{5.3.19}$$

只考虑 1 级衍射光，即 $m=1$，由于 $\theta_i=\theta_d$，令 $\theta_i=\theta_d=\theta_B$，则有

$$2\lambda_s\sin\theta_B = \frac{\lambda_0}{n}$$

或

$$\sin\theta_B = \frac{\lambda_0}{2n\lambda_s} = \frac{\lambda_0}{2nv_s}f_s \tag{5.3.20}$$

式(5.3.20)称为布拉格方程，θ_B 称为布拉格角。可见，只有入射角 θ_i 等于布拉格角 θ_B 时，在声波面上衍射的光波才具有同相位，满足相干加强的条件，得到衍射极值。

例如，水中的声光布拉格衍射，设光波波长 $\lambda_0=0.5\mu m$，$n=1.33$，声波频率为 $f_s=500MHz$，声速为 $v_s=1.5\times10^3 m/s$，代入式(5.3.20)得

$$\sin\theta_B = \frac{\lambda_0}{2n\lambda_s} = \frac{\lambda_0}{2nv_s}f_s \approx 0.0627$$

则其布拉格角约为 $\theta_B\approx0.0627rad=3.6°$。

3. 布拉格判据

从理论上讲，拉曼-奈斯衍射和布拉格衍射是在改变声光衍射参数时出现的两种极端情况。影响出现两种衍射情况的主要参数是超声波波长 λ_s、光束入射角 θ_i 及声光作用距离 L。为了区分两种衍射的定量标准，特引入参数 G，定义为

$$G = \frac{k_s^2 L}{k_i\cos\theta_i} = \frac{2\pi\lambda L}{\lambda_s^2\cos\theta_i} \tag{5.3.21}$$

当 L 小且 λ_s 大($G\ll1$)时，为拉曼-奈斯衍射；当 L 大且 λ_s 小($G\gg1$)时，为布拉格衍射。在实际应用中，当 G 大到一定值时，除 0 级和 1 级衍射外，其他各级衍射光的强度都很小，可以忽略不计。达到这种情况时即可认为已经进入布拉格衍射区。经过多年的实践累积，现在已普遍采用下列定量标准：

$$\begin{cases} G \geqslant 4\pi, & \text{布拉格衍射区} \\ G < \pi, & \text{拉曼-纳斯衍射区} \end{cases} \tag{5.3.22}$$

为了便于应用，又引入参量 $L_0=\lambda_s^2\cos\theta_i/\lambda\approx\lambda_s^2/\lambda$($\theta_i$ 很小，$\cos\theta_i\approx1$)，则

$$G = \frac{2\pi\lambda L}{\lambda_s^2\cos\theta_i} = \frac{2\pi L}{L_0} \tag{5.3.23}$$

因此，式(5.3.22)可以写成

$$
\begin{cases} L \geqslant 2L_0, & \text{布拉格衍射区} \\ L < \dfrac{1}{2}L_0, & \text{拉曼-纳斯衍射区} \end{cases} \tag{5.3.24}
$$

式中，L_0 称为声光器件的特征长度。它不仅与介质的主要性质(声速、折射率等)有关，而且与工作条件有关，它反映了声光互作用的主要特征。引入特征长度 L_0 可使器件的设计工作十分简便。

5.3.3　声光调制器

通常把控制激光束强度变化的声光器件称作声光调制器，它是利用声光效应制成的。按照超声波性质，可将其分为体波声光调制器和表面波声光调制器两大类。体波声光调制器所使用的光波和声波都是体波，都在晶体内部传播。声波是由压电换能器产生的，光波是直接将激光束射入声光介质。

由于布拉格衍射可使入射光能量概率全部转移到+1 级(或-1 级)衍射级上，从而使光束能量得到充分利用，因此，利用布拉格衍射效应制成的声光器件可以获得较高的效率。下面以体波声光调制器为例，说明其结构组成、衍射效率和调制带宽等问题。

1. 结构组成

如图 5.3.7 所示为体波声光器件的结构图。下面的长方体为声光介质，在声光介质的上表面上镀有底电极，压电晶体压黏在底电极上，而顶电极则镀在压电晶体上。

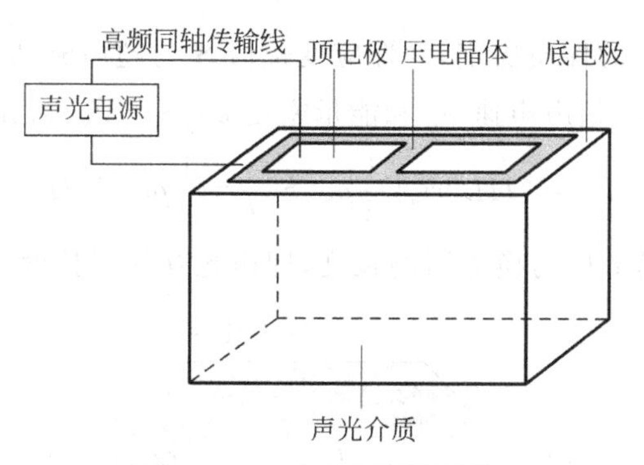

图 5.3.7　声光调制器结构

(1) 声光介质。声光介质是声光互相作用的场所。当一束光通过变化的超声场时，由于光和超声场的互作用，其出射光是随时间变化的各级衍射光。利用衍射光的强度随超声波强度的变化而变化的性质，就可以制成光强度调制器。利用衍射光的衍射方向随超声频率的变化而变化的性质，可以制成声光偏转器。

(2) 压电晶体，又称为电—声换能器(或超声发生器)。它是利用某些压电晶体(石英、$LiNbO_3$ 等)或压电半导体(CdS、ZnO 等)的反压电效应，在外加电场的作用下产生机械振动而形成超声波，所以它起着把调制用的电功率转换成声功率的作用。

(3) 吸声(或反射)装置。它放置在超声源的对面，即声光介质的下表面上，用以吸收已通过介质的声波(行波)，以免返回介质产生干扰，但若要使超声场工作在驻波状态，则需要将吸声装置换成声反射装置。

(4) 驱动电源。用以产生调制电信号并将信号施加于电-声换能器的两端电极上,驱动声光调制器(换能器)工作。

2. 衍射效率

根据推证,当入射光强为 I_i 时,布拉格声光衍射的 0 级和 1 级衍射光强的表达式为

$$I_0 = I_i \cos^2\left(\frac{\Delta\varphi_s}{2}\right), \quad I_1 = I_i \sin^2\left(\frac{\Delta\varphi_s}{2}\right) \tag{5.3.25}$$

式中,$\Delta\varphi_s$ 为由声光效应导致的折射率变化所造成的最大附加相位延迟。可以用声致折射率的变化 Δn 来表示,即

$$\Delta\varphi_s = \frac{2\pi}{\lambda_0}\Delta n L$$

式中,λ_0 为入射光在真空中的波长;Δn 为因超声场引起的折射率变化。那么,声光调制器的衍射效率为

$$\eta_s = \frac{I_1}{I_i} = \sin^2\left(\frac{\Delta\varphi_s}{2}\right) = \sin^2\left(\frac{\pi}{\lambda_0}\Delta n L\right) \tag{5.3.26}$$

当 $\Delta\varphi_s = \pi$ 时,$\eta_s = 100\%$,即入射光的全部能量都将转移到 1 级衍射光中。理想布拉格衍射效率可达 100%,故在声光器件中多采用布拉格衍射。

由式(5.3.2)知,Δn 由介质的弹性系数 p 和介质在声场作用下的弹性应变幅值 S 决定,即

$$\Delta n = -\frac{1}{2} n_0^3 p S$$

式中,弹性系数 p 由介质的性质决定,弹性应变幅值 S 与超声驱动功率 P_s 有关。而超声功率 P_s 则与换能器的面积、超声声速 v_s 和能量密度 $\rho v_s^2 S^2/2$(ρ 为介质密度)有关,即

$$P_s = (HL) v_s \left(\frac{1}{2}\rho v_s^2 S^2\right) = \frac{1}{2}\rho v_s^3 S^2 HL \tag{5.3.27}$$

式中,H 为换能器的宽度;L 为换能器的长度,即声光互作用长度,如图 5.3.8 所示。

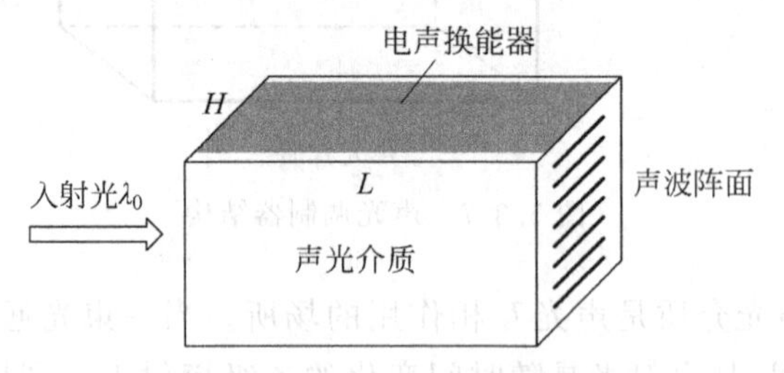

图 5.3.8 声光介质与换能器尺寸

对于一定的超声功率 P_s,可求出弹性应变幅值 S 为

$$S = \sqrt{\frac{2P_s}{\rho v_s^3 HL}} \tag{5.3.28}$$

于是

$$\Delta n = -\frac{1}{2} n_0^3 p S = -\frac{1}{2} n_0^3 p \sqrt{\frac{2P_s}{\rho v_s^3 HL}} = -\frac{1}{2} n_0^3 p \sqrt{\frac{2I_s}{\rho v_s^3}} \tag{5.3.29}$$

式中，$I_s = P_s / HL$，称为超声强度。

把式(5.3.29)代入衍射效率公式(5.3.26)得

$$\eta_s = \frac{I_1}{I_i} = \sin^2\left(\frac{\pi L}{\sqrt{2}\lambda_0} n_0^3 p \sqrt{\frac{I_s}{\rho v_s^3}}\right) = \sin^2\left(\frac{\pi L}{\sqrt{2}\lambda_0} \sqrt{\frac{n_0^6 p^2}{\rho v_s^3} I_s}\right) = \sin^2\left(\frac{\pi L}{\sqrt{2}\lambda_0} \sqrt{M_2 I_s}\right) \quad (5.3.30)$$

或

$$\eta_s = \frac{I_1}{I_i} = \sin^2\left(\frac{\pi}{\lambda_0} \Delta n L\right) = \sin^2\left(\frac{\pi}{\sqrt{2}\lambda_0} \sqrt{\frac{L}{H} M_2 P_s}\right) \quad (5.3.31)$$

式中，$M_2 = (n_0^6 p^2)/(\rho v_s^3)$是声光介质的物理参数组合，由介质本身的性质决定，称为声光材料的品质因数(或声光优质指标)，是选择声光介质的主要指标之一。

从式(5.3.31)可以得出：

(1) 在超声功率 P_s 一定的情况下，要提高衍射效率，使衍射光强尽可能大，则要求选择 M_2 大的声光材料，并且把换能器加工成长而窄(L/H 大)的形式。

(2) 当超声功率 P_s 足够大时，可使 $\eta_s = 100\%$，此时

$$\frac{\pi}{\sqrt{2}\lambda_0} \sqrt{\frac{L}{H} M_2 P_s} = \frac{\pi}{2}, \quad P_s = \frac{H\lambda_0^2}{2LM_2}$$

(3) 当超声功率 P_s 变化时，衍射效率 η_s 也随之改变，因此，通过控制加在电声换能器上的电功率 P_s 就可以达到控制衍射光强的目的，实现声光调制。

根据式(5.3.31)画出衍射效率 η_s 与超声功率 P_s 的声光调制特性曲线图，如图5.3.9所示。为了使调制不发生畸变，则需要增加超声偏置，使其工作在线性较好的区域。

图5.3.10(a)是拉曼-奈斯型声光调制器的工作原理，其工作声频率低于10MHz，各级衍射光强与 $J_m^2(v)$ 成比例，若取某一级衍射光作为输出，可利用光阑遮挡其他级的衍射，则从光阑出射的光束就是一个随 v 变化的调制光。拉曼-奈斯型衍射效率低，光能利用率也低。其相互作用长度 L 小，当工作频率较高时，最大允许长度太小，则要求的声功率很高。因此，拉曼－奈斯型声光调制器只限于低频工作，带宽有限。

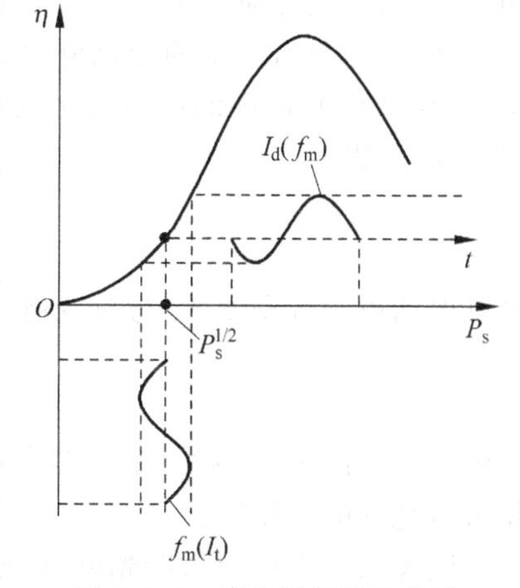

图5.3.9 声光调制特性曲线

布拉格型声光调制器的工作原理如图5.3.10(b)所示。在超声功率 P_s 较小，衍射效率较低时，特别是在 $\eta_s < 20\%$ 的条件下，利用 $\sin x \approx x$，可将式(5.3.30)和式(5.3.31)简化为

$$\eta_s \approx \frac{\pi^2 L^2 M_2}{2\lambda_0^2} I_s = \frac{\pi^2 L M_2}{2\lambda_0^2 H} P_s \quad (5.3.32)$$

从式(5.3.32)可以看出：

(1) η_s 与品质因数 M_2 成正比，即 M_2 越大，衍射效率越高。当选择声光材料时，在综合考虑材料的物理、化学性能的条件下，应选用 $M_2 = (n_0^6 p^2)/(\rho v_s^3)$ 大的材料。

(2) η_s 与超声功率 P_s 成正比，也就是衍射光强与驱动信号功率成正比，这可以保证声光调制的信号不失真。

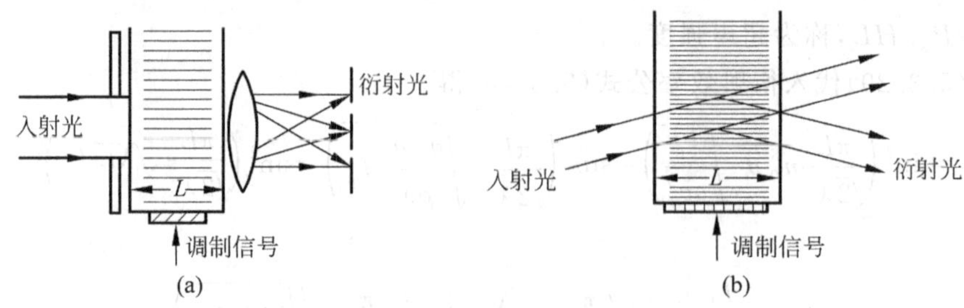

图 5.3.10 声光调制器工作原理

(a) 拉曼-奈斯型；(b) 布拉格型

3. 调制带宽

在声光调制器中存在两种转换，一种是压电换能器把电能转换为超声波；另一种是在声光介质中，入射光在超声场的作用下通过声光互作用产生布拉格衍射。这两种转换都存在带宽问题，前者称为换能器带宽，主要指能使驱动源提供的电功率有效地转换为超声功率的频率范围，通常称为声频带宽；后者称为布拉格带宽，指能有效完成布拉格衍射的入射光的频率范围。对于布拉格型声光调制器，调制带宽主要受布拉格带宽限制。

对于布拉格型声光调制器，在理想的平面入射光波和超声波情况下，波矢量是确定的，对于给定入射角和波长的光波，只能有一个确定的频率 f_s 和波矢的超声场能满足布拉格衍射，即式(5.3.20)所确定的布拉格方程

$$\sin\theta_B = \frac{\lambda_0}{2n\lambda_s} = \frac{\lambda_0}{2nv_s} f_s$$

但是，在实际情况下，入射光波总是存在一定的发散角。另外，对于超声场，由于衍射作用，在进入声光介质后也会存在一定的发散角。因此，考虑到入射光波和超声场的发散角，布拉格角 θ_B 应有一定的变化范围 $\Delta\theta_B$，只要在这个范围内，仍可认为能够产生布拉格衍射。那么，与 $\Delta\theta_B$ 相匹配的声频变化范围 Δf_s 即是调制器所允许的声频带宽。对布拉格衍射方程求导，可得

$$\cos\theta_B \Delta\theta_B = \frac{\lambda_0}{2nv_s} \Delta f_s \tag{5.3.33}$$

可以得到声频带宽 Δf_s 与布拉格角的可能变化量 $\Delta\theta_B$ 之间的关系为

$$\Delta f_s = \frac{2nv_s \cos\theta_B}{\lambda_0} \Delta\theta_B \tag{5.3.34}$$

式中，$\Delta\theta_B$ 是由于入射光束和超声场的发散角引起的入射角和衍射角的变化量，也就是布拉格角允许的变化量。

假设入射光束为高斯光束，根据基模高斯光束远场发散角的定义，入射光束在声光介质中的发散角 $\delta\theta_i$ 为

$$\delta\theta_i = \frac{2\lambda_0}{\pi n \omega_0}$$

式中，λ_0 为入射光在真空中的波长；n 为声光介质的折射率；ω_0 为入射光束的束腰半径。

而对于超声波束，假设其发散角为 $\delta\varphi$，根据衍射极限公式有

$$\sin\delta\varphi = 1.22\frac{\lambda_s}{L}, \quad \delta\varphi \approx \frac{\lambda_s}{L}$$

式中，λ_s 为超声波波长；L 为超声波宽度，即换能器在光传播方向上的长度。

如图 5.3.11 所示，假设超声场不存在发散角，则入射光的发散角 $\delta\theta_i$ 经声光介质后不变，如图中的 A′B′。但是超声波受衍射的影响，会产生一定的发散角 $\delta\varphi$。对于每一个确定角度(θ_B 附近)的入射光，就相当于平面反射镜旋转了 $\delta\varphi$ 角度，那么，入射角的总变化量为 $\Delta\theta_i=\delta\theta_i+\delta\varphi$，而其出射角的总变化量 $\Delta\theta_d$ 只与平面反射镜的旋转角度 $\delta\varphi$ 有关，为 $2\delta\varphi$，即 $\Delta\theta_d=2\delta\varphi$，如图 5.3.11 中的 A″B″。

根据布拉格衍射的条件知，$\Delta\theta_i=\Delta\theta_d=\Delta\theta_B$，即 $\delta\theta_i+\delta\varphi=2\delta\varphi=\Delta\theta_B$，则有

$$\Delta\theta_B=2\delta\theta_i=2\delta\varphi$$

因此，结合式(5.3.34)，在考虑入射光束和超声场在声光介质中的发散角时，声光调制器的布拉格调制带宽 Δf_m 应为声频带宽 Δf_s 的一半，把 $\delta\theta_i$ 代入式(5.3.34)，得

$$\Delta f_m=\frac{1}{2}\Delta f_s=\frac{1}{2}\times\frac{2nv_s\cos\theta_B}{\lambda_0}2\delta\theta_i=\frac{nv_s\cos\theta_B}{\lambda_0}\frac{4\lambda_0}{\pi n\omega_0}\approx\frac{4v_s}{\pi\omega_0} \tag{5.3.35}$$

令 $\tau=\omega_0/v_s$，称为声波穿过光束的渡越时间，则式(5.3.35)可写为

$$\Delta f_m\approx\frac{4}{\pi}\frac{1}{\tau} \tag{5.3.36}$$

式(5.3.35)表明，声光调制器的带宽与声波穿过光束的渡越时间 τ 成反比，即与光束的腰斑半径 ω_0 成反比，用腰斑半径小的光束可得到大的调制带宽。

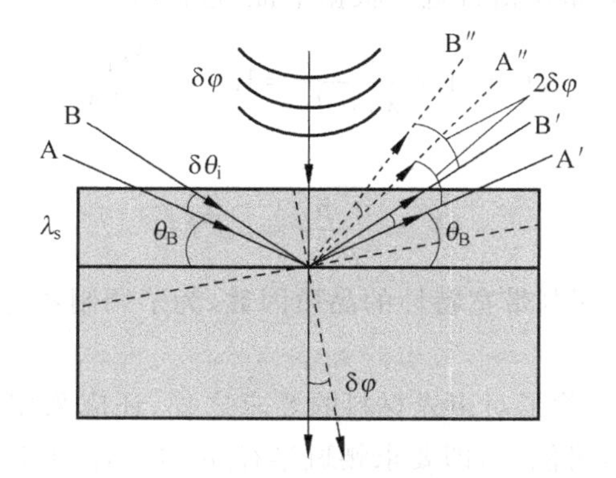

图 5.3.11 具有超声波束发散的布拉格衍射

把 $\delta\varphi$ 代入式(5.3.34)，得

$$\Delta f_m=\frac{1}{2}\Delta f_s=\frac{1}{2}\times\frac{2nv_s\cos\theta_B}{\lambda_0}2\delta\varphi=\frac{nv_s\cos\theta_B}{\lambda_0}\frac{2\lambda_s}{L}\approx\frac{2nv_s^2}{\lambda_0 f_s L} \tag{5.3.37}$$

式(5.3.37)表明，声光调制器的带宽与声光调制器的换能器长度 L 成反比，减小 L 可增大带宽。但是，根据式(5.3.31)，减小 L 会降低衍射效率，因此，在实际应用时，应选择合适的长度，确保足够宽的带宽和衍射效率。

另外，入射光的和超声场的发散角变化量 $\Delta\theta_i$ 不能太大，否则 0 级和 1 级的衍射光束将有部分重叠，会降低调制器的效率。因此，在实际应用中，一般要求 $\Delta\theta_i$ 不大于布拉格角 θ_B，即 $\Delta\theta_i\leqslant\theta_B$，用入射光的发散角表示为

$$2\delta\theta_i\leqslant\theta_B \tag{5.3.38}$$

由于 θ_B 很小，根据布拉格方程可得 $\sin\theta_B\approx\theta_B=\frac{\lambda_0}{2nv_s}f_s$。

把 $\delta\theta_i$ 和 θ_B 代入式(5.3.38)，得到

$$f_s \geqslant \frac{8v_s}{\pi\omega_0} = \frac{8}{\pi}\frac{1}{\tau} = 2\Delta f_m \tag{5.3.39}$$

即

$$\frac{\Delta f_m}{f_s} \leqslant \frac{1}{2} \tag{5.3.40}$$

式(5.3.40)表示系统允许的最大的调制带宽 Δf_m 不超过超声声频率 f_s 的一半。因此,要得到较大的调制带宽要采用高频布拉格衍射才能实现。

4. 效率带宽积

根据布拉格条件

$$\sin\theta_B = \frac{\lambda_0}{2n\lambda_s} = \frac{\lambda_0}{2nv_s} f_s$$

当光波波长和声波波长发生变化时,将引起布拉格角的变化。实际上,光波具有一定的频谱宽度,当调制器在较宽的频带范围内工作时,声频相对于中心频率 f_{s0} 的偏离,就要引起衍射角偏离布拉格角,当超过一定值时,将使调制器的工作状态不满足布拉格条件,导致1级衍射光强变小。当1级衍射光强下降到相对于中心频率时的衍射光强的一半时,将此时对应的频率变化 Δf_s 定义为布拉格带宽。根据推证,近似有

$$\Delta f_s = 1.8\frac{nv_s^2}{\lambda_0 f_s L} = 1.8\frac{M_1}{\lambda_0 f_s L M_2} \tag{5.3.41}$$

引入因子

$$M_1 = \frac{n^7 p^2}{\rho v_s} = nv_s^2 M_2$$

式中 M_1 是表征声光材料调制带宽特性的品质因数,为了调制器能有较宽的带宽,应选品质因数 M_1 大的材料。

为了获得宽带宽调制,除了对声光材料的要求之外,还应采用透镜聚焦的细高斯光束,使声波渡越时间 ω_0/v_s 尽可能小,即要求腰斑半径 ω_0 要小。但是,ω_0 小,则超声场的发散角就会变大,如果光束发散角 $\delta\theta_i$ 大于超声场发散角 $\delta\varphi$ 时,则边缘光线因没有满足布拉格条件的声波而不能发生衍射,衍射效率就会降低,从而会影响调制器的性能。

因此,在评价声光介质的性能时,经常需要综合调制考虑带宽和衍射效率两个指标,因此引入效率带宽积($\eta_s\Delta f_s$)参数,即

$$\eta_s \Delta f_s \approx \frac{9nv_s^2 M_2}{\lambda_0^3 H f_s} P_s = \frac{9M_1}{\lambda_0^3 H f_s} P_s \tag{5.3.42}$$

当超声功率 P_s 和频率确定时,效率带宽积($\eta_s\Delta f_s$)仅与声光调制器尺寸有关,若调制带宽增加,则其调制效率就会降低,二者成反比关系。

5.4 磁光调制

5.4.1 磁光效应

磁光效应是磁光调制的物理基础,有些物质,如顺磁性、铁磁性和亚铁磁性材料等,其内部组成的原子或离子都具有一定的磁矩,由这些磁性原子或离子组成的化合物具有很强的

磁性，称为磁性物质。人们发现，在磁性物质内部有很多小区域，每个小区域内，所有的原子或离子的磁矩都互相平行地排列着，把这种小区域称为磁畴；因为各个磁畴的磁矩方向不相同，因而其作用互相抵消，所以宏观上并不显示磁性。若沿物体的某一个方向施加一外磁场，那么物体内各磁畴的磁矩就会从各个不同的方向转到磁场方向上来，这样对外就显示出磁性，从而引起物质的光学各向异性，这种现象称为磁光效应。当光波通过一种磁化的物质时，其传播特性将发生变化。

磁光效应包括法拉第旋转效应、克尔效应、磁致双折射效应等，其中最主要的就是法拉第旋转效应。当一束线偏振光在外加磁场作用下的介质中传播时，其偏振方向发生旋转，旋转角度 θ 的大小与沿光束方向的磁场强度 H 和光在介质中传播的长度 L 之积成正比，即

$$\theta = VHL \tag{5.4.1}$$

式中，V 称为韦尔代(Verdet)常数，它表示在单位磁场强度下线偏振光通过单位长度的磁光介质后偏振方向旋转的角度，反映了介质的法拉第旋光效应的特性。表 5.4.1 列出了一些磁光材料的韦尔代常数。

表 5.4.1　不同材料的韦尔代常数　　单位：(′)/(cm·T)×10^{-4}

材料名称	冕玻璃	火石玻璃	氯化钠	金刚石	水
V	0.015～0.025	0.03～0.05	0.036	0.012	0.013

对于旋光现象的物理原因，可解释为外加磁场使介质分子的磁矩定向排列，当一束线偏振光通过时，分解为两个频率相同、初相位相同的两个圆偏振光，其中一个圆偏振光的电矢量是顺时针方向旋转的，称为右旋圆偏振光，而另一个圆偏振光是逆时针旋转的，称为左旋圆偏振光。这两个圆偏振光无相互作用地以两种略有不同的速度 $\nu_+ = c/n_\mathrm{R}$ 和 $\nu_- = c/n_\mathrm{L}$ 传播，它们通过厚度为 L 的介质之后产生的相位延迟分别为

$$\varphi_1 = \frac{2\pi}{\lambda} n_\mathrm{R} L, \quad \varphi_2 = \frac{2\pi}{\lambda} n_\mathrm{L} L$$

所以，两个圆偏振光存在相位差

$$\Delta\varphi = \varphi_1 - \varphi_2 = \frac{2\pi}{\lambda}(n_\mathrm{R} - n_\mathrm{L})L \tag{5.4.2}$$

当它们通过介质后，又合称为一线偏振光，其偏振方向相对于入射光旋转了一个角度。图 5.4.1 中的 XY 表示入射介质的线偏振光的振动方向，将振幅 A 分解为右旋和左旋两矢量 $\boldsymbol{A}_\mathrm{R}$ 和 $\boldsymbol{A}_\mathrm{L}$，假设介质的长度 L 使右旋矢量 $\boldsymbol{A}_\mathrm{R}$ 刚转回到原来的位置，此时左旋矢量(由于 $\nu_\mathrm{L} \neq \nu_\mathrm{R}$)转到 $\boldsymbol{A}'_\mathrm{L}$，于是合成的线偏振 $\boldsymbol{A}'$ 相对于入射光的偏振方向旋转了一个角度 θ，此值等于 $\Delta\varphi$ 的一半，即

$$\theta = \frac{\Delta\varphi}{2} = \frac{\pi}{\lambda}(n_\mathrm{R} - n_\mathrm{L})L \tag{5.4.3}$$

可以看出，$\boldsymbol{A}'$ 的偏振方向将随着光波的传播方向右旋，称为右旋光效应。

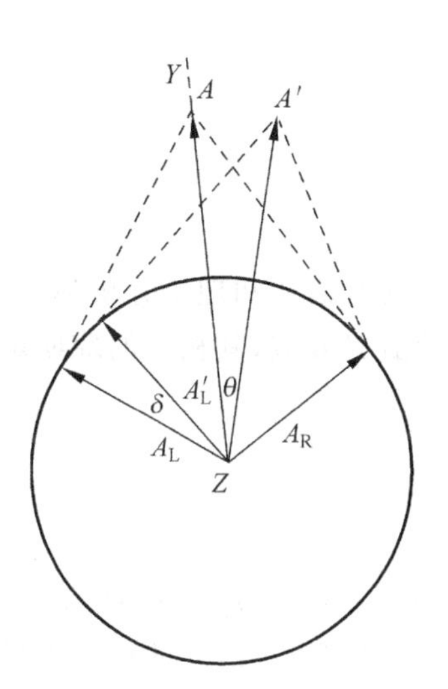

图 5.4.1　光通过介质时的偏振方向旋转

磁致旋光效应的旋转方向仅与磁场的方向有关，而

与光线传播方向的正逆无关，这是磁致旋光现象与晶体的自然旋光现象不同之处。光束往返通过自然旋光物质，因旋转角相等、方向相反而相互抵消，但通过磁光介质时，只要磁场方向不变，旋转角都朝着一个方向增加。此现象表明磁致旋光效应是一个不可逆的光学过程，因而可以用来制成光学隔离器或单通光闸等器件。

目前最常用的磁光材料主要是钇铁石榴石(YIG)晶体，它在波长 1.2～4.5μm 之间的吸收系数很低($\alpha \leqslant 0.03\mathrm{cm}^{-1}$)，而且有较大的法拉第旋转角。这个波段范围包含了光纤传输的最佳范围(1.1～1.5μm)和某些固体激光器的波长范围，所以有可能制成调制器、隔离器、开关、环形器等磁光器件。磁光晶体的物理性能随温度变化不大，且不易潮解，调制电压低，这是它比电光、声光器件的优越之处。但是，当波长超出一定范围后，吸收系数急剧增大，致使器件不能工作。这表明它在可见光区域一般是不透明的，而只能用于近红外区和红外区。因此，实际应用时的局限较大。

5.4.2 磁光调制器

磁光调制与电光调制、声光调制一样，也是把想要传递的信息转换成光载波的强度(振幅)等参量随时间的变化。所不同的是，电信号不再以电压形式出现，而是以电流 I 所产生的磁场强度作用在通光介质中，产生相应的磁光效应，从而改变介质中传输光波的偏振态，达到改变光强的等参量的目的。磁光调制的示意图如图 5.4.2 所示。

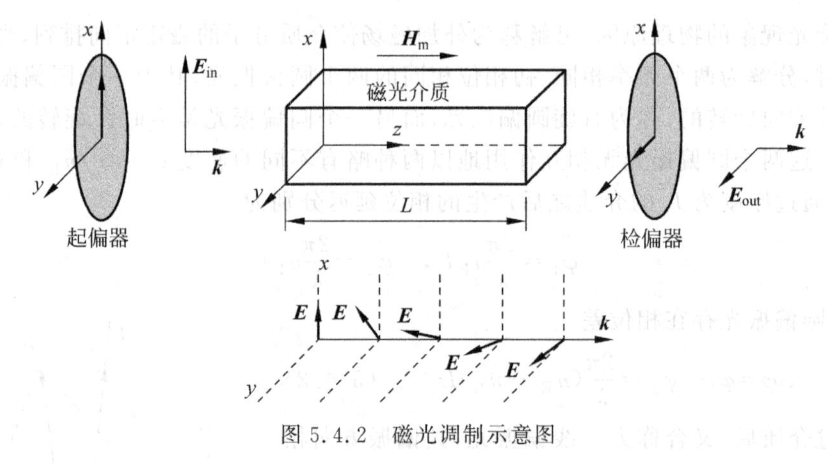

图 5.4.2 磁光调制示意图

实验研究和理论分析都可以得到，对于光学各向同性介质和单轴晶体经 z 轴通光的法拉第旋光效应，其相应的琼斯矩阵形式为

$$\boldsymbol{M}_{\mathrm{F}}=\begin{bmatrix}\cos\dfrac{\Delta\varphi}{2} & -\sin\dfrac{\Delta\varphi}{2}\\ \sin\dfrac{\Delta\varphi}{2} & \cos\dfrac{\Delta\varphi}{2}\end{bmatrix} \tag{5.4.4}$$

式中，$\Delta\varphi=2\pi(n_{\mathrm{R}}-n_{\mathrm{L}})L/\lambda$。如图 5.4.2 所示，入射光沿 x 轴偏振，检偏器的通光方向沿 y 轴，可以求出出射光的琼斯矢量为

$$\boldsymbol{E}_{\mathrm{out}}=\begin{bmatrix}0 & 0\\ 0 & 1\end{bmatrix}\boldsymbol{M}_{\mathrm{F}}\begin{bmatrix}1\\ 0\end{bmatrix}=\begin{bmatrix}0\\ \sin\dfrac{\Delta\varphi}{2}\end{bmatrix} \tag{5.4.5}$$

出射光光强为

$$I_{out} \propto \boldsymbol{E}_{out}^{*} \cdot \boldsymbol{E}_{out} = \sin^2\left(\frac{\Delta\varphi}{2}\right) \tag{5.4.6}$$

由式(5.4.1)和入射光是归一化的，可以得到系统透过率为

$$T_M = \sin^2\left(\frac{\Delta\varphi}{2}\right) = \sin^2(\theta) = \sin^2(VLH_m) \tag{5.4.7}$$

其为非线性调制。如果要获得线性调制，可以将检偏器的通光方向与起偏器成45°角配置，此时检偏器的琼斯矩阵为

$$\boldsymbol{M}_p = \frac{1}{2}\begin{bmatrix} 1 & 1 \\ 1 & 1 \end{bmatrix} \tag{5.4.8}$$

可以得到这种情况下出射光的琼斯矢量为

$$\boldsymbol{E}_{out} = \frac{1}{2}\begin{bmatrix} 1 & 1 \\ 1 & 1 \end{bmatrix} \boldsymbol{M}_F \begin{bmatrix} 0 \\ 1 \end{bmatrix} = \frac{1}{2}\left(\cos\frac{\Delta\varphi}{2} + \sin\frac{\Delta\varphi}{2}\right)\begin{bmatrix} 1 \\ 1 \end{bmatrix} \tag{5.4.9}$$

可以得到此时系统透过率为

$$T_M = \frac{1}{2}\left(\cos\frac{\Delta\varphi}{2} + \sin\frac{\Delta\varphi}{2}\right)^2 = \frac{1}{2}(1+\sin\Delta\varphi) = \frac{1}{2}(1+\sin 2\theta) \tag{5.4.10}$$

式中，θ为通过磁光介质后，出射光偏振面相对于入射光旋转的角度。透过率曲线如图5.4.3所示，从图中可以看出，在$\Delta\varphi<1\text{rad}$，即$\theta<0.5\text{rad}$的条件下，磁光调制器可以近似获得线性调制。

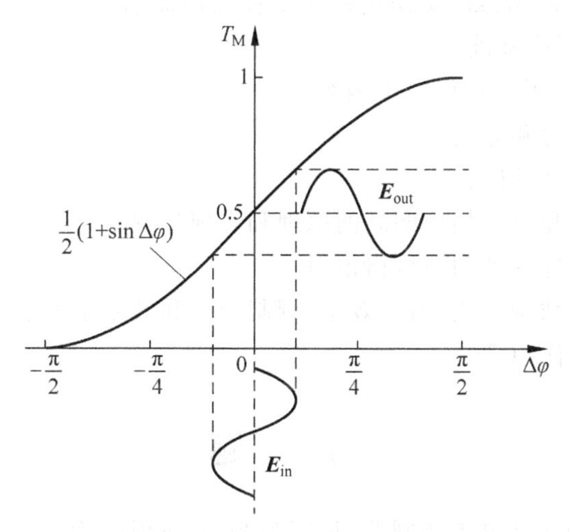

图5.4.3　磁光调制器透过率曲线

在实际高频调制应用中，为了保证V是恒定的常数并获得线性调制，通常可以在垂直于光传播方向上施加一个恒定磁场H_{DC}，其强度足以使晶体饱和磁化，如图5.4.4所示。当工作时，高频信号电流通过线圈就会感生出平行于光传播方向的磁场$H_m=H_0\sin\omega_m t$，入射光通过磁光介质时，由于法拉第旋转效应，其偏振面发生旋转，旋转角度为

$$\theta = \theta_F \frac{H_0 \sin\omega_m t}{H_{DC}} L \tag{5.4.11}$$

式中，θ_F是单位长度饱和法拉第旋转角；$H_0\sin\omega_m t$是调制磁场。此时如果将检偏器与起

偏器的通光轴成45°配置,则可以获得近似的线性强度调制。

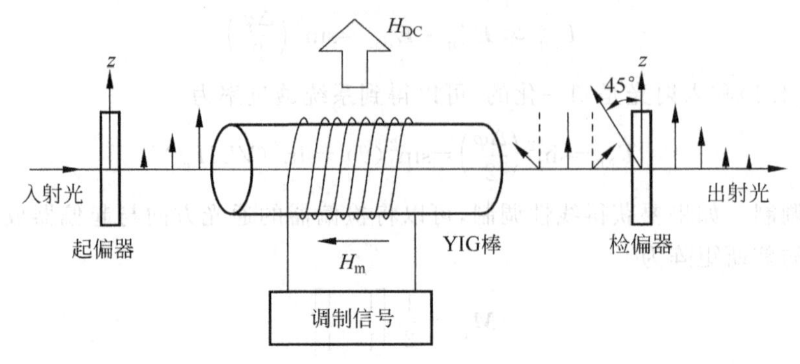

图 5.4.4　磁光调制器

本章小结

本章首先介绍了激光调制的概念、分类和特点。在了解基本概念的基础上,重点阐述了电光调制、声光调制和磁光调制。其中,电光调制和声光调制是本章的重点内容,应深入理解它们的基本概念和基本关系式,如电光效应、电致折射率变化、电光相关延迟、弹光效应、声光效应、布拉格衍射、布拉格判据、衍射效率等。在理解概念的基础上,理解电光强度调制、电光相位调制、声光调制器的工作过程和工程应用需求。另外,本章知识也是理解激光调 Q 技术(第6章)的理论基础。

学习本章内容后,读者应理解以下内容:

(1) 激光调制的概念和分类;

(2) 电光调制的物理基础;

(3) 电光强度调制和电光相位调制的原理和实现过程;

(4) 声光调制的物理基础和布拉格衍射;

(5) 声光调制器的结构组成、衍射效率、调制带宽和效率带宽积;

(6) 磁光调制的工作原理。

习　　题

1. 一纵向运用的KDP电光调制器,长度为2cm,折射率为1.5。若工作频率为1GHz,求此时光在晶体中的渡越时间及引起的相位延迟。

2. 为了降低电光调制器的半波电压,采用4块 z 切割的 KD^*P 晶体连接(光路串联,电路并联)成纵向串联式结构。试问:

(1) 为了使4块晶体的电光效应逐块叠加,各晶体 x 和 y 轴取向应如何放置?

(2) 若 $\lambda=0.628\mu m$,$n_0=1.51$,$\gamma_{63}=23.6\times10^{-12}$ m/V,计算其半波电压,并与单块晶体调制器进行比较。

3. 一电光晶体的通光长度为3cm,折射率为3.34,求其调制频率的上限值 f_m;若采用行波调制,当 $f_{max}=10f_m$ 时,求调制场的相速度 c_m。

4. 一钼酸铅($PbMoO_4$)声光调制器，对 He-Ne 激光器进行调制。已知声功率 $P_s=1W$，声光互作用长度 $L=1.8mm$，换能器宽度 $H=0.8mm$，$M_2=36.3\times10^{-15}s^3/kg$，试求钼酸铅声光调制器的布拉格衍射效率。

5. 用钼酸铅($PbMoO_4$)晶体做成一个声光调制器，取 $n=2.48$，$M_2=25$(相对于熔融石英 $M_{2石英}=1.51\times10^{-15}s^3/kg$)，换能器长度 $L=1cm$，宽度 $H=0.5cm$。声波沿光轴方向传播，超声频率 $f_{s0}=150MHz$，声速 $v_s=3.66\times10^5cm^3/s$，基模高斯光束宽度 $d=0.85cm$，光波长 $\lambda=0.5\mu m$。

(1) 证明该调制器只能产生正常布拉格衍射；

(2) 为获得 100%的衍射效率，超声功率 P_s 应为多大？

(3) 若超声功率不变，当布拉格带宽 $\Delta f_s=125MHz$，衍射效率是多少？

6. 一束线偏振光通过磁场导线 500 匝、长度 20cm 且远大于其直径的磁光介质，其韦尔代常数为 $400\mu rad/A$，要获得 45°的旋转角度，求相应的磁场强度 H_m 和电流 I_m。

第 6 章思维导图

第 6 章 激光调 Q 技术

通过第 4 章的介绍，我们知道一般固体脉冲激光器所输出的并不是一个平滑的光脉冲，而是一系列宽度只有微秒量级的短脉冲序列，即弛豫振荡。这使激光器的输出脉冲宽度大，单个脉冲能量弱，峰值功率较低。人们研究发现，提高泵浦功率可以提高激光输出功率，但是当泵浦功率增加到一定程度后，激光器的输出功率增加并不明显，而且还会出现激光光束质量变坏的情况，比如激光束发散角变大、方向性变差等。如何在不增加激光工作物质的体积和激光器泵浦能量的前提下，获得尽可能高的输出功率呢？

调 Q 技术的出现和发展，是激光发展史上的一个重要突破，它能够把激光能量压缩到极窄的脉冲中发射，从而大大提高输出激光的峰值功率。调 Q 技术自 1960 年提出概念以来，发展极为迅速。现在采用调 Q 技术可获得峰值功率为吉瓦量级(10^9 W)、脉宽为纳秒量级(10^{-9}s)的激光脉冲。调 Q 技术的出现在两方面极大地推动了激光技术的发展。一方面，高峰值功率的调 Q 激光脉冲与物质相互作用，会产生一系列具有重大意义的新现象和新技术，直接推动了非线性光学的发展；另一方面，窄脉冲的调 Q 激光脉冲推动了诸如激光测距、激光雷达、高速全息照相等应用技术的发展。可以说，激光调 Q 技术已成为许多应用领域不可或缺的重要技术。

本章主要介绍激光调 Q 的基本原理、调 Q 的分类、激光调 Q 速率方程、电光调 Q、声光调 Q、被动调 Q 方法、PTM 调 Q 等内容。

本章重点内容：

1. 调 Q 的原理和实现过程
2. 调 Q 的速率方程
3. 电光调 Q 的原理和实现过程
4. 声光调 Q 的原理和实现过程

6.1 调 Q 的基本原理

在 2.1 节的内容中，介绍了关于谐振腔的三个重要概念，即平均单程损耗因子 δ、腔内光子寿命 τ_R 和光腔的品质因数 Q，其表达式分别为

$$\delta=\frac{1}{2}\ln\frac{I_0}{I_1},\quad \tau_R=\frac{L'}{\delta c},\quad Q=2\pi\nu_0\tau_R=\frac{2\pi\nu_0 L'}{\delta c}$$

式中，ν_0 为激光的中心频率；L'为谐振腔光学长度。

当激光中心频率ν_0和谐振腔一定时，Q值与谐振腔的损耗率δ成反比。即损耗δ大，Q值低，激光振荡阈值高，不易产生激光振荡；反之，损耗δ小，Q值高，激光振荡阈值低，容易产生激光振荡。由此可见，通过改变激光器谐振腔的损耗，就可以改变谐振腔的Q值，从而得到脉宽被压缩、峰值功率很高的激光脉冲。

6.1.1 调Q的工作原理

脉冲激光器的输出由若干无规则的尖峰脉冲构成，每一个尖峰脉冲都在阈值附近发生，且脉冲又非常短(约为微秒量级)，激光器输出的能量分散在这样一串脉冲中，因而不可能有很高的峰值功率。通常情况下，激光器谐振腔的损耗是不变的，一旦光泵浦使反转粒子数达到或略超过阈值时，激光器便开始振荡，于是激光上能级上的粒子数随之减少，因此，在上能级上不能累积很多的反转粒子数(换句话说，反转粒子数只能被限制在阈值附近)，这就是普通激光器峰值功率不能提高的原因。

能否在上能级上累积更多的反转粒子数呢？设想通过某种方法实现在上能级上累积很多粒子数，并限制激光弛豫振荡，当反转粒子数累积到最多时，瞬间释放反转粒子数，输出激光"巨脉冲"，提高激光峰值功率。这就类似于图6.1.1所示的蓄水池。蓄水池底部有开口，如果不施加控制，注入的水就会不断流走，若堵住开口，等蓄水池存满后再打开开口，水流就会更大更急。

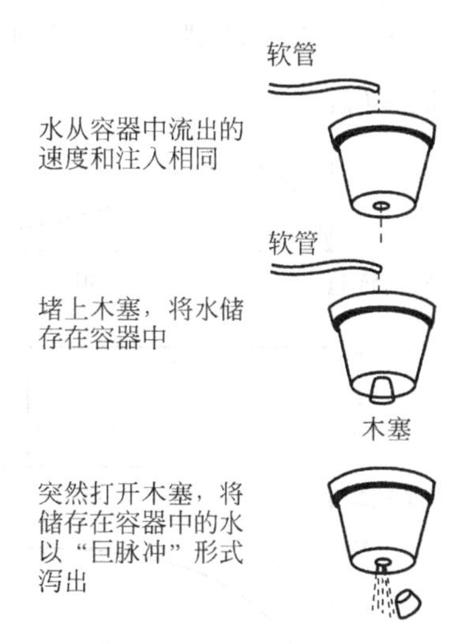

图6.1.1 蓄水池和调Q

通过上述分析知，激光器上能级的最大反转粒子数受到激光器阈值的限制，那么，可以通过提高激光器振荡阈值的方法增加上能级的反转粒子数。具体方法是在开始泵浦初期，设法将激光器的振荡阈值调得很高，抑制激光振荡的产生。当上能级的反转粒子数累积到最大时，再突然把阈值调到很低，此时，上能级上累积的大量反转粒子数在受激辐射的作用下雪崩式地跃迁到下能级上，于是在极短的时间内将能量以光子的形式释放出来，从而获得峰值功率极高的巨脉冲输出。

调Q技术就是通过某种方法使腔的Q值随时间按一定程序变化的技术。在泵浦开始时，使谐振腔处于低Q值状态(损耗大，阈值高，不能形成激光振荡)，上能级的反转粒子数就可以大量积累；当积累到最大值(饱和值)时，突然使腔的损耗减小，Q值激增，谐振腔处于高Q值状态(损耗小，阈值低，易形成激光振荡)，激光振荡迅速建立，在极短的时间内上能级的反转粒子数被消耗(受激辐射)，转变为腔内的光能，从腔的输出端以单一脉冲形式释放出来，获得峰值功率很高的巨脉冲。如果把调Q开关比作一扇门，那么，一次调Q过程就可以看做"关门→开门"的过程。

在调Q激光的建立过程中，各参量随时间的变化情况如图6.1.2所示。图6.1.2(a)表示泵浦速率W_p随时间的变化，图6.1.2(b)表示腔的Q值是时间的阶跃函数，图6.1.2(c)表示反转粒子数Δn随时间的变化，图6.1.2(d)表示腔内光子数密度N随时间的变化。

在泵浦过程的大部分时间里，谐振腔都是属于低Q值状态(高损耗，高阈值)，不能形成激光，从而使上能级的粒子数不断积累，直至 t_0 时刻，反转粒子数达到最大值 Δn_i。在这一时刻，Q 值突然升高(低损耗，低阈值)，激光振荡开始建立。由于 $\Delta n_i \gg \Delta n_{th}$，因此，受激辐射增强非常迅速，激光介质存储的能量在极短的时间内转变为受激辐射场的能量，产生一个峰值功率很高的激光巨脉冲。

由图 6.1.3 可以看出，调 Q 脉冲激光脉冲的形成需要一个过程。从 t_0 时刻起，腔内光子数开始增加，但是增速十分缓慢。把 t_0 后的波形展开如图 6.1.3 所示，在 $t_0 \sim t_d$ 这段时间内，光子数始终较少，自发辐射占优势，受激辐射较少。直至 t_d 时刻，光子数增长到 N_d，雪崩过程才形成，受激辐射占优势，光子数迅速增大。因此，调 Q 脉冲激光的形成从振荡开始到巨脉冲的形成需要一定的延迟时间 Δt，这段时间也称为 Q 开关开启的持续时间。光子数的迅速增长，使反转粒子数 Δn 急剧减少，至 $t=t_p$ 时刻，$\Delta n=\Delta n_{th}$，光子数达到最大值 N_{max} 之后，由于 $\Delta n<\Delta n_{th}$，则光子数迅速减少，此时，$\Delta n=\Delta n_f$(Δn_f 为振荡终止后工作物质中剩余的粒子数)。可见，调 Q 脉冲的峰值是发生在反转粒子数等于阈值反转粒子数($\Delta n=\Delta n_{th}$)的时刻，即 $t=t_p$ 时刻。

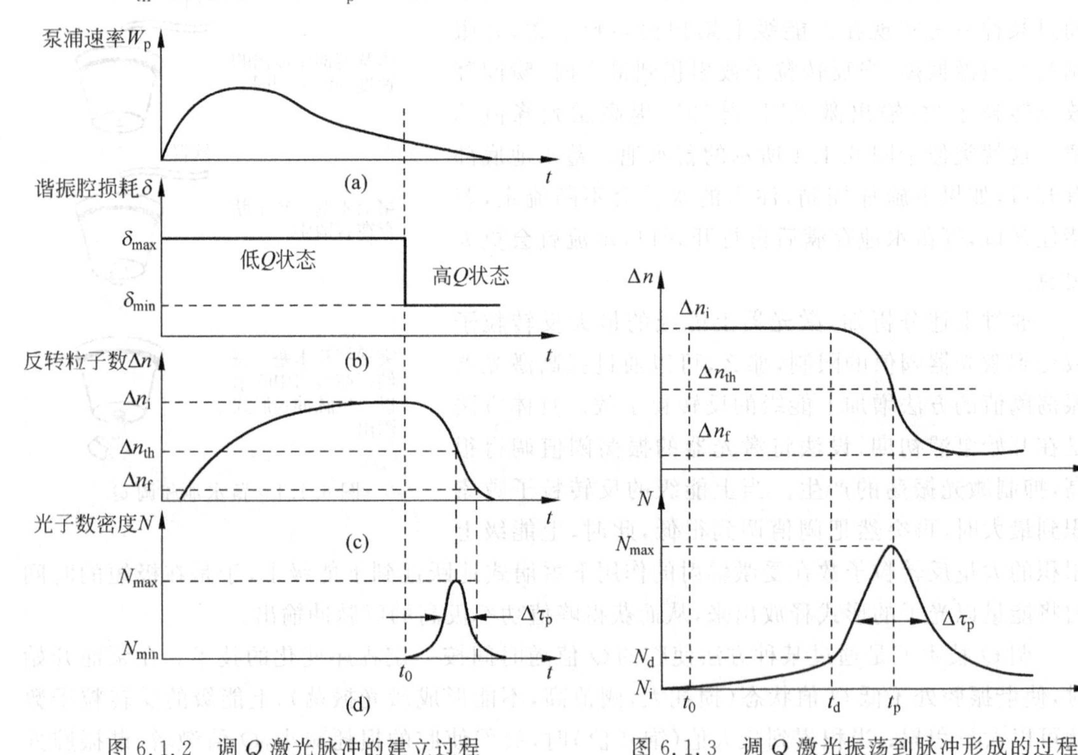

图 6.1.2　调 Q 激光脉冲的建立过程　　　　图 6.1.3　调 Q 激光振荡到脉冲形成的过程

6.1.2 调 Q 技术的分类

调 Q 原理的特点是：能量以激活粒子的形式存储在工作物质高能态上，当达到最大值时将 Q 开关"打开"，腔内便很快建立起极强的激光振荡，使激光上能级存储的能量转变为腔内的光能量。其输出方式是一边形成激光振荡，一边从输出镜输出激光，激光器的输出损耗不变。因此，输出光脉冲的强度与腔内光场强度成比例。其实质是将能量以反转粒子数的形式存储在工作物质中，通过改变腔内损耗获得最大脉冲激光输出，这类调 Q 方式被称

为脉冲反射式调 Q，简称 PRM(pulse reflection model)。

除了 PRM 调 Q，还有一种通过谐振腔能进行调 Q 的方式，称为脉冲透射式调 Q，简称 PTM(pulse transmission model)。这种调 Q 的输出方式有别于 PRM，是将能量以光子的形式储存在谐振腔中。它是将 PRM 调 Q 激光器谐振腔的输出耦合镜换成全反镜，Q 开关"打开"后，光子只在腔内往返振荡而无输出，直到工作物质的反转粒子储能全部转变成腔内光子能量时，放置在腔内的特定光学器件（通常为偏振棱镜）才将腔内存储的光场能量瞬间全部透射输出。即在激光器工作过程中，输出损耗是变化的，光子在腔内高功率激光瞬间倒空。因为不是边振荡边输出，而是先振荡达到最大值后，再瞬间透射出去，腔内光强概率为零，故又称为"腔倒空"。

除了按照储能方式将调 Q 技术分为 PRM 和 PTM 以外，还可以根据调 Q 过程改变谐振腔损耗类型进行分类。谐振腔的损耗一般包括反射损耗、透射损耗、衍射损耗、吸收损耗等。用不同的方法控制不同类型的损耗变化，就可以形成不同的调 Q 技术。例如，控制反射、透射损耗的变化可以实现转镜调 Q、电光调 Q，控制衍射损耗变化可以实现声光调 Q，利用吸收损耗的变化可以实现染料调 Q、色心晶体调 Q 等被动调 Q。

上述各种调 Q 技术又可以分为主动调 Q 和被动调 Q 两大类，其中，转镜调 Q、电光晶体调 Q 和声光调 Q 属于主动调 Q，可饱和吸收调 Q 属于被动调 Q。后面主要讨论电光调 Q、声光调 Q 和被动调 Q 的实现过程。

6.1.3 调 Q 对激光器的要求

(1) 工作物质上能级必须有较长的能级寿命。若激光工作物质的上能级寿命为 τ_2，上能级的粒子反转数为 n_2，因自发辐射而减少的速度为 n_2/τ_2。这样，当泵浦速率为 W_p 时，在达到平衡情况下，应满足

$$W_p=\frac{n_2}{\tau_2}$$

则上能级达到最大反转粒子数取决于 $n_2=W_p\tau_2$，因此，为了使激光工作物质的上能级积累尽可能多的粒子数，则要求 $W_p\tau_2$ 的值应大一些，但是 τ_2 也不能太大，否则会影响能量的释放速度。根据上述要求，固体激光器的工作物质都可以满足，液体激光器也比较合适，但对一些气体激光器，如 He-Ne 激光器，上能级寿命短，又只能在低电离情况下运转，泵浦速率不能太大，故无法实现调 Q 运转。

(2) 光泵的泵浦速率必须快于激光上能级的自发辐射速率，即泵浦的持续时间（波形的半宽度）必须小于激光介质的上能级寿命，否则，不能实现足够多的粒子数反转。

(3) 谐振腔的 Q 值改变要快，应远小于谐振腔建立激光振荡的时间。如果 Q 开关时间太慢，会使脉冲变宽，甚至会发生多脉冲现象。通常电光 Q 开关的开关时间在纳秒量级，声光 Q 开关的开关时间在微秒量级，被动 Q 开关的开关时间在纳秒量级。

(4) 由于调 Q 是把能量以激活离子的形式存储在激光工作物质的高能态上，然后集中在一个极短的时间内释放出来，因此，要求激光工作物质必须能在强泵浦下工作，即抗光损伤阈值要高。

6.2 调 Q 激光器速率方程

对于调 Q 脉冲的形成过程以及各种参量对激光调 Q 脉冲的作用，可以采用激光速率方程进行分析。速率方程组描述了腔内振荡光子数和工作物质的反转粒子数随时间变化的规律。根据这些规律，可以推导出调 Q 脉冲的峰值功率、脉冲宽度等参量与反转粒子数之间的关系。

6.2.1 调 Q 激光器的速率方程

激光形成的速率方程是根据工作物质的反转粒子数变化和腔内光子数变化之间的内在关系建立起来的。因为粒子受到外界激励在能级间跃迁的过程中，主要集中在两个能级之间实现粒子数反转并产生光辐射。因此，为了便于分析，用一个二能级系统的模型取代实际的三能级系统和四能级系统，如图 6.2.1 所示。图中省略了泵浦能级，并用 W_P 来代替泵浦和热弛豫过程，W_P 表示为单位时间单位体积内抽运到上能级 E_2 的粒子数；W_{12} 表示受激吸收概率，A_{21} 表示自发辐射概率，W_{21} 表示受激辐射概率；n_1 和 n_2 分别表示单位体积内激光工作物质的上下能级的粒子数。

令 $\Delta n = n_2 - n_1$ 为反转粒子数，N 为谐振腔内受激辐射产生的光子数，则速率方程可写为

$$\begin{cases} \dfrac{\mathrm{d}\Delta n}{\mathrm{d}t} = \gamma(W_P - \Delta n W_{21} - n_2 A_{21}) \\ \dfrac{\mathrm{d}N}{\mathrm{d}t} = \Delta n W_{21} - \dfrac{N}{\tau_R} \end{cases} \tag{6.2.1}$$

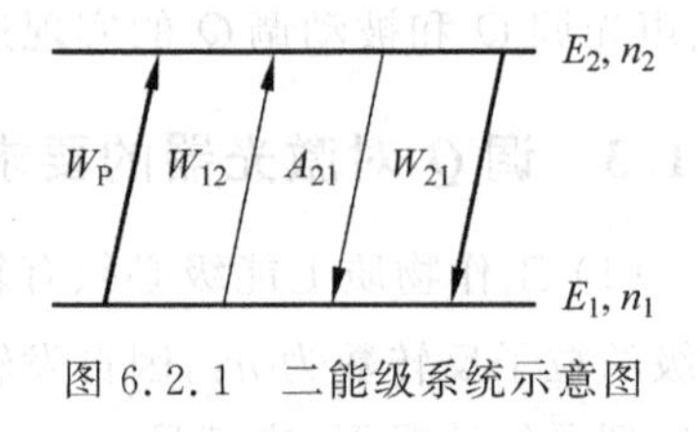

图 6.2.1 二能级系统示意图

式中，γ 为反转因子；τ_R 为腔内光子平均寿命。由 4.3 节相关内容知，对于理想三能级系统，每产生 1 个光子需要消耗 2 个反转粒子数，因此 $\gamma=2$；对于理想四能级系统，产生 1 个光子只需要消耗 1 个反转粒子数，因此 $\gamma=1$。另外，式(6.2.1)中忽略了因自发辐射产生的光子数。

调 Q 的实现过程可以分为 Q 开关关闭和 Q 开关打开两个阶段。在 Q 开关关闭时，腔内不断累积反转粒子数，由于没有受激辐射产生，因此 $N \approx 0$，此时反转粒子数速率方程为

$$\begin{cases} \dfrac{\mathrm{d}\Delta n}{\mathrm{d}t} = \gamma(W_P - n_2 A_{21}) \\ \dfrac{\mathrm{d}N}{\mathrm{d}t} = 0 \end{cases} \tag{6.2.2}$$

对于三能级系统，反转粒子数速率方程可写为

$$\frac{\mathrm{d}\Delta n}{\mathrm{d}t} = 2(W_P - n_2 A_{21}) = 2W_P - \frac{2n_2}{\tau_2} \tag{6.2.3}$$

式中，τ_2 为上能级的平均寿命。

对于四能级系统，反转粒子数速率方程可写为

$$\frac{\mathrm{d}\Delta n}{\mathrm{d}t} = W_P - n_2 A_{21} = W_P - \frac{n_2}{\tau_2} \tag{6.2.4}$$

当 Q 开关打开后，由于工作物质处于激活状态，积累了大量的反转粒子数，且 Q 开关打

开，因此，增益远远高于损耗，随着激光脉冲的建立，腔内光强将迅速增加，同时消耗大量反转粒子数。由于在激光振荡处于急剧变化的瞬态过程中起主导作用的是受激辐射，泵浦激励和自发辐射两种过程的影响可以忽略。此时，腔内反转粒子数和光子数的速率方程可简化为

$$\begin{cases}\dfrac{\mathrm{d}\Delta n}{\mathrm{d}t}=-\gamma\Delta nW_{21}\\[2mm]\dfrac{\mathrm{d}N}{\mathrm{d}t}=\Delta nW_{21}-\dfrac{N}{\tau_{\mathrm{R}}}\end{cases}\tag{6.2.5}$$

由图 6.1.3 可知，当 $t=t_{\mathrm{p}}$ 时，腔内光子数 N 达到最大值 $N_{\max}$，此时 $\mathrm{d}N/\mathrm{d}t=0$，$\Delta n=\Delta n_{\mathrm{th}}$，则有

$$\frac{\mathrm{d}N}{\mathrm{d}t}=\Delta n_{\mathrm{th}}W_{21}-\frac{N}{\tau_{\mathrm{R}}}=0$$

求得

$$W_{21}=\frac{N}{\Delta n_{\mathrm{th}}\tau_{\mathrm{R}}}$$

把 W_{21} 代入式(6.2.5)中得

$$\begin{cases}\dfrac{\mathrm{d}\Delta n}{\mathrm{d}t}=-\gamma\dfrac{\Delta n}{\Delta n_{\mathrm{th}}}\dfrac{N}{\tau_{\mathrm{R}}}\\[2mm]\dfrac{\mathrm{d}N}{\mathrm{d}t}=\left(\dfrac{\Delta n}{\Delta n_{\mathrm{th}}}-1\right)\dfrac{N}{\tau_{\mathrm{R}}}\end{cases}\tag{6.2.6}$$

式(6.2.6)即为调 Q 速率方程。对于理想三能级系统，$\gamma=2$，对于理想四能级系统，$\gamma=1$。

对于实际四能级激光器，激光工作物质的下能级具有一定的寿命，与理想四能级系统有一定的差别。设其激光下能级寿命为 τ_1，调 Q 脉冲宽度为 $\Delta\tau_{\mathrm{p}}$，并假设调 Q 开关为理想 Q 开关。对下能级寿命 τ_1 的影响进行计算，有以下结论：

(1) 理想四能级系统的峰值光子数、单脉冲能量和峰值功率是理想三能级系统的两倍，且两者的脉宽相等；

(2) 如果 $\tau_1\gg\Delta\tau_{\mathrm{p}}$，那么在激光 Q 脉冲振荡过程中，上能级粒子跃迁到下能级后，还没来得及向基态跃迁，激光振荡已经结束了，此情形与理想三能级情况概率完全一致，因此，$\gamma\approx2$；

(3) 如果 $\tau_1\ll\Delta\tau_{\mathrm{p}}$，那么在激光 Q 脉冲振荡过程中，上能级粒子跃迁到下能级后立即向基态跃迁，此情形近似于理想四能级系统，因此，$\gamma\approx1$。

6.2.2　调 Q 速率方程的解

为了求解调 Q 的速率方程，须给出调 Q 开关的函数形式，即腔内损耗随时间变化的函数形式 $\delta(t)$。为求解方便，通常采用的方法是预先假定几种典型的 Q 开关函数，如阶跃开关函数、线性开关函数或抛物线开关函数。而实际的 Q 开关函数是比较复杂的，甚至很难用一种简单形式来表示，在此，着重讨论理想的阶跃开关函数。

如图 6.2.2 所示，假设腔内损耗 δ 在时间上存在一个突变，即 $t<t_0$ 时，Q 开关关闭，腔

内累积反转粒子数；$t=t_0$ 时，Q 开关打开，形成激光振荡。

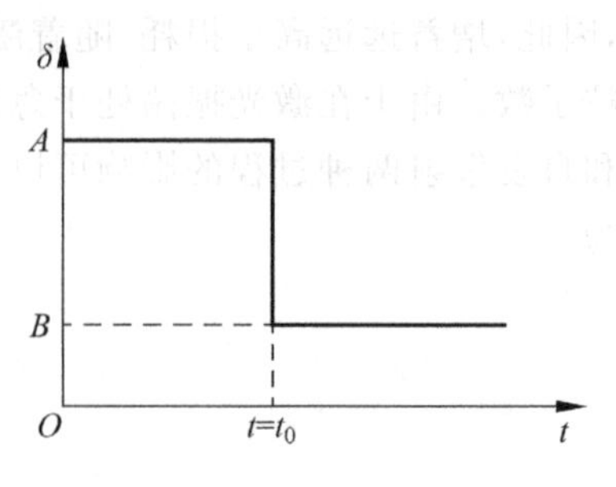

图 6.2.2 损耗 $\delta(t)$ 的阶跃变化

腔内损耗 $\delta(t)$ 的函数表达式可写为

$$\delta(t)=\begin{cases}A, & t<t_0\\ B, & t>t_0\end{cases} \tag{6.2.7}$$

当 $t<t_0$ 时，$N\approx 0$，由式(6.2.2)积分得到初始反转粒子数 Δn_{i}，可以把 Δn_{i} 作为确定的初始条件参量。

根据方程组(6.2.6)，把两式相比，消去时间 t，得到

$$\frac{\mathrm{d}N}{\mathrm{d}\Delta n}=\frac{1}{\gamma}\left(\frac{\Delta n_{\mathrm{th}}}{\Delta n}-1\right) \tag{6.2.8}$$

当 $t=t_0$ 时，Δn 达到最大值 Δn_{i}，而受激辐射光子数 $N_{\mathrm{i}}\approx 0$，对式(6.2.8)进行积分，即

$$\int_0^N \mathrm{d}N=\int_{\Delta n_{\mathrm{i}}}^{\Delta n}\frac{1}{\gamma}\left(\frac{\Delta n_{\mathrm{th}}}{\Delta n}-1\right)\mathrm{d}\Delta n \tag{6.2.9}$$

求得

$$N=\frac{1}{\gamma}\left(\Delta n_{\mathrm{i}}-\Delta n+\Delta n_{\mathrm{th}}\ln\frac{\Delta n}{\Delta n_{\mathrm{i}}}\right) \tag{6.2.10}$$

式(6.2.10)即为调 Q 脉冲振荡过程中光子数 N 与反转粒子数 Δn 之间的关系。考察调 Q 脉冲的形成过程，可以得到光子数 N 与反转粒子数 Δn 在某些时刻的对应关系。由图 6.1.3 可知，$t=t_0$ 时，光子数 N 开始增加，到 $t=t_{\mathrm{d}}$ 时开始雪崩式增加，光子数 N 急剧增长，反转粒子数 Δn 剧烈减少，该过程一直持续到 t_{p} 时刻，此时 $\Delta n=\Delta n_{\mathrm{th}}$，$N$ 达到最多，且 $\mathrm{d}N/\mathrm{d}t=0$。当 Q 脉冲结束时，受激辐射光子数 $N\approx 0$，此时 $\Delta n=\Delta n_{\mathrm{f}}$，$\Delta n_{\mathrm{f}}$ 为振荡终止后工作物质中剩余的粒子数。将上述对应关系分别代入式(6.2.10)中，即可解得调 Q 激光的相关特性。

1. 峰值光子数 $N_{\max}$

当 $t=t_{\mathrm{p}}$ 时，反转粒子数有最大值 $\Delta n=\Delta n_{\mathrm{th}}$，$N$ 达到最大值 $N_{\max}$，因此，将 $\Delta n=\Delta n_{\mathrm{th}}$ 代入式(6.2.10)可求出 $N_{\max}$ 为

$$N_{\max}=\frac{1}{\gamma}\left(\Delta n_{\mathrm{i}}-\Delta n_{\mathrm{th}}+\Delta n_{\mathrm{th}}\ln\frac{\Delta n_{\mathrm{th}}}{\Delta n_{\mathrm{i}}}\right)=\frac{\Delta n_{\mathrm{th}}}{\gamma}\left(\frac{\Delta n_{\mathrm{i}}}{\Delta n_{\mathrm{th}}}-1-\ln\frac{\Delta n_{\mathrm{i}}}{\Delta n_{\mathrm{th}}}\right) \tag{6.2.11}$$

令 $D=\Delta n_{\mathrm{i}}/\Delta n_{\mathrm{th}}$，表示积累的初始反转粒子数 Δn_{i} 超过阈值反转粒子数 Δn_{th} 的程度，称为超阈度，则式(6.2.11)表示为

$$N_{\max}=\frac{\Delta n_{\mathrm{th}}}{\gamma}(D-1-\ln D) \tag{6.2.12}$$

改写为

$$N_{\max}=\frac{\Delta n_{\mathrm{th}}}{\gamma}\{(D-1)-\ln[(D-1)+1]\}$$

令 $D-1=x$，得

$$N_{\max}=\frac{\Delta n_{\mathrm{th}}}{\gamma}[x-\ln(x+1)]$$

把 $\ln(x+1)$ 在 $x=0$ 附近($D=1$)展开,得

$$N_{\max}=\frac{\Delta n_{\text{th}}}{\gamma}\left[x-\left(x-\frac{x^2}{2}+\frac{x^3}{3}-\frac{x^4}{4}+\cdots\right)\right]\approx\frac{\Delta n_{\text{th}}}{\gamma}\frac{x^2}{2}$$

即

$$N_{\max}\approx\frac{\Delta n_{\text{th}}}{2\gamma}(D-1)^2 \tag{6.2.13}$$

由式(6.2.13)可知,在 $D=1$ 附近,峰值光子数 $N_{\max}$ 与超阈度 D 存在二次方的关系;但是随着 D 的增大,峰值光子数 $N_{\max}$ 与超阈度 D 呈近似线性关系,D 越大,线性度越高。因此,提高初始反转粒子数 Δn_{i}、降低阈值反转粒子数 Δn_{th} 都有利于腔内峰值光子数 $N_{\max}$ 的提高。

2. 峰值功率 P_{m}

当腔内光子数达到最大值 $N_{\max}$ 时,可以近似认为这些光子在腔内光子寿命 τ_{R} 时间内被消耗掉,其中一部分通过输出镜输出到腔外,一部分被腔内损耗。如果输出镜的透过率为 T,谐振腔往返净损耗为 α,输出耦合效率 $\eta_T=T/(T+\alpha)$,每个光子能量为 $h\nu$,则可以得到激光器输出的峰值功率 P_{m} 为

$$P_{\text{m}}=\eta_T\frac{N_{\max}h\nu}{\tau_{\text{R}}}=\eta_T\frac{h\nu}{\tau_{\text{R}}}\frac{\Delta n_{\text{th}}}{\gamma}(D-1-\ln D)=\eta_T\frac{h\nu}{\tau_{\text{R}}}\frac{\Delta n_{\text{i}}}{\gamma}\frac{D-1-\ln D}{D} \tag{6.2.14}$$

3. 剩余反转粒子数 Δn_{f}

把 $N=0$ 和 $\Delta n=\Delta n_{\text{f}}$ 代入式(6.2.10)得

$$\Delta n_{\text{i}}-\Delta n_{\text{f}}+\Delta n_{\text{th}}\ln\frac{\Delta n_{\text{f}}}{\Delta n_{\text{i}}}=0$$

化简得

$$\Delta n_{\text{f}}=\Delta n_{\text{i}}\mathrm{e}^{\frac{\Delta n_{\text{f}}}{\Delta n_{\text{th}}}-\frac{\Delta n_{\text{i}}}{\Delta n_{\text{th}}}} \tag{6.2.15}$$

$$\frac{\Delta n_{\text{f}}}{\Delta n_{\text{th}}}=D\mathrm{e}^{\frac{\Delta n_{\text{f}}}{\Delta n_{\text{th}}}-D} \tag{6.2.16}$$

式中,$D=\Delta n_{\text{i}}/\Delta n_{\text{th}}$。式(6.2.15)和式(6.2.16)为超越方程,没有解析解,可以数值求解。画出 $\Delta n_{\text{f}}/\Delta n_{\text{th}}$ 与 D 的关系曲线,如图 6.2.3 中虚线所示。从图中可以看出,$\Delta n_{\text{f}}/\Delta n_{\text{th}}$ 随着 D 的增大而下降,说明超阈度的提高能够减少剩余反转粒子数 Δn_{f}。

剩余反转粒子数 Δn_{f} 对激光输出是没有贡献的,它们在调 Q 巨脉冲结束后,以荧光形式消散掉了,因此,定义 η_{f} 为单脉冲的能量利用率,表示调 Q 脉冲可以从激光工作物质中提取能量的效率,即

$$\eta_{\text{f}}=\frac{\Delta n_{\text{i}}-\Delta n_{\text{f}}}{\Delta n_{\text{i}}} \tag{6.2.17}$$

把式(6.2.15)代入式(6.2.17)得

$$\eta_{\text{f}}=1-\mathrm{e}^{\frac{\Delta n_{\text{f}}}{\Delta n_{\text{th}}}-\frac{\Delta n_{\text{i}}}{\Delta n_{\text{th}}}}=1-\mathrm{e}^{\frac{\Delta n_{\text{f}}-\Delta n_{\text{i}}}{\Delta n_{\text{th}}}}=1-\mathrm{e}^{-D\eta_{\text{f}}} \tag{6.2.18}$$

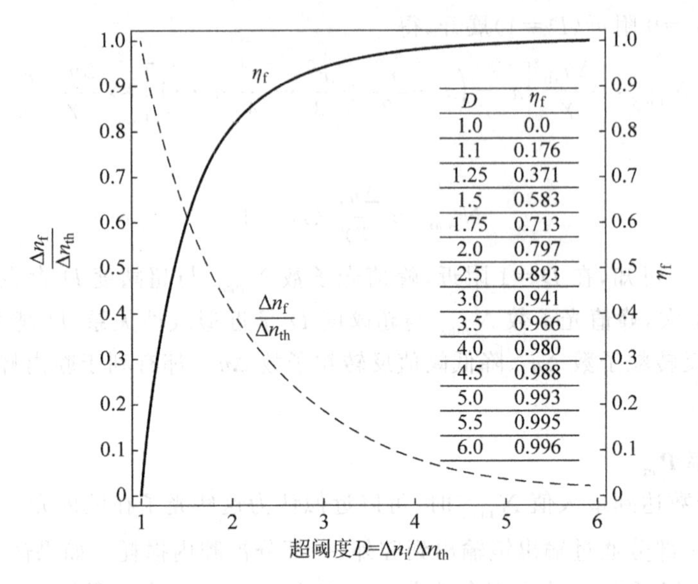

图 6.2.3 能量利用率 η_f 与超阈度 D 的关系

同样可以用数值求解式(6.2.18)。画出 η_f-D 关系曲线如图 6.2.3 中的实线所示。从图中可以看出 η_f 随着 D 的增大而增大,因此,增加超阈度有利于提高能量利用率。当 $D>3$ 时,大约有 94%的能量被激光脉冲提取,当 $D=1.5$ 时,能量利用率只有 58%。因此,对于调 Q 激光器,应尽量使超阈度 D 达到 3 以上,才能保证有较高的工作效率。

把式(6.2.16)在 $\Delta n_f/\Delta n_{th}=0$ 点做级数展开得

$$\frac{\Delta n_f}{\Delta n_{th}}=D\mathrm{e}^{(-D)}\left[1+\frac{\Delta n_f}{\Delta n_{th}}+\frac{1}{2}\left(\frac{\Delta n_f}{\Delta n_{th}}\right)^2+\cdots\right]$$

取前两项得,化简得

$$\frac{\Delta n_f}{\Delta n_{th}}=\frac{D\mathrm{e}^{(-D)}}{1-D\mathrm{e}^{(-D)}},\quad D\geqslant 3 \tag{6.2.19}$$

把式(6.2.19)代入式(6.2.17)得 η_f 的近似表达式为

$$\eta_f=1-\frac{\mathrm{e}^{(-D)}}{1-D\mathrm{e}^{(-D)}},\quad D\geqslant 3 \tag{6.2.20}$$

式(6.2.18)和式(6.2.20)的结果误差小于 0.1%。

4. Q 脉冲能量

激光脉冲的能量是由消耗反转粒子数的受激辐射提供的。若以光子数从 N_i 开始增加,到最大值 N_{max},再下降到 Q 脉冲结束时 $N\approx 0$,在这个过程中,对应的反转粒子数从 Δn_i 下降到 Δn_{th},再下降为 Δn_f,因此由反转粒子数转化的光子数为

$$N_T=\frac{1}{\gamma}(\Delta n_i-\Delta n_f) \tag{6.2.21}$$

考虑到输出耦合效率 η_T,则激光器输出的调 Q 脉冲能量为

$$E=\eta_T N_T h\nu=\eta_T\frac{1}{\gamma}(\Delta n_i-\Delta n_f)h\nu=\eta_T\eta_f\frac{\Delta n_i}{\gamma}h\nu \tag{6.2.22}$$

式中，耦合效率为 $\eta_T = T/(T+\alpha)$；能量利用率为 $\eta_f = (\Delta n_i - \Delta n_f)/\Delta n_i$；$\gamma$ 为反转因子，对于三能级系统 $\gamma=2$，对于四能级系统 $\gamma=1$。

5. Q 脉冲建立时间 t_d

如图 6.1.3 所示，在 $0\sim t_d$ 这段时间内，腔内光子数很少，受激辐射较弱，反转粒子数概率没有被消耗，可认为 $\Delta n \approx \Delta n_i$，代入式(6.2.6)得

$$\frac{\mathrm{d}N}{\mathrm{d}t} = \left(\frac{\Delta n_i}{\Delta n_{th}} - 1\right)\frac{N}{\tau_R} = (D-1)\frac{N}{\tau_R} \tag{6.2.23}$$

求解式(6.2.23)，可得在 t_d 时刻内光子数 N_d 为

$$N_d = N_i \mathrm{e}^{(D-1)\frac{t_d}{\tau_R}} \tag{6.2.24}$$

式中，N_i 为 Q 开关打开时腔内的初始光子数。由式(6.2.24)可以看出，在激光振荡初期，腔内光子数呈指数增长。因此，调 Q 脉冲建立的时间 t_d 为

$$t_d = \frac{\tau_R}{D-1}\ln\frac{N_d}{N_i} \tag{6.2.25}$$

由式(6.2.25)可以看出，超阈度 D 越大，调 Q 脉冲建立的时间 t_d 越短，脉冲建立得越快。Anthony E. Siegman 给出了式(6.2.25)中 N_d/N_i 的范围为 $10^8\sim10^{12}$。可以把式(6.2.25)改写为

$$\frac{20\tau_R}{D-1} \leqslant t_d \leqslant \frac{30\tau_R}{D-1}$$

一般情况下可取中间值进行计算：

$$t_d = \frac{25\tau_R}{D-1} = \frac{25}{D-1}\times\frac{L}{\delta c} \tag{6.2.26}$$

例如，氙灯泵浦的脉冲 Nd：YAG 激光器，超阈度 $D=3$，谐振腔腔长 $L=60\mathrm{cm}$，输出镜透过率为度 $T=0.65$，不考虑其他损耗，则单程损耗 $\delta=0.525$，则腔内光子的寿命 $\tau_R=3.8\mathrm{ns}$，可估算出 Q 脉冲的建立时间 t_d 约为 48ns。

6. Q 脉冲的宽度

用 Q 脉冲的输出能量除以峰值功率即可得到调 Q 脉冲的近似宽度为

$$\Delta\tau_p = \frac{E}{P_m} = \eta_f\frac{D}{D-1-\ln D}\tau_R = \eta_f\frac{D}{D-1-\ln D}\frac{L}{\delta c} \tag{6.2.27}$$

由式(6.2.27)可知：

(1) 在相同的条件下，理想三能级系统和理想四能级系统的调 Q 脉冲宽度相等，与反转因子 γ 无关，调 Q 脉冲宽度与谐振腔的长度成正比；

(2) 随着超阈度 D 的增大，调 Q 的脉冲宽度 $\Delta\tau_p$ 变小，即调 Q 脉宽变窄。但是，其极限值为 τ_R，即调 Q 的脉冲宽度最小极限为 τ_R。

需要说明的是，式(6.2.27)得到的调 Q 脉冲宽度并不精确等于 Q 脉冲的半高全宽(full width at half maximum，FWHM)，但是在大多数情况下非常接近精确解。如果要得到精确的调 Q 脉冲波形，可以通过对式(6.2.6)中的微分方程进行数值求解得到，结果如图 6.2.4 所示。

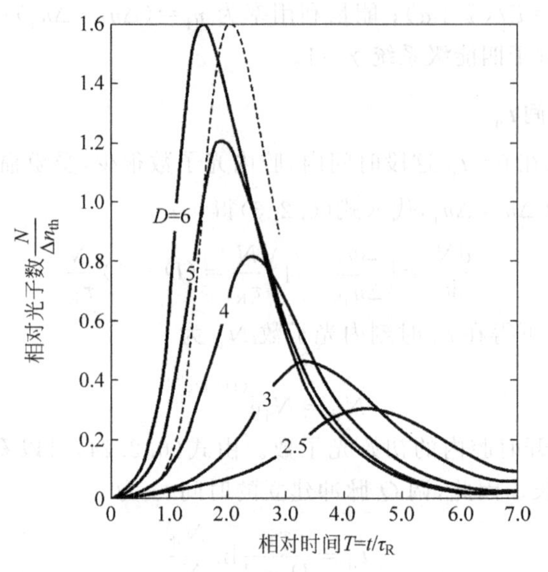

图 6.2.4 调 Q 脉冲波形

由图中可以看出，随着超阈度 D 的增加，脉冲宽度明显下降。其原因主要有两个，一是 D 越大，腔内增益越大，则脉冲前沿的上升速度越快；二是 D 越大，则上能级积累的粒子数越多，自发辐射光子数越多，导致脉冲建立时间缩短。

另外，随着超阈度 D 的增加，脉冲的前后沿宽度都将缩短，但是前沿缩短更为明显。这是因为在脉冲前沿可以近似地认为与 D 呈指数关系，D 的增加使脉冲前沿光子数随时间变化更为剧烈，脉冲前沿宽度迅速缩短；而当脉冲越过峰值进入后沿时，由于此时的反转粒子数小于阈值反转粒子数，受激辐射在脉冲后沿作用下降，腔内光强在脉冲后沿近似以 $e^{-\frac{t}{\tau_R}}$ 下降，由于 τ_R 为常数，D 的增加对脉冲后沿宽度的影响要弱于对脉冲前沿宽度的影响。

综上，在调 Q 脉冲形成的过程中，超阈度 D 是一个关键参量，由上述分析知，超阈度 D 越高，峰值光子数越多，脉冲峰值功率越大，能量利用率越高，脉冲能量越高，而脉冲建立时间越短，调 Q 脉宽也越窄。总之，随着超阈度 D 的增加，调 Q 脉冲参数变好，这也要求 Q 开关时间要小。

但是，超阈度也不可能无限制地增加以获得任意高峰值功率的激光输出，主要是受以下几个原因制约：

(1) 当 Δn_i 增加时，自发辐射也随之增加并且被激光工作物质所放大。如果 Δn_i 足够高，自发辐射光子就有可能获得足够高的单程增益，限制了 Δn_i 的继续增长，同时也浪费了能量。实际上，所有利用反转粒子数储存能量的激光器都会遇到这种限制作用。

(2) 被放大的自发辐射光能量有可能大到改变 Q 开关特性。如果 Q 开关是对激光波长有饱和吸收的介质，被放大的自发辐射光可以通过使可饱和介质饱和来使 Q 开关打开，这一特性可以被用在被动调 Q 激光器中。

(3) Q 开关关闭时必须有足够高的损耗使光在谐振腔往返一次所受到的增益小于损耗，对于给定的某个 Q 开关器件，这一点限制了初始反转粒子数 Δn_i 的大小。

6.3 电光调Q

利用某些晶体的电光效应可以制成电光调Q器件，实现调Q过程。电光调Q属于主动式调Q，具有开关时间短（约10^{-9}s）、效率高、调Q时刻可以精确控制、输出脉冲窄（10～20ns）、峰值功率高（兆瓦量级以上）等优点，是目前应用比较广泛的一种调Q技术。现在最常用的电光晶体主要有磷酸二氘钾（KD^*P）、铌酸锂（$LiNbO_3$，简写为LN）及硅酸铋（BSO）等。

6.3.1 基本原理

电光开关中，电光晶体加载（或撤销）电场作用后会产生双折射效应。电光Q开关也称为普克尔盒，如图6.3.1所示，电光晶体和偏振片联合使用，构成光闸。在图6.3.1(a)中，电光晶体上未加载电压时不产生双折射，从其左侧入射的垂直偏振光可以直接通过晶体和偏振片，不发生任何改变。当晶体加载电压后产生双折射，改变了折射率，加载合适的电压，普克尔盒类似于半波片，将入射垂直偏振光改变为水平偏振光，不能通过起偏器。若使光能通过起偏器，需要撤销电压。

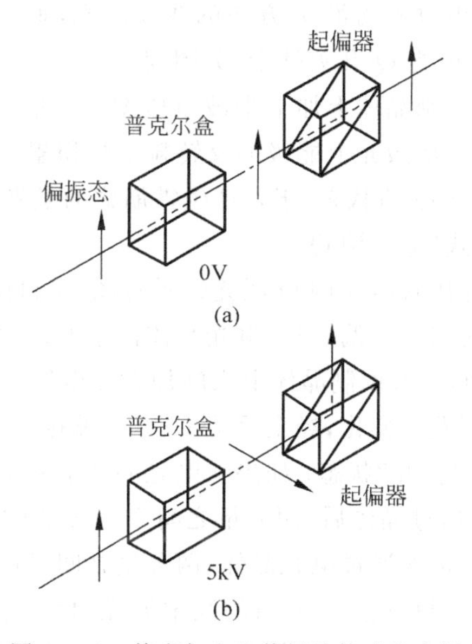

图6.3.1 普克尔盒和偏振片构成的光闸

如果将上述光闸放置在激光器的谐振腔内，在这个过程中，就起到Q开关的作用。通过加载电压实现“关门”，反转粒子数累积，不能形成激光振荡；通过撤销电压实现“开门”，反转粒子数消耗，产生激光巨脉冲。

6.3.2 典型电光调Q方法

1. 退压式电光调Q

图6.3.2所示为$\lambda/2$退压式电光调Q激光器示意图，其中电光晶体可以采用KD^*P、铌酸锂等晶体。以KD^*P为例，利用其纵向电光效应，电光晶体两端采用环状电极，z轴方

向加调制电压。谐振腔内使用两块偏振片，偏振片 P_1 的通光方向平行于电光晶体的 y 轴，偏振片 P_2 的通光方向平行于电光晶体的 y 轴，且 P_1 平行于 P_2。

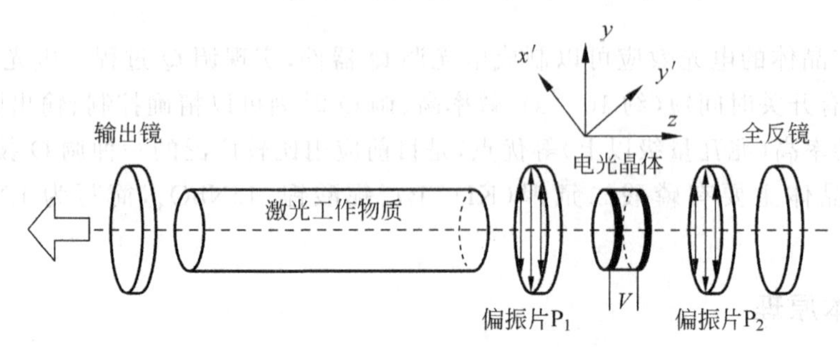

图 6.3.2 $\lambda/2$ 退压式电光调 Q 激光器示意图

其调 Q 过程是：激光工作物质在泵浦光激励发射自然光（无规偏光），通过偏振片 P_1 后，变成沿 y 方向的线偏振光。若电光晶体上未加电压，光沿着轴线方向（z 轴）通过晶体，其偏振状态不发生变化，且平行于偏振片 P_2 的通光方向，可以通过偏振片 P_2，电光 Q 开关处于“打开”状态；如果调制晶体上施加半波电压 $V_{\lambda/2}$，由于纵向电光效应，当沿 y 轴方向的线偏振光通过电光晶体后，出射光为沿 x 方向的线偏振光，垂直于偏振片 P_2 的通光方向，不能通过偏振片 P_2。此时，电光 Q 开关处于“关闭”状态。

在泵浦刚开始时，先在调制晶体上加上半波电压 $V_{\lambda/2}$，使谐振腔处于“关闭”的低 Q 值状态，阻断激光振荡的形成。待激光上能级的反转粒子数积累到最大值时，突然撤去晶体上的电压，使激光器瞬间处于高 Q 值状态，于是产生雪崩式的激光振荡，就可以输出一个调 Q 脉冲。这种方法称为“退压式”电光调 Q。

图 6.3.3 所示为 $\lambda/4$ 退压式电光调 Q 激光器示意图，是目前应用较多的一种电光调 Q 激光器结构。这种结构只使用一个偏振片，电光晶体位于偏振片和全反镜之间，偏振片的通光方向平行于 y 轴（或 x 轴）。若调制晶体上未施加 $\lambda/4$ 电压，通过偏振片后 y 轴方向的线偏振光通过晶体后偏振态不发生变化，经全反镜反射后，偏振态再次无变化地通过电光晶体和偏振片，电光 Q 开关处于“打开”状态；如果在电光晶体上施加 $\lambda/4$ 电压，由于纵向电光效应，当沿 y 方向的线偏振光通过晶体后，两分量之间产生 $\pi/2$ 的相位差，出射光合成为圆偏振光，经全反镜反射回来后，再次通过电光晶体，两分量之间又产生 $\pi/2$ 的相位差，两分量之间产生了 π 的相位差，合成后得到沿 x 方向的线偏振光，相当于其偏振面相对于入射光旋转了 $\pi/2$，因此不能通过偏振片，此时，电光 Q 开关处于“关闭”状态。

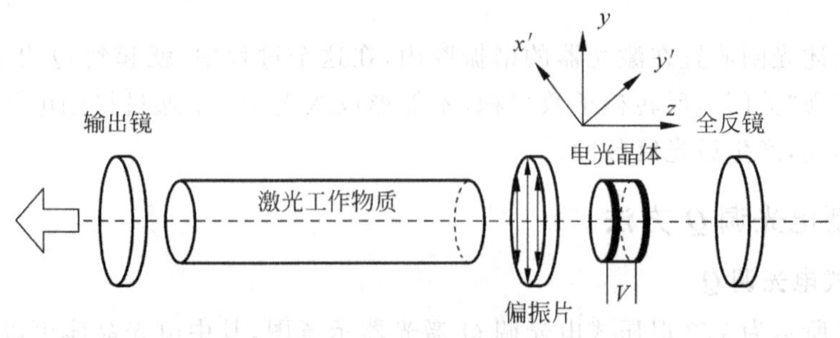

图 6.3.3 $\lambda/4$ 退压式电光调 Q 激光器示意图

在实际应用中，需要在泵浦前在电光晶体上加载$\lambda/4$电压，使电光Q开关处于“关门”状态，谐振腔处于低Q值状态，阻断激光振荡的形成。待激光上能级反转的粒子数积累到最大值时，突然撤去电光晶体上的电压，使电光Q开关瞬间“打开”，谐振腔处于高Q值状态，产生雪崩式的激光振荡，输出激光巨脉冲。

由于某些电光晶体(如KD^*P、铌酸锂)同时具有反压电效应，在外加电场作用下晶体会产生形变，发生应力双折射的弹光效应。这种机械形变相比于线性电光效应，具有很长的弛豫时间，因此，当退压后的一段时间内，晶体内仍存在这种形变作用，这种形变会使谐振腔内产生损耗，损耗随着形变的减轻而减少。如果这种损耗的下降时间大于调Q脉冲的建立时间，则在第一个调Q脉冲发射后，仍有部分能量保留在激光棒中，这些能量在腔损耗降到最小值时又形成第二个脉冲，即产生多脉冲现象。在实际应用中，为抵消弹光效应带来的损耗，避免出现多脉冲现象，常采用退压时把电压降为负电压的技术。

铌酸锂晶体中的弹光效应很明显，KD^*P中也观测到这一现象。采用降电压到负值，就能使铌酸锂晶体中的弹光效应减至最小。电光晶体的弹光效应，不仅使调Q激光器的输出效率下降，还限制了电光Q开关重复频率的提高，要实现高重频运行，可以采用没有压电效应的电光晶体做电光调Q开关，如KTP、RTP晶体等。

2. 加压式电光调Q

图6.3.4所示为$\lambda/2$加压式电光调Q激光器示意图。与退压式不同，加压式的偏振片P_1的通光方向平行于电光晶体的y轴，偏振片P_2的通光方向平行于电光晶体的x轴，且P_1垂直于P_2。电光晶体上未施加$V_{\lambda/2}$电压时，光沿着轴线方向(z轴)通过晶体，其偏振状态不发生变化，且垂直于偏振片P_2的通光方向，不能通过偏振片P_2，电光Q开关处于“关闭”状态；如果调制晶体上施加半波电压$V_{\lambda/2}$，由于纵向电光效应，当沿y轴方向的线偏振光通过电光晶体后，出射光为沿x方向的线偏振光，平行于偏振片P_2的通光方向，可以通过偏振片P_2。此时，电光Q开关处于“打开”状态。

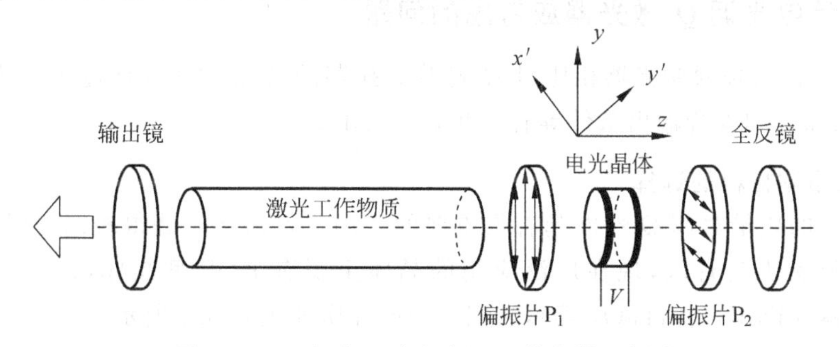

图6.3.4 $\lambda/2$加压式电光调Q激光器示意图

电光晶体上不加电压，使谐振腔处于“关闭”的低Q值状态，阻断激光振荡的形成。待激光上能级反转的粒子数积累到最大值时，在晶体上施加$V_{\lambda/2}$电压，谐振腔处于高Q值状态，输出调Q脉冲。由于电光晶体处于加压状态时输出激光调Q脉冲，因此称为“加压式”电光调Q。

图6.3.3所示的电光调Q激光器不能实现加压式运转。要在加压时使Q开关处于“打开”状态，则要求未在电光晶体上施加电压时，Q开关应处于“关闭”状态，即谐振腔处于光

路阻断状态。为达到这个目的，可以在电光晶体和全反镜之间插入一片$\lambda/4$波片，提供额外的相位差，如图6.3.5所示。图中，$\lambda/4$波片的快慢轴与电光晶体的感应主轴x'和y'平行。

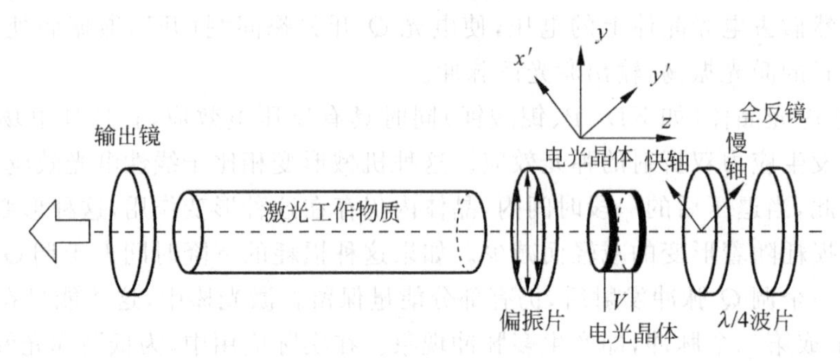

图6.3.5 $\lambda/4$加压式电光调Q激光器示意图

若电光晶体上未加$V_{\lambda/4}$电压，通过偏振片后沿y方向的偏振光经过电光晶体不产生相位差，但是经过$\lambda/4$波片后产生$\pi/2$的相位差，经全反镜反射后，再次通过$\lambda/4$波片后又产生$\pi/2$的相位差，则光波变成了沿x方向的偏振光，不能通过偏振片，此时，Q开关处于“关闭”状态。如果在电光晶体上施加$V_{\lambda/4}$电压，则经过偏振片后沿y方向的偏振光分别通过电光晶体和$\lambda/4$波片两次，那么电光晶体产生的相位差和$\lambda/4$波片产生的相位差相互叠加，使总的相位差为2π或零，光波可以通过偏振片，此时Q开关处于“打开”状态。

由调Q的基本原理可知，要获得高效率调Q的关键之一是精确控制Q开关“打开”的时间，即从泵浦开始延迟一段时间，当工作物质上能级反转粒子数达到最大值时，立即“打开”Q开关，此时的调Q效果最好。如果Q开关打开早了，上能级反转粒子数尚未达到最大时就开始振荡，那么输出的激光巨脉冲功率会降低，而且还可能出现多脉冲现象。如果延迟较长，Q开关打开较晚，则由于自发辐射等损耗，也会降低激光巨脉冲的功率。

6.3.3 设计电光调Q激光器应考虑的问题

调Q激光器与普通激光器相比，具有超临界振荡的特点，因此，对Q开关器件、激光工作物质、光泵浦灯和耦合输出条件等有一些新的要求。

1. 电光晶体材料的选择

电光晶体的质量对调Q性能起着很重要的作用。目前能够获得较高光学质量的线性电光晶体材料还比较有限，现在广泛应用的晶体主要有KDP型晶体（KD^*P、KDP等）、ABO_3型晶体（$LiNbO_3$、$LiTaO_3$等），它们的一般性质如表6.3.1所示。

表6.3.1 几种主要电光晶体的性质

晶体名称	折射率 n				电光系数γ_{63} /(10^{-12} m/V)	半波电压$V_{\lambda/2}$/V
	632.8nm		1064nm			
	n_o	n_e	n_o	n_e		
KDP	1.508	1.467	1.494	1.460	10.5	~15000
KD^*P	1.508	1.468	1.494	1.461	26.4	~6000
$LiNbO_3$	2.286	2.200	2.233	2.154	6.80	~9250(d/l)

选择电光晶体材料时,应考虑以下几个技术指标。

(1) 消光比要高。消光比是衡量电光 Q 开关性能的主要指标。消光比的高低取决于晶体折射率的均匀性。KDP 类晶体的消光比一般可达 10^4 以上,而 $LiNbO_3$ 晶体的消光比比较低,最高达 10^3,一般只能达到 250 左右,但也可以作为 Q 开关使用。

(2) 透过率要高。KDP 类晶体的光谱透过范围为 0.2～2.0μm,从可见光到 1.4μm,透过率大于 85%,Q 开关的插入损耗为 10%～12%。$LiNbO_3$ 晶体的透光范围为 0.4～5.0μm,最高透过率可达 98%。

(3) 半波电压要低。KD^*P 晶体的 $V_{\lambda/2}$ 为 6000V,而 $LiNbO_3$ 晶体的 $V_{\lambda/2}$ 为 $9000(d/l)$V。因为 $LiNbO_3$ 晶体是横向运用,故半波电压比 KDP 类的低。

(4) 抗损伤阈值要高。晶体承受的高功率密度要高,KDP 类晶体可达 $500MW/cm^2$,而 $LiNbO_3$ 晶体的抗损伤阈值比较低,所以高功率调 Q 激光器容易出现光损伤。

(5) 晶体的防潮。KDP 类晶体容易潮解,导致透光表面发毛而引起通光的损耗赠加,所以需要密封。$LiNbO_3$ 晶体不潮解,不需要密封装置。

2. 电光晶体的电极结构

电光晶体的电极结构形式及晶体接触的好坏直接影响晶体内电场的均匀性,一个极不均匀的电场可能导致器件失去调 Q 效应。因此,晶体内具有均匀的电场是设计电极结构的基本出发点。

KDP 类晶体大多采用纵向运用,外加电场方向与通光方向一致。这种情况要做出均匀的电极结构十分困难,实际上多采用近似均匀电场方式。环状电极结构是纵向运用的一种最佳方式,其优点是电极不与通光表面接触,在通光孔径与中心开通光孔的结构相等时,其结构尺寸可以做得小一些,或者使有效通光截面增大。但这种结构仍然存在电场不均匀的问题。在设计这种电极结构时,在不引起高压跳火的前提下两个环状电极的宽度应尽可能宽些为好。

对于 $LiNbO_3$ 类晶体,都是横向运用,电场方向与通光方向相互垂直,只要做成平板型电极就可以获得均匀的电场分布。

电极用软金属材料(铝箔、铜箔、银箔等)制成。用黏合剂把电极与晶体端面粘在一起,要求电极的接触面有较高的光洁度,以保证与晶体可靠接触。另外,也可以把金属 Au 等或金属氧化物 SnO 和 CdO 等直接镀在晶体两端侧表面上。蒸镀电极的电场均匀性比较好。

3. 对激光工作物质的要求

要获得良好的调 Q 效果,除对激光工作物质的一般要求外,还有一些新的要求。首先要具备储能密度高的性能,即激光上能级可以积累大量的粒子,故要求受激辐射截面要小,即上能级的寿命长、谱线较宽,这样可以防止或减弱超辐射的发生。另外,还要求有较高的抗强光损伤阈值,能承受较高的激光功率密度。Nd∶YAG、红宝石和钕玻璃三种工作物质基本上均能满足上述要求。

4. 对光泵浦灯的要求

为了减少由于自发辐射而引起反转粒子数的损失,要求泵浦灯的发光时间(脉冲波形的半宽度)必须小于工作物质的荧光寿命(激光上能级寿命)。实验表明,对于不同的工作物质和尺寸,具体要求也不一样。例如,调 Q 的 Nd∶YAG 激光器,泵浦灯脉冲波形的半宽度为 200~300μs,而红宝石则为 1ms 左右。但是,灯光波形半宽度太窄,灯的效率又会下降,因此,应根据激光工作物质,选择两者匹配比较好的泵浦灯。

5. 对控制电路的要求

要获得最佳的调 Q 效果,要求 Q 开关速度要快,即能迅速、准确地接通或关闭谐振腔光路,这是通过电光调 Q 电源来控制的。控制电路一般由晶体高压电源、控制电路、延时电路、开关器件和触发电路等组成,如图 6.3.6 所示。要使调 Q 激光器能够高效地工作,必须精确设计各部分电路,使其能很好地协调工作。

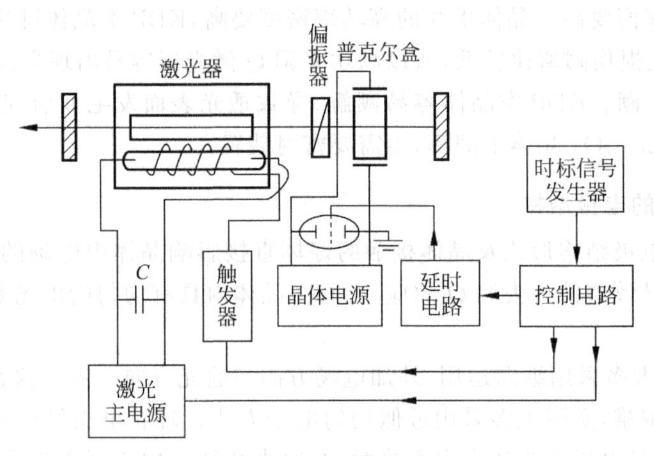

图 6.3.6 电光调 Q 激光器的控制电路

6.4 声光调 Q

6.4.1 基本原理

声光调 Q 开关器件的结构与声光调制器的基本结构相同,如图 6.4.1 所示。它由声光介质、电—声换能器、吸声材料和驱动电源组成。声光介质通常采用熔融石英、玻璃、钼酸铅等,换能器常采用石英、铌酸锂等晶体制成,吸声材料常用铅橡胶或玻璃棉等。

声光调 Q 开关就像是一个阻止器,借助于声波换能器阻止激光向另一个方向传输。其原理是声光晶体的布拉格衍射效应(详见 5.3 节内容)。

把声光调 Q 开关放置在激光介质和后腔镜之间,就构成了声光调 Q 激光器,如图 6.4.2 所示。当声光电源产生的高频振荡信号加载在声光调 Q 器件的换能器上时,所形成的超声波振动在声光介质中使折射率发生变化,形成等效的"相位光栅"。当光束通过声光介质时,便产生布拉格衍射。由于声光调 Q 开关在谐振腔内按照布拉格条件放置,衍射光相对于 0 级光有 2θ 的偏离。以 Nd∶YAG 为

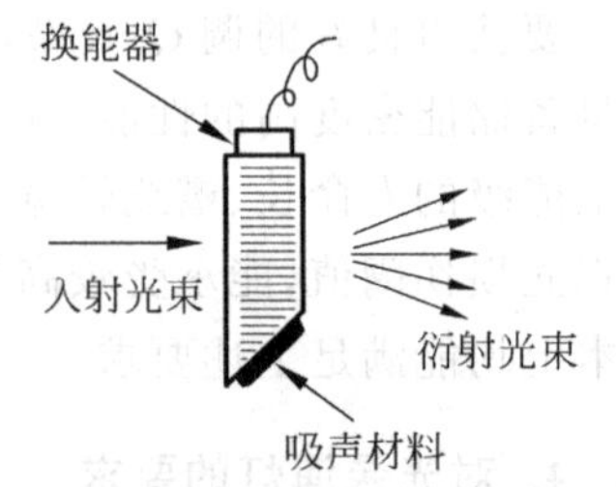

图 6.4.1 声光调 Q 开关

例，当超声频率在20～50MHz范围内，石英对1.06μm的光波的衍射角为0.3°～0.5°，这一角度完全可以使光波逸出谐振腔，使谐振腔处于高损耗低 Q 值状态，即声光 Q 开关处于"关闭"状态，激光器不能产生激光。当高频信号的作用突然停止，则声光介质中的超声场立即消失，则谐振腔处于低损耗高 Q 值状态，即声光 Q 开关处于"打开"状态，激光器产生激光。Q 值交替变化一次，就能使激光器输出一个调 Q 脉冲。

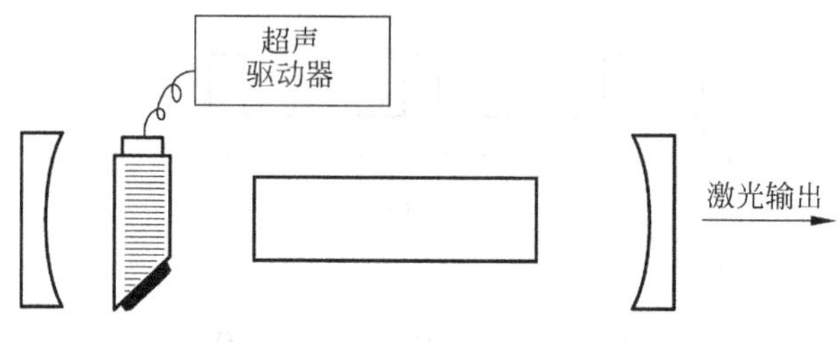

图6.4.2　声光调 Q 激光器

综上，当有声波信号加载在换能器上，光将衍射出谐振腔，此时，谐振腔具有低 Q 值，处于"关门"状态，上能级累积反转粒子数；如果撤去超声驱动，没有声波信号加载在换能器上，光波都可以通过 Q 开关，此时，谐振腔具有高 Q 值，处于"开门"状态，产生激光巨脉冲。

对于声光 Q 开关，断开的时间主要由声波通过光束的渡越时间决定(电子开关时间不是主要的)。以熔融石英为例，声波通过1mm的长度大约需要200ns(声速为5mm/μs)，这一时间对于某些高增益的脉冲激光器来说显得太长。因此，声光 Q 开关一般用于增益较低的连续激光器。而且，声光 Q 开关所需要的驱动调制电压很低(低于200V)，比较容易实现对低增益连续激光器调 Q 以获得高重复频率的脉冲输出，一般重复率可达1～20kHz。但由于声光 Q 开关对高能量激光器的开关能力比较差，故不宜用于高增益调 Q 激光器。

声光 Q 开关用于连续激光器时，需要用脉冲调制器产生频率为 f 的矩形脉冲来调制高频振荡器的信号，因此，声光介质中超声场出现的频率为脉冲调制信号的频率，激光器输出重复频率为 f 的调 Q 脉冲序列。为了能使工作物质激光上能级积累足够多的粒子，并且避免过多的自发辐射损耗，以便激光器在保证一定的峰值功率下得到最大的反转粒子数利用率，相邻两个脉冲的时间间隔 $1/f$ 大致要与激光工作物质的上能级寿命相等，如Nd∶YAG激光器，其上能级寿命约为230μs，因此，选取调 Q 重复频率 f 在4～5kHz为宜。在这种情况下，反转粒子数的利用率最高，可以获得峰值功率为20～30kW的调 Q 脉冲序列。重复频率过高或过低都会影响调 Q 效果。声光调 Q 的开关时间一般小于脉冲建立时间，属于快开关类型。

连续激光器用声光调 Q 运转方式，如图6.4.3所示。在这种情况下，泵浦速率 W_p 保持不变(图6.4.3(a))，但谐振腔的 Q 值作周期性变化(图6.4.3(b))，它的变化周期由脉冲调制信号频率 f 决定，输出一系列高重复率的调 Q 脉冲(图6.4.3(c))。由于泵浦是连续的，谐振腔的 Q 值(也就是腔的损耗)以频率 f 由高 Q 状态到低 Q 状态作周期性变化，故激光工作物质的反转粒子数也作相应的变化(图6.4.3(d))。

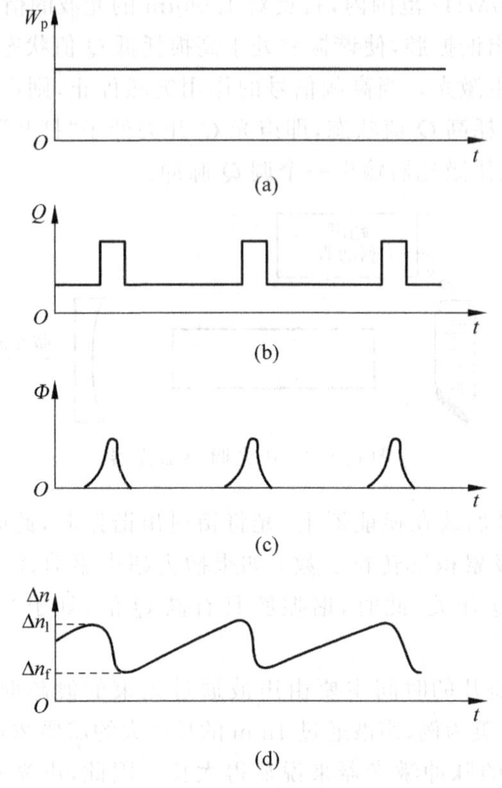

图 6.4.3 连续激光器高重频调 Q 过程

(a) 泵浦速率；(b) Q 值；(c) 光子数；(d) 反转粒子数

6.4.2 声光调 Q 器件的结构

20 世纪 70 年代后，性能优良的声光材料的出现以及工作于微波频段的电-声换能器的理论和工艺的发展，使声光器件的性能得到重大突破，应用越来越广泛。因此，合适的材料、合理的结构尺寸以及制作工艺方法等是保证声光器件具有良好性能的关键。

为了产生一个特定的超声场，声光调 Q 器件一般采用行波工作方式，为此，必须在超声波的前进方向的介质表面上加上吸声材料或吸声装置（如铅橡胶或玻璃棉），以消除超声波的反射。因为行波场消除快，开关时间短，所以适于进行调 Q；而驻波超声场在声光介质中不易迅速消除（具有一定的衰减时间），开关时间长，使声光器件失去开关作用，因此不予采用。

在高重频运转过程中，声光调 Q 器件在超声场状态（称为状态 1）和无超声场状态（称为状态 2）中不断地交替变化，其衍射效应的变化不可能是阶跃式的，而是有一定的上升和下降的时间，设上升时间为 t_r，下降时间为 t_f，其中下降时间也就是声光调 Q 开关的开关时间 t_s。对于一定的激光器来说，由 Q 突变的时刻到激光巨脉冲输出的时刻有一定的时间间隔 t_D，那么在选择声光调 Q 器件时，必须使 $t_s < t_D$，才能使调 Q 激光器工作在快开关状态，保证输出高峰值功率的调 Q 脉冲。声光器件的下降时间 t_f 主要由两方面决定：一是换能器构成的共振器驱动场需要一定的下降时间；二是声波渡越光束直径需要

一定的时间。

1. 材料选择

电声换能器应选择机电耦合系数大的材料，以便提高从电功率到声功率的转化效率。常用x-0°切割的石英晶体片和y-36°切割的铌酸锂($LiNbO_3$)晶体片。后者的机电系数比前者大25倍，是一种比较理想的材料。但是大面积的铌酸锂($LiNbO_3$)晶体薄片加工工艺难度较大，且压电陶瓷的频率稳定度较差，因而很少采用。

对声光材料的选择应综合考虑如下要求：介质的品质因数M_2要大，对光的吸收要求小(即光的透过率要高)，对超声波的吸收要小，有良好的热稳定性，介质在光学上是均匀的，有足够大的尺寸。对功率大的调Q器件，还要考虑采用抗激光损失阈值高的材料。

二氧化碲(TeO_2)和钼酸铅($PbMoO_4$)是比较理想的声光介质材料，但它们对1064nm波长的光波通过性能较差，往往会严重影响调Q激光器的输出效率。熔融石英除M_2值较低外，其他各项要求都能得到较好的满足，且价格便宜，便于光学加工，故大功率声光调Q激光器多采用熔融石英作为声光介质材料。

2. 器件尺寸

合理地确定超声场的尺寸，是声光器件设计的关键。图6.4.4所示为超声场、换能器和声光介质的尺寸关系示意图。其中，声光作用长度L可由布拉格判据来确定，即$L\geqslant 2L_0$，特征长度$L_0=\lambda_s^2\cos\theta_i/\lambda\approx\lambda_s^2/\lambda$，$\lambda_s$为声场波长，$\lambda$为声光介质中光波的波长。

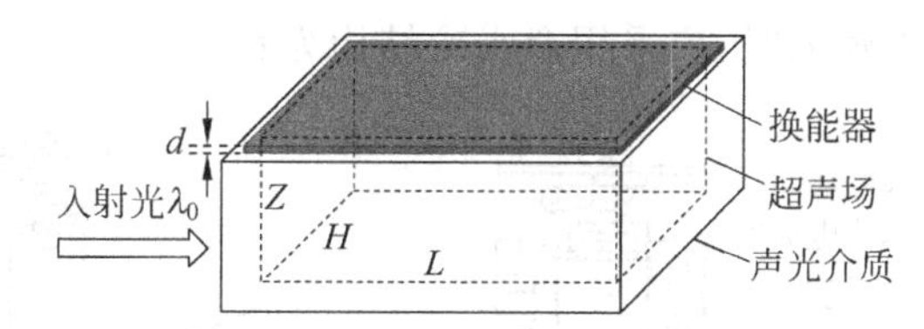

图6.4.4 声光调Q器件的尺寸示意图

由式(5.3.31)知，布拉格衍射效率可写为

$$\eta_s=\sin^2\left(\frac{\pi}{\sqrt{2}\lambda_0}\sqrt{\frac{L}{H}M_2P_s}\right) \tag{6.4.1}$$

式中，λ_0为调Q激光器的激光波长。由式(6.4.1)可以看出，当超声功率P_s一定时，L/H的比值越大，衍射效率就越高。因此，L可以根据材料的实际情况尽可能取大一点，声柱宽度H则应尽量小，一般取与激光束的直径相等或稍大一点。

换能器的长宽尺寸只要比上述的L和H稍大即可(确保足够的绝缘距离)。因为高频电场是沿厚度方向施加到换能器上的，所以换能器厚度d为超声波的半波长，即$d=\bar{v}_s/2f_s$，$\bar{v}_s$为压电晶体中的声速。

声光介质的尺寸比声场尺寸稍大即可，与换能器相对的一个面最好磨成复合角，如图6.4.5(a)所示，这样在与吸声材料配合时可使超声波的反射影响最小。同时。往往把声光介质的通光面与超声波面(即换能器接触面)之间的夹角磨成$90°-\theta_B$，以便在满足布拉格入射条件$\sin\theta_B=\lambda/(2\lambda_s)$的同时，又能保证光束垂直通光面入射(这时介质表明的反射损耗最小)，从图6.4.5(b)中可以看出。

换能器与声光介质的粘接工艺也是十分重要的问题。因为换能器的超声功率要通过这

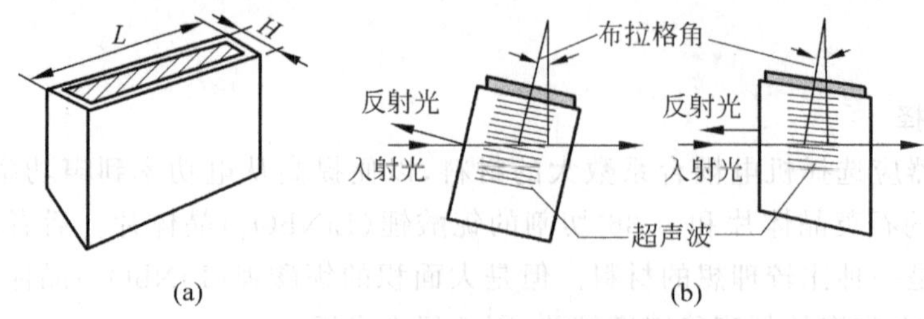

图 6.4.5 声光器件的结构形式

个材料进入声光介质中，所以粘接层必须是低损耗的。因此，只要粘接层材料与声光介质材料的声阻抗匹配较好，或粘接层的厚度小于 1μm，均可得到满意的效果。目前采用的粘接工艺有以铟为过渡层的真空热压焊和超声焊等。

3. 结构形式

换能器的电—声转换过程及超声波被吸收后都会产生热量，如不及时散掉，就会在声光介质中形成温度梯度，从而扰乱超声场的"相位光栅"作用，严重时会使器件失去调 Q 作用，因此器件还需要考虑散热问题。图 6.4.6 所示为声光调 Q 器件的三种典型结构。图 6.4.6(a)为全水冷式，其中换能器上的电极压块及在声光介质和吸声材料上的夹件均要通水冷却。图 6.4.6(b)所示为半水冷式，即只要保证换能器上的电极压块通水冷却，介质夹件可做成散热片的形式，由壳体自然冷却或适当吹风强迫冷却。图 6.4.6(c)所示为半水冷多次反射吸收式，它不同于第二种形式，声波通过介质夹件上的反射面多次反射吸收，达到吸声和冷却的目的。当声功率较大时，应采用全水冷结构为宜。

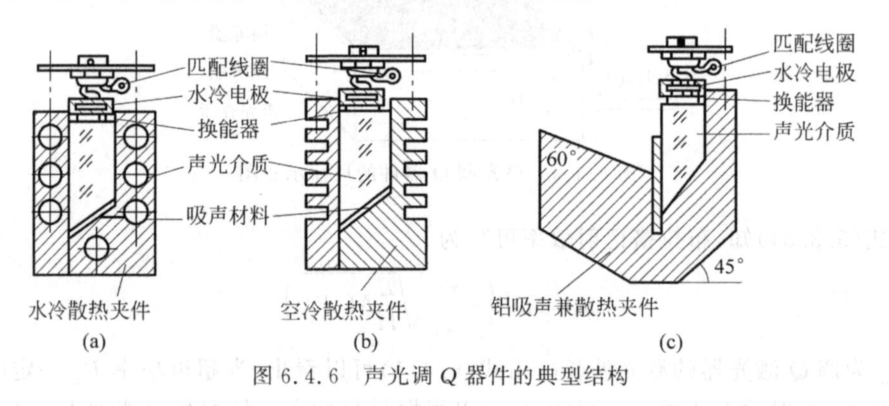

图 6.4.6 声光调 Q 器件的典型结构

4. 超声功率

由布拉格衍射效率公式(6.4.1)可得关于超声功率的计算公式为

$$P_s = \frac{2\lambda_0^2}{\pi^2 M_2}\frac{H}{L}(\arcsin\sqrt{\eta_s})^2 \tag{6.4.2}$$

当衍射效率 $\eta_s = 100\%$时，超声功率为

$$P_s = \frac{1}{2}\frac{\lambda_0^2}{M_2}\frac{H}{L} \tag{6.4.3}$$

如果电声转换效率为 η_{EA}，则声光 Q 开关驱动电源的功率为

$$P_W = \frac{P_s}{\eta_{EA}} \tag{6.4.4}$$

例如，有一台连续 Nd∶YAG 激光器，换能器的长度 $L=50\text{mm}$，宽度 $H=5\text{mm}$，声光介质石英的 $M_2=1.51\times10^{-15}\text{s}^3/\text{kg}$，激光波长为 1064nm，光在腔内的单程增益为 30%。若要抵消腔内增益，使腔内不能形成振荡，那么声光 Q 开关的衍射效率 η_s 应大于 30%，则需要的超声功率为

$$P_s=\frac{2}{\pi^2}\times\frac{(1064\times10^{-9})^2}{1.51\times10^{-15}}\times\frac{5}{50}\times(\arcsin\sqrt{0.3})^2\approx5(\text{W})$$

一般情况下，电声转换效率小于 50%，若取电声转化效率 η_{EA} 为 50%，则声光 Q 开关的驱动电源的功率应不小于 10W。

理想情况下，若声光 Q 开关的衍射效率 η_s 为 100%，则需要的超声功率为

$$P_s=\frac{1}{2}\times\frac{(1064\times10^{-9})^2}{1.51\times10^{-15}}\times\frac{5}{50}\approx37.5(\text{W})$$

此时，驱动电源的功率应不小于 75W。

6.4.3　声光调 Q 激光器的输出特性

声光调 Q 连续泵浦 Nd∶YAG 激光器的脉冲建立时间 t_d 一般为 $1\sim8\mu\text{s}$，要求 Q 开关的开关时间 t_s 必须小于 t_d（这也是快开关的条件），否则会出现慢开关中常出现的峰值功率下降、脉宽加宽、输出不稳定或产生多脉冲等现象。声光调 Q 的开关时间是微秒量级，比电光调 Q 的开关时间（纳秒量级）要长得多，这将影响调 Q 脉冲的峰值功率和脉宽。

通过实验，可测出声光调 Q 激光器的动态特性曲线。图 6.4.7 所示为当重复频率一定（1kHz）时，输出峰值功率 P_M 和脉冲宽度 Δt 随输入功率的变化而变化的曲线。从图可以看出，随着输入功率的增加，输出峰值功率相应地增大，脉宽变窄。

图 6.4.8 所示为当输入功率不变（3.5kW）时，输出峰值功率 P_M 和平均功率 $\bar{P}$ 随重复频率变化的关系曲线。可以看出，当重复频率增加时，输出峰值功率 P_M 是下降的，而平均功率 $\bar{P}$ 是提高的。重复频率超过 10kHz 时，平均功率变化很缓慢，且接近静态连续输出功率。这时，动静比（即平均功率与不调 Q 的连续功率的比值）接近于 1。

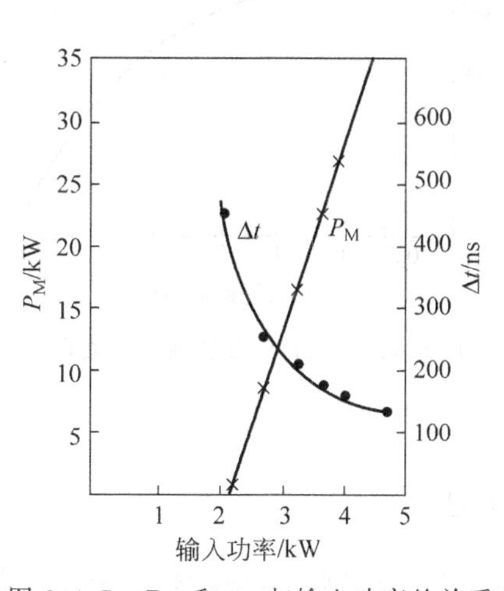

图 6.4.7　P_M 和 Δt 与输入功率的关系

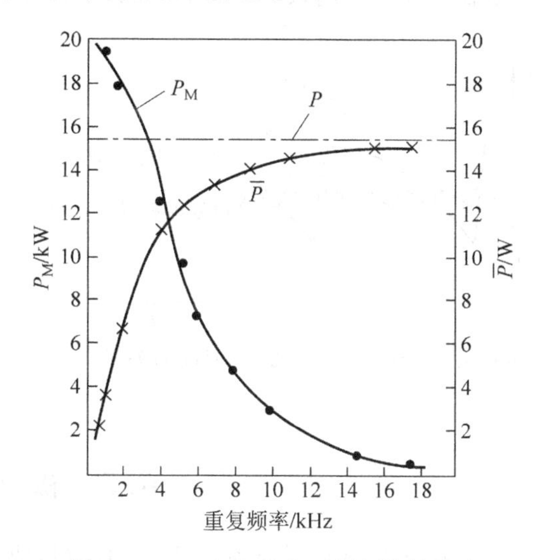

图 6.4.8　P_M 和 $\bar{P}$ 与重复频率的关系

1. 输入功率对输出特性的影响

由调 Q 原理知，超阈度 D 的增加使调 Q 脉冲宽度变窄、增值功率提高，因此，为了获得更好的调 Q 脉冲，应该提高超阈度 D。提高超阈度 D 有两种方法：一种是提高输入功率，则调 Q 开关处于"关闭"状态时积累的初始反转粒子数 Δn_i 也随之提高，即提高了调 Q 激光器的超阈度 D，如图 6.4.7 所示；另一种是降低开关处于"打开"状态时的阈值反转粒子数 Δn_{th}，这就要选择效率高的工作物质以及设计合适的谐振腔结构，如尽量缩短谐振腔长度和选择输出镜的最佳透过率。

声光调 Q 激光的泵浦功率也不能无限制地增加，因为输入功率太大，Q 开关就会关不住而产生静态激光，使巨脉冲的输出特性变坏。所以只有在提高声光衍射效率以增加衍射损耗的情况下，才能进一步增加泵浦功率以获得较高的峰值功率。

2. 重复频率对输出性能的影响

激光器在重复变化的 Q 开关运转时，工作物质的反转粒子数被交替地抽运和消耗，谐振腔在低 Q 状态时，在泵浦激励下，反转粒子数 Δn 不断地在高能态上积累；当 Δn 增加到一定数量后，谐振腔的 Q 值突变到高 Q 状态，这时受激辐射光场增强，引起 Δn 快速消耗，以及陡的坡度下降。每次重复的情况如图 6.4.9 所示。

不同的重复频率有不同的变化曲线。当重复频率小于自发辐射跃迁概率 A 时，反转粒子数密度有可能达到饱和后才开始 Q 突变，这时的初始反转粒子数 Δn_i 的数值较大。若重复频率大于自发辐射跃迁概率 A，则反转粒子数密度尚未达到饱和值时便进入高 Q 值状态而迅速衰减，这时的初始反转粒子数 Δn_i 的数值较小。

Q 开关重复频率的这种特性直接影响调 Q 激光器的输出特性。当重复频率较高时，因脉冲之间没有足够的时间使激光上能级的发转粒子数达到最大值，即初始反转粒子数 Δn_i 的数值较小，所以输出峰值功率必然下降，而且由于增益减小，脉冲宽度与脉冲形成时间都会增加。若把峰值功率与连续输出功率的比值(即峰值功率放大系数)用 H 表示，则 H 随重复频率的变化关系如图 6.4.10 所示。Nd：YAG 激光器的荧光寿命约为 230μs，所以声光调 Q 器件要在较高效率下运转，重复频率一般选择在 4～5kHz。

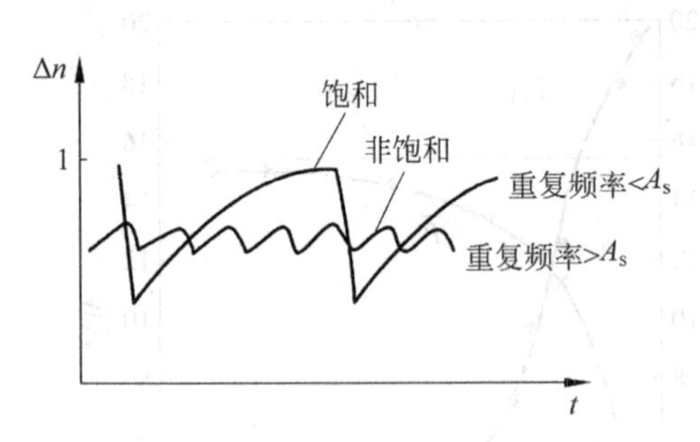

图 6.4.9 不同频率下 Δn 与时间的关系

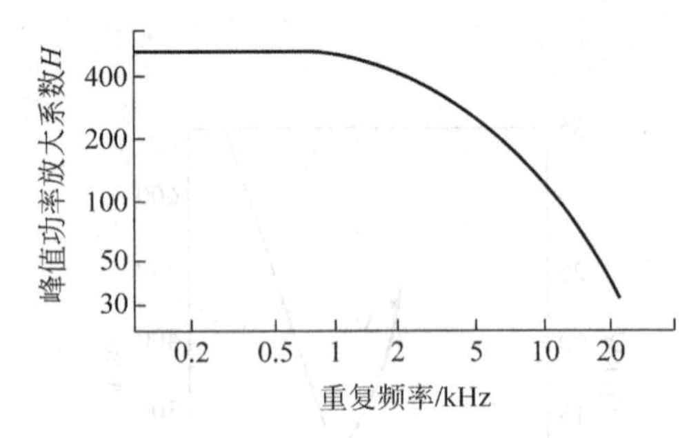

图 6.4.10 H 与重复频率的关系

6.5 被动调 Q

电光调 Q 和声光调 Q 都属于主动调 Q，即人为地利用某些物理效应来控制激光谐振腔的损耗，从而达到 Q 值的突变。本节将介绍被动调 Q 方法，即利用某些可饱和吸收体本身的特性，自动地改变 Q 值。

6.5.1 被动调 Q 原理

可饱和吸收体是一种非线性吸收介质，即其吸收系数并不是常数，在较强激光的作用下，其吸收系数随着光强的增加而减小直至饱和。当达到饱和状态时，可饱和吸收体对光呈现概率透明的特性。利用可饱和吸收特性，可以实现谐振腔 Q 值的调节，得到调 Q 脉冲。

1. 可饱和吸收体的速率方程

可饱和吸收体的吸收原理可以用速率方程加以说明。近似把可饱和吸收体看作是二能级系统，其能级示意图如图 6.5.1 所示。假设上下能级的简并度相同，即 $f_1=f_2$，$W_{12}=W_{21}=B\rho_\nu$ 为受激吸收概率和受激发射概率，$A_{21}=1/\tau_a$ 为上能级自发辐射概率，τ_a 为可饱和吸收体的弛豫时间，设可饱和吸收体上、下能级粒子数密度分别为 n_2 和 n_1，总的粒子数密度为 $n=n_1+n_2$，显然，当没有激光入射时，$n=n_1$，$n_2\approx 0$。

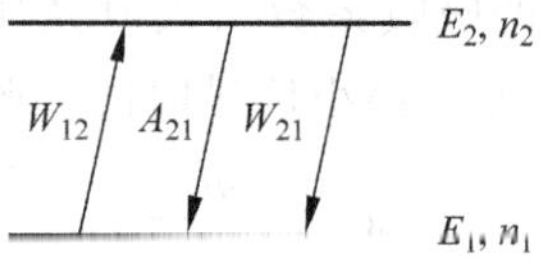

图 6.5.1 可饱和吸收体的能级示意图

现在考虑光强为 $I=\rho_\nu c$ 的激光入射时，被可饱和吸收体吸收的光子数密度 N 的变化为

$$\frac{\mathrm{d}N}{\mathrm{d}t}=n_1W_{12}-n_2W_{21}=(n_1-n_2)B\rho_\nu \tag{6.5.1}$$

考虑到 $I=\rho_\nu c=Nh\nu c$ 和 $z=ct$，代入式(6.5.1)得

$$\frac{\mathrm{d}I}{\mathrm{d}z}=\frac{h\nu}{c}(n_1-n_2)BI=-\alpha I \tag{6.5.2}$$

可得可饱和吸收体的吸收系数为

$$\alpha=-\frac{Bh\nu}{c}(n_1-n_2) \tag{6.5.3}$$

式(6.5.3)对时间求微分，得

$$\frac{\mathrm{d}\alpha}{\mathrm{d}t}=-\frac{h\nu}{c}\left(\frac{\mathrm{d}n_1}{\mathrm{d}t}-\frac{\mathrm{d}n_2}{\mathrm{d}t}\right)B$$

由于下能级粒子数密度减小的速率与上能级粒子数密度增加的速率相等，因此有

$$\frac{\mathrm{d}\alpha}{\mathrm{d}t}=2\frac{Bh\nu}{c}\frac{\mathrm{d}n_2}{\mathrm{d}t} \tag{6.5.4}$$

而上能级粒子数密度 n_2 随时间变化的微分方程为

$$\begin{aligned}\frac{\mathrm{d}n_2}{\mathrm{d}t}&=n_1W_{12}-n_2W_{21}-n_2A_{21}=(n_1-n_2)B\rho_\nu-\frac{n_2}{\tau_a}\\&=(n_1-n_2)B\rho_\nu-\frac{n-n_1}{\tau_a}\end{aligned} \tag{6.5.5}$$

把式(6.5.5)代入式(6.5.4)得

$$\frac{\mathrm{d}\alpha}{\mathrm{d}t}=2\frac{Bh\nu}{c}(n_1-n_2)B\rho_\nu-2\frac{Bh\nu}{c}\frac{n-n_1}{\tau_a}$$

$$\frac{\mathrm{d}\alpha}{\mathrm{d}t}=2\frac{Bh\nu}{c}(n_1-n_2)B\rho_\nu-2\frac{Bh\nu}{c}\frac{n}{\tau_a}+2\frac{Bh\nu}{c}\frac{n_1}{\tau_a}$$

$$\frac{\mathrm{d}\alpha}{\mathrm{d}t}=2\frac{Bh\nu}{c}(n_1-n_2)B\rho_\nu-\frac{Bh\nu}{c}\frac{n}{\tau_a}-\left(\frac{Bh\nu}{c}\frac{n_1+n_2}{\tau_a}-2\frac{Bh\nu}{c}\frac{n_1}{\tau_a}\right)$$

$$\frac{\mathrm{d}\alpha}{\mathrm{d}t}=2\frac{Bh\nu}{c}(n_1-n_2)B\rho_\nu-\frac{Bh\nu}{c}\frac{n}{\tau_a}+\frac{Bh\nu}{c}\frac{n_1-n_2}{\tau_a}\tag{6.5.6}$$

把

$$\alpha=-\frac{Bh\nu}{c}(n_1-n_2),\quad I=\rho_\nu c$$

代入式(6.5.6)得

$$\frac{\mathrm{d}\alpha}{\mathrm{d}t}=2\frac{B}{c}\alpha I-\frac{Bh\nu n}{c}\frac{1}{\tau_a}+\frac{\alpha}{\tau_a}\tag{6.5.7}$$

式(6.5.7)即为可饱和吸收体的吸收系数与入射光强的关系。若光强很弱时($I\approx0$)的吸收系数为α_0,则式(6.5.7)为零,可求得小信号时的吸收系数为

$$\alpha_0=\frac{Bh\nu n}{c}\tag{6.5.8}$$

定义

$$I_s=\frac{c}{2B\tau_a}\tag{6.5.9}$$

把α_0和I_s代入式(6.5.7)可得

$$\frac{\mathrm{d}\alpha}{\mathrm{d}t}=\frac{I}{I_s}\frac{\alpha}{\tau_a}-\frac{\alpha_0}{\tau_a}+\frac{\alpha}{\tau_a}$$

化简得

$$\frac{\mathrm{d}\alpha}{\mathrm{d}t}=\frac{\alpha}{\tau_a}\left(1+\frac{I}{I_s}\right)-\frac{\alpha_0}{\tau_a}\tag{6.5.10}$$

式(6.5.10)即为可饱和吸收体的吸收系数与入射光强的变化关系。对于慢弛豫可饱和吸收体,可以通过求解式(6.5.10)得到α的变化规律。对于快弛豫可饱和吸收体,可近似认为α是随着光强I瞬时变化的,可令$\mathrm{d}\alpha/\mathrm{d}t=0$,得

$$\alpha=\frac{\alpha_0}{1+\dfrac{I}{I_s}}\tag{6.5.11}$$

由式(6.5.11)可以看出,I_s为可饱和吸收体的饱和吸收光强,是可饱和吸收体的特征参量。设可饱和吸收体的厚度为l,则其透过率为

$$T=\mathrm{e}^{-\alpha l}\tag{6.5.12}$$

入射光强为小信号($I\approx0$)时透过率为初始透过率

$$T_0=\mathrm{e}^{-\alpha_0 l}\tag{6.5.13}$$

当入射光强增大时,可饱和吸收体的透过率增加,当入射光强远远大于饱和光强($I\gg I_s$)时,可饱和吸收体的透过率接近于1,可饱和吸收体对通过的光束变得接近透明。此时,$n_1\approx n_2$,即当上下能级粒子数近似相等时,可饱和吸收体被“漂白”透明。在实际的可饱和吸收体中,透过率不会达到100%,原因是光子被受激原子吸收。

被动Q开关要求材料表现出基态吸收饱和特性，可是大多数材料还表现出激发态的吸收特性。图6.5.2所示为激发态能级(能级2)向高能级4的跃迁，其能量与激光跃迁相对应。随着基态粒子数的耗尽，在能级2和能级4之间的吸收增大了，当基态的吸收达到饱和时，激发态的吸收(excited state absorption，ESA)就在谐振腔内引起残余损耗。能级2到能级4的跃迁因为能级4的快速弛豫而没有饱和，对于Q开关来说，只有当基态吸收截面大于激发态吸收截面时，可饱和吸收体才能发挥作用。

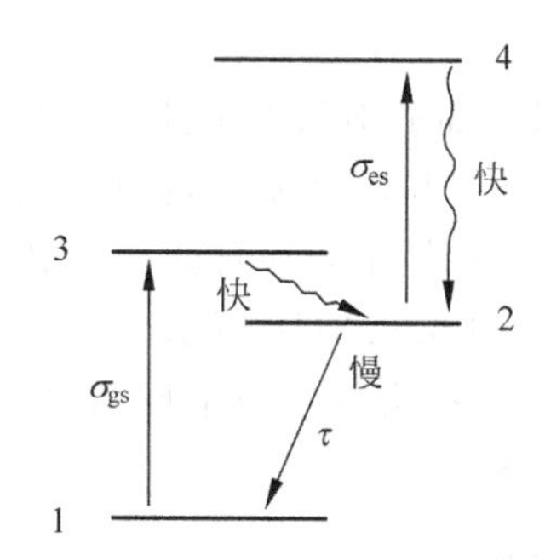

图6.5.2　具有激发态吸收特性的可饱和吸收体的能级

2. 被动调Q实现过程

将上述具有可饱和吸收特性的可饱和吸收体置于谐振腔内时，在开始阶段，腔内自发荧光很弱，可饱和吸收体吸收系数很大，光的透过率很低，腔处于低Q值(高损耗)状态，不能形成激光振荡。

随着泵浦的继续作用，反转粒子数不断积累，腔内荧光逐渐变强。当光强能与I_s相比拟时，可饱和吸收体的吸收系数变小，透过率逐渐增大，到达一定值时，可饱和吸收体吸收达到饱和，突然被"漂白"而呈透明状态。这时腔内Q值猛增，产生激光振荡，输出调Q激光脉冲。

当调Q脉冲结束时，腔内光场迅速减弱，可饱和吸收体恢复吸收特性，起到关闭谐振腔的作用。然后再重复上述过程。

可饱和吸收体的重要参量有初始透过率T_0、饱和光强I_s以及完全漂白时吸收体的最大透过率T_{max}。对于用作Q开关的可饱和吸收体有如下要求：

(1) 可饱和吸收体的吸收峰值应与激光波长基本吻合。例如BDN二氯乙烷溶液和五甲川溶液在1.06μm附近有强吸收峰，而氯铝酞菁的吸收峰中心波长为702nm，适用于波长为694.4nm的红宝石激光器。

(2) 饱和吸收体的上能级寿命要小于激光上能级寿命，即$\tau_a<\tau_2$。

(3) 可饱和吸收体要有适当的饱和光强值I_s。若I_s太小，则很弱的光强即可使染料"漂白"变透明，激光工作物质反转粒子数的积累不够充分，不能获得峰值功率很高的脉冲激光，调Q开关效果不好。若I_s太大，则染料又极不容易达到饱和吸收值，虽然可以积累大量反转粒子数，但调Q开关速度太慢，也严重影响调Q效果。

(4) 可饱和吸收体要有稳定的物理化学性能。很多可饱和吸收体的保质期都比较短，如五甲川氯苯溶在避光条件下保存期仅有15天，而十一甲川丙酮溶液在夏季只能保存1天，这给实际应用带来了一定困难。目前常用的BDN染料片是以有机玻璃或者光透过率高、机械和热性能良好的特制薄片为基质，将BDN染料均匀渗入基质中，制成BDN-PMMA片，并经热压和热处理而成，厚度为0.1～0.2mm（视需要而定），使用寿命可达百万次以上。

6.5.2 典型被动调Q激光器

1. 染料调Q激光器

1）典型结构

染料调Q激光器是在脉冲激光器的谐振腔中插入一个染料盒或者染料片，这种方法使用方便，不耗费电源，不产生电磁干扰和机械振动，价格低廉，体积小，重量轻，输出性能好。它有两种形式，如图6.5.3所示，一种是用染料盒的后壁做全反镜，如图6.5.3(a)所示；另一种是把染料盒单独插入腔内，如图6.5.3(b)所示。染料盒的介质表面较多，为了避免各通光表面的反射产生寄生振荡，最好把染料盒与全反镜呈一倾斜角放置。表6.5.1列出了几种染料调Q的材料和相应的溶剂。

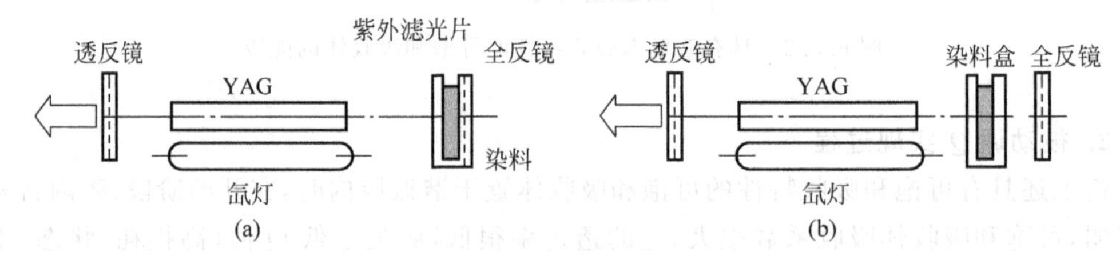

图6.5.3　染料调Q激光器

表6.5.1　染料调Q的材料和溶剂

激光工作物质	染　料	溶　剂
红宝石	隐花青、金属钛菁、叶绿素D、氯铝钛菁	丙酮、硝基苯、甲醇氯苯
Nd：YAG、钕玻璃	五甲川、十一甲川、BDN	丙酮、氯苯、二氯乙烷
CO_2	SF_6、BF_3	

2）输出特性

除染料的特性对激光器的输出影响巨大外，输入能量、染料盒（片）厚度、谐振腔输出镜的反射率等，都会影响调Q激光器的输出特性。

(1) 染料浓度（透过率）。浓度和透过率相互关联。染料的浓度越高，则光的透过率就越低，相当于提高了激光阈值条件，可以累积更多的反转粒子数，使调Q脉冲的峰值功率更高。但是，也会使谐振腔内的吸收损耗增加，延长染料“漂白”时间，相当于饱和光强I_s增大，这又影响调Q的效果。因此，调Q用的染料盒（片）应有一个最佳浓度（或最佳透过率）。在此浓度下，调Q激光器的输出能量与阈值能量之比具有最大值。实验测得，对于输出为1.06μm波长的中小功率激光器，最佳透过率为50%～60%，其对应的染料溶液浓度即为最佳浓度。

(2) 输入能量。将一定浓度的调Q染料盒（片）置于谐振腔内，其输入-输出能量特性曲线如图6.5.4所示。从图可以看出，随着输入能量的增加，输出激光的能量呈阶梯状增大，阶梯高度大致相等。利用示波器可以观察到染料调Q激光器输出的时间特性。当输入能

量小于 E_{i1} 时，产生的激光全部被染料盒(片)吸收，但不足以使染料盒(片)“漂白”，无调 Q 激光脉冲输出。当输入能量在 E_{i1} 与 E_{i2} 之间时，染料盒(片)仅能“漂白”一次，产生一个调 Q 激光脉冲，称为单脉冲；当输入能量在 E_{i2} 与 E_{i3} 之间时，染料盒(片)能“漂白”两次，产生两个能量接近的调 Q 激光脉冲，称为双脉冲；当输入能量在 E_{i3} 与 E_{i4} 之间时，染料盒(片)能“漂白”三次，产生三个能量接近的调 Q 激光脉冲，称为多脉冲。产生这种现象的原因是：当输入能量较大时，在染料调 Q 激光器输出第一个激光脉冲后，剩余的光泵浦能量继续激励，可以使反转粒子数增加至 Δn_{th}，再一次使染料盒(片)“漂白”，从而形成第二个脉冲，它的能量近似等于第一个脉冲的能量，所以输出特性曲线上的阶梯高度大致相等。如果光泵浦很强，且染料浓度又不高，则能输出一系列能量大致相等的调 Q 激光脉冲。

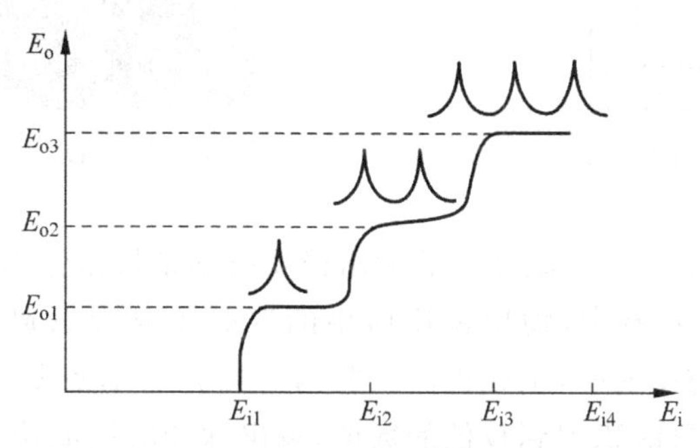

图 6.5.4　染料调 Q 激光器输入-输出特性曲线

但是，在实际运用时，比如在脉冲激光测距机中，必须使激光器输出稳定的单脉冲，则需要调整输入能量处于 E_{i1} 与 E_{i2} 的中间最好，这可以通过调整激光器的工作电压实现。把 E_{i1} 称为染料调 Q 激光器的阈值能量。

(3) 对于染料盒来说，溶液层的厚度和容积对输出性能影响较大。对于一定的透过率，溶液层的厚度小，其浓度就要大，若溶液层的厚度大，其浓度就要小，但是溶剂分子所占的比例就越大，因而对激光的散射、吸收等损耗加大。图 6.5.5 所示为两只盛有相同溶剂(氯苯)但厚度不同(分别为 3.5mm 和 8.5mm)的染料盒，先后放在同一个激光器中测得的输出特性曲线。它反映了溶剂的插入损耗大小。可以看出，在相同的输入能量下，染料盒薄的输出能量大。同时，在保持相同的最佳透过率情况下，厚度小，浓度则大，有利于单脉冲的稳定输出。但是，染料盒也不能做得太薄，否则会影响溶液的流动扩散，影响使用寿命，对于高重频激光器更是如此。

图 6.5.6 所示为一种常用的染料盒结构，溶液层厚度一般为 1mm 左右，这种结构既能使染料通光层厚度尽量减小，又能保证染料的流动性。

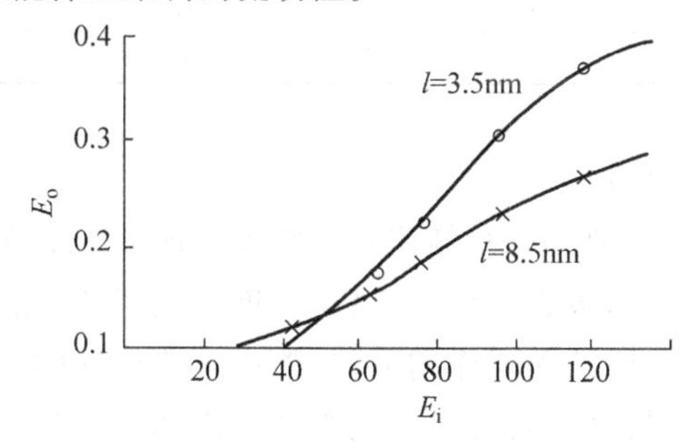

图 6.5.5　液层厚度对输出的影响

由于染料盒在封装、存储等方面要求较高,且不便于激光器的调试和维修,因此,在BDN染料盒的基础上,研制出了以玻璃或树脂薄片为基质的固态BDN染料片,如图6.5.7所示。现在这种染料片已广泛用于国内外的军用脉冲激光测距机中,BDN也用于激光制导的调Q中,例如用于激光制导导弹"小约翰"调Q。

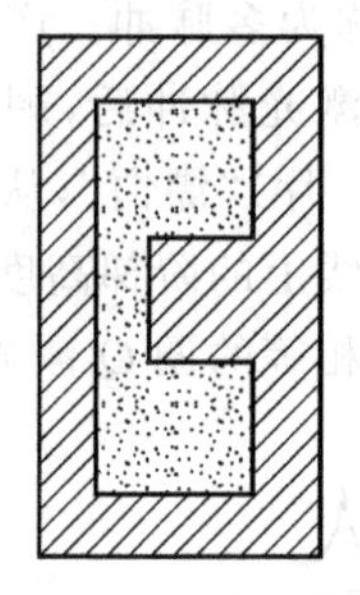

图6.5.6 染料盒结构

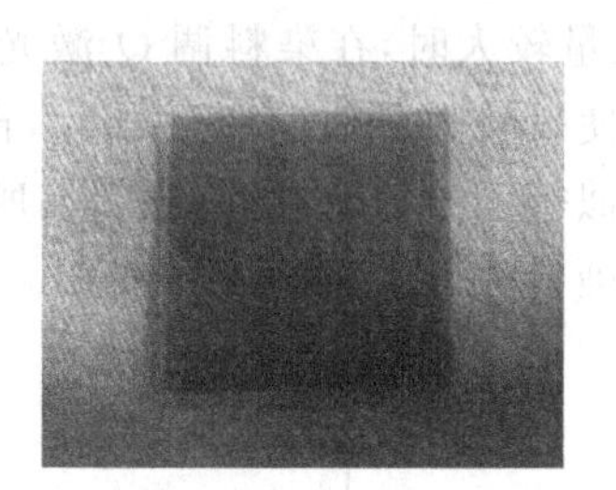

图6.5.7 BDN染料片

(4) 输出镜的反射率。一般激光器的输出镜反射率是根据腔内的增益和损耗参数来选取的。但在染料调Q激光器中,输出镜反射率的选取还要考虑到有利于反转粒子数的累积。例如,提高输出镜的反射率,也就提高了腔内初始光功率密度,使得染料的"漂白"时间缩短。这时反转粒子数只能积累到较低的数值,输出脉冲的峰值功率将会下降,故染料调Q激光器的输出镜反射率一般取值应低于静态激光器的最佳值。

例如,一台BDN染料调Q激光器实验装置,其BDN染料片的透过率$T=30\%$,插入谐振腔中可获得单脉冲能量为51mJ的巨脉冲激光输出。随着输入能量的增加,可以依次获得单脉冲、双脉冲、三脉冲等,其数据如表6.5.2所示。

表6.5.2 BDN染料调Q激光器的脉冲输出

阈值类型	单脉冲阈值	双脉冲阈值	三脉冲阈值
输入/J	11	15	21.4
输出/mJ	51	101.5	150.5

对于不同浓度的BDN染料片,其输出特性如表6.5.3所示。

表6.5.3 BDN染料的输出特性

透过率	18%	36%	52%
阈值能量/J	16.87	11.9	9.2
单脉冲输出/mJ	59.35	36.5	15.2

2. LiF:F_2^- 色心晶体调Q

除某些有机染料外,一些激活色心晶体对其吸收带内的入射光也有很强的吸收,吸收跃迁的振子强度比较大,或者说,吸收截面σ比较大,饱和光强I_s比较低,适合作为调Q开关使用。激活色心晶体在比较低的光强作用下,就能进入非线性的饱和状态,会使该频率的光波透明而被"漂白"。显然,将这种具有激活色心的可饱和吸收材料置于激光器的谐振腔内,其透过率将随腔中光子密度的变化而迅速变化,改变腔的Q值,起到被动开关的作用。

用得比较成功的色心晶体是 LiF 晶体的 F_2^- 心(即氟化锂 F_2^- 色心晶体),它既具有染料调 Q 开关那种使用简便的优点,又具有像 $LiNbO_3$ 等晶体那种长期稳定的光学质量的特点,而且 LiF 晶体具有较高的导热率和较高的抗光损伤阈值。因此,这种色心晶体被动式调 Q 很适合用于高重频、高功率激光器。

F_2^- 心是四能级系统,在 0.96μm 处有一个强吸收峰(如图 6.5.8 所示),带宽为 0.2eV,这与 Nd 离子的发射波长吻合较好,故可以用作 YAG 和钕玻璃激光器的 Q 开关。

LiF:F_2^- 心对 1064nm 波长的吸收截面 $\sigma \approx 2\times10^{-17}\text{cm}^2$,弛豫时间 $\tau_a \approx 10^{-7}$s,饱和光强 $I_s=0.1\text{MW/cm}^2$。而 Nd:YAG 激光工作介的增益截面 $\sigma_g \approx 5\times10^{-19}\text{cm}^2$,激光上能级寿命 $\tau_g \approx 10^{-4}$s,因此,LiF:F_2^- 心适合作为 Nd:YAG 激光器的 Q 开关。

从应用角度考虑,该色心晶体物理性能也很好,光学性质均匀,不潮解,抗光损伤阈值高达 20GW/cm^2,有很高的光学稳定性和热稳定性,室温下可以长期使用,加工与使用都较为方便。图 6.5.9 所示为在 1064nm 加工作用下,LiF:F_2^- 色心晶体的透过率 T 的实验曲线。

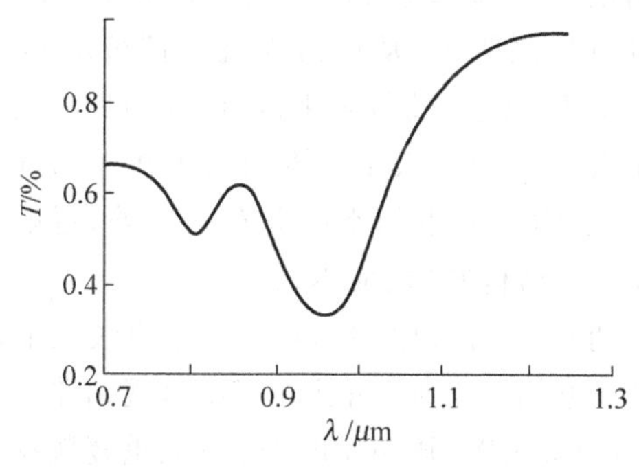

图 6.5.8　F_2^- 心吸收光谱

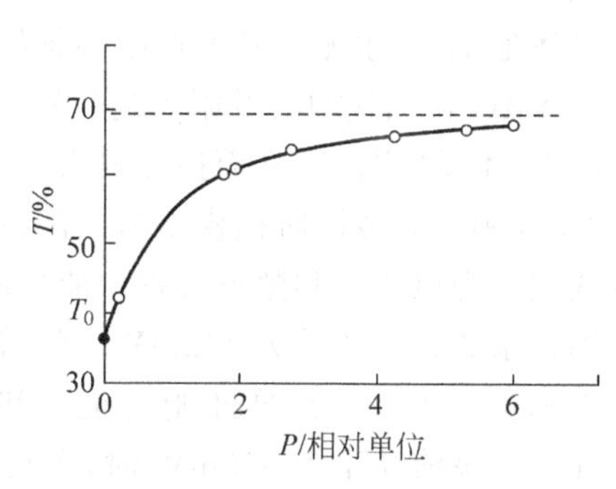

图 6.5.9　F_2^- 心的透过率

被动式调 Q 可饱和吸收体在激光器中作为 Q 开关,在产生窄脉宽的巨脉冲的同时,谱线宽度也变窄,LiF:F_2^- 在 YAG 和钕玻璃激光器中作为 Q 开关时,都能观察到这一现象。也就是说,不但能获得峰值功率极高的巨脉冲,还起到了选纵模的作用。

3. 二极管泵浦 Cr^{4+}:YAG 被动调 Q 激光器

LD 泵浦的全固态激光器具有效率高、结构紧凑、光束质量好、性能稳定、寿命长等特点,受到人们的重视。尤其是调 Q 方式运转,具有脉冲宽度窄、峰值功率高、重复频率高等优点,在微加工、测距、遥感、激光雷达、光学数据存储、显微医学等领域具有广泛的应用。

相对主动调 Q 方式,全固态被动调 Q 激光器不需要任何外部驱动装置,结构简单紧凑,成本低且易于使用。Cr^{4+}:YAG 晶体是一种重要的被动 Q 开关材料,具有良好的物理化学性能,其主要的吸收带位于 480nm、650nm 和 1000nm。闪光灯泵浦或 LD 泵浦下的 Cr^{4+}:YAG 被动调 Q 方式已经在 Nd:YAG、Nd:YLF 和 Nd:S-FAP 等红外激光器中成功地得到应用,可输出高重复频率脉冲红外激光。

科研人员发现,只要选取合适的设计参量,Nd:YVO_4/Cr^{4+}:YAG 结构也可以获得高效稳定的调 Q 红外输出;进而在腔内加入倍频晶体 KTP 后,得到高重复频率的脉冲绿光输出。该方案还成功地运用于 Nd:YAG/Cr^{4+}:YAG/LBO 结构中,获得了高峰值功率的调 Q 绿激光。

1) $Nd:YVO_4/Cr^{4+}:YAG$ 结构被动调 Q 红外激光器

使用连续 LD 泵浦 $Nd:YVO_4$ 晶体，可得到 1064nm 连续红外激光输出，然后在腔内插入 $Cr^{4+}:YAG$ 晶体，可获得调 Q 的脉冲红外激光输出，其实验装置如图 6.5.10 所示。

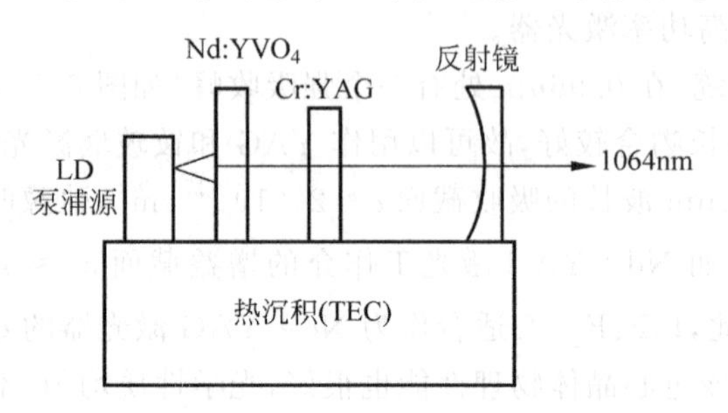

图 6.5.10 $Nd:YVO_4/Cr^{4+}:YAG$ 结构被动调 Q 红外激光器

该装置采用了近贴式泵浦方式，即 LD 发出的光直接入射到紧邻的 $Nd:YVO_4$ 晶体上。具体地说，由于振荡光束在中心轴线附近具有最高强度，从而最先"漂白"被动 Q 开关 $Cr^{4+}:YAG$ 在轴线中心及附近的位置；而对于离轴线较远的位置来说，则因为其入射光功率密度低，不易"漂白"，从而损耗较大。因此，插入 $Cr^{4+}:YAG$ 晶体相当于在腔内插入一个"动态光阑"，导致高阶横模不易振荡，从而改善了输出光束的空间分布。另外，近贴式泵浦方式避免光束传输和整形过程中能量的损失，器件结构紧凑、成本低。

测得泵浦光阈值约为 142mW。随着注入泵浦功率的增加，调 Q 红外脉冲激光输出平均功率和重复频率显著增加，脉冲能量和峰值功率也相应增加，而脉冲宽度呈现出略减小趋势。在注入泵浦功率为 600mW 时，得到平均功率 138mW、脉冲宽度 19.8ns、重复频率高达 170.1kHz、峰值功率 40.96W 的调 Q 脉冲激光输出，此时系统的光一光转换效率高达 23%。

2) $Nd:YVO_4/Cr^{4+}:YAG/KTP$ 结构被动调 Q 绿光激光器

在 $Nd:YVO_4/Cr^{4+}:YAG$ 结构被动调 Q 红外激光器中插入 KTP 倍频晶体，能够获得 532nm 连续绿光输出，实验装置如图 6.5.11 所示。

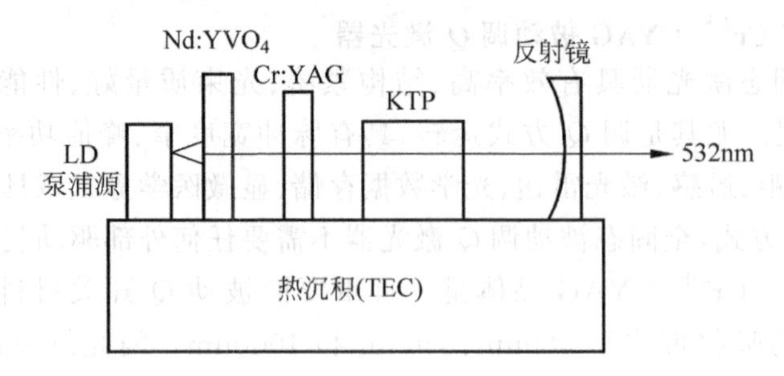

图 6.5.11 $Nd:YVO_4/Cr^{4+}:YAG/KTP$ 结构被动调 Q 绿光激光器

测得泵浦光阈值约为 240mW。随着注入泵浦功率的增加，调 Q 绿光脉冲输出的平均功率和峰值功率显著增加，而脉冲宽度和重复频率却表现出先增加后减小的规律。在注入泵浦功率为 750mW 时，得到平均功率 86mW、脉宽 26.4ns、重复频率高达 79.2kHz、峰值功率 41.1W 的被动调 Q 脉冲绿光输出，光-光转换效率超过 11.4%。该激光器在平均功率

80mW 下连续工作 1h，测得脉冲峰值和周期稳定性均优于±5%。

特别值得注意的是，该结构被动调 Q 绿光激光器输出的脉冲宽度和重复频率随注入泵浦功率的增加而表现出先增加后减小的变化规律，它表明在大功率泵浦下，可以得到窄脉宽和高峰值的绿光脉冲。

3) Nd：YAG/Cr^{4+}：YAG/LBO 结构被动调 Q 绿光激光器

使用连续 LD 泵浦 Nd：YAG 晶体，可得到 1064nm 连续红外激光输出，在腔内插入倍频晶体 LBO，可获得 532nm 连续绿光输出；再在 Nd：YAG 晶体和 LBO 晶体之间插入 Cr^{4+}：YAG 晶体，可获得被动调 Q 脉冲绿光激光输出，实验装置如图 6.5.12 所示。

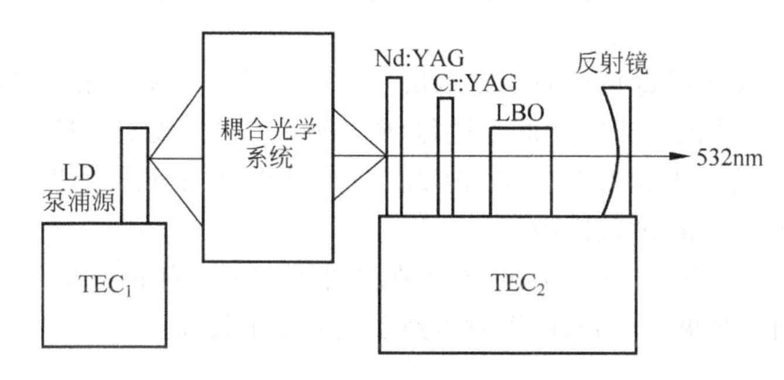

图 6.5.12　Nd：YAG/Cr^{4+}：YAG/LBO 结构被动调 Q 绿光激光器

与 KTP 倍频晶体相比，LBO 倍频晶体具有更小的非线性系数和更高的抗损伤阈值。实验表明，对于各向同性发射的 Nd：YAG 激光介质，在腔内没有任何起偏元件的情况下，Ⅰ类相位匹配 LBO 晶体比Ⅱ类相位匹配 KTP 晶体腔内倍频更容易得到高质量的输出光束。

另外，由于 Nd：YAG 激光介质较厚，无法采用近贴式泵浦，所以采用了耦合光学系统，形成高质量的泵浦光斑，使入射至 Nd：YAG 激光介质上的泵浦光斑椭圆度尽量接近 1，同时泵浦光斑大小略小于腔内基模在 Nd：YAG 激光介质上形成的光斑，以确保充分利用泵浦光并实现单横模振荡。

测得泵浦光阈值约为 290mW。随着注入泵浦功率的增加，调 Q 绿光脉冲输出的平均功率和峰值功率显著增加，而脉冲宽度和峰值功率却表现出少部分点波动的现象。在注入泵浦功率为 600mW 时，得到平均功率 27mW、脉宽 15.2ns、重复频率 16.4kHz、峰值功率高达 108.1W 的被动调 Q 脉冲绿光输出，输出激光为 TEM_{00} 模。

6.6　PTM 调 Q

无论是电光调 Q、声光调 Q 还是被动调 Q，都是在低 Q 值状态（即谐振腔处于“关门”状态）时，在激光上能级上累积更多的反转粒子（即工作物质储能），当 Q 值突然升高时形成巨脉冲振荡，输出激光脉冲。这种方式称为脉冲反射式调 Q（PRM 调 Q）。由于振荡和输出同时进行，脉宽取决于激光增长和衰减过程，光束需要在腔内往返若干次才能完成衰减，脉宽达数十纳秒。

PTM 调 Q 与 PRM 调 Q 不同，它被称作脉冲透射式调 Q 或腔倒空。它是一种谐振腔储能调 Q 技术，即谐振腔由全反镜 M_1 和可控反射镜 M_2 组成。在 $t<0$ 时，反射镜 M_2 的反射率为 100%，谐振腔处于高 Q 值状态，激光器振荡但无激光输出，光子都被存储在谐振

腔内。$t=0$ 时，控制反射镜 M_2 的透射率达 100%，储存于腔内的激光能量迅速逸出腔外，输出一个激光巨脉冲。这种调 Q 方式是在全透射情况下输出光脉冲，光子逸出谐振腔所需的最长时间为 $2L'/c$（L' 为谐振腔光程长），所以输出光脉冲持续时间约等于 $2L'/c$，脉宽仅为几个纳秒。

与 PRM 调 Q 相比，PTM 调 Q 有以下两个突出的优点：

(1) 效率高。PRM 调 Q 是振荡和输出同时进行的，在 Q 开关打开后，激光振荡开始建立，且每往返一次就有激光输出，边振荡边输出。而 PTM 调 Q 是先振荡后输出，当腔内光子数密度达到最大时，将全部光子顷刻输出，输出时的透射率为 100%，因此，PTM 调 Q 的输出效率高。

(2) 脉宽窄。PRM 调 Q 的脉宽主要取决于腔内光子寿命和激光工作物质的增益水平，光在腔内要往返多次才能完成脉冲形成过程，所以脉宽较宽（数十纳秒）。而 PTM 调 Q 是先振荡后输出，其脉宽主要由腔长决定，即 $2L'/c$。因此，基于允许的腔长尺寸，PTM 调 Q 的脉宽可以控制在 2～5ns 的范围内。

但是，要达到上述理想的激光输出，必须在脉冲形成的时间内准确地接通谐振腔，而且电脉冲的后沿时间也要极为精确，所以对电路系统的要求较高。

6.6.1 PTM 电光调 Q

图 6.6.1 所示为一种带有起偏器 P_1 和检偏器 P_2 的 PTM 调 Q 激光器，$P_1 /\!/ P_2$，M_1 和 M_2 为全反镜，且 M_2 置于 P_2 偏振棱镜反射偏振片的光路上。当电光晶体上不加电压时，激光工作物质在光泵的激励下，上能级反转粒子数密度逐渐增加，工作物质开始的自发辐射光可以顺利通过 P_1 和 P_2，但输出端无反射镜，腔的 Q 值很低，故无法形成激光振荡。

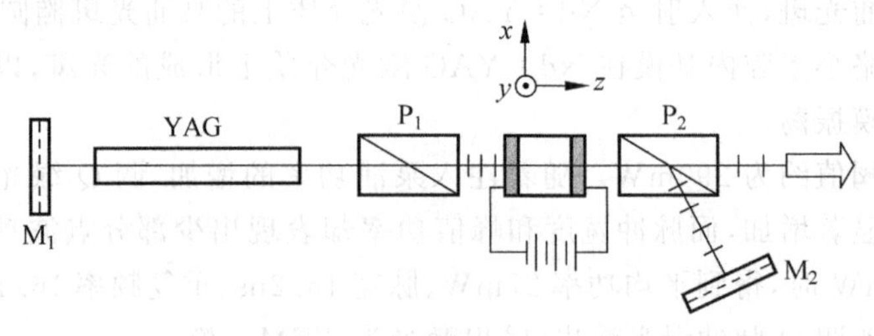

图 6.6.1 PTM 调 Q 激光器 1

当工作物质储能达到最大值时，在电光晶体上施加半波电压 $V_{\lambda/2}$，此时通过 P_1 的线偏振光通过电光晶体后偏振面将要旋转 90°，因此不能通过偏振棱镜 P_2，但可经棱镜反射到全反镜 M_2 上。这样，由两个全反镜构成的谐振腔损耗很低，Q 值突增，激光振荡迅速形成。当腔内激光振荡的光子密度达到最大值时，迅速撤去晶体上的电压，光路又恢复到未加电压之前的状态，于是腔内存储的最大光能量瞬间透过棱镜 P_2 而耦合输出，这就是 PTM 调 Q 开关的工作过程。

带偏振棱镜的 PTM 电光调 Q 开关还有另外一种运行方式，其装置如图 6.6.2 所示，M_1 和 M_2 为全反镜，PC 为 KD* P 电光晶体的普克尔盒，P 为偏振棱镜。

KD* P 电光晶体的两个电极上分别加电压 V_1 和 V_2，其中 V_1 为常加电压 $V_{\lambda/4}$，V_2 为方波电压。当未加方波电压 V_2 时谐振腔处于低 Q 值的光学开路状态，输出损耗为 100%，此时由于氙灯点燃，工作物质处于储能阶段。当工作物质上能级反转粒子数达到最大值的瞬间(t_0 时刻)，将方波电压 $V_2(-V_{\lambda/4})$加上，则在 KD* P 电光晶体上的合成电压为 0(见图 6.6.3)，Q 开关处于完全“开启”的状态，并且由于谐振腔的两个反射镜的反射率均为 100%，故谐振腔的 Q 值突变为高 Q 值状态，腔内迅速建立起激光振荡(但无输出)。

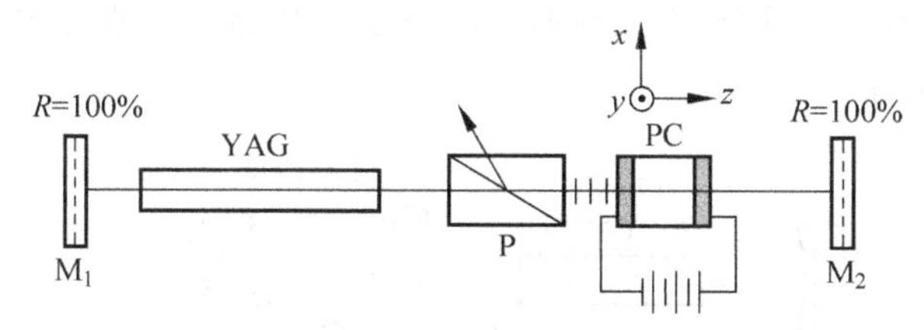

图 6.6.2　PTM 调 Q 激光器 2

当腔内光子数密度达到最大值时，方波电压 V_2 跃变为 0，则电光晶体上的电压跃变为 $V_{\lambda/4}$，那么，腔内形成的强光场往返经过晶体，使偏振面旋转 90°，最后由偏振棱镜 P 的侧面反射输出。可以看出，这种 PTM 调 Q 的最大效率取决于精确施加方波电压 V_2 的时间和宽度。

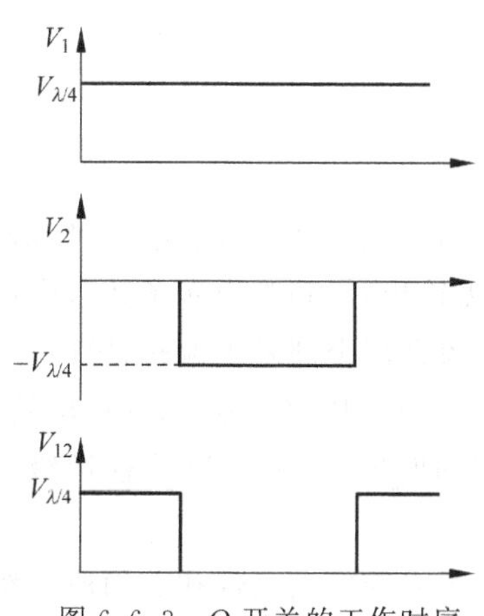

图 6.6.3　Q 开关的工作时序

图 6.6.4 为 PTM 调 Q 电光调 Q 板条 Nd：YAG 激光器示意图，图中 M_1 和 M_2 为全反镜。由于激光工作物质端面法线与谐振腔轴线成布儒斯特角，因此产生的激光振荡记为 P 波偏振方向。在大约持续 200μs 的泵浦阶段，$LiNbO_3$ 电光晶体上的电压为零，激光工作物质产生的 P 波偏振方向激光通过偏振片，因为没有腔镜反馈，谐振腔处于高损耗状态，积累反转粒子数。

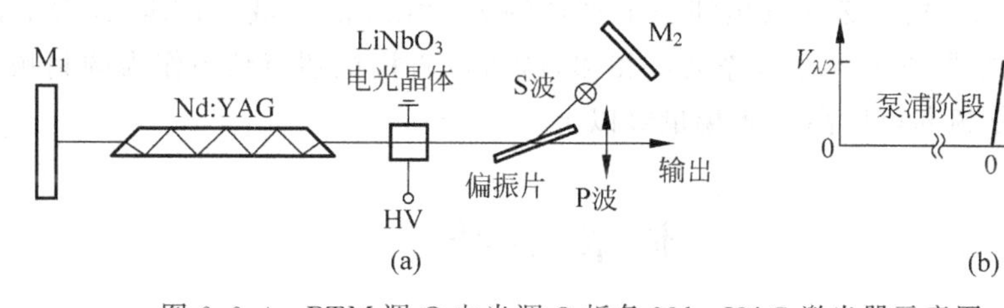

图 6.6.4　PTM 调 Q 电光调 Q 板条 Nd：YAG 激光器示意图

(a) 结构示意图；(b) 电光晶体上所加的电压波形

当在 $LiNbO_3$ 电光晶体上施加半波电压 $V_{\lambda/2}$，激光工作物质产生的 P 波偏振方向激光通过电光晶体后变成 S 波偏振方向，被偏振片反射后垂直入射到全反镜 M_2 后原路返回，在 M_1 和 M_2 之间建立激光振荡，此时因为没有输出损耗，激光器处于高 Q 值状态；当腔内光强达到最大值时，电光晶体上的电压在大约 2ns 内降为 0，腔内光子被倒空。偏振片、电光晶体和全反镜组成一个高速、可变反射率的腔镜，其反射率在泵浦阶段为 0，在经过脉冲建立阶段为 100%，在经过脉冲输出阶段变回为 0。

6.6.2 PTM 声光调 Q

利用声光器件作为开关元件，实现“腔倒空”也是一种腔内储能的运转方式，其结构如图 6.6.5 所示，其中 M_1、M_2、M_3、M_4 均为全反镜。选择 M_2、M_3 的曲率和两镜面间的距离，恰好使两者的曲率中心重合，光束在曲率中心处聚焦在一个直径很小的区域，声光器件放置在光束的束腰位置。

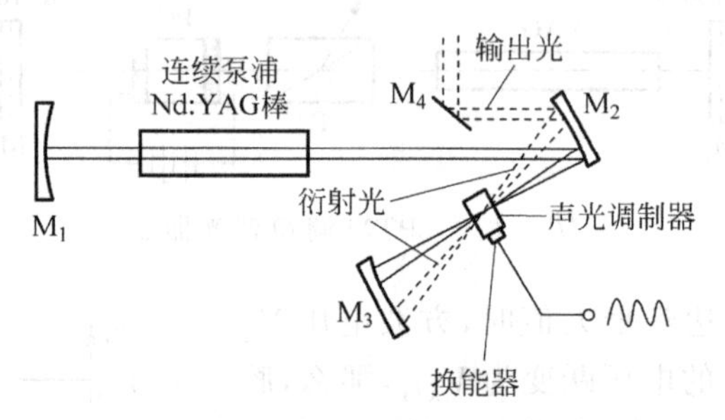

图 6.6.5 声光腔倒空激光器

当声光器件上未加电压时，谐振腔处于高 Q 值状态，在腔内可建立起极强的激光振荡(但无输出)。到腔内光子数密度达到最大值后，突然在声光器件上施加电压形成超声场，使激光束概率全部发生偏转，腔内存储的光子能量概率全部从平面反射镜 M_4 处耦合输出，因而称为“腔倒空”。显然，其输出效率较高，光脉冲宽度也很窄，相当于光子在腔内来回一次所需的时间 $2L'/c$，为纳秒量级。光脉冲的重复频率可达兆赫量级以上，但单脉冲能量较小。

声光腔倒空器件和前面所介绍的 Q 开关器件相比，对器件的有更高的要求。其一，为了尽可能实现腔倒空，所用声光器件必须只有 1 级衍射光，而且衍射效率应尽可能接近 100%，因而必须使用严格的布拉格衍射器件；其二，腔倒空方式要求开关速度要快得多，其上升时间大约为 5ns，光束必须聚焦到一个直径约为 50μm 的区域上；其三，为了提高布拉格衍射效率，腔倒空器件的调制频率要高得多，故可以直接把超声频率作为调制频率，因此，输出光脉冲的重复频率可以高达兆赫量级以上。

本章小结

本章首先讨论了调 Q 的基本原理，从速率方程出发，推导和分析了调 Q 的实现过程和输出特性。在此基础上，重点介绍了电光调 Q、声光调 Q、被动调 Q 和腔倒空等技术。无论哪种调 Q 技术，其关键都是精确控制谐振腔的损耗和增益。调 Q 的实现分为两个过程，即“关门”和“开门”。“关门”时，在工作物质中累积反转粒子数(电光调 Q、声光调 Q、被动调 Q 等)或在谐振腔内累积光子(腔倒空)，在“开门”时，输出激光巨脉冲。不同的是腔倒空是先在腔内形成激光振荡，后输出激光巨脉冲，其效率高、脉宽窄(几个纳秒)；而其他几种调 Q 是边振荡边输出，脉宽在十几到几十纳秒之间。除压缩脉宽和提高峰值功率外，调 Q 技术还能有效地控制激光的空间特性和频率特性，即选择激光的模式，关于选模的内容，将在第 7 章中介绍。在阅读和学习本章内容时，应注意与第 5 章内容的联系。

学习本章内容后，读者应理解以下内容：

(1) 调 Q 的基本原理和实现过程；

(2) 调 Q 激光器的速率方程和求解；

(3) 电光调 Q 的基本原理、实现过程和输出特性；

(4) 声光调 Q 的基本原理、实现过程和输出特性；

(5) 被动调 Q 的原理和实现过程；

(6) 腔倒空的原理和实现过程。

习　　题

1. 若三能级调 Q 激光器的腔长 L 大于工作物质长 l，η 及 η' 分别为工作物质及腔中其余部分的折射率，激光跃迁上下能级的统计权重相等，试求峰值输出功率 P_m 表示式。

2. 如习题图 6.1 所示，Nd：YAG 激光器的两面反射镜的透过率分别为 $T_2=0$，$T_1=0.1$，$2\omega_0=1\text{mm}$，$l=7.5\text{cm}$，$L=50\text{cm}$，Nd：YAG 发射截面 $\sigma=8.8\times10^{-19}\text{cm}^2$，工作物质单通损耗 $T_i=6\%$，折射率 $\eta=1.836$，所加泵浦功率为不加 Q 开关时阈值泵浦功率的 2 倍，Q 开关为快速开关。试求其峰值功率、脉冲宽度、光脉冲输出能量和能量利用率。

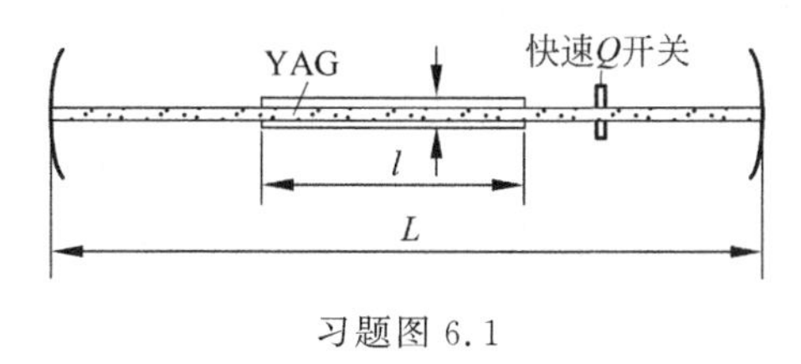

习题图 6.1

3. Q 开关红宝石激光器中，红宝石棒截面积 $S=1\text{cm}^2$，棒长 $l=15\text{cm}$，折射率为 1.76，腔长 $L=20\text{cm}$，铬离子浓度 $n=1.58\times10^{19}\text{cm}^{-3}$，受激发射截面 $\sigma=1.27\times10^{-20}\text{cm}^2$，光泵浦使激光上能级的初始粒子数密度 $n_{2i}=10^{19}\text{cm}^{-3}$，假设泵浦吸收带的中心波长 $\lambda=0.45\mu\text{m}$，E_2 能级的寿命 $\tau_2=3\text{ms}$，两平面反射镜的反射率与透射率分别为 $r_1=0.95$，$T_1=0$，$r_2=0.7$，$T_2=0.3$。试求：

(1) 使 E_2 能级保持 $n_{2i}=10^{19}\text{cm}^{-3}$ 所需的泵浦功率 P_p；

(2) Q 开关接通前自发辐射功率 P；

(3) 脉冲输出峰值功率 P_M；

(4) 输出脉冲能量 E；

(5) 脉冲宽度 τ（粗略估算）。

4. 若有一台四能级调 Q 激光器，有严重的瓶颈效应（即在巨脉冲持续时间内，激光低能级积累的粒子不能清除）。已知比值 $\Delta n_i/\Delta n_t=2$，试求脉冲终了时，激光高能级和低能级的粒子数密度 n_2 和 n_1（假设 Q 开关接通前，低能级是空的）。

5. 若有一 Q 开关使激光器的阈值反转粒子数密度由 $\Delta n_{t_0}\to\Delta n_{t_1}\to\Delta n_{t_2}$（如习题图 6.2(a)所示），激光器相继产生两个巨脉冲（如习题图 6.2(b)所示），若在 $t=0$ 时的反转粒子数密度为 Δn_i，比值 $\Delta n_i/\Delta n_{t_1}=\beta=1.1$，如欲使两脉冲能量 $E_1=E_2$，求 $\Delta n_{t_1}/\Delta n_{t_2}$ 值。

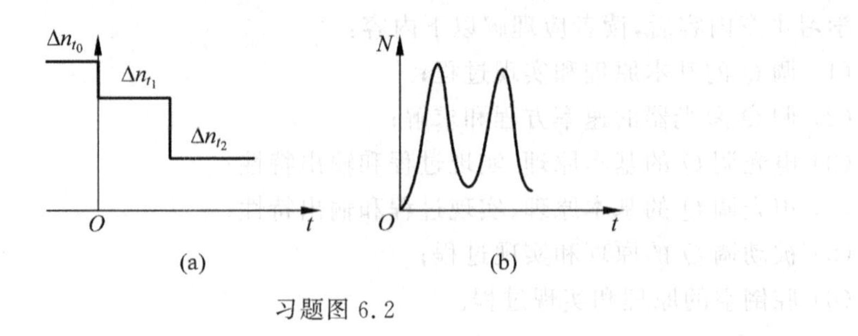

习题图 6.2

6. 一个声光调 Q 器件($L=50\text{mm}$,$H=5\text{mm}$)采用熔融石英材料制成,用于连续 YAG 激光器调 Q,已知激光器的单程增益为 0.3,声光器件的电声转换效率为 40%,不计其他损耗,求声光器件的驱动功率 P_s 应为多少?

第 7 章思维导图

第7章 模式选择技术

激光的优点在于它具有良好的方向性、高亮度、单色性和相干性。但是，在激光谐振腔中存在较多的激光振荡模式。含有高阶横模的激光束的光强分布不均匀，发散角较大；含有多纵模及多横模的激光束的单色性及相干性较差。在激光测距、激光准直、激光加工、非线性光学研究等应用领域均需要基横模激光；而在精密干涉测量、光通信及大面积全息照相等应用中不仅要求激光是单横模，同时还要求光束仅含有一个纵模。为了满足这些要求，需要采用措施限制激光谐振腔的振荡模式，即模式选择技术。模式选择技术可以分为两大类：一类是横模选择技术，即从振荡模式中选出基横模 TEM_{00}，基横模衍射损耗最小，能量集中在光轴附近，使光束发散角得到压缩，从而改善其方向性，提高激光的亮度；另一类是纵模选择技术，它能限制多纵模中的振荡频率数目，选出单纵模振荡，从而改善激光的单色性，提高激光的相干性。纵模选择技术也称为选频技术。

本章主要阐述横模选择原理和方法、纵模选择原理和方法以及模式的测量方法。

本章重点内容：

1. 横模选择原理
2. 横模选择方法（参数法、小孔光阑法）
3. 纵模选择原理
4. 纵模选择方法（色散法、短腔法、F-P 标准具法）

7.1 横模选择原理

在“激光原理”中，光波模式是一个基础且十分重要的概念。一切被约束在空间有限范围内（谐振腔）的电磁场（光波）都只能存在于一系列分立的本征状态中，场的每一个本征状态具有一定的振荡频率和一定的空间分布。通常将光学谐振腔内可能存在的电磁场的本征态称为腔的模式。所谓模式的基本特征是指：每一个模的电磁场分布、谐振频率、在腔内往返一次的相对功率损耗、与对应的激光束的发散角。从光子的观点来看，激光模式也就是腔内可能区分的光子的状态。换句话说，一旦给定了谐振腔的具体结构，则其振荡模式的特征也就随之确定下来。只要知道腔的参数，就可以唯一地确定模的上述特征。腔内电磁场在垂直于其传播方向的横截面内的场分布称为腔的横模，而谐振腔轴线方向上的激光光场分布称为腔的纵模。横模和纵模体现了电磁场模式的两个方面，一个模式同时属于一个横模和一个纵模。

7.1.1 单横模激光器

由激光产生原理知，一台激光器的谐振腔中可能有若干个稳定的振荡模式，只要某一模式的单程增益大于其单程损耗($GL>\delta$，为区别谐振腔的 g 参数，下述中增益系数均用 G 表示)，即满足激光振荡条件，该模式就有可能被激发而起振。设谐振腔两端反射镜的反射率分别为 r_1 和 r_2，单程损耗为 δ，单程增益系数为 G，激光工作物质长度为 L，则初始光强为 I_0 的某个横模(TEM_{mn})的光在谐振腔内经过一次往返后，由于增益和损耗两种因素的影响，其光强变为

$$I=I_0 r_1 r_2(1-\delta)^2\exp(2GL) \tag{7.1.1}$$

产生激光振荡模式的阈值条件为 $I\geqslant I_0$，由此得出

$$r_1 r_2(1-\delta)^2\exp(2GL)\geqslant 1 \tag{7.1.2}$$

现在考察两个最低阶次的横模 TEM_{00} 和 TEM_{10} 的情况，它们的单程损耗分别用 δ_{00} 和 δ_{10} 表示，并认为激活介质对各横模的增益系数相同。若同时满足下列不等式：

$$\sqrt{r_1 r_2}(1-\delta_{00})\exp(GL)>1 \tag{7.1.3}$$

$$\sqrt{r_1 r_2}(1-\delta_{10})\exp(GL)<1 \tag{7.1.4}$$

此时，激光器即可实现单横模(TEM_{00})运转。

要实现单横模运转，其关键是控制腔内的损耗，使式(7.1.3)和式(7.1.4)成立。这也是横模选择的原理。

7.1.2 横模选择原理

通过第2章知识的学习可知，谐振腔内存在两种不同性质的损耗，一种是与横模阶数无关的损耗，如腔内的透射损耗，腔内元件的吸收、散射损耗等；另一种是与横模阶数密切相关的衍射损耗。在稳定腔中，基模的衍射损耗最小，随着横模阶次的增高，衍射损耗将迅速增加。如果降低 TEM_{00} 模的衍射损耗，使之满足阈值条件，而损耗略高于基模的 TEM_{10} 模因损耗高而不能起振，则其他高阶模也都会被抑制。

图7.1.1所示为用数值方法得到的对称圆形镜稳定球面腔的两个最低阶横模的单程损耗曲线。由图可见，在菲涅尔数 N 相同的情况下，对称稳定腔的衍射损耗随参数 $|g|$ 的减小而降低。

谐振腔对不同阶次的横模具有不同的衍射损耗是实现横模选择的物理基础。适当选择谐振腔的菲涅尔数 N 的值，使之满足式(7.1.3)和式(7.1.4)，即可实现单横模选择的目的。

考虑到模式间的竞争，选单横模的条件可以适当放宽，即激光器开始有多个横模满足阈值条件。如果各模式的增益相同，那么因基模的衍射损耗最小，所以在模式竞争中将占优势。一旦基模首先建立振荡，就会从激活介质中提取能量，而且由于增益饱和效应，工作物质的增益将随之降低。当满足条件

$$\sqrt{r_1 r_2}(1-\delta_{00})\exp(GL)=1 \tag{7.1.5}$$

时，腔内振荡趋于稳定。此时，其他横模将因为不再满足阈值条件而被抑制，故激光器可以单横模运转。

为了有效地选择横模，还必须考虑两个问题。

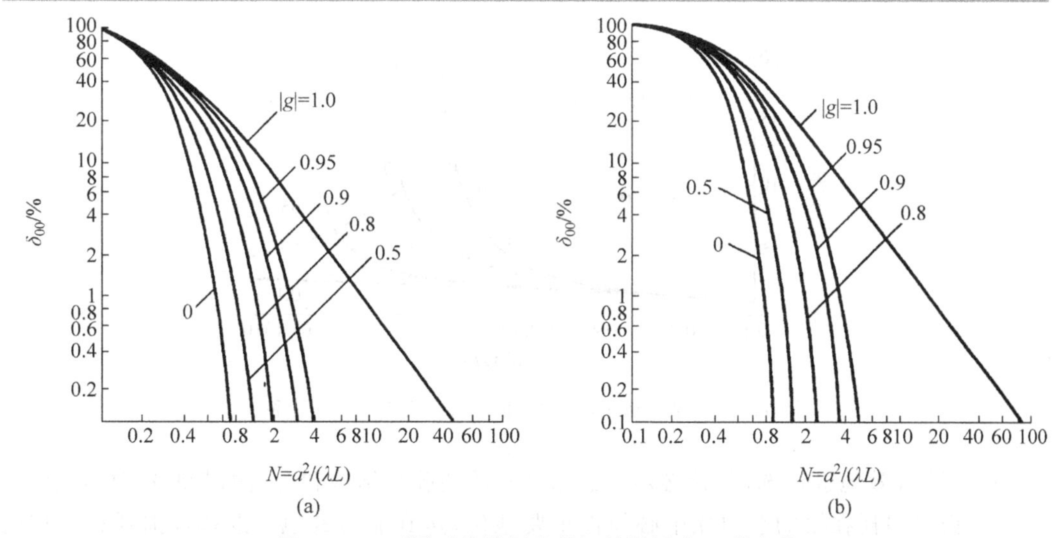

图 7.1.1　不同对称谐振腔的衍射损耗随 N 的变化

(a) TEM_{00} 模；(b) TEM_{10} 模

(1) 横模选择不但要考虑各横模衍射损耗的绝对值大小，还要考虑横模与邻近横模衍射损耗的相对差异，即 δ_{10}/δ_{00} 的比值大小。当 δ_{10}/δ_{00} 的比值足够大时，才能有效地把两个模式区分开来，易于实现选横模，否则选模就比较困难。因此，δ_{10}/δ_{00} 越大，横模鉴别能力就越高。

横模衍射损耗的差别不仅与不同类型的谐振腔结构有关，还与腔的菲涅尔数 N 有关。图 7.1.2 所示为不同 g 因子对称腔的 δ_{10}/δ_{00} 值与菲涅尔数 N 的关系。

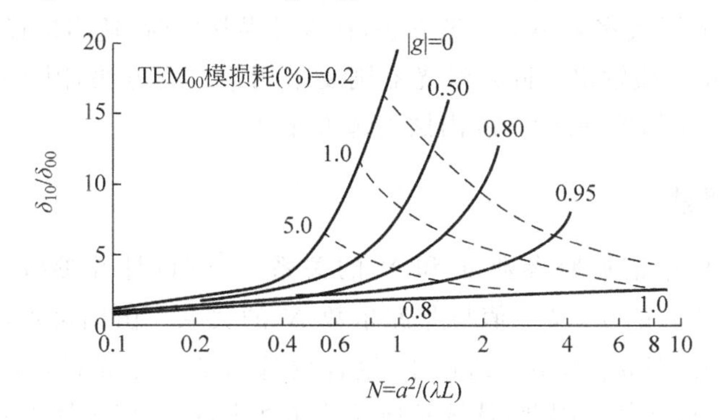

图 7.1.2　不同对称腔的 δ_{10}/δ_{00} 值与菲涅尔数 N 的关系

图 7.1.3 为平凹腔的 δ_{10}/δ_{00} 值与菲涅尔数 N 的关系。图中虚线表示 TEM_{00} 模各种损耗值的等损耗线。对于不同的 N 和 g，损耗相等的谐振腔都对应于同一条虚线。从图中可以看出，横模的鉴别能力随 N 的增加而变强，但衍射损耗随 N 的增加而减小，所以，N 值必须选择合适，才能有效地进行横模选择。

另外，虽然共焦腔的 δ_{10}/δ_{00} 值大，平行平面腔的 δ_{10}/δ_{00} 值小，但当 N 值不太小时，共焦腔的各横模的衍射损耗一般都很低，与腔内其他非选择性损耗相比也较小，因而就不易实现选模。而且，共焦腔基模体积小，所以单模输出功率较低。与此相反，尽管平面腔的 δ_{10}/δ_{00} 值较低，但由于各模的衍射损耗的绝对值较大，只要选择较大的 N 值，就可以选出基模。而且，它的基模体积较大，一旦形成单模振荡，输出功率就比较高。

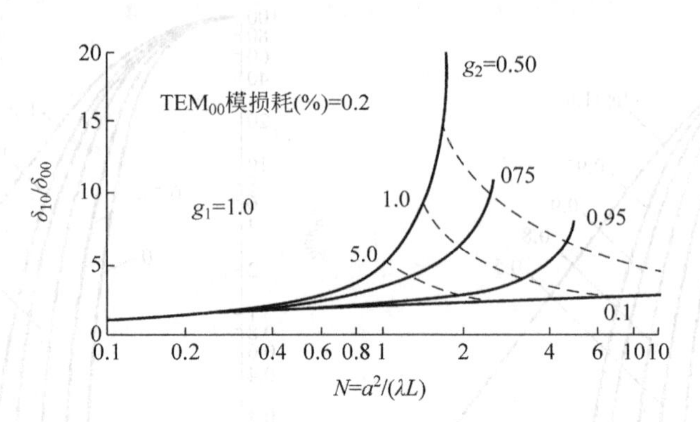

图 7.1.3 平凹腔的δ_{10}/δ_{00} 值与菲涅尔数 N 的关系

总之，要有效地进行选模，就必须考虑选择合适的腔型结构和合适的菲涅尔数 N 值。

(2) 衍射损耗在模的总损耗中必须占重要地位，达到能与其他非选择性损耗相比拟的程度。为此，必须尽量减小腔内各元件的吸收、散射等损耗，从而相对增大衍射损耗在总损耗中的比例。另外，选择较小的菲涅尔数 N 也可以达到这一目的。

7.2 横模选择方法

横模选择方法可以分为两类，一类是改变谐振腔的结构和参数获得各模衍射损耗的较大差别，提高谐振腔的选模性能；另一类是在一定的谐振腔内插入附加的选模元件来提高选模性能。气体激光器大多采用第一类方法，在设计谐振腔时，适当选择腔的类型和腔参数 g 和 N 值，以实现单基模输出。固体激光器则要采用第二类方法，因为固体激光工作物质口径较小，为减小菲涅尔数，必须在腔内插入选模元件。

7.2.1 参数选择法

参数选择法是根据谐振腔参数 g 和 N 的关系，合理设计腔参数，获得需要的横模。图 7.2.1 所示为共焦腔的 δ_{10}/δ_{00} 值与菲涅尔数 N 的关系。由图可见，当 N 一定时，$|g|$ 参数小，δ_{10}/δ_{00} 值大，但 δ_{00} 和 δ_{10} 值也小，这样要选出基模并抑制高阶模，只有靠减小菲涅尔数 N 来提高模损耗值。因此，从选基横模的角度来说，希望选择小的 g 和 N 值。但是 N 值太小时，模体积很小，输出功率也就很低。所以，为了既能获得基横模振荡，又能有较强的输出功率，应在保证基横模运转的前提下，适当增大 N 值，直至同时满足式(7.1.3)和式(7.1.4)。对常用的大曲率半径的双凹球面稳定腔，选择菲涅尔数 N 为 0.5～2.0 比较合适。低增益器件取小值，高增益器件取大值。

从激光原理知，在谐振腔稳定区域图中，稳定区和非稳定区之间的分界线由 $g_1g_2=1$ 或 $g_1=0$、$g_2=0$ 确定，适当地选择谐振腔参数 R_1、R_2、L，使腔运转在稳定区边缘，即运转于临界状态，有利于选模。这是因为各阶横模中最低阶模(TEM_{00})的衍射损耗最小，当改变谐振腔的参数使它的工作点由稳定区向非稳定区过渡时，各高阶模的衍射损耗都会迅速增加，但基模的衍射损耗增加得最慢。因此，当谐振腔工作点移到某个位置时，所有高阶模就可能受到高的衍射损耗而被抑制，最后只留下基模运转。

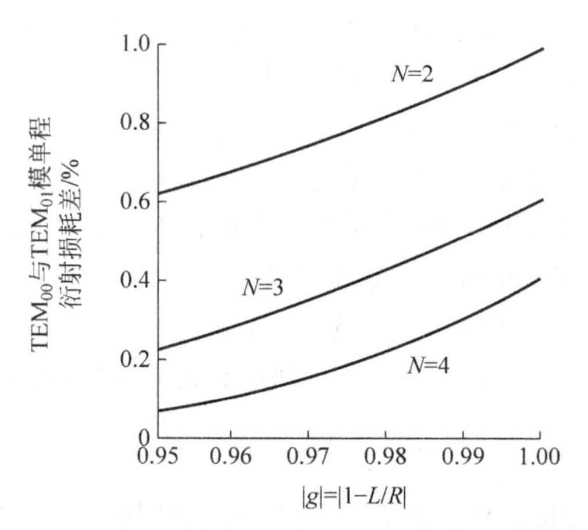

图 7.2.1　不同 N 值时，横模衍射损耗与 $|g|$ 的关系

以 TEM_{00} 模和 TEM_{01} 模为例，如图 7.2.1 所示，临界区 $|g|$ 的变化包含两种情况：一种是 g 稳定区值趋于 -1，这相当于共心腔的情况；另一种是 g 稳定区值趋于 1，这相当于平行平面腔的情况。由图可见，随着 $|g|$ 值趋于 1，TEM_{01} 模的单程损耗增加的速率比 TEM_{00} 模快得多。

在实际应用中，常常采用一个腔镜为平面镜、另一个腔镜为球面镜的稳定腔，通过使反射镜间距 L 逐渐趋于 R 来选模。这类谐振腔的模衍射损耗差与 L 的关系，也可以从图 7.2.1 中得出。有时，也可以采用曲率半径尽量大的两个反射镜，即选用 $g\to 1(g\leqslant 1)$ 的临界区的方法进行选模。

另外，采用不同的腔型和参数 g、N 也可以选出基模，然而，基模的输出功率（或能量）却会因腔型的不同和 g、N 参数的不同而变化，因为基模模体积是随着腔型和 g、N 参数变化而变化的。因此，为了获得较大的功率输出，在设计谐振腔时，还应考虑基模模体积的问题。由谐振腔理论分析可知，在一般稳定球面腔中 TEM_{00} 模的有效光束半径 $\omega(z)$ 沿腔轴 z 方向是以双曲线规律传输的，如图 7.2.2 所示。其中 ω_0 为腔内最小有效光束半径（束腰），Δ 为束腰位置与原点间的距离。若只考虑对称腔的情况，则最小有效光束半径为

$$\omega_0=\left(\frac{\lambda}{2\pi}\right)^{\frac{1}{2}}[L(2R-L)]^{\frac{1}{4}} \tag{7.2.1}$$

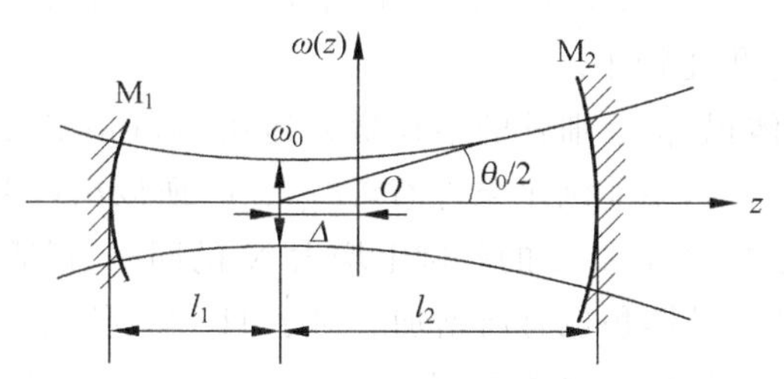

图 7.2.2　稳定球面腔 TEM_{00} 模的有效光束半径

由式(7.2.1)可得出以下性质：

(1) 增大腔镜的曲率半径 R 时，基模的光束半径 ω_0 也随之增大，从而基模体积也随之增大。

(2) 当曲率半径 R 一定时,ω_0 随腔长 L 变化存在极大值。将式(7.2.1)对 L 微分,并令其为 0,可得出极大值条件为 $L=R$,即为半共心腔。

由性质(1)可知,当其他条件相同时,为增大基模体积,应尽可能选取较大的曲率半径 R,这种腔在极限情况下就变成了平行平面腔。由性质(2)可以看出,在腔镜 R 已经确定的情况下,为获得尽可能大的基模体积,应适当增大腔长 L。这对平面腔和大曲率半径球面腔是适合的,但对于小曲率半径的球面腔就不适合了。

例如,有一腔长 $L=1\text{m}$ 的 He-Ne 激光器,其输出镜透过率为 $T=1.5\%$。为获得基模输出,可以选择不同的 g、N 参数。表 7.2.1 列出有关的参数,其中增益 G 是按照经验公式

$$G=1.25\times10^{-4}\times\frac{L}{a}$$

算出的(L 为腔长,a 为放电毛细管半径)。共有 5 组不同的 g、N 参数的谐振腔。

表 7.2.1 He-Ne 激光器不同谐振腔的参数

腔号	1	2	3	4	5
N	0.6	0.9	0.9	1.6	5.1
a/mm	0.6	0.74	0.74	1.0	1.8
G/%	21	16	16	12	6.6
δ_{10}/%	25	3	14.5	10.5	5.1
g	0	0	0.5	0.9	0.99
R/mm	1	1	2	10	100
ω_0/mm	0.33	—	0.43	0.70	1.20
δ_{00}/%	3	0.2	2	3	2
δ_{10}/δ_{00}	8	15	7.3	3.5	2.6
模式	TEM_{00}	多模	TEM_{00}	TEM_{00}	TEM_{00}
腔型	共焦	共焦	一般	一般	平平①

① 确切地说,该平平腔仍属于一般稳定腔,但已十分接近平行平面腔了。

腔 1 的 $g=0$,这是一个共焦腔,为获得基模输出,应满足 $G\leqslant\delta_{10}+T$(忽略其他损耗)。为此,可以选择毛细管半径 $a=0.6\text{mm}$,求得 $G=21\%$。根据 g、N 参数可以查得 $\delta_{10}=25\%$,因此满足条件 $G\leqslant\delta_{10}+T$,故可以获得基模输出。且按照式(7.2.1)求得 $\omega_0=0.33\text{mm}$。显然该基模体积比较小。

为了增大基模的模体积,将毛细管的半径增大到 0.74mm(腔 2)。由于菲涅尔数 N 增大,因而 δ_{10} 下降(只有 3%),不能满足条件 $G\leqslant\delta_{10}+T$,所以出现多模振荡输出。

为了抑制高阶模,腔 3~5 在腔 1 的基础上增大 N 的同时,再适当增大 g 参数。这样也可以保证基模振荡,且基模模体积也有所增加。对于 He-Ne 激光器,为增大菲涅尔数 N 而增大毛细管直径,会使小信号增益系数下降。另外,g 参数增大,δ_{10}/δ_{00} 下降,稳定性要差一些,调整难度也会增加。

通过上述讨论得知,改变谐振腔的 g、N 参数可以控制激光振荡模式和模体积。以上均是在腔长 L 为定值的情况下讨论的。实际上,有时也利用增加腔长 L 以减小菲涅尔数 N,即以增加模损耗差来提高选模性能,这主要用于固体激光器和外腔式的气体激光器中。

7.2.2　小孔光阑法

小孔光阑选横模的基本做法是在谐振腔内插入一个适当大小的小孔光阑，如图 7.2.3 所示。这种选横模的方法最简便有效，是固体激光器常用的选模方法。对于共心腔 $R_1+R_2=L$，这种方法尤其有效。

由于高阶横模的光腰比基模的大，所以如果光阑的孔径选择得当，就可以将高阶横模的光束遮住一部分，而基模则可顺利通过。对稳定腔而言，基模光束半径最小，随着阶次增高，光束半径逐渐增大。如果光阑半径和基模光束半径相当，那么基模可以顺利通过小孔光阑，而光束半径较大的高阶横模不能通过，从而达到选基模的目的。

由于在谐振腔的不同位置，光斑尺寸不同，所以，小孔光阑的通光孔径随其位置而不同，如图 7.2.4 所示。

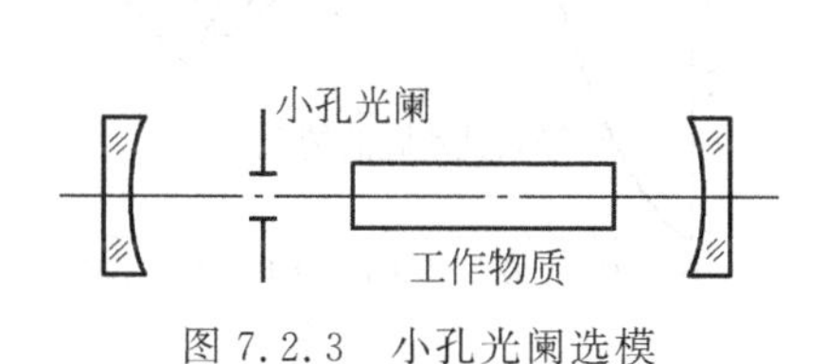

图 7.2.3　小孔光阑选模

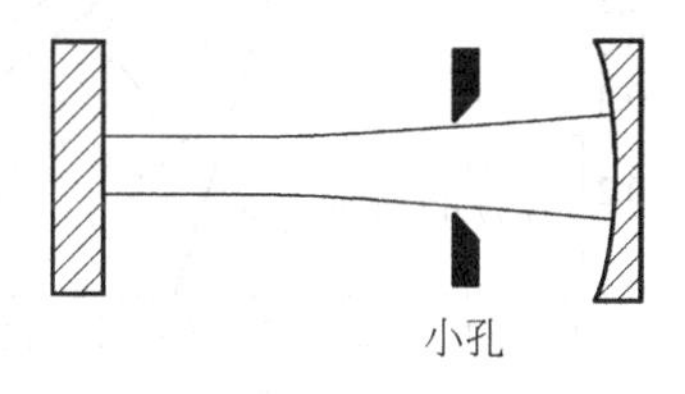

图 7.2.4　小孔光阑的大小于与位置关系

理论上，小孔光阑的半径 r 可以选取为放置小孔光阑的 z 处的光束有效截面半径 $\omega(z)$，即为

$$r=\omega(z)=\omega_0\sqrt{1+\frac{z^2}{f^2}} \tag{7.2.2}$$

但在实际应用中，r 要比 $\omega(z)$ 略大一些，因为光阑小就会影响激光器的输出功率和增大光束发散角(衍射效应)，这对于许多应用都是不利的。

图 7.2.5 所示为在共心腔中心处加不同孔径的光阑对 TEM_{00} 模和 TEM_{10} 模衍射损耗的影响。曲线上标明的 N 是反射镜半径对应的菲涅尔数。由图可知，当小孔光阑孔径 r 很小时，两种模式的损耗都很大，二者的差别也很小；随着 r 的增大，两个模式的 δ_{10}/δ_{00} 值增加；在 $ra/(\lambda L)=0.3$ 时，达到最大(a 为圆形反射镜的半径)，这时 TEM_{10} 模损耗约为 20%，而基模损耗仅 1%，光阑孔径为最佳值。若光阑孔径再增加，则两模式损耗都将减小，比值也将下降；当 $ra/(\lambda L)>0.5$ 时，模式损耗与不加光阑时基本相同。

图 7.2.6 所示为在同一个谐振腔中两个最低阶模衍射损耗比值 δ_{10}/δ_{00} 与菲涅尔数 N 的关系。由图可以看出，对于固定的菲涅尔数 N，δ_{10}/δ_{00} 值对某一个光阑孔径有极大值，利用此孔径选模最为有利。对于菲涅尔数 $N=2.5\sim20$ 的共心腔，$ra/(\lambda L)$ 为 0.28～0.36 更合适。

对于气体激光器，尤其像是 He-Ne 激光器这种利用毛细管结构的激光器，可以适当选用毛细管的管径来代替光阑，这种做法已经取得非常有效的选模效果。对于固体激光器，激光棒不可能做得太细，故还需要在谐振腔内另外放置光阑。

在实际工作中，往往是根据上述理论，先选出一个小孔半径，再通过实验确定小孔光阑的尺寸，或用可变光阑根据具体要求选用合适的小孔。小孔光阑选模虽然结构简单，调整方便，但是受小孔限制，基模的模体积小，工作物质的体积不能得到充分利用，输出的激光功率比较小，当腔内功率密度高时，小孔易损坏。

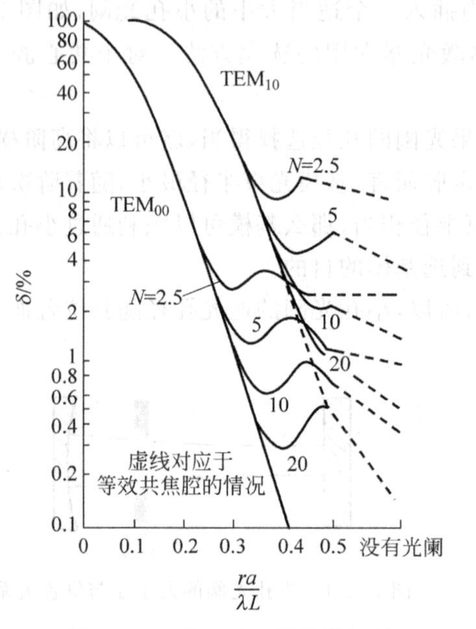

图 7.2.5 共心腔两低阶模衍射损耗与光阑孔径的关系

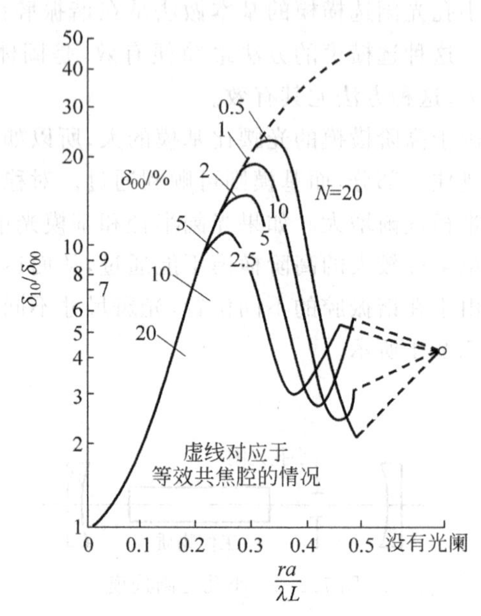

图 7.2.6 共心腔δ_{10}/δ_{00}与菲涅尔数 N 的关系

7.2.3 透镜法

由于小孔光阑选横模的方法限制了基横模光束的模体积，因此输出功率不高。为提高激光器的输出功率，充分利用激光工作物质，常采用在谐振腔内插入透镜或透镜组配合小孔光阑进行选模。典型的选模装置有：

1）单透镜聚焦选模

如图 7.2.7 所示，谐振腔为平凹腔，凹面镜的曲率中心与透镜的焦点重合，小孔光阑放在透镜的焦点上。光束在腔内传播时，基横模光束近似于平行光束通过工作物质，因此，具有较大的模体积。当光束通过小孔光阑时，光束边缘部分的高阶横模因光阑的阻挡受到损耗而被抑制掉，所以这种聚焦光阑装置既保持了小孔光阑的选模特性，又扩大了选模体积，从而可以增大激光输出功率。显然，这种结构要求凹面反射镜的曲率中心与透镜的焦点重合。

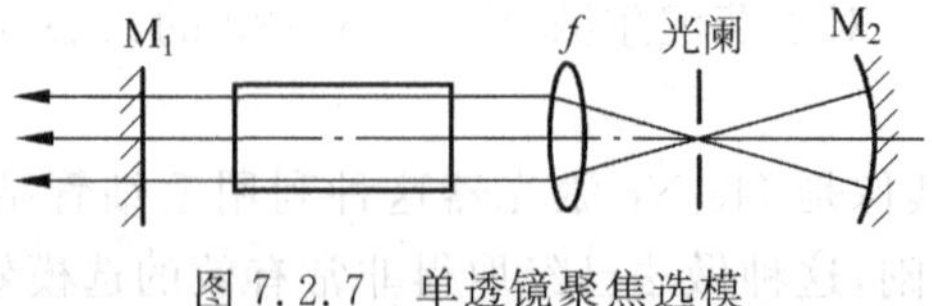

图 7.2.7 单透镜聚焦选模

在单透镜聚焦选模的基础上，若将工作物质的一个端面修磨成球面而起到凸透镜作用，如图 7.2.8 所示，则整个装置结构更为紧凑，且无插入损耗。

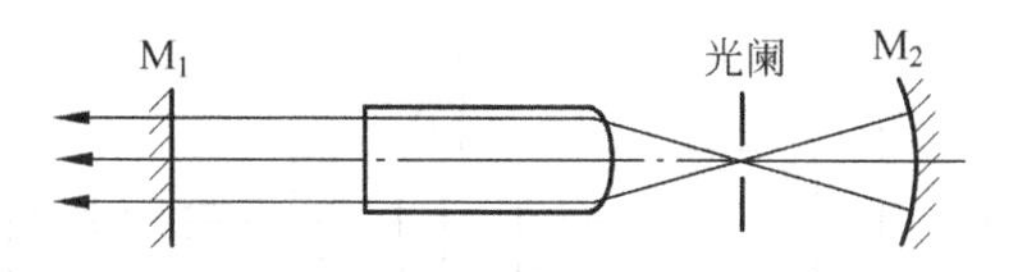

图 7.2.8　工作物质端面聚焦选模

2）望远镜谐振腔选模

图 7.2.9 所示为开普勒式望远镜腔选模，谐振腔为平行平面腔，在腔内插入两个凸透镜构成开普勒式望远镜，由于透镜的聚焦作用，光束在通过激光工作物质时是平面波，所以模体积占据了整个激活介质体积。光束通过小孔光阑时，光束边缘部分的高阶模受到光阑的阻挡而被抑制掉，这种装置既保持了小孔光阑的选模特性，又扩大了模体积，可以增大激光输出的功率。光阑孔径的大小与透镜的焦距 f 有关，焦距短，小孔的直径小一些；焦距长，则小孔的直径也就大一点。这种结构在腔内具有实焦点，焦点处激光能量高度集中，易损坏小孔光阑。

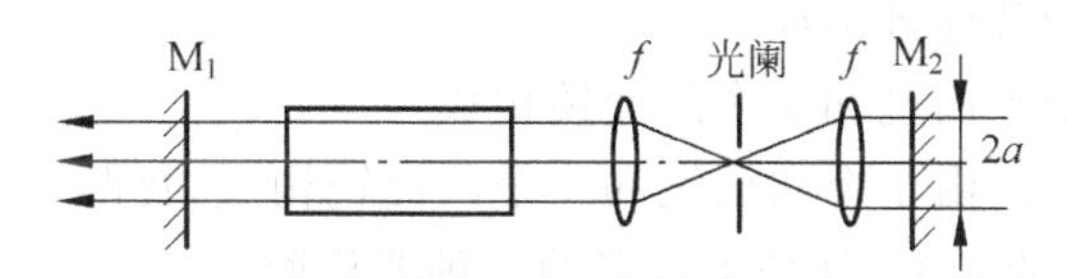

图 7.2.9　开普勒式望远镜谐振腔选模

伽利略式望远镜选模的结构如图 7.2.10 所示，谐振腔采用平凹腔，并在腔内加入一组由凸、凹透镜组成的伽利略式望远镜系统，小孔光阑置于凹透镜左侧。该结构避免了实焦点，对光阑材料的要求有所降低。

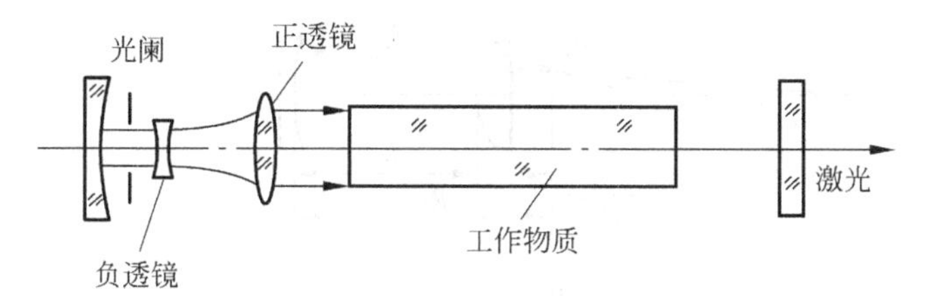

图 7.2.10　伽利略式望远镜谐振腔选模

伽利略式望远镜腔选模有三个特点：①扩大了基横模的模体积，若望远镜的放大率为 M，则由于望远镜的扩束作用，光束通过工作物质时模体积可扩大 M^2 倍，能够获得较大模体积的基横模输出；②小孔光阑位于凹透镜左侧，避开了实焦点的位置，不至于因能量过于集中而损坏光阑材料；③望远镜为可调节光学系统，通过调节凹透镜相对于凸透镜的位置，选择合适的离焦量，用以补偿激光工作物质的热透镜效应，获得热稳定性较好的激光输出。

3）猫眼腔选模

如图 7.2.11 所示为一种称为“猫眼谐振腔”的选模方法。它采用了两个光阑，实质上也是小孔光阑选模。其中，M_1、M_2 都是平面镜，在两个光阑之间放置一个焦距为 f 的凸透镜，腔长为 $2f$，这种腔结构在几何光路上等价于一个共焦腔。实验表明，当 M_2 处的光阑闭合时模体积能充满整个激光物质，此时，模的选择性基本上接近于共焦腔，这样，不仅减小了发散角，而且增加了输出功率。

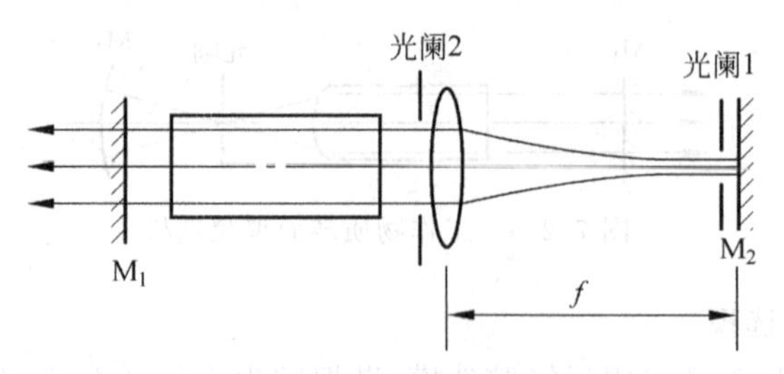

图 7.2.11 猫眼谐振腔选模

7.2.4 非稳腔法

非稳腔的特点是存在固有光线发散损耗，傍轴光线在腔镜面上经历相继的反射时，每次都向外偏转，离开腔轴线越来越远，以致最后逸出腔外，非稳腔又称为高损耗腔。构成非稳腔的形式有多种多样，实际应用中主要有图 7.2.12 所示的 3 种：

(1) 双凸腔，由 2 个凸面镜构成。

(2) 平凹腔，由 1 个平面镜和 1 个凸面镜构成。

(3) 虚共焦望远镜腔，由 1 个凹面镜和 1 个凸面镜构成，且两镜的焦点重合在腔外。这种腔可输出发散角很小的光束，是采用较多的一种非稳腔。

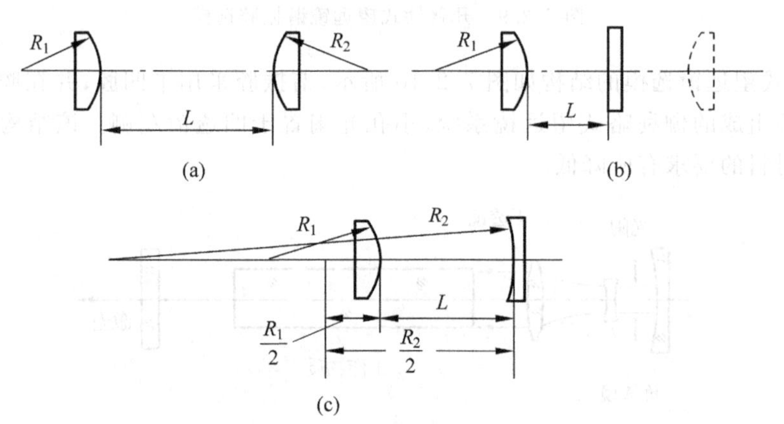

图 7.2.12 3 种非稳腔结构示意图

(a) 双凸腔；(b) 平凸腔；(c) 虚共焦望远镜腔

非稳腔与稳定腔相比，具有以下一些突出的优点：

(1) 较大的模体积。稳定腔中的光束都集中在腔轴附近，局限在腔内的有限体积内，因此限制了激光工作物质体积的有效利用。而非稳腔内光束具有发散性，振荡的光束可充满腔内整个工作物质，提高了工作物质体积的利用率。因此，即使是在单模输出时，仍有很大的模体积，能获得大功率输出。

(2) 容易实现基模振荡。对于稳定腔来说，不同振荡模式的衍射损耗相差不大，必须采取选模措施才能实现单模振荡。而非稳腔的几何偏折损耗大，不同振荡模式间的损耗差异很大，即模式鉴别能力高，因此容易抑制高阶模而只能让最低阶的基模振荡。

(3) 虚共焦腔的发散角很小，输出光斑直径比稳定腔的光束腰斑大一个数量级以上，因此发散角要小一个量级。

此外，非稳腔还具有腔内光束均匀和输出耦合易于调节等优点，因此，这种腔很适合高增益、大工作体积的气体和固体激光器。

7.3　纵模选择原理和方法

要提高激光束的单色性和相干性，就要使激光器输出单频激光，也就是要输出单一纵模(一般是基横模)。但是，许多非均匀增宽的气体激光器往往有几个纵模同时振荡，因此，要得到单纵模输出，就要进行纵模选择。纵模选择技术也称为选频技术。常用的选频方法有腔内色散法、短腔法、F-P标准具法、复合腔法等。

7.3.1　纵模选择原理

激光器的振荡频率范围是由工作物质的增益曲线的宽度决定的，而产生的多纵模振荡数目则是由增益线宽和谐振腔两相邻纵模的频率间隔($c/(2L')$)决定的，即在增益线宽内，只要有多个纵模同时达到振荡阈值，就能形成振荡。用$\Delta\nu_0$表示增益曲线高于振荡阈值部分的宽度，相邻纵模的频率间隔为$\Delta\nu_q=c/(2nL)$，则可能同时振荡的纵模数为

$$n=\frac{\Delta\nu_0}{\Delta\nu_q}$$

对于一般稳定腔，由衍射理论可知，不同的横模TEM_{mn}具有不同的谐振频率，故参与振荡的横模数越多，总的振荡频率结构就越复杂；当腔内只存在单横模TEM_{00}振荡时，其频谱结构才较简单，为一系列分立的振荡频率，其间隔为$\Delta\nu_q=c/(2nL)$。

如果激光工作物质具有多条激光谱线，那么为了实现单纵模输出，首先必须减少工作物质可能产生的激光荧光谱线，仅保留一条需要的荧光谱线，所以必须用频率粗选法抑制不需要的谱线；其次用横模选择方法先选出TEM_{00}模，再进行纵模选择。

纵模选择的基本原理是：激光器中某一个纵模能否起振和维持振荡主要取决于该纵模的增益与损耗值的相对大小，因此，控制这两个参数之一，使谐振腔中可能存在的纵模中只有一个满足振荡的条件，那么激光器即可实现单纵模运转。

对于同一横模的不同纵模，其衍射损耗是相同的，但是不同纵模的增益却存在差异。因此，利用不同纵模间的增益差异，在腔内引入一定的选择性损耗(如插入标准具)，使要保留的纵模的损耗最小，其余纵模的附加损耗较大，达到增大各纵模间净增益差异，只有中心频率附近的少数增益大的纵模能够起振。这样，在激光形成的过程中，通过多纵模间的模式竞争机制，最终只有中心频率处的单纵模形成振荡并得到放大。

7.3.2　纵模选择方法

1. 色散法

某些激光工作物质能发射多条不同波长的激光谱线，例如，He-Ne激光器可以发射632.8nm、1.15μm和3.39μm三条谱线，三条谱线存在谱线竞争，在纵模选择之前，必须将频率进行粗选，抑制不需要的谱线。通常是利用腔镜反射膜的光谱特性或者在腔内插入棱镜或光栅等色散原件，将不同波长的光束在空间分离，仅使较窄波长区域内的光束在腔内形成振荡，其他波长的光束因不具备反馈能力而被抑制。

图 7.3.1 所示为在腔内插入色散棱镜进行选模的原理示意图，其中，图 7.3.1(a)为光在棱镜中的色散，图 7.3.1(b)为色散棱镜选模示意图。在这种情况下，谐振腔所能选择振荡的最小波长范围由棱镜的角色散和腔内振荡光束的发散角决定。设光线进入棱镜的入射角 α_1 与离开棱镜的出射角 α_2 相等，即 $\alpha_1=\alpha_2=\alpha$。

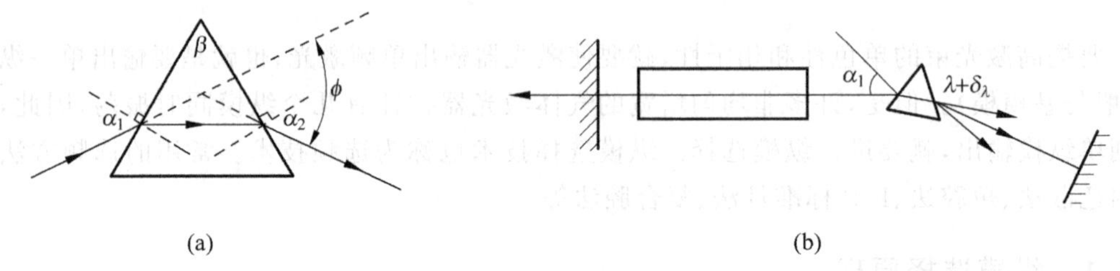

图 7.3.1　色散棱镜粗选频率原理图

(a) 棱镜色散原理；(b) 色散棱镜选纵模原理图

根据物理光学分析，有

$$n=\frac{\sin\alpha}{\sin\dfrac{\beta}{2}}=\frac{\sin\left(\dfrac{\phi+\beta}{2}\right)}{\sin\dfrac{\beta}{2}} \tag{7.3.1}$$

式中，n 为棱镜的折射率；β 为棱镜的顶角；ϕ 为出射光线的偏向角。定义棱镜的色散率为

$$D_\lambda=\frac{\mathrm{d}\phi}{\mathrm{d}\lambda}$$

即波长每变化 0.1mm 时偏向角的变化量。将式(7.3.1)求导后代入，得

$$D_\lambda=\frac{\mathrm{d}\phi}{\mathrm{d}n}\cdot\frac{\mathrm{d}n}{\mathrm{d}\lambda}=\frac{2\sin\dfrac{\beta}{2}}{\sqrt{1-n^2\sin^2\dfrac{\beta}{2}}}\frac{\mathrm{d}n}{\mathrm{d}\lambda} \tag{7.3.2}$$

式中，$\frac{\mathrm{d}n}{\mathrm{d}\lambda}$代表不同材料的折射率对波长变化的导数。设腔内光束允许的发散角为 θ，那么，由于色散棱镜的分光作用，腔内激光波长所能允许的最小波长分离范围为

$$\Delta\lambda=\frac{\theta}{D_\lambda}=\frac{\sqrt{1-n^2\sin^2\dfrac{\beta}{2}}}{2\sin\dfrac{\beta}{2}\cdot\dfrac{\mathrm{d}n}{\mathrm{d}\lambda}}\cdot\theta \tag{7.3.3}$$

对于用玻璃材料制成的棱镜和可见光波段，在 $\theta\approx1\text{mrad}$ 时，能达到 $\Delta\lambda\approx1\text{nm}$。这种棱镜色散法对一些激光器的频率选择十分有效。如氩离子激光器两条强工作谱线为 488nm 和 514.5nm，可以采用这种方法进行选择。

另一种色散腔是用一个反射光栅代替谐振腔的一个反射镜，如图 7.3.2 所示。设 d 为光栅常数，α_1 为光线在光栅上的入射角，α_2 为光线在光栅上的反射角，则形成光栅衍射主极大值的条件为

$$d(\sin\alpha_1+\sin\alpha_2)=m\lambda \tag{7.3.4}$$

式中，$m=0,1,2,\cdots$为衍射级次。由式(7.3.4)可知，当入射角相同时，不同波长的 0 级谱线

相互重合,没有色散分光作用。对其他各级谱线,光栅的角色散率可表示为

$$D_{\lambda}=\frac{\mathrm{d}\alpha_{2}}{\mathrm{d}\lambda}=\frac{m}{d\cos\alpha_{2}}=\frac{\sin\alpha_{1}+\sin\alpha_{2}}{\lambda\cos\alpha_{2}} \tag{7.3.5}$$

通常光栅工作在自准直状态下,即 $\alpha_1=\alpha_2=\alpha_0$($\alpha_0$ 为光栅的闪耀角),则光栅的角色散率为

$$D_{0}=\frac{2\tan\alpha_{0}}{\lambda} \tag{7.3.6}$$

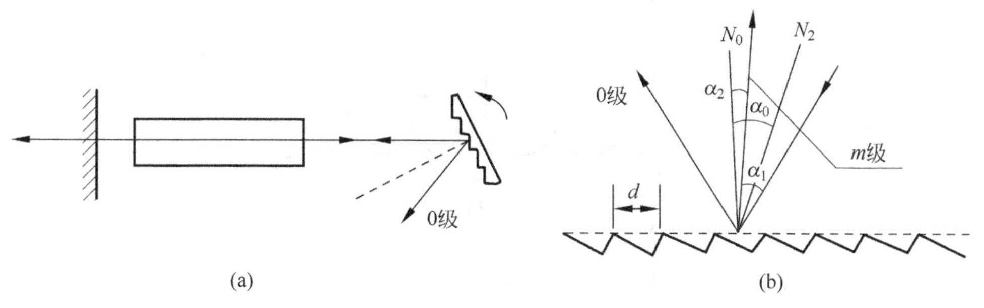

图 7.3.2　光栅色散腔

(a) 光栅选模装置示意图；(b) 光栅反射

设腔内允许的光束发散角为 θ,则因光栅色散所能允许的最小分离波长范围为

$$\Delta\lambda=\frac{\theta}{D_{0}}=\frac{\lambda}{2\tan\alpha_{0}}\cdot\theta \tag{7.3.7}$$

对于可见光谱区,如果 $\alpha_0=30°$,$\theta=1\text{mrad}$,则 $\Delta\lambda$ 不到 1nm,可见,其光栅色散选择能力比棱镜高。由于光栅法不存在光束的透过损耗,所以可适用于较宽广的光谱区域的激光器；而且,对于光栅色散腔,当适当转动光栅的角度位置时,还可以改变所需要的振荡光谱区。

色散腔法虽然能从较宽范围的谱线中选出较窄的振荡谱线,实现了单条荧光谱线的振荡,但还只是较粗略的选择,在该条谱线的荧光线宽范围内,还存在着频率间隔为 $\Delta\nu_q=c/2nL$ 的一系列分立的振荡频率,即多个纵模。要进一步从单条谱线中选出单一的纵模,可以采取短腔法、F-P 标准具法和复合腔法等。

2. 短腔法

激光振荡的可能纵模数主要由工作物质的增益谱线宽 $\Delta\nu_0$ 和谐振腔的纵模间隔 $\Delta\nu_q$ 决定。纵模间隔 $\Delta\nu_q=c/2nL$ 与腔长成反比,因此,腔长缩短,$\Delta\nu_q$ 增大,使得在 $\Delta\nu_0$ 范围内只存在一个纵模,其余的纵模都位于 $\Delta\nu_0$ 之外,这就实现了单纵模振荡。如图 7.3.3 所示。

短腔选单纵模的条件可表示为

$$\Delta\nu_{q}=\frac{c}{2nL}=\frac{c}{2L'}>\Delta\nu_{0} \tag{7.3.8}$$

如 He-Ne 激光器,其增益谱线宽 $\Delta\nu_0=1500\text{MHz}$,代入式(7.3.8)得 $L'<10\text{cm}$,即只要做到腔长小于 10cm,就会得到单纵模输出。

短腔法简单、实用,特别适用于小功率气体激光器。但是也有缺点：一是腔长太短,使工作介质体积小,激光输出功率低；二是不适用于增益谱线较宽的激光器(如固体激光器、氩离子激光器等),此时,腔长短到不可能实现。如 YAG 激光器的荧光谱线宽约为 $2\times10^5\text{MHz}$,要输出单纵模,理论上激光器的腔长需做到 4mm,这是不可能实现的。

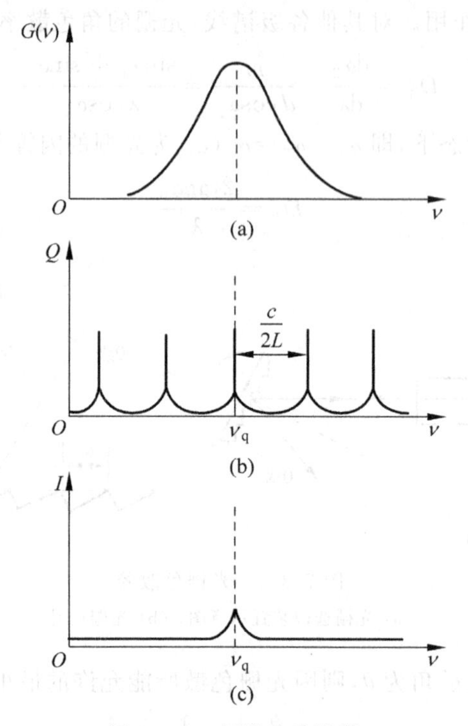

图 7.3.3　短腔法选纵模

(a) 小信号增益系数；(b) 每个纵模的 Q 值相等；(c) 单纵模输出

3. F-P 标准具法

图 7.3.4 所示为 F-P 标准具选纵模的装置示意图。F-P 标准具由一对平行的光学平面构成，它相当于一块滤光片，对不同的波长有不同的透射率。标准具采用透过率比较高的光学材料制成，如石英材料。其通光方向的两个平行平面镀有反射膜，反射率 R 一般小于 20%或 30%。

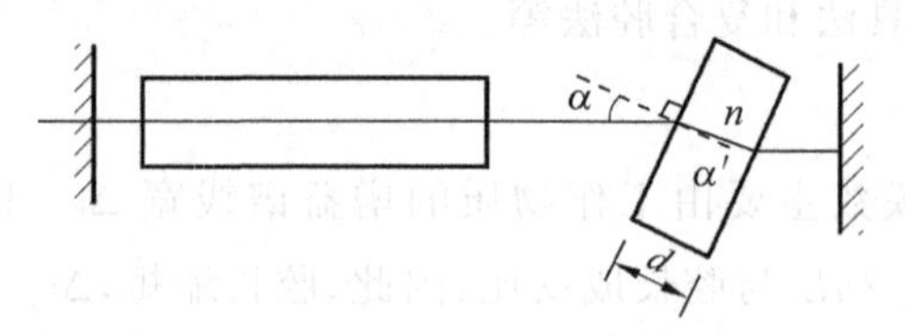

图 7.3.4　F-B 标准具选纵模示意图

设标准具的折射率为 n，厚度为 d，对于入射角为 α 的平行光束，标准具的透过率 T 是入射光频率的函数，即为 $T(\nu)$，其表达式为

$$T(\nu)=\frac{1}{1+F\sin^2\left(\frac{\varphi}{2}\right)} \tag{7.3.9}$$

式中，$F=\pi\sqrt{R}/(1-R)$ 为标准具的精细度，R 为标准具对光的反射率；φ 是标准具中参与多光束干涉效应的相邻两光束的相位差，表达式为

$$\varphi = \frac{2\pi}{\lambda} 2nd\cos\alpha' = \frac{4\pi nd}{c} \nu\cos\alpha' \tag{7.3.10}$$

α'为光束进入标准具后的折射角，一般很小，$\cos\alpha' \approx 1$。$T(\nu)$是光波频率的函数，当反射率 R 取不同值时，$T(\nu)$与 φ 的变化曲线如图 7.3.5 所示，可见，标准具的反射率 R 越大，则透射曲线越窄，选择性就越好。

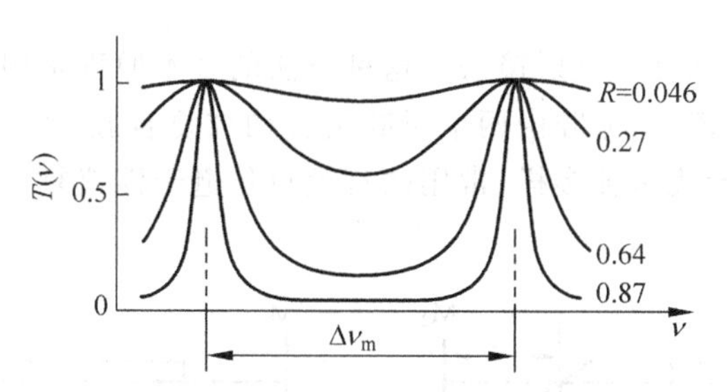

图 7.3.5　F-P 标准具的透过率曲线

对于式(7.3.9)，当 $\varphi = 2j\pi$ 时，$T(\nu)$最大，因此，标准具透射率峰值对应的频率为

$$\nu_j = j\frac{c}{2nd\cos\alpha'} \tag{7.3.11}$$

式中，j 为正整数。只有频率满足式(7.3.11)的光能透过标准具在腔内往返传播，因而具有较小的损耗，其他频率的光因不能透过标准具而具有很大的损耗。

相邻两个透过率极大值的频率间隔为

$$\Delta\nu_{\mathrm{m}} = \frac{c}{2nd\cos\alpha'} \approx \frac{c}{2nd} \tag{7.3.12}$$

式(7.3.12)称为标准具的自由光谱区。可见标准具的厚度 d 比谐振腔的长度 L 小得多，因此，它的自由光谱区比谐振腔的纵模间隔大得多。这样，在激光器的谐振腔中插入标准具，并选择适当的厚度和反射率，使 $\Delta\nu_{\mathrm{m}}$ 与激光工作物质的增益线宽相当，如图 7.3.6 所示。由图可见，处于中心频率的纵模与标准具最大透过率处的 ν_{m} 相一致，因此，该模式的损耗最小，即 Q 值最大，可以起振，而其余的纵模则由于附加损耗太大而被抑制，不能起振。

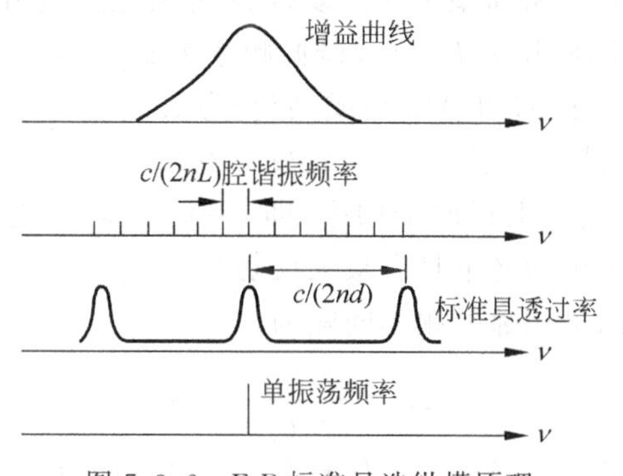

图 7.3.6　F-B 标准具选纵模原理

调节标准具的倾斜角，就可以使 ν_{m} 与不同纵模的频率重合，就可以获得不同频率的单纵模激光输出。

F-P 标准具选纵模具有两个突出的优点：一是标准具的厚度可以做得很薄，适用于红宝石、Nd：YAG、Ar^+ 等增益谱线较宽的工作物质；二是无须缩短腔长，输出功率大。缺点是倾斜插入标准具会在谐振腔内造成一定的插入损耗。因此，这种方法对于低增益的激光器(如 He-Ne 激光器)不大适合，但对于高增益的激光器(如 CO_2 激光器)则十分有效。

4. 复合腔法

复合腔选单纵模法又称三反射镜法。这种方法的基本原理是用一个反射干涉系统来取代谐振腔中的一个反射镜，谐振腔由两个子腔组合构成复合腔，则其组合发射率是波长(频率)的函数。复合腔的形式多种多样，常用的有迈克尔逊干涉仪复合腔和福克斯一史密斯干涉仪复合腔，如图 7.3.7 所示。

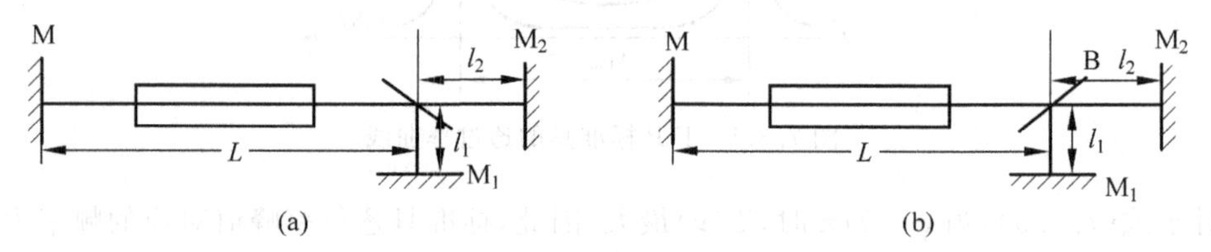

图 7.3.7 复合腔选模装置

图 7.3.7(a)为迈克尔逊干涉仪复合腔，它由一个迈克尔逊干涉仪取代谐振腔的一个反射镜构成。该腔可以看成由两个子腔组合而成。全反镜 M 和 M_1 组成一个子腔，腔长为 $L+l_1$，谐振频率为 $\nu_{1i}=q_i\{c/[2(L+l_1)]\}$($q_i$ 为任意整数)。另一个子腔由全反镜 M 和 M_2 组成，腔长为 $L+l_2$，谐振频率为 $\nu_{1j}=q_j\{c/[2(L+l_2)]\}$($q_j$ 为任意整数)。

因此，激光器的谐振频率必须同时满足两个子腔的谐振条件，即 $\nu_{1i}=\nu_{1j}$，且第一个子腔的光束经过 N 个频率间隔后的频率正好和第二个子腔的光束经过 $N+1$ 个频率间隔后的频率再次相等。由此可得复合腔的频率间隔为

$$\Delta\nu=\frac{c}{2n(l_1-l_2)} \tag{7.3.13}$$

由式(7.3.13)可知，适当选择 l_1、l_2，使复合腔的频率间隔足够大，当与增益线宽相比拟时，即可实现单纵模运转。

图 7.3.7(b)为福克斯-史密斯型干涉仪复合腔，谐振腔也是由两个子腔组成，其中全反镜 M 和 M_2 组成一个子腔，腔长为 $L+l_2$，谐振频率为 $\nu_{1i}=q_i\{c/[2(L+l_2)]\}$($q_i$ 为任意整数)。另一个子腔由全反镜 M 和 M_1 组成，腔长为 $L+l_1+2l_2$(光线先经过 B 到达 M_2，反射回 B，再反射至 M_1)，谐振频率为 $\nu_{1j}=q_j\{c/[2(L+l_1+2l_2)]\}$($q_j$ 为任意整数)。复合腔的谐振频率必须同时满足上述两个频率，即 $\nu=\nu_{1i}=\nu_{1j}$。这种情况下，从 B 镜输出的功率为零，干涉仪对谐振腔中的光束具有最大反射率。

可以证明，复合腔中两个相邻的频率间隔为

$$\Delta\nu=\frac{c}{2n(l_1+l_2)} \tag{7.3.14}$$

由式(7.3.14)可知，适当选择 l_1、l_2，使复合腔的频率间隔足够大，当与增益线宽相比拟时，即可实现单纵模运转。其原理图如图 7.3.8 所示。

这种选频方法的优点是不引入附加的腔内损耗，且可以通过改变干涉仪的光路长度 l_1、l_2 来调节单纵模振荡的频率。其缺点是结构复杂，调整困难，主要用于窄荧光谱线的气

体激光器。

5. 其他方法

1）环形行波腔选纵模

在均匀加宽的激光器中，可以采用环形行波腔获得单纵模振荡，其装置结构如图 7.3.9 所示。该结构由两个全反镜、一个输出镜、两个偏振器和一个法拉第旋转器组成。

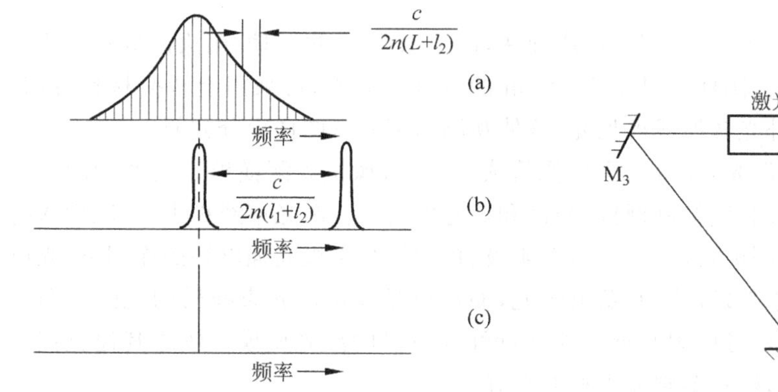

图 7.3.8　复合腔选模原理

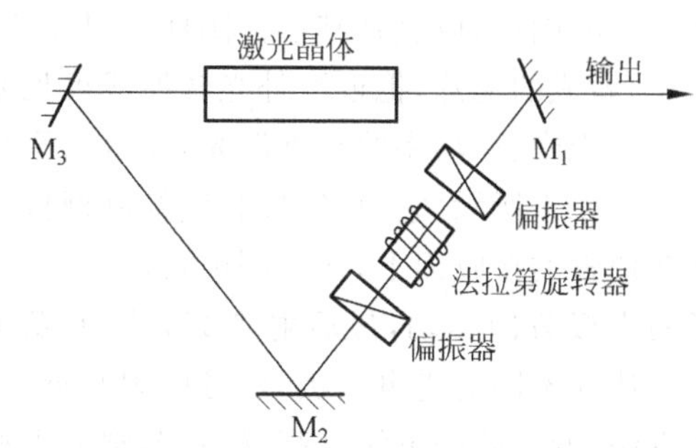

图 7.3.9　环形行波腔激光器示意图

在一般的直式谐振腔中，振荡的光场是驻波场，在波腹处光最强，波节处光最弱，形成所谓的驻波效应，造成腔内光强分布的空间纵向不均匀，从而导致反转粒子数空间不均匀或空间烧孔效应。为了使均匀加宽激活介质通过模式竞争以实现单纵模振荡，必须消除腔内造成空间非均匀效应的驻波场。采用环形腔结构，并在腔中放置由起偏器、法拉第旋转器和石英晶体片组成的光学隔离器，使激光束只能以行波方式单向传播。在行波腔中，光强最大值不是固定在空间某处，而是随着光波的传播而变化，受激辐射可均匀地消耗反转粒子数，从而消除了驻波效应。由于增益饱和，在各纵模间的模式竞争中，处于中心频率的单纵模占优势，最终获得单纵模激光输出。

2）调 Q 选纵模

由于不同纵模（同一横模）之间存在增益差异，可以利用调 Q 技术进行选纵模。开始时，Q 开关处于不完全关闭状态（称为预激光状态），在一定泵浦功率下，中心频率附近的少数增益大的纵模先建立起振荡，其余增益小而达不到阈值的纵模都不能起振。这样，开始时起振的纵模数很少，且这些少数起振的模式是在临界振荡条件下进行振荡的，激光消除过程较长，纵模之间的竞争较为充分，最终能形成激光的仅是增益最大的中心频率处的纵模。

当单纵模激光形成后，将 Q 开关及时打开，使已形成的单纵模激光充分地放大，最后输出一个高功率的单模激光脉冲。

7.4　模式测量方法

一台激光器是否实现了单模（横模或纵模）运转，以及运转是否稳定，都需要用一种合适的观测方法进行鉴别。常用的观测方法有直接观测法、光点扫描法、扫描干涉仪法、F-P 照相法。

7.4.1 直接观测法

不同横模的光强在横截面上具有不同的分布状况。对于连续可见光波段的中、小功率激光器，多采用直接观测法，这种方法比较直观，只需要在输出激光的光路上放置一个屏，就可以在屏上直接观测激光的横模图样(光斑)。但是这种方法鉴别能力较差，而且对强光和不可见光不适应。

对于中等功率的红外激光，可采用一种烧蚀法，即用木块、有机玻璃、耐火砖等观测激光烧蚀出的图形，以鉴别其横模图样。对于 1.06μm 的近红外激光，可采用上转换材料(波长变短)做成的薄片，把近红外光转换成可见光，这使观测横模光斑图样十分方便。

对于中、小功率的红外激光，还可以用变像管或 CCD 摄像机观测横模。变像管的结构如图 7.4.1 所示，它由光电阴极、控制栅极、阳极和荧光屏组成。激光束经扩束、衰减后入射到变像管的接收面上，光电阴极发出光电子，在阴极、控制极与阳极间强电场的作用下，光电子向阳极方向运动，最后射到荧光屏上发出荧光，便可以显现出激光束横模的光强分布图样。选择不同的光电阴极，就可以观测近紫外到近红外波段的激光横模。较之其他直接观测方法，变像管的灵敏度高，模式鉴别能力相对较好。

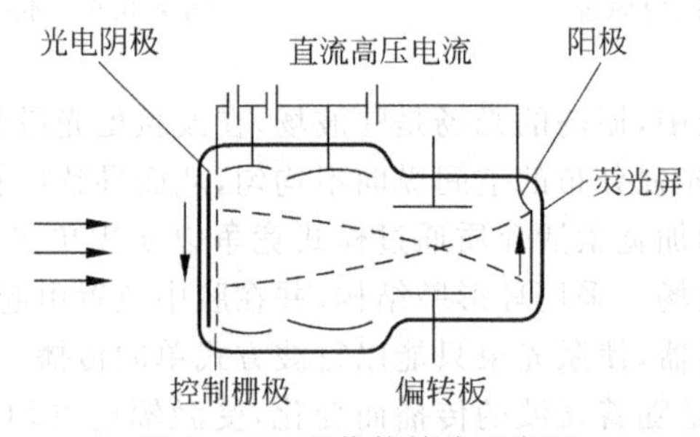

图 7.4.1 变像管结构示意图

总之，直接观测法简单直观，但鉴别能力不高，是一种粗略的观测方法。

7.4.2 光点扫描法

光点扫描法主要用来对连续激光器的输出进行观测。它是利用光点扫描记录出光强分布曲线，从曲线上找出对应的模式，其装置如图 7.4.2 所示。工作时，激光束扩束后投射到由电动机带动的转镜上，反射后再投射到一个带有小孔光阑的光电探测器上，经电子线路放大后接入示波器显示波形。

这种方法可将激光横模光强分布的二维图像变换到示波器上，显示出与其相应的一维光强分布波形。若为基模，则示波器上呈现出光滑的高斯分布曲线。高阶横模则显示出两个以上的波峰。图 7.4.3 所示为对称稳定腔的几种低阶模的光强分布曲线和相对应的横模光斑图样。这里所列举的横模，有的是圆形对称模，如 TEM_{00}、TEM_{01}、TEM_{20} 等，其模斑中心区是光强的峰值；另一些是混合模，如 TEM_{01}^{*} 模，它是由 TEM_{10} 模和 TEM_{01} 模混合而成的。这些模的中心区是光强谷值区(暗区)。测量时，如果已知转镜到探测器的距离和镜子的转速，就可以测出光斑的尺寸。此外，在观测时扫描线一定要通过光斑的中心，才能得到比较准确的结果。

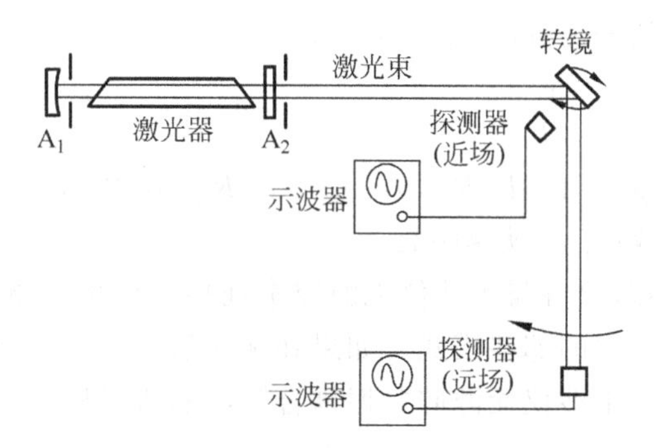

图 7.4.2 光点扫描法装置

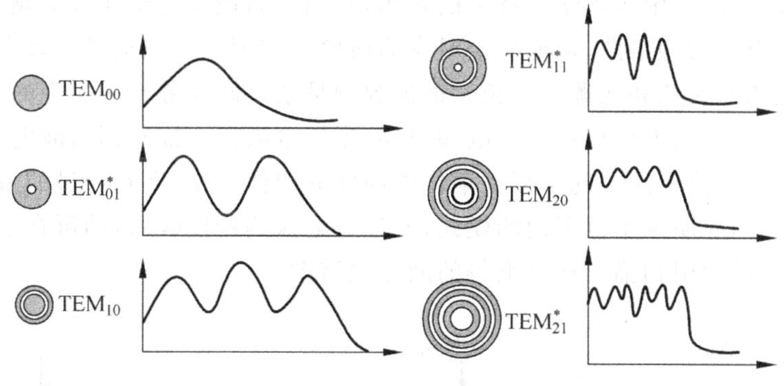

图 7.4.3 模式图样和光强分布曲线

光点扫描法对于判定基模比直接观测法好，缩小光阑，波形清晰度可达相当高的程度，同时还可监视激光横模随时间的变化(稳定状况)，这是一种较常用的方法。

7.4.3 扫描干涉仪法

由谐振腔理论可知，不同的模式(横模或纵模)各自具有不同的频率谱。为此，可以采用频率可调的 F-P 扫描干涉仪测出各种频率分布，并判别出激光模式。

由于共焦扫描干涉仪分辨率高、调整方便、易于耦合，故常用来测激光横模。图 7.4.4 所示为扫描干涉仪测横模的原理图。扫描干涉仪由两个镀有高反射膜、曲率半径相同的凹面镜组成无源腔。测试装置分两部分，一部分是由汇聚透镜、扫描干涉仪和光点二极管组成的光学系统，另一部分是由锯齿波发生器、放大器和示波器组成的模式电子测量系统。

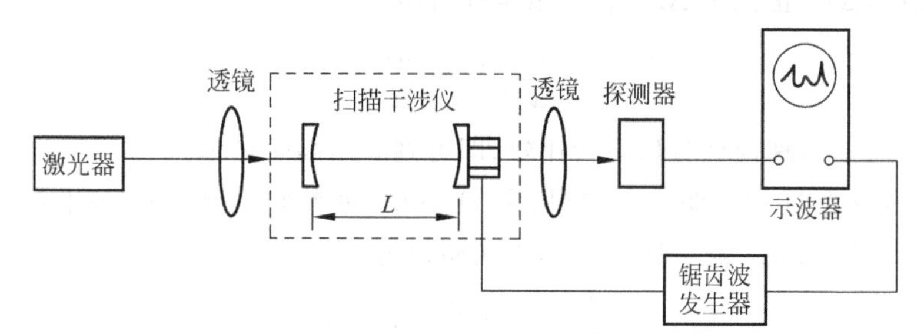

图 7.4.4 扫描干涉仪测横模原理图

扫描干涉仪无源腔的谐振频率(本征模)为

$$\nu_{mnq}=\frac{c}{2L}\left[q+\frac{1}{\pi}(m+n+1)\arccos\sqrt{g_1g_2}\right] \tag{7.4.1}$$

式中,L 为无源腔腔长;$g_1=1-L/R_1$,$g_2=1-L/R_2$,其中,R_1 和 R_2 为两反射镜的曲率半径;m 和 n 为横模序数;q 为纵模序数。

从干涉仪的原理可知,只有与干涉仪无源腔本征模一致的那部分激光光场才能共振耦合输出,即满足式(7.4.1)中的那些模式。如果在无源腔中加一个小孔光阑,以增加高阶横模的衍射损耗,那么,通过干涉仪无源腔共振耦合输出的激光模式只能满足

$$\nu_{00q}=\frac{c}{2L}\left[q+\frac{1}{\pi}\arccos\sqrt{g_1g_2}\right] \tag{7.4.2}$$

为了确定待测激光中包含哪些特定的光场,必须人为地改变干涉仪的频率,即进行频率扫描,获得激光光场的频谱图,从而确定对应的横模。实现频率扫描可以改变干涉仪内的折射率、待测激光的入射角和无源腔腔长。横模观测是通过改变腔长来实现的,其方法是在干涉仪无源腔的一个腔镜上粘接一个压电陶瓷环,当压电陶瓷上加有锯齿波电压时,腔长将作线性周期变化,从而使干涉仪的本征频率作周期性的线性变化,即对通过的激光作周期性频率扫描。落在扫描周期频率范围内的模式,通过光电探测器接收后,即可在示波器上显示出来。图 7.4.5 所示为用扫描干涉仪测得的激光频谱图。

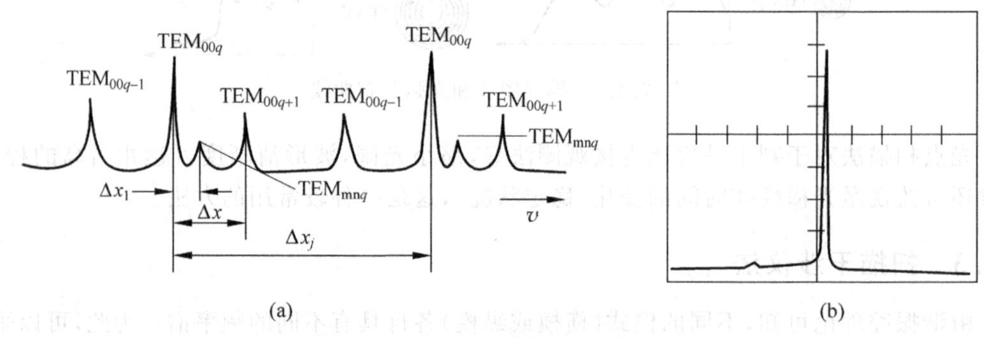

图 7.4.5 扫描干涉仪测得的激光频谱图

(a) 未插入光阑前的频谱图;(b) 插入光阑后的频谱图

由图 7.4.5(a)可以看出,Δx_j 正比于自由光谱区 $\Delta\nu_j$($\Delta\nu_j=c/4L$),Δx 正比于相邻纵模频率间隔 $\Delta\nu_q$。当存在高阶横模时,可在基模(TEM$_{00q}$)旁边的(Δx_1)看到高阶横模 TEM$_{mnq}$。图中,Δx_1 正比于 $\Delta\nu_{mn,00}$。由实验得出

$$\frac{\Delta\nu_{mn,00}}{\Delta\nu_{q,q\pm1}}=\frac{\Delta x_1}{\Delta x}$$

将测得值 $\Delta x_1/\Delta x$ 与理论计算值进行比较,即可判断出高阶横模。

例如,平凹腔的 He-Ne 激光器,腔长为 110mm,曲率半径为 1m,经扫描干涉仪获得的频谱图中 $\Delta x_1=1.6$mm,$\Delta x=10.7$mm,则实验值为

$$\frac{\Delta x_1}{\Delta x}=\frac{1.6}{10.7}=0.149$$

而理论值为 $\Delta\nu_{q,q\pm1}=c/2nL=1.364$GHz。根据式(7.4.1),求出

$$\Delta\nu_{00,01}=\frac{c}{2nL}\left(\frac{1}{\pi}\arccos\sqrt{g_1g_2}\right)=1.364\left(\frac{1}{\pi}\arccos\sqrt{0.89}\right)=0.205\text{GHz}$$

则

$$\frac{\Delta\nu_{00,01}}{\Delta\nu_{q,q\pm1}}=\frac{0.205}{1.36}\approx0.152$$

故判断出频谱图上的 Δx 处是 TEM_{01} 模，那么这台激光器输出的是 TEM_{00} 和 TEM_{01} 两个横模。

进行横模观测时，应使干涉仪的自由光谱区大于激光工作物的增益线宽。为了使待测激光器能有效地耦合到干涉仪的无源腔中去，一般可以利用一正透镜使激光束与干涉仪之间匹配。

扫描干涉仪用于模式观测，精度比较高，某些因素对频谱的影响都可以鉴别出来，所以它是激光技术中比较重要的测量仪器。

7.4.4 F-P 照相法

扫描干涉仪法虽然性能良好，但只能观测连续激光的模式，不适用于观测脉冲激光。为此，可用 F-P 标准具照相法来观测脉冲激光。图 7.4.6 所示为 F-P 标准具照相法原理图。一束直径为 D 的激光，经透镜 L_2 会聚后投射到 F-P 标准具上，标准具将不同角度入射的光束变成方向不同的平行光。换言之，不同角度的入射光线，经标准具两平面多次反射后，变成与光轴呈不同角度的一组平行光束，经 L_1 后的透射光在透镜 L_1 的焦平面上形成等倾干涉条纹。

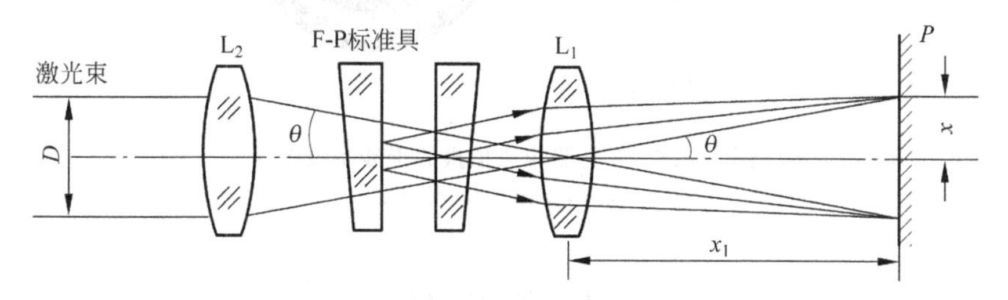

图 7.4.6　F-P 标准具照相法原理图

F-P 标准具的透过率为

$$T(\lambda)=\frac{1}{1+F\sin^2\left(\frac{\varphi}{2}\right)}$$

出现亮条纹(T 极大值)的条件为

$$\sin^2\left(\frac{\varphi}{2}\right)=\sin^2\left(\frac{2\pi\Delta\delta}{2\lambda}\right)=0$$

则有

$$\frac{\pi\Delta\delta}{\lambda}=m\pi,\quad m=0,1,2,\cdots \tag{7.4.3}$$

而 $\Delta\delta=2nd\cos\theta$，则有 $2nd\cos\theta=m\lambda$。

可见，亮条纹是一系列 θ 值的同心圆环。并且，当待测激光波长有一定线宽 $\Delta\lambda$ 时，同

心干涉圆环的 θ 角也有一个变化范围 $\Delta\theta$；经聚焦后，在焦平面 P 上的干涉条纹位置 r 也有一个变化范围 Δr，即亮条纹有一个宽度 Δr。在近轴光线近似条件下，有

$$\frac{r}{f_1} \approx \tan\theta \approx \theta \tag{7.4.4}$$

式中，f_1 为透镜 L_1 的焦距。综合式(7.4.3)和式(7.4.4)并求导，得

$$\Delta\nu = \frac{\nu_r \Delta r}{f_1^2} \tag{7.4.5}$$

式中，r 为某级干涉亮条纹的半径，Δr 为该级干涉条纹的宽度。通过照相可直接测量屏上干涉亮条纹的宽度 Δr，代入式(7.4.5)求出该激光的线宽 $\Delta\nu$。需要注意的是，由于式(7.4.5)是在近轴光线近似条件下推导出的，因此，在计算时应选择靠近中心的干涉条纹。

F-P 标准具照相法不仅可以测量激光的谱线宽度，还可以判别激光模式。当激光器运转在单模状态时，输出光束中只有一个波长，此时在屏上有一系列不同的 θ 值的同心干涉条纹，如图 7.4.7(a)所示。而当激光器运转在两个模式状态时，将产生两套不同的干涉条纹，如图 7.4.7(b)所示。因此，借助干涉条纹的套数，就可以判别激光器的模式状况。如果模式太多，且彼此靠得很近，则干涉条纹就变成模糊且很粗的同心圆环。

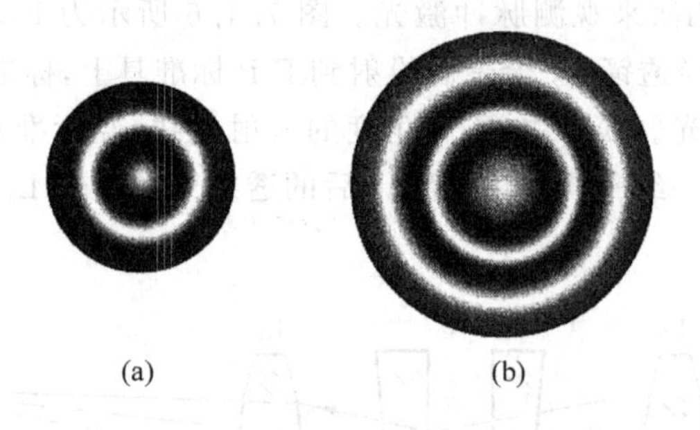

图 7.4.7 F-P 照相法拍摄的干涉条纹图样

(a) 一个模；(b) 两个模

本 章 小 结

本章主要讨论模式选择的原理和实现方法，模式选择的关键是控制模式的损耗。对于横模选择技术，其原理是基模的衍射损耗最小，高阶横模的衍射损耗随阶数增大而迅速增大，可以通过改变谐振腔的结构和参数(参数法)来实现选模，也可以通过在谐振腔内插入小孔光阑或透镜等附加元件来实现选模(小孔光阑法、透镜法等)。对于纵模选择技术，则是利用不同纵模间的增益差异，在腔内引入一定的选择性损耗(如插入标准具)，使欲选择的纵模损耗最小，保证中心频率附近的纵模建立振荡，实现单纵模的选择。

学习本章内容后，读者应理解以下内容：

(1) 选模的意义和作用；

(2) 横模选择的原理；

(3) 横模选择方法(参数法、小孔光阑法、透镜法)；

(4) 纵模选择的原理；

(5) 纵模选择方法(色散法、短腔法、F-P 标准具法);

(6) 常用的模式测量方法。

习　题

1. 横模与纵模有什么区别和联系?选横模和选纵模的原理分别是什么?

2. 某个 He-Ne 激光器的小信号增益系数为 $2.5\times10^{-3}\mathrm{cm}^{-1}$,多普勒线宽为 1.5GHz;谐振腔两端反射镜的反射率分别为 100% 和 97%,腔内其他损耗忽略不计。若要使激光器总是在 1 个或 2 个(不能多于 2 个)模式运转,求谐振腔长度范围(设工作物质长度等于腔长)。

3. 腔长为 0.5m 的氩离子激光器,发射中心频率为 5.85×10^{14}Hz,荧光线宽为 6×10^{8}Hz,它可能存在几个纵模?相应的 q 值为多少?

4. 钕玻璃激光工作物质的荧光线宽 $\Delta\lambda_{\mathrm{D}}=24.00$nm,折射率为 $n=1.50$,若用短腔法选单纵模,腔长应为多少?

5. 一台红宝石激光器,腔长 $L=500$mm,振荡线宽 $\Delta\nu_{\mathrm{D}}=2.4\times10^{10}$Hz,在腔内插入 F-P 标准具选单纵模($n=1$),试求它的间隔 d 及平行平板的反射率 R。

6. 为了抑制高阶横模,在一共焦腔的反射镜处放置一个小孔光阑,腔长 $L=1$m,激光波长为 632.8nm。为了只让 TEM_{00} 模振荡,小孔光阑的通光孔径应为多少(一般小孔直径等于镜面上基模光斑尺寸的 3~4 倍)?

第 8 章思维导图

第8章 锁模技术

调 Q 技术可以压缩激光脉宽，得到脉宽为纳秒量级、峰值功率为千兆瓦级的激光巨脉冲。随着科学的发展，越来越多的应用技术要求能够获得持续时间更短(脉宽更窄，皮秒、飞秒甚至阿秒)的超短激光脉冲，例如激光热核反应，激光同位素分离，对物理学、化学、生物学等领域的超快速现象的瞬态研究等。把脉冲宽度在纳秒以下量级的激光脉冲称为超短脉冲。锁模技术是获得超短脉冲的一种常用技术。从 1964 年锁模技术首次应用于 He-Ne 激光器以来，超短脉冲技术获得了快速发展。20 世纪 90 年代，已在掺钛蓝宝石自锁模激光器中获得 8.5fs 的超短光脉冲序列。波长更短的阿秒(10^{-18}s，记为 as)激光脉冲的产生和测量技术，也正在研究之中。

本章主要讨论锁模技术的原理、特性和实现的方法，介绍几种典型的锁模激光器。

本章重点内容：

1. 多模激光器的输出特性
2. 锁模的基本原理
3. 主动锁模(振幅锁模、相位锁模)
4. 被动锁模
5. 同步泵浦锁模
6. 自锁模

8.1 超短脉冲概述

在第 6 章中，利用调 Q 技术可获得纳秒量级(十几到几十纳秒)的窄脉冲，利用腔倒空技术(PTM 调 Q，这是获得脉宽最窄的 Q 开关方式)可以得到脉宽为 $2L/c$ 的调 Q 脉冲。但是，要获得比纳秒更窄的脉冲，比如要获得脉宽为 10ps(皮秒)的窄脉冲，利用腔倒空技术，激光器的腔长 L 为 1.5mm，对于 10fs(飞秒)的窄脉冲，腔长 L 为 1.5μm，利用现有技术，这显然是不能实现的。另外，对于某些上能级寿命较短的激光器，要压缩脉冲宽度、提高峰值功率，也不能依赖于调 Q 技术。

我们把脉宽为皮秒(10^{-12}s，ps)至飞秒(10^{-15}s，fs)量级的激光称为超短脉冲。超短脉冲具有以下一些特性：

(1) 时间分辨率高。超短脉冲的脉冲宽度为皮秒或飞秒量级，这使超短脉冲在激光和测量固态、生物和化学材料中的超快物理过程时具有非常高的时间分辨率。

(2) 空间分辨率高。对于非常短的脉冲宽度，其空间长度（脉冲宽度乘以光速）可以达到微米量级，这使得超短脉冲适用于一些显微和成像的应用。

(3) 带宽宽。根据测不准原理，脉冲宽度与光谱带宽的乘积必须在 1 的量级，因此若脉冲持续时间减少，光谱带宽相应增加。100fs 脉冲的光谱带宽为 100THz 的量级，最短的可见光激光脉冲，其光谱里包含有相当宽的可见光光谱，因此其显示出来的颜色为白色。这种高带宽特性在光通信及其他领域都非常重要。

(4) 峰值功率高。飞秒脉冲技术可以在有限的脉冲能量下获得超高峰值功率密度，放大后的飞秒脉冲可以达到拍瓦（$1PW=10^{15}W$）量级的峰值功率以及超过 $10^{15}W/cm^2$ 的峰值功率密度。

锁模技术是在多纵模激光器中实现各纵模之间相位差恒定、模式锁定、纵模间隔严格相等、产生同步的受激辐射，其频宽和脉宽趋近测不准原理决定的傅里叶极限，接近激光介质增益线宽所决定的最小脉冲宽度，是目前产生超短脉冲的最重要、最有效的方法。

锁模技术经历了主动锁模、被动锁模、同步泵浦锁模、碰撞锁模（CPM），以及 20 世纪 90 年代出现的加成脉冲锁模（APM）与耦合腔锁模（CCM）、自锁模等阶段。

自 1964 年锁模技术首次应用于 He-Ne 激光器以来，到 20 世纪 60 年代中后期锁模光脉冲宽度为纳秒和亚纳秒（$10^{-9}\sim10^{-10}s$）量级，在 70 年代中后期脉冲宽度达到亚皮秒（$10^{-13}s$）量级。到 80 年代出现了一次飞跃，在理论和实践上都有一定的突破，超短脉冲宽度进入飞秒（$10^{-15}s$）阶段。

1981 年，美国贝尔实验室的 R. L. Fork 等人提出碰撞锁模方法，并在六镜环形腔中实现了碰撞锁模，得到稳定的 90fs 的光脉冲序列。

1991 年，D. E. Spence 等人利用氩离子激光器作为泵浦源，用 F14 棱镜补偿腔内色散，首次研制成功一台以掺钛蓝宝石为激光介质的飞秒自锁模激光器，获得了 60fs 的激光脉冲。此后，激光脉冲不断缩短。

1993 年初，华盛顿州立大学的 M. T. Asaki 等人采用高掺杂浓度的短钛宝石晶体，用石英棱镜对其进行色散补偿，获得了 10.9fs 的激光脉冲。

1994 年，J. P. Zhou 等人采用 2mm 钛宝石晶体和双石英棱镜对，获得了 8.5fs 的激光脉冲。

1995 年，A. Stingl 等人利用啁啾介质反射镜，无须其他色散补偿元件，获得了 8fs 的激光脉冲。

1996 年，Lin Xu 等人采用环形腔结构，并利用啁啾镜补偿色散，获得了 7.5fs 的锁模脉冲。

1997 年，I. D. Jung 等人同时使用啁啾镜和棱镜对进行色散补偿，获得了 6.6fs 的锁模脉冲。

1999 年，H. A. Haus 等人利用低色散棱镜对和一对啁啾镜，直接从钛宝石激光器中输出小于两个光学周期的飞秒脉冲，输出脉冲缩短到 5fs，对应的带宽大于 350nm，是当时激光振荡器直接输出的最短飞秒脉冲。

2001 年，R. Ell 和 F. X. Kartner 等采用双啁啾镜补偿技术，结合腔内增强自相位调制作用，获得了光谱范围覆盖了 600～1200nm 的倍频程掺钛蓝宝石激光振荡器，输出脉冲宽度为 5fs。不同中心波长的电磁波可以获得的最短脉冲宽度受电磁波单周期限制，$T=\lambda/c$。

例如，对于中心波长为1.5μm的电磁波可以获得的最短脉冲宽度为5fs，中心波长为30nm的电磁波可以获得的最短脉冲宽度为100as。

8.2 锁模的基本原理

锁模分为纵模锁定、横模锁定和纵横模锁定。三种锁模方式中以纵模锁定最有应用价值，本节所介绍的锁模均指纵模锁定。为了更好地理解锁模的原理，首先讨论多纵模的自由运转激光器的输出特性。

8.2.1 多纵模激光器的输出特性

对于自由运转的激光器，如果不采用模式选择技术，无论其谱线加宽类型如何，一般都是多纵模输出(非均匀加宽激光器是多纵模激光器，均匀加宽激光器由于空间烧孔效应使其输出也具有多个纵模)。光程腔长为 L' 的激光器，其纵模的频率间隔为

$$\Delta\nu_q = \nu_{q+1} - \nu_q = \frac{c}{2L'} \tag{8.2.1}$$

自由运转激光器的输出一般包含若干个超过阈值的纵模，如图8.2.1所示。其中，$\Delta\nu_g$ 为增益曲线宽度，则腔内能够振荡的纵模数为

$$2N + 1 = \left\lfloor \frac{\Delta\nu_g}{\Delta\nu_q} \right\rfloor + 1 \tag{8.2.2}$$

式中，$\left\lfloor \frac{\Delta\nu_g}{\Delta\nu_q} \right\rfloor$ 表示对计算结果向下取整，纵模数不一定为奇数，“+1”表示至少有一个 $q=0$ 的纵模。另外，把纵模数写成 $2N+1$ 的形式主要是为了便于后续的数学处理。

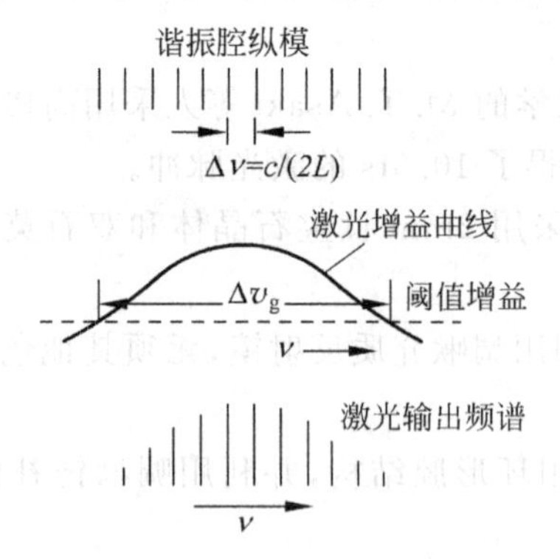

图 8.2.1 激光增益介质与谐振腔纵模的相互作用

纵模序数为 q 的光电场为 $E_q(t)=E_q\cos(\omega_q t+\varphi_q)$，假设在激光工作物质的净增益线宽内包含有 $2N+1$ 个纵模，那么激光器输出的光波电场是 $2N+1$ 个纵模电场的叠加，即

$$E(t) = \sum_{q=-N}^{N} E_q \cos(\omega_q t + \varphi_q) \tag{8.2.3}$$

式中，$q=-N,\cdots,0,\cdots,N$ 是激光器内 $2N+1$ 个纵模中第 q 个纵模的序数；ω_q 和 φ_q 是对应的纵模的角频率和初始相位；E_q 为该纵模的振幅。这些纵模的振幅及相位都不固定，激光输出随时间的变化是它们无规则叠加的结果，是一种时间平均的统计。因此，多纵模自由

运转激光器有如下特性。

1. 纵模间隔非严格相等

考虑到激光工作物质和谐振腔内光学元件的色散,不同频率的光波在谐振腔中往返一次走过的光程(记为 L_q')不同,则腔内各纵模的频率为

$$\nu_q = q\frac{c}{2L_q'} \tag{8.2.4}$$

那么,纵模间隔 $\nu_{q+1}-\nu_q$ 也就不是常数。

$$\Delta\nu_q = \nu_{q+1}-\nu_q = \frac{c}{2n}\left(\frac{q+1}{L_{q+1}'}-\frac{q}{L_q'}\right) \neq \frac{c}{2L'} \tag{8.2.5}$$

即由于腔内色散导致了激光纵模间隔不严格相等。

2. 各纵模初始相位随机分布

一般情况下,腔内 $2N+1$ 个纵模的相位 φ_q 是无关的,即它们在时间上相互没有关联,完全是独立的、随机的,这可表示为 $\varphi_{q+1}-\varphi_q$ 不为常数。另外,各纵模的相位本身受到激光工作物质及腔长的热变形、泵浦能量的变动等各种不规则扰动的影响,还会产生各自的漂移,即它们各自的相位在时间轴上是不稳定的,φ_q 本身并非常数。这样就破坏了各纵模之间的相干条件,所以激光输出的总光场是各个不同频率光场的无规则叠加的结果,其光场强度也随时间无规则起伏。

图 8.2.2 所示为自由运转激光和锁模激光在时域和频域的分布情况。假设激光器是以具有等频率间隔 $\Delta\nu$ 的 101 个离散纵模工作的。在时域内,场的重复周期为 $\Delta\nu^{-1}$,对应于激光谐振腔的往返渡越时间 $2L'/c$。

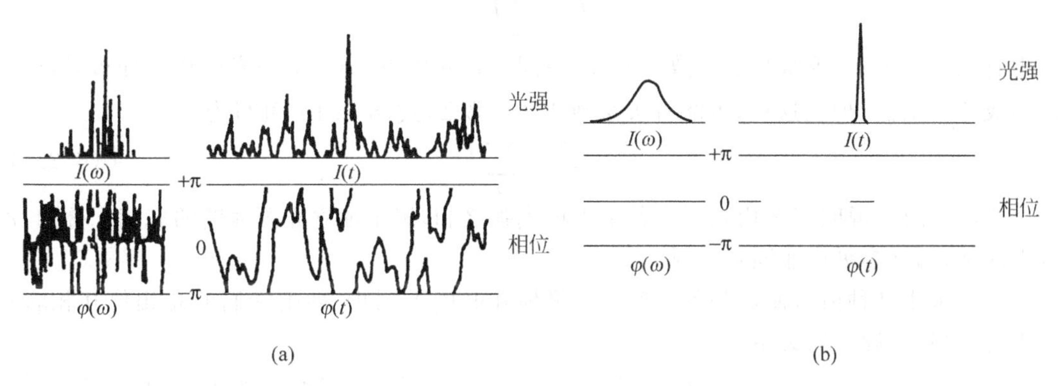

图 8.2.2 自由运转激光和锁模激光的信号构成

(a) 非锁模;(b) 理想锁模

由图 8.2.2(a)可知,当激光器处于自由运转时,在频谱范围内,其激光频谱是由等间隔($c/2L'$)的分离谱线组成的,它们的振幅是无规则的,而相位在 $-\pi\sim+\pi$ 内随机分布;在时域内,其相位也是在 $-\pi\sim+\pi$ 内无规则变化,强度分布具有噪声特征。当用接收元件来探测非锁模激光器输出的功率时,接收到的光强 $I(t)$ 是所有满足阈值条件的纵模光强的叠加。此时,对于无规则变化的光场,其瞬时光强 $I(t)$ 意义不大,一般讨论在一段比重复周期 $\Delta\nu^{-1}$ 长的时间 t_1 内的平均值,即平均光强 $\overline{I(t)}$。

在频域内光脉冲可以写成

$$\nu(\omega)=a(\omega)\exp\left[-\mathrm{i}\varphi(\omega)\right] \tag{8.2.6}$$

式中，$a(\omega)$为幅度频谱；$\varphi(\omega)$为相位频谱。当脉冲宽度 $\Delta\omega$ 比平均光谱 ω_0 窄时，在时域内光脉冲可以写为

$$V(t)=A(t)\exp\{\mathrm{i}[\varphi(t)-\omega_0 t]\} \tag{8.2.7}$$

式中，$A(t)$为脉冲振幅；$\varphi(t)$为相位。

在时间 t_1 内的某个瞬间的输出光强为

$$I(t)=E^2(t)=\sum_q E_q^2\cos^2(\omega_q t+\varphi_q)+2\sum_{q\neq q'}E_q E_{q'}\cos(\omega_q t+\varphi_q)\cos(\omega_{q'}t+\varphi_{q'}) \tag{8.2.8}$$

那么，在时间 t_1 内的平均光强为

$$\overline{I(t)}=\overline{E^2(t)}=\frac{1}{t_1}\sum_q\int_0^{t_1}E^2(t)\mathrm{d}t \tag{8.2.9}$$

那么

$$\frac{1}{t_1}\sum_q\int_0^{t_1}E_q^2\cos^2(\omega_q t+\varphi_q)\mathrm{d}t=\sum_q\frac{1}{2}E_q^2$$

因为 φ_q 和 $\varphi_{q'}$ 无关，所以

$$\frac{1}{t_1}\sum_{q\neq q'}E_q E_{q'}\cos(\omega_q t+\varphi_q)\cos(\omega_{q'}t+\varphi_{q'})\mathrm{d}t=0$$

则平均光强可写为

$$\overline{I(t)}=\overline{E^2(t)}=\sum_q\frac{1}{2}E_q^2 \tag{8.2.10}$$

光强与振幅的关系式为

$$I_q=\frac{1}{2}E_q^2$$

式中省去了 c、n、ε_0 等常数项系数。另外，在同一种介质中，当只关心光的相对分布时，也可以写成 $I_q=E_q^2$。但在这里，不能省去系数 1/2。那么，式(8.2.10)可写为

$$\overline{I(t)}=\sum_q I_q \tag{8.2.11}$$

式(8.2.11)说明了平均光强是各个纵模光强之和，属于独立光源强度的非相干叠加，没有干涉项，属于多纵模非同步辐射。

如果采用某种措施使这些各自独立的纵模在时间上同步，即把它们的总相位互相联系起来，使之具有确定的关系，即

$$\varphi_{q+1}-\varphi_q=(\omega_{q+1}t+\varphi_{q+1})-(\omega_q t+\varphi_q)=\Delta\omega t+\Delta\varphi=2\pi\Delta\nu t+\Delta\varphi \tag{8.2.12}$$

式中，$\Delta\nu$ 和 $\Delta\varphi$ 均为与纵模序数 q 和时间 t 无关的常数，分别表示相邻纵模间的间隔与初始相位差。换句话说，只要满足各纵模间隔 $\Delta\nu$ 严格相等，且初始相位差 $\Delta\varphi$ 严格相同，那么，腔内原本各自独立的纵模在时间上严格同步，且各纵模的相位有确定的相互关系。实验发现，此时激光器输出的是脉宽极窄、峰值功率很高的光脉冲，如图 8.2.2(b)所示。腔内各纵模的相位按照 $\varphi_{q+1}-\varphi_q$ 为常数的关系被锁定，这种激光器叫做锁模激光器，相应的技术称为"锁模技术"。

8.2.2 锁模的基本原理

通过对自由运转激光器输出特性的分析可知，通过锁模的方法，可以使各纵模相邻频率

间隔相等并固定为 $\Delta\nu=c/2L'$，这一点在单横模的激光器中是能够实现的。下面讨论锁模的原理。

1. 锁模的条件

$2N+1\geqslant 3$，即至少有3个以上的纵模才能锁定。根据式(8.2.2)可知，$\Delta\nu_g/\Delta\nu_q\geqslant 2$，代入式(8.2.1)，可得

$$L'\geqslant\frac{c}{\Delta\nu_g}\tag{8.2.13}$$

式中，L'为谐振腔的光程腔长；$\Delta\nu_g$ 为增益曲线宽度。式(8.2.13)给出了锁模激光器对腔长的限制。对于锁模激光器，要求腔长较长，这与调 Q 激光器的要求相反。

2. 等振幅近似下锁模脉冲特性

下面分析等振幅近似下激光输出与相位锁定的关系。为方便运算，设多模激光器的所有振荡纵模均具有相等的振幅 E_0，超过阈值的纵模共有 $2N+1$ 个，位于增益曲线中心的模的角频率为 ω_0，初相位为 φ_0，其纵模序数 $q=0$。另外，以中心模为参考，设各纵模初始相位 φ_0 相同(即 $\Delta\varphi=0$)，各纵模频率间隔为 $\Delta\omega$。第 q 个振荡模为

$$E_q(t)=E_0\cos(\omega_q t+\varphi_q)=E_0\cos[(\omega_0+q\Delta\omega)t+\varphi_0]\tag{8.2.14}$$

式中，q 为腔内振荡纵模的序数。激光器输出总光场是 $2N+1$ 个纵模相干的结果，表示为

$$E(t)=\sum_{q=-N}^{N}E_0\cos[(\omega_0+q\Delta\omega)t+\varphi_0]\tag{8.2.15}$$

把式(8.2.15)改写成复振幅形式，得

$$E'(t)=E_0\sum_{q=-N}^{N}\exp[\mathrm{i}(\omega_0 t+\varphi_0+q\Delta\omega t)]=E_0\exp[\mathrm{i}(\omega_0 t+\varphi_0)]\sum_{q=-N}^{N}\exp(\mathrm{i}q\Delta\omega t)\tag{8.2.16}$$

$E'(t)$的实部即是 $E(t)$。由等比级数求和公式，可以将式(8.2.16)写成

$$E'(t)=E_0\exp[\mathrm{i}(\omega_0 t+\varphi_0)]\frac{\exp[\mathrm{i}(N+1)\Delta\omega t]-\exp[-\mathrm{i}N\Delta\omega t]}{\exp(\mathrm{i}\Delta\omega t)-1}$$

$$E'(t)=E_0\exp[\mathrm{i}(\omega_0 t+\varphi_0)]\frac{\sin\left(\frac{2N+1}{2}\Delta\omega t\right)}{\sin\left(\frac{\Delta\omega t}{2}\right)}\tag{8.2.17}$$

取式(8.2.17)的实部，即可得到式(8.2.15)的结果，为

$$E(t)=\mathrm{Re}[E'(t)]=E_0\cos(\omega_0 t+\varphi_0)\frac{\sin\left(\frac{2N+1}{2}\Delta\omega t\right)}{\sin\left(\frac{\Delta\omega t}{2}\right)}=A(t)(\omega_0 t+\varphi_0)\tag{8.2.18}$$

$$A(t)=E_0\frac{\sin\left(\frac{2N+1}{2}\Delta\omega t\right)}{\sin\left(\frac{\Delta\omega t}{2}\right)}\tag{8.2.19}$$

由式(8.2.18)和式(8.2.19)可知，$2N+1$ 个振荡模式经过锁相后，总的光场变为频率为 ω_0 的调幅波，是 $2N+1$ 个纵模相干叠加的结果。振幅 $A(t)$是一随时间变化的周期函

数，光强 $I(t)$ 正比于 $A^2(t)$，也是时间的函数，光强受到调制。按傅里叶分析，总光场由 $2N+1$ 个纵模频率组成，因此激光输出脉冲是包括 $2N+1$ 个纵模的光波。输出光强为

$$I(t) \propto A^2(t) = E_0^2 \frac{\sin^2\left(\frac{2N+1}{2}\Delta\omega t\right)}{\sin^2\left(\frac{\Delta\omega t}{2}\right)} \tag{8.2.20}$$

图 8.2.3 所示为 $2N+1=7$ 时，光强 $I(t)$ 随时间变化的曲线示意图。

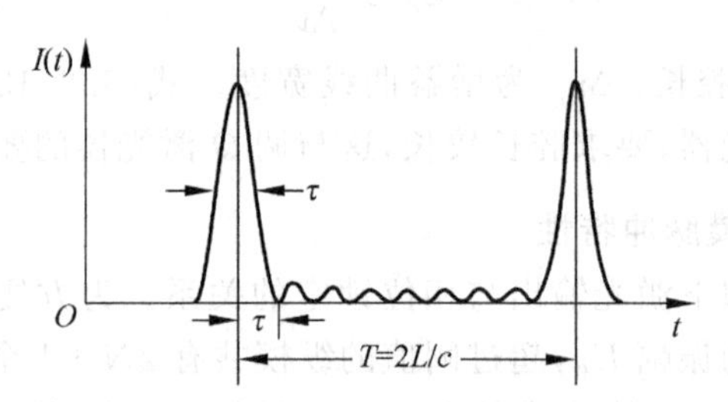

图 8.2.3　7 个纵模锁定后的输出光强

由上述分析可知，只要知道振幅 $A(t)$ 的变化情况，就可以理解输出激光的特性。分析式(8.2.20)，分子和分母均为周期函数，因此，$A(t)$ 也是周期函数。只要得到 $A(t)$ 的周期、极值和零点，就可以得到 $A(t)$ 的变化规律，继而可以得出锁模的几点结论：

1）峰值功率

令 $\Omega=\Delta\omega t$，当 $\Omega=2m\pi, m=0,1,2,\cdots$ 时光强最大。最大光强(脉冲峰值光强)I_m 为

$$I_m \propto \lim_{\Omega\to 2m\pi} A^2(t) = \lim_{\Omega\to 2m\pi} E_0^2 \frac{\sin^2\left(\frac{2N+1}{2}\Omega\right)}{\sin^2\left(\frac{\Omega}{2}\right)} = (2N+1)^2 E_0^2 \tag{8.2.21}$$

即锁模后，$2N+1$ 个模式相干叠加结果的光强峰值功率与 $(2N+1)^2$ 成正比。而如果各模式相位未被锁定，则输出光强与 $2N+1$ 成正比。可见，锁模后的脉冲峰值功率比未锁模时提高了 $2N+1$ 倍。腔长越长，荧光线宽越大，则腔内振荡的模式数目越多，锁模脉冲的峰值功率就越大。在一般固体激光器中，振荡模式数目很多(可达 $10^3\sim10^4$)，所以锁模脉冲的峰值功率可以很高。

2）周期

若相邻脉冲峰值间的时间间隔为 T_0，由式(8.2.20)可以求出

$$T_0 = \frac{2\pi}{\Delta\omega} = \frac{1}{\Delta\nu_q} = \frac{2nL}{c} \tag{8.2.22}$$

可见锁模脉冲的周期 T_0 等于光在腔内来回一次所需的时间。因此，可以把锁模激光器的工作过程形象地看做有一个脉冲在腔内往返振荡，每当此脉冲行进到输出反射镜时，便有一个锁模脉冲输出。

3）脉宽

锁模脉冲宽度 τ 可近似认为是脉冲峰值与第一个光强为零的谷值间的时间间隔。由式(8.2.21)可得

$$\tau = \frac{2\pi}{(2N+1)\Delta\omega} = \frac{1}{2N+1}\cdot\frac{1}{\Delta\nu_q} \approx \frac{1}{\Delta\nu} \tag{8.2.23}$$

式中，$\Delta\nu$ 为器件激光跃迁的荧光线宽，即激活介质的未饱和增益线宽。

式(8.2.23)表明，锁模脉冲的宽度小于调 Q 方式所能获得的最小脉宽 $1/\Delta\nu_q$，锁模的脉宽仅为最小调 Q 脉宽的 $1/(2N+1)$。此外，锁模脉冲近似等于器件振荡线宽的倒数，可见荧光线宽越宽，越有可能获得窄的锁模脉冲。气体激光器谱线宽度较小，其锁模脉冲宽度约为纳秒(10^{-9}s)量级，固体激光器谱线宽度较大，在适当的条件下可得到脉冲宽度为皮秒(10^{-12}s)量级的脉冲。特别是钕玻璃激光器的振荡谱宽达25～35nm，其锁模脉冲宽度可达 10^{-13}s 量级。表8.2.1列出了几种典型锁模激光器的脉冲宽度。

表8.2.1　典型锁模激光器的脉冲宽度

激光器类型	荧光线宽/s^{-1}	荧光线宽倒数/s	脉冲宽度(测量值)/s
He-Ne	1.5×10^{9}	6.66×10^{-10}	$\approx6\times10^{-10}$
Nd：YAG	1.95×10^{11}	5.2×10^{-12}	7.6×10^{-11}
红宝石	3.3×10^{11}	3×10^{-12}	1.2×10^{-11}
钕玻璃	7.5×10^{12}	1.33×10^{-13}	4×10^{-13}
Ar	10^{10}	10^{-10}	1.3×10^{-10}
GaAlAs	10^{13}	10^{-13}	$(0.5\sim30)\times10^{-12}$
InGaAsP	$10^{12}\sim10^{13}$	$10^{-12}\sim10^{-13}$	$(4\sim50)\times10^{-12}$

4）次脉冲

从图8.2.3可以看出，除主脉冲外，在一个周期内，$A(t)$在两个极大值之间还有 $2N-1$ 个次极大值，有 $2N$ 个极小值。由于在锁模激光器中被锁定的纵模数量很大，所以次脉冲的值通常忽略不计。

3. 锁模的方法

锁模最早是在He-Ne激光器内用声光调制器实现的，后在氩离子、CO_2、红宝石、Nd：YAG等其他激光器中用内调制方法实现。随后又出现了可饱和吸收染料锁模。锁模技术的发展推动了超短脉冲测试技术的发展，后者反过来又推动了锁模技术的发展。1968年开始了横模锁定的研究，随后又进行了纵横模同时锁定的探讨。20世纪70年代后，发展了主动加被动、双锁模(损耗抑制加相位调制)、锁模加调 Q 及同步锁模，后来又出现了碰撞锁模、自锁模等。

1）主动锁模

主动锁模采用周期性调制谐振腔参量的方法，即在谐振腔内插入一个受外部信号控制的调制器，用一定的调制频率周期性地改变谐振腔内部振荡的振幅或相位。当选择调制频率与纵模间隔相等时，对各个模的调制会产生边频，其频率与两个相邻纵模的频率一致。由于模之间的相互作用，所有的模在足够的调制下达到同步，形成锁模序列脉冲。

2）被动锁模

被动锁模是在激光谐振腔内插入可饱和吸收体，对腔内光强进行调制，得到锁模脉冲序列。该方法类似于被动调 Q 开关，但又有区别，被动锁模要求可饱和吸收体的上能级寿命特别短，同时必须紧靠反射镜放置。

3）自锁模

当激活介质本身的非线性效应能够保持各个纵模频率的等间隔分布，并有确定的初相位关系时，不需要在谐振腔内插入任何调制元件，就可以实现纵模锁定，这种方法称为自锁模。掺钛蓝宝石自锁模激光器是目前热门的研究课题，同时也是最实用的，已有大量产品问世。

4) 同步泵浦锁模

主动锁模是通过周期性调制谐振腔的损耗或光程来实现的。如果要通过周期性地调制谐振腔的增益来实现锁模，则可以采用一台主动锁模激光器的脉冲序列泵浦另一台激光器的方法，这种方法称为同步泵浦锁模。其优点在于周期性泵浦时可以获得比泵浦脉宽小得多的脉冲。此外，在同步泵浦染料激光器中，产生的超短脉冲的频率在一定的波长范围内是连续可调的。

8.3 主动锁模

主动锁模是指在谐振腔内插入一个调制器，其调制频率等于腔内纵模间隔，得到重复频率为 $c/2L'$ 的锁模脉冲序列。根据调制的原理，可分为振幅（或称为损耗）调制锁模和相位调制锁模两种。

8.3.1 振幅调制锁模

图 8.3.1 所示为振幅调制锁模（AM）激光器示意图。在谐振腔内插入一个电光或声光调制器，调制周期为 $T_{\mathrm{m}}=2L'/c$（L' 为光程腔长，调制频率为 $f_{\mathrm{m}}=c/2L'$，$f_{\mathrm{m}}=\Delta\nu_q$）。

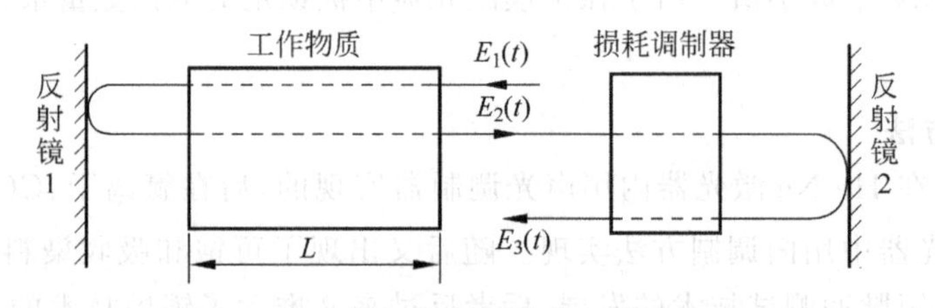

图 8.3.1 振幅调制锁模激光器示意图

振幅调制锁模的工作原理，可以从时域和频域两方面加以分析。

1. 从时域角度分析

损耗调制器的调制周期为 $T_{\mathrm{m}}=2L'/c$，等于光脉冲在腔内往返一周所需要的时间。在此调制频率作用下，腔内的损耗变化周期也为 $2L'/c$，每个振荡模的振幅受到调制，周期也为 $2L'/c$。因此，腔内振荡的激光束通过调制器时总是处在相同的调制周期部分，即某一时刻通过调制器的振荡激光束在腔内往返一周再通过调制器时将受到相同的损耗。

将调制器放在腔内一侧并靠近反射镜。设在时刻 t_0 通过调制器的光信号的损耗为 $\alpha(t_0)$，则在脉冲往返一周后的 $t_1=t_0+2L'/c$ 时刻，该光信号将会受到同样的损耗，即 $\alpha(t_1)=\alpha(t_0)$。如果 $\alpha(t_0)\neq0$，则这部分信号在谐振腔内每往返一次就受到一次损耗，当损耗大于腔内的增益时，这部分光波最后就会消失。如果损耗 $\alpha(t_0)=0$，则 $\alpha(t_1)=0$，那么在 t_0 时刻通过调制器的光，在 t_1 时刻也能无损耗地通过，并且该光波在腔内往返通过工作物质时，就会不断得到放大，使振幅越来越大。如果腔内的损耗及增益控制得当，那么将形成脉宽很窄、周期为 $2L'/c$ 的脉冲序列输出。

由以上分析可知，该调制器可等效为一个“光闸”，每隔 $T_m=2L'/c$ 时间就打开一次，结果激光器将输出周期正好等于调制周期 T_m 的锁模脉冲序列。

以最简单的正弦调制为例，设调制信号为

$$A(t)=A_m\sin\frac{1}{2}\omega_m t \tag{8.3.1}$$

式中，A_m 为调制信号的振幅；$\frac{1}{2}\omega_m$ 为调制信号的角频率，对应的频率为$\frac{1}{2}\nu_m$。

当 $A(t)=0$ 时，腔内的损耗 $\alpha(t)$ 最小；当 $A(t)=\pm A_m$ 时，腔内损耗 $\alpha(t)$ 最大，即 $\alpha(t)$ 的变化频率是调制信号频率的2倍，则 $\alpha(t)$ 可写为

$$\alpha(t)=\alpha_0-\Delta\alpha_0\cos\omega_m t \tag{8.3.2}$$

式中，α_0 为调制器的平均损耗；$\Delta\alpha_0$ 为损耗变化的幅度；ω_m 为腔内损耗变化的角频率，其频率等于纵模间隔频率 $\Delta\nu_q$。

调制器的透过率 $T(t)$ 为

$$T(t)=T_0+\Delta T_0\cos\omega_m t \tag{8.3.3}$$

式中，T_0 为调制器的平均透过率；ΔT_0 为透过率变化的幅度。

调制器放入腔内，在未加调制信号时，调制器的损耗为

$$\alpha=\alpha_0-\Delta\alpha_0 \tag{8.3.4}$$

并且 α 为常数，它表示调制器的吸收、散射、反射等损耗。而此时的透过率为

$$T=T_0+\Delta T_0 \tag{8.3.5}$$

并且 $\alpha+T=1$。

假设调制前的光场为

$$E(t)=E_0\sin(\omega_0 t+\varphi_0) \tag{8.3.6}$$

施加调制信号后，受到调制的腔内光波电场变为

$$E(t)=T(t)E_0\sin(\omega_0 t+\varphi_0)=(T_0+\Delta T_0\cos\omega_m t)E_0\sin(\omega_0 t+\varphi_0)$$

$$E(t)=T_0E_0\left(1+\frac{\Delta T_0}{T_0}\cos\omega_m t\right)\sin(\omega_0 t+\varphi_0)=A_0(1+m\cos\omega_m t)\sin(\omega_0 t+\varphi_0) \tag{8.3.7}$$

式中，$A_0=T_0E_0$ 为光波电场的振幅；$m=\Delta T_0/T_0$ 为调制器的调制系数，为保证不失真调制，m 应小于1。

时域内振幅调制锁模的原理图如图8.3.2所示。

2. 从频域角度分析

下面从频域的角度来进一步理解振幅调制锁模的原理。把式(8.3.7)展开得

$$E(t)=A_0\sin(\omega_0 t+\varphi_0)+\frac{m}{2}A_0\sin[(\omega_0+\omega_m)t+\varphi_0]-\frac{m}{2}A_0\sin[(\omega_0-\omega_m)t+\varphi_0] \tag{8.3.8}$$

$$E(t)=A_0\sin(2\pi\nu_0 t+\varphi_0)+\frac{m}{2}A_0\sin[2\pi(\nu_0+\Delta\nu_q)t+\varphi_0]-\frac{m}{2}A_0\sin[2\pi(\nu_0-\Delta\nu_q)t+\varphi_0] \tag{8.3.9}$$

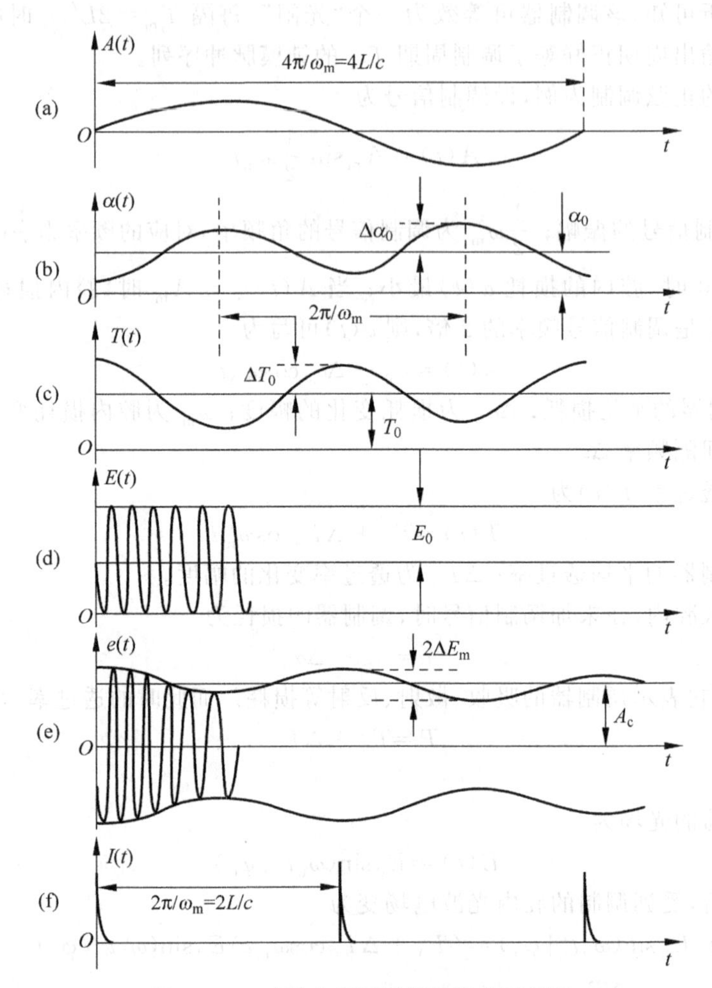

图 8.3.2　时域内振幅调制锁模的原理图

(a) 调制信号；(b) 腔内损耗 $\alpha(t)$ 的波形；(c) 调制器透过率 $T(t)$ 的波形；(d) 调制前腔内光波电场；(e) 调制后腔内光波电场；(f) 锁模光脉冲

式(8.3.8)和式(8.3.9)说明，频率为 ω_0 的光波，经过外加角频率为 $\omega_m/2$ 的调制信号调制后，其频谱包括三个频率，即频率 ω_0、上边频 $\omega_0+\omega_m$ 和下边频 $\omega_0-\omega_m$，且这个三个频率的光波的初相位均相同(均为 φ_0)。

由于腔内损耗的变化频率等于纵模间隔，即 $f_m=\omega_m/2=\Delta\nu_q=c/2L'$，因此，可以理解为振幅调制的结果是将上述三个振荡纵模耦合起来，使三个纵模建立了固定的相位关系。同理，两个边频 $\omega_0\pm\omega_m$ 通过调制器后，又激发出新的边频 $\omega_0\pm2\omega_m$。该过程持续进行，直至将增益曲线内所有可能的纵模都激发起来，如图 8.3.3 所示。由于这些纵模具有相同的初始相位，且频率是等间隔的，从而达到了锁模的目的。这些纵模相干叠加起来，发生强烈的耦合，形成了强而窄的光脉冲序列。振幅调制锁模是一种实现稳定锁模的主要方法。

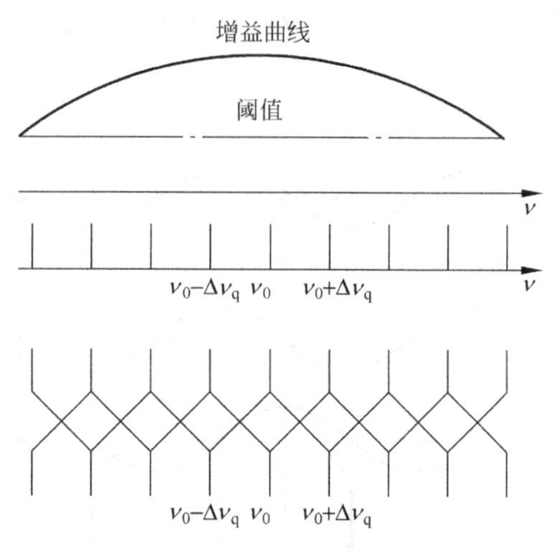

图 8.3.3　振幅调制锁模的纵模耦合过程

8.3.2　相位调制锁模

相位调制锁模(FM)通过在谐振腔内插入一个电光调制器来实现。其原理是：利用晶体的电光效应，当调制器介质折射率按外加调制信号而周期性改变时，光波在不同的时刻通过介质，便有不同的相位延迟。由相位延迟对时间的微分，即可得到频率的变化量。下面以铌酸锂($LiNbO_3$)晶体为例，说明相位调制器的工作过程。

铌酸锂($LiNbO_3$)晶体采用横向运用，晶体 x 方向为通光方向，z 方向(光轴方向)施加调制信号。晶体在 x 方向的长度为 l，z 方向的长度为 d。调制电压的振幅为 V_0，调制信号的角频率为 ω_m。则沿着晶体 z 方向施加的电场为

$$E_z = \frac{V_0}{d}\cos\omega_m t \tag{8.3.10}$$

晶体的折射率为

$$\begin{cases} n'_x = n_o - \dfrac{1}{2}n_o^3\gamma_{13}E_z \\ n'_z = n_e - \dfrac{1}{2}n_e^3\gamma_{33}E_z \end{cases} \tag{8.3.11}$$

式中，n_o 为寻常光折射率；n_e 为非常光折射率；γ_{13} 和 γ_{33} 为铌酸锂晶体的电光系数。那么，z 方向上的折射率变化为

$$\Delta n(t) = \frac{1}{2}n_e^3\gamma_{33}E_z = \frac{1}{2}n_e^3\gamma_{33}\frac{V_0}{d}\cos\omega_m t \tag{8.3.12}$$

光波沿晶体 x 方向通过后产生的相位延迟为

$$\Delta\varphi(t) = \frac{2\pi}{\lambda}l\Delta n(t) = \frac{\pi}{\lambda}\frac{l}{d}n_e^3\gamma_{33}V_0\cos\omega_m t \tag{8.3.13}$$

由于频率的变化是相位变化对时间的微分，则对式(8.3.13)进行微分得

$$\Delta\omega(t) = \frac{d\Delta\varphi(t)}{dt} = -\frac{\pi}{\lambda}\frac{l}{d}n_e^3\gamma_{33}V_0\omega_m\sin\omega_m t \tag{8.3.14}$$

图 8.3.4 所示为晶体折射率的变化 $\Delta n(t)$、光波相位延迟 $\Delta\varphi(t)$ 和角频率变化 $\Delta\omega(t)$ 的情况。

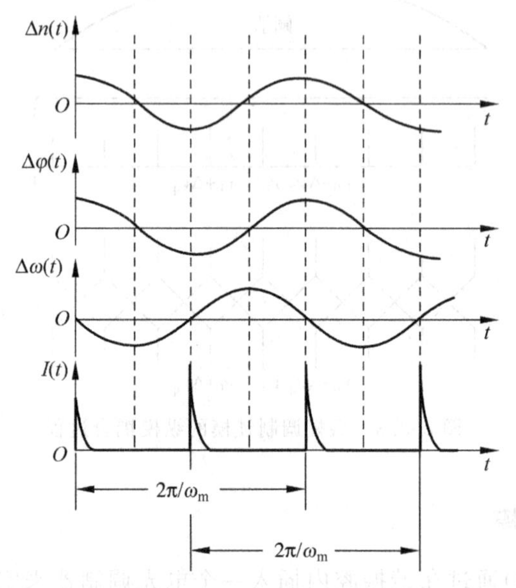

图 8.3.4　相位调制锁模原理示意图

相位调制器的作用可以理解为一种频移，使光波的频率发生向大（或小）的方向移动。脉冲每经过一次调制器，就发生一次频移，最后移到增益曲线之外。类似于损耗调制器，这部分光波就从腔内消失掉。只有那些与相位变化的极值点（极大或极小）相对应的时刻，通过调制器的光信号，其频率不发生移动，才能在腔内保存下来，不断得到放大，从而形成周期为 $2L'/c$ 的脉冲序列。

由图 8.3.4 可以看出，在一个周期内存在着两个相位极值，即有两个频移为零的点（即频率不变点）。在这两个时刻通过的光脉冲都可以被锁定，从而形成两个锁模脉冲序列，分别称为正模和负模。因为正模和负模之间的相位差为 π，因此，又称为 180°自发相位开关。相位锁模激光器在不采取必要措施时，其输出脉冲可以从一列自发跳变为另一列。因此，在相位锁模激光器中需采取措施克服上述不稳定的跳模现象。

相位调制锁模和振幅调制锁模类似，也存在一系列边频带，相位调制时各纵模锁定的物理机制与幅度调制时相似，读者可以从其频率特性加以分析。

8.3.3　主动锁模激光器

最简单的主动锁模激光器是在自由运转的激光器中插入一个调制器而构成的。调制器可以是声光损耗调制器，也可以是电光相位或损耗调制器。图 8.3.5 所示为最简单的振幅调制锁模激光器。

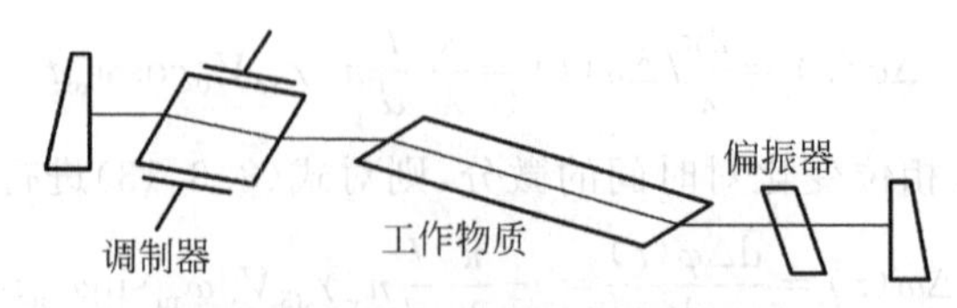

图 8.3.5　振幅调制锁模激光器结构

调制器是主动锁模激光器中的关键部件。由于声光调制器具有调制对比度高、功耗低、热稳定性好等优点，所以得到广泛应用。在实际应用中，常采用效率更高的布拉格衍射工作方式。

主动锁模激光器中所有光学元件的要求比一般调 Q 器件更加严格，端面的反射率必须控制在最小，否则由于标准具效应会减少纵模数，破坏锁模效果。为此，各元件的反射端面应切成布儒斯特角，倾斜放置或镀增透膜，反射镜制成楔镜，如图 8.3.5 所示。

为了获得更好的调制效果，调制器应尽量放置在靠近谐振腔反射镜的地方。如果调制器远离反射镜，则锁模的效果就会变差。假设调制器放在腔中间，如图 8.3.6 所示，则光束两次通过调制器的时间间隔为 L'/c。如果腔内损耗变化的频率为 $\nu_m=c/2L'$，假设光束第一次通过调制器时的损耗最小，则第二次通过调制器时的损耗最大，那么，通过调制器后各相邻纵模间的相位差便不能保证是 0 或 π，从而得不到锁模脉冲输出。

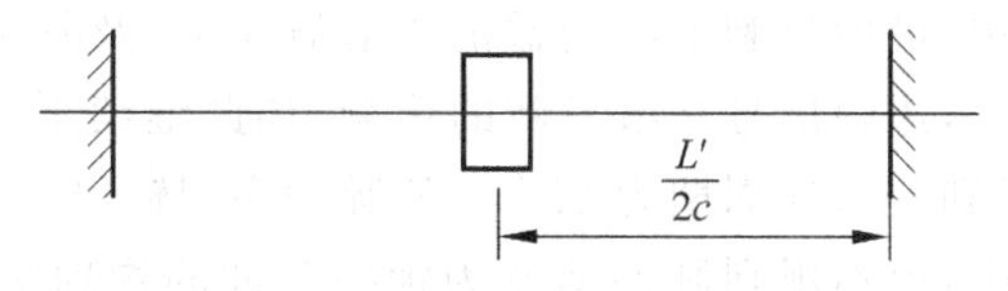

图 8.3.6　调制器的位置示意图

另外，调制器在通光方向的尺寸应尽量小，这时的锁模效果最好。如果调制器的尺寸比较大，那么由于光波通过调制器时需要一定的时间，在这段时间中，调制器的损耗并不都等于零，但通过调制的光只要增益大于损耗就能振荡，因而脉宽会加宽。当然，晶体也不可能做得非常小，否则会给晶体加工造成一定的困难。

除此之外，激光器谐振腔腔长必须保持稳定，以确保纵模间隔稳定。稳定腔长的措施主要有防振、隔热、设计稳定腔、采用电子反馈系统监测腔长的变化并予以补偿。同时，严格控制调制器的调制频率，使其等于谐振腔的纵模间隔，从而使二者达到不失谐的状态。

8.4　被动锁模

在自由振荡激光器谐振腔内插入可饱和吸收染料，通过其非线性吸收特性调节腔内的损耗，当满足锁模条件时，便可获得一系列的锁模脉冲。根据锁模形成的机理和特点，被动锁模分为两种类型：固体激光器的被动锁模和染料激光器的被动锁模。

与主动锁模相比，被动锁模的脉宽更窄。

8.4.1　固体激光器的被动锁模

1. 工作原理

其工作原理是基于染料具有的可饱和吸收特性，高强度激光可以使染料的吸收达到饱和状态。染料的可饱和吸收系数随着光强的增大而下降，图 8.4.1 所示为激光通过染料的透过率 $T(t)$ 随着激光强度 $I(t)$ 的变化情况。图中 I_s 为染料的饱和光强。光强大于 I_s 的光信号为强信号，光强小于 I_s 的光信号为弱信号。由图中可知，染料对强信号的透过率大于对弱信号的透过率。对于强信号，仅有很小一部分被吸收。

锁模前，假设腔内光子的分布基本上是均匀的，但是在自发辐射基础上发展起来的光信号不可避免地存在强度起伏。由于染料的可饱和吸收特性，弱信号透过率小，受到的损耗大；强信号透过率大，受到的损耗小。所以，光脉冲每经过染料和工作物质一次，其强弱信号的强度相对值就改变一次，在腔内多次循环后，极大值和极小值之差会越来越大。结果是强光脉冲形成稳定振荡，弱光信号衰减殆尽。同时，脉冲的前沿不断被削陡，而尖峰部分能有效通过，从而使脉冲变窄。

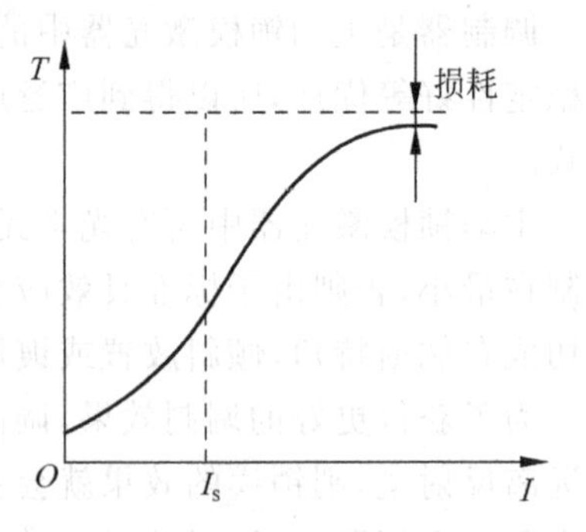

图 8.4.1 可饱和吸收染料的吸收特性

由于通常染料的饱和吸收频率与工作物质的增益谱线中心频率一致，因此，可以经过可饱和吸收染料的选择作用，最后只剩下高增益的中心频率 ν_0 及其边频，随后经过几次染料的吸收和工作物质的放大，边频信号又激发新的边频，如此继续下去，使得增益线宽内所有的模式参与振荡，从而得到一系列周期为 $2L'/c$ 的脉冲序列输出。

在被动锁模激光器中，由不规则脉冲演变为锁模脉冲的物理实质是：最强的脉冲得到有选择的加强，而背景脉冲则逐渐被抑制，如图 8.4.2 所示。上述演变的物理过程可大致分为以下三个阶段：

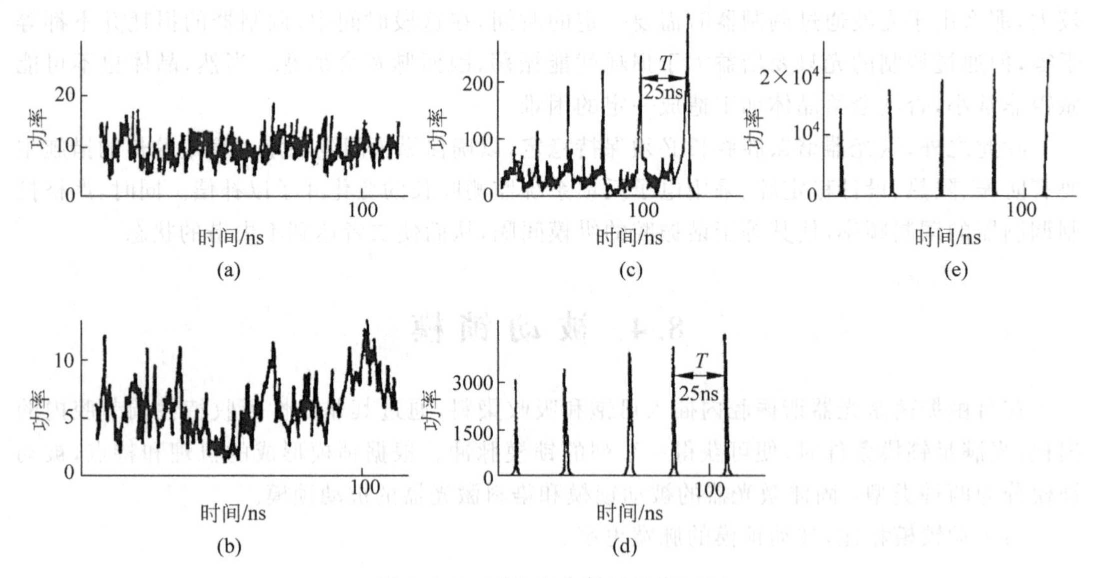

图 8.4.2 可饱和染料的锁模过程

1）线性放大阶段

泵浦开始后，当自发辐射荧光超过激光振荡阈值时，初始激光脉冲的光谱中含有荧光带宽的成分，并且具有随机相位关系的激光纵模之间的干涉，导致光强度的起伏。如图 8.4.2(a)所示，在一个周期内，光脉冲通过工作物质和有机染料各一次。染料对强脉冲吸收较少，对弱脉冲吸收多。而工作物质对上述脉冲进行线性放大，其结果具有自然选模的作用。这一过程持续时间比较长，它使频谱变窄，被放大后的信号起伏变得平滑和加宽，如图 8.4.2(b)、(c)所示。

例如，在谐振腔长度为 1m 并且有效增益为百分之几时，线性放大阶段大约为 2000 个循环。

2）非线性吸收阶段

在该阶段，工作物质的增益仍然是线性的，但激光辐射场的最强脉冲使染料的吸收达到饱和，即染料被“漂白”，从而使脉冲强度增长很快，大量的弱脉冲则由于染料的吸收而被抑制掉。此过程使脉冲变窄，谱线增宽，如图 8.4.2(d)所示。

3）非线性放大阶段

被选择出的强脉冲不仅使染料的吸收达到饱和，而且使工作物质的增益也达到饱和状态。因此，工作物质进入非线性放大阶段，当强脉冲通过工作物质时，其前沿和中心部分放大得多。反转粒子数的消耗使增益下降，造成脉冲后沿放大得少甚至得不到放大，其结果是削去了前后沿，脉冲变窄，小脉冲概率完全被抑制，最后输出一个高强度、窄脉宽的脉冲序列。如图 8.4.2(e)所示，这一阶段使脉冲压缩，频谱进一步变宽。

由以上分析可知，被动锁模过程自发完成，无须外加调制信号，这种锁模方法虽然简单，但却很不稳定，锁模发生率仅为 60%～70%。

2. 被动锁模固体激光器

典型的被动锁模固体激光器的结构如图 8.4.3 所示。这种锁模激光器由谐振腔、激光棒、染料盒和小孔光阑组成。

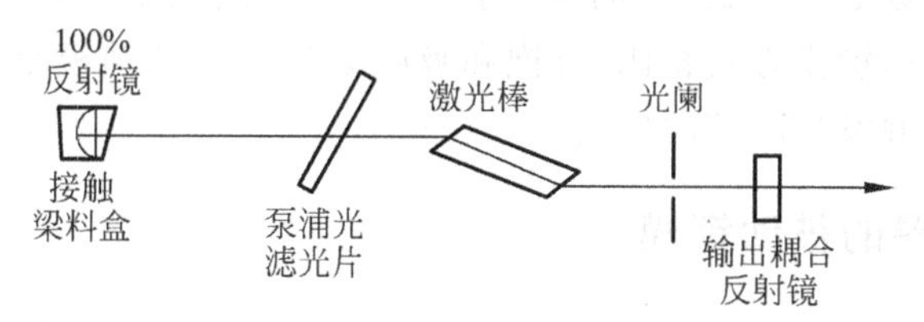

图 8.4.3　被动锁模固体激光器的结构示意图

与其他类型的锁模激光器要求相同，为消除标准具效应，腔内各光学元件表面应切割成布儒斯特角并镀增透膜，腔镜后表面做成楔形。染料盒尽量靠近腔镜放置，应合理设计染料盒厚度和选择染料浓度，以保证染料具有适当的初始透过率（比调 Q 大）。

用于锁模的可饱和染料必须具有如下条件：①染料的吸收谱线与激光波长相匹配；②其吸收线的线宽大于或等于激光线宽；③其弛豫时间短于脉冲在腔内往返一次的时间。染料的弛豫时间远小于锁模脉宽，是染料锁模和染料调 Q 的区别所在。

对于染料调 Q 工作状态：染料吸收达到饱和时，Q 开关被“打开”。由于染料的弛豫时间远大于激光器振荡纵模谱线宽度的倒数，不仅最大的尖峰脉冲通过并在腔内振荡，跟随其后的小脉冲也能无损耗地通过并在腔内振荡。由于参与振荡的各纵模初相位之间无固定关系，故输出的调 Q 脉冲其精细结构有涨落的特征，如图 8.4.4(a)所示。

对于锁模工作状态：染料的弛豫时间远小于锁模脉冲的脉宽，染料“开关”在最大尖峰脉冲通过的瞬间开启，腔损耗变得很小。一旦最大尖峰脉冲通过，“开关”立即关闭，腔内损耗又恢复到极大值状态。当最大尖峰脉冲在腔内往返一周再次通过染料时，“开关”才再次打开。如此，谐振腔的损耗就像受到周期性的脉冲调制，调制周期为光脉冲在腔内往返一周的时间，调制频率等于谐振腔的纵模间隔。同时，由于染料的弛豫时间远小于锁模脉冲的脉宽，染料不但吸收了脉冲的前沿，也吸收了其后沿，脉冲前后沿因受到染料的吸收而变陡。

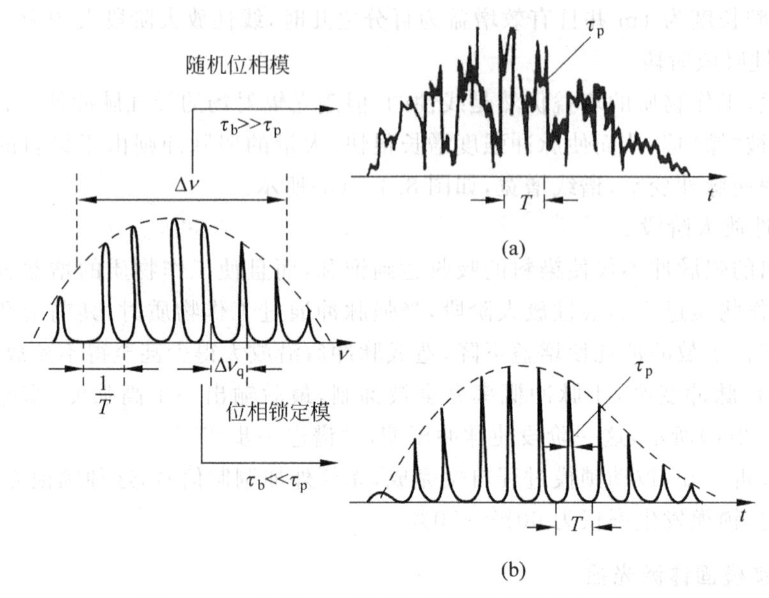

图 8.4.4 染料调 Q 脉冲与染料锁模脉冲的比较

输出的锁模脉冲是脉宽 $\tau_p \approx 1/\Delta\nu_{osc}$ 的规则脉冲序列，如图 8.4.4(b)所示。

与振幅调制的主动锁模方式相比，可饱和吸收染料的被动锁模是由腔内主脉冲自动完成的。该脉冲起到了触发“开关”的作用。

8.4.2 染料激光器的被动锁模

1. 工作原理

染料激光器被动锁模的原理与固体激光器被动锁模类似，也是从涨落的噪声背景中选出强涨落的峰值，通过可饱和吸收体与工作物质饱和状态的共同作用而形成锁模脉冲。被动锁模的染料激光器中，作为激光工作物质的染料，其上能级的弛豫时间为纳秒量级，使它的增益衰减对锁模脉冲的形成发挥重要作用。通常染料吸收体的吸收截面大于增益介质的吸收截面，使吸收体达到饱和的能量小于使增益介质饱和的能量，同时，使脉冲峰值得到的有效增益大于脉冲前沿得到的有效增益，有利于脉冲的形成。

2. 激光器结构

闪光灯泵浦的被动锁模染料激光器的结构如图 8.4.5 所示。图中，激光工作物质为若丹明 6G 染料，可饱和吸收体为 DODCI 染料。将装有 DODCI 的染料盒紧贴腔反射镜倾斜放置。泵浦源为闪光灯(图中未画出)，泵浦光通过石英棱镜耦合到工作物质中。调谐元件调节激光输出波长范围。

图 8.4.6 所示为一种连续锁模染料激光器的结构。该激光器主要包括光学谐振腔、染料激光介质、可饱和吸收体、泵浦源等。一般采用氩离子激光器或闪光灯作为泵浦源，通过石英棱镜耦合输入谐振腔，并通过球面反射镜聚焦在自由喷射的激光染料上，可饱和吸收体染料盒紧靠全反镜，盒厚 200～500μm，倾斜放置，激光辐射通过透镜聚焦在吸收体上。例如，采用若丹明 6G 作为激光介质，DODCI 作为可饱和吸收体，吸收体长 0.5mm，输出镜透过率为 1%～6%，可得到脉宽为 1ps 的锁模脉冲。

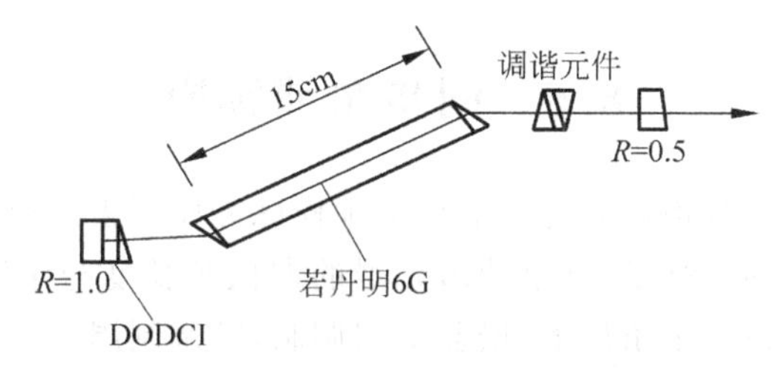

图 8.4.5 闪光灯泵浦的被动锁模染料激光器结构示意图

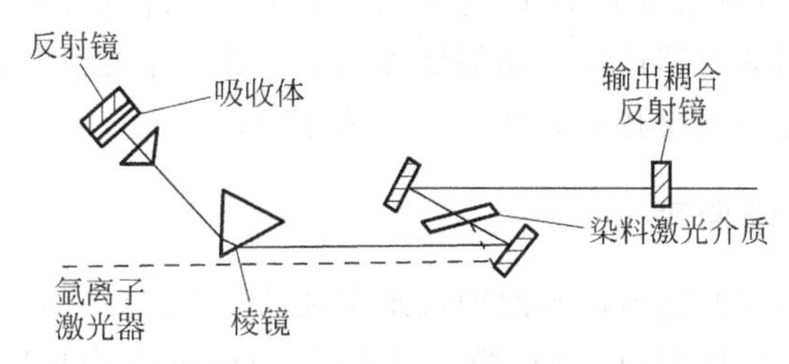

图 8.4.6 连续波泵浦的被动锁模染料激光器结构示意图

图 8.4.7 所示为碰撞锁模激光器的结构示意图。在环形锁模激光器中有两个反向传播的脉冲,它们精确同步地到达可饱和吸收体,发生相干叠加效应,使可饱和吸收体中的光波电场(或光强)呈现周期性分布,产生光强的空间调制而形成空间"光栅"。在形成空间光栅的过程中,两脉冲能量的前沿被吸收,它的光强比单一脉冲使吸收体饱和快,而且由于吸收体的弛豫时间大于光脉冲宽度,脉冲后沿通过时,光栅的调制度仍然很大,便会受到后向散射而得到压缩。因此,在时域上,两个脉冲每经过可饱和吸收介质一次,前后沿受到切削,经过多次循环,使脉冲得到压缩。在频域上,脉冲相干叠加形成驻波场,使可饱和吸收体中有效光场强度明显增加。由于非线性自相位调制效应,光场强度的增加必然导致频谱宽度的加宽,部分补偿了增益色散对谱宽的限制,从而形成更窄的锁模脉冲。

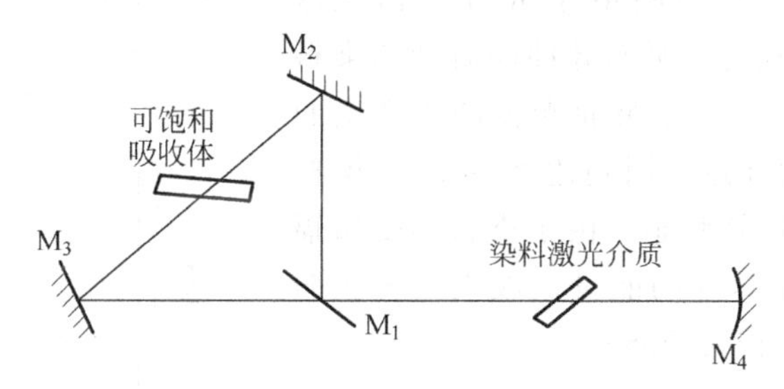

图 8.4.7 碰撞锁模激光器原理示意图

闪光灯泵浦的被动锁模染料激光器的机理与被动锁模固体激光器产生锁模脉冲不同,它是利用激光染料的上能级寿命比较短(纳秒量级),在可饱和吸收和增益衰减的共同作用下,产生不受吸收体弛豫时间限制的快速脉冲压缩过程。

由于染料的谱线宽,激光上能级的寿命短,所以染料锁模激光器可以输出比固体锁模激光器更窄的脉冲。碰撞锁模染料激光器可以输出几十飞秒的脉冲序列。采用光脉冲压缩技术后,可以获得 6fs 的光脉冲,这是 20 世纪 80 年代锁模技术的重大突破。

8.5 同步泵浦锁模

同步泵浦锁模是用一台锁模激光器输出的锁模脉冲序列去泵浦另一台激光器并实现锁模。实现同步泵浦锁模的关键是,被泵浦激光器的谐振腔长度与泵浦激光器的谐振腔长度相等或者是其整数倍。在一定条件下,增益受到调制,其调制周期等于光在谐振腔的循环周期。与损耗调制类似,在最大增益时域内形成一短脉冲,其脉冲宽度比泵浦脉冲宽度窄得多。同步泵浦锁模对染料激光器具有实用意义,因为染料具有很宽的增益线宽($10^{13}\sim10^{14}$ Hz),同步泵浦染料激光器产生的超短脉冲的频率在整个光谱范围内连续可调。

同步泵浦锁模获得的锁模脉冲宽度比泵浦脉冲窄。

8.5.1 同步泵浦锁模原理

同步泵浦锁模是通过调制谐振腔的增益来实现的。下面以一台声光调制的主动锁模氩离子(Ar^+)激光器泵浦若丹明 6G 染料激光器为例,分析同步泵浦激光器的工作原理。

泵浦脉冲宽度 τ_p 为 $100\sim200$ps,染料激光器上能级的弛豫时间为纳秒量级(若丹明 6G 为 5ns),光在谐振腔中往返一周所需要的时间为 $2L'/c$。工作条件为:染料工作物质上能级的弛豫时间大于泵浦脉宽 τ_p 而小于光在谐振腔内往返一周所需要的时间。染料工作物质中反转粒子数的积累仅取决于在 τ_p 时间内所获得的泵浦能量,工作物质在泵浦瞬间产生受激辐射,激光脉冲能量迅速上升。

锁模脉冲的形成经历两个阶段:增益阶段和脉冲压缩阶段。

1. 增益阶段

染料工作物质在泵浦瞬间产生受激辐射,激光脉冲能量迅速上升。因泵浦光脉冲的周期与光波在染料激光器中传播一周的时间相等,故染料激光器谐振腔内的初始脉冲只有与泵浦脉冲同时到达染料盒才会被放大。因此,前一个泵浦光脉冲所产生的染料激光脉冲,在腔内往返一周到达染料盒时,染料恰被泵浦处于粒子数反转状态。由于染料的受激辐射截面很大,入射激光脉冲的能量被放大。多次循环后,激光脉冲具有比较大的能量。

2. 脉冲压缩阶段

当脉冲比较强时,每通过工作物质一次,由于饱和效应,只有脉冲前沿和峰值部分得到放大,后沿得不到放大而被抑制。多次循环后,压缩了脉宽,最后形成一个稳定的锁模脉冲序列。同步泵浦染料激光器的工作特性如图 8.5.1 所示。

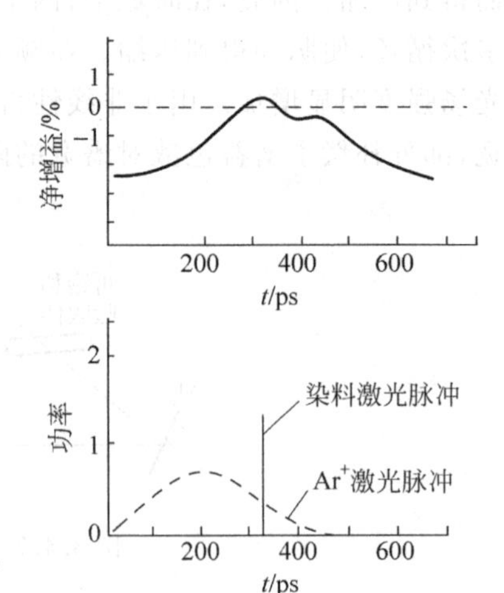

图 8.5.1 同步泵浦染料激光器的工作特性

8.5.2 同步泵浦锁模激光器

图 8.5.2 所示为典型的同步泵浦染料激光器结构示意图。它包括泵浦源、光学谐振腔、

激光介质和调谐元件。泵浦源一般采用主动锁模的氩离子(Ar^+)激光器或固体锁模激光器。对于染料激光器,一般采用三个反射镜组成的折叠腔结构作为染料激光谐振腔。反射镜 M_1 将泵浦光脉冲序列馈入染料激光腔中。泵浦光和激光同时以一个小夹角通过染料盒,反射镜 M_2 使激光反射,然后在输出镜 M_4 被部分反射、部分输出。反射镜在激光谐振腔中是这样配置的,它使染料激光在反射镜 M_2 和 M_4 之间振荡,而与染料激光反向成一小角度入射的泵浦光通过染料后则离开谐振腔。但激光介质中泵浦光的光束束腰必须与染料激光的光束束腰很好地重叠。为此,两光束间的夹角应尽量小,并采用良好的像散补偿装置。

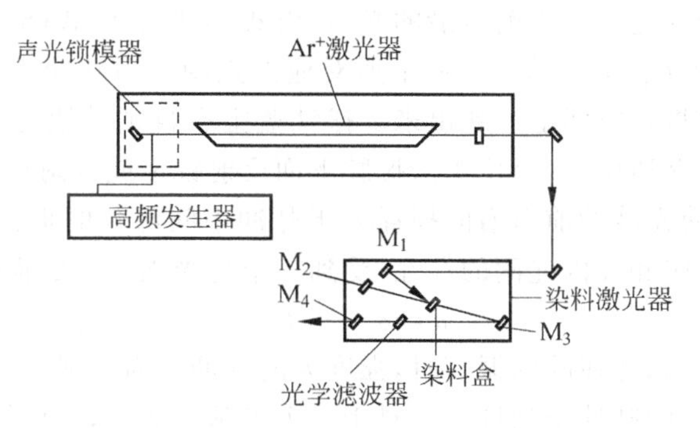

图 8.5.2　同步泵浦染料激光器结构示意图

在该装置中,借助调谐元件,如 F-P 标准具或双折射滤光片等,可连续改变激光频率,其波长可在 420～1000nm 的光谱范围内连续可调。若用棱镜作为调谐元件,可选用附加折叠式调谐谐振腔结构。采用不同的染料,就可在同步泵浦激光器中产生不同宽度的脉冲。

8.6　自　锁　模

在激光腔内不插入任何调制元件,而是利用增益介质自身的非线性效应实现锁模,称为自锁模。早在 20 世纪 60 年代,人们分别在 He-Ne 激光器、铜蒸气激光器、Nd∶YAG 激光器中观察到了自锁模现象。但是由于在这些激光器中,自锁模脉冲序列不能自维持,所以并未引起人们的重视。1991 年,首次在掺钛蓝宝石连续激光器中成功获得自锁模运转。

8.6.1　自锁模原理

关于掺钛蓝宝石激光器自锁模的原理,目前大多数理论认为:掺钛蓝宝石激光器的自锁模现象与其增益介质的克尔效应所引起的光束自聚焦有关。这种自锁模属于被动锁模。

从时域角度分析,在带有被动性质的锁模激光器中,腔内存在具有下列性质的元件:能够从噪声中选择出强度比较大的脉冲,并利用锁模期间自身的非线性效应使脉冲前后沿的增益小于 1,而脉冲中间部分的增益大于 1。脉冲在腔内往返传播的过程,即是被整形放大的过程,直至脉宽被压缩,实现稳定锁模。

掺钛蓝宝石晶体的折射率的非线性效应表示为

$$n = n_0 + n_2 I(t) \tag{8.6.1}$$

式中,n_0 为与光强无关的折射率;n_2 为非线性折射率;$I(t)$为脉冲光强。

因为光强呈现高斯分布，故其通过工作物质时，将产生自聚焦效应。这种自聚焦效应在长度为 ΔL 的工作物质上产生的焦距为

$$F_m = \frac{\alpha \omega_m^2}{4\Delta n_m \Delta L} \tag{8.6.2}$$

式中，ω_m 为入射到该工作物质上的光斑半径；α 为一常量(为 5.6～6.7)；Δn_m 为入射光轴线上折射率的变化，有

$$\Delta n_m = n_2 \times I_m(t) \tag{8.6.3}$$

式中，$I_m(t)$为入射到工作物质上光束近轴的光强。

因脉冲中间部分的光强大于前后沿的光强，由式(8.6.2)和式(8.6.3)可知，脉冲中间部分对应的类透镜焦距 f_m 小于脉冲前后沿所对应的焦距。当脉冲通过自焦距介质后，脉冲在时间上的光强变化将在空间上反映出来。掺钛蓝宝石自锁模激光器中有两个束腰，一个位于掺钛蓝宝石激光介质中，一个位于谐振腔平面反射镜上或其附近。这样，如在束腰附近加一个光阑，则可以使光脉冲前后沿的损耗大于脉冲中间部分的损耗。掺钛蓝宝石自锁模激光器中因自聚焦效应和腔内光阑的存在，受到一个与光强有关的损耗调制，即

$$\alpha = \alpha_0 - \beta I(t) \tag{8.6.4}$$

因增益的作用，当脉冲在腔内振荡时，强度大的脉冲不断增强，且其前后沿不断被损耗，脉宽被压缩，而强度小的脉冲受到抑制。对于一个光脉冲而言，工作物质的自聚焦效应与腔内光阑的结合相当于一个快饱和吸收体，对光脉冲的前后沿具有压缩作用。光阑可以外加，也可以直接利用掺钛蓝宝石棒内呈高斯分布的空间增益区所构成的增益光阑(也叫做软光阑)。

掺钛蓝宝石激光器自锁模脉冲的形成分为以下两个阶段：

1) 初始脉冲的形成

理论分析和大量的实验证明，连续运转的掺钛蓝宝石激光器中的噪声脉冲由于达不到锁模的启动阈值，故该种激光器的自锁模不能自启动，因此，必须首先在腔内引入一个瞬间扰动，造成高损耗，当腔镜复位时，腔中的光强产生强烈涨落。当它们通过增益介质时，由于增益介质的自聚焦效应，它与腔内光阑的结合等效于可饱和吸收体，经过自振幅调制(SAM)和增益介质的线性放大，对脉冲进行选择、放大、初步压缩，形成初始脉冲。

2) 稳定锁模脉冲的形成

腔内初始锁模脉冲形成以后，因为它的峰值功率较大，所以在增益介质中由非线性克尔效应，脉冲产生自相位调制(SPM)，严重地改变了脉冲的相位，当光脉冲通过掺钛蓝宝石介质时，又引起了很大的二阶正群速度色散(GVD)和三阶色散。在这一阶段中，增益介质的自振幅调制和增益放大仍起主要作用，只是由于脉冲功率增大，不可避免地要产生自相位调制和很大的正群速度色散，不利于进一步压缩脉宽，因而要用合适的负色散去补偿，才可以得到最窄的脉冲宽度。

大量的实验及分析计算表明，自锁模必须采用附加措施来启动(最初工作在连续状态)。最简单的方法是轻敲平台或某一个腔镜以产生一个强度扰动以启动自锁模。常用的启动措施有可饱和吸收体启动、振动镜启动、量子阱反射器的耦合腔启动、声光调制再生启动等。

8.6.2 自锁模掺钛蓝宝石激光器

自锁模掺钛蓝宝石激光器的结构如图 8.6.1 所示。由图中可以看出，自锁模掺钛蓝宝

石激光器谐振腔中没有插入任何锁模元件，结构十分简单。泵浦源一般采用氩离子(Ar^+)激光器，目前，多采用二极管泵浦的 Nd：YAG 激光器来代替氩离子(Ar^+)激光器。

自锁模掺钛蓝宝石激光器的锁模脉宽为几十飞秒(极限值在 3fs 左右)，全固化自锁模掺钛蓝宝石激光器锁模脉宽为十几飞秒。

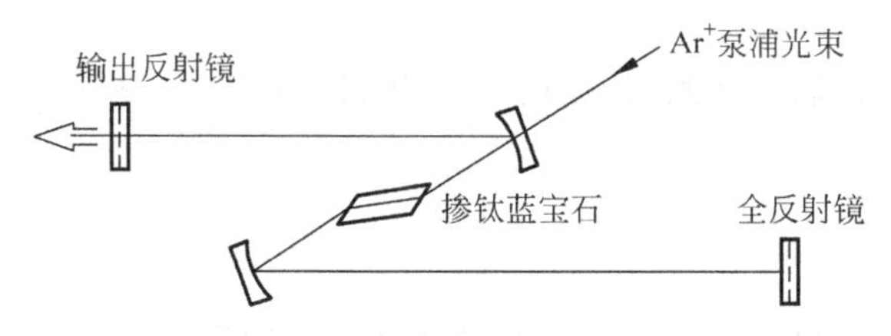

图 8.6.1　自锁模掺钛蓝宝石激光器结构

除掺钛蓝宝石晶体可以实现自锁模外，这类自身具有非线性效应的晶体材料还有掺铬氟化铝锶锂(Cr^{3+}：LiSAF)、掺铬镁橄榄石(Cr^{4+}：Mg_2SiO_4)以及掺铬钇铝石榴石(Cr^{4+}：YAG)。

本章小结

本章主要讨论锁模的基本原理和实现方法。首先分析了多纵模激光器的输出特性，讨论了锁模的条件和锁模脉冲特性。对于锁模的实现方法，主要讨论了主动锁模方法(振幅调制锁模和相位调制锁模)、被动锁模(利用可饱和吸收特性实现锁模)、同步泵浦锁模和自锁模，并分别简要介绍了相应的锁模激光器结构。

学习本章内容后，读者应理解以下内容：

(1) 多纵模激光器的输出特性；

(2) 锁模的基本原理；

(3) 主动锁模方法(振幅调制锁模和相位调制锁模)；

(4) 被动锁模的原理和实现过程；

(5) 同步泵浦锁模的原理；

(6) 自锁模的原理。

习　　题

1. 一台理想的锁模激光器，输出的激光具有什么特点？锁模激光器与调 Q 激光器有什么区别和联系？自锁模掺钛蓝宝石激光器的机理是什么？

2. Nd：YAG 激光器的光学长度为 40cm，单程总损耗系数为 0.1，由损耗调制锁模，调制深度 $m=0.2$，已知增益线宽为 190GHz，试求锁模脉冲宽度。

3. Nd：YAG 激光器线宽为 120GHz，腔内插入铌酸锂调制器，尺寸为 5mm×5mm×20mm，腔长为 50cm，腔的总损耗为 0.05。当晶体上加有效值为 200V 的正弦调制电压时，晶体 x 轴通光，z 轴加电压，求光的电矢量振动方向沿 y 轴和 z 轴方向时，锁模脉宽分别是多少？

4. 有一纵模激光器的纵模数为 1000 个，腔长为 1.5m，输出的平均功率为 1W，若各纵模振幅相等。求：

(1) 在锁模情况下，光脉冲的周期、宽度和峰值功率各是多少？

(2) 采用声光损耗调制器锁模时，调制电压 $V(t)=V_{\mathrm{m}}\cos\omega_{\mathrm{m}}t$，试求电压的频率是多少？

5. 有一掺钕钇铝石榴石激光器，振荡线宽为 12×10^{10} Hz，腔长为 0.5m，试计算激光器的参量：

(1) 纵模频率间隔；

(2) 纵模的数目；

(3) 假设各纵模振幅相等，求锁模后脉冲的宽度和周期；

(4) 锁模脉冲及脉冲间隔占有的空间距离。

6. 掺钕钇铝石榴石激光器，采用 KDP 晶体损耗调制锁模，晶体 x 轴加电压，z 轴通光，调制电压的有效值是 200V，腔长为 60cm。求：

(1) 试画出腔内调制元件的放置方法，并标出 KDP 晶体的主轴坐标；

(2) 试求出调制电压的周期和晶体的单程相位延迟。

7. 在谐振腔正中间($L/2$)处放置一个损耗调制器，要获得锁模光脉冲，调制器的损耗周期 T 应为多大？每个脉冲的能量与调制器放在紧靠端镜处的情况有何差别？

8. 某 Nd：YAG 激光器，采用如习题图 8.1 所示的结构，已知激光器腔长为 1.5m，铌酸锂晶体横向运用，x 轴加电压，z 轴通光，且 P//$x(y)$。若调制信号 $V(t)=V_{\mathrm{m}}\cos\omega_{\mathrm{m}}t$，$\omega_{\mathrm{m}}=2\pi\times5\times10^{7}$，试分析能否处于最佳理想运转状态？

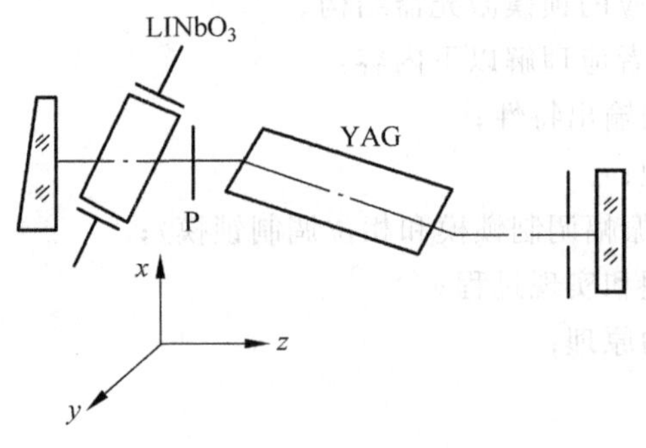

习题图 8.1

第 9 章 稳频技术

激光具有优异的单色性和相干性。在精密测量、光通信、光频标、高分辨光谱学等领域中得到了广泛的应用。例如，精密干涉测量是以激光波长作为"尺子"，利用光干涉的原理来测量各种物理量(如长度、位移和速度等)，所以激光波长(频率)的准确度会直接影响测量的精度，而在激光通信中，为了提高接收灵敏度，一般采用相干的外差接收方法，其激光的频率稳定与否将直接影响接收的质量。在上述各应用领域中，不仅要求激光具有单频的特性，还要求激光有较高的频率稳定性。但对于普通的自由运转的激光器，受工作环境条件等影响，激光输出频率往往是不稳定的，是一个随时间变化的无规则起伏量。要使激光频率稳定，则要通过稳频技术来解决。因此，研究各种有效的稳频方法以提高激光器的频率稳定性具有非常重要的实际应用价值。

本章主要介绍应用较多的 He-Ne 激光器的稳频方法及原理。

本章重点内容：

1. 频率的稳定性和复现性
2. 影响频率稳定性的因素
3. 兰姆凹陷稳频
4. 塞曼效应稳频
5. 饱和吸收稳频

9.1 频率的稳定性

一台自由运转的激光器受周围环境各种因素的影响，激光频率经常随时间变动。如果采用一定的稳频措施来自动补偿外界扰动引起的频率起伏，则输出频率的变化就可减至很小。采用不同的稳频技术，所得到的稳频效果也不同。为了衡量频率的稳定性(度)，可以从时域和频域两个方面进行描述，既可以用频率随时间的变化，也可以用它的频谱分布加以讨论。但是，对于频率不稳定的噪声谱密度，无论在概念的建立或是在测试技术上都比较困难。因此，采用时域的描述方法，用频率的稳定性和复现性来表示激光频率的稳定程度。

9.1.1 频率的稳定性和复现性

1. 稳定性

频率稳定性通常指激光器在连续运转时，在一定的观测时间 τ 内，频率的平均值 $\bar{\nu}$ 与该

时间内频率的变化量 $\Delta\nu$ 之比，即

$$S_{\nu}(\tau)=\frac{\bar{\nu}}{\Delta\nu(\tau)} \tag{9.1.1}$$

显然，变化量 $\Delta\nu(\tau)$ 越小，则 S 越大，表示频率的稳定性越好。习惯上把 S 的倒数作为稳定性的量度，即

$$S_{\nu}^{-1}(\tau)=\frac{\Delta\nu(\tau)}{\bar{\nu}} \tag{9.1.2}$$

例如，常常说稳定度为 10^{-8}、10^{-9} 等就是这个含义。稳定度 $S_{\nu}^{-1}(\tau)$ 的值越小，说明激光器输出激光频率的稳定性越好。

根据稳定性的定义，其值与观测取样时间 τ 的长短有关，因此稳定度又分为短期稳定性和长期稳定性。当观测时间 τ 小于或等于探测系统的响应时间 τ_0 时得到的稳定度为短期稳定性，反之，测得的稳定度为长期稳定性。比较恰当的表示方法是在稳定性的值后面标明取样时间，例如 $S_{\nu}^{-1}(\tau)=10^{-10}(\tau=10\text{s})$。

2. 复现性

对于作为频率或波长基准的激光器，不仅要求稳定性高，而且要求频率复现性的精度也高。比如，平时用尺子测量长度，不但要求尺子的长度稳定，而且要求尺子本身的长度要符合标准。用激光进行精密测量也有类似的问题。例如，用同样方法稳频的甲激光器和乙激光器的频率可能有差别(尽管两只激光器的结构和运转条件都相同)；或者用同一台稳频的激光器，在甲地使用时稳定性为 10^{-6}，频率稳定在 ν_1，在乙地使用时频率稳定性不变，但是频率稳定在 ν_2 上；或者在同一地点测量时某一天频率稳定在 ν_1 上，但隔几天后测量稳定度不变，但频率却稳定在 ν_2 上，如此等等。由于每次所稳定的频率值有微小的差别，故测量的数值就不准确。把这种在不同地点、时间、环境下稳定频率的偏差量与它们的平均频率的比值称为频率复现性，表示为

$$R_{\nu}=\frac{\delta\nu(\tau)}{\bar{\nu}} \tag{9.1.3}$$

式中，$\bar{\nu}$ 为被测激光器系列的平均频率或者同一台激光器的标准频率(或原始工作频率)，$\delta\nu(\tau)$ 为频率的偏差量。由上述定义可知，频率的复现性衡量的是同一台激光器在不同使用条件下频率的重复精度。

频率的稳定性和复现性是两个不同的概念，对一台稳频激光器，不仅要看其稳定性，还要看它的频率复现性。

9.1.2 影响频率稳定性的因素

根据激光产生的原理，激光器的振荡频率是由原子跃迁谱线频率 ν_m 和谐振腔频率 ν_c 共同决定的。二者的变化都会引起激光振荡频率的不稳定。相比较而言，谐振腔的谐振频率通常受环境的影响很大，而原子跃迁谱线频率的变化则很小。故在忽略原子跃迁谱线频率变化的前提下，激光振荡频率主要取决于谐振腔的谐振频率。

对于基横模单纵模激光器，谐振腔的谐振频率为

$$\nu_q=q\,\frac{c}{2nL} \tag{9.1.4}$$

式中，c 是真空中的光速，q 是选频的纵模序数，它们都是不变量；而腔长 L 和介质的折射率 n 则可能因工作条件的变化而变化，进而引起频率的不稳定。

当腔长变化为 ΔL，折射率的变化为 Δn 时，引起的频率漂移量为 $\Delta\nu$ 为

$$\Delta\nu=\frac{\partial\nu_q}{\partial L}\Delta L+\frac{\partial\nu_q}{\partial n}\Delta n=-qc\left(\frac{\Delta L}{2nL^2}+\frac{\Delta n}{2n^2L}\right)=-\nu_q\left(\frac{\Delta L}{L}+\frac{\Delta n}{n}\right)\tag{9.1.5}$$

式中，负号表示频率 ν 的变化趋势和腔长 L、折射率 n 的变化趋势正好相反。把式(9.1.5)改写为

$$\left|\frac{\Delta\nu}{\nu_q}\right|=\left|\frac{\Delta L}{L}\right|+\left|\frac{\Delta n}{n}\right|\tag{9.1.6}$$

因此，激光频率的稳定问题，可以归结为如何保持腔长和折射率稳定的问题。影响腔长和折射率变化的因素主要有以下几个方面。

1. 温度变化

环境温度的起伏或激光管工作发热，都会使腔长随着温度的改变而伸缩，导致频率的不稳定，表示为

$$\alpha\Delta T=\frac{\Delta L}{L}=\frac{\Delta\nu}{\nu_q}\tag{9.1.7}$$

式中，ΔT 为温度变化量；α 为谐振腔间隔材料的线膨胀系数，与材料种类有关。例如，一般硬质玻璃的 $\alpha=10^{-5}/℃$，石英玻璃的 $\alpha=6\times10^{-7}/℃$，殷钢的 $\alpha=9\times10^{-7}/℃$，所以稳频激光器都采用石英玻璃做激光管，殷钢做支架，并将整个激光器系统进行恒温控制，尽量减小温度变化的影响。但是，仍难以获得优于 10^{-8} 的频率稳定性。

2. 大气变化

对于外腔式 He-Ne 激光器，设腔长为 L、放电管长度为 L_0，暴露在大气中的部分与腔长之比为 $X=(L-L_0)/L$。大气的温度、气压、湿度的变化都会引起大气折射率的变化，导致激光振荡频率的变动。设环境温度 $T=20℃$，气压 $P=1.01\times10^5\,\text{Pa}$，湿度 $H=1.133\times10^3\,\text{Pa}$，则大气对 632.8nm 波长光的折射率变化系数分别为

$$\beta_T=\frac{1}{n}\left(\frac{\mathrm{d}n}{\mathrm{d}T}\right)=+9.3\times10^{-7}/℃$$

$$\beta_P=\frac{1}{n}\left(\frac{\mathrm{d}n}{\mathrm{d}P}\right)=-2.7\times10^{-9}/\text{Pa}$$

$$\beta_H=\frac{1}{n}\left(\frac{\mathrm{d}n}{\mathrm{d}H}\right)=+4.3\times10^{-10}/\text{Pa}$$

设温度、气压和温度的时间变化率分别为 $\mathrm{d}T/\mathrm{d}t=\pm0.01℃/\text{min}$，$\mathrm{d}P/\mathrm{d}t=\pm133.3\text{Pa/h}$，$\mathrm{d}H/\mathrm{d}t=\pm656.6\text{Pa/h}$，则引起激光频率的变化分别为

$$\left|\frac{\Delta\nu(\tau)}{\nu}\right|_T=X\beta_T\frac{\mathrm{d}T}{\mathrm{d}t}\tau,\quad\left|\frac{\Delta\nu(\tau)}{\nu}\right|_P=X\beta_P\frac{\mathrm{d}P}{\mathrm{d}t}\tau,\quad\left|\frac{\Delta\nu(\tau)}{\nu}\right|_H=X\beta_H\frac{\mathrm{d}H}{\mathrm{d}t}\tau\tag{9.1.8}$$

其中，τ 为测量时间。

为了估算其频率变化量，假设 $X=0.1$，那么，对于温度产生 1℃的温升，需要时间为 $\tau=100\text{min}$，则激光频率变化为

$$\left|\frac{\Delta\nu(\tau)}{\nu}\right|_T=X\beta_T\frac{\mathrm{d}T}{\mathrm{d}t}\tau=9.3\times10^{-8}$$

对于气压产生 1.333kPa 的变化，需要时间为 $\tau=10\mathrm{h}$，则激光频率变化为

$$\left|\frac{\Delta\nu(\tau)}{\nu}\right|_P = X\beta_P\,\frac{\mathrm{d}P}{\mathrm{d}t}\tau = -3.6\times10^{-7}$$

对于湿度产生 133.3Pa 的变化，需要时间为 $\tau\approx0.2\mathrm{h}$，则激光频率变化为

$$\left|\frac{\Delta\nu(\tau)}{\nu}\right|_H = X\beta_H\,\frac{\mathrm{d}H}{\mathrm{d}t}\tau = 5.7\times10^{-9}$$

这些大气环境变化比在得到很好控制的实验室环境下(压力变化除外)所预期的要大。一般情况下，激光器的设计应使腔的自由空间尽可能减小。另外，实验证明，在外腔式激光器中，由于通风引起的空气抖动，能在几秒内产生几兆赫的快速脉动，所以，要求外腔式激光器裸露在大气中的部分应尽可能少，并且必须避免直接通风。

3. 机械振动

机械振动也是导致光腔谐振频率变化的重要因素。它可以从地面或空气传到腔支架上，如建筑物的振动、车辆的通行、声响等都会引起腔支架的振动，从而使腔的光学长度改变，导致频率的不稳定。对于 $L=100\mathrm{cm}$ 的光腔，当机械振动引起 $10^{-6}\mathrm{cm}$ 的腔长变化时，频率将有 1×10^{-8} 的变化。因此，稳频激光器必须采取良好的隔振、防振措施。

4. 磁场

为了减小温度影响，激光谐振腔间隔器多采取殷钢材料制成，但殷钢的磁致伸缩性质可能引起腔长的变化。例如，1.15μm 波长的 He-Ne 激光器，仅由于地磁场效应就可以产生 140kHz 的频移。因此，地磁场效应和周围电子仪器的散磁场对于高频稳定激光器的影响必须加以考虑。

以上几点是造成频率不稳定的外部因素。此外，激光管内的气压、放电电流的变化、自发辐射所造成的无规噪声等内部因素也会影响频率的稳定性。前者可以采用稳压稳流装置加以控制，后者是无法控制的。因此，它们是限制激光频率稳定性的内在因素。

9.1.3 稳频方法

稳频的实质是保持谐振腔光学长度的稳定性。稳频方法可以分为主动稳频和被动稳频两类。主动稳频主要是指在激光器的工作过程中，加入了人为的控制因素，选取一个稳定的参考标准频率，当外界影响使激光频率偏离此特定的标准频率时，通过控制系统自动调节腔长，使激光频率回到标准参考频率上，从而实现稳频。

被动稳频是指通过控制温度、采用互补的腔体材料、减振等措施设法维持谐振腔的间隔器，或将热膨胀系数为负值的材料与热膨胀系数为正值的材料按一定长度配合，使热膨胀相互抵消，保持腔长稳定，实现稳频。由于采用被动稳频方式工作的激光器一般复现性很差，因此这种办法一般用于工程上对稳定精度要求不高的场合。欲达到更高的稳频精度，必须采取主动稳频的方法。

根据选择参考频率的方法不同，主动式稳频方法又可以分为两类。一类是把激光器中原子跃迁中心频率 ν_0 作为参考频率，把激光频率锁定到中心频率上，如兰姆凹陷稳频法、塞曼效应法、功率最大值法等。这类方法简便易行，可以得到 10^{-9} 的稳定度，满足一般精密测量的需求，但是复现性不高，只有 10^{-7}。另一类是利用外界参考频率的饱和吸收稳频法，

这是目前水平最高的一种稳频方法。这种方法较为复杂，但可以得到较高的稳定度和复现性，均小于 10^{-10}，有的甚至短期稳定度高达 5×10^{-15}，复现性达 3×10^{-14}。

9.1.4　对标准频率的要求

在主动稳频中，不管是利用原子谱线中心频率作为鉴频器，还是利用外参考频率作为标准频率进行稳频，对参考标准频率有如下要求：

(1) 稳定性和复现性好。稳频激光器的频率稳定性和复现性最终取决于参考谱线(频率)的稳定性和复现性。作为标准频率，要求其长期稳定性优于 10^{-13}。因此，需要对参考谱线的频移(由原子碰撞、斯塔克的塞曼效应、功率不稳定等原因造成的频移)加以控制。

(2) 线宽窄。要设法消除多普勒加宽、碰撞加宽等。

(3) 信噪比高。信号强度与线宽往往是矛盾的。跃迁几率大的共振谱线很强，但能级寿命短，自然加宽大；增加粒子数密度可增强信号，但粒子数密度增加会产生碰撞加宽。因此，要求在一定信噪比的情况下，尽量缩小谱线宽度。

(4) 谱线频率与受控激光器频率匹配。即参考谱线的频率应落在受控激光器增益曲线的峰值附近。

9.2　兰姆凹陷稳频

在第 3 章中，曾介绍过非均匀加宽线型增益曲线的烧孔效应，并指出在多普勒效应产生的非均匀加宽线型中，一个振荡频率在其增益曲线上产生两个烧孔(关于中心频率 ν_0 对称)，如图 9.2.1(a)所示。两孔的面积与激活介质中参与受激辐射的有贡献的反转粒子数成正比。面积越大，意味着参与受激辐射的粒子数越多，则激光器输出的功率(光强)就越强。

对于一个单模 He-Ne 激光器，如果通过改变其腔长，使其振荡频率发生变化，由于不同的振荡频率上的小信号增益是不同的，所以增益曲线上的烧孔深度也不同。当连续改变激光振荡频率时，远离谱线中心的烧孔面积减小，输出功率也减小；而越靠近中心频率，则烧孔面积增大，深度加深，同时，两个烧孔的间隔缩小。当振荡频率与中心频率重合时，两个烧孔合二为一，孔的面积小于偏离中心频率时两孔的面积之和，这表明有贡献的反转粒子数减少，故输出功率达到极小值。此时，在中心频率处出现一个凹陷，如图 9.2.1(b)所示，称为兰姆凹陷。

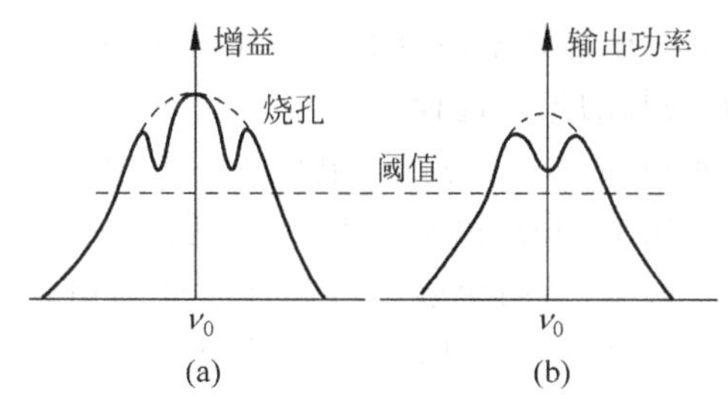

图 9.2.1　烧孔效应和兰姆凹陷

(a) 烧孔效应；(b) 兰姆凹陷

由于兰姆凹陷的宽度远比谱线的宽度窄,在凹陷的中心频率即为谱线的中心频率 ν_0,所以在 ν_0 附近频率的微小变化将引起输出功率的显著变化。兰姆凹陷稳频正是以中心频率 ν_0 为参考,通过检测输出功率,利用灵敏的腔长自动补偿伺服系统,把激光频率精确地稳定在谱线中心频率 ν_0 附近。

9.2.1 系统组成

兰姆凹陷稳频系统的基本组成如图 9.2.2 所示,激光管采用热膨胀系数很小的石英做成外腔式结构,谐振腔的两个反射镜安装在殷钢架上,其中一个贴在压电陶瓷环上。陶瓷环的长度约为几厘米。当压电陶瓷外表面加正向电、内表面加负电压时,压电陶瓷伸长,反之则缩短。通过调整加在压电陶瓷上的电压来控制腔长,以补偿外界因素所造成的腔长变化。光电接收器一般采用硅光电三极管,它能将光信号转变成相应的电信号。选频放大器只是对某一特定频率 f 信号进行有选择的放大,并输出给相敏检波器。相敏检波器的作用是对选频放大后的信号电压与音频振荡器发出的参考信号电压进行相位比较。如果相位相同,表示 $\nu>\nu_0$,相敏检波输出负直流电压,使压电陶瓷缩短;如果相位相反,则表示 $\nu<\nu_0$,相敏检波器输出正直流电压,使压电陶瓷伸长。音频振荡器输出两路正弦电压信号,一路给相敏检波器作为参考信号,另一路施加在压电陶瓷上对腔长进行调制。

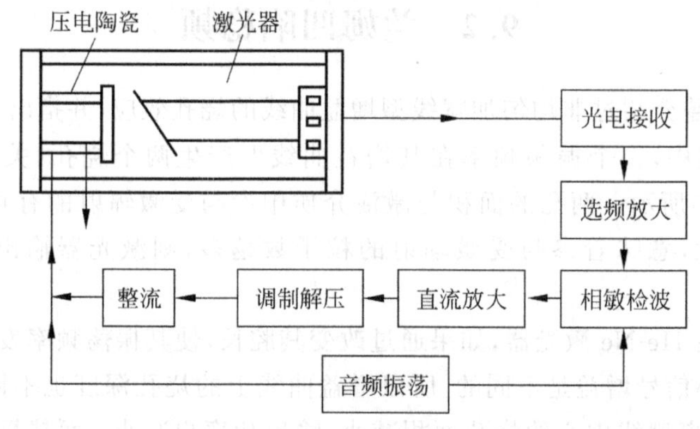

图 9.2.2 兰姆凹陷稳频系统组成

9.2.2 工作原理

图 9.2.3 所示为激光输出功率与频率的关系曲线。显然,在原子谱线中心频率 ν_0 处输出功率最小,选择中心频率 ν_0 作为频率稳定点。下面对 $\nu=\nu_0$、$\nu>\nu_0$ 和 $\nu<\nu_0$ 三种情况进行分析,分别描述兰姆凹陷稳频的工作过程。

在压电陶瓷上加有两种电压,一个是直流电压(0~300V 可调),用来控制激光器输出频率 ν;另一个是频率为 f(如 1kHz)、幅度很小(零点几伏)的交流调制电压,用来对腔长 L 即激光振荡频率 ν 进行低频调制,从而使激光功率 P 也受到相应的调制。调制电压使腔长 L 也以频率 f 做振动,从而激光频率也以 f 频率变化,这将造成输出功率以 $2f$ 的频率变化。

(1) 当 $\nu=\nu_0$ 时(图中 C 点处),激光振荡频率刚好与谱线的中心频率重合,则调制电压

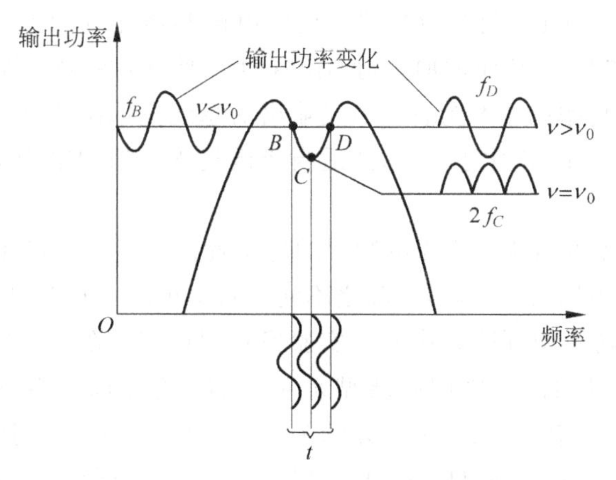

图 9.2.3　兰姆凹陷稳频原理示意图

使振荡频率在 ν_0 附近以频率 f 变化，因而激光输出功率将以 $2f$ 的频率进行周期性变化（C 点附近）。由于选频放大器工作在频率 f 处，所以此时选频放大器输出为零，没有附加的电压输送到压电陶瓷上，因而激光器继续工作中 ν_0 处。

（2）当 $\nu>\nu_0$ 时（图中 D 点处），此时激光输出功率将按频率 f 变化（f_D），其相位与调制信号电压相同，此光信号被光电接收器变换成相应的电信号，经选频放大后送入相敏检波器。与从音频振荡器输入的频率为 f 的调制信号进行相位比较后得到一个直流电压，此电压的大小与误差信号成正比，它的正负取决于误差信号与调制信号的相位关系，此时由于二者相位相同，从相敏检波器输出一负直流电压，继而经过直流放大，调制升压与整流，馈送到压电陶瓷上，使压电陶瓷缩短、腔长伸长，于是激光频率被拉回到 ν_0 处。

（3）当 $\nu<\nu_0$ 时（图中 B 点处），输出功率虽然仍按照频率 f 变化，但其相位与调制信号相反（相位相差 π），此时，从相敏检波器输出一正的直流电压，使压电陶瓷伸长、腔长缩短，于是激光频率被拉回到 ν_0 处。

综上所述，兰姆凹陷的实质是：以谱线的中心频率 ν_0 作为参考标准，当激光振荡频率偏离 ν_0 时，即输出一误差信号，通过伺服系统鉴别出频率偏离的大小和方向，输出一直流电压调节压电陶瓷的伸缩来控制腔长，从而把激光振荡频率自动地锁定在兰姆凹陷中心处。

采用兰姆凹陷稳频可以获得优于 10^{-9} 的频率稳定度，但频率复现性仅达 $10^{-7}\sim10^{-8}$。

9.2.3　注意事项

兰姆凹陷稳频的注意事项如下：

（1）兰姆凹陷稳频激光器不仅要求单横模，而且还要求单纵模，所以稳频的 He-Ne 激光器一般都选用短腔，例如腔长为 230mm、纵模间隔约为 650MHz。这样，当某一纵模在兰姆凹陷中心时，两侧相邻的纵模就可以处在净增益曲线之外，从而保证输出为单纵模。为了得到单横模，一般应选用平凹镜组成的半共焦腔，凹面镜的曲率半径应比较大，而放电毛细管直径应比较细，这样适当调节反射镜即可实现单横模输出。

（2）频率的稳定性与兰姆凹陷中心两侧的斜率有关，斜率越大，误差信号就越大，灵敏度就越高，稳定性就越好。为了得到较高的频率稳定性，兰姆凹陷就要窄而深。而兰姆凹陷

的深度与激发参量 α 成正比，调节激光器的放电电流和激光管的参数，并减少谐振腔的损耗，都可以增大激发参量 α，从而增加兰姆凹陷深度。要使频率稳定性优于 10^{-9}，则兰姆凹陷深度大约等于输出功率的1/8为宜。激光输出的总线宽取决于多普勒加宽，而兰姆凹陷的宽度则由均匀加宽决定，正比于气压，故适当降低气压可使凹陷变窄，但气压太低会使激光输出功率降低。

(3) 兰姆凹陷线型的对称性也影响频率的稳定性。当兰姆凹陷不对称时，中心频率 ν_0 两侧的曲线斜率将会不同，误差信号也随之不同。斜率小的一侧得到的误差信号很小，因而灵敏度很差，难以准确地调到凹陷中心。实验发现，He-Ne激光器中若充以纯Ne同位素(Ne^{20} 或 Ne^{22})，则所得到的兰姆凹陷线型是对称的；若充以自然Ne(同时含有 Ne^{20} 和 Ne^{22})，由于两种同位素谱线中心频率之差约为890MHz，则所得兰姆凹陷将不是对称的，且不够尖锐。因此，在实际稳频的He-Ne激光器中，均充单一同位素 Ne^{20} 或 Ne^{22} 作为激活介质。

(4) 兰姆凹陷稳频以原子跃迁中心频率 ν_0 作为参考标准频率，故 ν_0 本身的频移会直接影响频率的长期稳定性和复现性的精度。产生 ν_0 的频移的原因主要是由气压造成的压力频移、由斯塔克效应造成的频移和由不同放电条件引起的频移。上述三种因素造成的中心频率的位移(偏离中心频率的位置)约为 10^{-7} 量级，这些扰动都不能通过伺服系统校正，只能尽量减小其影响。

9.3 塞曼效应稳频

塞曼稳频是基于原子的塞曼效应实现的。1896年，荷兰物理学家塞曼(Zeeman)发现，处于磁场中的发光原子，其原子谱线在磁场作用下发生分裂，这种现象称为塞曼效应。塞曼效应分为正常塞曼效应(单重谱在弱磁场中的分裂)和反常塞曼效应(多重谱线在弱磁场中的分裂)两种。塞曼稳频是基于正常塞曼效应实现的。若外加磁场方向和激光管轴线方向一致，叫做纵向塞曼稳频；外加磁场方向与激光管轴线方向垂直，叫做横向塞曼稳频。下面重点介绍纵向塞曼稳频。

9.3.1 纵向塞曼效应

当He-Ne激光器以单纵模振荡，在谱线中心频率 ν_0 与腔的谐振频率一致时，无频率牵引效应，输出激光频率为 ν_0。若在光束方向施加纵向磁场，则沿磁场方向可以观察到，一条谱线对称地分裂成两条谱线，一条是左旋圆偏振光，它的频率高于未加磁场时的谱线($\nu_0+\Delta\nu$)，另一条是右旋圆偏振光，它的频率低于未加磁场时的谱线($\nu_0-\Delta\nu$)。二者的光强相等且为原谱线光强的一半，如图9.3.1所示。这两条分裂谱线的交点正是原谱线的中心频率，这就是纵向塞曼效应。

产生塞曼效应的原因是原子的能级在外磁场的作用下发生分裂，如图9.3.2所示。当未加磁场($H=0$)时，原子从高能级跃迁到低能级，发出频率为 ν_0 的光。当施加磁场之后，这两个能级就分裂为多个能级，当原子在这些能级间按选择定则从高能级向低能级跃迁时，便发出三种频率($\nu_1=\nu_0+\Delta\nu$，ν_0，$\nu_2=\nu_0-\Delta\nu$)的偏振光。

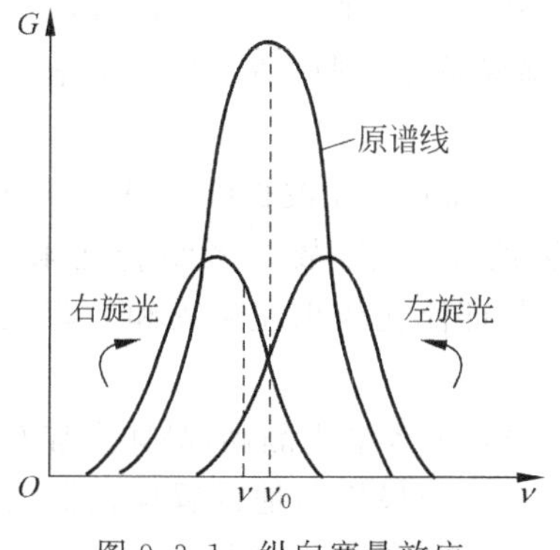

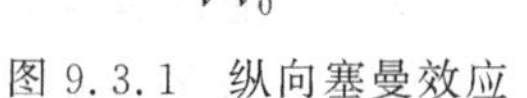
图 9.3.1　纵向塞曼效应

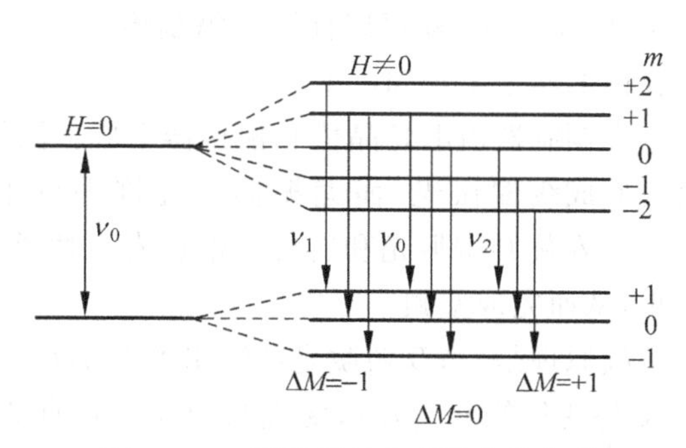

图 9.3.2　原子能级在磁场中的分裂

当激光振荡频率与中心频率 ν_0 重合时，左旋圆偏振光和右旋圆偏振光的光强相等。若激光振荡频率偏离了中心频率 ν_0（假设在 ν 处，如图 9.3.1 所示），则右旋圆偏振光的光强大于左旋圆偏振光的光强；反之，则右旋圆偏振光的光强小于左旋圆偏振光的光强。根据激光器输出的两个圆偏振光光强的差别，就可以判别出激光振荡频率偏离中心频率的方向和大小。这样可设法形成一控制信号去调节谐振腔，使它稳定在谱线的中心频率处。由纵向塞曼效应分裂成的两谱线交点处的曲线有较陡的斜率，可作为一个很灵敏的频率参考点，故频率稳定性和复现性精度都比较高。

9.3.2　塞曼效应双频稳频激光器

1. 系统组成

利用塞曼效应的双频稳频系统由加纵向均匀磁场的双频激光器、电光调制器和电子伺服系统三部分组成，如图 9.3.3 所示。

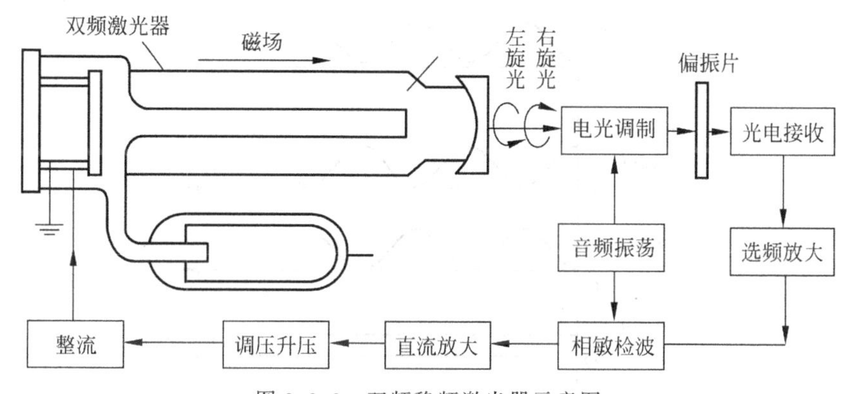

图 9.3.3　双频稳频激光器示意图

图中所示的双频激光器（He-Ne）是一个在放电区加上 0.03T 左右的纵向磁场，并利用压电陶瓷控制腔长的内腔激光器。激光管由石英玻璃制成，腔镜由平面镜和凹面反射镜构成，其中平面镜与压电陶瓷环粘接在一起，激光管充以高纯度的氦氖气体，He3∶Ne20 约为 7∶1，充气气压约为 400Pa，充气压过高或含有其他气体成分都会增加激光的噪声。

对于稳频激光器，要求单模输出，如果输出波长为 632.8nm 的 He-Ne 激光器，只要腔长在 100mm 以下，就可以保证单纵模输出。要获得单横模输出，则可适当选择毛细管的直径及腔镜的曲率半径和反射率。

电光调制器由电光晶体和偏振器组成。圆偏振光通过加有 1/4 波长电压($V_{\lambda/4}$)的晶体时就会变成线偏振光，而偏振器只允许平行于偏振轴的光通过，故二者结合起来，利用 $\pm V_{\lambda/4}$ 使左旋圆偏振光和右旋圆偏振光交替通过偏振器，即能比较出左旋光和右旋光光强的大小，从而完成鉴频。

鉴频原理是，当双频激光器输出的左旋和右旋圆偏振光进入电光晶体(晶体上加有频率为 f 交替变化的 $V_{\lambda/4}$)时，变成两个互相垂直的线偏振光。如果恰当地设置偏振器的偏振轴方向，当电压为正半周($+V_{\lambda/4}$)时，右旋圆偏振光经过电光晶体后变成的线偏振光刚好能通过，而左旋光不能通过；反之，在负半周($-V_{\lambda/4}$)时，左旋圆偏振光经过电光晶体后变成的线偏振光刚好能通过，而右旋光不能通过。因此，后面的光电接收器就能交替地接收到左、右旋光的光强信号 I_{ν_L} 和 I_{ν_R}，其变化频率为 f。当 $I_{\nu_L} > I_{\nu_R}$ 时，光电接收器的输出信号电压的相位与调制电压相同；当 $I_{\nu_L} < I_{\nu_R}$ 时，输出信号电压的相位与调制电压反相；当 $I_{\nu_L} = I_{\nu_R}$ 时，输出信号为一直流电压。其工作原理如图 9.3.4 所示。

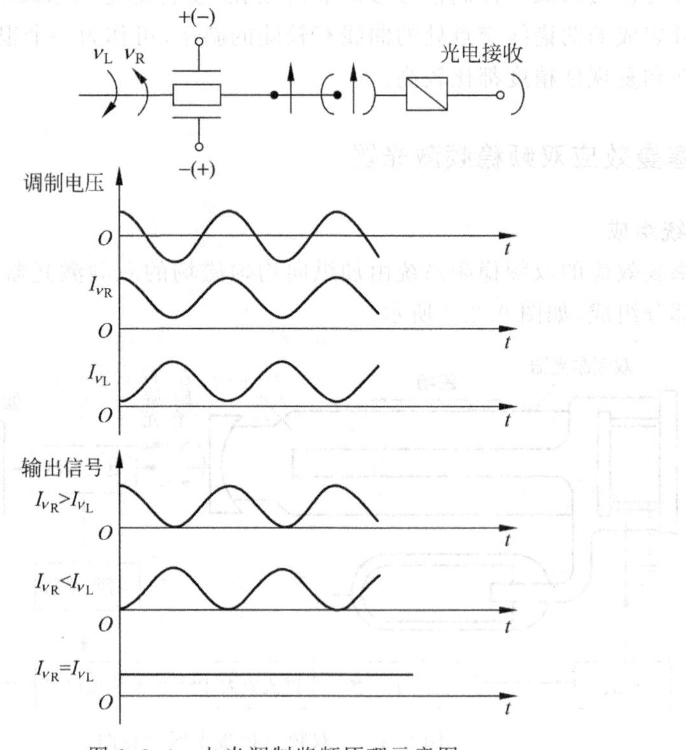

图 9.3.4 电光调制鉴频原理示意图

电子伺服系统包括 1kHz 音频振荡器、选频放大器、相敏检波器和直流放大器。

2. 工作原理

一个单模激光器，其振荡频率为 $\nu = qc/2nL$。当激光器产生振荡时，激活介质中的粒子受到强光作用，折射率 n 就发生变化，其改变量 Δn 在中心频率 ν_0 处为零。当振荡频率 $\nu >$

ν_0 时，则 Δn 为一增量，即有效折射率增加，激光输出频率 ν 减小，往中心频率 ν_0 处牵引；反之，$\nu<\nu_0$ 时，Δn 为一减量，有效折射率减小，激光输出频率 ν 增大，往中心频率 ν_0 处牵引。这两种情况都有把振荡频率拉向谱线中心频率的趋势，即频率的牵引效应。

在施加纵向磁场后，光谱线由于塞曼效应分裂成两条位于 ν_0 两侧且对称的谱线，其中，中心频率大于 ν_0 的谱线为左旋光（$\nu_{0_L}>\nu_0$），中心频率小于 ν_0 的谱线为右旋光（$\nu_{0_R}<\nu_0$）。其增益曲线如图 9.3.5 所示。由于频率牵引效应，右旋和左旋圆偏振光的频率将分别向各自的增益曲线的中心处移动，即 ν_L 向 ν_{0_L} 移动，ν_R 向 ν_{0_R} 移动。

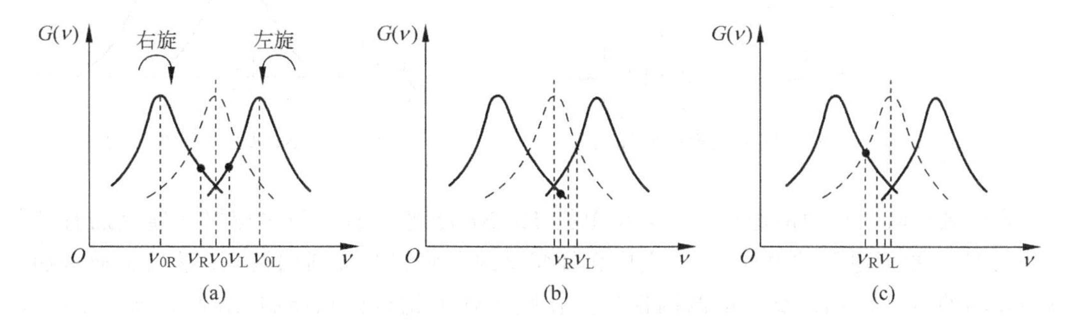

图 9.3.5 双频激光器的增益曲线

双频激光器的频率稳定参考点是塞曼效应分裂的左旋光和右旋光增益曲线的交点，如图 9.3.5(a)所示。如果激光振荡频率 $\nu=\nu_0$，由图可以看出，左旋光和右旋光的增益相等，所以输出的激光功率（光强）相等，即 $I_{\nu_L}=I_{\nu_R}$，此时光电接收器输出为直流信号，电子伺服系统无信号输出，激光输出频率保持不变。

如果激光振荡频率 $\nu>\nu_0$，如图 9.3.5(b)所示，左旋光的增益大于右旋光的增益，所以 $I_{\nu_L}>I_{\nu_R}$，这时光电接收器输出的误差信号的相位与调制电压反相；反之，如果 $\nu<\nu_0$，如图 9.3.5(c)所示，则有 $I_{\nu_L}<I_{\nu_R}$，这时光电接收器输出的误差信号的相位与调制电压同相。此信号经选频放大后，由电子伺服系统输出相应的电压，控制压电陶瓷调制腔长，使激光振荡频率恢复到两谱线的交点处，从而达到稳频的目的。

双频稳频激光器的频率稳定性可达 $10^{-11}\sim10^{-10}$，频率复现性为 $10^{-8}\sim10^{-7}$。由双频激光器构成的干涉仪具有较强的抗干扰能力，对工作条件（温度、湿度、清洁度等）要求不是太高，在无恒温条件下也能长时间连续工作，可用于工业中的精密计量。

9.3.3 塞曼效应吸收稳频

塞曼效应吸收稳频的装置如图 9.3.6 所示。它是在单频激光器腔外的光路上设置一个塞曼吸收管，管内充以低气压的 Ne 气（只充 Ne 气的管子比充 He-Ne 混合气的管子，对谱线的压力位移小），并在吸收管内通以一定的电流。一些受激发的 Ne 原子能吸收入射到 Ne 管的激光，但因吸收谱线较宽，不宜直接作为参考频率。若在 Ne 管上加一纵向磁场，由于塞曼效应，Ne 原子的谱线相对于谱线中心线会分裂为两条对称的吸收线，如图 9.3.7 所示。因此，Ne 吸收变为双向色散性，即它对于频率相同、方向相反的左右旋圆偏振光，具有不同的吸收系数，其吸收差取决于激光振荡频率偏离谱线中心的程度。仅在谱线中心 ν_0

处，两圆偏振光的吸收相等。由图可见，两条吸收线在斜率最陡的 C 处相交，以此点作为稳频参考点即可得到灵敏的鉴频效果。

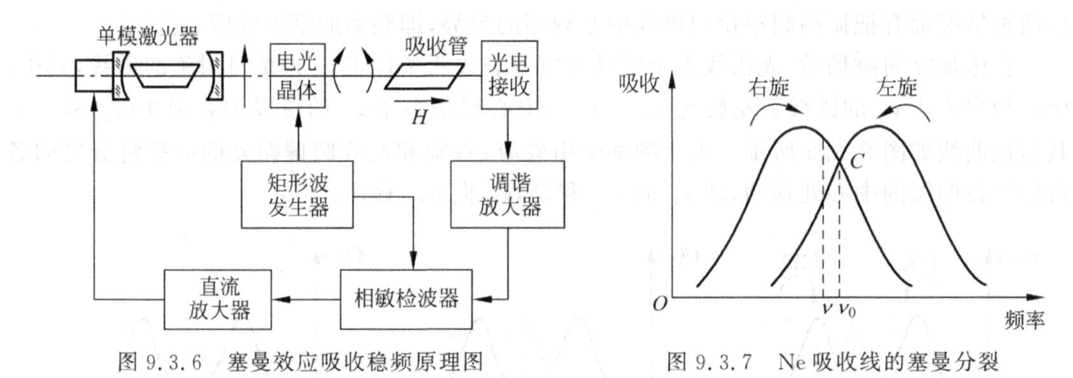

图 9.3.6 塞曼效应吸收稳频原理图　　图 9.3.7 Ne 吸收线的塞曼分裂

塞曼效应吸收稳频的原理如下：从单模 He-Ne 激光器输出的线偏振光通过加有正负交变的 $V_{\lambda/4}$ 矩形电压的电光晶体，变成交替变化的左旋和右旋圆偏振光；然后再通过加了纵向磁场的 Ne 吸收管，交变的两圆偏振光在吸收管中就将得到调制，结果形成误差信号；该误差信号的振幅与偏离的频率差的大小成正比，其相位与偏离的方向有关。这个误差信号由光电接收器接收，再经过放大和伺服系统控制腔长，从而保证经过振荡频率稳定在 ν_0 处。

9.4 饱和吸收稳频

兰姆凹陷稳频和塞曼效应稳频是利用激光本身的原子跃迁中心频率作为参考点，但是原子跃迁的中心频率易受放电条件等影响而出现频率漂移，所以其稳定性和复现性受到一定的局限。为了提高频率的稳定性和复现性，通常采用外界参考频率标准进行稳频。例如，在谐振腔中放入一个充有低气压气体原子(或分子)的吸收管，利用气体原子(或分子)的饱和吸收进行稳频，可使其频率稳定性和复现性得到很大的提高，这种方法称为饱和吸收稳频。

9.4.1 系统组成

图 9.4.1 所示为典型的饱和吸收稳频系统。在该系统中，激光管和吸收管串联放置在外腔激光器的谐振腔中，吸收管内充有低气压气体，此气体在激光谐振频率处有一个强的吸收峰。例如，对于 He-Ne 激光器(波长为 632.8nm)，吸收管内充的气体为氖气(Ne)和碘蒸气(I_2)；对于波长为 3.39μm 的激光，充以甲烷(CH_4)，都可以得到吸收线和振荡频率一致的情况。

由于吸收管内的气压一般只有 0.13～1.3Pa，而低压气体吸收峰的频率很稳定，受气压和放电条件变化的影响很小，因此频率稳定性和复现性都很好。

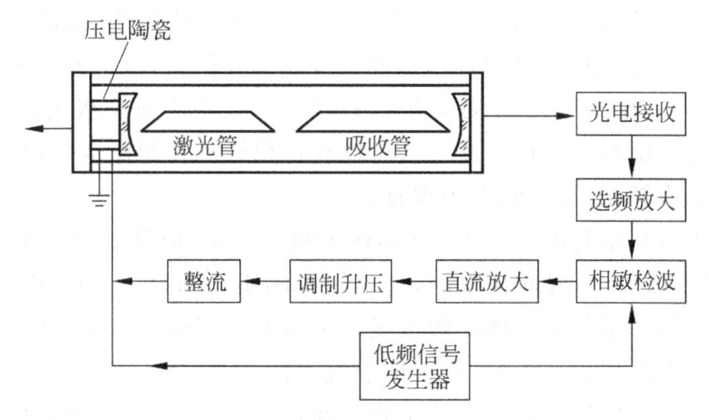

图 9.4.1　饱和吸收稳频系统示意图

9.4.2　工作原理

与兰姆凹陷相似，吸收管中的气体在中心频率 ν_0 处产生吸收凹陷。对于 $\nu=\nu_0$ 的光，其正向传播和反向传播的两列行波光强均被速度 $v_z=0$ 的分子吸收，即两列光强作用于同一群分子上，故吸收容易达到饱和，如图 9.4.2(a)所示。

而对于 $\nu\neq\nu_0$ 的光，正向传播和反向传播的两列行波光强分别被纵向速度为 $+v_z$ 和 $-v_z$ 的两群分子所吸收，所以吸收不易达到饱和，在吸收线的 ν_0 处出现吸收凹陷，如图 9.4.2(b)所示。

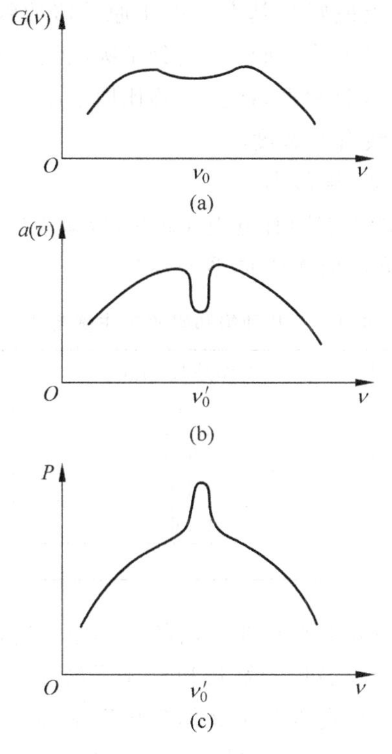

图 9.4.2　反兰姆凹陷

吸收谱线在中心处的凹陷,意味着在中心频率 ν_0 处吸收最小,故激光器输出功率在 ν_0 处产生一个尖峰,通常称为反兰姆凹陷,如图 9.4.2(c)所示。反兰姆凹陷比激光管中兰姆凹陷的宽度要窄得多(相差 1~2 个数量级),且吸收谱线中心频率极为稳定,故反兰姆凹陷可以作为一个很好的稳频参考点。此方法可以获得很好的长期稳定性和复现性。其稳频工作过程与兰姆凹陷稳频相似,在此不予重复。

饱和吸收稳频最初是利用 Ne 原子气体作为吸收介质,但其效果并不是很理想,原因是 Ne 原子的下能级寿命较短,吸收比较弱,反兰姆凹陷不很明显。目前多采用分子气体作为饱和吸收稳频的气体。用分子气体的吸收线作为参考频率标准有如下优点:

(1) 分子的振动跃迁寿命比 Ne 原子的能级寿命长,可达 $10^{-3}\sim10^{-2}$s 量级,因此分子谱线的自然宽度比原子谱线窄得多。分子吸收线产生于基态与振动能级间的跃迁,吸收管不需要放电激励即有很强的吸收,因而避免了放电的扰动。

(2) 吸收管气压低,由分子碰撞引起的谱线加宽非常小,其反兰姆凹陷的宽度只有 10^5 Hz 以下极窄的谱线。

(3) 分子的基态偶极矩为零(如甲烷分子是一种典型的球对称分子),所以斯塔克效应和塞曼效应都很小,由此而产生的频移和加宽可以忽略不计。因此,腔内饱和吸收稳频激光器的结构简单紧凑,被广泛采用。

饱和吸收稳频激光器的频率稳定性最终取决于吸收谱线的稳定性,也和谱线的宽度以及信噪比有关,所以选择理想的吸收介质十分重要,它们应当满足以下条件:

(1) 吸收谱线和激光增益谱线的频率基本相符。

(2) 吸收系数要大,低能级最好是基态。由于原子吸收线波长多处在可见光和紫外光波段内,不易与多数气体激光器配合,所以常用分子吸收线,分子振—转谱线丰富,也容易找到与激光谱线匹配的线,而且极化率低,碰撞频移比原子小。

(3) 激发态寿命较长,谱线自然宽度小。

(4) 气压低,谱线碰撞加宽、频移小。

(5) 分子结构稳定,尽可能没有固有电矩和磁矩,以减少碰撞、斯塔克和塞曼频移与加宽。

表 9.4.1 列出了几种饱和吸收工作体系的参数。

表 9.4.1 几种饱和吸收工作体系的参数

激光器	工作波长/μm	吸收气体
Ar^+	0.515	$^{127}I_2$
He-Ne	0.633	^{20}Ne, $^{127}I_2$, $^{129}I_2$
He-Ne	3.39	CH_4
CO_2	10.6	CO_2, SF_6, OsO_4
染料	0.657	Ca

由于分子饱和吸收稳频激光器具有非常高的频率稳定性,1983 年第十七届国际计量权度大会推荐了五条甲烷和碘吸收稳频的氦氖和氩离子激光辐射作为新的波长标准,计量部门可以直接使用其中任何一条复现米的定义作为长度基准。2001 年,国际长度咨询委员会公布的国际推荐频率值已有 13 类。2003 年,第十届长度咨询委员会将 $^{13}C_2H_2$ 饱和吸收稳频的 1542.384nm 激光谱线推荐为新的波长标准。

9.5 其他稳频激光器

9.2～9.4 节主要讲述了对 He-Ne 激光器采用激光原子谱线本身和外界吸收谱线作为鉴频标准进行稳频的方法。在实际中，经常使用的 CO_2 激光器、脉冲运转的固体激光器、半导体激光器和光纤激光器也需要稳频，因而相应地出现了一些独特的稳频方法。

9.5.1 CO_2 激光器的稳频

稳频 CO_2 激光器在计量、光频测量链和激光雷达等方面应用广泛。CO_2 激光器在 9～11μm 范围内有很多条振荡谱线，可以用某些可饱和吸收介质来使某些振荡谱线的频率稳定，吸收介质主要有 CO_2、SF_6 和 OsO_4，利用波长为 4.3μm 的自发辐射跃迁的荧光谱线可对 CO_2 的任何一条振荡谱线进行稳频，称为荧光稳频法。这种方法可以得到很好的信噪比，稳定度达到 10^{-12}，复现性为 1.5×10^{-10}。

图 9.5.1 所示为稳频 CO_2 激光器的系统原理图。它包括可调谐的单频 CO_2 激光器、CO_2 吸收盒、InSb 荧光检测器和电子伺服系统。谐振腔的一个腔镜粘贴在压电陶瓷上。上面加有两种驱动电压，其作用和前面介绍的兰姆凹陷法相同。

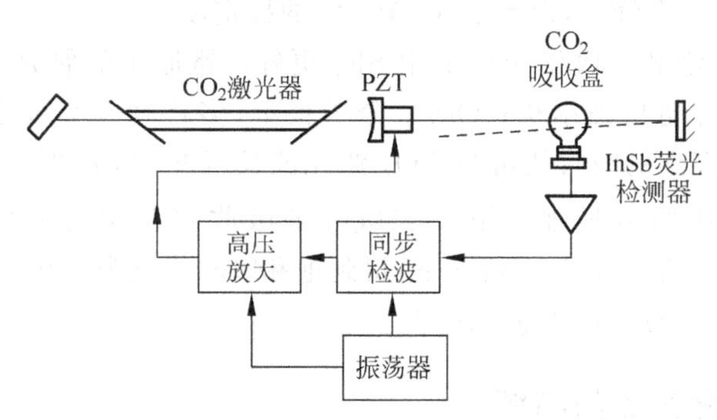

图 9.5.1 CO_2 激光器的荧光稳频系统

CO_2 分子所有的激光跃迁和波长为 4.3μm 的自发辐射跃迁具有共同的上振动能级。如果把充有 CO_2 气体的吸收盒放置在谐振腔内，当它受到 CO_2 激光照射时，基态能级($00^\circ0$)上的分子吸收光子而跃迁到能级($00^\circ1$)上，被激励的分子相互碰撞，在向基态跃迁时，发出波长为 4.3μm 的荧光，其谱线的多普勒宽度约为几十兆赫，如图 9.5.2 所示。

因为多普勒效应，沿光的行进方向作热运动的分子会吸收某一特定频率的激光而受到激励。那些在光行进方向上无热运动速度($v_z=0$)的分子，则能同时吸收从两个方向来的频率为 ν 的激光，因而首先达到吸收饱和而出现窄的凹陷。这一窄的荧光饱和吸收曲线即可作为 CO_2 激光器稳频的参考标准。

CO_2 荧光跃迁从吸收上能级($00^\circ1$)到振动基态($00^\circ0$)，发出 4.3μm 的荧光；上能级寿命很长，约为 2.2ms，所以荧光谱线很窄，常采用 InSb(液氮下)进行检测。

早期吸收盒放在激光腔内，后来放到腔外以改变信噪比。4.3μm 荧光饱和吸收凹陷的对比度达 16%，凹陷宽度为 0.9MHz，在取样时间为 0.1～100s 时的稳定度为 6×10^{-12}，复现性为 10^{-10}。

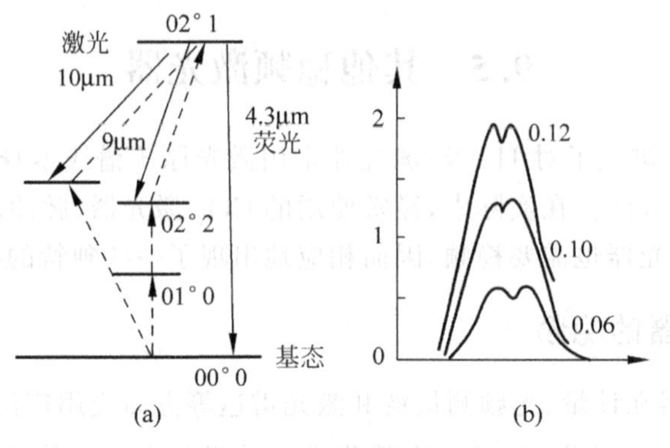

图 9.5.2 CO_2 荧光的能级与谱线

(a) 能级与荧光；(b) 荧光饱和曲线

此外还有用 SF_6 和 OsO_4 等分子的饱和吸收进行 CO_2 激光器稳频。这些装置都是利用腔外吸收准行波控制。SF_6 在 10.5μm 和 10.6μm 附近有强吸收线，其波长与 CO_2 的 P(16)和 P(18)激光谱线重合。法国的 Borde 等利用 6m 长的吸收室在几毫托(mTorr，1Torr＝133.3Pa)气压下，观测了 SF_6 的 10.5μm 饱和吸收线，该线有双重线和三重线两部分，把激光频率锁定在双重线的一个峰上，得到了 3×10^{-13} 的稳定度。

用 OsO_4 分子做饱和吸收稳频比采用 SF_6 更好。锇原子的偶数同位素 ^{190}Os 和 ^{192}Os 核没有磁矩，谱线没有超精细结构；OsO_4 分子很重，多普勒频移很小；OsO_4 在 10.2～10.6μm 范围内有许多强的吸收线可与 CO_2 激光波长匹配，其中以 10.53μmP(14)增益曲线中心附近的 ^{192}Os 吸收线最强。用长 250cm 的吸收室及望远镜扩束激光(直径 $d=$ 2.5cm)，在 OsO_4 气压为 40mTorr 情况下，得到饱和吸收线宽为 250～300kHz，激光频率稳定度为 3×10^{-13}/100s，复现性为 2×10^{-11}。

9.5.2 固体脉冲激光器的稳频

固体脉冲激光器的频率稳定一直是比较难以解决的问题。随着脉冲激光器在高分辨光谱学、激光化学和激光雷达等应用方面的发展，人们开始探索稳定脉冲光频的方法。其中，对固体脉冲激光器稳频研究得较多，而且取得了较好的效果。

固体脉冲激光器在受激期间要输入较大的激励能量，所以系统中电压与温度的变化都比较激烈。据报道，采用在脉冲形成期间对腔体和其他参数进行补偿锁定的方法稳频获得了较好的效果，其补偿锁定稳频装置如图 9.5.3 所示。

脉冲 Nd∶YAG 激光器的重复频率为 10Hz，持续时间为 5ms。由于固体激光器的增益带宽较宽，并存在空间烧孔效应，所以激光器必须是单模(纵、横模)输出，为此，腔内要插入 F-P 熔融石英标准具。为了消除空间烧孔效应，在 YAG 棒的两端装置 1/4 波片，腔长是通过一个腔镜上的 PZT 陶瓷和 $LiNbO_3$ 晶体进行调节的。以腔外光路上的 F-P 共焦干涉仪作为光频基准。整个激光系统用恒温水流进行冷却。

为了保证每个光脉冲的频率都能对准共焦干涉仪的透射峰值，采用一种特殊的搜索电路。在光脉冲出现的瞬间，搜索电路便开始工作，用一个扫描电压改变腔长，一旦光电检测器接收到 F-P 干涉仪的共振信号，搜索电路即自动转换成补偿信号电压，其补偿量的大小

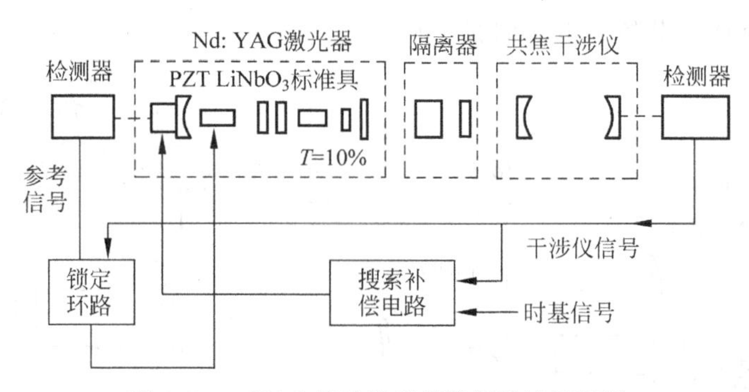

图 9.5.3　YAG 脉冲激光器稳频系统原理图

应预先经过测定，保证脉冲激光频率在整个脉冲周期内对准 F-P 的中心。但此时激光的频率还可能有较大的起伏，因此还需要使用一套快速锁定系统。这个系统能比较检测器 1 和 2 上的激光功率的大小，并通过比较光脉冲功率和 F-P 干涉仪透射的功率得到一个误差信号，再经过锁定环路伺服系统去控制 $LiNbO_3$ 晶体的光学长度，即激光器的振动频率，使光频稳定在 F-P 腔透射曲线的最大斜率处，构成快速稳频环路。两套系统同时工作后，光脉冲的频率起伏可小于 200kHz。

9.5.3　半导体激光器的稳频

半导体激光器具有小型、可靠和寿命长等优点。若能采用适当的稳频方法提高其频率稳定度，那么对超外差光通信、精密测量等应用都将有重要的意义。

早些时候对半导体激光器主要采用如图 9.5.4 所示的稳频系统进行稳频工作。采用 F-P 共焦干涉仪作为频率基准。在干涉仪上施加音频扫描电压，当激光振动频率偏离扫描干涉仪的中心频率时，将引起透射光强的改变，从而得到一误差信号，再通过伺服系统加到半导体激光器的恒温控制器上，最后调节激光器的工作温度就可以实现激光频率的稳定。这种方法是利用光学谐振腔的幅度特性构成稳频系统的，所以鉴频曲线的两侧斜率很快趋于零，系统的抗干扰能力很差，激光频率的微小跳变就会导致失锁，而且不易被察觉，因而不能实现有效的稳频。

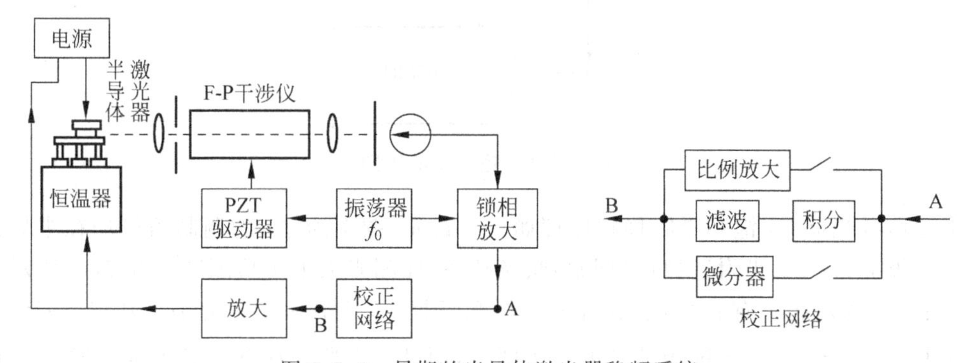

图 9.5.4　早期的半导体激光器稳频系统

20 世纪 80 年代初，国外报道了一种“铯原子饱和吸收稳频方法”，其稳频系统如图 9.5.5 所示。半导体激光器装在用珀尔帖效应构成的恒温器中，恒温精度达 10^{-4}～10^{-3}K。稳频系统包括 Cs 饱和吸收装置和电子伺服控制系统。

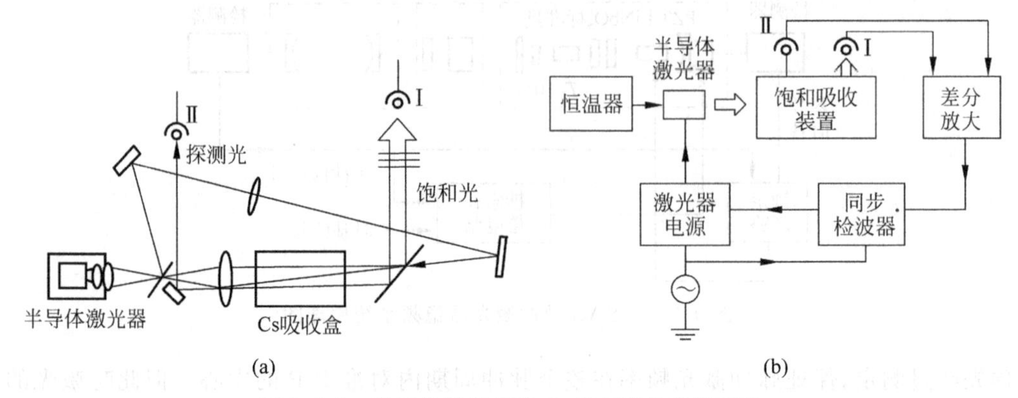

图 9.5.5　半导体激光器的 Cs 饱和吸收稳频系统

铯原子基态 $6^2S_{1/2}$ 与第一激发态 $6^2P_{2/3}$ 的能级分布如图 9.5.6 所示，其间距为 852.1nm，基态和激发态的超精细结构如图示，D_2 线在常温下的多普勒宽度约为 370MHz，故从基态 3 和基态 4 出发的吸收线是易于分离的。激发态的寿命很短(10^{-8}s)，而基态 3、4 的两超精细能级间的弛豫时间较长，除了基态 3 到激发态 $F=2$，基态 4 到激发态 $F=5$ 的跃迁之外，其余的跃迁都易于饱和。这时因为从激发态上很快下跌的原子以相同的概率落在基态的两个超精细能级上，这种超精细能级间的抽运效应使得输出功率较小的半导体激光器也足以使它们产生饱和吸收效应。

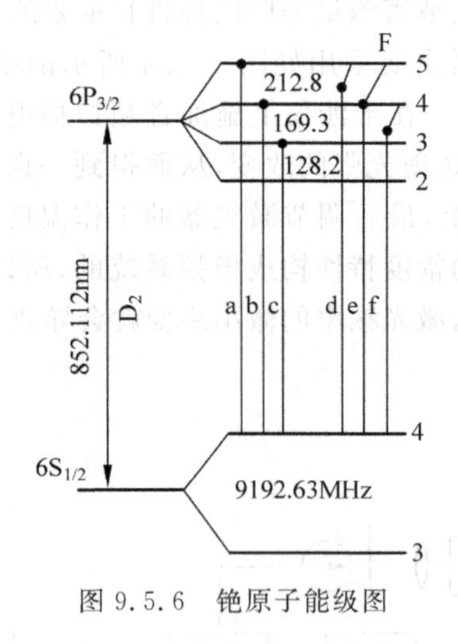

图 9.5.6　铯原子能级图

半导体激光器 Cs 饱和吸收稳频原理如下。首先，频率为 f_0 的调制信号加在半导体激光器的电极上，在 D_2 线附近扫描(调制)激光频率，探测光束上可检测图 9.5.7(a)所示的信号。在 D_2 线的基底上有 a、b、c、d、e、f 六条饱和吸收线，其中，a、b、c 分别是基态 4 能级至激发态 $6^2P_{2/3}$ 的 $F=5$、4、3 能级跃迁的兰姆凹陷，而 d、e、f 则是基态 4 能级至激发态 $6^2P_{2/3}$ 的 $F=4$、5 和 3、4 的交叉共振兰姆凹陷。a 线较弱，因为这时粒子只能回到基态 4 能级上；b、e 两线间的频差小于 20MHz，因为吸收线本身和激光谱线均具有一定宽度而无法分辨。为消除 D_2 线基底的影响，可从饱和光束中取出相同的基底信号，选取合适的幅度并以差分的方式消除探测光束中的基底成分，最终的微分信号如图9.5.7(b)所示。系统锁定在幅度较强的d线上，从控制系统反馈电压的变化情况可估算稳频后半导体激光器频率的稳定性，采用阿伦方差表示，当平均时间为0.2～1s时，稳定度可达9×10^{-12}。

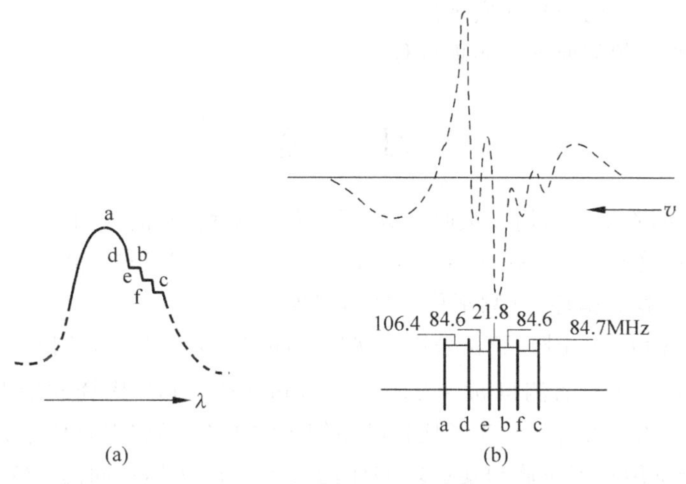

图9.5.7 铯原子饱和吸收线

9.5.4 光纤激光器的稳频

光纤激光器稳频在高精度光谱、光学测量和光纤传感方面具有广泛的应用，频率稳定性是关键所在。实现激光频率稳定输出主要是如何消除跳模和抑制频率漂移，其技术途径主要分为两大类，一类是基于消除空间烧孔效应的线形腔光纤激光器，另一类是采用行波环形腔结构获得稳频激光输出。

对于线形腔而言，想要获取稳定的激光输出，一般采用缩短腔长、增加腔内相邻纵模间隔来实现，如超短腔分布式布拉格反射(DBR)光纤激光器和分布式反馈光纤激光器，但这需要极高浓度的掺杂光纤和精密加工技术，使得制作技术难度加大，输出功率不高，不利于工程化。对于行波环形腔结构，其谐振腔较长，腔内相邻纵模间隔偏小，容易出现跳模现象。

为此多种技术被广泛应用于长线形腔和环形腔结构的光纤激光器来优化激光稳定输出，如腔内消相干技术、F-P滤波技术、腔外光注入或自反馈光注入技术、反馈光纤环技术等。但是这些稳频技术的引入使得激光器的结构变得复杂、激光腔内损耗变大，激光器能量转换效率低下。

本章小结

本章主要讨论了He-Ne激光器的稳频原理和实现方法。首先介绍了激光的稳定性和复现性的概念，分析了影响激光器输出频率稳定的因素，在此基础上，介绍了He-Ne激光器主动稳频的方法。重点讨论了兰姆凹陷稳频、塞曼效应稳频和饱和吸收稳频的原理和实现过程，在学习这部分内容时，要认识到参考频率在实现稳频中的重要性。最后简单介绍了其他类型激光器的稳频方法。

学习本章内容后，读者应理解以下内容：

(1) 频率的稳定性和复现性的含义；

(2) 影响频率稳定性的因素；

(3) 兰姆凹陷稳频的原理和实现过程；

(4) 塞曼效应稳频的原理和实现过程；

(5) 饱和吸收稳频的原理和实现过程。

习　题

1. 比较兰姆凹陷稳频与饱和吸收稳频(反兰姆凹陷稳频)的异同点。

2. 在 He-Ne 激光器中，Ne 原子的谱线宽度为 1.5×10^9 Hz，谱线中心频率为 4.7×10^{14} Hz。若不采用稳频措施，其频率稳定性为多少？

3. 一台稳频 CO_2 激光器，腔长采用环状压电陶瓷(PZT)调节，其长度 $L=1$cm，灵敏度表示为 $m=\Delta L/(V\cdot L)$，若测得 $m=2.5\times10^{-4}\mu$m/(V·cm)，陶瓷的最大变化量(即腔长的最大调节范围)$\Delta L=0.1\mu$m。为了使稳频系统正常工作，需将误差信号放大到多少伏？

4. 有两只分别用石英玻璃和硬玻璃制作的结构和尺寸都相同的 CO_2 激光器，如不计其他因素的影响，当温度变化为 0.5℃时，试比较二者的频率稳定性(已知石英玻璃的线膨胀系数 $\alpha=6\times10^{-7}$/℃，硬玻璃的线膨胀系数 $\alpha=10^{-5}$/℃)。

第 10 章思维导图

第 10 章 频率变换技术

利用调 Q 和锁模技术，能获得极强的光源，其光场强度比普通光源高出几十万倍以上，场强达到可和原子内部场强(约 10^8 V/cm)相比拟的程度。由此产生的电感应极化矢量 $\boldsymbol{P}$ 便不再与场强 $\boldsymbol{E}$ 成线性关系，而必须把 $\boldsymbol{P}$ 看成 $\boldsymbol{E}$ 的函数 $\boldsymbol{P}(\boldsymbol{E})$，即表现出非线性效应。此时，在光和物质的相互作用中，物质的光学参数(如折射率、吸收系数等)与光强有关，且由于各种频率的光场产生非线性耦合，会产生新的频谱。非线性光学是研究各类系统中非线性现象共同规律的一门交叉科学，是现代光学的一个重要分支。

本章主要阐述非线性光学中的频率变换技术，包括非线性极化、激光倍频技术、和频与三倍频技术、光参量振荡技术和受激拉曼散射技术。

本章重点内容：

1. 非线性极化
2. 激光倍频技术
3. 和频与三倍频技术
4. 光参量振荡技术
5. 受激拉曼散射技术

10.1 非线性极化

10.1.1 原子的电极化

光是电磁波，光波与组成物质的原子作用时，由于原子核较重，且内层电子受原子核的束缚作用较强，因此，可以忽略原子核及内层电子的位移，但光波电场易引起原子外层电子(价电子)发生位移，致使正、负电荷中心位置发生偏离，通常把这种现象称为原子的电极化，电极化后的原子称为电偶极子，如图 10.1.1 所示。

表征电偶极子的物理量是电偶极矩，用 $\boldsymbol{p}$ 表示为

$$\boldsymbol{p} = -e\boldsymbol{x} \tag{10.1.1}$$

式中，e 为电子电荷；$\boldsymbol{x}$ 为负电荷中心指向正电荷中心的矢量。

在光学介质中，若电偶极子的密度为 n，则把单位体积内 n 个电偶极矩的矢量和称为电极化强度，用 $\boldsymbol{P}$ 表示为

$$\boldsymbol{P} = -ne\boldsymbol{x} \tag{10.1.2}$$

当强度较弱的光场$\boldsymbol{E}(\boldsymbol{r},t)$(如普通光源的光场)与物质相互作用时,若光波电场比原子核作用到外层电子上的电场小得多,则负电荷中心偏离正电荷中心的距离x与光波电场$\boldsymbol{E}$呈正比,这种极化现象称为线性极化。那么,根据式(10.1.2),电极化强度可写为

$$\boldsymbol{P}(\boldsymbol{r},t)=\varepsilon_0\chi^{(1)}\boldsymbol{E}(\boldsymbol{r},t) \tag{10.1.3}$$

式中,ε_0为真空中的介电常量;$\chi^{(1)}$为线性电极化率。

由于光场$\boldsymbol{E}(\boldsymbol{r},t)$是周期性振荡的,因此,由其引起的极化强度$\boldsymbol{P}(\boldsymbol{r},t)$也具有波动的性质,这种波称为极化波。由上述叙述知,当光场较弱时,线性极化波与入射光场的频率相同,振幅与入射光波的振幅成正比,如图10.1.2所示。

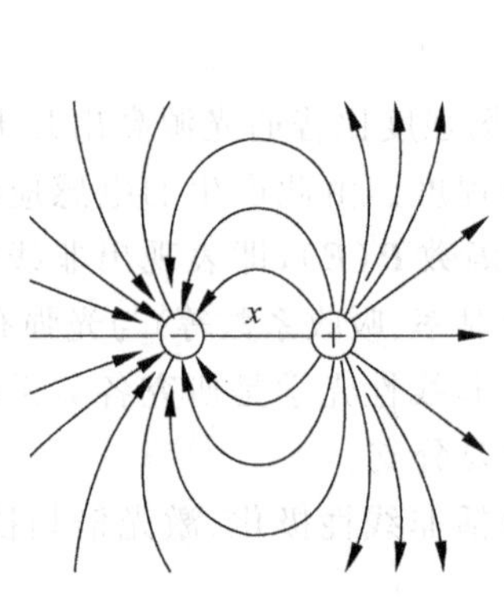

图10.1.1 电偶极子示意图

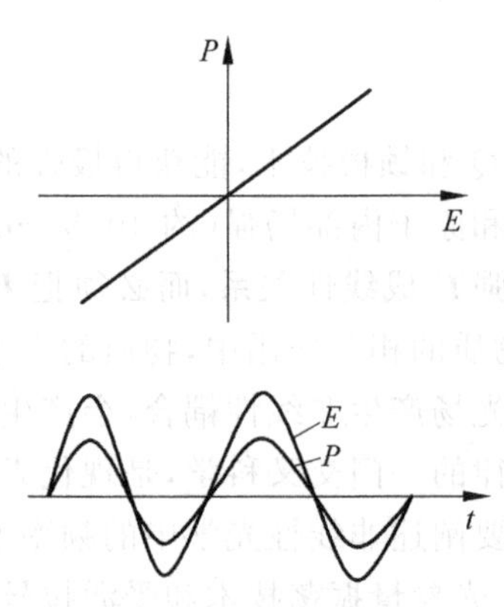

图10.1.2 线性极化波

由于极化波反映了电偶极子的正负电荷的周期性振荡,而电荷的振荡必然会发射电磁波,因此极化波自己是会发光的,其发光波频率与极化波的频率相同。这种现象类似于发射电台的天线因电荷的振荡而发射电磁波,而每个电偶极子就相当于发射电磁波的一个小天线。

在线性极化中,各种光学现象,如折射、散射、吸收等与光场均呈线性关系。而表征物质光学性质的特征参量(如折射率、吸收系数、散射截面等)可看成是与光场强度无关的常量。因此,单一频率的光波在非吸收的透明介质中传播时频率不变,且遵循光波的叠加原理和独立传播原理。这就是人们熟知的线性光学内容。

10.1.2 非线性极化

在高强度电磁场中,任何介质对光的响应都会变成非线性的。简单地讲,即电子在高强度电磁场的影响下产生非谐振运动,导致电偶极子的总极化强度$\boldsymbol{P}$对于电场$\boldsymbol{E}$是非线性的。对于大部分的非线性光学效应,$\boldsymbol{P}$可以采用电场$\boldsymbol{E}$的幂级数展开式来表示,则n阶极化强度为

$$\boldsymbol{P}^{(n)}(\boldsymbol{r},t)=\varepsilon_0\int_{-\infty}^{\infty}\mathrm{d}\tau_1\cdots\int_{-\infty}^{\infty}\mathrm{d}\tau_n\boldsymbol{R}^{(n)}(t-\tau_1,\cdots,t-\tau_n)\mid\boldsymbol{E}(\boldsymbol{r},\tau_1)\cdots\boldsymbol{E}(\boldsymbol{r},\tau_n) \tag{10.1.4}$$

式中,ε_0为真空中的介电常量;$\boldsymbol{R}^{(n)}$为n阶响应函数;竖线|表示n阶点乘。

式(10.1.4)是在时间域讨论电场与电极化强度的关系。但是,通常情况下,描述介质的光学性质并不采用响应函数,而所加的电场都具有特定的频率,因此,利用傅里叶变换,可把介质感应的总极化强度在频域的表达式描述为

$$P(r,\omega)=\varepsilon_0[\chi^{(1)}\cdot E+\chi^{(2)}:EE+\chi^{(3)}\vdots EEE+\cdots] \tag{10.1.5}$$

式中，ε_0 为真空中的介电常量；$\chi^{(1)}$ 为线性极化率；$\chi^{(2)}$ 为二阶极化率，二阶以上的极化率统称为非线性极化率。另外，$\chi^{(n)}(n=1,2,\cdots)$ 为第 n 阶极化率，通常是 $n+1$ 阶张量，比如，$\chi^{(1)}$ 为二阶张量，$\chi^{(2)}$ 为三阶张量。

采用经典的一维非简谐振子模型，可以给出电极化强度矢量和 n 阶电极化率较为明确的物理图像和性质。

1. 一维非简谐振子模型

光与物质相互作用的经典理论认为，光在介质中传播时，介质对光的响应是电偶极子在光电场作用下做受迫振动。假设介质是由每单位体积 n 个经典非简谐振子组成的，电子对电场的响应可描述为电子在非简谐势阱中的运动，若电子离开平衡位置的位移为 x，则其运动方程为

$$\frac{d^2x}{dt^2}+\beta\frac{dx}{dt}+\frac{1}{m}\frac{\partial}{\partial x}U(x)=-\frac{e}{m}E(t) \tag{10.1.6}$$

式中，β 为阻尼系数；e 为电子的电荷；m 为电子的质量。

$U(x)$为介质内部的势能函数，表示为

$$U(x)=\frac{1}{2}m\omega_0^2x^2+\frac{1}{3}mAx^3 \tag{10.1.7}$$

式中，第一项为简谐项；m 为电子质量；ω_0 为固有共振频率；第二项为非简谐项。把式(10.1.7)代入式(10.1.6)得

$$\frac{d^2x}{dt^2}+\beta\frac{dx}{dt}+\omega_0^2x+Ax^2=-\frac{e}{m}E(t) \tag{10.1.8}$$

式(10.1.8)表示电子在外电场驱动下作阻尼的非简谐运动，存在很小的非简谐项 Ax^2，可以采用微扰法逐级近似求解。设解的形式为各级近似叠加，表示为

$$x=x_1+x_2+\cdots+x_k \tag{10.1.9}$$

式中，$x_k=a_kE^k(k=1,2,\cdots)$。

把 $x=x_1$ 代入式(10.1.8)得

$$\frac{d^2x_1}{dt^2}+\beta\frac{dx_1}{dt}+\omega_0^2x_1+Ax_1^2=-\frac{e}{m}E(t) \tag{10.1.10}$$

把 $x=x_1+x_2$ 代入式(10.1.8)得

$$\frac{d^2}{dt^2}(x_1+x_2)+\beta\frac{d}{dt}(x_1+x_2)+\omega_0^2(x_1+x_2)+A(x_1+x_2)^2=-\frac{e}{m}E(t) \tag{10.1.11}$$

整理得

$$\frac{d^2x_1}{dt^2}+\beta\frac{dx_1}{dt}+\omega_0^2x_1+Ax_1^2+\frac{d^2x_2}{dt^2}+\beta\frac{dx_2}{dt}+$$
$$\omega_0^2x_2+2Ax_1x_2+Ax_2^2=-\frac{e}{m}E(t) \tag{10.1.12}$$

把式(10.1.10)代入式(10.1.12)，并忽略高阶项 $2Ax_1x_2+Ax_2^2$，得

$$\frac{d^2x_2}{dt^2}+\beta\frac{dx_2}{dt}+\omega_0^2x_2=-Ax_1^2 \tag{10.1.13}$$

根据式(10.1.10)可以求出 x_1，把 x_1 代入式(10.1.13)即可求出非线性位移项 x_2。

对于任意光场，可认为是多个频率分量的叠加，为简化问题，方便推导，这里只考虑频率为 ω_1 和 ω_2 的傅里叶分量，光场可表示为

$$E(t)=\frac{1}{2}[E_1\exp(-\mathrm{i}\omega_1 t)+E_2\exp(-\mathrm{i}\omega_2 t)]+c.c. \tag{10.1.14}$$

式中，$c.c.$ 表示复数共轭项。

把式(10.1.14)代入式(10.1.10)，用傅里叶变换可以求得 x_1 为

$$x_1(t)=-\frac{e}{2m}[E_1\mathrm{L}(\omega_1)\exp(-\mathrm{i}\omega_1 t)+E_2\mathrm{L}(\omega_2)\exp(-\mathrm{i}\omega_2 t)]+c.c. \tag{10.1.15}$$

把式(10.1.14)和式(10.1.15)代入式(10.1.13)，用傅里叶变换可以求得 x_2 为

$$\begin{aligned}x_2(t)=-\frac{e^2A\beta}{2m^2}\Big\{&\frac{1}{2}E_1^2\mathrm{L}(2\omega_1)\mathrm{L}^2(\omega_1)\exp(-\mathrm{i}2\omega_1 t)+\frac{1}{2}E_2^2\mathrm{L}(2\omega_2)\mathrm{L}^2(\omega_2)\exp(-\mathrm{i}2\omega_2 t)+\\&|\mathrm{L}(\omega_1)|^2|E_1|^2+|\mathrm{L}(\omega_2)|^2|E_2|^2+\\&\mathrm{L}(\omega_1+\omega_2)\mathrm{L}(\omega_1)\mathrm{L}(\omega_2)E_1E_2\exp[-\mathrm{i}(\omega_1+\omega_2)t]+\\&\mathrm{L}(\omega_1-\omega_2)\mathrm{L}(\omega_1)\mathrm{L}^*(\omega_2)E_1E_2^*\exp[-\mathrm{i}(\omega_1-\omega_2)t]\Big\}+c.c.\end{aligned} \tag{10.1.16}$$

式(10.1.15)和式(10.1.16)中的 $\mathrm{L}(\omega)$ 为洛伦兹函数，表示为 $\mathrm{L}(\omega)=1/[(\omega_0^2-\omega^2)-\mathrm{i}\omega\beta]$。

由式(10.1.16)可以看出，非线性响应的特点是频率为 ω_1 和 ω_2 的光场在非线性介质中感应的电极化强度，不仅有 ω_1 和 ω_2 的分量，而且还有频率为 $2\omega_1$、$2\omega_2$、$\omega_1+\omega_2$ 和 $\omega_1-\omega_2$ 的分量。这些极化强度分量将辐射出相应频率的电磁波，分别对应于非线性光学中的倍频、和频、差频等光学效应。

若 $\omega_1=\omega_2$，结合式(10.1.2)和式(10.1.3)，并把 $x_1(t)$ 代入式(10.1.2)，可得线性极化率为

$$\chi^{(1)}(\omega)=\frac{ne^2}{\varepsilon_0 m}\mathrm{L}(\omega) \tag{10.1.17}$$

这就是通常反映色散与吸收的线性极化率。

对于二阶非线性项 $P^{(2)}=-nex_2$，相比较可得

$$\chi^{(2)}(2\omega)=\frac{ne^2A}{\varepsilon_0 m^2}\mathrm{L}(2\omega)\mathrm{L}^2(\omega) \tag{10.1.18}$$

式(10.1.18)为倍频极化率。同理，可分别求出和频和差频的极化率：

$$\chi^{(2)}(\omega_1+\omega_2)=\frac{ne^2A}{\varepsilon_0 m^2}\mathrm{L}(\omega_1+\omega_2)\mathrm{L}(\omega_1)\mathrm{L}(\omega_2) \tag{10.1.19}$$

$$\chi^{(2)}(\omega_1-\omega_2)=\frac{ne^2A}{\varepsilon_0 m^2}\mathrm{L}(\omega_1-\omega_2)\mathrm{L}(\omega_1)\mathrm{L}^*(\omega_2) \tag{10.1.20}$$

2. 非线性电极化率的性质

在各向同性介质中，线性电极化率 $\chi^{(1)}$ 是一个与方向无关的常数。对于各向异性介质，极化强度 $\boldsymbol{P}$ 不但与外加光场的强弱有关，还与电场方向有关。在三维空间里，某方向的光波场不仅导致该方向的极化，而且导致其余两个方向的极化，$\chi^{(1)}$ 不再是一个常数，而是一个把两个矢量 $\boldsymbol{P}$ 和 $\boldsymbol{E}$ 联系起来的二阶张量。极化强度分量和光电场分量的关系应写为

$$\boldsymbol{P}_i^{(1)}(\boldsymbol{r},\omega)=\varepsilon_0\sum_j\chi_{ij}(\omega)\boldsymbol{E}_j(\boldsymbol{r},\omega)\quad(i,j=1,2,3) \tag{10.1.21}$$

式中，$\boldsymbol{E}_1(\boldsymbol{r},\omega)$、$\boldsymbol{E}_2(\boldsymbol{r},\omega)$、$\boldsymbol{E}_3(\boldsymbol{r},\omega)$和$\boldsymbol{P}_1^{(1)}(\boldsymbol{r},\omega)$、$\boldsymbol{P}_2^{(1)}(\boldsymbol{r},\omega)\boldsymbol{P}_3^{(1)}(\boldsymbol{r},\omega)$分别是光场与极化强度在$x$、$y$、$z$轴上的分量。

同理，二阶非线性电极化率$\chi^{(2)}$则是一个把$\boldsymbol{P}$、$\boldsymbol{E}_j$、$\boldsymbol{E}_k$三个矢量联系起来的三阶张量。故极化强度$\boldsymbol{P}$和电场强度$\boldsymbol{E}$的二阶关系应写为

$$\boldsymbol{P}_i^{(2)}(\boldsymbol{r},\omega)=\varepsilon_0\sum_{m,n}\sum_{j,k}\chi_{ijk}(\omega_m,\omega_n)\boldsymbol{E}_j(\boldsymbol{r},\omega_m)\boldsymbol{E}_k(\boldsymbol{r},\omega_n)\quad(i,j,k=1,2,3)\tag{10.1.22}$$

式中，$\boldsymbol{P}_i^{(2)}(\boldsymbol{r},\omega)$分别表示频率为$\omega$的二阶极化强度$\boldsymbol{P}^{(2)}(\boldsymbol{r},\omega)$在$x$、$y$、$z$轴上的分量。$\omega$、$\omega_m$和$\omega_n$必须满足$\omega=\omega_m+\omega_n$。

概括地说，各阶非线性极化相应的极化率是依次的高一阶张量，式(10.1.5)可改写成

$$\frac{1}{\varepsilon_0}\boldsymbol{P}_i(\boldsymbol{r},\omega)=\sum_j\chi_{ij}(\omega)\boldsymbol{E}_j(\boldsymbol{r},\omega)+\sum_{m,n}\sum_{j,k}\chi_{ijk}(-\omega,\omega_m,\omega_n)\boldsymbol{E}_j(\boldsymbol{r},\omega_m)\boldsymbol{E}_k(\boldsymbol{r},\omega_n)+\sum_{m,n,q}\sum_{j,k,l}\chi_{ijkl}(-\omega,\omega_m,\omega_n,\omega_q)\boldsymbol{E}_j(\boldsymbol{r},\omega_m)\boldsymbol{E}_k(\boldsymbol{r},\omega_n)\boldsymbol{E}_l(\boldsymbol{r},\omega_l)+\cdots\tag{10.1.23}$$

式(10.1.23)应满足$\omega=\omega_m+\omega_n$（二阶非线性极化）和$\omega=\omega_m+\omega_n+\omega_q$（三阶非线性极化），$\omega_m$、$\omega_n$、$\omega_q$取遍光场中所有单色光的频率。在弱光场条件下，各阶极化依次减弱，差几个数量级，例如$\chi_{ijk}(\omega_m,\omega_n)$一般比$\chi_{ij}$低7～8个数量级，故通常表现为线性极化的线性光学效应。对于二阶非线性光学效应，只需讨论三阶极化率张量。极化率张量$\chi_{ijk}(\omega_m,\omega_n)$的各元素之间存在以下对称关系。

(1) 本征对易对称性。三阶极化率张量元中若$(-\omega,i)$位置不变，交换ω_n、ω_n的位置，同时，下角标j、k也互换位置，对应的张量元相等，即

$$\chi_{ijk}^{(2)}(-\omega,\omega_m,\omega_n)=\chi_{ijk}^{(2)}(-\omega,\omega_n,\omega_m)\tag{10.1.24}$$

(2) 完全对易对称性。如果相互作用的光波频率都远离介质的固有频率时，极化仅由电子位移引起，而离子的贡献可忽略（如近红外、中红外、可见光波段），介质与外加光电场之间没有能量交换，可以认为非线性介质为无损耗的，即参与非线性过程的所有场的频率都低于电子吸收带，此时极化率张量元存在以下关系：

$$\chi_{ijk}^{(2)}(-\omega,\omega_m,\omega_n)=\chi_{jik}^{(2)}(\omega_m,-\omega,\omega_n)=\chi_{kji}^{(2)}(\omega_n,\omega_m,-\omega)\tag{10.1.25}$$

在三维坐标系中，三阶极化率张量共有27个张量元，因其具有互易对称性，即$\chi_{ijk}^{(2)}(-\omega,\omega_m,\omega_n)=\chi_{ikj}^{(2)}(-\omega,\omega_n,\omega_m)$，所以张量元素减少到18个。当参与非线性光学效应相关的频率都在同一个透明波段时，其色散可以忽略（相关频率在可见光和近红外波段时，$\chi_{ijk}^{(2)}(\omega_m,\omega_n)$的色散不超过10%），即$\chi^{(2)}$对光波频率的依赖可以完全忽略时，完全对易对称性便简化为克莱曼(Kleinman)对称：

$$\chi_{ijk}^{(2)}=\chi_{jik}^{(2)}=\chi_{kji}^{(2)}=\cdots\tag{10.1.26}$$

即所有下角标交换位置，所对应的张量元均相等。此时，独立张量元素最多只有10个。

(3) 空间对称性。极化率张量是描述介质对光场相应特性的，因此介质本身结构的空间对称性将限制非线性极化率张量的独立分量个数。例如，可以证明，11种具有中心对称结构的介质，其三阶非线性极化率张量的所有独立分量皆为零，在电偶极近似下不具有二阶非线性光学效应。其他21种不具有中心对称结构的晶体，由于受空间对称性的限制，某些独立分量为零，某些独立分量彼此相等，或数值相等符号相反。这样，其独立的张量元将更少。

10.1.3 非线性介质中的波耦合方程

从麦克斯韦方程组可推导出无自由电荷、非铁磁性的透明介质中光波传播的波动方程为

$$\nabla\times\nabla\times\boldsymbol{E}(\boldsymbol{r},t)+\mu_0\varepsilon_0\frac{\partial^2\boldsymbol{E}(\boldsymbol{r},t)}{\partial t^2}+\mu_0\sigma\frac{\partial\boldsymbol{E}(\boldsymbol{r},t)}{\partial t}=-\mu_0\frac{\partial^2\boldsymbol{P}(\boldsymbol{r},t)}{\partial t^2}\tag{10.1.27}$$

式中，μ_0 为真空磁导率；σ 为光学损耗量；$\boldsymbol{P}(\boldsymbol{r},t)$为总极化强度，$\boldsymbol{P}(\boldsymbol{r},t)=\boldsymbol{P}_{\mathrm{L}}(\boldsymbol{r},t)+\boldsymbol{P}_{\mathrm{NL}}(\boldsymbol{r},t)$，即包括线性极化部分 $\boldsymbol{P}_{\mathrm{L}}$ 和非线性极化部分 $\boldsymbol{P}_{\mathrm{NL}}$，并起到振动源的作用。取光波的横场条件$\nabla\cdot\boldsymbol{E}=0$，忽略损耗，则对于沿 z 轴传播的光波场，有

$$\frac{\partial^2\boldsymbol{E}(z,t)}{\partial z^2}-\mu_0\frac{\partial^2\boldsymbol{D}(z,t)}{\partial t^2}=\mu_0\frac{\partial^2\boldsymbol{P}_{\mathrm{NL}}(\boldsymbol{r},t)}{\partial t^2}\tag{10.1.28}$$

式中，$\boldsymbol{D}(z,t)$为电矢量位移，$\boldsymbol{D}(z,t)=\varepsilon\cdot\boldsymbol{E}(z,t)$，$\boldsymbol{\varepsilon}$ 为介质的介电张量，$\boldsymbol{\varepsilon}=\varepsilon_0[1+\chi^{(1)}(\omega)]$。

设现在有频率为 $\omega_1,\omega_2,\cdots,\omega_N$ 的 N 个相互作用光波是准单色平面波，令

$$\boldsymbol{E}_m(z,\omega_m)=\boldsymbol{E}_m(\omega_m)\exp(-\mathrm{i}\omega_m t)=\boldsymbol{E}_m\exp[\mathrm{i}(k_m z-\omega_m t)]\tag{10.1.29}$$

$$\boldsymbol{P}_m(z,\omega_m)=\boldsymbol{P}_m(\omega_m)\exp(-\mathrm{i}\omega_m t)\tag{10.1.30}$$

式中，$\boldsymbol{E}_m(\omega_m)=\boldsymbol{E}_m\exp(\mathrm{i}k_m z)$，$\boldsymbol{E}_m$ 和 $\boldsymbol{P}_m$ 分别是频率为 ω_m 的光电场和极化波的振幅包络，是(z,t)的函数，k_m 为 ω_m 的光电场和极化波的波矢。此时，可将光波电场和极化强度表示为

$$\boldsymbol{E}(z,t)=\frac{1}{2}\sum\boldsymbol{E}_m\exp[\mathrm{i}(k_m z-\omega_m t)]\tag{10.1.31}$$

$$\boldsymbol{P}_{\mathrm{NL}}(\boldsymbol{r},t)=\frac{1}{2}\sum\boldsymbol{P}_{\mathrm{NL}m}(\omega_m)\exp(-\mathrm{i}\omega_m t)\tag{10.1.32}$$

式中，$m=1,2,\cdots,N$；ω_m 应取$\pm\omega_m$（共有 $2N$ 个取值），ω_m 取负值时，$\boldsymbol{E}_m$ 和 $\boldsymbol{P}_{\mathrm{NL}m}$ 取正值的复共轭。

把式(10.1.31)和式(10.1.32)代入式(10.1.28)中，并取振幅包络的慢变化近似，略去时间的二阶导数项，得到关于光波电场振幅分量的方程为

$$\left(\frac{\partial}{\partial z}+\frac{1}{v_{\mathrm{g}m}}\frac{\partial}{\partial t}\right)\boldsymbol{E}_m=\frac{\mu_0}{2\mathrm{i}k_m}\left(-2\mathrm{i}\omega_m\frac{\partial}{\partial t}-\omega_m^2\right)\boldsymbol{P}_{\mathrm{NL}m}(\omega_m)\exp(-\mathrm{i}k_m z)\tag{10.1.33}$$

式中，k_m 为频率为 ω_m 光电场的波矢；$v_{\mathrm{g}m}$ 为群速度，$v_{\mathrm{g}m}=\left(\left.\frac{\partial k}{\partial\omega}\right|_{\omega_m}\right)^{-1}$。当 $\boldsymbol{P}_{\mathrm{NL}m}=0$ 时，$\boldsymbol{E}_m=f(z-v_{\mathrm{g}}t)$表示在介质中独立传输的正向行波。$\boldsymbol{P}_{\mathrm{NL}m}$ 起到非线性振动源的作用。式(10.1.33)考虑了场振幅随时间的变换，故称为暂态波耦合方程，用于处理锁模激光脉冲的非线性光学效应。当脉冲宽度 $\Delta r\gg\eta L/c$ 时（L 为非线性介质的长度），在介质中场振幅随时间变化不明显，可认为光波电场和极化强度的振幅分量与 t 无关，略去与 t 有关的量，得到通常适用于调 Q 激光脉冲在介质中传输的稳态波耦合方程

$$\frac{\mathrm{d}\boldsymbol{E}_m}{\mathrm{d}z}=\mathrm{i}\frac{\mu_0\omega_m^2}{2k_m}\boldsymbol{P}_{\mathrm{NL}m}(\omega_m)\exp(-\mathrm{i}k_m z)\tag{10.1.34}$$

式中，$m=1,2,\cdots,N$，考虑其共轭项，则共有 $2N$ 个方程，构成了非线性光学中 N 个波在相互作用的波耦合方程组。对于每一个具体的非线性光学效应，主要由非线性极化强度与光

波电场的非线性关系来决定。现在考虑 n 阶非线性光学效应下的非线性极化强度。n 阶非线性光学效应由 $\omega_1,\omega_2,\cdots,\omega_n$ 个频率的光电场参与，则 n 阶非线性极化强度 $\boldsymbol{P}_{\mathrm{NL}m}^{(n)}(z,\omega_m)$ 应该写成

$$\boldsymbol{P}_{\mathrm{NL}m}(\omega_m)=\varepsilon_0 K\boldsymbol{\chi}^{(n)}(-\omega_m:\omega_1,\omega_2,\cdots,\omega_n)\mid \boldsymbol{E}_1(\omega_1)\boldsymbol{E}_2(\omega_2)\cdots\boldsymbol{E}_n(\omega_n) \tag{10.1.35}$$

式中，频率关系满足 $\omega_m=\omega_1+\omega_2+\cdots+\omega_n$。$K$ 为光频简并因子，即

$$K=\frac{1}{2^{n-1}}\frac{n!}{n_1!\ n_2!\ \cdots n_q!} \tag{10.1.36}$$

设式(10.1.35)右侧的 n 个光电场可分为 q 组，每一组内的光场不仅频率相同(包括正负号)而且属于同一光波，用 $n_1,n_2,\cdots,n_q$ 表示第 $1,2,\cdots,q$ 组的光场数目。

考虑到克莱曼对称，式(10.1.35)可简化成

$$\boldsymbol{P}_{\mathrm{NL}m}(\omega_m)=\varepsilon_0 K\boldsymbol{\chi}^{(n)}\mid \boldsymbol{E}_1(\omega_1)\boldsymbol{E}_2(\omega_2)\cdots\boldsymbol{E}_n(\omega_n) \tag{10.1.37}$$

把光电场改写成 $\boldsymbol{E}_m(z,\omega_m)=\boldsymbol{a}_\omega \boldsymbol{E}(z,\omega_m)$，$\boldsymbol{a}_\omega$ 为 $\boldsymbol{E}_m(z,\omega_m)$ 的单位矢量，并将式(10.1.37)代入式(10.1.34)可得

$$\frac{\mathrm{d}E_m}{\mathrm{d}z}=\mathrm{i}K\frac{\omega_m}{2\eta_m c}\boldsymbol{a}_\omega\cdot\boldsymbol{\chi}^{(n)}\mid \boldsymbol{a}_{\omega1}\boldsymbol{a}_{\omega2}\cdots\boldsymbol{a}_{\omega n}E_1(\omega_1)\ E_2(\omega_2)\cdots E_n(\omega_n)\exp(-\mathrm{i}k_m z)$$

$$\frac{\mathrm{d}E_m}{\mathrm{d}z}=\mathrm{i}K\frac{\omega_m}{2\eta_m c}\chi_{\mathrm{eff}}^{(n)}E_1(\omega_1)\ E_2(\omega_2)\cdots E_n(\omega_n)\exp(-\mathrm{i}k_m z) \tag{10.1.38}$$

式中，$\chi_{\mathrm{eff}}^{(n)}$ 为有效非线性极化率，$\chi_{\mathrm{eff}}^{(n)}=\boldsymbol{a}_\omega\cdot\chi^{(n)}\mid\boldsymbol{a}_{\omega1}\boldsymbol{a}_{\omega2}\cdots\boldsymbol{a}_{\omega n}$；$E_n(\omega_n)=E_n\exp(\mathrm{i}k_n z)$。式(10.1.38)记为非线性介质中的波耦合方程。

非线性频率变换技术是利用强光场与物质相互作用的非线性光学效应，在满足相位匹配的条件下，使介质中出现新频率的相干辐射。主要方法有激光倍频(second harmonic generation，SHG)、和频(sum frequency generation，SFG)、差频(difference frequency generation，DFG)、三次谐波(third harmonic generation，THG)、光参量振荡(optical parametric oscillation，OPO)和受激拉曼散射(stimulated raman scattering，SRS)等。

10.2　激光倍频技术

激光倍频技术也称为二次谐波(SHG)技术，是最先在实验上发现的非线性光学效应。1961 年弗朗肯(Franken)等人用红宝石激光照射石英晶体，然后用棱镜光谱仪分析透射的光，发现在光谱上除了基频信号外，还有一个很弱的二倍频斑点，首次证实了二倍频的产生。该实验标志着对非线性光学进行规范实验和理论研究的开端。哈佛大学的布洛姆伯根(Bloembergen)等人获悉弗朗肯的实验结果后，立即对一些基本的非线性光学问题作了严格的理论分析，从而奠定了非线性光学的理论基础。1962 年，乔特迈(Giordmaine)和马克尔(Maker)等人分别提出了相位匹配技术，这才使得二次谐波产生及光混频过程有可能达到较高的转换效率。

特别是随着调 Q 技术、超短脉冲激光技术的出现和发展，伴随着优良的非线性晶体的获得，二次谐波产生效率已经可以提高到 70%～80%，可以说二次谐波产生和光混频已成为激光技术中频率变换的主要手段。例如，钕离子固体激光器的输出波长为 1064nm，通过二次谐波可得到 532nm 的绿光，再进行一次谐波产生过程可得 266nm 的紫外光。基波分

别与二次谐波和四次谐波混频可以获取三次倍频(波长为 353nm)和五次倍频(波长为 212nm)。用这些新产生的波长再去激励可调谐染料激光器、光参量振荡器或受激拉曼散射移频器,就可以获得新的可调谐波段。光混频不仅可以使激光波长向紫外扩展,也可以使它向红外乃至远红外扩展。这对于开拓激光在光谱技术中的应用谱区,以及在其他领域的应用具有重要的意义。

10.2.1 倍频的波耦合方程

在具有二阶非线性的介质中,频率为 ω 的基频光感生频率为 2ω 的倍频极化,在适当条件下将产生 2ω 的倍频光。由于是二阶非线性效应,且基频光只有频率 ω,即 $\omega_1=\omega_2=\omega$,$\omega_m=2\omega$,由式(10.1.36)可知,光频简并因子 $K=1/2$,则由式(10.1.38)可得

$$\frac{\mathrm{d}E_{2\omega}}{\mathrm{d}z}=\mathrm{i}\frac{\omega}{2\eta_{2\omega}c}\chi_{\mathrm{eff}}^{(2)}E_{\omega}(\omega)\,E_{\omega}(\omega)\exp(-\mathrm{i}k_{2\omega}z)=\mathrm{i}\frac{\omega}{\eta_{2\omega}c}\frac{\chi_{\mathrm{eff}}^{(2)}}{2}E_{\omega}E_{\omega}\exp[\mathrm{i}(2k_{\omega}-k_{2\omega})z] \tag{10.2.1}$$

倍频光和基频光又共同作用于介质,在介质中产生差频极化,其频率为 $2\omega-\omega=\omega$。后者也影响基频光的传播,此时,相当于 $K=1$,由式(10.1.38)可得

$$\frac{\mathrm{d}E_{\omega}}{\mathrm{d}z}=\mathrm{i}\frac{\omega}{2\eta_{\omega}c}\chi_{\mathrm{eff}}^{(2)}E_{\omega}^{*}(\omega)\,E_{2\omega}(2\omega)\exp(-\mathrm{i}k_{\omega}z)=\mathrm{i}\frac{\omega}{\eta_{\omega}c}\frac{\chi_{\mathrm{eff}}^{(2)}}{2}E_{\omega}^{*}\,E_{2\omega}\exp[\mathrm{i}(k_{2\omega}-2k_{\omega})z] \tag{10.2.2}$$

令 $\Delta k=2k_{\omega}-k_{2\omega}$,表示动量失配的相位因子;$d_{\mathrm{eff}}=\dfrac{\chi_{\mathrm{eff}}^{(2)}}{2}$ 为有效非线性系数。由式(10.2.1)和式(10.2.2)可以得到倍频波耦合方程为

$$\frac{\mathrm{d}E_{2\omega}}{\mathrm{d}z}=\mathrm{i}\frac{\omega}{\eta_{2\omega}c}d_{\mathrm{eff}}E_{\omega}E_{\omega}\exp(\mathrm{i}\Delta kz) \tag{10.2.3}$$

$$\frac{\mathrm{d}E_{\omega}}{\mathrm{d}z}=\mathrm{i}\frac{\omega}{\eta_{\omega}c}d_{\mathrm{eff}}\,E_{\omega}^{*}E_{2\omega}\,\exp(-\mathrm{i}\Delta kz) \tag{10.2.4}$$

1. 小信号近似

当倍频光为小信号近似,相应的入射基频光损耗可以忽略不计,即 $\mathrm{d}E_{\omega}/\mathrm{d}z\approx 0$,可认为 E_{ω} 是常数。对式(10.2.3)进行积分,得

$$E_{2\omega}(L)=\frac{\mathrm{i}\omega}{\eta_{2\omega}c}d_{\mathrm{eff}}E_{\omega}^{2}\int_{0}^{L}\mathrm{e}^{\mathrm{i}\Delta kz}\,\mathrm{d}z=\mathrm{i}\frac{\omega L}{\eta_{2\omega}}d_{\mathrm{eff}}E_{\omega}^{2}\,\mathrm{sinc}\left(\frac{\Delta kL}{2}\right)\exp\left(\mathrm{i}\frac{\Delta kL}{2}\right) \tag{10.2.5}$$

式中,L 为倍频晶体长度;λ_{ω} 为基频光的真空波长。

单位面积的光功率即光强表示为

$$I_{2\omega}=\frac{1}{2}\eta_{2\omega}c\varepsilon_{0}\mid E\mid^{2}$$

因此,式(10.2.5)可以用倍频光强表示,即

$$I_{2\omega}=\frac{2\omega^{2}L^{2}d_{\mathrm{eff}}^{2}}{\varepsilon_{0}\eta_{\omega}^{2}\eta_{2\omega}c^{3}}I_{\omega}^{2}\,\mathrm{sinc}^{2}\left(\frac{\Delta kL}{2}\right)=\frac{8\pi^{2}L^{2}d_{\mathrm{eff}}^{2}}{\varepsilon_{0}\eta_{\omega}^{2}\eta_{2\omega}\lambda_{\omega}^{2}c}I_{\omega}^{2}\,\mathrm{sinc}^{2}\left(\frac{\Delta kL}{2}\right) \tag{10.2.6}$$

用输出的倍频光强 $I_{2\omega}$ 与基频光强 I_{ω} 之比表征其转换效率,称为倍频效率 η_{SHG},即

$$\eta_{\mathrm{SHG}}=\frac{I_{2\omega}}{I_{\omega}}=\frac{8\pi^2 L^2 d_{\mathrm{eff}}^2}{\varepsilon_0 n_{\omega}^2 n_{2\omega}\lambda_{\omega}^2 c}I_{\omega}\operatorname{sinc}^2\left(\frac{\Delta kL}{2}\right)=\eta_{\max}\operatorname{sinc}^2\left(\frac{\Delta kL}{2}\right) \tag{10.2.7}$$

其中，$\operatorname{sinc}^2(\Delta kL/2)$称为相位匹配因子。由sinc函数的性质可知，当$\Delta kL=0$时，$\eta_{\mathrm{SHG}}$最大，如图10.2.1所示。因为$L$不可能为0，所以，$\Delta k=0$是保证获得高效率倍频的关键因素，称为相位匹配条件。相位匹配条件在非线性光学中至关重要，在某种意义上讲，相位匹配条件决定着光波之间能量的交换方式和效率。

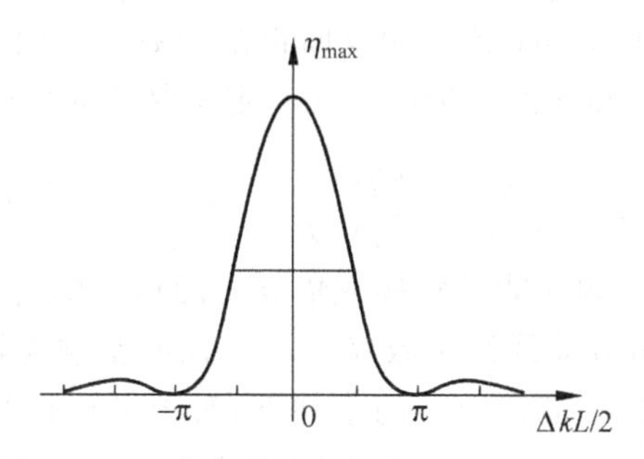

图10.2.1　倍频效率与相位匹配因子的关系

2. 相位匹配时耦合波方程的解

当$\Delta k=0$时，基频光大量转换成倍频光，小信号近似失效，波耦合方程可化为

$$\frac{\mathrm{d}E_{2\omega}}{\mathrm{d}z}=\mathrm{i}\frac{\omega}{\eta_{2\omega}c}d_{\mathrm{eff}}E_{\omega}E_{\omega} \tag{10.2.8}$$

$$\frac{\mathrm{d}E_{\omega}}{\mathrm{d}z}=\mathrm{i}\frac{\omega}{\eta_{\omega}c}d_{\mathrm{eff}}E_{\omega}^{*}E_{2\omega} \tag{10.2.9}$$

因为$\Delta k=2k_{\omega}-k_{2\omega}=0$，可得$\eta_{2\omega}=\eta_{\omega}=\eta$。令

$$E_{\omega}=e_{\omega}\exp(\mathrm{i}\varphi_{\omega}),\quad E_{2\omega}=e_{2\omega}\exp(\mathrm{i}\varphi_{2\omega}),\quad \theta=2\varphi_{\omega}-\varphi_{2\omega} \tag{10.2.10}$$

把式(10.2.10)代入式(10.2.8)和式(10.2.9)可得

$$\frac{\mathrm{d}e_{2\omega}}{\mathrm{d}z}=\mathrm{i}\frac{\omega}{\eta c}d_{\mathrm{eff}}e_{\omega}^2\exp(\mathrm{i}\theta)=\frac{\omega}{\eta c}d_{\mathrm{eff}}e_{\omega}^2(\mathrm{i}\cos\theta-\sin\theta) \tag{10.2.11}$$

$$\frac{\mathrm{d}e_{\omega}}{\mathrm{d}z}=\mathrm{i}\frac{\omega}{\eta c}d_{\mathrm{eff}}e_{\omega}e_{2\omega}\exp(-\mathrm{i}\theta)=\frac{\omega}{\eta c}d_{\mathrm{eff}}e_{\omega}e_{2\omega}(\mathrm{i}\cos\theta+\sin\theta) \tag{10.2.12}$$

式(10.2.11)和式(10.2.12)中的序数项应为0，即$\cos\theta=0$，得$\theta=\pi/2$或$\theta=3\pi/2$，显然，只有$\theta=3\pi/2$，即$2\varphi_{\omega}-\varphi_{2\omega}=3\pi/2$时，才能保证在相位匹配条件下基频光不断向倍频光转移，此时的波耦合方程为

$$\frac{\mathrm{d}e_{2\omega}}{\mathrm{d}z}=\frac{\omega}{\eta c}d_{\mathrm{eff}}e_{\omega}^2 \tag{10.2.13}$$

$$\frac{\mathrm{d}e_{\omega}}{\mathrm{d}z}=-\frac{\omega}{\eta c}d_{\mathrm{eff}}e_{\omega}e_{2\omega} \tag{10.2.14}$$

由能量守恒关系可以得到边界条件$e_{\omega}^2(z)+e_{2\omega}^2(z)=e_{\omega}^2(0)$，代入式(10.2.13)得

$$\frac{\mathrm{d}e_{2\omega}}{\mathrm{d}z}=\frac{\omega}{\eta c}d_{\mathrm{eff}}\left[e_{\omega}^2(0)-e_{2\omega}^2(z)\right] \tag{10.2.15}$$

积分后，得到在相位匹配条件下的严格解，表示为

$$e_{2\omega}(z)=e_{\omega}(0)\tanh\left[\frac{\omega}{\eta c}d_{\text{eff}}\ ze_{\omega}(0)\right] \tag{10.2.16}$$

$$I_{2\omega}(z)=I_{\omega}(0)\tanh^{2}\left[\frac{\omega}{\eta c}d_{\text{eff}}\ z\sqrt{\frac{2I_{\omega}(0)}{c\eta\varepsilon_{0}}}\right] \tag{10.2.17}$$

$$I_{\omega}(z)=I_{\omega}(0)-I_{2\omega}(z)=I_{\omega}(0)\operatorname{sech}^{2}\left[\frac{\omega}{\eta c}d_{\text{eff}}z\sqrt{\frac{2I_{\omega}(0)}{c\eta\varepsilon_{0}}}\right] \tag{10.2.18}$$

式中,$\tanh(x)$为双曲正切函数,$\operatorname{sech}(x)$为双曲正割函数。由图 10.2.2 可以看出基频光与倍频光在晶体中的消长过程和光波能量的转移。定义晶体的特征长度为

$$L_{\text{SHG}}=\frac{c\eta}{\omega d_{\text{eff}}}\sqrt{\frac{c\eta\varepsilon_{0}}{2I_{\omega}(0)}}=\frac{c\eta}{\omega d_{\text{eff}}}\sqrt{|E_{\omega}(0)|} \tag{10.2.19}$$

当 $L=L_{\text{SHG}}$ 时,有 58%的基频光能量转换成倍频光能量。L_{SHG} 可作为选取倍频晶体长度的参考标准。对于较大的有效非线性系数 d_{eff} 和较强的基频光输入,采用较短的倍频晶体就可以获得较高的倍频光强。在 $\Delta k=0$ 的条件下,对于足够长的晶体,倍频转换效率 η_{SHG} 趋近于 100%。

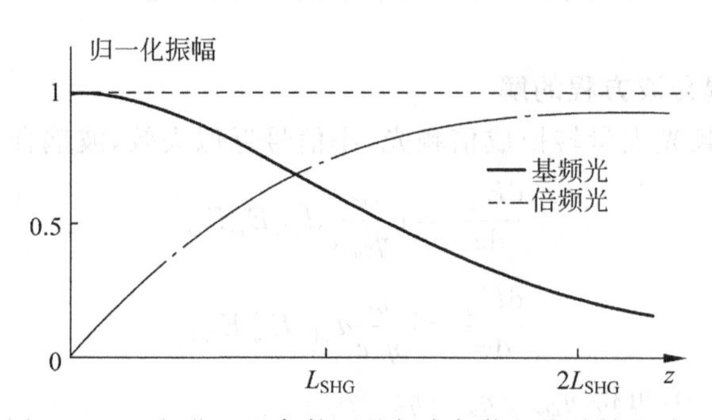

图 10.2.2 相位匹配条件下基频光与倍频光的转换关系

10.2.2 相位匹配的意义

由上述分析可知,倍频相位匹配的条件是 $\Delta k=0$,即 $2k_{\omega}=k_{2\omega}$。由光子动量 p 与波 k 的关系,可推导出 $p_{\omega}+p_{\omega}=p_{2\omega}$。在倍频过程中,其频率关系表明了能量守恒,而相位匹配表明了在高转换效率条件下的动量守恒关系,保证能量转移由基频光向倍频光单向不断进行。相位匹配条件控制着光波之间能量转移的方向。另外,由波矢与相速度的关系 $k=\omega\eta/c=\omega/v_{p}$,得出在 $2k_{\omega}=k_{2\omega}$ 时,有 $v_{p}^{\omega}=v_{p}^{2\omega}$。这表明在晶体中,基频光波与倍频光波的等相位面具有相同的速度,保证相位关系 $2\varphi_{\omega}-\varphi_{2\omega}=3\pi/2$ 在整个运动中始终不变,是一种与空间坐标无关并且相位差恒定的相干过程。在此条件下产生的倍频光波将得到同步叠加、干涉增强的效果。具体从光学参数的意义上讨论,由 $v_{p}^{\omega}=c/\eta_{\omega}=v_{p}^{2\omega}=c/\eta_{2\omega}$,则相位匹配条件要求 $\eta_{\omega}=\eta_{2\omega}$。由于要补偿介质中必然存在色散效应,所以人们发明了相应的角度相位匹配方法。

1. 角度相位匹配

将基频光以特定的角度和偏振态入射到倍频晶体,利用倍频晶体本身所具有的双折射效应抵消色散效应,达到相位匹配的需求。角度匹配是高效率产生倍频光辐射的最常用、最

主要的方法。按基频光电场偏振态的配置方式，分为平行式和正交式，相应的角度匹配称为Ⅰ类和Ⅱ类相位匹配方式。在正常色散条件下，对于单轴晶体，可以得到相应于Ⅰ类和Ⅱ类方式匹配角的解析表达式。

1）负单轴晶体Ⅰ类匹配方式（$o^{\omega}+o^{\omega}\longrightarrow e^{2\omega}$）

对于负单轴晶体，有 $\eta_e<\eta_o$，因此倍频光一定取 e 光方向偏振，Ⅰ类相位匹配要求基频光的偏振方向相同，因此基频光电场取 o 光偏振方向，在满足一定的入射角 $\theta_{m负}^{Ⅰ}$ 的条件下，角度匹配使得倍频光电场沿 e 光方向偏振。把等式 $\eta_o^{\omega}=\eta_e^{2\omega}(\theta_{m负}^{Ⅰ})$ 代入到倍频 e 光的折射率曲线方程，有

$$\frac{1}{[\eta_e^{2\omega}(\theta_{m负}^{Ⅰ})]^2}=\frac{\cos^2(\theta_{m负}^{Ⅰ})}{(n_o^{2\omega})^2}+\frac{\sin^2(\theta_{m负}^{Ⅰ})}{(n_e^{2\omega})^2} \tag{10.2.20}$$

式中，$\eta_o^{2\omega}$ 和 $\eta_e^{2\omega}$ 为给定的倍频光主轴折射率，可求出负单轴晶体Ⅰ类匹配角的解析表达式为

$$\theta_{m负}^{Ⅰ}=\arcsin\sqrt{\left[\frac{(\eta_o^{\omega})^{-2}-(\eta_o^{2\omega})^{-2}}{(\eta_e^{2\omega})^{-2}-(\eta_o^{2\omega})^{-2}}\right]},\quad \eta_o^{\omega}\geqslant\eta_e^{2\omega} \tag{10.2.21}$$

式(10.2.21)对负单轴晶体的主轴折射率有一定的要求，即 $\eta_o^{\omega}\geqslant\eta_e^{2\omega}$，否则，$\theta_{m负}^{Ⅰ}$ 不存在。这表明，在 $\eta_o^{\omega}<\eta_e^{2\omega}$ 时，晶体的色散很严重，双折射不足以补偿色散引起的相位匹配。在选取倍频晶体时应当注意这一要求。

2）负单轴晶体Ⅱ类匹配方式（$o^{\omega}+e^{\omega}\rightarrow e^{2\omega}$）

基频光电场取 o 光和 e 光两个偏振态，$2k_{\omega}=\omega[\eta_o^{\omega}+\eta_e^{\omega}(\theta)]/c$，倍频光电场为 e 光偏振方向，$k_{2\omega}=(2\omega\eta_e^{2\omega}(\theta))/c$，相位匹配条件 $2k_{\omega}=k_{2\omega}$ 化为折射率关系式，表示为

$$\eta_e^{2\omega}(\theta_{m负}^{Ⅱ})=\frac{1}{2}[\eta_o^{\omega}+\eta_e^{\omega}(\theta_{m负}^{Ⅱ})],\quad \eta_o^{\omega}\geqslant\eta_e^{2\omega} \tag{10.2.22}$$

与基频 e 光和倍频 e 光的折射率曲面方程联立求解，有

$$2\left[\frac{\cos^2(\theta_{m负}^{Ⅱ})}{(\eta_o^{2\omega})^2}+\frac{\sin^2(\theta_{m负}^{Ⅱ})}{(\eta_e^{2\omega})^2}\right]^{-1/2}=\eta_o^{\omega}+\left[\frac{\cos^2(\theta_{m负}^{Ⅱ})}{(\eta_o^{\omega})^2}+\frac{\sin^2(\theta_{m负}^{Ⅱ})}{(\eta_e^{\omega})^2}\right]^{-1/2} \tag{10.2.23}$$

从而得出 $\theta_{m负}^{Ⅱ}$ 的表达式。

3）正单轴晶体Ⅰ类匹配方式（$e^{\omega}+e^{\omega}\rightarrow o^{2\omega}$）

基频光为 e 光偏振方向，倍频光为 o 光偏振方向，将等式 $\eta_e^{\omega}(\theta_{m正}^{Ⅰ})=\eta_o^{2\omega}$ 代入基频 e 光的折射率方程，可得出相应的匹配角为

$$\theta_{m正}^{Ⅰ}=\arcsin\left[\frac{(\eta_o^{\omega})^{-2}-(\eta_o^{2\omega})^{-2}}{(\eta_o^{\omega})^{-2}-(\eta_e^{\omega})^{-2}}\right]^{-1/2} \tag{10.2.24}$$

其中，$\eta_o^{\omega}\geqslant\eta_e^{2\omega}$。

4）正单轴晶体Ⅱ类匹配方式（$e^{\omega}+o^{\omega}\rightarrow o^{2\omega}$）

基频光电场取为 o 光和 e 光两个偏振态，$2k_{\omega}=\omega[\eta_o^{\omega}+\eta_e^{\omega}(\theta)]/c$，倍频光电场为 o 光偏振方向，$k_{2\omega}=(2\omega\eta_o^{2\omega}(\theta))/c$，相位匹配条件 $2k_{\omega}=k_{2\omega}$ 化为折射率关系式，表示为

$$\eta_o^{2\omega}=\frac{1}{2}[\eta_o^{\omega}+\eta_e^{\omega}(\theta_{m正}^{Ⅱ})] \tag{10.2.25}$$

代入到基频 e 光的折射率曲面方程，可解出相应的匹配角为

$$\theta_{\text{m正}}^{\text{II}} = \arcsin\left[\frac{1-\left(\dfrac{\eta_o^{\omega}}{2\eta_o^{2\omega}-\eta_o^{\omega}}\right)^2}{1-\left(\dfrac{\eta_o^{\omega}}{\eta_e^{\omega}}\right)^2}\right]^{1/2} \tag{10.2.26}$$

其中，$\eta_o^{\omega} \geqslant \eta_e^{2\omega}$。

对正、负单轴晶体的Ⅰ类、Ⅱ类匹配方式，在相应折射率曲面的界面上有形象的几何图形表示，由图 10.2.3 可以看出对倍频晶体主轴折射率的要求。倍频光总是从尽可能低的折射率对应的偏振态出现，而基频光则不能单独取高折射率对应的偏振态，正常色散造成的相位失配在以上方式所引入的双折射效应中得到补偿，从而达到相位匹配条件的要求。

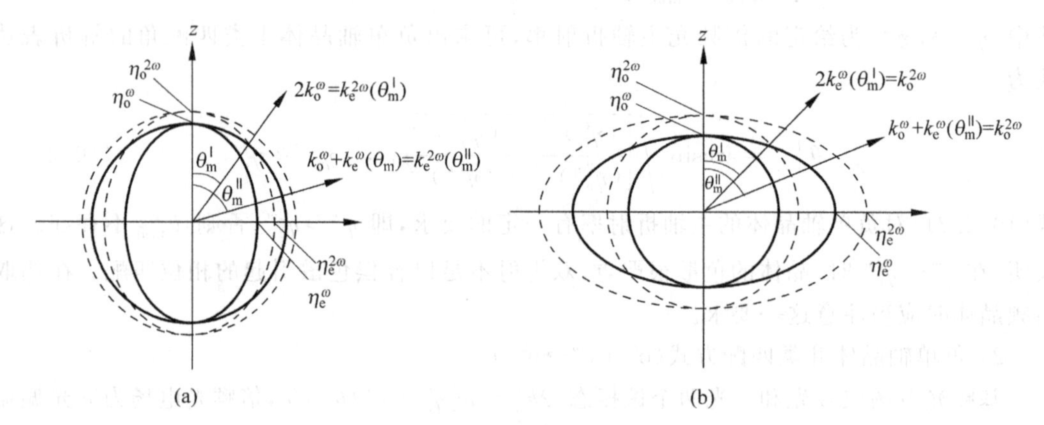

图 10.2.3 单轴晶体倍频的角度匹配

(a) 负单轴晶体倍频的Ⅰ类和Ⅱ类角度匹配；(b) 正单轴晶体倍频的Ⅰ类和Ⅱ类角度匹配

5）双轴晶体的角度匹配

通常情况下，晶体的对称性越低，其非线性极化系数越大。在双轴晶体中，存在于 z 轴夹角相等且不为 0 的两个光轴，对称性低于单轴晶体。因此，倍频转换效率较高的晶体（KTP、BNN、LBO 等）大多是双轴晶体。双轴晶体的激光倍频，其角度匹配也分为Ⅰ类、Ⅱ类（平行式和正交式）方式。由于双轴晶体的折射率曲面不再是以 z 轴为对称轴的旋转曲面，而是双层双叶曲面，所以相位匹配条件的空间轨迹是复杂的双叶曲面的交线。因此，相位匹配方向不仅与匹配角 θ 有关，而且与方位角 φ 有关。双轴晶体折射率曲面为一个双层双叶曲面，除了两个光轴方向外，在 $\boldsymbol{k}(\theta,\varphi)$ 方向对一个确定频率的光波有两个折射率：$\eta'(\theta,\varphi)$ 和 $\eta''(\theta,\varphi)$。在倍频中，对基频光和倍频光给出 4 个折射率，这 4 个折射率在满足Ⅰ类、Ⅱ类角度匹配的条件约束下，可确定相位匹配的空间轨迹。在正常色散条件下，这些空间轨迹有 13 种拓扑结构，对于每一种具体的倍频双轴晶体，可采用计算机求出相应的数值解。

2. 光孔效应与非临界相位匹配（NCPM）

在倍频晶体中，参与非线性相互作用的是光板直径为 D 的光束。无论Ⅰ类还是Ⅱ类相位匹配，倍频光与基频光的偏振态总有不同，在Ⅱ类相位匹配时，基频光本身就有两个不同的偏振态。因此不能保证基频光与倍频光的能流方向一致。也就是说，e 光和 o 光的能流

方向上存在“走离”，这种现象称为光孔效应。随着传播距离的增大，e 光和 o 光能流方向分开的距离也增大，它们只在孔径长度 L_a 内有重叠。如图 10.2.4 所示，在负单轴晶体中，考虑Ⅰ类相位匹配，e 光和 o 光能流方向的夹角为

$$\tan(\alpha)=\frac{1}{2}(\eta_o^{\omega})^2\left[(\eta_e^{2\omega})^{-2}-(\eta_o^{2\omega})^{-2}\right]\sin(2\theta_m) \tag{10.2.27}$$

孔径长度为

$$L_a=\frac{D}{\tan\alpha} \tag{10.2.28}$$

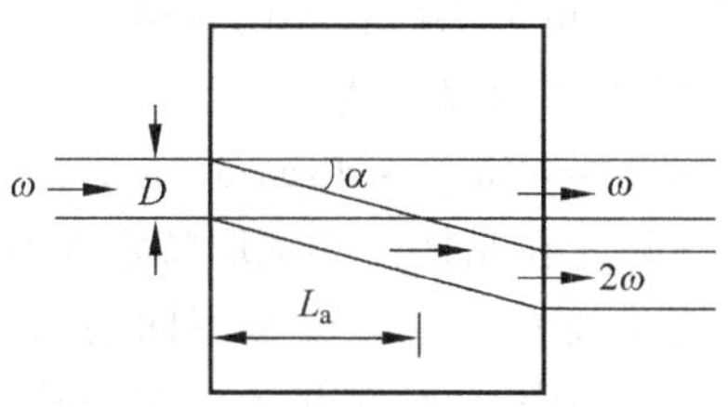

图 10.2.4　光孔效应与孔径长度

当 $L>L_a$ 时，基频光与倍频光的能量不再重合，导致光功率密度较低，光斑变大。为了增大孔径长度 L_a，希望基频光束孔径 D 增大，需要进行扩束；但是倍频转换效率与光强 I_ω 成正比，与 D^2 成反比，$\eta_{SHG}\propto 1/D^2$，D 变大会导致 η_{SHG} 变小。因此，基频光扩束后，并不能使倍频转换效率增加。

另外，基频光的发散角 $\Delta\theta$ 导致相对相位匹配角 θ_m 的偏离也会影响倍频效率。相位因子满足

$$\frac{\Delta kL}{2}=\frac{\omega L}{c}\left[\eta_e^{2\omega}(\theta)-\eta_o^{\omega}\right] \tag{10.2.29}$$

式中，$\theta=\theta_m+\Delta\theta$；$\eta_e^{2\omega}(\theta)$由(10.2.20)表示。将式(10.2.29)在 θ_m 附近做级数展开，取一级近似，求得 Δk 与发散角 $\Delta\theta$ 的关系为

$$\Delta k\approx\frac{\omega}{c}\left[\frac{(\eta_e^{2\omega})^{-2}-(\eta_o^{2\omega})^{-2}}{(\eta_o^{\omega})^{-3}}\right]\sin(2\theta_m)\cdot\Delta\theta \tag{10.2.30}$$

相位失配与基频光的发散角成正比，所以 $\Delta\theta$ 对 η_{SHG} 的影响是比较大的。因此，在一般情况下，角度相位匹配具有不稳定性，也称为临界相位匹配。

由式(10.2.27)和式(10.2.30)知，$\tan\alpha$ 和 Δk 都与 $\sin 2\theta_m$ 成正比，只要 $\sin 2\theta_m=0$，则 α 和 Δk 均为 0，即要求 $\theta_m=0$ 或 $\theta_m=\pi/2$，而 $\theta_m=0$ 是不可能满足相位匹配条件的，因此，必须使 $\theta_m=\pi/2$，即基频光垂直于光轴入射。当几何参量 θ_m 确定为 $\pi/2$ 后，可以通过温度的改变来达到相位匹配。一般来说，e 光的折射率受温度的影响较大。所以，以Ⅰ类匹配方式为例，在 $\theta_m=\pi/2$ 且 $T=T_m$ 时，若 $\eta_e^{2\omega}(\pi/2,T)=\eta_o^{\omega}(T_m)$，椭圆与圆形的折射率曲面在垂直于光轴方向上“相切”，不但使折射率的值相等，而且其一阶导数也相等，充分满足了相位匹配条件。在温度匹配中，$\theta_m=\pi/2$，使得 $L_a\to\infty$，消除了光孔效应。其充分利用了倍频晶体的空间长度，有助于提高倍频转换效率，同时也大大降低了发散角 $\Delta\theta$ 对相位匹配条件的不利影响。因此，温度匹配实际上是角度匹配中 $\theta_m=\pi/2$ 的特例，通常也称为非临界相位匹配(noncritical phase matching，NCPM)。

3. 有效非线性系数 d_{eff}

二阶非线性极化常用在晶体中产生光学倍频、和频与光参量振荡。与这些过程有关的是晶体二阶极化率张量元 $\chi_{ijk}^{(2)}(-\omega_3,\omega_1,\omega_2)$,$i,j,k=1,2,3$。本来这些张量元是频率 ω_1、ω_2、ω_3 的函数(即存在色散),但这些光学过程一般都是在晶体的透明区进行的,ω_1、ω_2、ω_3 远离共振频率,因此可以忽略色散而认为它们与频率无关。特别是认为

$$\begin{aligned}\chi_{ijk}^{(2)}(-\omega_3,\omega_1,\omega_2)&=\chi_{ijk}^{(2)}(-\omega_1,\omega_3,-\omega_2)=\chi_{ijk}^{(2)}(-\omega_2,\omega_3,-\omega_1)\\&=\chi_{ijk}^{(2)}(-2\omega,\omega,\omega)=2d_{ijk}\end{aligned}\tag{10.2.31}$$

习惯上将与频率无关而只与下角标 ijk 有关的常数 d_{ijk} 称为非线性系数,d_{ijk} 为三阶张量 $\boldsymbol{d}$ 的矩阵元。定义有效非线性系数 d_{eff} 为

$$d_{\mathrm{eff}}=\boldsymbol{a}(\omega_3)\cdot\boldsymbol{d}:\boldsymbol{a}(\omega_1)\boldsymbol{a}(\omega_2)\tag{10.2.32}$$

在角度匹配中,基频光与倍频光在晶体中必须取特定的偏振方向,以实现相位匹配。晶体对于不同的匹配方式,其有效非线性系数 d_{eff} 是不同的,它是匹配角 θ 和方位角 φ 的函数,如图 10.2.5 所示。式(10.2.32)中,单位矢量 $\boldsymbol{a}$ 应当与特定的偏振态一致。可以写出单轴晶体不同角度相位匹配所对应的有效非线性系数

$$\begin{cases}d_{\mathrm{eff负}}^{\mathrm{I}}=\boldsymbol{a}_{\mathrm{e}}\cdot\boldsymbol{d}:\boldsymbol{a}_{\mathrm{o}}\boldsymbol{a}_{\mathrm{o}}\quad d_{\mathrm{eff正}}^{\mathrm{I}}=\boldsymbol{a}_{\mathrm{o}}\cdot\boldsymbol{d}:\boldsymbol{a}_{\mathrm{e}}\boldsymbol{a}_{\mathrm{e}}\\ d_{\mathrm{eff负}}^{\mathrm{II}}=\boldsymbol{a}_{\mathrm{e}}\cdot\boldsymbol{d}:\boldsymbol{a}_{\mathrm{e}}\boldsymbol{a}_{\mathrm{o}}\quad d_{\mathrm{eff正}}^{\mathrm{II}}=\boldsymbol{a}_{\mathrm{o}}\cdot\boldsymbol{d}:\boldsymbol{a}_{\mathrm{e}}\boldsymbol{a}_{\mathrm{o}}\end{cases}\tag{10.2.33}$$

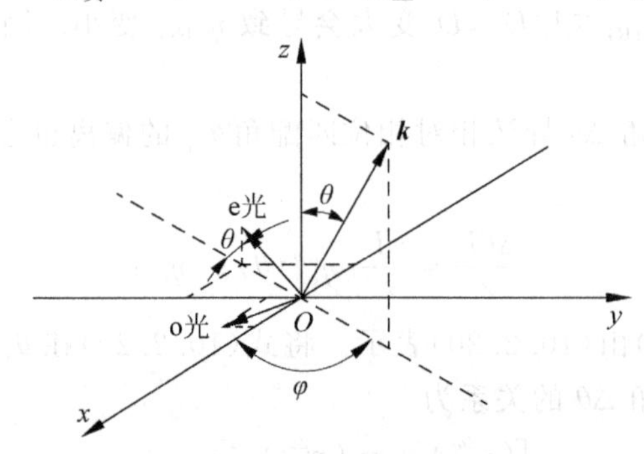

图 10.2.5 角度相位匹配的矢量关系

由图 10.2.5 可以看出,单轴晶体中,o 光方向和 e 光方向的单位矢量 $\boldsymbol{a}_{\mathrm{o}}$ 和 $\boldsymbol{a}_{\mathrm{e}}$ 可以写成矩阵形式,表示为

$$\boldsymbol{a}_{\mathrm{o}}=\begin{bmatrix}\sin\varphi\\-\cos\varphi\\0\end{bmatrix},\quad \boldsymbol{a}_{\mathrm{e}}=\begin{bmatrix}-\cos\theta\cos\varphi\\-\cos\theta\sin\varphi\\\cos\theta\end{bmatrix}\tag{10.2.34}$$

式中,φ 为 xOy 平面上的方位角。

考虑到 $\boldsymbol{d}$ 的置换对称性,应有 $d_{ijk}=d_{ikj}$,因此,习惯上用有两个下角标的 d_{il} 代替有三个下角标的 $d_{ijk}=d_{ikj}$,即 i 不变,用 l 替代 jk 或 kj,替代关系如下:

$$\begin{cases}jk=11,22,33,23\ 或\ 32,13\ 或\ 31,12\ 或\ 21\\ l=1,2,3,4,5,6\end{cases}\tag{10.2.35}$$

在遵循上述对应关系的前提下,以 d_{il} 为矩阵元就组成了倍频晶体的二次极化矩阵

$$\boldsymbol{d}_L=\begin{pmatrix} d_{11} & d_{12} & d_{13} & d_{14} & d_{15} & d_{16} \\ d_{21} & d_{22} & d_{23} & d_{24} & d_{25} & d_{26} \\ d_{31} & d_{32} & d_{33} & d_{34} & d_{35} & d_{36} \end{pmatrix} \tag{10.2.36}$$

单位矢量 $\boldsymbol{b}$、$\boldsymbol{c}$ 的并矢 $\boldsymbol{bc}$ 可以简写成矢量形式

$$[\boldsymbol{bc}]_L=\begin{bmatrix} b_1c_1 \\ b_2c_2 \\ b_3c_3 \\ b_2c_3+b_3c_2 \\ b_1c_3+b_3c_1 \\ b_1c_2+b_2c_1 \end{bmatrix} \tag{10.2.37}$$

式中，b_1、c_1、b_2、c_2、b_3、c_3 分别为单位矢量 $\boldsymbol{b}$、$\boldsymbol{c}$ 在 x、y、z 轴上的分量。利用式(10.2.36)和式(10.2.37)，可以将式(10.2.33)改写为

$$d_{\text{eff负}}^{\text{I}}=\boldsymbol{a}_\text{e}\cdot\boldsymbol{d}_L:[\boldsymbol{a}_\text{o}\boldsymbol{a}_\text{o}]_L \tag{10.2.38}$$

$$d_{\text{eff正}}^{\text{I}}=\boldsymbol{a}_\text{o}\cdot\boldsymbol{d}_L:[\boldsymbol{a}_\text{e}\boldsymbol{a}_\text{e}]_L \tag{10.2.39}$$

$$d_{\text{eff负}}^{\text{II}}=\boldsymbol{a}_\text{o}\cdot\boldsymbol{d}_L:[\boldsymbol{a}_\text{e}\boldsymbol{a}_\text{o}]_L \tag{10.2.40}$$

$$d_{\text{eff正}}^{\text{II}}=\boldsymbol{a}_\text{o}\cdot\boldsymbol{d}_L:[\boldsymbol{a}_\text{e}\boldsymbol{a}_\text{o}]_L \tag{10.2.41}$$

其中，利用式(10.2.34)和式(10.2.37)可得

$$[\boldsymbol{a}_\text{o}\boldsymbol{a}_\text{o}]_L=\begin{bmatrix} \sin^2\varphi \\ \cos^2\varphi \\ 0 \\ 0 \\ 0 \\ -\sin2\varphi \end{bmatrix} \tag{10.2.42}$$

$$[\boldsymbol{a}_\text{e}\boldsymbol{a}_\text{e}]_L=\begin{bmatrix} \cos^2\theta\cos^2\varphi \\ \cos^2\theta\sin^2\varphi \\ \sin^2\theta \\ -\sin2\theta\sin\varphi \\ -\sin2\theta\cos\varphi \\ \cos^2\theta\sin2\varphi \end{bmatrix} \tag{10.2.43}$$

$$[\boldsymbol{a}_\text{e}\boldsymbol{a}_\text{o}]_L=\begin{bmatrix} -\frac{1}{2}\cos\theta\sin2\varphi \\ \frac{1}{2}\cos\theta\sin2\varphi \\ 0 \\ -\sin\theta\cos\varphi \\ \sin\theta\sin\varphi \\ \cos\theta\cos2\varphi \end{bmatrix} \tag{10.2.44}$$

对于具体的倍频单轴晶体，在对应的匹配方式下，按照式(10.2.38)～式(10.2.41)可以求出相应的有效非线性系数 $d_{\text{eff}}(\theta_{\text{m}},\varphi)$，$\theta_{\text{m}}$ 为匹配角，方位角 φ 由 $|d_{\text{eff}}|_{\max}$ 确定。

例如，对于 $\overline{4}2\text{m}$ 类负单轴晶体，有

$$\boldsymbol{d}_L=\begin{bmatrix}0&0&0&d_{14}&0&0\\0&0&0&0&d_{25}&0\\0&0&0&0&0&d_{36}\end{bmatrix}\tag{10.2.45}$$

将其代入式(10.2.38)，则Ⅰ类匹配方式的有效非线性系数为

$$d_{\text{eff负}}^{\text{I}}=\begin{bmatrix}-\cos\theta\cos\varphi\\-\cos\theta\sin\varphi\\\cos\theta\end{bmatrix}\begin{bmatrix}0&0&0&d_{14}&0&0\\0&0&0&0&d_{25}&0\\0&0&0&0&0&d_{36}\end{bmatrix}\begin{bmatrix}\sin^2\varphi\\\cos^2\varphi\\0\\0\\0\\-\sin2\varphi\end{bmatrix}=-d_{36}\sin\theta\sin2\varphi\tag{10.2.46}$$

当 $\varphi=\pm\pi/4$ 时，$|d_{\text{eff}}|$ 取最大值。因此 $d_{\text{eff}}(\theta_{\text{m}},\varphi)$ 可以确定基频光波矢的空间方位角 φ 的取值。关于双轴晶体 d_{eff} 的计算，可以参阅有关文献和专著。

10.2.3 准相位匹配方法

1. 相干长度

首先分析在不满足 $\Delta k=0$ 的条件下，倍频光强 $I_{2\omega}$ 在晶体内的空间变化。采用小信号近似，由式(10.2.6)可知，当 Δk 恒不为 0 时，有

$$I_{2\omega}(z)=\frac{8\omega^2 d_{\text{eff}}^{\ 2}}{\varepsilon_0\eta_\omega^2\eta_{2\omega}c^3(\Delta k)^2}I_\omega^2\sin^2\frac{\Delta kL}{2}\tag{10.2.47}$$

式(10.2.47)表明，倍频光强在 z 方向呈现周期性变化，当 $0\leqslant z\leqslant\pi/|\Delta k|$ 时，$I_{2\omega}$ 呈上升趋势，表明能量交换过程以基频光向倍频光转移为主。在 $z=\pi/|\Delta k|$ 处，$I_{2\omega}$ 最大，如图 10.2.6 所示。由此定义倍频的相干长度 L_{c} 为

$$L_{\text{c}}=\frac{\pi}{|\Delta k|}=\frac{\lambda_\omega}{4|\eta_\omega-\eta_{2\omega}|}\tag{10.2.48}$$

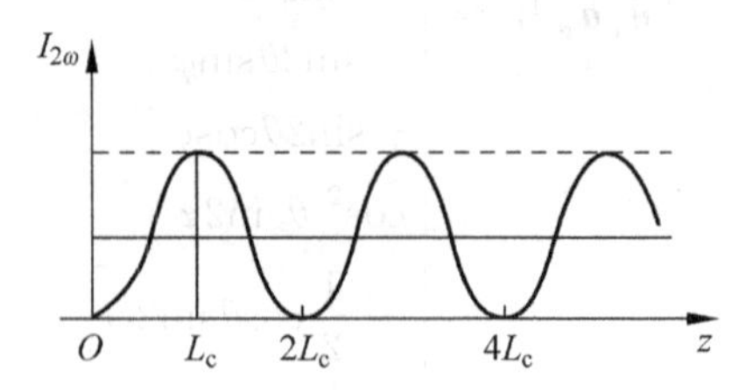

图 10.2.6 倍频光强的空间变化

显然，当 $\Delta k=0$ 时，有 $L_{\text{c}}\to\infty$，在整个晶体长度 L 内，基频光总是向倍频光转移能量。但是当 $\Delta k\neq0$ 时，在 $L_{\text{c}}\leqslant z\leqslant 2L_{\text{c}}$ 的空间范围内，$I_{2\omega}$ 呈下降趋势，表明能量交换过程以倍频光向基频光"回吐"为主。因此，晶体长度的增加并不会使倍频光增强。关键点是在有限相干长度的条件下，使倍频光在介质中单调增长，从而产生准相位匹配(quasi phase matching，QPM）方法。

2. 空间调制

倍频光强在上升与下降的两个过程中分别对应于 z 属于奇数倍 L_c 与偶数倍 L_c 的区域，从波耦合方程式（10.2.3）分析，可得

$$\left.\frac{\mathrm{d}E_{2\omega}}{\mathrm{d}z}\right|_{z=2nL_c}=\mathrm{e}^{-\mathrm{i}\pi}\left.\frac{\mathrm{d}E_{2\omega}}{\mathrm{d}z}\right|_{z=(2n+1)L_c} \tag{10.2.49}$$

式中，$n=0,1,2\cdots$；$0\leqslant z\leqslant L$；L 为介质长度。这是两个相位差 π 的反相过程。布洛姆伯根（Bloembergen）等人首先指出，在经过相干长度 L_c 后，使倍频效应对应的三阶极化率张量 χ_{ijk} 改变符号，就可以使偶数倍 L_c 内倍频光的下降趋势发生逆转。实际上就是对 d_{eff} 进行空间调制，以 L_c 为空间间隔，使相邻的 d_{eff} 反号，式（10.2.49）中的 d_{eff} 同号，达到倍频光强单调上升的目的。令

$$d_{\mathrm{eff}}=\begin{cases}+d_{\mathrm{eff}}, & z=(2n+1)L_c\\ -d_{\mathrm{eff}}, & z=2nL_c\end{cases} \tag{10.2.50}$$

介质长度 $L=NL_c$，N 是正整数。在此条件下，出射的倍频光电场为

$$\begin{aligned}E_{2\omega}(L)&=\frac{\mathrm{i}\omega}{\eta_{2\omega}c}E_{\omega}^{2}\int_{0}^{NL_c}d_{\mathrm{eff}}(z)\mathrm{e}^{\mathrm{i}\Delta kz}\mathrm{d}z\\&=\frac{\mathrm{i}\omega d_{\mathrm{eff}}}{\eta_{2\omega}c}E_{\omega}^{2}\left[\left(\int_{0}^{L_c}-\int_{L_c}^{2L_c}+\int_{2L_c}^{3L_c}-\cdots+(-1)^{N-1}\int_{(N-1)L_c}^{NL_c}\right)\right]\mathrm{e}^{\mathrm{i}\Delta kz}\mathrm{d}z\\&=\frac{4\omega d_{\mathrm{eff}}}{\eta_{2\omega}c\pi}E_{\omega}^{2}NL_c\end{aligned} \tag{10.2.51}$$

3. 准相位匹配的特点

（1）准相位匹配不同于补偿色散的角度相位匹配方法。由于不采用双折射效应，所以对光波的偏振状态无特别要求，相当于提高了基频光的利用率，不存在严重的光孔效应和相位失配问题。

（2）准相位匹配没有Ⅰ类和Ⅱ类方式之分，对于有效非线性系数 d_{eff} 的选取，不受 θ_{m} 和 φ 的限制，可以在非线性极化矩阵中挑选出大分量的 d_{il}，以其所对应的空间方向接收基频光，从而获得大的倍频光强。

（3）对于某一波长范围有大的非线性系数，但双折射很小的材料，在不能实现角度相位匹配时，可以采用准相位匹配进行倍频，扩大材料的选取范围和相应的倍频波段。

（4）准相位匹配所采用的材料为"聚片多畴"的铁电晶体，如图 10.2.7 所示，相邻的三阶非线性极化张量反号，而与之相应的二阶极化张量不变，所以线性光学性质也不变。

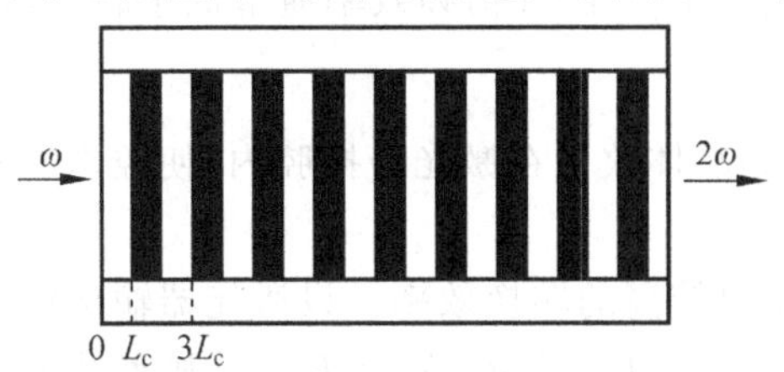

图 10.2.7　"聚片多畴"的铁电晶体

10.2.4 倍频方式

一般来讲，倍频晶体既可以放在激光谐振腔之外，也可以放在激光谐振腔内。这两种方式分别称为腔内倍频和腔外倍频。对于基频光重复频率低而峰值功率很高的情形，通常采用腔外倍频方式，即把倍频晶体置于激光器的输出光束中进行倍频，当移开倍频晶体时，激光器仍可方便地输出基波光束。基频光重复频率高而峰值功率低的情形，一般采用腔内倍频方式。腔内倍频的转换效率较高，但是稳定性不好。

1. 腔外倍频

腔外倍频的基频光源常用脉冲调 Q 激光器，如图 10.2.8 所示。为了获得较高的转换效率，有时还采用多级放大，提高基频光的峰值功率以便得到大的倍频光强。

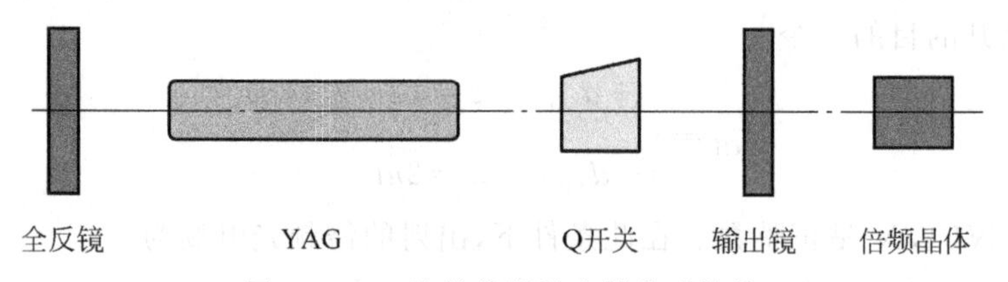

图 10.2.8 腔外倍频激光器典型结构

在腔外倍频实验中，有时也采用聚焦的方法来提高基频光在倍频晶体中的光功率密度。如图 10.2.9 所示，入射到晶体上的高斯光束以共焦参数 z_0 来表示，在 $2z_0$ 之内，光束的发散角较小，z_0 也称为准直长度。z_0 与束腰半径 ω_0 的关系为

$$z_0=\frac{1}{2}k\omega_0^2=\frac{\pi\omega_0^2\eta_\omega}{\lambda_\omega} \tag{10.2.52}$$

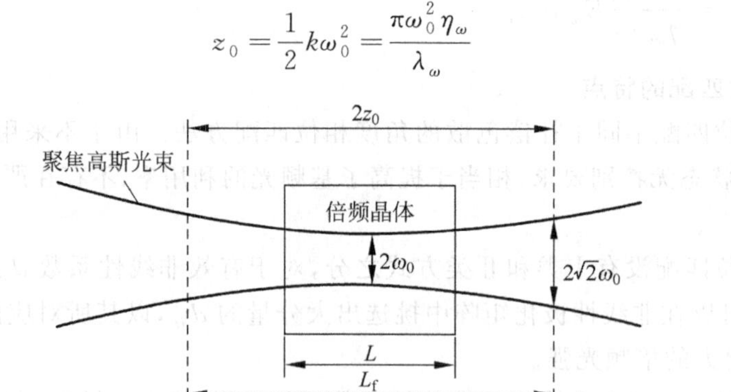

图 10.2.9 高斯光束倍频的共焦聚焦条件

如果选取二倍准直长度 $2z_0=L_f$ 为晶体的长度，则这个条件称为共焦聚焦条件，在此条件下，倍频转换效率 $\eta_{SHG}\propto L_f$。腔外倍频效率通常低于腔内倍频。

2. 腔内倍频

腔内倍频将非线性倍频晶体放置在激光谐振腔内，使腔内的基频光往返通过倍频晶体，如图 10.2.10 所示。

在适当的条件下，可获得较高的转换效率。设激光器输出镜对基频光的反射率为 R，则腔内基频光的功率是腔外的 $(1-R)^{-1}$ 倍，如果 $R\approx1$，则腔内倍频效率将是很可观的。对于连续运转和准连续运转的高重频调 Q 激光器，通常采用腔内倍频方式，腔内倍频转换效

率等价为激光耦合输出，图 10.2.11 所示为两种常用的腔内倍频装置。腔内倍频对倍频晶体的光学均匀性和透明度要求较高，在高平均功率使用的场合，对倍频晶体的导热性能也有较高的要求，必要时须采用温控方式。图 10.2.11(b)所示为在连续激光器的谐振器内插入声光 Q 开关和谐波反射镜形成双程倍频装置，优点是结构简单、倍频效率高，缺点是激光棒热透镜效应影响较大，谐波反射镜增加了腔损耗。

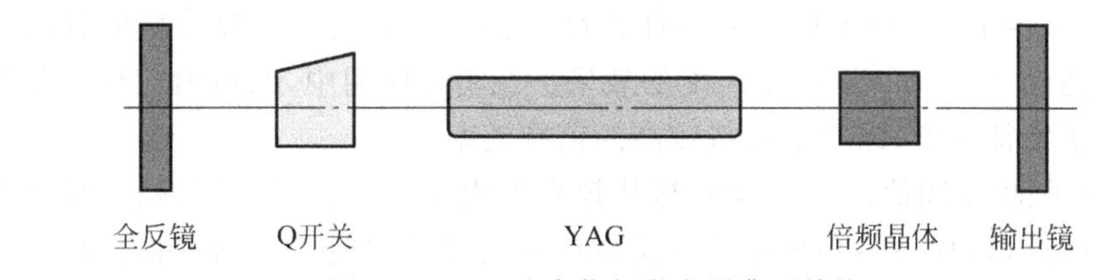

图 10.2.10 腔内倍频激光器典型结构

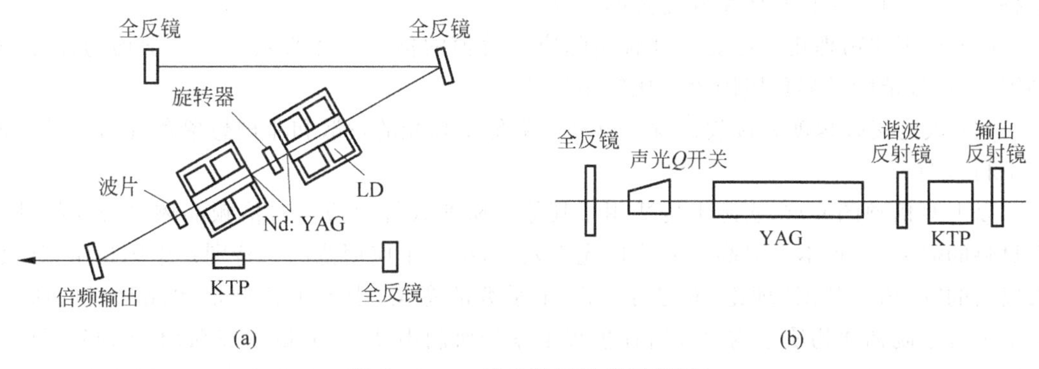

图 10.2.11 腔内倍频装置示意图

(a) 腔内连续倍频装置；(b) 直腔式准连续倍频激光器

另外，腔内的任何光学器件都不能对倍频光有吸收损耗。与腔外倍频类似，腔内倍频也有共焦聚焦条件，即倍频晶体应当尽量位于腔内高斯光束的束腰处，$2z_0$ 也可以作为倍频晶体长度的参考值综合考虑。对于腔内多纵模连续激光器倍频，由于多纵模之间的和频(SFG)效应，且从式(10.1.19)和式(10.1.20)可知，在 ω_1 和 ω_2 相差为纵模间距量级时，$\chi^{(2)}(2\omega_1)$、$\chi^{(2)}(2\omega_2)$与 $\chi^{(2)}(\omega_1+\omega_2)$几乎相等。因此，和频效应与倍频效应相互竞争，导致倍频激光输出非常不稳定，即产生所谓的“绿光问题”。对此的理论分析与实验方法可参见有关文献。

3. 倍频晶体

倍频晶体材料是实现激光倍频输出的物质基础，按照空间对称性的要求，从 21 种没有反演对称中心的点群中选取，倍频晶体主要由无机氧化物和半导体材料构成，前者常用远近红外、可见光和紫外波段，后者用于中、远红外波段。具备使用价值的倍频晶体应满足以下要求。

(1) 宽的透明波段。从基频到倍频波段有高的透过率、极小的吸收损耗，在实际使用中，不同的倍频波段应选取相应的倍频晶体配合使用。

(2) 大的非线性系数 d_{il}。以 KDP 晶体的非线性系数 d_{36} 作为比较标准，目前常用的磷酸钛氧钾(KTP)晶体，其非线性系数为标准值的 21.5 倍。

(3) 适当的双折射。角度相位匹配利用倍频晶体本身所具有的双折射效应来克服色散效应，达到相位匹配的目的。双折射太小的晶体虽然可以观察到倍频现象，但不能满足相位匹配条件，因此也就不能获得高的倍频效率。例如，第一个从红宝石激光上观察到倍频效应的石英正单轴晶体，由于双折射效应太弱，基频 e 光与倍频 o 光的折射率曲面没有相交，不能实现角度相位匹配。而双折射太大的晶体，虽然可以实现相位匹配，但存在比较严重的光孔效应，使孔径长度 L_a 远小于倍频的特征长度 L_{SHG}，也不利于倍频效率的提高。理想的双折射最好能达到 $\theta_m=90°$，即温度匹配的效果。在实际应用中，双折射应保证倍频晶体的孔径长度不小于特征长度，以利于获得较高的倍频效率。

(4) 高的光强损伤阈值。倍频效率与基频光强成正比，而倍频现象就是强光作用下的非线性效应。因此，倍频晶体必须能够承受高功率激光的照射而不出现损伤现象。从实际运用意义上要求，光损伤阈值至少不低于 $1MW/cm^2$。同时，大的基频光强能减少倍频晶体的特征长度，有利于倍频效率和光强的提高。

(5) 稳定的物理化学性能。具有实际应用价值的倍频晶体必须具有光学均匀性好、不潮解、各项性能随外界环境因素变化较小等特点。

(6) 大的接收角度和接收带宽。有利于降低基频光的发散和非理想单色性对相位匹配的不利影响。

以上对倍频的要求，实际上也适用于其他二阶非线性效应。对倍频晶体这类非线性光学材料的研究，从根本上提高了非线性光学效率，扩大了应用范围。特别是中国科学家陈创天提出的“阴离子基团”理论，超越了 Miller 系数的意义，指导了新型倍频晶材料的研究。由中国科学院福建物质结构研究所在世界上率先研制出 β-BBO(偏硼酸钡)和 LBO(三硼酸锂)、SBBO(硼铍酸锂)等高效率、谱带宽、应用广泛的“中国牌”晶体。利用准相位匹配(QPM)方法实现倍频效应的微米超晶体材料的研制也非常引人注目。由于不采用传统的角度相位匹配方式，倍频材料的选取可以扩展到弱双折射或光学各向同性(立方晶系)等铁电晶体中，可以在 d_{il} 最大的方向上选择光波的入射角和偏振态，可以改变畴壁的厚度来适应不同波长的倍频。采用 Fibnacci 序列，变周期结构能对不同的基频光同时实现倍频、光参量振荡或三倍频，并且无光孔效应，适用对半导体结构的直接倍频等。我国南京大学固体结构微结构国家重点实验室研制的聚片多畴周期极化铌酸锂(PPLN)和钽酸锂(PPLT)等光子超晶格材料处于国际先进水平。

10.3 和频与三倍频技术

10.3.1 和频技术

和频(SFG)也称为频率上转换(frequency up-conversion)，这是一种将光辐射向短波长方向变换的非线性光学技术，也被运用于远红外辐射的探测技术中。在和频振荡中，输入的光波有两种不同的频率，即 $\omega_3=\omega_1+\omega_2$，$\omega_1\neq\omega_2$，所以可以在倍频技术不能达到的某个短波长处实现相干辐射。例如，对于 Nd∶YAG 激光的 1064 nm 和 1318nm 的两个波长，倍频技术只能实现绿光(523 nm)或红光(659nm)输出，而对某些应用所需要的黄光(589nm)相干辐射，就必须采用 1061nm 与 1318nm 的和频技术。和频效应相对于倍频效应增加了一个变量与自由度,特殊性和复杂性也有所增加。

1. 三波相互作用的波耦合方程

设有三个光波相互作用,频率关系为 $\omega_3=\omega_1+\omega_2$,取 $\boldsymbol{P}^{(2)}=\boldsymbol{P}_{\mathrm{NL}}$。除了 ω_1 和 ω_2 之间的和频产生 ω_3 外,还有 ω_1 和 ω_3 之间的差频产生 ω_2,以及 ω_2 和 ω_3 之间的差频产生 ω_1 的过程,这三种情况的光频简并因子 $K=1$,由式(10.1.38)可得三波相互作用的波耦合方程为

$$\frac{\mathrm{d}E_1}{\mathrm{d}z}=\mathrm{i}\frac{\omega_1}{\eta_1 c}d_{\mathrm{eff}}E_2^* E_3\exp(-\mathrm{i}\Delta kz) \tag{10.3.1}$$

$$\frac{\mathrm{d}E_2}{\mathrm{d}z}=\mathrm{i}\frac{\omega_2}{\eta_2 c}d_{\mathrm{eff}}E_1^* E_3\exp(-\mathrm{i}\Delta kz) \tag{10.3.2}$$

$$\frac{\mathrm{d}E_3}{\mathrm{d}z}=\mathrm{i}\frac{\omega_3}{\eta_3 c}d_{\mathrm{eff}}E_1 E_2\exp(\mathrm{i}\Delta kz) \tag{10.3.3}$$

式中,$\Delta k=k_1+k_2-k_3$ 为相位因子;E_{i}、$\boldsymbol{a}_{\mathrm{i}}$、$k_{\mathrm{i}}$、$\eta_{\mathrm{i}}$ 分别为频率为 ω_{i} 的光场对应的振幅、振幅单位矢量、波矢和折射率。d_{eff} 为有效非线性系数,$d_{\mathrm{eff}}=\boldsymbol{a}_i\cdot\boldsymbol{d}:\boldsymbol{a}_j\boldsymbol{a}_k$,已经取了克莱曼近似。方程中每个光波电场的空间变化有其他光波电场的介入,表明介质中各光波之间有能量转移与交换,这种能量转移是通过非线性介质的有效非线性系数 d_{eff} 来耦合的。

当 $\Delta k\neq 0$,光学和频转换效率不是很高时,可采用小信号近似,即认为在相互作用过程中振幅 E_1 和 E_2 不变,此时可对式(10.3.3)直接积分得到经长度为 L 的非线性介质后和频光振幅为

$$E_3(L)=\mathrm{i}\frac{\omega_3}{\eta_3 c}d_{\mathrm{eff}}E_1(0)E_2(0)\int_0^L\exp(\mathrm{i}\Delta kz)\mathrm{d}z=\frac{\omega_3 d_{\mathrm{eff}}}{\Delta k\eta_3 c}E_1(0)E_2(0)[\exp(\mathrm{i}\Delta kz)-1] \tag{10.3.4}$$

和频光光强为

$$I_3(L)=\frac{2{\omega_3}^2 d_{\mathrm{eff}}^2}{c^3\eta_1\eta_2\eta_3\varepsilon_0}I_1(0)I_2(0)L^2\operatorname{sinc}^2\left(\frac{\Delta kL}{2}\right) \tag{10.3.5}$$

利用式(10.3.1)~式(10.3.3)的共轭形式以及光强 I_i 与 E_i 的关系得

$$\frac{1}{\omega_1}\frac{\mathrm{d}I_1}{\mathrm{d}z}=\frac{1}{\omega_2}\frac{\mathrm{d}I_2}{\mathrm{d}z}=-\frac{1}{\omega_3}\frac{\mathrm{d}I_3}{\mathrm{d}z} \tag{10.3.6}$$

式(10.3.6)称为门雷-罗威(Manley-Rowe)关系。令 $I_i=\rho_i\hbar\omega_{\mathrm{i}}$,$\rho_{\mathrm{i}}$ 为单位时间流过单位截面的光子数,则有

$$\frac{\mathrm{d}\rho_1}{\mathrm{d}z}=\frac{\mathrm{d}\rho_2}{\mathrm{d}z}=-\frac{\mathrm{d}\rho_3}{\mathrm{d}z} \tag{10.3.7}$$

式(10.3.7)表明,沿 z 轴方向 ω_1 和 ω_2 光子流密度的增量相等,也等于 ω_3 光子流密度的减少量。或者说,每减少一个 ω_3 光子,则分别增加一个 ω_1 和 ω_2 的光子,反之亦然。三波耦合方程给出了光子"分裂"与"合成"的关系,包括了非线性光学和频与差频效应。由 $\omega_3=\omega_1+\omega_2$ 和式(10.3.6),不难得出

$$\frac{\mathrm{d}I_1(z)}{\mathrm{d}z}+\frac{\mathrm{d}I_2(z)}{\mathrm{d}z}+\frac{\mathrm{d}I_3(z)}{\mathrm{d}z}=0 \tag{10.3.8}$$

即

$$I_1(z)+I_2(z)+I_3(z)=常数 \tag{10.3.9}$$

式(10.3.9)表明尽管光波之间有能量交换,但总能量是守恒的。换言之,能量只在光波之间交换,介质不参与,而只起到媒介作用。这正是一切参量作用的特点。

注意,上述结论只当 ω_1、ω_2、ω_3 以及它们的和差远离共振时才成立,因为引入 d_{eff} 的前提是非线性极化率张量存在完全对易对称性。

2. 相位匹配方法

在和频效应中,$\Delta k=k_1+k_2-k_3=0$ 为相位匹配条件。具体表述为频率(波长)与折射率的关系式,表示为

$$\omega_1\eta_1+\omega_2\eta_2=\omega_3\eta_3 \tag{10.3.10}$$

$$\frac{\eta_1}{\lambda_1}+\frac{\eta_2}{\lambda_2}=\frac{\eta_3}{\lambda_3} \tag{10.3.11}$$

设 $\omega_1<\omega_2$,在正常色散条件下,$\eta_1<\eta_2$,$\eta_3=(\omega_1\eta_1+\omega_2\eta_2)/\omega_3$,$\eta_1<\eta_3<\eta_2$ 为相位匹配条件所要求的折射率不等式,与正常色散效应 $\eta_1<\eta_2<\eta_3$ 不相符。因此,必须采用双折射效应来补偿色散效应,采用类似于倍频的角度相位匹配方式。针对不同的和频波动范围有具体的非线性晶体,和频方式也可以分为Ⅰ类(平行式)与Ⅱ类(正交式),即两束泵浦光的偏振态平行或正交入射。

对于正单轴晶体,泵浦光与和频光的偏振态在正常色散条件下,对应情况为

$$\text{Ⅰ类}\quad e^{\omega_1}+e^{\omega_2}\longrightarrow o^{\omega_3} \tag{10.3.12}$$

$$\text{Ⅱ类}\quad \begin{bmatrix} e^{\omega_1}+o^{\omega_2} \\ \\ o^{\omega_1}+e^{\omega_2}\end{bmatrix}\longrightarrow o^{\omega_3} \tag{10.3.13}$$

对于负单轴晶体,泵浦光与和频光的偏振态在正常色散条件下,对应情况为

$$\text{Ⅰ类}\quad o^{\omega_1}+o^{\omega_2}\longrightarrow e^{\omega_3} \tag{10.3.14}$$

$$\text{Ⅱ类}\quad \begin{bmatrix} e^{\omega_1}+o^{\omega_2} \\ \\ o^{\omega_1}+e^{\omega_2}\end{bmatrix}\longrightarrow e^{\omega_3} \tag{10.3.15}$$

对每一种角度相位匹配方式,可以求出相应的匹配角,从而确定两束泵浦光波矢相对于光轴的入射方向。在克莱曼近似成立的波段范围内,二次非线性张量 $\boldsymbol{d}$ 近似为无色散的量,所以和频效应中的 $\boldsymbol{d}$ 和 d_{eff} 与倍频的情况相同。在和频效应中,相位匹配仍保持着光子动量守恒的意义。

3. 相位匹配条件下的小信号近似

设两束泵浦光中,E_1 为频率 ω_1 的强信号,它使频率为 ω_2 的弱信号 E_2 经过为和频转换成频率为 ω_3 的光场 E_3,这是一种光学参量频率上转换过程。如果在这个过程中 E_1 的光强不会因为其他光波的产生而有大的改变,可假定 $\mathrm{d}E_1/\mathrm{d}z\approx 0$,在 $\Delta k=0$ 时,由式(10.3.2)和式(10.3.3)可得

$$\begin{cases}\dfrac{\mathrm{d}E_2}{\mathrm{d}z}=\mathrm{i}\dfrac{\omega_2}{\eta_2 c}d_{\text{eff}}E_1^*E_3 \\ \dfrac{\mathrm{d}E_3}{\mathrm{d}z}=\mathrm{i}\dfrac{\omega_3}{\eta_3 c}d_{\text{eff}}E_1E_2\end{cases} \tag{10.3.16}$$

求解式(10.3.16),可得

$$E_2(z)=E_2(0)\cos(\Gamma z) \tag{10.3.17}$$

$$E_3(z)=\mathrm{i}\sqrt{\frac{\eta_2\omega_3}{\eta_3\omega_2}}E_2(0)\sin(\Gamma z) \tag{10.3.18}$$

式中

$$\Gamma=\frac{d_{\text{eff}}}{c}\sqrt{\frac{2\omega_2\omega_3 I_1}{\eta_1\eta_2\eta_3 c\varepsilon_0}}$$

由光强与振幅的关系式 $I=\eta c\varepsilon_0 E^* E/2$,可把式(10.3.17)和式(10.3.18)写成光强随传播距离变化的形式:

$$I_2(z)=I_2(0)\cos^2(\Gamma z) \tag{10.3.19}$$

$$I_3(z)=\frac{\omega_3}{\omega_2}I_2(0)\sin^2(\Gamma z) \tag{10.3.20}$$

$I_2(z)$和$I_3(z)$随作用距离z的变化如图10.3.1所示。开始时,光波ω_2的光强逐渐减小,而光波ω_3的光强逐渐增大,这时能量由前者转向后者,这正是频率上转换所需要的。但是当作用距离增大到$\Gamma z=\pi/2$后,过程却往相反方向进行,这正是参量作用过程的特点。最初,光波ω_3的光强为0,光波ω_2的光强能量便通过自己与强光信号光的和频而转移给光波ω_3,并使后者的光强逐渐增大;但是一旦当光波ω_3光强增大,而ω_2的光子耗尽时,ω_3又会与强光信号ω_1产生$\omega_2=\omega_3-\omega_1$的差频过程,并将其能量转回给光波$\omega_2$。图10.3.1正是反映了这样的物理过程,表明在弱信号近似下,即使有$\Delta k=0$,和频效应中能量的转移也不一定是“单向”的。

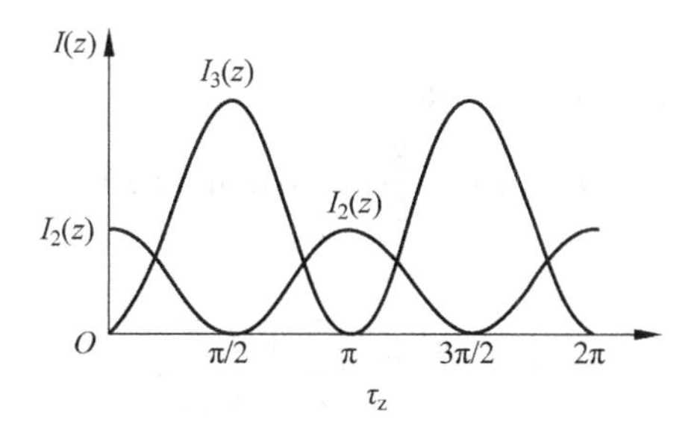

图10.3.1 用光学和频做频率上转换时的光强变化

I_3达到第一个极大值的条件为

$$L_{\text{m}}=\frac{\pi}{2\Gamma}=\frac{\pi c}{2d_{\text{eff}}}\sqrt{\frac{c\eta_1\eta_2\eta_3\varepsilon_0}{2\omega_2\omega_3 I_1}} \tag{10.3.21}$$

当晶体长度取L_{m}时,出射的和频光强为极大值,即$I_{3\max}=\omega_3 I_2(0)/\omega_2$。由此可以得出$I_{3\max}/\omega_3=I_2(0)/\omega_2$。在弱信号近似下,和频的最大光子数不会超过泵浦光的初始光子数。因此,要获得高效率、高强度的和频光强,除了满足相位匹配条件外,还必须使门雷-罗威关系在和频条件下得到满足,达到能量与动量守恒条件同时成立。

4. 高转换效率和频过程

在弱信号近似条件下,一旦弱泵浦光子数消耗到零,而强泵浦光子数不为零,则和频光波将与强泵浦光波相互作用向弱泵浦光转移能量,和频光强出现振荡形式。可以设想,如果两个泵浦光的光子数严格相等,并且在三波相互作用意义下的门雷-罗威关系制约下,同时以相同的速度消耗 ω_1 和 ω_2 的光子数,保证能量向和频光波"单向"转移,那么,在这种情况下有 $\frac{1}{\omega_1}\frac{\mathrm{d}I_1}{\mathrm{d}z}=\frac{1}{\omega_2}\frac{\mathrm{d}I_2}{\mathrm{d}z}$,在三个波耦合方程中只有两个是独立的。经过运算后得到的解与高效率二次谐波式(10.2.17)相似。相应的特征长度为

$$L_{\mathrm{SFG}}=\frac{c}{d_{\mathrm{eff}}}\sqrt{\frac{c\eta_1\eta_2\eta_3\varepsilon_0}{\omega_2\omega_3 I_1(0)}}=\frac{c}{d_{\mathrm{eff}}}\sqrt{\frac{c\eta_1\eta_2\eta_3\varepsilon_0}{\omega_1\omega_3 I_1(0)}} \tag{10.3.22}$$

式中,$I_1(0)$为对应的初始泵浦光强。当 $z=2L_{\mathrm{SFG}}$ 时,绝大部分的泵浦光子转换成和频光子。初始入射的两束泵浦光强的关系,应严格满足光子数相等的条件,最大的和频光强为

$$I_{3\max}(\infty)=I_1(0)+I_2(0)=\frac{\omega_3}{\omega_1}I_1(0)=\frac{\omega_3}{\omega_2}I_2(0) \tag{10.3.23}$$

10.3.2 三倍频技术

1. 基于和频效应的三倍频方法

利用二阶非线性光学效应,对激光器发射出的基频光 E_ω 进行倍频,得到 $E_{2\omega}$,$E_{2\omega}$ 再与 E_ω 一起会聚到和频晶体中,得到相应的 $E_{3\omega}$ 光辐射。在三波共线条件下,由相位匹配条件给出折射率关系为

$$\eta_{3\omega}=\frac{2}{3}\eta_{2\omega}+\frac{1}{3}\eta_\omega \tag{10.3.24}$$

根据不同的角度相位匹配方式,参照第 10.2 节的内容,令 $\omega_1=\omega$,$\omega_2=2\omega$,$\omega_3=3\omega$,则可以求出相应的匹配角。

若取 $I_{2\omega}$ 为弱信号,由式(10.3.20)得

$$I_{3\omega}(z)=\frac{3}{2}I_{2\omega}(0)\sin^2(\Gamma z) \tag{10.3.25}$$

式中

$$\Gamma=\frac{\omega d_{\mathrm{eff}}}{c}\sqrt{\frac{12I_1}{\eta_1\eta_2\eta_3 c\varepsilon_0}}$$

可见,最大的三倍频光强为倍频光强(弱信号)的 1.5 倍。

高效率转换时,当倍频光强为基频光强的 2 倍时,两者光子数严格相等。最大的三倍频光强仍为倍频光强(弱信号)的 1.5 倍、基频光强的 3 倍。对于三倍频晶体长度的选取,当 $I_{2\omega}(0)=2I_\omega(0)$时,按照式(10.3.22)的 2 倍得

$$L_{3\omega}\geqslant\frac{2c}{d_{\mathrm{eff}}}\sqrt{\frac{c\eta_1\eta_2\eta_3\varepsilon_0}{6I_\omega(0)}}=\frac{2c}{d_{\mathrm{eff}}}\sqrt{\frac{c\eta_1\eta_2\eta_3\varepsilon_0}{3I_{2\omega}(0)}} \tag{10.3.26}$$

2. 气体介质中三次谐波的产生

采用三阶非线性光学效应,由基频光 E_ω 直接产生三次谐波(THG),在非耗尽近似下转换效率为

$$\eta_{\mathrm{TGH}}=\frac{I_{3\omega}}{I_\omega}=\frac{(3\omega)^2}{16c^4\varepsilon_0^2\eta_\omega^3\eta_{3\omega}}\mid\chi_{\mathrm{eff}}\mid^2 L^2 I_\omega^2\operatorname{sinc}^2\left(\frac{\Delta kL}{2}\right) \tag{10.3.27}$$

相位匹配所给出的折射率关系为 $\eta_{3\omega}=\eta_{\omega}$。

采用角度相位匹配方式，要求晶体有更强的双折射效应来补偿大的色散，使得适用于三倍频的晶体材料受到局限。

因为三阶非线性极化率 $\chi^{(3)}$ 是 4 阶张量，而任何介质都有不为零的分量，所以三阶非线性光学效应不受点群对称性的限制，可以在气体介质，如原子蒸气中，产生三次谐波的相干辐射。气体介质的特点有：容易制备出大体积的均匀介质，光损伤阈值远高于固体，能承受高强度光辐射，材料选择面广，光谱透明区由红外到真空紫外范围。但气体作为各向同性介质，不可能用双折射效应来补偿色散，而必须采用不同方式来实现相位匹配。

(1) 缓冲气体的色散补偿。对于共线的相位匹配条件，有 $\eta_{3\omega}=\eta_{\omega}$。当所用非线性气体在 ω 与 3ω 之间存在反常色散时，可以充入另一种具有正常色散的气体(称为缓冲气体)，通过调节两种气体的压力之比，使混合气体的平均折射率达到 $\bar{\eta}_{3\omega}=\bar{\eta}_{\omega}$。例如，采用铷(Rb)金属蒸气对 Nd：YAG 激光的 1064nm 波长进行三倍频，铷蒸气在 780nm 有吸收，色散曲线表明，$\eta_{\text{Rb}}(355\text{nm})<\eta_{\text{Rb}}(1064\text{nm})$ 为反常色散。而氙气(Xe)在这个波段范围有 $\eta_{\text{Xe}}(355\text{nm})>\eta_{\text{Xe}}(1064\text{nm})$ 为正常色散，通过调节气压比，达到相位匹配。

(2) 共振增强效应。三阶非线性光学极化率的计算利用了四能级系统的能级跃迁过程。三次谐波的极化率可表示为

$$\chi^{(3)}(-3\omega;\omega,\omega,\omega)\propto\frac{1}{(\Delta E_3)(\Delta E_2)(\Delta E_1)}\tag{10.3.28}$$

式中，$\Delta E_1=\hbar(\omega_{21}-\omega)$；$\Delta E_2=\hbar(\omega_{31}-2\omega)$；$\Delta E_3=\hbar(\omega_{41}-3\omega)$；$\omega_{21}$、$\omega_{31}$、$\omega_{41}$ 分为介质中某两个能级之间的共振频率。当 ω、2ω 或 3ω 与某两个能级接近共振，而且这两个能级间分别是单光子、双光子或三光子允许跃迁时，$\chi^{(3)}$ 因存在分母接近零但分子又不为零的项而变得很大。为了避免 ω 与 3ω 的吸收损耗，通常采用双光子共振，即 $\Delta E_2\to0$。基频光频率 ω 与介质能级结构相配合，使得某两个能级之间的共振频率 $\omega_{31}\approx2\omega$，达到共振增强 $\chi^{(3)}$ 的目的。例如，钠(Na)蒸气对 600nm 的基频光进行 THG，钠的 4d 与 3p 能级之间的跃迁频率与 2ω 相近，可以获得双光子共振效应，从而提高三次谐波转换效率。

(3) 强聚焦条件下的相位匹配。气体介质不存在双折射意义下的光孔效应，有高的光学损伤阈值，并且通常不留下不可逆的光损伤特性，故可以采用强聚焦方式来增大基频光的功率密度，从而提高三次谐波的转换效率。但是，强聚焦条件导致共线平面波近似失效，有必要采用高斯波相互作用的波耦合方程。对于三次谐波，采用 Boyd 定义的形式，在 IS 单位制下为

$$\frac{\mathrm{d}E_{q\omega}(z)}{\mathrm{d}z}=\mathrm{i}\frac{q\omega}{2^q c\eta_{q\omega}}\chi_{\text{eff}}^{(q)}E_{\omega}^{q}(\omega)\frac{\exp(-\mathrm{i}\Delta kz)}{(1+\mathrm{i}\xi)^{q-1}}\tag{10.3.29}$$

式中，$\Delta k=qk_{\omega}-k_{q\omega}$；$\xi=2z/z_0$，$z_0$ 为高斯光束的共焦参量，$z_0=(2\pi\omega_0^2)/\lambda_{\omega}$。在束腰 ω_0 处，$z=0$，在小信号近似下，直接积分得

$$E_{q\omega}(z)=\mathrm{i}\frac{q\omega}{2^q c\eta_{q\omega}}\chi_{\text{eff}}^{(q)}E_{\omega}^{q}J_q(\Delta k)\tag{10.3.30}$$

在强聚焦条件下，$\xi\gg1$，$z_0\ll z$，对于三倍频，$q=3$。当 $\Delta kz=2$ 时，$J_3(\Delta k)$ 取最大值，即在强聚焦条件下，相位匹配条件为 $\Delta kz=2$。用折射率关系表示为

$$\eta_{\omega}-\eta_{3\omega}=\frac{\lambda_{\omega}}{3\pi z_0}>0 \tag{10.3.31}$$

即只有在反常色散条件下才能达到相位匹配。

10.4 光参量振荡技术

光参量振荡(optical parametric oscillation,OPO)技术可以将激光向低频范围扩展,产生可调谐的相干辐射。一般来讲,激光器的输出频率通常是分立的,而大量的科学研究与广泛的技术应用则要求频率连续可调的高亮度辐射光源,采用以二阶非线性光学效应为基础的光参量振荡方法,可以在相当大的频率范围内实现连续调谐,具有转换效率高、器件结构简单、性能稳定的优点,获得了较为广泛的应用。

光学参量过程一般必须采取一定的相位匹配方式来实现。同时,在参量过程中,介质的作用体现在 d_{eff} 中。作为光波之间能流交换的媒介,介质本身不参与能量交换,相互作用的光波频率与介质本征能级无关,光场到介质的平均能流为零,对光场无损耗与增益作用。光学参量振荡效应是由泵浦光波 E_{p} 提供增益,非线性晶体作为能流转移的中介,把能量耦合给信号光波 E_{s} 使之得到放大并同时产生一新的伴生光波 E_{i}。这个过程完全是参量相互作用过程,其频率调谐方式受相位匹配条件制约。选取不同的倍频光波频率和相应的非线性晶体,光参量振荡的调谐范围可以覆盖中、近红外和可见光波段。

10.4.1 光参量放大

在光参量放大(optical parametric amplification,OPA)过程中,有两个泵浦光波输入,设 E_{p} 与 E_{s} 共线入射到非线性晶体中。其中,E_{p} 为强泵浦光($\mathrm{d}E_{\text{p}}/\mathrm{d}z\approx 0$),$E_{\text{s}}$ 为弱信号光($\mathrm{d}E_{\text{s}}/\mathrm{d}z\neq 0$)。由式(10.3.1)得相应的波耦合方程组为

$$\begin{cases}\dfrac{\mathrm{d}E_{\text{i}}}{\mathrm{d}z}=\dfrac{\mathrm{i}\omega_{\text{i}}}{\eta_{\text{i}}c}d_{\text{eff}}E_{\text{s}}^{*}E_{\text{p}}\mathrm{e}^{-\mathrm{i}\Delta kz}\\[2ex]\dfrac{\mathrm{d}E_{\text{s}}}{\mathrm{d}z}=\dfrac{\mathrm{i}\omega_{\text{s}}}{\eta_{\text{s}}c}d_{\text{eff}}E_{\text{i}}^{*}E_{\text{p}}\mathrm{e}^{-\mathrm{i}\Delta kz}\end{cases} \tag{10.4.1}$$

其频率关系为 $\omega_{\text{p}}-\omega_{\text{s}}=\omega_{\text{i}}$,相当于有一个弱信号输入的差频过程。其边界条件为:$E_{\text{i}}(0)=0$,$E_{\text{s}}(0)\neq 0$。当存在相位失配,即 $\Delta k\neq 0$ 时,其解为

$$\begin{cases}E_{\text{s}}(z)=E_{\text{s}}(0)\left[\cosh(bz)-\dfrac{\mathrm{i}\Delta k}{2b}\sinh(bz)\right]\mathrm{e}^{-\mathrm{i}\Delta kz/2}\\[2ex]E_{\text{i}}(z)=\mathrm{i}\,\dfrac{\omega_{\text{i}}d_{\text{eff}}}{\eta_{\text{i}}cb}E_{\text{p}}E_{\text{s}}^{*}(0)\sinh(bz)\mathrm{e}^{-\mathrm{i}\Delta kz/2}\end{cases} \tag{10.4.2}$$

式中

$$b=\sqrt{\Gamma^2-(\Delta k/2)^2},\quad \Gamma^2=\frac{\omega_{\text{i}}\omega_{\text{s}}d_{\text{eff}}^2\,|E_{\text{p}}|^2}{\eta_{\text{i}}\eta_{\text{s}}c^2} \tag{10.4.3}$$

b 为净增益系数,E_{i} 为伴生波的光波电场。当 $\Delta k>2\Gamma$ 时,b 为虚数,双曲线正弦函数变成正弦函数,光强在非线性晶体内呈波动形式,不可能得到持续的增长。因此,相位匹配是进行光参量放大的必要条件,只有满足相位匹配的伴生光波才能在非线性晶体中获得增益。

满足相位匹配条件 $\Delta k=0(b=\Gamma)$ 的解分别为

$$E_s(z)=E_s(0)\cosh(\Gamma z) \tag{10.4.4}$$

$$E_i(z)=\mathrm{i}\sqrt{\left(\frac{\omega_i\eta_s}{\omega_s\eta_i}\right)}E_s^*(0)\sinh(\Gamma z) \tag{10.4.5}$$

信号光波 E_s 得到放大，伴生光波 E_i 从无到有，随着传播距离的增加，两个波在非线性晶体中都单调上升，近似呈指数型的增长，从泵浦光 E_p 的消耗中得到净增益。伴生光波 E_i 与消耗光波 E_s 在波耦合方程中是等价的，只是由于边界值不同，解的表达式不一样。在放大的过程中，按照门雷-罗威(Manly-Rown)关系，从泵浦光中获得相等数量的光子，而放大结合正反馈条件，可以消除自激振荡。实际上，信号光 ω_s 不需要由外部提供，而是由自发辐射(噪声)起振充当，在谐振腔中利用泵浦光克服损耗，获得输出。因此，可以将非线性晶体放入相应的谐振腔中，只要输入高频泵浦光波 ω_p，就能使背景辐射中的 ω_i 与 ω_s 在腔内同时得到放大。在非线性晶体两端放置反射镜 M_1 和 M_2，可将光参量放大变成光参量振荡器，如图 10.4.1 所示，当光参量增益大于损耗时，得到参量振荡输出。增加非线性晶体的有效长度，则可以提高泵浦光的利用率。

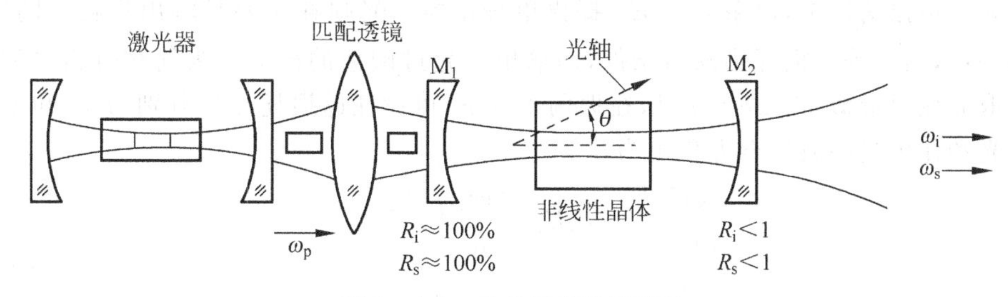

图 10.4.1　光参量振荡原理图

10.4.2　光参量振荡

光参量振荡(OPO)将一个泵浦光子 ω_p“分裂”为一个信号光子 ω_s 和一个伴生光子 ω_i，即

$$\omega_p=\omega_s+\omega_i \tag{10.4.6}$$

这符合光子能量守恒条件。在光参量振荡时获得增益的信号光与伴生光，还必须满足共线相位匹配条件(动量守恒)，即

$$k_p=k_s+k_i \tag{10.4.7}$$

式中，k_p、k_s、k_i 分别为三种光的波矢，利用关系 $k=\omega\eta/c$，可得到三波同方向作用时，给定的频率与折射率的关系为

$$\eta_p\omega_p=\eta_s\omega_s+\eta_i\omega_i \tag{10.4.8}$$

1. 纵模条件

光参量振荡器具有光学谐振腔的结构与性质，服从谐振腔纵模条件。对于驻波腔，振荡的信号与伴生光波应各自满足往返一周的自再现条件，即

$$\begin{cases}\varphi_s+\dfrac{\omega_s}{c}\cdot 2L_s=2s\pi\\[2ex]\varphi_i+\dfrac{\omega_i}{c}\cdot 2L_i=2i\pi\end{cases}\tag{10.4.9}$$

式中，L_s 和 L_i 分别为 ω_s 与 ω_i 对应的光学腔长，$L_s=L+(\eta_s-1)l$，$L_i=L+(\eta_i-1)l$；L 是几何腔长；l 是非线性晶体的几何长度；s、i 为正整数；φ_s 和 φ_i 分别为反射镜对 ω_s 与 ω_i 产生的相移。

对于环形行波腔，应满足循环一周的自再现条件，即

$$\begin{cases}\varphi_s+\dfrac{\omega_s}{c}\cdot L_s=2s\pi\\[2ex]\varphi_i+\dfrac{\omega_i}{c}\cdot L_i=2i\pi\end{cases}\tag{10.4.10}$$

式(10.4.9)和式(10.4.10)称为双共振(double resonant oscillator，DRO)条件。

2. 阈值条件

在光参量振荡器中，由泵浦光 E_p 提供单程增益。光损耗主要是输出损耗。同通常的振荡器一样，增益等于损耗为阈值条件，而输出为超过阈值的部分。为简化分析过程，仍对泵浦光取非耗尽近似，当 $\Delta k=0$ 时，在振荡条件下，可设往返损耗参数分别为 α_s 和 α_i，腔内的信号光和伴生光的波耦合方程组为

$$\begin{cases}\dfrac{dE_i}{dz}=-\alpha_i E_i+\dfrac{i\omega_i}{\eta_i c}d_{eff}E_p E_s^*\\[2ex]\dfrac{dE_s^*}{dz}=-\alpha_s E_s^*-\dfrac{i\omega_s}{\eta_s c}d_{eff}E_p^* E_i\end{cases}\tag{10.4.11}$$

式中，α_i 和 α_s 与式(10.1.27)中反映光学损耗 σ 的关系为

$$\alpha_i=\frac{\mu_0 c\sigma_i}{2\eta_i},\quad \alpha_s=\frac{\mu_0 c\sigma_s}{2\eta_s}$$

设光参量振荡腔镜的反射率分别为 R_i 和 R_s，则有

$$\alpha_i=\frac{2(1-R_i)}{L},\quad \alpha_s=\frac{2(1-R_s)}{L}\tag{10.4.12}$$

由稳态条件

$$\frac{dE_i}{dz}=0=\frac{dE_s^*}{dz}\tag{10.4.13}$$

从方程组(10.4.11)得出 E_i 和 E_s 有非零解的关系为

$$\begin{vmatrix}-\alpha_i & \dfrac{i\omega_i}{\eta_i c}d_{eff}E_p\\[2ex] -\dfrac{i\omega_s}{\eta_s c}d_{eff}E_p^* & -\alpha_s\end{vmatrix}=0\tag{10.4.14}$$

得出泵浦阈值条件为

$$\Gamma^2=\frac{\omega_i\omega_s}{\eta_i\eta_s c^2}d_{eff}^2\,|E_p|^2=\alpha_i\alpha_s\tag{10.4.15}$$

Γ 为式(10.4.11)给出的单程增益系数,相应的阈值泵浦光强为

$$I_{p_{th}}=\frac{\eta_p\eta_s\eta_i c^3\varepsilon_0\alpha_i\alpha_s}{2\omega_i\omega_s d_{eff}^2}=\frac{2\eta_p\eta_s\eta_i c^3\varepsilon_0}{\omega_i\omega_s d_{eff}^2}\frac{(1-R_i)(1-R_s)}{L^2} \tag{10.4.16}$$

式(10.4.15)和式(10.4.16)分别给出了双共振(DRO)方式的阈值条件和泵浦光强。

对于单共振(singlyresonantoscillator,SRO)方式,反射镜只对一种光波 ω_s 有反射。单程增益系数必须等于往返损耗系数,即

$$\Gamma_s=\sqrt{\frac{2(1-R_s)}{L}} \tag{10.4.17}$$

与双共振功率增益相比得

$$\frac{(\Gamma_s L)^2}{(\Gamma L)^2}=\frac{I_{sp_{th}}}{I_{p_{th}}}=\frac{2}{1-R_i} \tag{10.4.18}$$

在双共振中的 R_i 接近于1时,单共振的阈值泵浦功率要增加好多倍。

10.4.3 光参量振荡运转方式

光参量振荡有类似于激光谐振腔的结构形式。由激光器发出的泵浦光入射到光参量振荡器中,在非线性晶体内对信号光与伴生光提供增益。一旦增益超过阈值,或泵浦光强大于式(10.4.16)的阈值光强,光参量振荡器就有信号光和伴生光的输出。光参量振荡器的谐振腔对信号光和伴生光的横模的作用及稳定性判断等,可采用类似于结构谐振腔的方法进行分析。值得注意的是,泵浦光的高斯光束模必须与光参量谐振腔的本征高斯光束模相互匹配。光参量振荡器通常分为双共振(DRO)和单共振(SRO)两种运转方式。所谓双共振,就是参量振荡器的两个反射镜 M_1 和 M_2 对 ω_s 和 ω_i 都具有高反射率(如 $R_i\approx1$ 和 $R_s\approx1$)。若仅对 ω_s 高反射,则称为单共振。对于双共振模式,要求在一个谐振腔内对信号波和伴生波同时满足各自不同的纵模条件。由式(10.4.9)和式(10.4.10)知,腔长几何长度的改变导致信号光频率与伴生光频率的变化,相互关系为

$$-\Delta L\propto\frac{\Delta\omega_s}{\omega_s}\propto\frac{\Delta\omega_i}{\omega_i} \tag{10.4.19}$$

而由式(10.4.6)得

$$\Delta\omega_s=-\Delta\omega_i \tag{10.4.20}$$

在调谐过程中,由于式(10.4.19)和式(10.4.20)相互矛盾,双共振工作方式会引起频率的不稳定性,导致输出能量的波动。因此,对于双共振方式必须严格控制腔体结构,将 ΔL 的影响降低到最低程度。单共振方式可以回避以上矛盾,在式(10.4.19)中,只有一个频率变化,稳定性好,成为较普遍的光参量振荡器的运转方式。

对于双共振方式,阈值泵浦光强的大小由式(10.4.16)表示。在透过率很小 $T_i=T_s\approx10^{-2}$ 时,阈值泵浦光强大约为 kW/cm^2 量级,采用调 Q 脉冲激光倍频可以满足阈值条件。对脉冲工作方式,为了缩短光参量振荡的建立时间并获得较高的运转效率,应尽量减小谐振腔的长度。另外,对于单向行波倍频方式,经过输出镜反射的(逆转波)信号光和伴生光将产生和频效应,将能量返回到泵浦光,严重影响转换效率的提高。因此,对于双共振方式,以采用环形行波腔型为宜。

10.4.4 光参量振荡器的频率调谐方法

光参量振荡的主要用途是对激光进行频率调谐，由光子能量守恒条件式(10.4.6)，其中倍频光频率 ω_p 是固定的，而 ω_s 和 ω_i 为变量，仅仅有能量守恒条件尚不足以将 ω_s 和 ω_i 确定下来。应再考虑使增益最大的动量守恒条件，在共线状态下由式(10.4.8)给出。联合这两个式子，消去固定的频率量 ω_p 得

$$\frac{\omega_s}{\omega_i}=\frac{\eta_i-\eta_p}{\eta_p-\eta_s} \tag{10.4.21}$$

式(10.4.21)在能量和动量守恒相统一的条件下，确定了 ω_s 和 ω_i 的相互关系。但在正常色散条件下，$d\eta/d\omega>0$，对于正常色散介质有 $\eta_p>\eta_i,\eta_p>\eta_s$，导致 $\omega_s/\omega_i<0$。为此，必须采用各向异性晶体的双折射效应来抵消色散效应。在满足能量和动量守恒条件的前提下，通过折射率的变化，使得 ω_s 和 ω_i 在式(10.4.21)的约束下产生相应的变化，达到频率调谐的目的。以双折射为基础的频率调谐有角度调谐和温度调谐两种方式。

1. 角度调谐

利用入射的泵浦光波相对于晶轴的夹角 θ 的改变，使光波频率变化的调谐方式称为角度调谐。由于 ω_p 是高频，根据补偿正常色散的规律，对于负单轴晶体，泵浦光的偏振态取 e 光偏振，而产生的 ω_s 和 ω_i 都是 o 光方向偏振，则为Ⅰ类匹配方式；若其中之一为 e 光方向偏振，则为Ⅱ类匹配方式。以负单轴晶体Ⅰ类匹配方式为例，泵浦光取 e 光偏振态，信号光和伴生光为 o 光偏振态。当 k_p 与光轴夹角为 θ 时，在 $\Delta k=0$ 的条件下有

$$\omega_p\eta_p(\theta)=\omega_s\eta_s+\omega_i\eta_i \tag{10.4.22}$$

当改变角度 $\Delta\theta$ 时，要使 $\Delta k=0$ 成立，在保证增益最大的前提下，必有一对新的频率 ω_s 和 ω_i 满足式(10.3.21)的相位匹配条件，即

$$\begin{aligned}\omega_p\eta_p(\theta+\Delta\theta)=&(\omega_s+\Delta\omega_s)\eta_s(\omega_s+\Delta\omega_s,\theta+\Delta\theta)+\\&(\omega_i+\Delta\omega_i)\eta_i(\omega_i+\Delta\omega_i,\theta+\Delta\theta)\end{aligned} \tag{10.4.23}$$

由于 ω_p 不变，$\Delta\omega_i=-\Delta\omega_s$，$\eta_s(\omega_s+\Delta\omega_s,\theta+\Delta\theta)\approx\eta_s(\omega_s,\theta)+\Delta\eta_s(\omega_s,\theta)$，$\eta_i(\omega_i+\Delta\omega_i,\theta+\Delta\theta)\approx\eta_i(\omega_i,\theta)+\Delta\eta_i(\omega_i,\theta)$，且有

$$\begin{cases}\Delta\eta_s(\omega_s,\theta)=\dfrac{\partial\eta_s}{\partial\theta}\Delta\theta+\dfrac{\partial\eta_s}{\partial\omega_s}\Delta\omega_s\\[2ex]\Delta\eta_i(\omega_i,\theta)=\dfrac{\partial\eta_i}{\partial\theta}\Delta\theta+\dfrac{\partial\eta_i}{\partial\omega_i}\Delta\omega_i\end{cases} \tag{10.4.24}$$

由微分关系和 $\dfrac{\partial\omega_i}{\partial\theta}=-\dfrac{\partial\omega_s}{\partial\theta}$，经过计算整理得

$$\frac{\partial\omega_s}{\partial\theta}=\frac{\omega_p\left(\dfrac{\partial\eta_p}{\partial\theta}\right)}{(n_s-n_i)-\left[\omega_s\left(\dfrac{\partial\eta_s}{\partial\omega_s}\right)-\omega_i\left(\dfrac{\partial\eta_i}{\partial\omega_i}\right)\right]} \tag{10.4.25}$$

式中，$\dfrac{\partial\eta_p}{\partial\theta}$ 可由式(10.2.20)求出。式(10.4.25)表示信号光的振荡频率随晶体取向的变化关系，为负单轴晶体Ⅰ类角度调谐的表达式，Ⅱ类角度调谐的表达式可以类似求出。不过应

注意，在信号光和伴生光取e光偏振态时，除了考虑色散关系$\frac{\partial \eta}{\partial \omega}$之外，还应顾及$\frac{\partial \eta_e}{\partial \theta}$，即$\Delta\eta$是一个全微分表示，从式(10.4.25)可以看出，由于泵浦光频率ω_p不变，若泵浦光取o光偏振态，则$\frac{\partial \eta_p}{\partial \theta}=0$，导致$\omega_s$也不变，就失去了角度调谐的意义，所以通常不采用正单轴晶体作为角度调谐晶体。

对于非共线型角度调谐，只要采用投影关系，与以上处理方法类似，关键是要保证ω_p、ω_s和ω_i的关系除了满足能量守恒之外，还要满足动量守恒，只有$\Delta k=0$的过程，才会在光参量振荡中有最大的增益。从折射率曲面的几何图形看，当k_p与晶体光轴相对转动$\theta+\Delta\theta$角度时，实际上相当于将$\omega_p\eta_p=\omega_s\eta_s+\omega_i\eta_i$中$\eta_p$的长度在折射率曲面上移动，使得光参量振荡中最大增益的空间方向发生变化。为了适应这个变化，ω_s和ω_i也必须发生改变，使得$\Delta k=0$保持不变，这样就会在自发辐射所提供的“噪声”中出现新的ω_s和ω_i所对应的折射率曲面来满足相位匹配条件，并获得最大的增益。而色散效应$\frac{\partial \eta}{\partial \omega}\neq 0$，在此意义上称为光参量振荡频率调谐的有利因素。图10.4.2所示为铌酸锂晶体角度调谐曲线，它表明入射光波矢相对于晶体光轴夹角的变化，引起输出激光波长的变化，这可以通过光参量振荡频率调谐实验来验证。

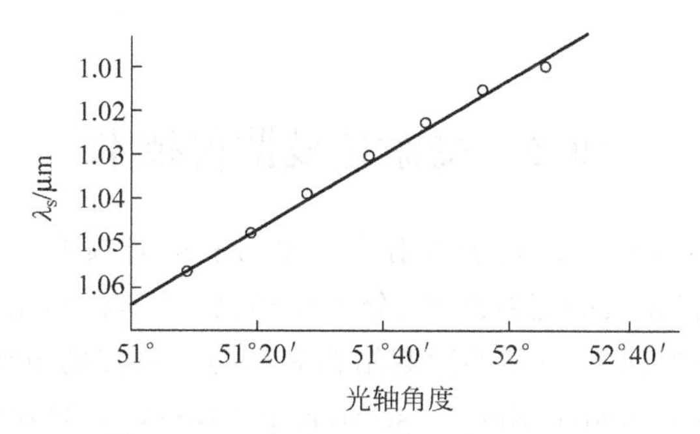

图10.4.2　铌酸锂晶体角度调谐曲线

2. 温度调谐

温度的变化会改变晶体的折射率。在光参量振荡中，折射率的改变是引起信号光和伴生光频率变化的直接因素。因此，可以通过改变非线性晶体本身温度的方法来进行调谐。

由

$$\Delta\eta(T,\omega)=\frac{\partial \eta}{\partial T}\Delta T+\frac{\partial \eta}{\partial \omega}\Delta\omega \tag{10.4.26}$$

得

$$\frac{\Delta\omega_s}{\Delta T}=\frac{\omega_p\frac{\partial \eta_p}{\partial T}-\omega_s\frac{\partial \eta_s}{\partial T}-\omega_i\frac{\partial \eta_i}{\partial T}}{(\eta_s-\eta_i)-\left[\omega_s\left(\frac{\partial \eta_s}{\partial \omega_s}\right)-\omega_i\left(\frac{\partial \eta_i}{\partial \omega_i}\right)\right]} \tag{10.4.27}$$

对于Ⅰ、Ⅱ类匹配方式，由折射率曲面方程和具体的折射率与温度的关系以及色散曲线可以得出ω_s随温度变化关系，如图10.4.3所示。通常应选取折射率对温度变化较敏感的非线性晶体，并取入射角 $\theta=\pi/2$，减少光孔效应的影响。

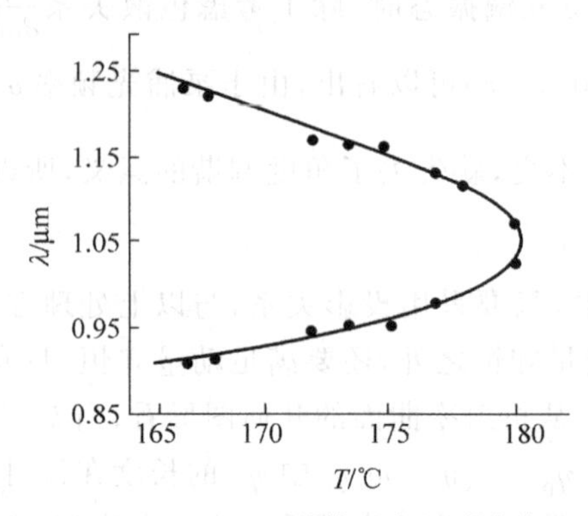

图 10.4.3　LBO 晶体温度调谐曲线

另外，采用改变折射率的电光效应，也可以实现调谐，其响应速度快，但是调谐范围较小。利用 PPLN 材料和准相位匹配方法，能够将泵浦光的频率变换到某一个固定频率，若改变温度，也能实现频率调谐。采用不同波长的倍频光源和非线性晶体，光参量振荡技术除了用于从可见光到红外波段可调谐相干光源以外，还由于信号光与伴生光在相位和偏振态之间特殊的关联性，已运用到量子光学、光场压缩态技术、光子纠缠对和光量子通信研究领域。

10.5　受激拉曼散射技术

拉曼散射(Raman scattering)属于入射光频率与散射光频率不相等的非弹性光散射。在散射光的频谱中，含有介质的能级跃迁、分子振动、转动和各类元激发的微观运动信息。拉曼散射一直是光谱分析、研究物质的微观结构和动力学过程的重要方法。红宝石激光作用下的受激拉曼散射(stimulated Raman scattering，SRS)效应的发现，不仅为拉曼散射实验提供了理想的光源，使得光谱学的研究取得了长足的进展，而且还为激光调谐技术带来了显著的进步，提供了新光谱波段的强相干光源，出现了各种以受激拉曼散射为基础的拉曼频移激光器。这类激光器可以产生不同级次的斯托克斯(Stocks)和反斯托克斯(anti-Stokes)辐射，能分别向红外和紫外两个频率方向拓展相干辐射的调谐范围。

10.5.1　拉曼散射

1. 受激拉曼散射现象的发现

受激拉曼散射现象是 1962 年伍德伯里(Woodburry)和恩戈(Ng)偶然发现的。他们在研究以硝基苯作 Q 开关红宝石激光器的普克尔盒时，探测到从普克尔盒发射出的强红外辐射信号，波长是 767nm。按照红宝石的能级及其与谐振腔的耦合来看，该装置输出的激光光谱只存在 694.3nm 谱线。然而，用分光仪测量波长时，发现若无普克尔盒时，确实只存在 694.3nm 谱线，一旦在腔中加上硝基苯普克尔盒，则除了 694.3nm 外，还有 767nm 谱线。经反复研究，红宝石材料的确不存在 767nm 谱线。后来证实它是硝基苯所特有的，是由强红宝石激光引起的一条拉曼散射斯托克斯谱线。当激光功率密度增加到超过 $1\mathrm{MW/cm^2}$

时，767nm 谱线的强度显著增加，其输出发散角很小，具有和激光同样好的方向性，而且，谱线宽度变窄，说明此时的 767.0nm 辐射已经是受激辐射。

2. 拉曼散射效应

在拉曼散射过程中，粒子吸收一个泵浦光子，发射一个散射粒子，粒子的初态和末态处在不同的能级。其频移 ν_R 为上下能级之差除以普朗克常量，称为介质的拉曼本征频率(拉曼模)。如图 10.5.1 所示，采用二阶双光子过程的量子力学计算，得出散射光子的概率为

$$W_s \propto (1+\bar{n}_R)\bar{n}_L \tag{10.5.1}$$

式中，$\bar{n}_R$ 和 $\bar{n}_L$ 分别表示拉曼散射光和入射泵浦光的光子简并度。

普通光源作为入射泵浦光，其光子简并度 $\bar{n}_L \ll 1$，相应的 $\bar{n}_R \ll 1$，使得 $\bar{n}_R \cdot \bar{n}_L$ 可以忽略，W_s 只保留括号中的“1”因子项，相当于自发辐射的情形，称为自发拉曼散射，产生的散射光没有相干性。特别明显的是，反斯托克斯(AS)线的光强 I_{AS} 比斯托克斯(S)线的光强 I_S 要弱得多。这是因为在介质处于热平衡分布状态时，上能级粒子数 $N_a \ll N_b$ 下能级粒子数，使得产生反斯托克斯谱线的散射光子数远小于产生斯托克斯谱线的光子数，并且基本上没有高阶斯托克斯线和反斯托克斯线出现。

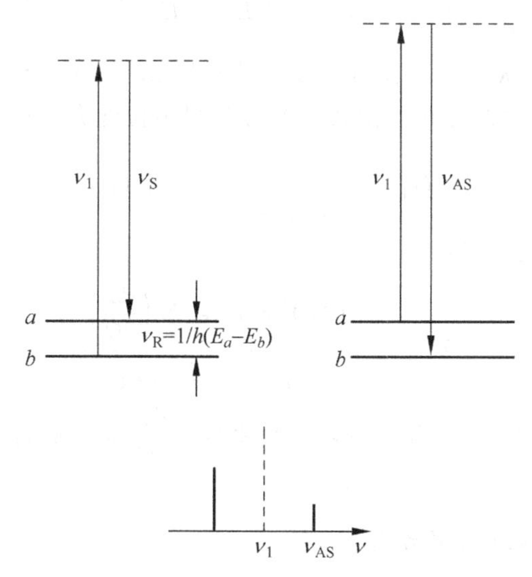

图 10.5.1　拉曼散射能级跃迁示意图

采用光子简并度高的激光 $\bar{n}_L \gg 1$ 作为泵浦光，使得拉曼散射具有受激辐射的性质。实验表明，受激拉曼散射主要有以下特点。

(1) 明显的阈值。泵浦光达到或超过一定强度，受激散射才出现。

(2) 斯托克斯线呈漫线分布，在与泵浦光空间重叠的地方最强。高频的反斯托克斯光与泵浦光方向不一致，在确定的空间立体角方向呈环状锐线分布。

(3) 在强泵浦光作用下，阶数相同的反斯托克斯线与斯托克斯线强度相近。泵浦光频率两侧，有多重等间隔的谱线分布，边频线的阶数可超过 10 阶。

(4) 不受介质的宏观对称性的限制。在固体、液体和气体介质中都可以出现受激拉曼散射。一阶斯托克斯线的频率 ω_s、反斯托克斯线的频率 ω_{AS} 与泵浦光的频率 ω_L 之间的关系为

$$\omega_L - \omega_s = \omega_R = \omega_{AS} - \omega_L \tag{10.5.2}$$

其频差为光学声子的频率，与拉曼介质的上下能级有“共振”关系。因此，拉曼极化率表示为

$$\chi_R(\omega) \propto \frac{1}{\omega_R^2 - (\omega_L - \omega)^2 + i(\omega_L - \omega)\Delta\omega_R} \tag{10.5.3}$$

$\chi_R(\omega)$应为复数，即 $\chi_R = \chi'_R + i\chi''_R$。其虚部表示增益($\chi''_R < 0$)或吸收($\chi''_R > 0$)，表明拉曼介质与外界光场存在能量交换。

对于受激拉曼散射的斯托克斯散射，可按照非参量过程来处理。极化强度为

$$P_s(\omega_s) = \frac{3!}{4}\varepsilon_0 \chi_{RS} \mid E_L \mid^2 E_s e^{i(\boldsymbol{k}_L - \boldsymbol{k}_L + \boldsymbol{k}_s)\cdot z} \tag{10.5.4}$$

式中，$\boldsymbol{k}_L$ 为泵浦光波矢；$\boldsymbol{k}_s$ 为斯托克斯光波矢。在共振时，$\chi_{RS} \approx i\chi''_{RS}$，并忽略光克尔效应($\chi'_{RS} \approx 0$)，则有

$$P_s(\omega_s) = \frac{3i}{2}\varepsilon_0 \chi''_{RS} \mid E_L \mid^2 E_s e^{i\boldsymbol{k}_s \cdot z} \tag{10.5.5}$$

于是，斯托克斯波的振幅方程为

$$\frac{dE_s}{dz} = \frac{3\omega_s}{4c\eta_s} \mid \chi''_{RS} \mid \mid E_L \mid^2 E_s e^{i\boldsymbol{k}_s \cdot z} e^{-i\boldsymbol{k}_s \cdot z} \tag{10.5.6}$$

式中，相位因子 $\Delta \boldsymbol{k} = \boldsymbol{k}_s - \boldsymbol{k}_s = 0$。表明非参量过程与 $\Delta \boldsymbol{k}$ 无关。S 线的空间方向性不强，主要集中在泵浦光方向，呈漫线分布。由式(10.5.6)得出拉曼介质的小信号功率增益系数为

$$G_R = \frac{3\omega_s}{\varepsilon_0 c^2 \eta_s n_L} \mid \chi''_{RS} \mid I_L \tag{10.5.7}$$

I_L 为泵浦光强。极化率表示为

$$\chi''_{RS} = -\frac{(4\pi)^2 \eta_L c^4 \varepsilon_0 N\left(\frac{d\sigma}{d\Omega}\right)}{3\eta_s \omega_L \omega_s^3 \hbar \Delta\omega_R} \tag{10.5.8}$$

式中，$\Delta\omega_R$ 为拉曼增益线宽；N 为基态粒子数密度；$\frac{d\sigma}{d\Omega}$为介质的微分拉曼散射截面；$\hbar = h/2\pi$。

单位泵浦强度的拉曼增益系数为

$$g_R = \frac{G_R}{I_L} = \frac{3\omega_s}{\varepsilon_0 c^2 \eta_s n_L} \mid \chi''_{RS} \mid = \frac{(4\pi)^2 c^2 N\left(\frac{d\sigma}{d\Omega}\right)}{\eta_s^2 \omega_L \omega_s^2 \hbar \Delta\omega_R} \tag{10.5.9}$$

在单程损耗系数为 α、腔镜反射率分别为 R_1 和 R_2 的谐振腔中，拉曼散射振荡阈值条件为

$$R_1 R_2 \exp[2(G_R - \alpha)L] \geqslant 1 \tag{10.5.10}$$

由此可以计算出相应的阈值泵浦光强。

对于反斯托克斯波，在热平衡时，上能级粒子数远小于下能级粒子数，所以，在 S 波形成阶段，AS 波不能直接由泵浦光从拉曼介质中得到增益，必须采用波耦合理论分析。

10.5.2 受激拉曼散射的调谐作用

受激拉曼散射效应的应用遍及物理、化学、生物、医学和环境科学等各个领域。这里侧

重介绍受激拉曼散射效应在激光调谐相干辐射中的应用。

1. 由斯托克斯散射产生可调谐红外辐射

产生这种红外调谐受激拉曼散射的介质主要是金属蒸气和气体介质。为了使得介质中各本征能级差对应的拉曼散射截面增大和调谐范围加宽，通常在不同的调谐波段使用不同波长的激光器，来提供合适的泵浦光源。

在碱金属蒸气中输入峰值功率为几十千瓦的染料激光，可得到$10^2\ \mathrm{cm}^{-1}$量级的调谐范围。其特点是泵浦光的频率与基态的某一容许的上跃迁接近共振。可以增强拉曼散射截面和相应的三阶非线性极化率，从而降低阈值光强。例如，采用蓝色到紫外波段的激光泵浦铯蒸气，其斯托克斯输出在2.5～15μm中分段连续。另外，用氮分子激光器泵浦钾原子蒸气和染料激光泵浦铷原子蒸气等，都能在红外区得到峰值功率为几千瓦的可调谐红外相干辐射。

氢分子和氮分子气体有非常强的拉曼模，以$\mathrm{MW/cm^2}$量级的泵浦光可以在几十厘米长和几个大气压的气体室中得到强拉曼输出。$TEACO_2$激光也能作为分子气体的拉曼泵浦光源。在激光分离铀同位素的应用中，采用分子法时要求16μm的红外辐射。用高功率的CO_2激光泵浦CH_4产生16μm的斯托克斯输出，转换效率为10%，或通过氢同位素分子的转动跃迁，产生受激拉曼散射来得到16μm的红外辐射。

2. 由反斯托克斯散射产生可调谐紫外辐射

虽然在理论和实验方面，可以预计和观察到高阶斯托克斯散射光的出现，但要使反斯托克斯线达到实际使用意义的水平，就必须大幅提高泵浦光的功率密度，但由此会带来一些不利因素。首先，对光学介质本身的抗光损伤能力要求很高；其次，会附加自聚焦、多光子吸收电离等有碍于受激拉曼散射效应的其他非线性光学现象。为了解决这个问题，人们提出采用非参量方式来产生反斯托克斯线的方法，使拉曼介质呈粒子数反转分布状态。这样，在发生一阶散射后时，反斯托克斯线的增益为正，斯托克斯线的增益为负，对斯托克斯线的讨论就可以用在反斯托克斯线上。这个设想得到了实验验证。采用光致离解法来形成亚稳态与基态的反转分布，然后可得到该亚稳态的受激反斯托克斯辐射。例如，用ArF激光在离解氯化铊后，生成的铊处于亚稳态中，再用到Q开关的二次谐波(SHG)或三次谐波(THG)的Nd∶YAG激光来泵浦，铊将由$6\mathrm{P}^2\,\mathrm{P}^0_{3/2}$到基态$6\mathrm{P}^2\,\mathrm{P}^0_{1/2}$产生受激的反斯托克斯辐射。这种辐射能在真空紫外波段调谐，效率达到10%。

3. 受激自旋反转拉曼散射调谐

电子受到外加磁场H作用时，在垂直于磁场的平面内呈量子化的圆周运动，相应的能级称为朗道能级$(n+0.5)\hbar\omega_{\mathrm{L}}$，其中，$\omega_{\mathrm{L}}$为拉莫进动频率。由于塞曼效应，每一个朗道能级又可以分裂成两个子能级，分别对应于电子的两个自旋态，其间隔为

$$\Delta E_{\mathrm{s}}=g_{\mathrm{ef}}\mu_{\mathrm{B}}H \tag{10.5.11}$$

式中，g_{ef}为有效因子，对于自由电子为2；μ_{B}为玻尔磁矩。

相应的频率差为$\Delta\nu_{\mathrm{s}}=\Delta E_{\mathrm{s}}/h$，即

$$\Delta\nu_{\mathrm{s}}=\frac{\mu_{\mathrm{B}}}{h}g_{\mathrm{ef}}H \tag{10.5.12}$$

从原理上讲，在入射泵浦光时，可以观察到$(\nu_{\mathrm{p}}\pm\Delta\nu_{\mathrm{s}})$谱线的拉曼散射。但由于$g_{\mathrm{ef}}$不

大，所以效果不明显。在固体介质中，某些物质（如 InSb）的 $g_{ef}\approx 50$，可以观察到 S 线。在式(10.5.12)中，磁场强度 H 的改变可以调节频差，使得 S 线的频率得到相应的调谐，这种方法称为磁调谐，在 n 型半导体锑化铟(InSb)中得到广泛应用，这种激光器称为自旋反转拉曼激光器(SIR)。由于在低温(4K 左右)下 InSb 导带中的电子浓度低，其拉曼增益较小，斯托克斯线较弱，所以一般不单独将 InSb 直接作为拉曼放大调谐输出，而是采用差频方式输出。以 $\nu_p-\Delta\nu_s=\nu_F$ 为频率条件，$\Delta\nu_s$ 连续变化，导致 ν_F 的连续调谐输出。当 $\Delta\nu_s=\nu_F$ 时，为自旋反转共振（简并混频）条件。另外，还应满足磁偶极矩作用下的相位匹配条件，共线时为 $\omega_p\eta_p-\omega_s\eta_s=\omega_F\eta_F(\omega_s=2\pi\Delta\nu_s)$。采用混频效应可以将泵浦光更多地转化成调谐相干输出，调谐范围取决于磁场强度。采用脉冲 CO_2 激光泵浦，调谐输出光的峰值功率为 200W，调谐范围达到 2000cm^{-1}（如果采用超导条件加大 H，则 $\Delta\nu_s$ 可以更大）。另外，用 CO 激光来泵浦 InSb，由于 5.3μm 接近于 InSb 的能隙，所以其拉曼散射截面增大并降低了阈值光强 I_{th}，能以连续波方式运转。

10.5.3　拉曼散射激光器

受激拉曼散射中的斯托克斯波和反斯托克斯波具有受激辐射的相干性。频域上以拉曼模整数倍的频移对泵浦光进行"双向"调谐，可以在激光振荡不能直接达到的某些波段提供高亮度的相干光源。由于受激拉曼散射属于三阶非线性光学效应，所以其工作物质不像二阶效应那样受到点群对称性的限制，在固体、液体和气体等为数众多的介质中都实现了受激拉曼散射。特别是气体介质，容易得到大体积、长光程和光学均匀性好的拉曼工作物质，并且能够承受非常大的泵浦光强，具有高的光学损伤阈值和快的恢复时间，得到广泛的应用。

拉曼激光器件大致可以分为以下几种。

1. 单程行波拉曼激光器

泵浦光以行波方式通过拉曼介质，产生的受激散射光波也以单程放大的形式输出。对于一阶斯托克斯辐射，主要产生于相互作用路径重叠最大的泵浦光方向，以前向散射为主，定向性不强。对于反斯托克斯辐射，按矢量相位匹配条件 $\Delta\boldsymbol{k}=0$，在特定的空间方向可以观察到光环。当泵浦光增强和相互作用路径增长时，可以在不同的空间立体角方向出现相应的高阶拉曼散射，但同时也可能出现不利于受激拉曼散射的其他三阶非线性光学效应的竞争，从而降低转换效率。

2. 拉曼激光谐振腔

将拉曼介质两端加上相应的反射镜，形成较强的空间波形限制条件，同时也增大了等效相互作用的光程。对于一阶斯托克斯波长提供适当的正反馈，由式(10.5.10)可以确定出相应的阈值条件。一般来讲，对于阈值泵浦光强低于单程行波的放大装置，由于一阶斯托克斯波的非定向性，所以拉曼谐振腔的两个反射镜可以放置在与泵浦光非共线的其他方向。而对于方向性强的反斯托克斯波，谐振腔的轴线必须按照矢量相位匹配条件 $\Delta\boldsymbol{k}=0$ 所确定的空间方向为基准。使泵浦激光脉冲的空间宽度大于拉曼介质的长度，可以获得较好的谐振效果。例如，某型激光测距机中的激光器，采用了甲烷气体作为拉曼频移介质，在调 Q Nd：YAG 激光泵浦下产生一阶斯托克斯波辐射，获得对人眼安全的 1.54μm 波长的激光，采用谐振腔结构，在适当的气压下，其能量转换效率达到了 30%，并且具有较好的光束质量，如图 10.5.2 所示。

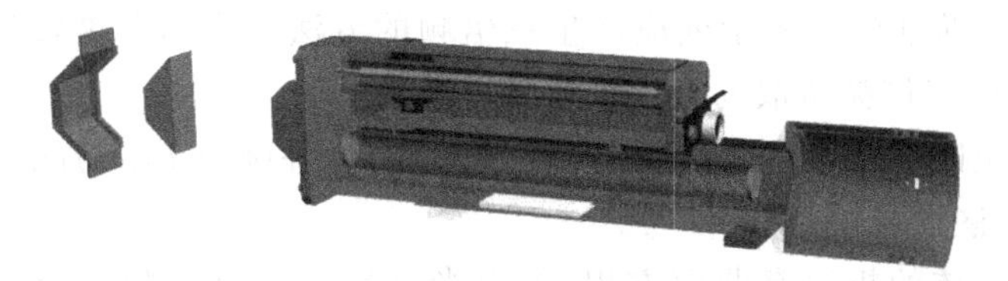

图 10.5.2　某型拉曼频移激光器

3. 拉曼波导、光纤激光器

介质采用波导结构，可以在较低的泵浦功率水平下观察到非线性效应，原因在于波导内壁对光的全反射提供了长的相互作用路径，而细小的孔径则可以提高光的功率密度。因此，用较低的泵浦光频率，也可能获得较高的受激拉曼散射效率。对于气体和液体拉曼介质，采用细长的玻璃管进行封装，形成波导结构，由相应的数值孔径选择适当的聚焦镜，将泵浦光耦合到波导中。该器件适用于受激散射截面较小或准连续与连续泵浦的场合。

在波导型的固体拉曼介质中，光纤的受激拉曼效应最为引人注目。光纤除了具有很长的相互作用路径以及细小的芯径之外，还在近红外和可见光波段具有非常低的损耗，为受激拉曼散射提供了大的增强因子。在一定条件下，采用 1～10W 量级的泵浦光，就可以达到受激拉曼散射所需的阈值泵浦功率，从而使连续激光器也可以作为受激拉曼散射的泵浦源。光纤拉曼激光器能在 1～16μm 范围内进行调谐，这对光纤通信和光纤孤子激光器的研究与应用具有重要的意义。

本章小结

本章主要讨论了非线性光学的基本原理和常见的非线性技术。首先介绍了非线性极化的基本理论，在此基础上，介绍了激光倍频技术、光参量振荡(OPO)技术和受激拉曼散射技术的相关概念和实现方法。

学习本章内容后，读者应了解以下内容：

(1) 非线性极化的基本理论；

(2) 激光倍频技术的方式；

(3) 和频和三倍频技术；

(4) 光参量振荡技术；

(5) 受激拉曼散射技术。

习　题

1. 求出 SHG 的稳态波耦合方程在满足相位匹配条件下的解析解。已知：$\lambda_\omega=10^3\,\text{nm}$，$d_{\text{eff}}=3\times10^{-12}\,\text{m/V}$，折射率 $\eta=2$，$\varepsilon_0=8.854\times10^{-12}\,\text{F/m}$。计算基频光强分别为 $10\,\text{W/cm}^2$、$10^3\,\text{W/cm}^2$、$10^9\,\text{W/cm}^2$ 对应的晶体特征长度 L_{SHG}。

2. 某负单轴晶体不为零的二阶非线性极化矩阵元素为 $d_{15}=d_{24}=d_{31}=d_{32}$，$d_{33}$。证明该晶体没有Ⅱ类角度相位匹配效应，并求其Ⅰ类角度相位匹配的有效非线性系数。

3. 阐述利用二阶非线性光学效应产生三倍频的方法。推出负单轴晶体在正常色散条件下，Ⅰ类匹配产生三倍频所取的 θ_m^{I}，并画出相应的图示。

4. 推导准相位匹配条件下倍频光强 $I_{2\omega}$ 的表达式，并画出 $I_{2\omega}$ 与晶体长度 $L=NL_c$ 的关系曲线（N 为正整数）。

5. 利用单轴晶体的折射率曲面方程，求出光参量振荡调谐频率与角度变化的具体关系式。

6. 由非共线相位匹配和正常色散条件推导受激拉曼散射中一级反斯托克斯光散射角 β 的表达式。

第 11 章思维导图

第 11 章 固体激光器

固体激光器是以掺杂的晶体、玻璃和透明陶瓷等固态物质为工作物质的激光器。1960年,第一台红宝石激光器的问世标志着激光技术、光电子技术的诞生。关于固体激光器的运转,在如何选用工作物质、光学谐振腔设计和激励手段来实现粒子数反转等方面做出了开创性的探索。另外,为提高固体激光器的输出特性和满足不同的领域应用,产生和发展了丰富的激光技术,如选模、调 Q、锁模、稳频、调制、倍频、混频等。固体激光器的应用非常广泛,主要集中在科研与开发、材料加工、激光医学以及国防军事等领域。本章主要介绍固体激光器的基本原理、工作物质、泵浦光源和几种典型的固体激光器。

本章重点内容:

1. 固体激光器的基本原理。
2. 常见固体工作物质的物理特性和激光特性。
3. 常用的泵浦光源及其工作方式。
4. 典型固体激光器的结构特点。

11.1 固体激光器的基本原理

11.1.1 固体激光器的基本结构

典型的灯泵固体激光器结构如图 11.1.1 所示,由固体工作物质、泵浦光源和谐振腔等部分组成,另外还有电源、聚光腔、滤光系统、冷却系统等。工作物质是激光器的核心,是实现反转分布构成激光器的内在因素,泵浦光源是形成粒子数反转分布的外部条件,谐振腔是造成正反馈和选模作用的主要条件。

固体激光器运转方式多样,可以连续、脉冲、调 Q 或锁模方式工作。自由振荡的固体激光器输出为典型的尖峰脉冲序列(见 4.4 节弛豫振荡)。尖峰脉冲宽度为微秒量级,尖峰间距为十几到几十微秒。固体激光器的输出一般为多横模、多纵模,为了获得单模振荡,应当采用选模措施。为压缩脉宽、提高峰值功率,可采用调 Q 技术(脉宽为纳秒量级)或锁模技术(脉宽为皮秒甚至飞秒量级)。

工作物质是掺入杂质离子的单晶、玻璃或激光陶瓷等,是固体激光器的核心,发光中心是掺入基质中的激活离子,在很大程度上决定了固体激光器的性能。

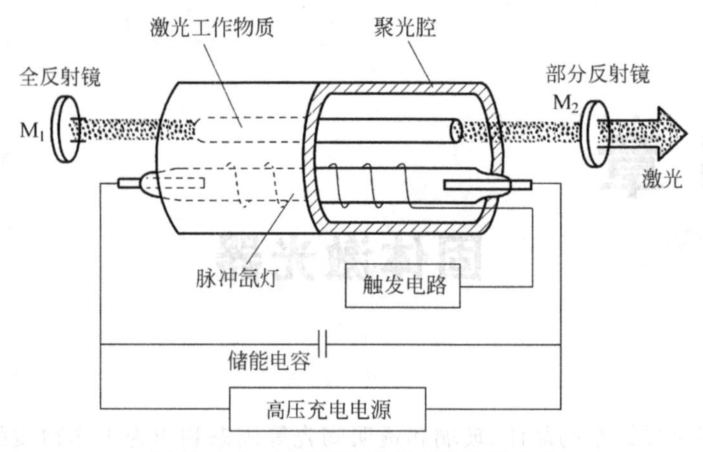

图 11.1.1 灯泵固体激光器结构示意图

中小型固体激光器采用光泵激励，有连续泵浦和脉冲泵浦两种形式。为了改善能量转换效率、加速研究全固化固体激光器，采用的新技术有：

(1) 长寿命泵浦光源，如激光二极管阵列泵浦、太阳能泵浦等；

(2) 采用新型结构，如小型面泵薄膜激光器、纵向激励光纤激光器等；

(3) 采用高掺杂浓度的高增益晶体和激光陶瓷；

(4) 采用新的冷却方式和结构，减小器件的体积和重量。

由全反镜和部分反射镜构成的开放式谐振腔具有提供正反馈、选模和输出耦合的作用。它是制约激光振荡、光束质量和激光能量提取效率的决定性因素。

11.1.2 固体激光放大器的结构

在实际工作中，当由一个激光振荡器输出激光不能同时达到所要求的功率、能量和光束质量等技术指标时，可采用激光放大器的结构，由振荡器输出一个高质量的种子光，用后续的放大器将种子光放大到所需要的功率(能量)水平。同时，采取措施，保证所需要的光束质量。一般而言，在激光振荡器后面加上一级或多级放大器的目的是提高输出激光的功率(能量)。

固体激光放大器的基本结构如图 11.1.2 所示，它由主振荡器后面串联一级或多级放大器组成，称为主振荡-功率放大器(master oscillator and power amplifier，MOPA)。

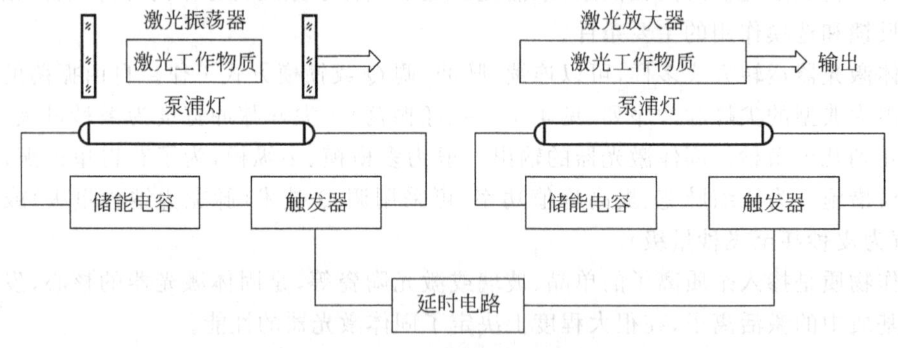

图 11.1.2 主振荡-功率放大器

当第一级输出的激光进入放大器时，放大器的激活介质应恰好被激励而处于粒子数反转状态，即产生共振跃迁而得到放大。为了实现两级的同步运转，在两级的触发电路间装有同步电路进行控制，其延迟时间对不同的激光器具有不同的值，一般可由实验来确定最佳延迟时间。

11.1.3 固体激光器的能量转换

固体激光器是通过电源系统使泵浦光源发光，将发出的光能量经聚光系统耦合到工作物质中，被其中的掺杂离子共振吸收而实现粒子数反转，在谐振腔中形成激光振荡。在这个过程中，泵浦光源的发光效率或电光转化效率 η_L 约为 50%，该效率与电源的结构、类型及泵灯的结构性能参数有关；聚光腔的聚光效率 η_C 约为 80%，该效率与聚光腔的类型、内表面反射率、泵灯与工作物质的匹配情况及冷却滤光的能量损失等有关；激活离子的吸收效率 η_{ab} 约为 20%，该效率取决于激活离子的吸收谱带、工作物质的体积、激活离子的浓度；激活离子的荧光量子效率 η_0 是离子吸收光子到发射光子之间的总量子效率，与离子的泵浦能级向激光上能级的碰撞弛豫概率 η_1 及激光上能级通过辐射跃迁至激光下能级的概率 η_2 有关。

激活离子的能级结构决定了激光器的发光特性，通常可以分为三能级系统和四能级系统两类，如图 11.1.3 所示。

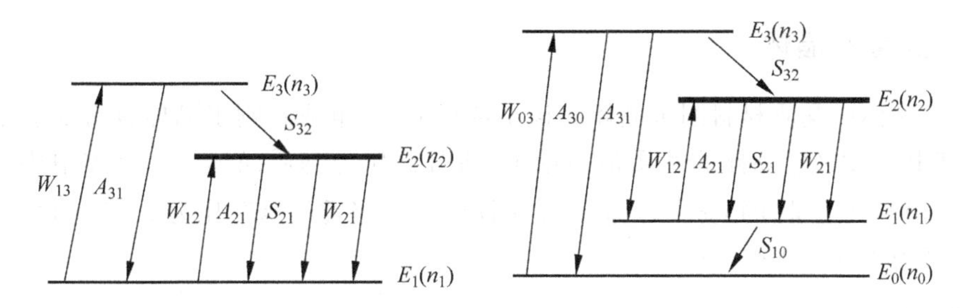

图 11.1.3 三能级系统和四能级系统示意图

对三能级系统有

$$\eta_1 = \frac{S_{32}}{S_{32} + A_{31}}$$

对于四能级系统有

$$\eta_1 = \frac{S_{32}}{S_{32} + A_{30} + A_{31}}$$

对三能级和四能级系统，均有

$$\eta_2 = \frac{A_{21}}{A_{21} + S_{21}}$$

对于质量优良的红宝石 $\eta_0 = 0.7$，对于钕玻璃 $\eta_0 = 0.4$，对于掺钕钇铝石榴石(Nd：YAG)$\eta_0 \approx 1$。固体激光器总的能量转化效率是输出结构能量(功率)与电源消耗的电能(功率)之比值，表示为 $\eta = \eta_L \eta_C \eta_{ab} \eta_0$，一般在 0.5%以下。

11.2 固体工作物质

固体激光工作物质是掺入杂质离子的晶体、玻璃和激光陶瓷等，是固体激光器的核心。晶体玻璃和激光陶瓷称为基质材料，掺杂离子称为激活离子。其中，基质材料决定工作物质的物理性能，如光学、机械、热性能、物理化学稳定性，以及基质粒子的大小、原子价与激活离子相匹配等；激活离子的能级结构决定工作物质的光谱特性，是工作物质的发光中心，对激活离子的要求体现在以下方面：

(1) 具有三能级或四能级结构，从降低阈值或提高效率的角度来看，四能级结构更优；
(2) 具有较宽的吸收带、大的吸收系数和吸收截面，更利于储能；
(3) 掺入的激活离子具有有效的发射光谱和大的发射截面；
(4) 在泵浦光的光谱区和振荡波长处高度透明；
(5) 在激光波长范围内的吸收、散射等损耗小，损失阈值高；
(6) 激活离子能够实现高浓度掺杂，且荧光寿命长。

目前固体激光工作物质已达百余种，激光谱线数千条，脉冲能量达到几万焦耳，最高峰值功率达 10^{13} W。最常用的固体激光工作物质有红宝石晶体、掺钕钇铝石榴石、钕玻璃、掺钛蓝宝石等。

11.2.1 红宝石晶体

红宝石晶体由基质材料刚玉晶体和掺杂离子 Cr^{3+} 组成。刚玉晶体具有 α、β、γ 等多种异构体，其中 α-Al_2O_3 晶体的性质最为稳定，通常被作为基质晶体。在晶体中掺入浓度为 0.03%～0.07%(重量)的 Cr^{3+} 时，晶体呈现淡红色。当重量掺杂比为 0.05%时，Cr^{3+} 离子的平均密度为 $1.58\times10^{19}/cm^3$。

1. 物理性质

红宝石晶体是通过熔融的高纯刚玉晶体 Al_2O_3 中加入少量 Cr_2O_3 形成的，Cr^{3+} 部分取代了晶体中的 Al^{3+}。红宝石晶体为光学各向异性负单轴晶体，能够产生光学双折射，对红光的寻常光折射率为 1.786，对非常光折射率为 1.755。红宝石晶体的化学成分与结构十分稳定，具有力学性能好、质地坚硬、熔点高、热形变小、热导率高、抗激光损失阈值高等优点。其基本物质性质见表 11.2.1。

表 11.2.1 红宝石晶体的基本物理性质

物理参数		物理参数	
分子量	101.9	热膨胀系数/℃	6.7×10^{-6}(平行主轴) 5.0×10^{-6}(平行主轴)
熔点/℃	2050	比热/(10^3 J·g^{-1}·K^{-1})	0.75(293K) 0.14(77K)
密度/(g/cm^3)	3.98	折射率(700nm)	$n_0=1.763$ $n_e=1.755$

续表

物理参数		物理参数	
硬度(莫氏)	9	折射率温度系数/℃	11×10^{-6}(700nm)
热导率/($W\cdot cm^{-1}\cdot K^{-1}$)	0.42(300K) 10.0(77K)	热扩散率/(cm^2/s)	0.13

2. 激光性质

红宝石晶体的激光性质主要取决于激活离子 Cr^{3+} 的能级结构,如图 11.2.1 所示,为典型的三能级结构。

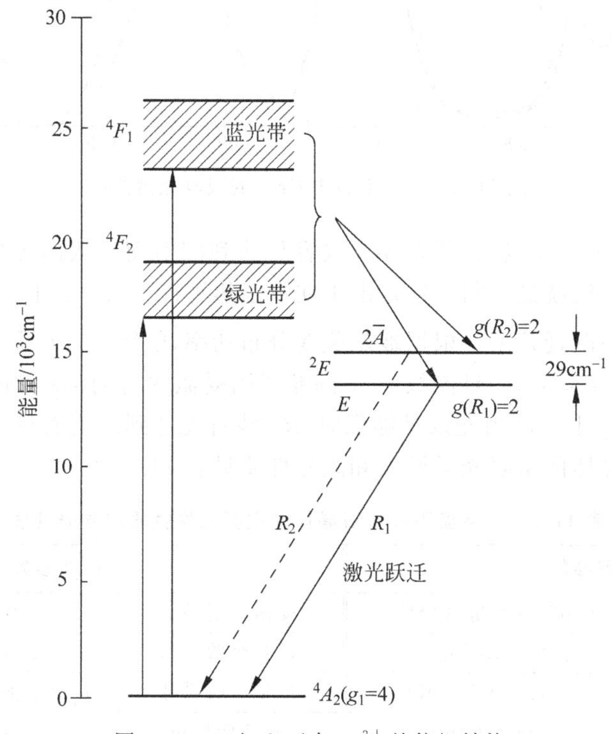

图 11.2.1 红宝石中 Cr^{3+} 的能级结构

图中$^4A_2$ 为 Cr^{3+} 的基态(激光下能级),简并度为 4; ^2E 为亚稳态(激光上能级),简并度为 2,荧光寿命为 3ms,荧光量子效率为 50%~70%。从图中可以看出,激光上能级是由能级差为 29/cm 的两个子能级 $2\bar{A}$ 和 $\bar{E}$ 组成,$^4F_1$ 能级和$^4F_2$ 能级为两个泵浦光吸收带。

Cr^{3+} 的吸收光谱线如图 11.2.2 所示,其中两条曲线分别对应于入射光的偏振方向与光轴相互垂直和平行两种吸收情况。由图可以看出,在可见光区域有两条强吸收带,峰值波长分别为 410nm 和 550nm,对应$^4F_1$ 能级和$^4F_2$ 能级。前者对应紫蓝色光,称为 U 带,吸收系数分别为 $\alpha_{/\!/}=2.8cm^{-1}$、$\alpha_{\perp}=3.2cm^{-1}$;后者对应黄绿色光,称为 Y 带。U 带和 Y 带的带宽均为 100nm 左右。

常用脉冲氙灯发出的强光可对泵浦吸收带$^4F_1$ 和$^4F_2$ 进行泵浦激励,以实现粒子数反转。处于能带$^4F_1$ 和$^4F_2$ 上的 Cr^{3+} 极不稳定,很快通过非辐射跃迁弛豫到较低的亚稳态能级上,弛豫时间为 10^{-9}s。

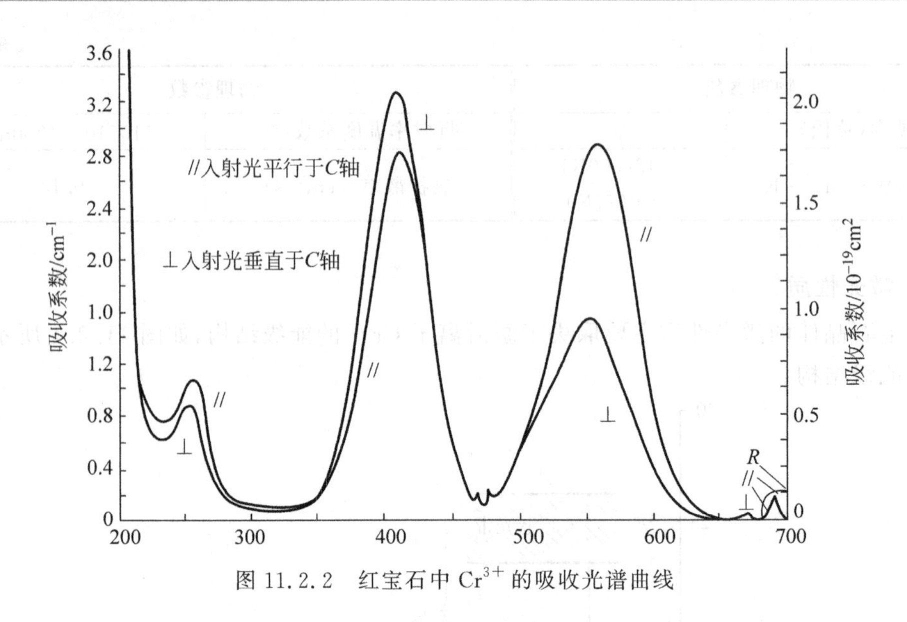

图 11.2.2 红宝石中 Cr^{3+} 的吸收光谱曲线

由于荧光 R_1 线比 R_2 线强，所以，R_1 线容易达到阈值而形成激光振荡。一般情况下，当激光振形成时，R_2 线就被抑制。这是由于在室温热平衡下，R_1 线比 R_2 线具有更高的增益和更高的自发辐射跃迁几率。根据玻尔兹曼分布功率，能级 $2\bar{A}$ 上反转粒子约为 47%，能级 $\bar{E}$ 上反转离子约为 53%，一旦能级 $\bar{E}$ 上的粒子因受激辐射而消耗，能级 $2\bar{A}$ 上反转粒子便迅速转移到能级 $\bar{E}$ 上。故当光泵足够强时，R_1 线首先达到阈值而只有 R_1 线形成激光振荡。室温下红宝石晶体的主要光学性质和激光性质见表 11.2.2。

表 11.2.2 室温下红宝石晶体的主要光学性质和激光性质

物理参数		物理参数	
Cr_2O_3	0.05%（重量百分比）	受激发射截面	$2.5\times10^{-20}cm^2$
Cr^{3+} 的浓度	$1.58\times10^{19}cm^{-3}$	U 带吸收系数	$\alpha_{//}=2.8cm^{-1}$、$\alpha_{\perp}=3.2cm^{-1}$
输出波长	694.3nm(298K)	Y 带吸收系数	$\alpha_{//}=2.8cm^{-1}$、$\alpha_{\perp}=1.4cm^{-1}$
荧光寿命	3ms(300K)	布儒斯特角	60°37′(694.3nm)
谱线宽度	$11cm^{-1}$(0.53nm)	散射损失	$0.001cm^{-1}$
光子能量	$2.86\times10^{-19}W\cdot s$	最大可提取能量	$2.35J\cdot cm^{-3}$（完全反转）
量子效率	70%	最大上能级能量密度	$4.52J\cdot cm^{-3}$（完全反转）
R_1 线的吸收系数	$0.2cm^{-1}$（E⊥C）	上能级阈值	$2.18J\cdot cm^{-3}$
R_1 线的吸收截面	$1.27\times10^{-20}cm^2$（E⊥C）		

11.2.2 掺钕钇铝石榴石晶体

由于具有高增益、低阈值、良好的热性能和力学性能，掺钕钇铝石榴石（Nd^{3+}：YAG）激光器已经成为工业、科学研究、医学和军事应用中最重要的固体激光器。

1. 物理性质

钇铝石榴石属于立方晶系，硬度高，无色透明，是由 Y_2O_3 和 Al_2O_3 按照 3∶5 比例混合而成。掺钕钇铝石榴石的化学式为 $Nd^{3+}:Y_3Al_5O_{12}$，它是在 YAG 单晶中掺入适量 Nd^{3+} 离子构成的，简写成 Nd^{3+}：YAG，具有光学各向同性，呈淡粉紫色。

Nd^{3+} 离子的掺杂浓度是有严格限制的，一般约为 1%原子百分比，这是由于 Nd^{3+} 离子半径(13.23nm)和 Y^{3+} 离子半径(12.81nm)并不完全相等，掺入 Nd^{3+} 离子容易造成光学缺陷，因此 Nd^{3+}：YAG 晶体中不能有较高浓度的 Nd^{3+} 离子。Nd^{3+}：YAG 晶体具有良好的物理性质，见表 11.2.3。

表 11.2.3　Nd^{3+}：YAG 晶体的物理性质

物理参数		物理参数	
Nd%(重量百分比)	0.725	热膨胀系数/℃	8.2×10^{-6}([100]取向) 7.7×10^{-6}([110]取向) 7.8×10^{-6}([111]取向)
Nd%(原子百分比)	1.0	密度/$(g\cdot cm^{-3})$	4.56
原子密度/cm^{-3}	1.38×10^{20}	折射率(1000nm)	$n=1.82$
熔点/℃	1970	弹性模量/$(kg\cdot cm^{-3})$	3×10^3
莫氏硬度	8.5	热导率/$(W\cdot cm^{-1}\cdot K^{-1})$	14(300K)

2. 激光性质

图 11.2.3 所示为 Nd^{3+}：YAG 的能级结构，基态为 $^4I_{9/2}$，激发态为 $^4I_{11/2}$、$^4I_{13/2}$、$^4I_{15/2}$、$^4F_{3/2}$、$^4F_{5/2}+^2H_{9/2}$、$^4F_{7/2}+^4S_{3/2}$ 等，其中 $^4F_{3/2}$ 为亚稳态，能级寿命约为 200μs。亚稳态的量子效率最高，一般大于 99.5%。

对于不同波长的荧光辐射，$^4I_{9/2}$、$^4I_{11/2}$、$^4I_{13/2}$ 能级都可以作为激光下能级。其中，$^4F_{3/2}\to{}^4I_{11/2}$ 的跃迁产生谱带 1.05～1.12μm 的辐射(中心波长为 1.06μm)，$^4F_{3/2}\to{}^4I_{9/2}$ 的跃迁产生谱带 0.87～0.95μm 的辐射(中心波长为 0.946μm)，$^4F_{3/2}\to{}^4I_{13/2}$ 的跃迁产生谱带 1.35μm 附近的辐射(中心波长为 1.35μm)，其中 1.06μm 的谱线最强，三种辐射的强度之比约为 0.6∶0.25∶0.14。$^4F_{3/2}$ 以上的能级为泵浦级，最强谱线 1.06μm 的能级结构属于四能级结构，最弱谱线 1.35μm 的能级结构属于三能级结构。

Nd^{3+}：YAG 晶体在温度为 300K 时的吸收光谱结构如图 11.2.4 所示。可以看出，在 500～900nm 波长范围内，主要有 5 个吸收光谱带，中心波长分别在 525nm、585nm、750nm、810nm、870nm，每个带宽约为 30nm，其中，750nm 和 810nm 附近的两个吸收带最为重要。

由于 $^4I_{11/2}$ 和 $^4I_{13/2}$ 能级距基态较远，能级差分别为 $1950cm^{-1}$ 和 $3900cm^{-1}$。在室温热平衡状态下，$^4I_{11/2}$ 和 $^4I_{13/2}$ 能级上的离子数很少($n_1\approx0$)，所以，只要 $^4F_{3/2}$ 上有少量的激活离子($n_2>0$)，就能实现粒子数反转分布。由于 1.06μm 谱线的荧光强度大，所以 1.06μm 谱线首先起振，并抑制其他谱线起振，因此，通常只观察到 1.06μm 的激光。

在光泵激励下，处于基态的大量离子吸收能量，跃迁到亚稳态以上的激发态上。由于这些激发态不稳定，会很快弛豫到亚稳态上，实现粒子数反转分布，并实现 $^4F_{3/2}\to{}^4I_{11/2}$ 能级之间的受激辐射光放大，产生 1.06μm 的激光。

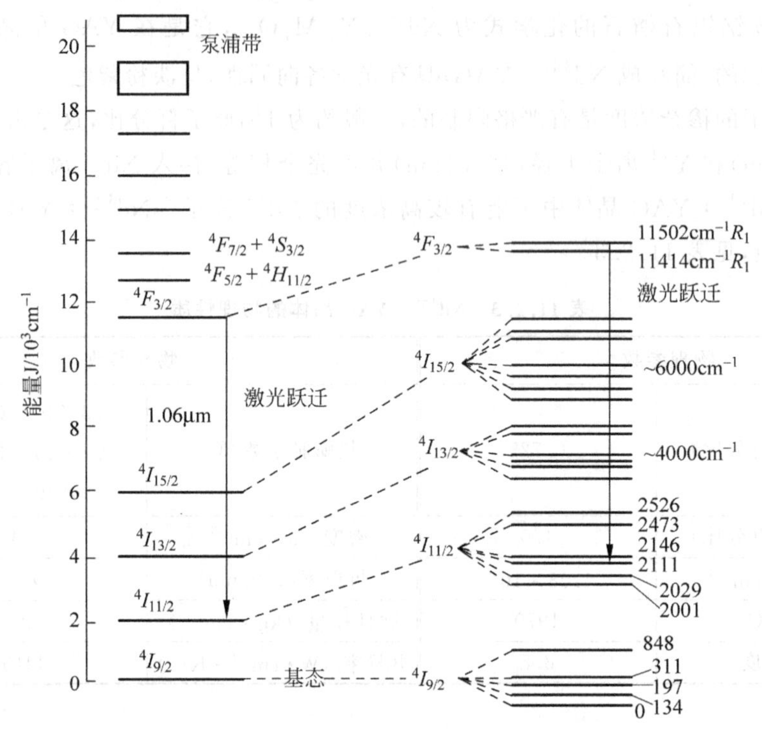

图 11.2.3 Nd^{3+} ：YAG 的能级结构

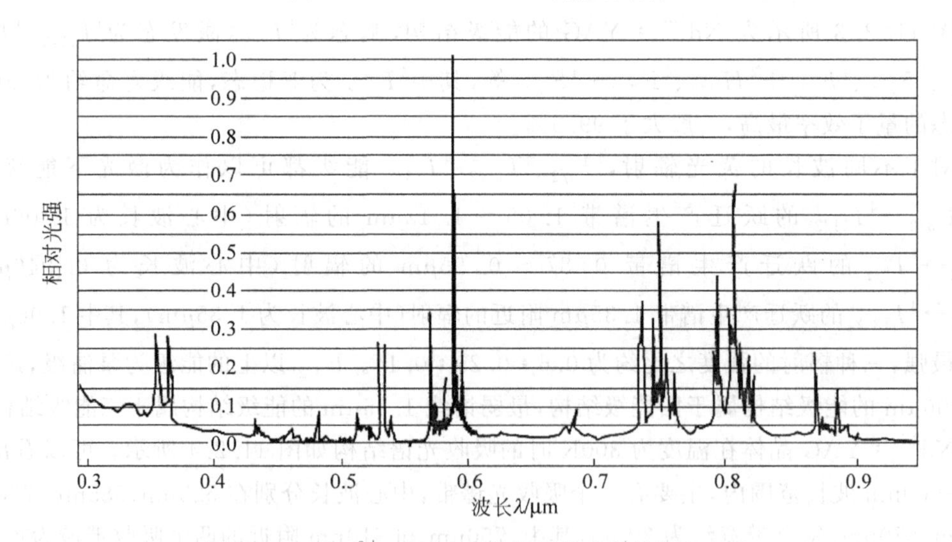

图 11.2.4 Nd^{3+} ：YAG 晶体的吸收光谱结构(300K)

11.2.3 钕玻璃

钕玻璃是在某种成分的光学玻璃(硅酸盐玻璃、硼酸盐玻璃、磷酸盐玻璃、氟酸盐玻璃等)中掺入适量的氧化钕(Nd_2O_3)制成的。Nd_2O_3 的掺入量为 1%～5%(重量百分比)，对于 3%的掺杂量，Nd^{3+} 离子浓度为 $3\times10^{20}\,cm^{-3}$ 左右。基质玻璃的成分不同，对激活离子的光学特性影响不同，用得最多的基质材料是硅酸盐玻璃和磷酸盐玻璃。

1. 物理性质

钕玻璃的许多特性不同于其他的固体激光工作物质。由于钕玻璃的网格属于无序结构,因此钕玻璃具有非常高的掺杂浓度和极好的光学均匀性,物理性能稳定,形状和大小具有较大的自由度。钕玻璃的长度可达 1～2m,直径可达 3～10cm,也可以做成厚度 5cm、直径 90cm 的盘片状,易于制成特大功率的激光器。钕玻璃的尺寸也可以小到直径近似为几个微米的玻璃纤维,用于集成光路的光放大或光振荡。单钕玻璃的热性能和力学性能较差,热导率比 YAG 晶体低一个数量级,因而冷却性能较差;热膨胀系数比较大,热畸变比晶体严重,因而钕玻璃不适于连续或高重复运转的激光器。

2. 激光性质

钕玻璃中 Nd^{3+} 离子的能级结构与晶体中的基本相似,如图 11.2.5 所示,但是其线宽有所改变,增加约 250cm^{-1},比 Nd^{3+} :YAG 晶体宽得多。Nd^{3+} 离子的谱线加宽主要是缺陷加宽(属于非均匀加宽),因而钕玻璃激光器的阈值高于 Nd^{3+} :YAG 激光器。

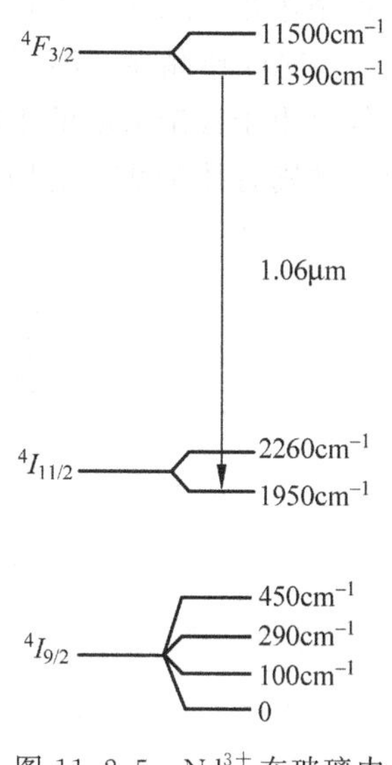

图 11.2.5 Nd^{3+} 在玻璃中的能级结构

由图可以看出,在室温下,1.06μm 附近的荧光光谱是由跃迁$^4F_{3/2}\rightarrow{}^4I_{11/2}$ 产生的,具有典型的四能级结构。在光泵浦激励下,处在 Nd^{3+} 基态的大量离子吸收能量,跃迁到亚稳态$^4F_{3/2}$ 以上的激发态。由于激发态能级不稳定,便会很快弛豫到亚稳态$^4F_{3/2}$ 上(0.5～2.5μs),实现粒子数反转分布。而下能级$^4I_{11/2}$ 上的粒子数在室温下的分布可忽略(约为零),由于辐射跃迁而到达下能级的粒子数能迅速地(为 2～15ns)通过非辐射跃迁返回到基态,因此,有利于维持受激辐射光放大,产生 1.06μm 的激光。

钕离子 Nd^{3+} 在玻璃中的吸收光谱如图 11.2.6 所示,比较图 11.2.4 可以看到,吸收峰值的位置大致相同,但钕玻璃的吸收峰值带宽宽得多。

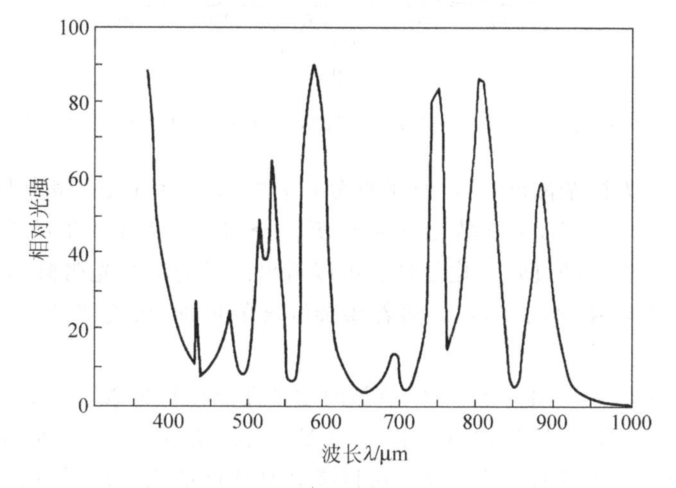

图 11.2.6 Nd^{3+} 在玻璃中的吸收光谱

11.2.4 激光陶瓷

激光陶瓷的研究始于20世纪60年代,1964年Carnall等人采用热压真空烧结设备首次制造出掺镝的氟化钙(Dy^{2+} :CaF_2)透明激光陶瓷,并在液氮温度下实现了激光振荡,振荡阈值与单晶相似,这是世界上第一台陶瓷激光器。1995年,日本的IKesue等人采用氧化物高温固相反应法,将高纯度的Al_2O_3、Y_2O_3和Nd_2O_3直接混合,采用真空烧结工艺首次制造出高度透明、高质量的Nd^{3+} :YAG陶瓷,并研制了第一台与Nd^{3+} :YAG单晶相媲美的Nd^{3+} :YAG陶瓷激光器。

掺杂浓度0.1%(原子百分比)的Nd^{3+} :YAG陶瓷与掺杂0.9%(原子百分比)的Nd^{3+} :YAG单晶在室温下的吸收光谱如图11.2.7所示,可以看出两者的吸收光谱概率一致。但是由于掺杂浓度的不同,两者的吸收系数约有15%的差别;吸收峰均在808.6nm,吸收系数随着掺杂浓度的增加而线性增加。

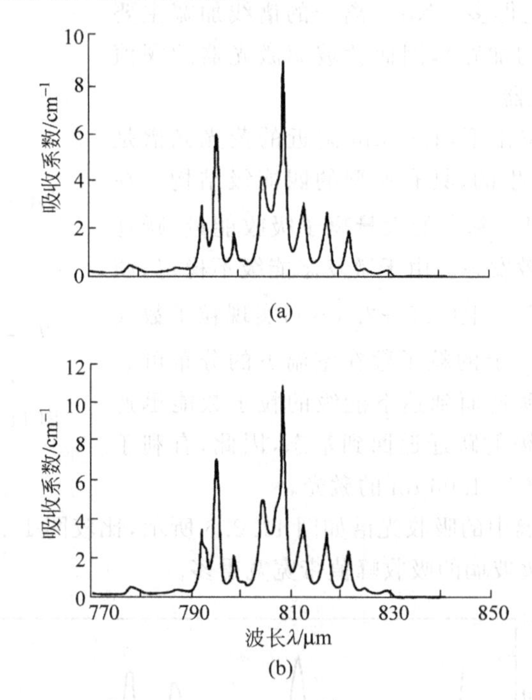

图11.2.7 Nd^{3+} :YAG陶瓷与Nd^{3+} :YAG单晶的吸收光谱

图11.2.8所示为掺杂浓度1%(原子百分比)的Nd^{3+} :YAG陶瓷与掺杂浓度0.9%(原子百分比)的Nd^{3+} :YAG单晶在室温下$^4F_{3/2} \rightarrow {}^4I_{11/2}$跃迁产生的荧光光谱。为便于比较,两者的荧光光谱都经过归一化处理。可以看出两者的荧光光谱概率一致,主要发射峰为1064.18nm,半高全宽为0.78nm。随着掺杂浓度的增加,荧光光谱有一点红移,荧光寿命有所减小。

Nd^{3+} :YAG陶瓷与Nd^{3+} :YAG单晶的物理性能比较见表11.2.4。

除Nd^{3+} :YAG陶瓷外,还出现了掺镱的YAG、掺铬的ZnSe透明激光陶瓷等。相对于单晶和玻璃,透明陶瓷具有以下优势:可以掺杂高浓度的激活离子,而且掺杂均匀;制造周期短,成本低,可以大批量生产;可以制造大尺寸、形状复杂的材料。

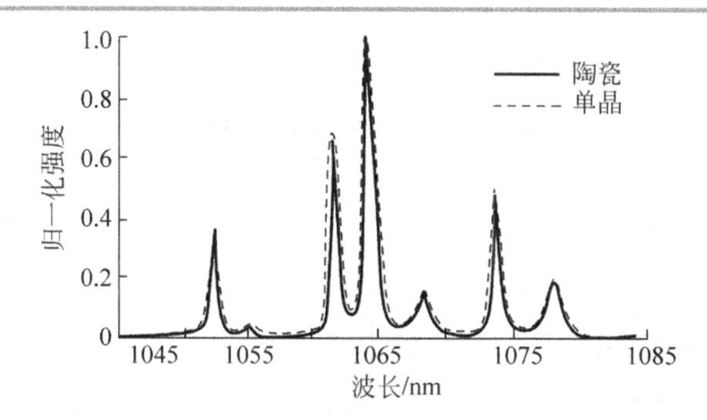

图 11.2.8　Nd^{3+}：YAG 陶瓷与 Nd^{3+}：YAG 单晶的荧光光谱

表 11.2.4　Nd^{3+}：YAG 陶瓷与 Nd^{3+}：YAG 单晶的物理性能比较

物理性能参数	0.9%(原子百分比) Nd^{3+}：YAG 陶瓷	1.1%(原子百分比) Nd^{3+}：YAG 单晶
密度/(g/cm^3)	4.55	4.55
显微硬度/GPa	15.5	14.5
热导率/($W \cdot cm^{-1} \cdot K^{-1}$)	10.4(20℃) 6.8(200℃) 4.6(600℃)	10.7(20℃) 6.7(200℃) 4.6(600℃)
脆性/$MPa \cdot m^{1/2}$	8.8	1.8
折射率(590nm)	1.808	1.810
自发辐射寿命/μs	210	217

11.2.5　铒玻璃(掺铒磷酸盐玻璃)

1975 年苏联最早发现掺铒 YAG 晶体(Er^{3+}：YAG)。高掺杂浓度(50%)的 Er^{3+}：YAG 具有激光作用，发射波长为 2.94μm，它可以用于激光医学和作为红外光源。

在硅酸盐和磷酸盐玻璃中掺入 Er^{3+} 离子，制成铒玻璃，可以得到 1.54μm 的激光振荡，该波长可以被水吸收且对人眼安全，有着广泛的应用前景。

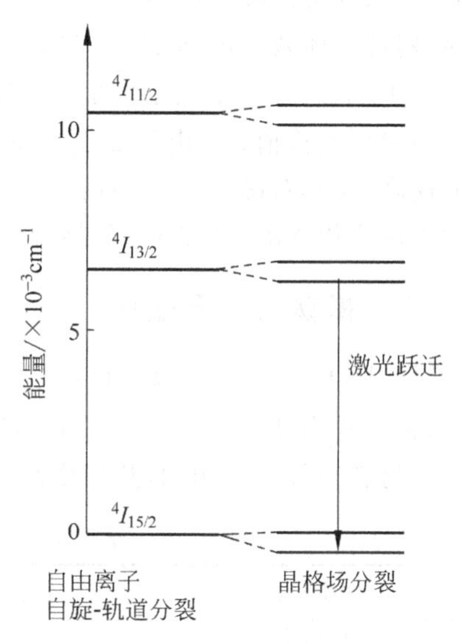

图 11.2.9　Er^{3+} 的能级结构

图 11.2.9 所示为 Er^{3+} 的能级结构，属于三能级系统。由于铒玻璃对泵浦光的吸收较弱，须同时掺入其他稀土离子才能得到满意的效率。室温工作的铒玻璃中通常掺入 Yb^{3+} 离子作为敏化剂，此外还掺入少量 Nd^{3+} 离子以降低阈值。

Er^{3+} 离子的最佳掺杂浓度为 $2 \sim 5 \times 10^{19} cm^{-3}$。由于 Er^{3+} 属于三能级系统，为达到阈值必须将 60% 左右的粒子激励到激光上能级，因此 Er^{3+} 浓度要足够低。另外，为得到 Yb^{3+} 向 Er^{3+} 较高的共振转移效率，Er^{3+} 浓度也不能太低。

铒玻璃的主要特性见表 11.2.5。

表 11.2.5 铒玻璃的激光特性

性质参数	数值单位
较高发射波长	1.54μm
荧光寿命	8ms
折射率(1.54μm)	1.531
折射率温度系数	6.3×10^{-6}/℃
热膨胀系数	1.24×10^{-6}/℃
热-光系数	-3×10^{-7}/℃

11.2.6 掺钬钇铝石榴石

以钇铝石榴石晶体为基质材料，掺入适量的钬离子(Ho^{3+})，就构成了掺钬钇铝石榴石晶体(Ho^{3+} ：YAG)，输出波长为 2.1μm 的激光，Ho^{3+} 的能级结构为四能级结构，荧光寿命约为 7ms，结构下能级在基态能级之上 400～500cm^{-1}。

由于 YAG 晶体中 Ho^{3+} 离子对泵浦光吸收较弱，实际中常常掺入其他敏化剂离子，如 Er^{3+}、Yb^{3+}、Tm^{3+}、Cr^{3+} 等，这些敏化剂离子可以加强对泵浦光的吸收，然后利用共振激发能量转移来激发 Ho^{3+} 离子，可显著提高器件的输出光路和效率。

在只有 Ho^{3+} 离子单独掺杂的情况下，其主要吸收峰在 0.64μm(强)和 1.15μm(弱)处，如果采用卤钨灯泵浦，只能吸收 11%左右的泵浦能量。在加入敏化剂离子 Yb^{3+} 后，由于 Yb^{3+} 在 0.8～1μm 光谱带内有强的吸收，因此，可以提高吸收效率。如果同时掺入其他敏化剂离子，则可以吸收更多的泵浦能量。当卤钨灯输入功率为 3kW 时，可得到 15W 的激光功率，器件总体效率可到 15%，明显高于 Nd^{3+} ：YAG 晶体。

由于 Ho^{3+} ：YAG 晶体的激光波长为 2.1μm，正好处于大气传输窗口内，因此有一定的应用和研究价值；又由于 2.1μm 的激光比掺钕激光能更好地被机体吸收，所以切割能力大大提高，尤其对敏感组织，如肝、胃、结肠等软组织的烧蚀和切割具有良好的效果，它将在医学领域取代 Nd^{3+} ：YAG 单晶激光。

11.2.7 掺钛蓝宝石晶体

以 Al_2O_3 晶体为基质材料，掺入适量的 Ti^{3+} 离子，取代部分 Al^{3+} 而形成掺钛蓝宝石晶体，化学式为 Ti^{3+} ：Al_2O_3，Ti^{3+} 离子的掺杂浓度约为 0.1%(重量百分比)。蓝宝石晶体的基质材料与红宝石相同，热导率高、硬度高，其主要的激光特性见表 11.2.6。

表 11.2.6 掺钛蓝宝石晶体的激光特性

性质参数	数值单位	性质参数	数值单位
折射率	1.76	受激辐射截面(//c 轴，795nm)	$2.8\times10^{-19}cm^2$
荧光寿命	3.2μs	吸收系数(//c 轴，795nm)	$0.15cm^{-1}$
荧光线宽	122nm	吸收系数(⊥c 轴，795nm)	$0.10cm^{-1}$
峰值发射波长	735nm	受激辐射截面峰值(//c 轴，795nm)	$4.1\times10^{-19}cm^2$

续表

性质参数	数值单位	性质参数	数值单位
量子效率(泵浦光 530nm)	≈1	受激辐射截面峰值(⊥c 轴,795nm)	$2.0\times10^{-19}\,cm^2$
饱和光强(795nm)	$0.91J\cdot cm^{-2}$		

Ti^{3+}：Al_2O_3 晶体的激光能级结构如图 11.2.10 所示,具有四能级系统的特性,其吸收光谱和荧光光谱如图 11.2.11 所示。Ti^{3+} 离子与基质晶格的耦合作用使得吸收光谱带和荧光光谱带分得较开,吸收光谱带处于 400～600nm 的蓝光范围内。当处于基态的 Ti^{3+} 离子吸收蓝光后,被激发到激发态 $^2E_{2g}$,Ti^{3+}：Al_2O_3 晶体将发射近红外波段的荧光返回到基态。由于热声子的作用,形成非常宽(680～1070nm)的近红外荧光谱谱带,这正是宽带可调谐掺钛蓝宝石激光器的关键。Ti^{3+}：Al_2O_3 激光器宽阔的调谐范围(峰值波长 790nm)使其成为目前最有应用价值的激光器。

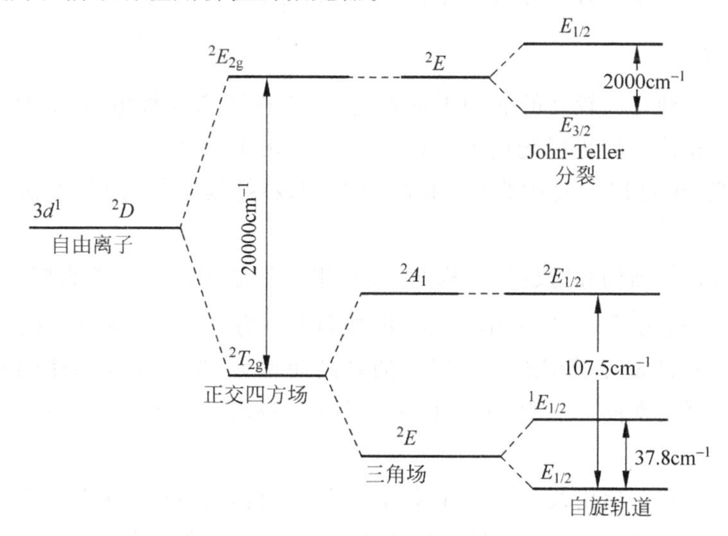

图 11.2.10　Ti^{3+} 离子的能级结构

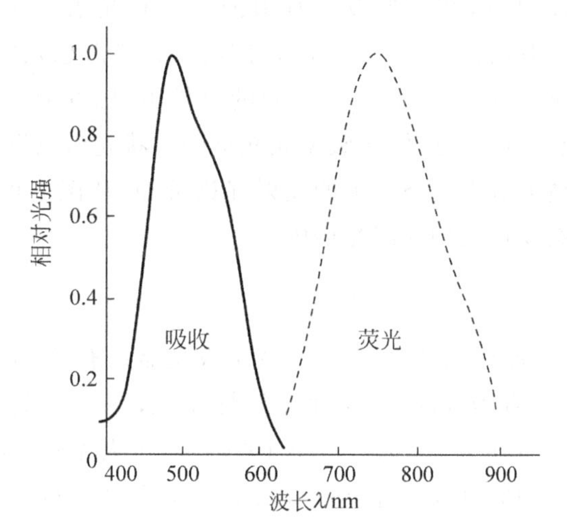

图 11.2.11　Ti^{3+} 离子的吸收和荧光光谱

11.3 泵浦光源

固体激光器大多采用光泵浦实现粒子数反转分布。泵浦光源的发射光谱必须与激光工作物质的吸收光谱相匹配,并尽可能地集中到激光工作物质内部。泵浦光源的选取依据激光工作物质的吸收光谱、激光器的输出功率要求、工作方式(脉冲或连续)、重复频率等因素。采用最多的泵浦光源是惰性气体放电灯(脉冲氙灯)和激光二极管,目前,利用太阳光泵浦固体激光工作物质成为一个研究热点。

11.3.1 惰性气体放电灯

惰性气体放电灯是在石英管内充有惰性气体氙气和氪气等,是常规固体激光器最常用的泵浦光源。按照工作方式可分为脉冲氙灯和连续氪灯两大类。

1. 脉冲氙灯

脉冲氙灯是一种亮度较高的非相干辐射光源,工作于弧光放电状态,具有较高的电-光转化效率(70%)和较宽的辐射光谱范围(200～1800nm),亮度高达 5 000～15 000K。脉冲氙灯可单次闪光,也可以重复闪光(一般低于 100Hz)持续工作,闪光寿命达 10^6～10^7 次以上。

脉冲氙灯有直管结构和螺旋管结构两种,常用直管结构。标准的直管氙灯的尺寸与激光棒相当,一般直接为 $\phi5$～10mm,长度(电极间距)为 50～150mm,石英壁厚度为 1～1.5mm。脉冲氙灯的发光效率随充气气压的升高而增大,但气压太高使触发困难,灯管易破裂,因此,低重复频率的小型脉冲氙灯,充气气压一般在 0.665×10^5～1.995×10^5Pa 范围内。

脉冲氙灯的发光光谱由线状谱和连续谱组成,主要由放电电流密度、灯管内径和气压决定。在电流密度为 $37\text{A}\cdot\text{cm}^{-2}$、充气气压为 1.72×10^5Pa 的条件下,脉冲氙灯的发光光谱如图 11.3.1 所示。由图可见,在红外波段有很强的线状光谱。峰值波长分别在 840nm、900nm 和 1000nm 附近,波长在 500～900nm 范围内的光能占总光能的 50%～60%。

在高电流密度、低充气气压(0.42×10^5Pa)的条件下,脉冲氙灯的复合发光加强,且短波部分增长快,光谱中心向短波移动,导致发光光谱的线状光谱淹没在强的连续光谱中。如图 11.3.2 所示为两种高电流密度条件下的发射光谱分布,从图中可以看出,随着电流密度的增加,分立谱线逐渐淹没在强的连续光谱中。

2. 连续氪灯

连续氪灯是目前用于连续泵浦 Nd^{3+} :YAG 激光器最有效、输入功率水平最高、亮度较高的非相干辐射源。其结构和尺寸与脉冲氙灯相似,但是石英管壁要薄一些,不超过 1mm。对于小型灯,充气气压为 3×10^5～4×10^5Pa,对于大型灯,充气气压为 2.5×10^5～3×10^5Pa,充气气压比脉冲氙灯高。连续氪灯的电-光转化效率可达 40%～50%。

连续氪灯的工作特点是工作电压低(一般为百伏左右)、电流大(20～50A),亮温度高达4500～5500K,可获得稳定的、具有明显的线状谱的光辐射。

图11.3.3所示为灯管内径为6mm、弧光为50mm、气压为4.05×10^5Pa、输入功率为1.3kW的连续氪灯的发光光谱。由图可见,其线状谱很突出,集中在700～900nm范围内,与Nd^{3+}：YAG晶体的750nm、810nm处的吸收带有较好的光谱匹配,因此,连续氪灯已经成为连续工作高功率Nd^{3+}：YAG激光器常用的泵浦光源。

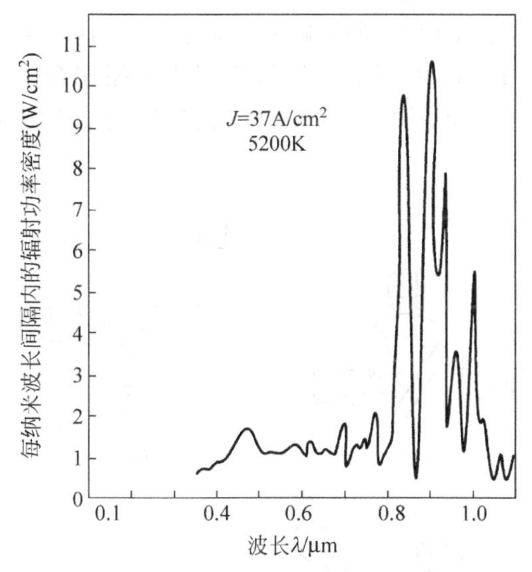

图11.3.1　低电流密度下脉冲氙灯的发光光谱

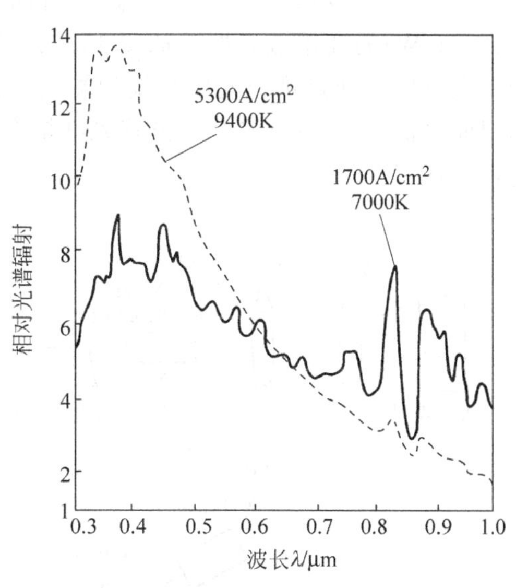

图11.3.2　高电流密度下脉冲氙灯的发光光谱

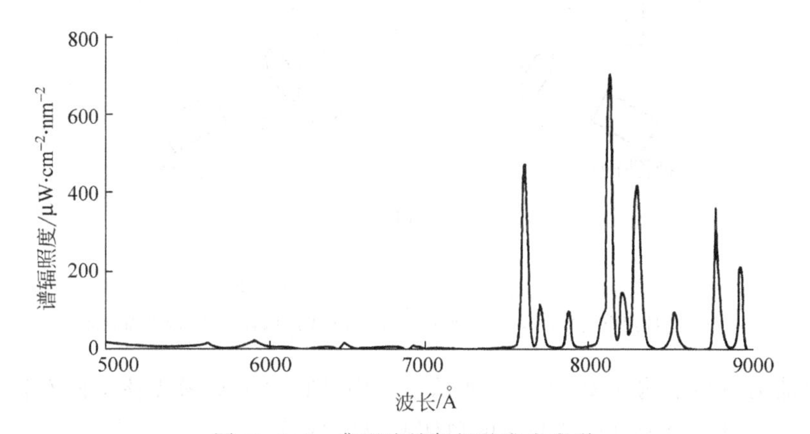

图11.3.3　典型连续氪灯的发光光谱

11.3.2　激光二极管

随着高功率、高效率半导体激光器的迅速发展,使用激光二极管泵浦固体激光器技术也得到了快速发展。与灯泵浦相比,激光二极管泵浦技术更容易获得与固体激光工作物质吸收谱相匹配、有效模匹配和泵浦密度高的泵浦光源。

常用的激光二极管泵浦源有 GaAs 激光二极管、AlGaAs/GaAs 激光二极管阵列和高功率二维 AlGaAs 激光二极管阵列。它们的发射波长在 806～807nm 之间，恰好在 Nd^{3+}：YAG 晶体的吸收带 805～810nm(吸收峰在 807.7nm)内。

激光二极管泵浦固体激光器有两种结构，即端面(纵向)泵浦和侧面(横向)泵浦。

端面泵浦是通过耦合光学元件聚焦到激光晶体的一个端面，光斑直径为 100～200μm。由于具有较长的模式匹配吸收长度，这种结构具有较高的光-光转化效率(8%左右)。但是泵浦功率受到耦合聚焦到晶体端面的光功率的限制，只适用于低功率(≤350mW)的商用激光器。如图 11.3.4 所示为几种典型的端面泵浦结构：图(a)为单个二极管阵列通过耦合光学系统的端面泵浦；图(b)为两个二极管阵列用偏振耦合方式的端面泵浦；图(c)为多个二极管光纤耦合端面泵浦；图(d)为多个二极管阵列从两端面进行泵浦。

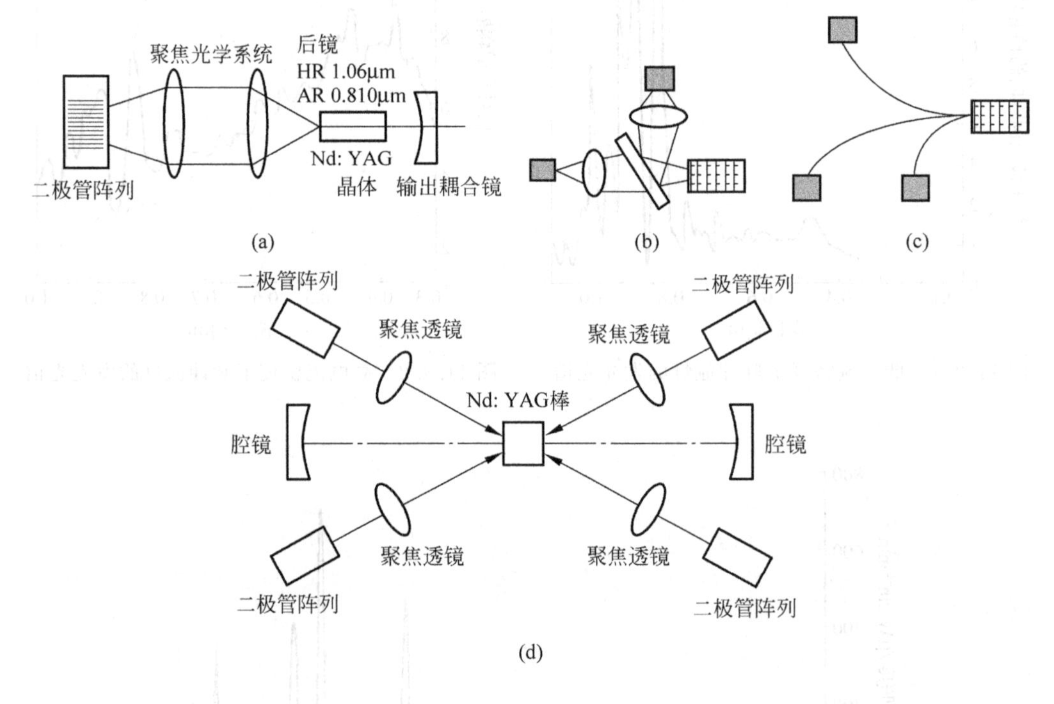

图 11.3.4 激光二极管端面泵浦

(a) 通过耦合光学系统；(b) 偏振耦合；(c) 光纤耦合；(d) 两端面泵浦

侧面泵浦的典型结构如图 11.3.5 所示。其中，图(a)为对激光棒空间对称分布的二极管侧泵浦，图(b)、图(c)为对板条介质的单侧和双侧泵浦。

侧面泵浦光垂直于激光棒入射，耦合面积大，不需要耦合光学元件，不受泵浦光的模结构和相位的影响，但存在转换效率低、容易受环境影响而使激光器输出波长出现起伏的缺点。

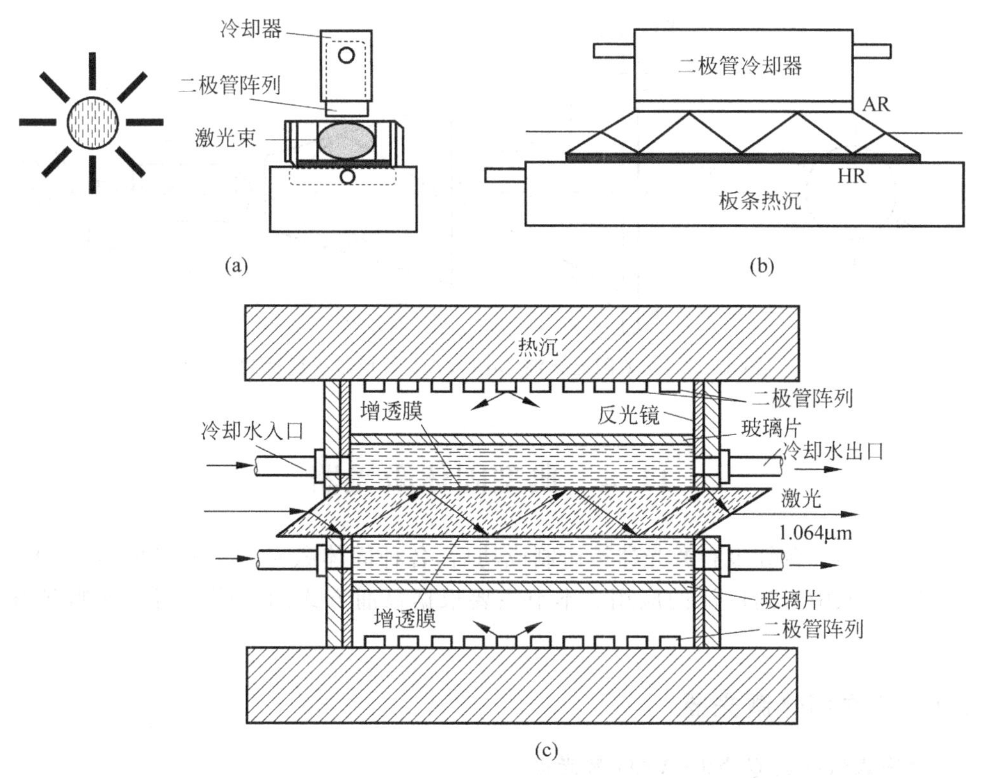

图 11.3.5　激光二极管侧面泵浦

(a) 空间对称排布侧泵浦；(b) 单侧泵浦；(c) 双侧泵浦

11.3.3　太阳光

太阳光光谱中包含有许多常用的激光泵浦带，将经大压缩比会聚后具有高能量密度的太阳光耦合到激光介质中，使阳光中有用的泵浦光对介质进行泵浦而产生激光输出成为可能。1966 年，C G Young 首次报道采用 610mm 口径抛物面聚光器收集太阳光直接泵浦钕玻璃和 Nd^{3+}：YAG 从而实现了激光运转，采用端面泵浦方式获得了 1.25W 的激光输出，采用侧面泵浦方式获得了 0.8W 激光输出，效率低于 1%，标志着太阳光泵浦激光器的诞生。

太阳光泵浦技术为卫星激光技术和空间站激光技术提供了应用。太阳光泵浦具有更长的寿命，太阳光的亮度为 58000K，利用望远系统等光学元件收集太阳光，通过耦合光学元件聚焦到晶体端面或侧面进行泵浦。为空间通信系统研制的太阳光泵浦 Nd^{3+}：YAG 激光器可以产生 5W 的连续输出。图 11.3.6 所示为采用菲涅尔透镜会聚太阳光泵浦 Nd：YAG 激光器系统示意图。

太阳光经过由菲涅尔透镜和锥形场镜组成的高倍聚焦聚光系统后，光斑尺寸变小，泵浦光都能耦合到工作物质中，耦合损失相对较少，同时由它产生的振荡光的模式与泵浦光模式匹配的效果好，工作物质对泵浦光的利用率也相对高。

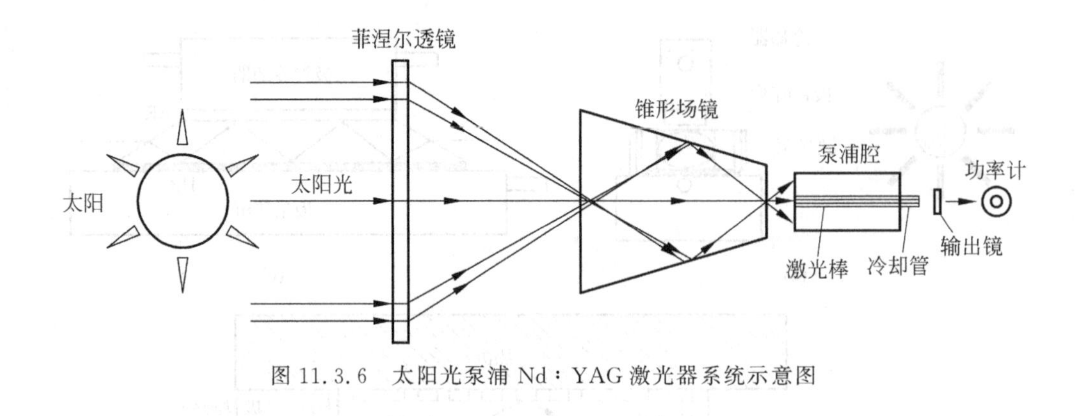

图 11.3.6 太阳光泵浦 Nd：YAG 激光器系统示意图

11.4 典型固体激光器

自世界上第一台红宝石激光器被研制成功后，各种固体激光器飞速发展，在军事装备、工业生产等领域中得到广泛的应用。本节主要根据泵浦方式的不同介绍几种典型固体激光器。

11.4.1 灯泵固体激光器

1. 脉冲式被动调 Q Nd：YAG 激光器

小型激光测距仪器常采用被动调 Q Nd：YAG 激光器，其激光波长为 1064nm，属于红外波段，具有可靠性高、隐蔽性强、耗能低、自然冷却等优点。图 11.4.1 所示为某型激光测距仪器中的激光器结构原理图。激光器采用了平-平腔结构，根据设计要求，后腔镜采用了反射率不小于 99.5%的圆形全反镜，输出镜没有采用光学镜片，而是在激光棒端面上镀有对 1064nm 波长透过率为 50%左右的半反射膜，全反镜和半反射膜构成平-平腔。

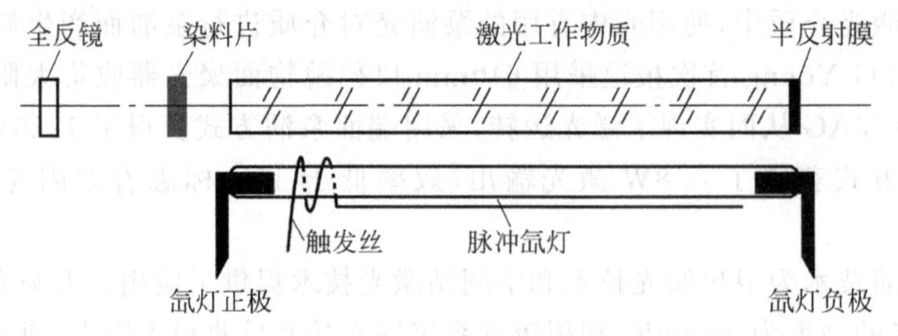

图 11.4.1 某型激光器结构原理图

在激光器内部，装有 Nd：YAG 激光棒、脉冲氙灯、触发丝、聚光腔、BDN 染料片等器件。激光棒直径 3.5mm、长 50mm，两端面严格平行，掺杂浓度为 1%（原子百分比）。脉冲氙灯采用直管式氙灯，由于工作在脉冲状态下，重复频率较低（激光脉冲周期为 6～15s），脉冲氙灯采用外触发方式，在氙灯管壁外缠绕一根触发丝。激光棒和脉冲氙灯放置在一个圆柱形聚光腔内，聚光腔内壁抛光镀银，可以增强泵浦光的反射，多次激励工作物质，提高泵浦效率。

该激光器采用了 BDN 染料片作为调 Q 开关，是一种被动式调 Q。对于这种调 Q 方式，其输出特性与工作电压关系紧密(见6.5节),如果工作电压较低,则没有达到激光阈值,就没有激光脉冲输出,如果工作电压较高,则容易出现多脉冲现象,这在激光测距中是不允许的,因此,要把激光器的工作电压调整在单脉冲坪区电压的中间,以保证单次触发时只输出一个激光脉冲。一般情况下,对于这种小型脉冲式被动调Q激光器,其输出激光单脉冲能量为3~12mJ。在电路系统中,储能电容为15μF,激光器工作电压若为600V,则提供的电能为

$$E_i=\frac{1}{2}CV^2=\frac{1}{2}\times 15\times 10^{-6}\times 600^2\,\text{J}=2.7\text{J}$$

实际测得激光器平均输出能量为6mJ,电-光转换效率为0.22%。灯泵固体激光器总的能量转化效率一般小于0.5%。

在实际应用中,由于固体激光器的发散角较大,一般为3~5mrad,因此,还需要在输出端增加准直系统,常采用倒置的伽利略式望远系统,把激光发散角压缩至1mrad左右。

2. 重频电光调Q Nd:YAG激光器

被动调Q Nd:YAG激光器主要用于脉冲式、低能量的场合。对于重复频率较高、脉冲能量较大的应用需求,常采用主动式电光晶体调Q激光器。图11.4.2所示为某激光测距仪器上使用的电光调Q Nd:YAG激光器的结构原理图。该激光器的输出波长为1064nm,重复频率为20Hz,在2s内的激光脉冲平均能量不低于40mJ。

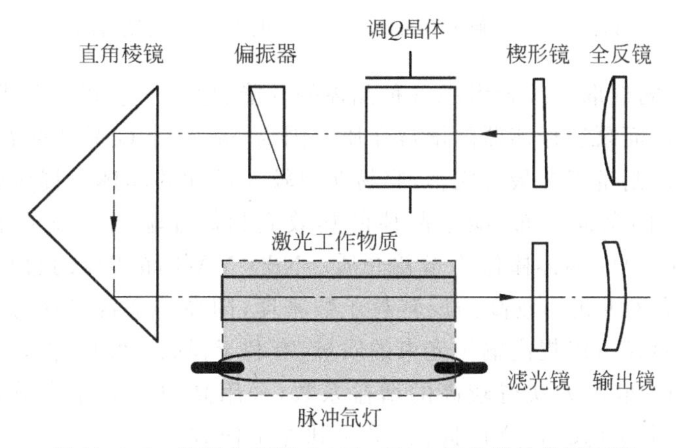

图11.4.2 重频电光调Q Nd:YAG激光器结构原理图

该激光器采用了折叠腔设计,由全反镜、楔形镜、电光调Q晶体(铌酸锂晶体)、偏振器、直角棱镜(转向棱镜)、脉冲氙灯、激光工作物质、滤光镜和输出镜组成。其中,脉冲氙灯和激光工作物质安装在聚光腔内,聚光腔是一个两端各开有两个孔的圆柱形石英玻璃壳体,内壁镀有镀银反射膜,且激光棒和脉冲氙灯的中间部分均浸泡在冷却液内。冷却液为特制的丙二醇碳酸酯,透过率为100%,在-63℃才开始凝固,这种特殊的冷却液,保证了泵浦光的完全透过和低温下的流动。

激光工作物质是一个直径为8mm、长度为50mm的Nd:YAG激光棒。谐振腔的后腔镜为平凸球面全反镜,输出镜为凹凸球面镜。调Q开关采用了铌酸锂晶体和偏振片组成的电光开关,采用退压工作方式,工作电压为1800V,为得到较好的调Q效果,抵消晶体因高压产生的弹光效应带来的损耗,避免出现多脉冲现象,常采用退压时把电压降为负电压的技

术，在该激光器中，退压需要退至－1800V。另外，铌酸锂晶体的抗损伤阈值较低，在使用中，常采用斜面切割，增大激光与电光晶体的接触面，提高抗损伤阈值。

11.4.2 侧面泵浦固体激光器

在激光雷达探测领域，需要具有高重复频率(几百甚至几千赫兹)、窄脉宽、大能量的脉冲激光。图11.4.3所示为课题组研制的利用LD侧面泵浦的高重频、窄脉宽、大能量激光器的振荡级的结构图。它由光学谐振腔、KD* P Q开关、$\lambda/4$波片、偏振棱镜、LD泵浦系统、冷却系统组成。

在设计该激光器的振荡级时，要实现在高重频下得到尽可能窄的脉冲宽度的同时尽可能提高振荡级的能量输出。主要考虑增益介质、增益系数、热透镜效应的补偿和耦合输出镜的最佳透过率。

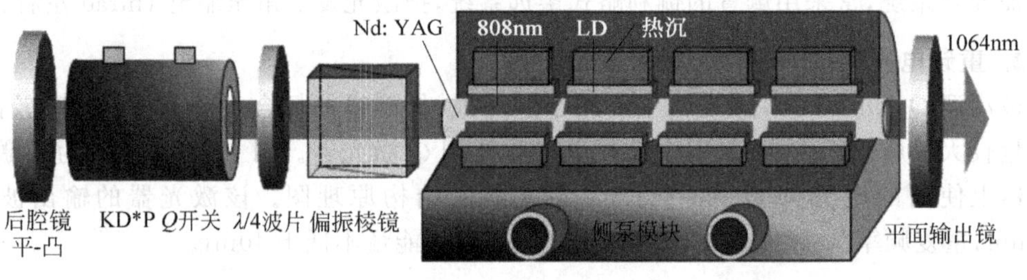

图11.4.3 LD侧面泵浦Nd：YAG电光调Q激光器结构图

(1) 增益介质的选取。综合考虑各种晶体的性能、生产工艺和制造成本，选取了Nd：YAG晶体棒作为侧面泵浦振荡器的增益介质。因为Nd：YAG晶体棒在高功率激光器中应用广泛，且目前的制备工艺最为完善，容易获得较大尺寸的晶体以提供较高的增益产出。为了得到相对均匀的泵浦分布，减小晶体的热效应和保证输出光斑的轴对称性，采用了0.6%掺杂的Nd：YAG晶体棒作为增益介质。Nd：YAG晶体棒的直径为3mm，一方面保证在较小的增益区域获得较高的反转粒子数密度，即高的增益以获得较窄的脉冲输出；另一方面，较小的直径可以提高输出光束的质量，有利于提高后续的非线性频率转换效率。

(2) 泵浦源的选取。为获得较高的增益系数，采用高功率半导体激光器作为泵浦源。LD激光器由德国耶拿(Jena)公司提供，采用脉冲工作方式，单个Bar条输出峰值功率为90W。采用3组共12个LD Bar条从3个轴对称的方向上对晶体棒进行泵浦，能够提供约1080W的峰值功率，泵浦脉宽设定为250μs，于是每次泵浦脉冲的总能量为270mJ。

(3) 热透镜效应的补偿。采用了平凸镜作为谐振腔的后腔镜，起到负透镜的作用，凸面上镀有1064nm的高反射膜(反射率大于99.5%)。其曲率半径的选取由理论计算和实验确定。考虑到压缩腔长(获得窄脉冲)的需要，未采用常见的双棒串接中间放置90°旋光镜的方式来补偿热致双折射效应，而是通过合理进行腔内元件的参数选择和布局，尽可能压缩腔的长度以获得短的脉宽。最终确定的腔的长度在130mm左右，光学长度为210mm。

(4) 输出镜透过率的选择。通过理论计算和实验结果，最终确定输出镜的最佳透过率为60%。

当输出镜的透过率为60%时，在重复频率为1kHz、泵浦能量为270mJ的条件下，得到脉冲能量为10.5mJ、脉冲宽度为6.4ns的调Q激光脉冲序列，光-光转换效率为3.9%。

11.4.3　端面泵浦固体激光器

端泵激光器的主要特点是泵浦光在晶体中的泵浦及吸收方向与激光振荡方向同轴，比较容易实现泵浦模式和激光模式的匹配，有利于得到高光束质量和较高效率的激光输出。课题组采用端泵 Nd:YVO_4 MOPA 激光器对高重频主振荡器进行功率扩展，在 850kHz 得到 183.5W 近衍射极限输出。

图 11.4.4 所示为双端泵浦 MOPA 激光器的结构示意图。振荡器为 850kHz 的高重频振荡器，采用声光调 Q，腔长分别为 $L_1=120\text{mm}$，$L_2=95\text{mm}$，输出镜透过率为 $T=48\%$。对振荡器输出的信号光，采用四级串联放大器进行功率扩展。放大器的泵浦/增益模块与振荡器中的模块一致。

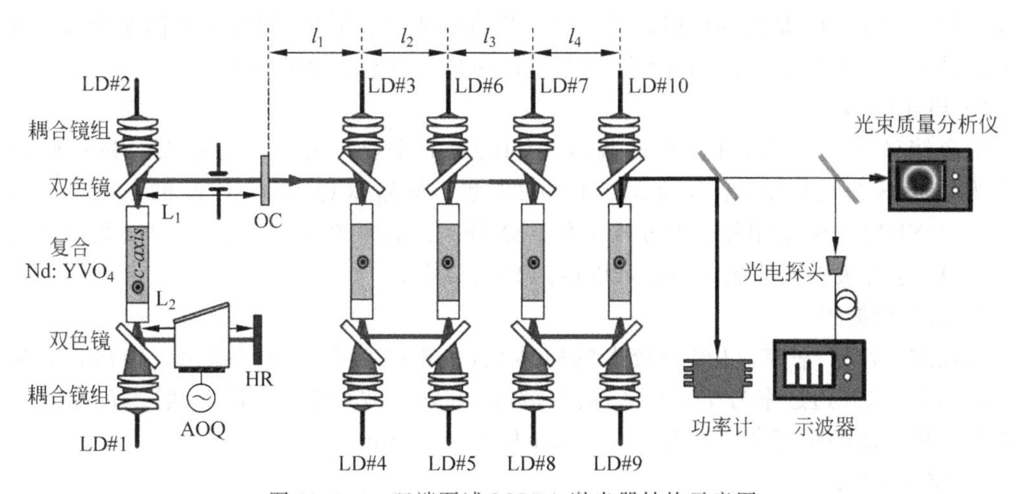

图 11.4.4　双端泵浦 MOPA 激光器结构示意图

1. 振荡级设计

1）激光介质

对于端泵激光器，晶体的端面上泵浦密度很高，一般情况下，晶体端面中心处的温度最高。如果泵浦的功率密度过高会产生较大的温度梯度，导致晶体的端面产生强烈的热应力甚至产生热裂。另外，由于端泵结构中激光也需要通过泵浦面，泵浦面上强烈的热膨胀效应会在端面产生一个凸包，即所谓的端面效应。端面效应对激光振荡引入一个波前畸变，通常使得激光器的输出光束质量恶化。采用热键合技术，可以在激光晶体的端面键合不掺杂的晶体端帽。由于端帽是非掺杂晶体，对泵浦光不存在吸收，可以起到热沉的作用，通过端帽的散热可以降低整个晶体中的温度分布及温度梯度，又能有效防止热裂。同时由于键合晶体的泵浦面为非掺杂端帽的端面，由于温度的显著降低，端面畸变可以显著降低，有利于得到高光束质量的输出。

激光晶体采用复合 Nd∶YVO_4 晶体，Nd^{3+} 离子的原子百分比掺杂浓度为 0.3 at.%，晶体尺寸为 3mm×3mm×(2mm YVO_4+16mm 0.3 at.% Nd∶YVO_4+2mm YVO_4)，晶体双端镀 808nm 和 1064nm 的高透膜，其中对 1064nm 激光的透射率 $T>99\%$。

端泵激光器由于其泵浦结构的特点，晶体的掺杂浓度不能过高，以防止过高的吸收引起的热应力以及可能的热裂，实验中采用了折中的选择，采用了较低掺杂浓度(0.3 at. %)的晶体,使得既能采用高功率泵浦源泵浦,得到尽量高的泵浦密度,同时又能兼顾得到较均匀的吸收,热梯度和热应力不至于过高。

晶体用 0.4mm 铟膜包裹,并置于紫铜热沉中,紫铜热沉通过冷却水进行冷却,利用水制冷机控制冷却水的温度,从而实现对晶体的温度控制。

2) 泵浦模块

为了提高总的泵浦功率,采用双端泵浦的方式。采用光纤耦合输出的 LD,型号为 Jenoptik JOLD-75-CPXF-1L,额定输出功率为 45W,采用温控模块对 LD 的温度进行控制,以使得泵浦波长能够匹配到晶体的最佳吸收谱。实验中采用 Agilent 86140B 光谱仪监测 LD 的输出光谱。采用纤芯径为 400μm 的尾纤输出,实测数值孔径为 0.14,泵浦波长为 808nm,泵浦光通过四镜耦合系统进行聚焦,聚焦后的腰斑大概在掺杂晶体内 2mm 处。采用光纤耦合输出 LD,是因为可以使得系统的耦合结构比较简单,同时输出的泵浦光由于和激光的截面形状相似,有较高的模式匹配特性,可以产生高光束质量激光。

3) 声光调 Q

双色镜采用 45°镀膜,对 808nm 高透,对 1064nm 全反。采用声光 Q 开关进行调 Q,Q 开关为 NOES 公司提供,型号为 33041-20-2-I 型石英晶体 Q 开关,匹配的驱动器型号为 N39XX-YYDMFPS,采用外触发方式工作。Q 开关的射频功率在 40.68MHz 处可以达到 20W 以上,Q 开关引入的插入损耗可以达到 95%以上。

4) 光学谐振腔

谐振腔采用平-平腔,以得到较大的模体积,实现高功率高效率输出。输出耦合镜对 1064nm 波长激光透过率为 $T=48\%$,后腔镜对 1064nm 波长激光全反,反射率 $R>99.8\%$。二者距晶体表面的距离分别为 $L_1=120$mm 和 $L_2=95$mm。

5) 狭缝选模

谐振腔内加入一个狭缝长度为水平方向的限模狭缝,狭缝宽度为 1mm,距离输出镜约 2cm。加入限模狭缝的作用主要是抑制高阶模振荡。虽然在腔内加入了限模的狭缝,但是由于合理选择狭缝宽度与狭缝在腔中的位置,其在限制高阶模振荡的同时,对 TEM_{00} 的损耗并没有增加,所以对输出功率的影响甚小。由于采用狭缝抑制高阶模式振荡,提高了 TEM_{00} 模的增益,同时也相当于减小了模式尺寸,脉冲稳定性得到了提高。

实验结果显示,激光器振荡级在连续状态下的输出特性,最高输出功率为 37.5W,激光器的斜率效率为 51%。在调 Q 状态下,激光器可以工作的最高重频为 850kHz,平均输出功率为 35.5W,此时对应的脉冲宽度为 72ns。

2. 放大级设计

对振荡器输出的信号光,采用四级级联串接放大器进行功率扩展。放大器的泵浦/增益模块与振荡器中的基本一致。采用这种模块化的放大器,放大模块具有可置换性,简化了系统结构设计。同时在此 MOPA 激光器中,放大级之间没有使用耦合器,而是利用激光束的自然发散和放大级增益晶体的热透镜效应的聚焦作用来实现激光模式的匹配。通过合理配置两个放大级之间的距离,前一个放大器的热透镜的聚焦作用可以将光斑以合适的尺寸镜像到下一个增益介质上。

从振荡器输出的信号光,依次通过四级级联串接的放大器进行放大。在连续输出状态下,通过 MOPA 激光器放大,得到了 195W 的连续输出,此时总的泵浦功率为 440W,对应于总的光-光转换效率为 44.7%，对应的吸收泵浦到激光的效率高达 53.3%。

在脉冲运转状态下，MOPA 系统的稳定调 Q 范围为 60～850kHz。系统在 850kHz 时的平均输出功率为 183.5W，脉冲宽度为 72ns，脉冲峰值功率为 3kW。采用 90/10 刀口法测量输出的光束质量。通过测量，MOPA 系统在输出 183.5W 平均功率时的两个正交方向的光束质量因子分别为 $M_x^2=1.28$ 和 $M_y^2=1.21$，即通过放大得到了近衍射极限的光束。

以高光束质量 MOPA 激光器作为基频源，通过非线性光学频率变换得到高功率、高重频紫外/深紫外输出。采用Ⅰ类相位匹配 BBO 晶体四倍频，实现了 100kHz 下 14.8W 的高重频 266nm 深紫外激光。

本章小结

本章主要讨论了固体激光器的基本原理、常用的固体工作物质、泵浦光源，并列举了几种典型固体激光器，简要分析了固体激光器的几种典型结构，如小型灯泵固体激光器，采用折叠腔设计的电光调 Q 固体激光器，高重频 LD 侧面泵浦固体激光器和高重频、窄脉宽、大能量固体激光器。透过对典型固体激光器的介绍，帮助读者进一步理解激光原理和激光技术。

学习本章内容后，读者应理解以下内容：

(1) 固体激光器的基本原理；

(2) 常见固体工作物质的物理特性和激光特性；

(3) 常用的泵浦光源及其工作方式；

(4) 典型固体激光器的结构特点。

习　题

1. 红宝石中由于零场分裂，^2E 能级分裂为两个接近的能级 $2\bar{A}$ 和 $\bar{E}$，二能级能量差为 ΔE。这两个能级间的弛豫过程非常迅速，一般情况下总是 $\bar{E}$ 能级至基态的跃迁形成激光。试求短脉冲或长脉冲激励情况下泵浦能量或功率的阈值。

2. Cr^{3+} 离子密度为 $2\times10^{19}\text{cm}^{-3}$ 的红宝石激光器的泵浦效率 $\eta_P=1\%$（η_P＝工作物质吸收的泵浦光能量/输入电能)，试估算其阈值能量密度。

3. 有两台脉冲 Nd：YAG 激光器，器件 1 和器件 2 的阈值光泵输入电能量分别为 5J 与 10J。当光泵的输入电能量 $\varepsilon_P=15\text{J}$ 时，器件 1 和器件 2 的输出能量分别为 $E_1=100\text{mJ}$，$E_2=75\text{mJ}$。当要求输出 150mJ 和 300mJ 能量时，应选用哪台激光器？

4. 已知连续 Nd：YAG 激光器输出平面反射镜反射率 $r_1=0.9$，全反射平面镜反射率 $r_2=1$，工作物质内部损耗$\alpha_i=0.01\text{cm}^{-1}$，$Nd^{3+}$ 的中心频率受激辐射截面 $\sigma_{21}=50\times10^{-20}\text{cm}^2$，泵浦灯效率$\eta_L=0.5$，聚光效率$\eta_c=0.8$，工作物质吸收泵光效率$\eta_a=0.2$，工作物质总量子效率$\eta_F=1$，长 $l=10\text{cm}$，泵浦光波长$\lambda_p\approx750\text{nm}$，激光上能级寿命 $\tau_2=0.23\times10^{-3}\text{s}$。若泵浦输入电功率为阈值的 4 倍，当要求输出功率 50W 时，试求：

(1) 工作物质横向尺寸；

(2) 阈值泵浦输入电功率；

(3) 泵浦输入电功率。

5. 脉冲氙灯的储能电容器电容量 $C=100\mu F$，充电电压 $V=1000V$，泵浦效率 $\eta_p=7\%$。用该氙灯来泵浦长 10cm、直径为 1cm 的 Nd：YAG 棒。平面谐振腔反射镜反射率分别为 $r_1=0.6$、$r_2=1$，腔内其他往返损耗为 0.01。试计算此脉冲激光器的输出能量。

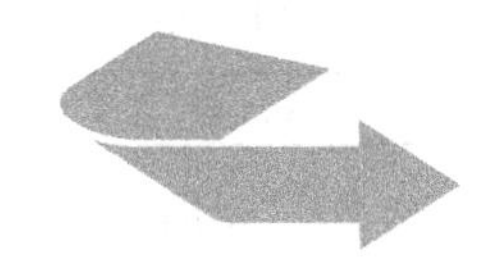

附　　录

附表1　常用物理常数

物理常数	符　号	数　　值
真空中的光速	c	2.99792458×10^{8} m/s
基本电荷	e	1.6021892×10^{-19} C
普朗克常数	h $\hbar=h/2\pi$	6.626176×10^{-34} J·s 1.0545887×10^{-34} J·s
阿伏伽德罗常数	N_A	6.022045×10^{23}/mol
原子质量单位	u	1.6605655×10^{-27} kg
电子静止质量	m_e	9.109534×10^{-31} kg $5.4858026/10^{-4}$ u
质子静止质量	m_p	1.6726485×10^{-27} kg 1.00727647u
气体常数	R	8.31441J/K·mol
玻尔兹曼常数	k_b	1.380662×10^{-23} J/K
真空介电常数	ε_0	$8.854187818\times10^{-12}$ F/m
真空磁导率	μ_0	$4\pi\times10^{-7}$ H/m

附表 2　典型气体激光器基本实验数据

性能参数	He-Ne (632.8nm)	He-Cd(441.6nm)		Ar^+		CO_2(纵向) (10.6μm)
		单一同位素	天然 Cd	(514.5nm)	(488nm)	
$\Delta\nu_D$/GHz	1.6	1.8	4.0	6～7	6～7	0.06～0.1
α/(MHz/Pa) $\Delta\nu_L=\alpha p$	0.75					0.049
I_s/(W/mm^2)	0.1～0.3	～0.7		～7	～2	1～2
J_m/d/(mA/mm)	6	40～50		25×10^3	25×10^3	2.5
pd/(Pa·m)	0.4～0.67	1.33		0.13～0.24	0.13～0.24	13.3～33.3
$K(g_m=K/d)$	3×10^{-4}	1×10^{-3}	2.5×10^{-4}	20×10^{-4}	50×10^{-4}	1.4×10^{-2}
每米输出功率/(W/m)	0.03～0.05 (TEM_{00})	0.05～0.1		1～5	3～5	50～70
效率/%	0.1	0.03		0.02	0.02	15
每厘米管压降×d/(V/cm^2·mm)	90	70		10	10	$(1\sim2)\times10^3$

注：J_m 为最佳放电电流；d 为放电管直径；p 为放电管内充气压强。

附表 3　典型固体激光工作物质参数

性能系数	红宝石	钛宝石	掺钕钇铝石榴石 Nd：YAG	钕玻璃	掺钕氟化钇锂 Nd：YLF	掺钕铝酸钇 Nd：YAP	掺钕钒酸钇 Nd：YVO_4	掺铥钇铝石榴石	掺铥钬钇铝石榴石
基质	Al_2O_3	Al_2O_3	Al_2O_3	硅酸盐或磷酸盐玻璃	$LiYF_4$	$YAlO_3$	YVO_4	$Y_3Al_5O_{12}$	$Y_3Al_5O_{12}$
激活离子	Cr^{3+}	Ti^{3+}	Nd^{3+}	Nd^{3+}	Nd^{3+}	Nd^{3+}	Nd^{3+}	Tm^{3+}	Ho^{3+}
泵浦波长/nm	360～450 510～600	400～600	750,810, 808.5*	750,810	802*	802*	808.5*	785*	785*
吸收线宽/nm			30,4*	30	5*	3*	20*	7*	7*
激光波长/nm	694.3	660～1160	1064** 1319	1064** 1370	1047** 1053,1321	1079** 1320	1064** 1342	1870～2060	2100
荧光寿命/ms	3	3.8×10^{-3}	0.23	0.6～0.9	0.52	0.18	0.092	11	6.5
受激辐射截面/$\times10^{-20}cm^2$	2.5	30	88	3	30	46	110	0.5	2
总量子效率	0.5～0.7		～1	0.3～0.7					
荧光线宽/nm	0.53	300	0.5	22	1.3	1	2		2
折射率	1.763(E⊥c) 1.755(E//c)	1.41	1.823	～1.54	1.634(E⊥c) 1.631(E//c)	1.97(E//a) 1.96(E//b) 1.94(E//c)	1.958(E⊥c) 2.168(E//c)	1.83	1.83

* 指半导体二极管泵浦方式；** 表示主激光波长，表中荧光寿命以下的参数均针对主激光波长。

参考文献

[1] 周炳坤,高以智,陈倜嵘,等.激光原理 [M].7 版.北京：国防工业出版社,2016.
[2] 蓝信钜.激光技术 [M]. 3 版.北京：科学出版社,2009.
[3] KOECHNER W.固体激光工程 [M].孙文,译.北京：科学出版社,2002.
[4] 陈家璧,彭润玲.激光原理及应用 [M]. 3 版.北京：电子工业出版社,2013.
[5] 吕百达.固体激光器件[M].北京：北京邮电大学出版社,2001.
[6] 周广宽,葛国库,赵亚辉.激光器件[M].西安：西安电子科技大学出版社,2011.
[7] 朱京平.光电子技术基础 [M]. 2 版.北京：科学出版社,2008.
[8] 安毓英,刘继芳,李庆辉,等.光电子技术 [M]. 4 版.北京：电子工业出版社,2016.
[9] 夏珉.激光原理与技术[M].北京：科学出版社,2017.
[10] 黄德修,刘雪峰.半导体激光器及其应用[M].北京：国防工业出版社,1999.
[11] 高以智,姚敏玉,张洪明.激光原理学习指导 [M].2 版.北京：国防工业出版社,2014.
[12] 钱士雄,王恭明.非线性光学——原理与进展[M].上海：复旦大学出版社,2001.
[13] 姚建铨.非线性光学频率变换及激光调谐技术[M].北京：科学出版社,1995.
[14] 徐军.激光材料科学与技术前沿[M].上海：上海交通大学出版社,2007.
[15] 彭江得.光电子技术基础[M].北京：清华大学出版社,1988.
[16] 闫兴鹏.端泵高重频 MOPA 激光器模式特性及非线性频率变换[D].北京：清华大学,2011.
[17] 张子龙.高重频窄脉宽大能量激光雷达固体激光光源研究[D].北京：清华大学,2015.